Praxis des Bleichens und Färbens von Textilien

Mechanische und chemische Technologie

Von

Textil-Ing. Walter Bernard
Münchberg/Ofr.

Mit 238 Abbildungen

Springer-Verlag

Berlin / Heidelberg / New York

1966

ISBN-13: 978-3-642-94939-5   e-ISBN-13: 978-3-642-94938-8
DOI: 10.1007/978-3-642-94938-8

Alle Rechte, insbesondere das der Übersetzung in fremde Sprachen, vorbehalten
Ohne ausdrückliche Genehmigung des Verlages ist es auch nicht gestattet,
dieses Buch oder Teile daraus auf photomechanischem Wege
(Photokopie, Mikrokopie) oder auf andere Art zu vervielfältigen
© by Springer-Verlag, Berlin/Heidelberg 1966
Softcover reprint of the hardcover 1st edition 1966
Library of Congress Catalog Card Number 65—25419

Titelnummer 1278

Die Wiedergabe von Gebrauchsnamen, Handelsnamen, Warenbezeichnungen usw. in diesem Buche berechtigt auch ohne besondere Kennzeichnung nicht zu der Annahme, daß solche Namen im Sinne der Warenzeichen- und Markenschutz-Gesetzgebung als frei zu betrachten wären und daher von jedermann benutzt werden dürften

Vorwort

Das vorliegende Buch bezweckt die Beschreibung der wichtigsten Arbeitsweisen, die in der Bleicherei und Färberei von Textilien üblich sind. In den letzten Jahren sind auf diesem Gebiet eine Vielzahl von Verfahren bekannt geworden, die in einem Buch zusammengefaßt, dem Fachmann bisher nicht zugänglich waren. Das gilt vor allem für die Behandlung synthetischer Fasern. Auf die textilchemischen Grundlagen der einzelnen Verfahren wurde nur so weit eingegangen, als es für das Verständnis des Ablaufes der Prozesse notwendig erschien. Auch bei den Apparate- und Maschinenkonstruktionen wurden aus Platzgründen nur jeweils Prototypen eingehender beschrieben und auf ähnliche Konstruktionen anderer Hersteller verwiesen. In gleicher Weise wurde auch bei der Beschreibung der Farbstoffe und Textilveredlungsmittel verfahren.

Allen Fachkollegen möchte ich an dieser Stelle für die wertvollen Hinweise und den Farbstoff-, Textilveredlungsmittel- und Maschinenhersteller für die umfassenden Informationen danken, ohne die das Buch nicht möglich gewesen wäre. Besonderer Dank gebührt auch dem Springer-Verlag für die gute Ausstattung des Werkes.

Dem Praktiker soll das vorliegende Buch eine Erleichterung seiner Tätigkeit bringen und dem Studierenden eine gute Studiengrundlage sein.

Münchberg, im Sommer 1965
Staatl. Textilfach- und -Ingenieurschule

Walter Bernard

Inhaltsverzeichnis

	Seite
Einleitung	1
I. Textile Faserstoffe	2
II. Bleicherei (allgemein)	3
Bläuen und optisches Aufhellen	10
III. Färberei (allgemein)	13
A. Farbe	13
B. Farbmessung und Farbmetrik	15
1. Methoden der Farbmetrik	17
2. Farbmeßgeräte	21
C. Textilfarbstoffe	28
1. Handelsformen, Benennung und Typenbezeichnung	29
2. Aufgaben des Färbers	32
D. Farbechtheiten	35
Lichtechtheit	36
Wetterechtheit	40
Vorbereitung der Prüflinge	40
Waschechtheit	41
Peroxyd-(Perborat-)Waschechtheit	41
Hypochlorit-Waschechtheit	42
Wasserechtheit	42
Meerwasserechtheit	42
Wassertropfenechtheit	42
Alkaliechtheit	42
Säureechtheit	42
Lösungsmittelechtheit	42
Schweißechtheit	42
Beständigkeit gegen gechlortes Wasser	43
Reibechtheit	43
Bügelechtheit	43
Walkechtheit	43
Hypochloritbleichechtheit	43
Chloritbleichechtheit	43
Peroxydbleichechtheit	44
Sodakochechtheit	44
Karbonisierechtheit	44
Merzerisierechtheit	44
Trockenhitzeplissier- und -fixierechtheit	45
Verhalten von Färbungen beim Knitterfestprozeß	45
Empfindlichkeit gegen Cu(II)- und Fe(III)-Ionen	46
E. Textilhilfsmittel	46

	Seite
F. Färbereimaschinen und -apparate	51
1. Färben von losem Material (Flocke)	52
2. Färben von Vorgespinsten	56
3. Färben von Stranggarn	56
4. Färben von Wickelkörpern	64
5. Automatisierung von Bleicherei- und Färbereieinrichtungen	79
6. Färben von Stückwaren	83
a) Haspelkufen	84
b) Jigger	86
c) HT-Stückbaumautoklaven	91
d) Färbesterne	96
e) Foulard	98
f) Halbkontinuierliche Färbeverfahren	113
g) Vollkontinuierliche Färbeverfahren	115
h) Strumpffärbeapparate und -maschinen	132
i) Paddel- und Trommelfärbemaschinen	135
7. Laboratoriums-Färbeeinrichtungen	137
IV. Baumwolle	138
A. Beuche	140
B. Offene Abkochung (Brühen)	145
C. Stranggarn-Merzerisation	146
Stranggarn-Merzerisiermaschinen	148
D. Baumwollbleiche	150
1. Bleichen mit Hypochloriten	150
2. Bleichen mit Natriumchlorit	152
3. Bleichen mit Perverbindungen	156
a) Wasserstoffperoxyd-Bleiche	157
b) Bleichen mit Natriumperoxyd	159
c) Bleichen mit Peressigsäure	159
4. Bleichen mit Reduktionsmitteln	160
5. Bleichapparate und -maschinen	161
a) Diskontinuierliche Bleicheinrichtung	161
b) Kombinierte Bleichverfahren	162
c) Kontinuierliche Strangbleichanlagen	164
d) Halbkontinuierliche Breitbleichverfahren (Pad-Roll)	167
e) Kontinuierliche Breitbleichanlagen	170
6. Chemikalien- und Hilfsmittelzusätze für die Hochkonzentrationsbleichverfahren	172
a) Brühen	173
b) Hypochloritbleiche	173
c) Chloritbleiche	173
d) Peroxydbleiche	174
E. Färben der Baumwolle	174
1. Direktfarbstoffe	175
a) Färbeverfahren für Direktfarbstoffe	177
b) Nachbehandlung von Direktfärbungen	182
c) Diazofarbstoffe	184
2. Küpenfarbstoffe	186
a) Färben von Stranggarn	194
b) Färben auf Apparaten	195
c) Färben von Stückwaren	197
3. Leukoküpenester-Farbstoffe	201
4. Schwefelfarbstoffe	204
a) Wasserlösliche Schwefelfarbstoffe	207
b) Schwefelküpen-Farbstoffe	208

	Seite
5. Unlösliche Azokörper (Naphtol-Färberei)	211
a) Grundierung	212
b) Entwicklung	215
c) Nachbehandlung der Färbungen	218
d) Berechnungsbeispiele	219
6. Reaktivfarbstoffe	225
7. Phthalocyanin-Farbstoffe	232
8. Polykondensations-Farbstoffe	236
9. Pigment-Farbstoffe	237
10. Oxydations-Farbstoffe	239
11. Türkischrot	241
12. Mineralfarbstoffe	242
13. Basische Farbstoffe	242
V. Stengel-, Blatt- und Fruchtfasern	243
A. Flachs (Leinen)	243
1. Leinenbleiche	244
2. Färben von Leinen	246
B. Hanf	247
C. Jute	247
D. Ramie	248
E. Sisal	248
F. Kokosfaser	248
VI. Regenerierte Zellulosefasern	249
A. Viskose-Reyon und -Zellwolle	249
B. Cupro-Reyon und -Zellwolle	250
C. Sekundärazetat	256
VII. Proteinfasern	260
A. Wolle	260
1. Rohwollwäsche	262
2. Entkletten oder Karbonisieren	266
3. Wollbleiche	269
4. Wollfärberei	271
a) Säurefarbstoffe	272
b) Nachchromierungsfarbstoffe	275
c) Einbadchromierfarbstoffe	277
d) 1:1-Metallkomplex-Farbstoffe	278
e) 1:2-Metallkomplex-Farbstoffe	280
f) Reaktivfarbstoffe	284
g) Küpenfarbstoffe	288
h) Leukoküpenester-Farbstoffe	289
i) Kontinue-Färbeverfahren	290
B. Seide	295
1. Seidenerschwerung (Charge)	296
2. Bleichen der Seide	297
3. Färben der Seide	298
C. Regenerierte Proteinfasern	300
VIII. Synthetische Faserstoffe	301
A. Polyamidfasern	301
1. Bleichen der Polyamidfasern	303
2. Färben von Polyamidfasern	304
a) Dispersionsfarbstoffe	306
b) Säurefarbstoffe	307

		Seite
c) Chromierungsfarbstoffe		311
d) 1:1-Metallkomplex-Farbstoffe		311
e) 1:2-Metallkomplex-Farbstoffe		311
f) 1:2-Metallkomplex-Dispersionsfarbstoffe		312
g) Küpenfarbstoffe		313
h) Schwefelfarbstoffe		313
i) Reaktivfarbstoffe		314
j) Reaktive Dispersionsfarbstoffe		315
k) Naphtholfarbstoffe		315
l) Pigmentfarbstoffe		316

B. Polyesterfasern ... 318
   1. Bleichen der Polyesterfasern ... 319
   2. Färben der Polyesterfasern ... 320
      a) Dispersionsfarbstoffe ... 320
      b) Küpenfarbstoffe ... 325
      c) Naphtholfarbstoffe ... 325
      d) Oxydationsschwarz ... 327
      e) Leukoküpenester-Farbstoffe ... 327
      f) Pigmentfarbstoffe ... 328

C. Polyacrylfasern ... 329
   1. Bleichen der Acrylfasern ... 330
   2. Färben von Acrylfasern ... 331
      a) Dispersionsfarbstoffe ... 331
      b) Kationische (basische) Farbstoffe ... 331

D. Modacrylfasern ... 336

E. Sonstige synthetische Fasern ... 339
   1. Polyvinylfasern ... 339
   2. Polyolefinfasern ... 341
   3. Elastomerfasern ... 342
   4. Triazetatfasern ... 343

IX. Textur- und Stretch-Garne ... 346

X. Metallfäden ... 350
   a) Zellulosetextilien mit Lurex ... 350
   b) Wolltextilien mit Lurex ... 351
   c) Textilien aus Synthetiks mit Lurex ... 351

XI. Glasfasern ... 352

XII. Fasermischungen ... 352
  A. Fasermischungen zur Verbilligung des Faserrohstoffes ... 354
   1. Halbwolle ... 354
   2. Mischungen von Baumwolle mit Zellwolle ... 362
   3. Wollseide ... 362
   4. Halbseide ... 363
  B. Fasermischungen zur Erhöhung der Gebrauchstüchtigkeit ... 363
   1. Wolle-Polymidfaser-Mischungen ... 364
   2. Zellulose-Polymidfaser-Mischungen ... 368
   3. Wolle-Polyesterfaser-Mischungen ... 370
   4. Zellulose-Polyesterfaser-Mischungen ... 376
   5. Polyester-Polyacrylfaser-Mischungen ... 382
   6. Wolle-Polyacrylfaser-Mischungen ... 383
   7. Zellulose-Polyacrylfaser-Mischungen ... 385
   8. Zellulose-Triazetatfaser-Mischungen ... 385
  C. Fasermischungen, die zur Herstellung besonderer Effekte dienen ... 386

XIII. Trocknen 388

    A. Vortrocknen oder Entwässern 389
        1. Zentrifugen (Schleudern) 389
        2. Quetschwerke 393
        3. Entwässern mittels Vakuum 393
    B. Trocknen mit erwärmter Luft 394
        1. Trockner für loses Material 394
            a) Kammertrockner 394
            b) Band- oder Durchlüftungstrockner 395
            c) Sieb- oder Saugtrommeltrockner 396
        2. Trocknen von Vorgespinsten. 397
        3. Trocknen von Garnen 398
            a) Stranggarntrockner 398
            b) Trockner für Wickelkörper 399

Schrifttum 405

Hersteller von Bleicherei- und Färbereieinrichtungen 406

Hersteller von Farbstoffen und Textilhilfsmitteln 408

Farbstoffhandelssortimente und ihre Hersteller 409

Textilhilfsmittel und ihre Hersteller 412

Chemiefasern und texturierte Garne 415

Sachverzeichnis 417

Einleitung

Die Textilveredlung gehört neben der Spinnerei, Weberei und Wirkerei zu den wichtigsten Arbeiten der Textilherstellung. Dabei wird durch die Textilveredlung nicht in allen Fällen eine Verbesserung der Gebrauchstüchtigkeit der Textilfertigwaren erreicht. Die Bleicherei und Färberei sind neben dem Textildruck und der Appretur (Ausrüstung) Teilgebiete der Textilveredlung, die vor allem den Farbton der Textilie verändert. Der Verbraucher nimmt gewisse Einbußen an Gebrauchstüchtigkeit in Kauf, wenn er dadurch eine modisch ansprechende Textilie erhält. Das bedeutet nicht, daß das Bleichen und Färben von Textilien unbedingt zu Faserschädigungen führen müssen. Die Aufgabe des Veredlers ist es, den modischen Publikumsgeschmack zu befriedigen, die Gebrauchstüchtigkeit der Ware zu erhalten und wenn technologisch möglich, zu verbessern.

Beim Aufbau des Buches wurde so verfahren, daß nach kurzen, einleitenden Kapiteln, die sich mit den allgemeinen Eigenschaften der textilen Faserstoffe, der Bleicherei und Färberei befassen, auf die Textilfarbstoffe und die Prüfung der mit ihnen erreichbaren Echtheiten, die Textilhilfsmittel und die zum Bleichen und Färben gebräuchlichen Apparate und Maschinen eingegangen wird. Den Hauptteil nimmt die Beschreibung der technologischen Bleich-, Färbe- und Hilfsverfahren ein, die für die einzelnen Faserstoffe üblich sind. Den Verfahren wurden jeweils die Angaben der physikalischen Eigenschaften und das chemische Verhalten der Fasern vorausgestellt. Daneben enthalten die einzelnen Kapitel auch die Verwendungszwecke der Fasern bzw. deren Mischungen und auch Angaben über die Verwendung der mit den entsprechenden Farbstoffen gefärbten Textilien.

Die im Buch angegebenen Markenbezeichnungen sind den meist gleichzeitig genannten Herstellern oder Handelsfirmen geschützt. Die Aufzählung der Produkte, Textilmaschinen und Firmen erfolgt alphabetisch und erhebt keinesfalls den Anspruch auf Vollständigkeit und sagt nichts über die Qualität der Erzeugnisse aus.

I. Textile Faserstoffe

Zur Herstellung von Textilien werden *natürliche* (native), *regenerierte* und *synthetische* Fasern allein oder in Mischungen miteinander verwendet. Die regenerierten und synthetischen Fasern werden auch unter dem Sammelbegriff *Chemiefasern* zusammengefaßt. Bei allen Rohstoffen handelt es sich, abgesehen von den anorganischen Fasern, um *organische Makromoleküle*, die durch natürliche (Wachstum) oder synthetische *Polymerisation, Polykondensation* oder *Polyaddition* aus kleinen, bifunktionellen Grundmolekülen (Monomeren) oder direkt aus den elementaren Grundstoffen in linearer oder wenig verzweigter Form entstehen.

Von den über 1000 bekannten Faserstoffen, werden auf Grund besonders ausgeprägter, textiler Eigenschaften die in Tab. 1 angeführten Fasern verwendet. *Textile Flächengebilde* können durch Verweben oder Verwirken von „endlosen" Fäden, durch Verspinnen von Stapelfasern und anschließendes Verweben oder

Tabelle 1. *Textilfasern*

Naturfasern

Pflanzen- oder vegetabilische Fasern (Zellulosefasern)

Samenfasern	Stengelfasern	Blattfasern	Fruchtfasern
Baumwolle, Kapok	Flachs (Leinen), Hanf, Jute, Ramie u. a.	Sisal u. a.	Kokos u. a.

Tierische oder animalische Fasern (Proteinfasern)

Haare	Seiden	
Schafwolle, Ziegenhaare, Kamelhaare u. a.	echte Seide wilde Seide	

Regenerierte Fasern		*Synthetische Fasern*
Regenerierte Zellulosefasern Viskose-, Cupro-, Sekundär-(2½)Azetat- Tri-(3)Azetat-Fasern	Regenerierte Proteinfasern Kasein-, Mais-, Erdnußfasern	Polyamid-, Polyester-, Polyacryl- u. a. Fasern
Mineral-Fasern	Alginat-Fasern	
Glas-, Asbest-Fasern		

Verwirken, durch Verkleben von Faservliesen (non-woven-fabrics = nicht-gewebte-Stoffe) oder Verfilzen usw. hergestellt werden. Als *endlose Fasern* (Filament) werden Seide, Reyon, synthetische Fasern und Glas eingesetzt. Zu den *Stapelfasern* gehören Baumwolle, Stengel-, Blatt- und Fruchtfasern, Wolle, Zellwolle aus regenerierten Zellulose- oder Proteinfasern, synthetische Stapelfasern, Abfallseiden, Glas und Asbest. Durch Beschichten textiler Flächen mit Kunststoffen oder deren Folien, wozu auch Schaumstoffolien gehören, bzw. Kaschieren mehrerer Flächen der angeführten Art, werden ebenfalls Flächen textiler Herkunft erhalten.

Tabelle 2. *Anteile der verschiedensten Fasern am Weltverbrauch*

Faserstoff	1951—1955	1962
Baumwolle	71,1%	65,7%
Zellwolle	8,6%	10,2%
Wolle	9,9%	9,4%
Reyon	8,1%	7,8%
Synthesefasern	1,5%	6,8%
andere Fasern	0,2%	0,1%

Von den etwa 16 Mill. t in der Textilindustrie verbrauchter Faserrohstoffe wurden im Jahresdurchschnitt 1951—1955 und 1962 die in der Tab. 2 angegebenen Mengen verarbeitet. Der *Pro-Kopf-Verbrauch* der Weltbevölkerung betrug in den gleichen Jahresdurchschnitten 4,33 bzw. 5,16 kg. Die *physikalisch-chemischen Eigenschaften der gebräuchlichsten Faserstoffe* sind in Tab. 3 angegeben.

II. Bleicherei (allgemein)

Die textilen Rohfasern bringen Verunreinigungen mit, die meist bereits vor der eigentlichen Veredlung entfernt werden. Bei natürlichen Fasern stammen sie aus dem Wachstum, wie z. B. Baumwollwachse, Wollschweiß und Wollfett, bzw. wurden sie als Hilfsmittel zur Verbesserung der Verarbeitbarkeit in den der Veredlung vorgeschalteten Prozesse aufgebracht. Dazu gehören Spinnschmelzen, Präparationen und Avivagen. Zur Entfernung dieser Verunreinigungen sind besondere Reinigungsverfahren notwendig, zu denen u. a. die Waschverfahren gehören. Daneben müssen jedoch auch besondere Verfahren eingesetzt werden, da durch Waschen allein, die Verunreinigungen nicht immer ausreichend entfernt werden können. Als *Vorappretur* bezeichnet man ferner die Entfernung von Faser- und Fadenenden, das Verbessern von Webfehlern und andere mechanische Reinigungsarbeiten, die in der Appretur durch Sengen, Noppen, Ausnähen und auf Seng-, Putz- und Schermaschine vorgenommen werden, ferner das Entschlichten[1].

Zur Entfernung der *Naturfarbstoffe* nativer und regenerierter Fasern bzw. der farbigen Verunreinigungen synthetischer Fasern, die aus den Rohstoffen ihrer Grundprodukte stammen, ist eine Bleiche notwendig. Gebleicht werden nicht nur Textilien, die als Weißware verwendet werden, sondern auch Waren, die anschließend in hellen oder brillanten Farbtönen gefärbt werden sollen. Als Bleichmittel werden hauptsächlich *Oxydationsmittel* eingesetzt, welche die Naturfarbstoffe zerstören. Durch *Reduktionsmittel* werden sie in ihre Leukoverbindungen umgesetzt, die leichter zur Reoxydation neigen und damit die Lagerbeständigkeit des Weißgrades ungünstig beeinflussen können. In vielen Fällen genügt jedoch ein vorheriges reduktives Aufhellen zur Erreichung einer hellen oder brillanten Färbung. Die Ansprüche des Verbrauchers an eine Weißware sind heute so groß, daß mit einer

---

[1] BERNARD: Appretur der Textilien. Berlin/Göttingen/Heidelberg: Springer 1960.

Tabelle 3. *Physikalisch-chemische Eigenschaften*

		Polyamidfaserstoffe						Polyesterfaserstoffe	
[●] bedingt geeignet ● gut geeignet		PA-6 Typ Perlon		PA-6,6 Typ Nylon		PA-11 Typ Rilsan		Typ Terylene	
Ausgangsprodukte		ε-Caprolactam		Hexamethylendiamin und Adipinsäure		Aminoundecansäure		Terephthalsäure und Äthylenglykol	
		Filament	Stapel	Filament	Stapel	Filament	Stapel	Filament	Stapel
Reißfestigkeit	trocken g/den	4,5—5,8	3,8—6,5	4,6—5,9	4,0—7,2	4,7—5,5	4,5—5,7	4,4—5,5	3,2—4,3
	naß g/den	4,3—5,3	3,6—5,4	4,0—5,2	3,5—6,1	4,5—5,3	4,3—5,5	4,4—5,5	3,2—4,3
	naß/trocken %	85—95	85—95	87—88	85—88	96—98	96—98	100	100
Bruchdehnung	trocken %	26—40	37—50	25—32	16—42	25—40	40—70	15—25	25—40
	naß %	28—45	42—46	30—37	18—46	25—40	40—70	15—25	25—40
Feuchtigkeitsaufnahme	20 °C 65% RLF %	4,0—5	4,0—5	4—4,5	4—4,5	1,2	1,2	0,4	0,4
	20 °C 90% RLF %	8—8,5	8—8,5	8,0	8,0	4,8	4,8	0,5—0,8	0,5—0,8
Thermische Daten	Erweichbereich °C	170—180	170—180	220—230	220—230	>150	>150	220—240	220—240
	Schmelzpunkt °C	215—219	215—219	250—260	250—260	185—189	185—189	248—260	248—260
	Zersetzungsbereich °C	—	—	316	316	—	—	—	—
Schrumpfen in Wasser	75 °C %			9,5	9,5				
	100 °C %			12	12			7	7
Schrumpfen in Heißluft	100 °C %			4	4			4,5—5,5	4,5—5,5
	125 °C %			6	6				
	150 °C %			7,5	7,5			10—12	10—12
	200 °C %			8	8			16—18	16—18
Färbbar mit folgenden Farbstoffen	Spez. Gewicht	1,14	1,14	1,14	1,14	1,04	1,04	1,38	1,38
	Dispersions-	●	●	●	●	●	●	●	●
	1:1-Metallkomplex-	●	●	●	●				
	1:2-Metallkomplex-	●	●	●	●				
	Sauren Woll-	●	●	●	●	●	●		
	Chromier-	●	●	●	●				
	Reaktiv-	●	●	●	●				
	Metallkomplex-dispersions-	●	●	●	●	●	●		
	Basischen								
	Pigment-	●	●	●	●			●	●
	Direkt-	●	●	●	●	[●]	[●]		
	Küpen/Küpenleukoester							●	●
	Naphthol-								
	Schwefel								
Beständigkeit gegen	Säuren	Empfindlich gegenüber Säuren in höheren Konzentrationen und bei höheren Temperaturen						Relativ gut säurebeständig	
	Alkalien	Gut alkalibeständig						Alkaliempfindlich (Abbau, Abschälung)	
	UV, Licht, Wetter	UV-empfindlich						Gut beständig	

[1] H. U. Schmidlin, Fachorgan des Schweizerischen Vereins für Färbereifachleute (SVF/1962).

von Faserstoffen [1]

Polyesterfaserstoffe		Polyacrylnitrilfaserstoffe							
Typ Kodel	Typ Vycron	Typ Orlon 42	Typ Dralon	Typ Crylor		Typ Nym-crylon	Typ Redon	Typ Courtelle	Typ Acrilan 16
Terephthalsäure und 1,4-Zyclohexyldiol	Terephthalsäure, Isophtalsäure u. Äthylenglykol	Acrylnitril	Acrylnitril	Acrylnitril		Acrylnitril	Acrylnitril	Arcylnitril	Acryl-nitril
Stapel	Stapel	Stapel	Stapel	fix. Filament	Stapel Normal	Stapel	Stapel	Stapel	Stapel
2,5—3,0	5,6	2,2—2,6	2,5—3,2	4,3	2,5—2,8	2,6	2,8—3,4	3,0—3,6	2,4
2,5—3,0	5,6	1,8—2,1	2,1—3,0	4,1—4,2	2,1—2,5	2,1	2,5—3,1	2,3—2,7	2,0
100	100	80—85	85—95	95—98	85—90	80	90	75—80	85
24—30	35	20—28	30—35	21	34—38	32	32—43	40—45	36
24—30	35	26—34	30—35	21	34—38	38—40	30—40	40—45	36
0,4	0,4	1,5	1,0—1,5	2	2	1,5	1,3	2,0	1,24
0,5—0,8	0,8	4	13 Zentrifuge	16 Zentrif.	16 Zentrif.	14 Zentrif.	12 Zentrif.	18 Zentrif.	16 Zentrif.
230—250	Typ 2: 210 Typ 5: 235	>235	>235	250	250	>235	>200	>250	>235
290—295	Typ 2: 235 Typ 5: 255	—	—	—	—				
—	—	>300	>300	330	280—330	>300	>300	>300	>300
0,1		1—3	1	0—0,5	0—1				
			1—2					0	
			2—3					2	
			3—4	3—4	2—3			7	
3				4—5	—			12	
1,22	1,36	1,14—1,17	1,16—1,17	1,12	1,12	1,14	1,17	1,17	
●	●	●	●	●	●	●	●	●	●
		●	●	●	●	●	●	●	●
●	●	●	●	●	●	●	●	●	●
●	●								
Relativ gut säurebeständig		Sehr gut säurebeständig							
Alkaliempfindlich (Abbau, Abschälung)		Alkaliempfindlich (Vergilbung, Festigkeitsverlust)							
Gut beständig		Sehr gut beständig							

Tabelle 3. *Physikalisch-chemische Eigenschaften*

	[●] bedingt geeignet ● gut geeignet	Modacrylfaserstoffe					Dinitril-Faserstoffe
		Typ Zefran	Typ Regular Acrilan	Tpy Dynel	Typ Creslan	Typ Verel	Darvan Travis
	Ausgangsprodukte	Acrylnitril + 15% andere Monomere	Acrylnitril + Vinylpyridin	Acrylnitril + Vinylchlorid	Acrylnitril + unbek. Monomere	Acrylnitril + Methacryl-säureamid	Vinyliden-dinitril + Vinylazetat
		Stapel	Stapel	Stapel	Stapel	Stapel	Stapel
Reiß-festigkeit	trocken g/den	3,4—4,4	2,0—2,7	2,5—3,3	2,5—3,3	2,5—2,8	2,0—2,1
	naß g/den	3,1	1,6—2,2	2,5—3,3	2,5—3,3	2,4—2,7	1,7—1,9
	naß/trocken %	85—90	80	100	100	95—96	85
Bruch-dehnung	trocken %	30—33	36—40	42—30	32	33—35	25—35
	naß %	30—33	44—49	42—30	32	32—34	25—35
Feuchtig-keitsauf-nahme	20 °C 65% RLF %	2,5	1,5	<0,4	1,3—2,2	3,0	2—3
	20 °C 90% RLF %	5,0	5	1	2,6—5,0	3,0—4	5
Thermische Daten	Erweichbereich °C	>250	>230	150—165	200—220	>150	160—176
	Schmelzpunkt °C					>200	
	Zersetzungsbereich °C						
Schrump-fen in Wasser	75 °C %						
	100 °C %	5—6	1—2	2,5	<2	1—3	
Schrumpfen in Heißluft	100 °C %						
	125 °C %						
	150 °C %					2—5	2,5—5
	200 °C %		5				
Färbbar mit folgenden Farbstoffen	Spez. Gewicht	1,19	1,17	1,30	1,18	1,37	1,18
	Dispersions-		●	●	[●]	●	●
	1:1-Metallkomplex-	[●]	●		●		
	1:2-Metallkomplex-	●	●	●	●	●	
	Sauren Woll-	[●]	●	●	●		
	Chromier-		●		●		
	Reaktiv-		●				
	Metallkomplex-dispersions-						
	Basischen		●		[●]	●	●
	Pigment-	●	●	●	●	●	
	Direkt-	●			[●]		
	Küpen/Küpen-leukoester	●					
	Naphthol-	●					
	Schwefel	●					
Beständigkeit gegen	Säuren	Sehr gut säurebeständig					Sehr gut säurebest.
	Alkalien	Alkaliempfindlich (Vergilbung, Festigkeitsverlust)					Alkali-empfindl.
	UV, Licht, Wetter	Sehr gut beständig					Sehr gut beständig

von *Faserstoffen* (Fortsetzung)

Polyvinylchlorid-Faserstoffe			Polyolefinfaserstoffe			Mischpolymerisate		
Typ Rhovyl	Typ Thermovyl	Typ Fibravyl	Polyäthylen		Polyprop.	Typ Saran		Typ Vinyon HH
Vinylchlorid	Vinylchlorid	Vinylchlorid	linear	normal Niederdr.	isotakt.	Vinylidenchlorid + Vinylchlorid		Vinylchlorid + Vinylazetat
Endlos	Stapel	Stapel	Filament	Filament	Filament	Monofil	Multifil	Stapel
2,7—3,0	1,0—1,3	1,6—2,4	4,5—8,0	0,5—2,0	4,8—7,0	1,4—2,3	bis 1,5	0,7—1,0
2,7—3,0	1,0—1,3	1,6—2,4	4,5—8,0	0,5—2,0	4,8—7,0	1,4—2,3	bis 1,5	0,7—1,0
100	100	100	100	100	100	100	100	100
14—20	150—180	16—40	10—35	20—50	15—25	bis 27	15—25	100—120
14—20	150—180	16—40	10—35	20—50	15—25	bis 27	15—25	100—120
0,1	0,1	0,1	0,01	0,01	0,03	0,1	0,1	0,1
0,1	0,1	0,1	0,01	0,01	0,03	0,1	0,1	0,1
60—80	—	60—80	120—130	107—115	140—155	115—138	115—138	80—100
170—200	170—200	170—200	124—138	110—120	163—175			135—149
> 200	> 200	> 200	—	—	> 288	—	—	—
30		30	1,5	5—7	4,8			
58		58	5—10		10—15			
			14	40—60	5—10			
1,35—1,4	1,3 à 1,4	1,35—1,4	0,95	0,92—0,95	0,9—0,91	1,68—1,70	1,65—1,75	1,34
●	●	●			[●]	[●]	[●]	[●]
[●]	●	●						
					[●]			
Sehr gut säurebeständig			Sehr gut säurebeständig			Sehr gut säurebeständig		
Sehr gut alkalibeständig			Sehr gut alkalibeständig			Sehr gut alkalibeständig		
Sehr gut beständig			UV-empfindlich			Gut beständig		

Tabelle 3. *Physikalisch-chemische Eigenschaften*

		Polytetra-fluoräthylen	Polyvinyl-alkohol	Elastomerfaserstoffe		Triazetatfaserstoffe	
	[●] bedingt geeignet ● gut geeignet	Typ Teflon		Typ Lycra	Typ Vyrene	Typ Arnel	Typ Arnel 60
	Ausgangsprodukte	Tetrafluor-äthylen	Vinyl-alkohol	Polyurethan	Polyurethan		
		Filament	Stapel	Filament	Filament	Stapel	Stapel
Reiß-festigkeit	trocken g/den	1,7	4,0—6,0	0,6—0,8	0,5—0,6	1,2—1,4	2,0—2,3
	naß g/den	1,7	3,1—5,6	0,6—0,8	0,5—0,6	0,9—1,0	1,5—1,8
	naß/trocken %	100	75—80	100	100	75	75
Bruch-dehnung	trocken %	13	20—25	520—610	700	25—40	20—27
	naß %	13	20—25	520—610	700	22—30	22—30
Feuchtig-keitsauf-nahme	20 °C 65% RLF %	0	3,4	1,3	0,2—0,3	3,2	4,0
	20 °C 90% RLF %	0	25 (Quellwert)	>1	<1	8—11	9
Thermische Daten	Erweichbereich °C	>240	>170	110—120	105—120	>230	>230
	Schmelzpunkt °C	>280	>220	230	230	306	306
	Zersetzungsbereich °C	ca. 400	—	—	—	—	—
Schrump-fen in Wasser	75 °C %						
	100 °C %						
Schrumpfen in Heißluft	100 °C %						
	125 °C %						
	150 °C %						
	200 °C %						
Färbbar mit folgenden Farbstoffen	Spez. Gewicht	2,3	1,30	1,0	1,0	1,3	1,3
	Dispersions-		●	[●]	[●]	●	●
	1:1-Metallkomplex-						
	1:2-Metallkomplex-		●	●	●		
	Sauren Woll-			[●]	[●]		
	Chromier-			●	●		
	Reaktiv-						
	Metallkomplex-dispersions-						
	Basischen		[●]				
	Pigment-		●			●	●
	Direkt-						
	Küpen/Küpen-leukoester			[●]	[●]	[●]	[●]
	Naphthol-		[●]				
	Schwefel		[●]				
Beständigkeit gegen	Säuren	Sehr gut säurebest.	Säure-empfindlich	Säureempfindlich (besser als PA)		Säureempfindlich	
	Alkalien	Sehr gut alkalibest.	Alkali-beständig	Alkaliempfindlich (schlechter als PA)		Relativ gut alkalibeständig	
	UV, Licht, Wetter	Sehr gut beständig	Gut beständig	Etwas UV-empfindlich		Relativ gut beständig	

von Faserstoffen (Fortsetzung)

Viskosefasern		Cuprofasern	Sekundär-azetat	Baumwolle	Wolle	Naturseide	Glas-faserstoffe
Zellwolle normal-fest	Hochfest Typ Fortisan	Normalfest	Normalfest				
Stapel	Filament	Filament	Filament	Stapel	Stapel	Filament	Filament
1,5—5,0	6—7	1,7—2,3	1,1—1,5	3,0—4,9	1,0—2,0	3,3—4,5	6,3—6,9
0,8—2,7	5,1—6	0,9—1,3	0,7—0,9	3,0—5,1	0,8—1,8	2,5—3,6	5,1—6,3
50	85	55	60—70	100—110	78—90	80	85—95
18	6	10—18	25—35	6—10	20—40	13—25	3—4
19—28	6,2	15—30	35—45	7—11	30—60	25—30	2,5—3,5
11,0	10,7	11,0	6,5—9,0	7,0—8,5	12—18	9	0
27	20	27	14	24—27	22	< 20	< 0,3
—	—	—	175—190	—	—	—	720—815
—	—	—	260	—	—	—	—
—	> 215	150—205	—	—	—	—	—
1,52	1,5	1,52	1,33	1,54	1,32	1,37	2,54
			●				
					●	●	
					●	●	
					●	●	
					●	[●]	
				●	●	●	
●	●	●		●			
				[●]			
●	●	●	●	●			●
●	●	●	●	●			
●	●	●	●	●			
●	●	●	●	●			
●	●			●			
Säureempfindlich		Säure-empfindlich	Säure-empfindlich	Säure-empfindlich	Gut säure-beständig	Gut säure-beständig	Sehr gut säurebeständig
Etwas alkaliempfindlich		Etwas alkali-empfindlich	Alkali-unbeständig	Relativ gut alkali-beständig	Alkali-empfindlich	Alkali-empfindlich	Alkali-empfindlich
Festigkeitsverlust		Festigkeits-verlust	Festigkeits-verlust	Festigkeits-verlust	Festigkeits-verlust	Festigkeits-verlust	Sehr gut beständig

Bleiche allein, nicht mehr auszukommen ist. Man kombiniert deshalb meist 2 Verfahren und verwendet darüber hinaus noch optische Aufhellungsmittel zur Verbesserung des Bleichgrades.

Bläuen und optisches Aufhellen

Auch die kombinierten Bleichverfahren unter Einsatz maximaler Mengen von Bleichchemikalien sind nicht mehr in der Lage die Weißgradansprüche der Verbraucher zu befriedigen, die heute ein *Superweiß* verlangen. Durch Bläuen mit wasserunlöslichen *Ultramarinblaupigmenten, unverküpten Küpenblaumarken* (z. B. Indanthrenblau GPT Plv. f. f. Fbg./*BASF* u. a.) kann man Textilien im letzten Spülbad durch Subtraktion des verbliebenen Gelbstichs der Bleichware für das menschliche Auge weißer machen, obwohl es sich objektiv um ein „Vergrauen" der Ware handelt. Ähnlich wirken auch *blaue Säurefarbstoffe* bei Zellulostextilien.

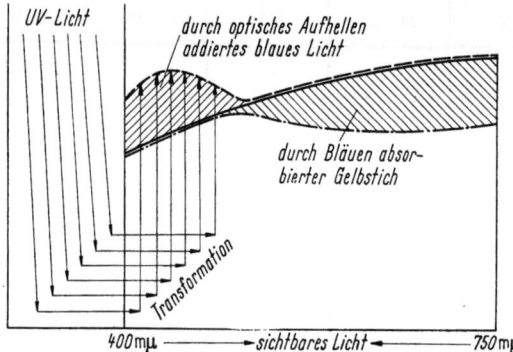

Abb. 1. Wirkungsweise eines blaustichigen, optischen Aufhellers (nach Dr. H. SCHOLERMANN/*Bayer*)
Remission der gebleichten Textilie; — — — durch Addition und Transformation des UV-Lichtes erhaltenes Weißniveau; —.—.— durch Subtraktion des Gelbtons erhaltenes Weißniveau

Diese *Bläumittel* haben keine Naßechtheiten und müssen nach jeder Naßbehandlung wieder auf die Ware gebracht werden. Die Ultramarinpigmente sind auch teilweise noch als *Waschblau* im Haushalt üblich. Die Bläumittel haben heute wieder in der Textilindustrie Eingang gefunden. Man verwendet sie meist gemeinsam mit optischen Aufhellern in der Appretur, da die Verbraucher nicht nur den höchsten Weißgrad, sondern oft einen bestimmten Weißton verlangen, der nur in der gemeinsamen Verwendung von Bläumitteln und optischen Aufhellern zu finden ist. Abgesehen von den wasserlöslichen Wollfarbstoffen, handelt es sich bei Bläumitteln um Pigmente, die als Dispersionen verwendet werden und vor ihrem Einsatz durch ein Kalikofilter dem Behandlungsbad zugesetzt werden müssen, um Farbstoffstippen auf der Ware zu vermeiden.

Seit dem zweiten Weltkrieg werden zum „Bläuen" von Textilien in großen Mengen *optische Aufheller* verwendet, die auch als *optische Weißtöner* oder *optische Bläumittel* bezeichnet werden. Die meisten Haushaltswaschmittel enthalten, wie auch Kosmetika usw., diese Produkte. Es handelt sich dabei um anionische, kationische bzw. wasserunlösliche Farbstoffe (Fluoreszenz-Farbstoffe), die in der Lage sind, für das menschliche Auge unsichtbares Ultraviolett-(UV) in sichtbares Licht zu transformieren und die damit behandelten Textilien weißer erscheinen zu lassen (Abb. 1). Daneben sind die Produkte je nach Konstitution schwach blau, rot oder gelb angefärbt und man kann damit den erhaltenen Weißton nach diesen Farbrichtungen manipulieren.

Die unterschiedliche Konstitution der Produkte macht es notwendig, daß sie, wie auch andere Farbstoffe, meist nur für besondere Fasern mit entsprechenden Applikationsverfahren, eingesetzt werden können. Man kann deshalb auch von

Direkt-, basischen, sauren und Dispersions-Aufhellern und den für diese Farbstoffe üblichen Färbeverfahren sprechen, die nach den bei den einzelnen Faserstoffen beschriebenen Verfahren appliziert werden. Sehr viele Produkte können wegen ihren Beständigkeiten auch in oxydativen und reduktiven Bleich- bzw. Waschbädern verwendet werden.

In der Tab. 4 sind optische Aufheller mit ihren Markenbezeichnungen verschiedener Firmen angegeben. Dabei muß bemerkt werden, daß es sich z. T. auch um Mischungen verschiedener Produkte handeln kann, die z. B. blaurote Mischtöne ergeben, die durch ein Produkt allein nicht erreichbar sind. Selbstverständlich können die einzelnen optischen Aufheller, die für eine Faserart brauchbar sind, auch vom Verbraucher gemischt werden, wenn bestimmte Weißtöne erreicht werden sollen. In letzter Zeit werden auch optische Aufheller zur Spinnmasse regenerierter und synthetischer Fasern zugesetzt und dadurch bereits in der Faserherstellung hohe Weißgrade erzielt.

Die optisch aufgehellten Textilien haben als „Färbung" sehr unterschiedliche *Echtheiten*. Es kann jedoch von vornherein bei den meisten Produkten eine geringe Licht- und gute bis sehr gute Waschechtheit angenommen werden. Nur wenige Produkte überschreiten die Lichtechtsnote 4, wogegen die Naßechtheiten meist zwischen 3—5 liegen. Die hohen Naßechtheiten sind jedoch nur eingeschränkt als Vorteil zu be-

Tabelle 4. *Optische Aufhellermarken verschiedener Hersteller*

	Zellulosefasern	Sekundaracetat	Polyamidfasern	Polyesterfasern	Polyacrylfasern	Polyvinylfasern	Triazetatfasern	Proteinfasern
Blankophor/*Bayer*	BE, REU, RBU, BBU, RA, BA, CE	ACF, DCB	BE, REU, RA, BBU, BA, CE, DCB, RPA	ACF	ACF, DCB	ACF	ACF, DCB	BBU, BA, DCB
Leukophor/*Sandoz*	R, RG, B, BB, BS, A, (PAF)	WS, EFR	BS, WS, PA, BB, B, R, PAF	EFA, EFR	WS, EFR	EFA, EFR	EFR	WS, R, B, BS
Tinopal/*Geigy*	2B, 4BM, 4BMF, BV, RP, ABR, GS	AN, RBN, ET, LAT	AN, GS, RBN, RP, WG, ET, HD, CH, ABR	ET	ACA, AN, LAT	ET	ET, LAT, PG	GS, RBN, RP, WG
Ultraphor/*BASF*	—	NA, AL	WT	NA	NA	—	NA, AL	WT
Uvitex/*CIBA*	CF, VR, RT, BT, NL, RS, RBS, GS	ERN, WGS, U	RT, WGS, ERN, NL, RS, RBS, GS, WS, NB, CF	ERN, U, EBF	A, U, ALN	EBF, ERN	ERN, WGS, EBF	RT, WS, NA, EGS

zeichnen, da durch die Wäsche mit Waschmitteln des Haushalts, die ebenfalls optische Aufheller enthalten, die Produkte auf der Faser eine so starke Anreicherung erfahren (Aufhellerkumulation), daß sie dann mit ihrer Eigenfarbe den Weißgrad wieder verschlechtern, und zum Vergrauen und Vergilben der Ware führen. Bei der *Bestimmung der Lichtechtheit* und auch der Naßechtheiten ergeben sich beträchtliche Schwierigkeiten, da es nur schwer möglich ist, die Farbtonveränderung durch den Blaumaßstab festzustellen, der für die Lichtechtheitsbenotung anderer Färbungen verwendet wird, da die Farbtonänderungen des Weißtons über den Blaumaßstab nicht erfaßt werden können. Die optische Prüfung der *Fluoreszenzintensität* erfaßt zwar die Abnahme des Aufhellers, nicht jedoch die evtl. durch die Belichtung aufgetretenen Farbtonänderungen. Für die Prüfung der Lichtechtheit sollen keine künstlichen Belichtungsquellen verwendet werden, da die meisten als starke UV-Strahler keine, der Sonnenbelichtung gleichwertige Noten ergeben. Bei der *Prüfung der Naßechtheiten* treten ähnliche Schwierigkeiten auf. Durch Fluoreszenzmessung des naßbehandelten Prüflings kann zwar die Abnahme des optischen Aufhellers festgestellt werden, war jedoch von vornherein eine überschüssige Aufhellermenge auf der Faser, die sich vielleicht durch ihre Eigenfarbe ungünstig bemerkbar gemacht hat, ist der Fluoreszenzgrad der naßbehandelten Probe gleich geblieben und da durch die Behandlung der überschüssige, farbige Aufheller entfernt wurde, der Weißgrad u. U. besser, als der des unbehandelten Prüflings. Auch durch *farbmetrische Remissionsmessungen* kann dieser Fehler nicht immer einwandfrei ermittelt werden.

Die geschilderten Schwierigkeiten haben die Hersteller veranlaßt eigene Prüfmethode auszuarbeiten, da bei der Prüfung der Naßechtheiten der Graumaßstab, wie er für das Ausbluten und Ändern gefärbter Textilien mit anderen Farbstoffen nicht verwendbar ist. Der Praktiker begnügt sich bei der Bewertung des Aufhellungs-Effektes und der Echtheiten, der subjektiven, visuellen Methode, bei der sowohl der unterschiedliche Weißgrad, die durch die Belichtung aufgetretene Anfärbung des optischen Aufhellers und damit auch die Veränderung der Textilie, wenn auch nicht immer objektiv, erfaßt wird. Durch UV-Beleuchtung lassen sich die optischen Aufheller durch Blaufluoreszenz einwandfrei qualitativ nachweisen. Neuerdings wird auch die Chromatografie zum *qualitativen Nachweis* verwendet; Für beide Prüfungen sind eine einfache UV-Lampen brauchbar bzw. Spezialgeräte wie z. B. das „Fluotest"-Gerät (*Quarzlampen*).

Bei der *Verwendung optischer Aufhellungsmittel* ist darauf zu achten, daß nur Betriebswasser ohne gefärbte Schwermetallsalze verwendet wird, die durch ihr Eigenfarbe den Effekt verschlechtern und durch entsprechende Sequestriermittel unschädlich gemacht werden sollen. Hartes Wasser und Elektrolyte führen bei Produkten die substantiv sind, zur besseren Erschöpfung der Behandlungsbäder. Die Produkte werden auch zur *Verbesserung der Brillanz von Färbungen* eingesetzt. Es müssen dafür allerdings die Produkte mit entsprechender Eigenfarbe ausgesucht werden um die Nuanceveränderung in Grenzen zu halten. Für Gelb- und Grüntöne kommen alle Aufheller mit gelber oder grüner Eigenfarbe in Betracht, die zur Verbesserung des Weißgrads kaum verwendet werden. Bei Verwendung von Stammlösungen optischer Aufheller muß darauf geachtet werden, daß die Lösungen nicht verspritzt werden, da Spritzflecken auf Roh- und gefärbter Ware nur sehr schwierig zu entfernen sind und durch örtliche Nuanceveränderung sichtbar bleiben.

Das *Abziehen von optischen Aufhellern* erfordert unterschiedliche Methoden, die durch die Konstitution der Produkte bedingt sind. Von Proteinfasern ist es meist mit einer warmen Lösung von Seife/Soda möglich die Aufheller zu entfernen. Eine große Zahl der Produkte läßt sich durch eine Chloritbleiche von Zellulose- und Synthesefasern abziehen. Die chloritechten Aufheller können teilweise durch eine Kaltbleiche mit

0,5% Kaliumpermanganat
0,5% Schwefelsäure 66° Bé

während 20 Min. und anschließender Behandlung bei 40 °C mit

2—3% Natriumbisulfit Plv.
0,5% Schwefelsäure 66° Bé,

zur Beseitigung des entstandenen Braunsteins und gründliches Nachspülen, entfernt werden. Von Polyesterfasern sind optische Aufheller durch eine kochende Carrierbehandlung unter Einsatz entsprechender Dispergatoren, zumindestens teilweise, abzuziehen. In der Spinnmasse aufgehellte Fasern können vom Aufheller nicht mehr befreit werden.

III. Färberei (allgemein)

Die Färberei von Textilien verfolgt den Zweck, den Waren eine farblich und damit modisch oder psychologisch angenehme „Aufmachung" zu geben. In der Regel ist damit keine Verbesserung der Gebrauchseigenschaften verbunden. Einzelne Farbstoffe können jedoch durch photokatalytische Wirkung zur Faserschädigung Anlaß geben (z.B. Lichtschädiger der Küpenfarbstoffe). In vielen Fällen (z. B. der Wollfärberei) führt das Färben zu einer gewissen Herabsetzung der Gebrauchstüchtigkeit, das hat jedoch nicht seinen Grund in der Verwendung besonderer Farbstoffe, sondern ist eine Folge der beim Färben notwendigen Behandlung, wie längeres Kochen, Einsatz von Chemikalien usw. Da dunkle Farbtöne in stärkerem Maß Wärmestrahlen absorbieren bzw. helle Farbtöne oder Weiß stärker reflektieren, können diese Eigenschaften im weiteren Sinne als Verbesserung der Textilien angesprochen werden. Es wird davon jahreszeitlich oder klimatisch bedingt, Gebrauch gemacht.

In den nachfolgenden Abschnitten soll auf die Begriffe „Farbe", „Farbmessung" und „Farbmetrik" eingegangen werden. Dabei werden hauptsächlich die für den Färber wichtigen Tatsachen erläutert.

Grundsätzlich wird zwischen **Farbstoff** *und* **Farbe** *unterschieden. Unter Farbe wird die Farbtonveränderung der Textilie verstanden, die durch Anwendung von Farbstoffen unter entsprechenden Anwendungsverfahren erreicht wird.*

A. Farbe

Als *Farbe, Farbnuance, Nuance, Farbton* oder *Farbtönung* wird eine *subjektive Sehempfindung (Farbreiz)* des menschlichen Auges verstanden, welche durch Licht ausgelöst wird. Dabei nimmt das Auge das Licht auf und löst über das Nervensystem die Farbempfindung aus. Das Auge registriert zwar die Einzelkomponenten des ihm zugeführten Lichtes, der Farbreiz wird jedoch über das Nervensystem als Gesamteindruck wiedergegeben. Die Farbempfindung ist deshalb nur bei entsprechenden Lichtmengen möglich. Das menschliche Auge kann jedoch auch Gegenstände in ihren Umrissen bei äußerst geringen Lichtmengen wahrnehmen.

Aus dem *elektromagnetischen Wellenspektrum* (Abb. 2) kann das menschliche Auge nur einen sehr kleinen Ausschnitt in den Wellenbereichen von $4 \cdot 10^3 - 7 \cdot 10^3$ Å (400—700 μm) wahrnehmen.

In der Textilfärberei kommen hauptsächlich *Körperfarben* in Betracht. Die Farbe von Selbststrahlern hat kaum Bedeutung. Als Ausnahme treten bei Verwendung von optischen Aufhellern fluoreszierende Farben auf, die sowohl Körper- als auch selbstleuchtende Farben sind. Als Körperfarbe sieht das Auge die von einem undurchsichtigen Körper zurückgestrahlten Anteile des Lichts, den man als Reflexion oder *Remission* bezeichnet. Als *Transmission* (Extinktion) wird die Veränderung des Lichtes bezeichnet, wenn es durch durchscheinende Körper —

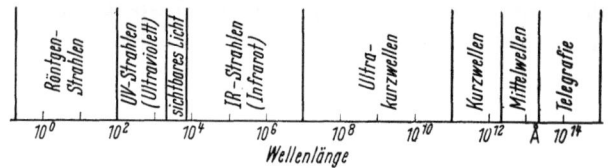

Abb. 2. Elektromagnetisches Wellenspektrum

z. B. Färbebäder — hindurchgeht und ebenfalls verschiedene Wellenanteile verschluckt und andere durchgelassen und als solche dem Auge als Farbreiz zugeführt werden. Es werden bei der Remission und Transmission vom ein- oder durchgestrahltem Licht gewisse Anteile absorbiert und der Rest wellenlängenabhängig dem Auge vermittelt. Es handelt sich dabei, da vom eingestrahlten Licht gewisse Anteile abgezogen werden, um eine *substraktive Farbmischung*. Die additive Farbmischung hat für die Textilfärberei keine Bedeutung, da dabei verschieden gefärbte Strahlungen gemischt werden.

Beim **Abmustern** *(Farbabmustern)*, das die Haupttätigkeit des Färbereileiters darstellt, wird die *Musterkonformität* vom *Vorlage-* zum *Ausfallmuster* festgestellt bzw. durch *Nuancieren* der Farbton des Musters zu erreichen versucht. Diese Arbeit war bis vor wenigen Jahren allein von den Kenntnissen, der Praxis und von einem gewissen Maß Glück des Abmusternden abhängig und mathematisch nur zu einem geringen Teil erfaßbar. Die visuellen Farbvergleiche sind von Bedingungen abhängig, die durch die Farbmetrik zum größten Teil berücksichtigt werden. Dadurch wird die Arbeitsweise des Färbers erleichtert und beschleunigt. Dabei muß jedoch von vornherein festgestellt werden, daß das beste Farbmeßgerät unter keinen Umständen den Fachmann ersetzen kann.

Das Farbsehen ist ein Sinneserlebnis, dem man meßtechnisch nur teilweise gerecht werden kann. Die Farbmetrik liefert jedoch Werte und Informationen, die mit dem Auge nicht erhalten werden können. Obwohl durch die Farbmessung keine Aussage in bezug auf die Auswahl der günstigsten Färbemethode möglich ist, ist zu hoffen, daß die Festlegung von Toleranzgrenzen, die für den Auftraggeber und Färber verbindlich sind, nicht allzulange auf sich warten lassen und damit die unangenehmen Auseinandersetzungen zwischen den beiden Kontrahenten ein Ende finden werden. Bis heute wird in Lieferverträgen meist von „handelsüblichen Farbabweichungen" gesprochen, die jedoch verbindlich nicht angegeben werden können. Auch das abschätzige Sprichwort „Der Färber ist kein Fotograf" kann vom unzulänglichen, visuellen Farbvergleich nicht ablenken. Neben der Vielzahl von Farbtönen, die das menschliche Auge unterscheiden kann und die mit 60 000 bis 10 Mill. geschätzt werden, sind eine große Anzahl von weiteren subjektiven Bedingungen an der Möglichkeit durch visuelle Vergleiche Beurteilungen von Farbtönen zu erreichen, beteiligt. Dazu gehören u. a.:

> das individuelle Farbensehen verschiedener Personen,
> die Abhängigkeit des Farbtons von der Lichtquelle,
> die Abhängigkeit des Farbtons von der Umgebung und
> die Abhängigkeit vom Beobachtungswinkel.

In dieser Aufzählung, die unvollkommen ist, sind die Betrachter ausgeschlossen, deren Farbensehen von der Norm abweicht *(Farbenblindheit* von 10% der männlichen und 0,2% der weiblichen Betrachter) und die dadurch für eine Farbabmusterung von vornherein ungeeignet sind. Bei der Farbuntüchtigkeit (Farbenblindheit) handelt es sich meist um das Unvermögen der Betrachter zwischen Rot und Grün unterscheiden zu können (Rot-Grün-Blindheit). Dieser organische Fehler ist operativ nicht reparabel. Dasselbe gilt auch für die im steigendem Alter auftretende *Rotsichtigkeit* d. h., daß ältere Personen die Farbtöne röter sehen als jüngere Betrachter. Für alle, die sich mit der Farbabmusterung beschäftigen, kann die Feststellung der „Normalsichtigkeit" nur ratsam sein, für die eine große Zahl von Instituten entsprechende Einrichtungen besitzen.

Die Vielzahl der möglichen Farbtöne, die das menschliche Auge zu unterscheiden vermag, hat eine Reihe von Forschern zur Aufstellung von *Farbordnungen, Farbenharmonien, Farbkörpern* usw. veranlaßt, die jedoch für den praktischen Färber nur eingeschränkte Bedeutung haben und mehr dem künstlerischen Textilgestalter (Mustermacher, Dessinateur usw.) interessieren. Allerdings richtet sich die modische Gestaltung meist nicht nach den von diesen Forschern (NEWTON, HELMHOLTZ, GOETHE, OSTWALD u. a.) aufgestellten Farbenharmonien.

B. Farbmessung und Farbmetrik

Unter *Farbmessung* versteht man alle physikalischen Operationen, die zum Messen von Farbtönen überhaupt verwendbar sind. Die *Farbmetrik* dagegen berücksichtigt nur die Farbmeßmethoden, welche das Farbempfinden des normalsichtigen Betrachters, zu denen 90% der Menschen gehören, mitberücksichtigt. Durch die Farbmetrik werden die vorstehend angegebenen, subjektiven Einwirkungen bei der Farbtonbeurteilung ausgeschaltet und das Farbempfinden des Normalsichtigen weitgehend unter genormten Bedingungen berücksichtigt. Die Farbmetrik kann deshalb in der Färberei die folgenden Hauptaufgaben erfüllen, wenn entsprechende Meßgeräte zur Verfügung stehen:

a) Feststellung der *Musterkonformität* der Nachfärbung mit dem Vorlagemuster bzw. die Größe der Abweichung und bei Vorliegen von *Toleranzgrenzen*, die Feststellung, ob diese eingehalten wurden,
b) Vergleich der *Abendfarbe* der Nachfärbung mit der des Vorlagemusters,
c) Nachstellung *(Rezeptierung)* eines Vorlagemusters mit den dazu verwendbaren Farbstoffen,

d) Ausmessung der Farbstoffe und deren Einsatzmenge, die zur Erreichung des Farbtons der Farbvorlage notwendig sind, wenn bereits eine Vorfärbung vorhanden oder durchgeführt wurde *(Nuancieren)*.

Die angegebenen Hauptaufgaben beziehen sich vornehmlich auf die Färberei und die Messung des sichtbaren Lichts. Daneben können, vorausgesetzt die Einrichtung des Farbmeßgerätes erlaubt diese Arbeiten, die *UV-* (Ultraviolett-) und *IR-* (Infra- oder Ultrarot-) *Reflektion* gemessen werden. Bevor jedoch auf die Meßmethoden und -Einrichtungen eingegangen wird, sollen die Feststellungen, die Dr. E. ROHNER, der Konstrukteur des Spektralfilterphotometers *Spectromat* FS 2 *(Pretema)* sinngemäß bzw. wörtlich angeführt werden:

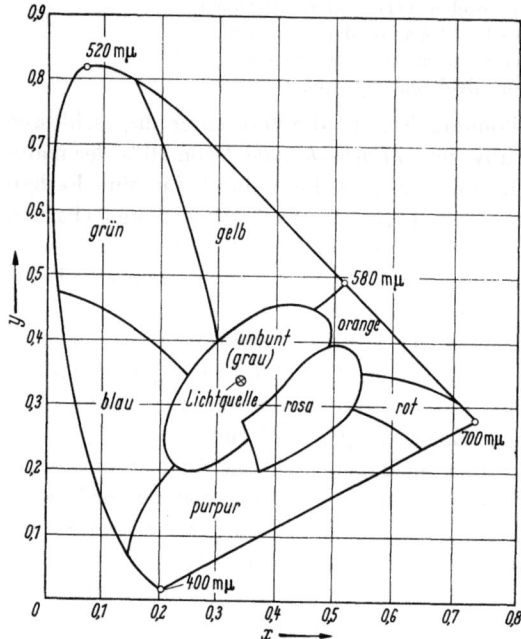

Abb. 3. Chromatizitätsdiagramm nach dem CIE-System

Die Farbmetrik kann nur dann einen optimalen Erfolg in der Praxis bringen, wenn die mit ihr erreichten Resultate in geschickter Weise mit der Erfahrung und dem Können des Färbers und Koloristen gepaart werden.

Farbmeßgeräte können nur vom Fachmann, wenn sie optimale Resultate liefern sollen, in den Fabrikationsablauf eingegliedert werden und sind nicht in der Lage, den Fachmann zu ersetzen, können jedoch seine Arbeit erleichtern, beschleunigen und gegen subjektive Einflüsse absichern. Wenn in den nachstehenden Ausführungen in stärkerem Maße auf das Farbmeßgerät *Spectromat FS 2* eingegangen wird, bedeutet das keine Abwertung der anderen Geräte, sondern hat seinen Grund in den Bemühungen der *Pretema*, das Gerät in der Textilveredlung einzuführen, was durchaus als gelungen zu bezeichnen ist.

Bevor jedoch eine Farbmetrik möglich war, wurden von der *Commission Internationale de l'Eclairage (CIE)* im sog. *CIE-System* 3 Normfarbwerte als X, Y, Z festgelegt, die den 3 Reizzentren des menschlichen Auges, welches für Rot, Grün und Blau empfindlich ist, weitgehend gleichen. Durch diese 3 Zahlen oder Begriffe ist es möglich, eine Farbe eindeutig zu definieren. Von diesen räumlichen Normfarbwerten wurden durch eine Rechenoperation die *Normfarbwertanteile* x, y, z abgeleitet, die als Summe 1 ergeben und es kann damit bereits durch 2 dieser Werte ein Farbton eindeutig bestimmt werden. Auf Grund dieser Rechnung wurden die zweidimensionalen *CIE-Farbendreiecke (Chromatizitätsdiagramme)* abgeleitet und damit eine leichtere Handhabung erreicht (Abb. 3). Daneben hat die CIE, in Deutschland auch als **IBK** = Internationale Beleuchtungskommission bezeichnet, die bei der Farbmessung notwendigen Lichtarten genormt und als A-Beleuchtung das *Glühlampenlicht* (gelb), welches zur Bestimmung der *Abendfarbe* dient, als Beleuchtung B das *Sonnenlicht*, als Beleuchtung C das *Tageslicht* (blau) und als *Xe-Beleuchtung* das Licht der Xenonhochdrucklampe, welches dem „verstärkten Tageslicht" gleichkommt, bestimmt. Alle Geräte der Farbmetrik berücksichtigen die von der CIE aufgestellten Normen und es können deshalb die gefundenen Werte aller Geräte untereinander verglichen werden.

1. Methoden der Farbmetrik

Zur Charakterisierung eines Farbtons mittels farbmetrischer Methoden werden die durch entsprechende Meßgeräte aufgezeichneten *Remissionskurven* (Abb. 4) verwendet. Diese Kurven stellen bei der Messung von Körperfarben die Lichtanteile, die der farbige Körper reflektiert bzw. die von der farbigen Lösung durchgelassen werden, dar. In den Diagrammen sind die einzelnen Werte nach ihrer Wellenlänge und nach der Menge (Prozent) der Reflexion ausgewiesen. Als Vergleich wird jeweils die Remission eines Idealweiß (MgO oder BaSO$_4$) als Bezugsgröße verwendet.

Durch Vergleich der Remissionskurven zweier Färbungen kann einwandfrei die **Musterkonformität** (a) der Nachfärbung bestimmt werden, ohne daß weitere Operationen notwendig sind. Sind die Remissionskurven unterschiedlich, ist zwar die Abweichung als solche sichtbar; ob die Abweichung noch vom Auge toleriert wird, kann aus den Kurven allein jedoch nicht entnommen werden. Für die Fest-

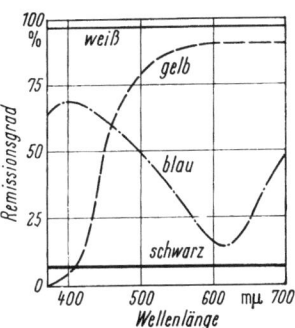

Abb. 4. Remissionskurven von Idealweiß, 2 bunten Farben und Schwarz

stellung, ob sich die Farbtonabweichung der Nachfärbung noch im Toleranzbereich Normalsichtiger befindet und damit von diesen als nuancegleich bezeichnet wird, müssen graphische oder mathematische Methoden eingesetzt werden. Von den zahlreichen Methoden wurde leider bis heute keine als verbindliche erklärt und man verwendet in Streitfällen noch immer die visuellen Vergleiche mit ihren Nachteilen.

Für die graphische *Feststellung von Farbdifferenzen* wird von den meisten Methoden das CIE-Farbendreieck (Abb. 3) herangezogen. Dabei handelt es sich bei diesem Hilfsgerät nicht um eine Einrichtung, die das *empfindungsmäßige Sehen* des Auges berücksichtigt. D. h. im CIE-Farbendreieck sind den Gelb- und Grüntönen große Flächen eingeräumt, obwohl das Auge gegen diese Töne unempfindlicher ist als gegen Orange-, Rot-, Purpur und Blautöne. Um diese Diskrepanz auszugleichen, wurden durch ausgedehnte Versuche von MCADAM Farborte festgestellt, die in Form von Ellipsen (*McAdam-Ellipsen*) alle Farborte eingrenzen, die gegenüber dem Mittelpunkt der Ellipsen noch als farbtongleich gesehen werden und damit die Peripherie der Ellipsen als *Toleranzgrenze* anzusehen ist (Abb. 5). Die verschiedenen Größen der Ellipsen berücksichtigen das unterschiedliche Empfindungsvermögen des Auges. Basierend auf den Arbeiten von MCADAM wurde von SIMON und GODWIN das CIE-Dreieck in unterschiedliche Bereiche geteilt, die in besonderen Diagrammtafeln so entzerrt wurden, daß die McAdam-Ellipsen als Kreise erscheinen, auf diesen graphisch die Farborte der zu vergleichenden Nuancen aufgetragen und ausgemessen werden können. Neben den graphischen Methoden sind eine Reihe von *empfindungsgemäßen Farbdifferenzformeln* bekannt, die eine mathematische Differenzberechnung gestatten. Obwohl diese Formeln nicht besonders schwierig sind, ist deren Gebrauch jedoch umständlich und sie haben für den Praktiker kaum Bedeutung. Zu diesen Formeln gehört auch die von M. RICHTER, die als Grundlage für die DIN-Vorschrift 6164 genommen wurde. Als Grundlage für die Angabe von Farbdifferenzen in *NBS- (National Büro of Standards) Einheiten* dient die Formel von JUDD (1939). Man verwendet NBS-Einheiten auch zur Standardisierung der Graumaßstäbe (S. 38).

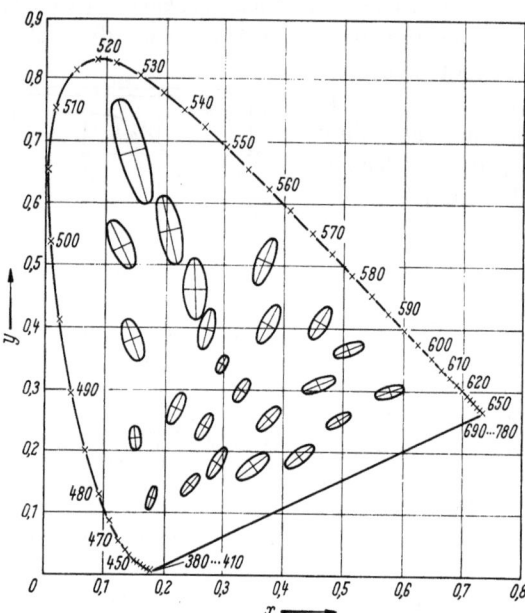

Abb. 5. CIE-Farbendreieck mit Schwellenwertellipsen (10fach vergrößert) nach McAdam. Der Abstand Zentrum-Rand ist der minimale Abstand zweier Punkte, die das Auge im Mittel als Farbton gerade noch unterscheiden kann

Bei der Bestimmung der **Abendfarbe** (b) genügt der Vergleich der zu prüfenden Muster mittels ihrer Remissionskurven. Dabei werden die Farbtöne vom Auge bei einer gewissen Beleuchtung (z. B. Tageslicht) als farbtongleich gesehen, unterscheiden sich aber bei abweichender Abendfarbe stark bei Abendbeleuchtung (Glühlampenlicht). Derartige Unterschiede sind durch die Farbmetrik sofort an unterschiedlichen Remissionskurven (Abb. 12 S. 23) bei jeder Beleuchtung erkennbar. Man spricht bei abweichender Abendfarbe von *bedingt gleichen* oder *metameren* Farbtönen. Zeigen die Remissionskurven gleichen Verlauf, so handelt es sich um *unbedingt gleiche* Farben, die sich auch unter verschiedenen Beleuchtungen durch gleichen Remissionsverlauf auszeichnen.

Zur **Rezeptierung** (c), d. h. zur Vorausberechnung der zur Nachstellung erforderlichen Farbstoffe und ihrer Einsatzmengen, gibt es verschiedene Wege, die teilweise sehr komplizierte Berechnungen erfordern. Verhältnismäßig einfach ist die Nachstellung eines Farbtons mit einem Farbstoff, der auch zum Färben des Vorlagemusters verwendet wurde.

Wenn die Farbmetrik in einem Betrieb sinnvoll eingesetzt werden soll, sind dazu ausgedehnte Vorarbeiten notwendig, die vor allem in der Ausfärbung von sämtlichen in der Färberei verwendeten Farbstoffen auf den entsprechenden Materialien unter den im Betrieb herrschenden Bedingungen (Flottenverhältnis, Färbezeit, Nachbehandlung usw.) bestehen und mit dem Farbmeßgerät in den verschiedensten Konzentrationsstufen ausgemessen und als Remissionsdiagramme in sog. *Eichfärbungen* katalogisiert werden müssen (Abb. 6, 7, 8). Dabei ist auch die Ausmessung einer *Blindfärbung* notwendig, die in den Tabellen mit 0% angegeben wird, da auch die Eigenfarbe des Materials, die bei der jeweiligen Behandlung — jedoch ohne Farbstoff — mit in die Remissionskurven eingeht. Wenn zur Nachstellung eines Musters nur ein Farbstoff benötigt

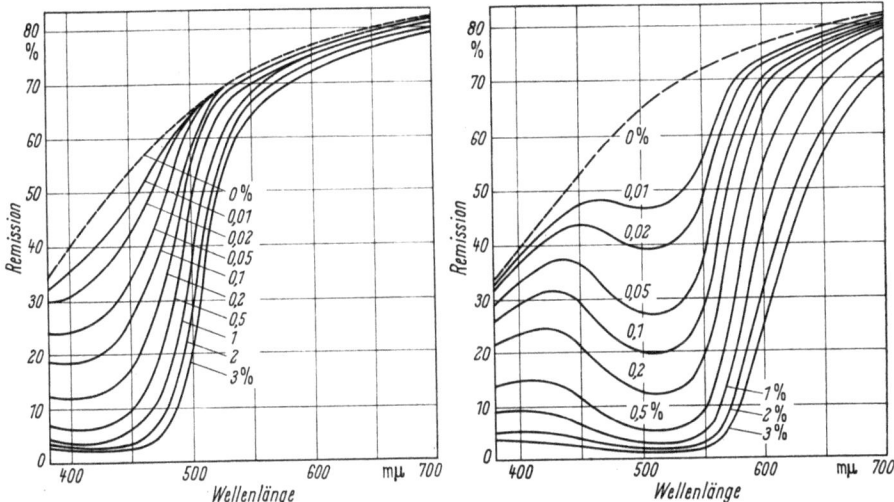

Abb. 6. Remissionskurven der Konzentrationsreihe eines Gelb-Farbstoffes (Eichfärbung)

Abb. 7. Remissionskurven der Konzentrationsreihe eines Rot-Farbstoffes (Eichfärbung)

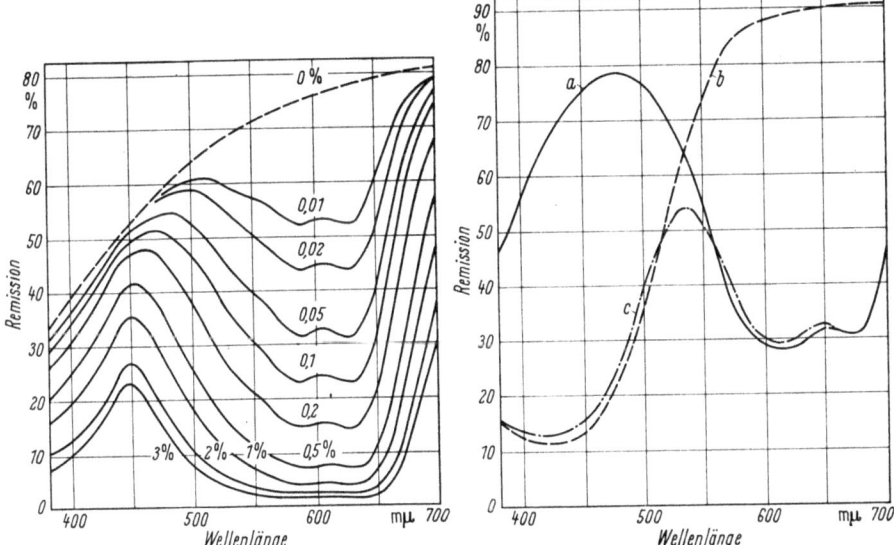

Abb. 8. Remissionskurven der Konzentrationsreihe eines Blau-Farbstoffes (Eichfärbung)

Abb. 9. Remissionskurven von Färbungen eines Gelb- und Blau-Farbstoffes und ihrer Mischung
a = Blau, b = Gelb, c = Grün

wird, genügt die farbmetrische Messung des Vorlagemusters und an Hand dieser Remissionskurve, die Auswahl aus den bereits vorliegenden Eichfärbungen des Remissionskurvenarchivs. Auch bei einer Zweifarbenmischung, bei der die gleichen Farbstoffe, wie sie für das Vorlagemuster verwendet wurden, zur

Verfügung stehen, können Kombinationen der Remissionskurven zur Nachstellung verwendet werden (Abb. 9).

Obwohl dieses *Näherungsverfahren* auch für das *Rezeptieren* von Nachstellungen mit mehr als 2 Farbstoffen verwendbar ist, ist dann die Sicherheit keineswegs vollständig. In diesen Fällen stehen verschiedene graphische und mathematische Möglichkeiten, neben der Verwendung von elektronischen Rechenanlagen *(Computer)* zur Verfügung, welche die Rezeptierung ermöglichen bzw. ganz übernehmen. Es würde den Rahmen dieses Buches überschreiten, wenn eingehend auf diese Methoden eingegangen werden sollte, außerdem dürfte die Materie in den nächsten Jahren noch weitere Ergänzungen erfahren. Die meisten Gerätelieferanten haben für die Benützer ihrer Geräte Vorschulungen eingerichtet, um die mit den entsprechenden Arbeiten betrauten Personen mit der Rezeptierung vertraut zu machen. Inzwischen wurde von der *ICI* im *I.M.P.-Service* (S. 25) die Rezeptierung übernommen und auch die *Pretema* hat als Zusatzgerät zum *Spectromat FS 2* eine elektronische Rechenmaschine entwickelt, die dem Praktiker die umständliche Berechnung der Rezeptierung abnimmt. Die Rechengeräte kosten allerdings heute noch 50—100000 DM. Es dürfte jedoch nicht zu lange Zeit vergehen, bis neben der *ICI* auch andere europäische Farbstoffhersteller einen Rezeptdienst anbieten, der dem Praktiker durch farbmetrisches Ausmessen eines Vorlagemusters oder direkte Einsendung des Musters zur umgehenden Aufstellung des Rezeptes dient.

Beim **Nuancieren** (d) leistet die Farbmetrik ebenfalls wertvolle Dienste. Dabei kann vom Färber ohne besondere Berechnung, also rein empirisch, der Nachsatz angegeben werden. Die Methode besteht darin, daß die Mustervorlage an Stelle des Weißstandards tritt, im Meßgerät als Gerade eingestellt und die mit der Färbung erreichten Remissionskurven (S. 23) verglichen und auf Grund der Erfahrung des Koloristen der benötigte Farbstoff nachgesetzt wird. Die hier angegebene Methode erscheint ohne nähere Kenntnis sehr primitiv, es hat sich jedoch gezeigt, daß Firmen durch den Einsatz von Farbmeßgeräten für diesen Zweck, die Anzahl der Nachsätze so reduzieren, daß das Meßgerät innerhalb weniger Monate amortisiert werden konnte.

Die vorstehend geschilderten Hauptarbeiten, die von der Farbmetrik mit entsprechenden Geräten geleistet wird, können durch weitere Einsatzmöglichkeiten ergänzt werden. Dazu gehört die *Weißgradmessung*, die analog der Farbtonmessung über Remissionskurven vorgenommen wird. Bei optisch aufgehellten Textilien ist die Verwendung eines UV-Strahlers (Xe-Normlicht) zur Messung notwendig. Darüber hinaus kann die Farbmetrik auch zur Farbmessung von Rohtextilien benutzt werden, die mit einer gewissen Brillanz ausgefärbt werden sollen. Dabei kann durch Vergleich der Remissionskurve der Rohtextilie und der Färbung sofort gesagt werden, ob eine Vorbleiche notwendig ist oder nicht. Das Material muß dann vorgebleicht werden, wenn die Remissionskurve der Rohware ganz oder teilweise unter der der Färbung liegt und damit von vornherein mehr Licht absorbiert als die Färbung. Ähnliches gilt auch für Umfärbungen, deren Ausmessung die Möglichkeit des vorherigen Abziehens angibt oder ausschließt.

Ausgedehnte Versuche der *BASF* (Dr. K. Thurner)[1] haben ergeben, daß die visuelle Musterung von versierten Fachleuten meist bei der Schätzung von Farbunterschieden von 5% (z. B. in Reihen mit 0,8%, 0,85%, 0,9%) des verwendeten

---

[1] Melliand Textilberichte 4/5/6 — 1964.

Farbstoffes seine äußerste Grenze hat, durch farbmetrische Messungen jedoch 2%ige Unterschiede noch mit ausreichender Sicherheit festgestellt werden können. Das wurde nicht nur bei der Beurteilung von gleichen, sondern auch von gering unterschiedlichen Farbtönen festgestellt.

2. Farbmeßgeräte

Die Bauelemente der Meßgeräte bestehen grundsätzlich aus der *Lichtquelle*, die bei guten Geräten für mehrere Normlichtarten eingerichtet ist, dem *Monochromator*, dem *optischen System*, welches das reflektierte oder transmittierte Licht der Probe in mehr oder weniger breite Wellenlängenbereiche aufteilt, und dem *lichtelektrischen Empfänger*. Diese Einrichtungen werden als *Meßgeometrie* bezeichnet, durch deren Qualität der mehr oder weniger große Einsatzbereich des Gerätes bestimmt wird. Die Abb. 10 zeigt den *Spectromat FS 2 (Pretema)* und die Abb. 11 das Schema der Meßgeometrie dieses Gerätes.

Der **Spectromat FS 2** ist ein *Spektralfilterphotometer* und besteht aus dem *Meßkopf*, in dem das Beleuchtungssystem als *Ulbricht'sche Kugel* untergebracht ist. Das Gerät ist für diffuse und bei Transmissionsmessungen auch für gerichtete Beleuchtung (45°/0°) eingerichtet. Der Meßkopf kann zur Einbringung der Probe (PR) sowohl vertikal als auch horizontal frei bewegt werden. Die diffuse Beleuchtung schaltet die durch unebene Oberflächen der Proben oder deren Glanz auftretenden Störungen aus. Die Proben sollten trotzdem in möglichst ebener Aufmachung gemessen werden. Das *optische System* (OS) parallelisiert das remittierte oder transmittierte Licht und leitet es den 25 *Interferenzfiltern* (I), die in einem *Filterrad* (FR) untergebracht sind, zu. Durch dieses Filterrad werden alle Filter innerhalb von 0,2 sec. in den Strahlengang eingebracht, die entsprechenden Wellenlängen ausgefiltert und nebeneinander dem *Photovervielfacher* (Ph), *Reguliersystem* (R), *Verstärker*

Abb. 10. Spectromat FS 2 mit digitalem Integrator *(Pretema)*

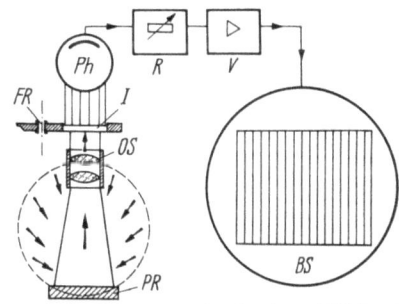

Abb. 11. Prinzipschema des Spectromat FS 2 und der Remissionskurve eines weißen, energiegleichen Spektrums

(V) und dem *Bildschirm* (BS) zugeleitet. Durch die angegebenen Einrichtungen wird das Licht in den sichtbaren Wellenbereich von 380—720 mμ in einer mittleren Bandbreite von 8—10 mμ mit 25 Werten abgetastet und erscheint als Remissions- oder Transmissionskurve simultan und kontinuierlich auf dem 10 · 10 cm-Bildschirm. Von dort können die Kurven entweder in Diagrammblätter übernommen oder fotografiert werden. Durch Einschaltung elektrischer Widerstände können dem Gerät die Normlichtarten A und C bzw. die Tristimulusfunktionen x, y, z fest eingegeben werden. Der *Spectromat FS 2* arbeitet normalerweise mit der Normlichtart E, welche ein energiegleiches Spektrum ergibt. Dem Gerät kann ein *digitaler Integrator* angeschlossen werden, mit dem die Normfarbwerte X, Y, Z integriert und daraus die Normfarbwertanteile x, y, z einfach errechnet werden können $x = \dfrac{X}{X+Y+Z}, y = \dfrac{Y}{X+Y+Z}$. Das Gerät, gekoppelt mit dem Integrator, kann auch von nicht wissenschaftlich vorgebildetem Personal bedient werden. Es wird mit Integrator zum Preis von 66000 DM abgegeben.

Als **Spektralphotometer** wird ferner von der *International General Electric*, New York 17, N.Y./USA das *Hardy-Spektralphotometer* mit Registrierung (19 · 25 cm Kurvenblatt) und einer Probengröße von 3,2 cm ⌀ (in Sonderausstattung 1 · 1 cm) auf den Markt gebracht (80000 DM), welches mit Integrator für 120000 DM erhältlich ist. *Bausch & Lomb*/USA (Kundendienst: S. Brückl, München 59, Rosamundstr. 9) hat das Spektralphotometer *Spectronic 505* als registrierendes Gerät für etwa 25000 DM im Handel, welches auch die UV-Messung neben der im sichtbaren Lichtbereich gestattet. Von der USA-Firma *Beckman Instruments* bzw. deren deutscher Schwesterfirma in München 45, Frankfurter Ring 115, wird für 60000 DM das *Beckman DK 2* vertrieben, welches Messungen im UV-, sichtbaren und IR-Bereich (220—2500 mµ) registrierend erlaubt. Die Kurvenblattgröße beträgt 38 · 25 cm und ist variabel. Für 35000 DM wird von *Carl Zeiß*, Oberkochen/Württ. als *PMQ 20* ein registrierendes Gerät für den Bereich von 360—2500 mµ und nichtregistrierend das *PMQ 2* für 15000 vertrieben. Die bisher genannten Geräte sind Spektralphotometer, die sich für Totalmessungen eignen.

Für die Messung von Farbdifferenzen genügen meist die weit billigeren **Dreifilterphotometer** *(Tristimulusfilter)*, mit denen man die Normfarbwerte (X, Y, Z) der entsprechenden Normlichtart direkt ausmessen kann. Die Durchlässigkeit der Filter und die Empfindlichkeit des Empfängers erlaubt ferner die Aufnahme der 3 Normalspektralwertkurven (x, y, z). Diese Geräte sind zur Messung von bedingt gleichen (metameren) Farben nicht geeignet und werden hauptsächlich für die Produktionsüberwachung verwendet, bei der nur Farbabweichungen von Färbungen gemessen werden, die mit gleichen Farbstoffen hergestellt wurden. Von CARL ZEISS wird als *Elrepho* ein Gerät mit 7 Filtern hergestellt, welches auch Fluoreszenzmessungen gestattet und für 7500 DM erhältlich ist. Als *Colormaster* wird von der *Manufacturers Engineering and Equipment Corp.*, Warrington, Penn./USA für 6000 DM ein Dreifiltergerät vertrieben, welches auch zum Ausmessen der Farben für den *I.M.P.-Service* der *ICI* (S. 25) empfohlen wird. Daneben wird ein 16 Filtergerät als *Color Eye* von der *Instrument Development Laboratories Inc.*, Attleboro, Mass./USA für 22000 DM angeboten. Die angeführten Geräte stellen nur eine Auswahl der Einrichtungen dar.

Als Farbmessungs-Beispiele sind in den Abb. 12 und 13 Nachfärbungen von Vorlagemustern gezeigt, die mit dem *Spectromat FS 2* ausgemessen wurden. Die Abbildungen zeigen Remissionskurven von 2 metameren Färbungen mit den jeweils verwendeten Farbstoffen, die im Endeffekt zur Matemerie führten. Die Abb. 14 und 15 zeigen Nachstellungen eines Musters mit einer 3- und einer 2-Farbenmischung und gleichen Remissionskurven als Endwerte. Als Remissionskurven

Farbmessung und Farbmetrik

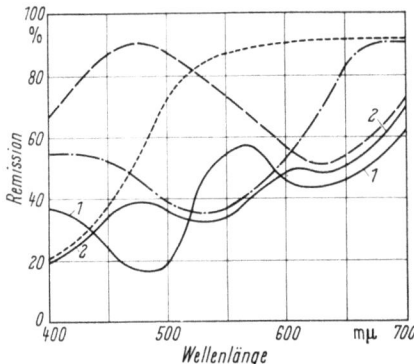

Abb. 12. Remissionskurven zweier bedingt-gleicher Färbungen (*1, 2*) mit den Remissionskurven der drei Nachstellungsfarbstoffe für Färbung 2.
... gelb; —.—.— rot; — — — blau

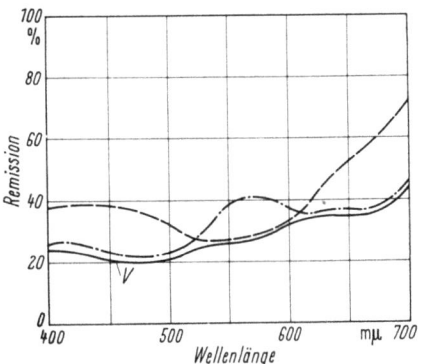

Abb. 13. Remissionskurven der zwei Nachstellungsfarbstoffe für die Färbung 1 der Abb. 12.
—.—.— orange; — — — blau

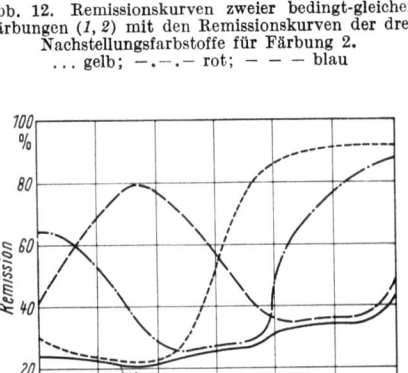

Abb. 14. Remissionskurven der drei Nachstellungsfarbstoffe für die Mustervorlage V.
.... gelb; —.—.—. rot; — — — blau

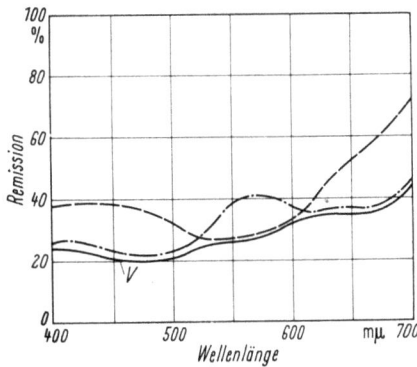

Abb. 15. Remissionskurven der zwei Nachstellungsfarbstoffe für die Mustervorlage V (s. Abb. 14).
—.—.— grün; — — — orange

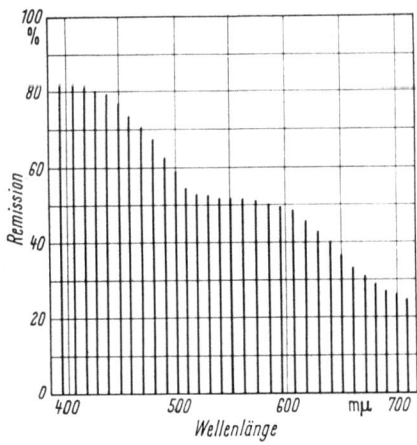

Abb. 16. Remissionskurve einer Mustervorlage (Spectromat)

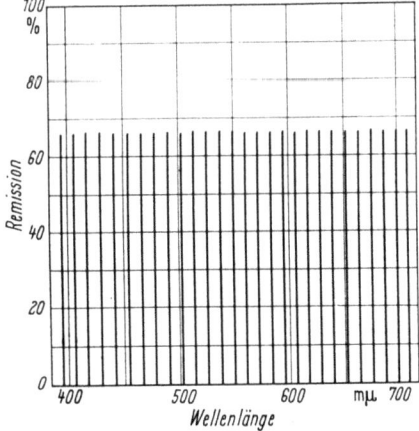

Abb. 17. Mit Hilfe des Spectromat-Reguliersystems erzeugte einfache Referenzverteilung der Farbvorlage der Abb. 16

erscheinen selbstverständlich keine, wie in den Abb. 12 bis 15 gezeigt, sondern die Kurven werden durch entsprechende Säulen markiert, wie sie in den Abb. 16 bis 18 sichtbar sind. Diese zeigen zuerst die Remissionskurve einer Mustervorlage (Abb. 16), die mittels des Spectromat-Reguliersystems in eine Gerade gebrachte Remissionskurve der Vorlage (Abb. 17) und schließlich die Remissionskurve der Nachfärbung (Abb. 18) mit den noch bestehenden Abweichungen. Dabei ist sofort ersichtlich, daß durch Nachsatz von entsprechenden Farbstoffen das Vorlagemuster noch erreicht werden kann, da die Kurve der Nachfärbung über der des Vorlagemusters liegt. Ist das nicht der Fall, muß vor der nachfolgenden Färbung aufgehellt bzw. abgezogen werden.

Wie bereits erwähnt, ist die Farbmetrik nicht in der Lage, den Färber oder Coloristen zu ersetzen. Sie kann nur als wertvolles Hilfsmittel betrachtet werden.

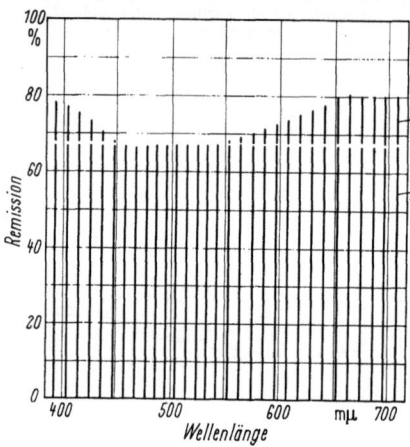

Abb. 18. Auf die horizontale Referenzverteilung (2) der Vorlage und die auf die Vorlage bezogene Verteilung der Nachfärbung (1)

Die Voraussetzungen für eine verläßliche Messung müssen möglichst vollkommen sein. Dabei muß immer berücksichtigt werden, daß die Messungen nur relativ, gefärbte Textilien keineswegs homogene Körper sind und vor allem bei unruhig oder streifig-gefärbten Waren, auch bei Verwendung von Meßgeräten mit der Möglichkeit, große Probenabschnitte ausmessen zu können, gewisse Schwankungen in den Kurven und Meßwerten nicht immer zu vermeiden sind. Die Proben sollen möglichst mit gleicher Feuchtigkeit ausgemessen werden, da zu feuchte Proben, wie auch bei visueller Betrachtung, dunkler erscheinen und auch so ausgemessen werden. Das gilt auch für verschmutze Textilien.

Gute Meßgeräte arbeiten mit diffusem Licht, so daß Glanzeffekte weitgehend ausgeschaltet sind. Garne werden dicht auf Kärtchen gewickelt oder in spezielle Klammern gespannt, um Einflüsse der Unterlage zu vermeiden. Die Farbmetrik ist nicht in der Lage, Aussagen über das günstigste Färbeverfahren zu machen, ferner ist es nicht möglich, mit der Messung wechselnde Flottenverhältnisse oder andere technologische Umstände der Applikation zu berücksichtigen und es wird der Fachmann die Werte mit seinen Erfahrungen koppeln müssen. Bei der Rezeptierung wird man die durch die Farbmetrik gefundenen Farbstoffmengen in gewissen Grenzen reduzieren müssen, doch werden die Meßergebnisse immer die für die Nachstellung brauchbaren Farbstoffe angeben und damit in den meisten Fällen mit einer geringeren Anzahl Nuanciernachsätzen auszukommen sein. Praxiserfahrungen haben gezeigt, daß meist 2 Nachsätze ausreichen.

Obwohl die Farbmessung von den Farbstoffherstellern bereits seit längerer Zeit eingesetzt wird, hat sie in der Betriebspraxis erst in den letzten Jahren größere Bedeutung erlangt, da der Preis guter Geräte verhältnismäßig hoch ist, der Einsatz nicht nur eine praktische, sondern auch eine organisatorische Frage ist und eine längere Vorbereitungszeit erfordert. Die Unternehmer scheuten teilweise vor der Anschaffung von Meßgeräten zurück, als sie merkten, daß sie damit den Fachmann nicht ersparen können und sich damit in ihren Erwartungen getäuscht sahen. Ein Hauptgrund liegt jedoch darin, daß es leider bisher nicht möglich war, die Meßergebnisse für Farbdifferenzen so weit verbindlich zu erklären, daß die kostspieligen und unangenehmen Auseinandersetzungen bei der Feststellung der Musterkonformität vermieden werden konnten. Es ist jedoch zu hoffen, daß sich auf diesem Gebiet in nächster Zeit weitere Fortschritte einstellen werden, da sich bereits eine große Zahl von Instituten mit der Farbmessung beschäftigen und wahrscheinlich auch Textilprüfanstalten in Bälde in der Lage sein werden, Farben zu messen und verbindliche Angaben über die Musterkonformität machen werden.

Verschiedene Farbstoffhersteller haben einige ihrer Musterkarten mit Remissionskurven im sichtbaren und IR-Bereich sowie 3 Normalspektralwerte (x, y, Y = trichromatische Werte) für eine helle, mittlere und dunkle Färbung ausgestattet (Färben von Baumwolle mit Küpenfarbstoffen No. 68 D/*Francolor*). Die IR-Reflexion hat vor allem militärtechnische Bedeutung und wird in der angeführten Musterkarte ebenfalls für 3 Färbungen mit ihren Helligkeitswerten und den Prozenten ihrer IR-Reflexion angegeben. Es ist zu erwarten, daß auch andere Farbstoffhersteller diesem Beispiel folgen werden.

Von der *Imperial Chemical Industries Ltd.*, Dyestuffs Division, Manchester/England (*ICI*) wurde erstmalig die Farbmessung direkt in den Dienst des Färbers und Druckers gestellt. Als **Instrumentelle Muster Programmierung** *(I.M.P.=Instrumental Match Prediction)* wird die Rezeptierung von Vorlagemustern vom Farbstoffhersteller übernommen. Über das System dieses Dienstes unterrichtet die Tab. 5. Im Prinzip wird das a) Vorlagemuster entweder mit einem Dreifiltergerät (Tristimulus) — es wird dafür der Colormaster (S. 22) empfohlen, aber nicht vorgeschrieben — vom Färber oder Drucker mit seinen XYZ-Werten ausgemessen,

Tabelle 5. *Schema des I.M.P.-Services der ICI für das Färben und Drucken*

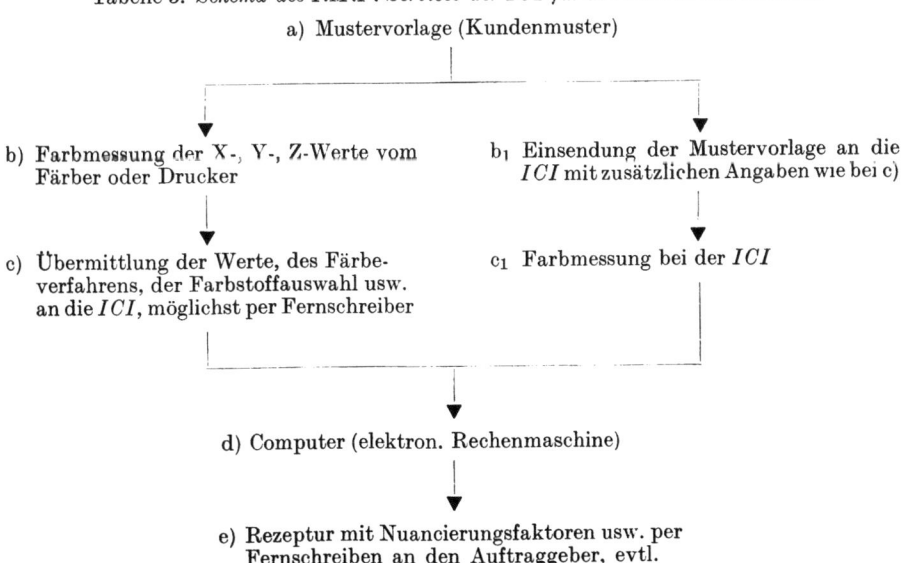

(b) und diese Werte der *ICI* per Fernschreiben übermittelt (c). Es kann jedoch auch das Vorlagemuster direkt der *ICI* übersandt und dort ausgemessen werden (b_1, c_1). Dabei werden der *ICI* alle technologischen Wünsche wie Flottenverhältnis, Färbeverfahren, Farbstoffauswahl usw. im Fernschreiben oder auf andere Art im Code oder Klartext aufgegeben, die von der elektronischen Rechenmaschine (es wird ein *Elliot Digital Computer* verwendet) berücksichtigt und durch Iteration das Farbrezept ausgerechnet (d) und wieder per Fernschreiben an den Auftraggeber weitervermittelt (e). Der I.M.P. ist inzwischen für die Rezeptierung von 12 Farbstoffkassen der *ICI* eingerichtet worden. Zur Nachprüfung der Rezeptur, die vom Computer geliefert wird, kann von der *ICI* eine Laborvergleichsfärbung vor der Übermittlung der Daten an den Kunden vorgenommen werden. Im Computer sind als Datenspeicher alle Möglichkeiten eingegeben, die in der Praxis vorkommen. So kann der Rechenmaschine vorgeschrieben werden, daß sie die Rezeptur nur mit Farbstoffen mit der maximalsten Licht-, Chlor- oder anderer Echtheiten auswählt, die Nuance das geringste Ausbluten zeigt, die billigsten, oder nur die Farbstoffe verwendet werden, die der Auftraggeber im Lager hat. Ist eine Rezeptierung mit gewissen Zielen, z. B. den Farbstoffen des Kunden, nicht möglich, wird diese Tatsache vom Computer vermerkt. Daneben werden von der *ICI* auch sog. ,,Nuancierungsfaktoren" über den Computer ermittelt, die angeben, welche Farbstoffe nachgesetzt werden müssen, wenn das Muster nicht voll der Vorlage entspricht, wie es bei Verwendung von anders gefärbten Rohmaterial vorkommen kann.

Die bisherigen Erfahrungen mit dem I.M.P. haben ergeben, daß 50% der ermittelten Werte bei der Nachfärbung der Vorlage entsprachen und bei den anderen 50% durch einen Nachsatz die Vorlage erreicht wurde. Für die Praxis ist jedoch ein Abbrechen der errechneten Farbstoffmengen um 20—25% ratsam. Der I.M.P. ermöglicht eine Rezeptierung innerhalb von 24 Std., ganz gleich, wo der Auftraggeber domiziliert. Durch ein eigenes Code-System werden die Fernschreibkosten auf das unumgänglichste Maß eingeschränkt. Trotz der Erleichterung, die der IMP dem Koloristen bringt, kann dieser Dienst die Anstellung eines guten Fachmannes gleichfalls nicht entbehrlich machen. Von der *American Cyanamid Co.*, Bound Brook N.Y./USA besteht bereits ein ähnlicher Dienst, der als *Computer-Color-Matching Service* (CCMS) bekannt geworden ist. Elektronische Rechner für die Färberei werden auch von der Fa. *Davidson & Hemmendinger/ USA* als *Colorant-Mixture-Computer* (COMIC) angeboten.

Von der *BASF* wurde inzwischen zur Erleichterung des Färbers die *Colorthek* herausgegeben. In der Musterkarte dieser Information wurden 1320 Nuancen illustriert, die im Textband mit den entsprechenden Rezepturen für das Färben von Wolle, Polyester-, Polyacrylfasern, Mischungen von Wolle mit Polyester- bzw. Polyacrylfasern versehen sind. Daneben sind für alle Färbungen auch die wichtigsten Echtheiten der Färbungen angegeben. Im Kurvenband sind die Remissionskurven der Farbstoffe aufgeführt. Die Colorthek wird in den nächsten Monaten mit allen Rezepturen ergänzt, welche mit den Farbstoffen der *BASF* auf den noch fehlenden Materialien erreichbar sind und auch deren Echtheiten angegeben.

Ein weiteres Gebiet der Farbmessung in der Textilfärberei ist die Bestimmung von Restfarbstoff in Färbebädern, um deren Ausziehgrad zu messen. Zu diesem

Zweck werden einfache **kolorimetrische Methoden** verwendet bzw. der Färber schätzt visuell, wieviel Farbstoff im Bad verblieben ist und evtl. durch verlängerte Färbezeiten noch auf die Faser aufziehen und damit die Nuance verändern kann. Diese Schätzungen sind vor allem in der Wollfärberei üblich und notwendig, da die meisten Wollfarbstoffe zum größten Teil auf die Faser ziehen und stärker angefärbte Bäder ein Zeichen für ungenügende Baderschöpfung sind, die durch eine verlängerte Behandlung korrigiert werden kann. Beim Färben eines Großteils der synthetischen Fasern sind diese Feststellungen ebenfalls üblich. Bei Zellulosefasern ist die kolorimetrische Bestimmung oder Schätzung vor allem beim Färben von dunklen Farbtönen unzuverlässig, da die Bäder meist nur unvollkommen erschöpft werden.

Die laboratoriumsmäßige *Bestimmung des Ausziehgrades* von Färbebädern wird jedoch beim Vergleich von Einzelfarbstoffen, unterschiedlichen Färbebedingungen usw. häufiger eingesetzt. Dabei werden die Behandlungsbäder in gleichdimensionierten Glasbehältern mit Lösungen bekannten Farbstoffinhalts verglichen. Der Ausziehgrad kann außerdem laufend mittels einer Fotozelle kontrolliert und über Punktschreiber festgehalten werden. Derartige Geräte werden jedoch meist nur vom Farbstoffhersteller benützt, sie wurden aber in den letzten Jahren auch in *Dyeometern* und anderen *Laboratoriumsfärbeapparaten* (z. B. dem Praxitest System Ellner/*Quarzlampen*) verwendet. Diese Untersuchungen werden hauptsächlich für Einzelfarbstoffe verwendet, da die Fotozelle nicht den Farbton der im Bad verbliebenen Farbstoffe, sondern nur die Helligkeit der Bäder registriert. Zur Messung von Farbstofflösungen, die mehrere Farbstoffe enthalten, können diese Messungen nur zur Bestimmung der gesamten, im Behandlungsbad verbliebenen Farbstoffe herangezogen werden, der Anteil der an der Mischung beteiligten Einzelkomponenten im Restfärbebad kann so nicht bestimmt werden. Für diese Zwecke werden die im Kapitel *Farbmeßgeräte* angegebenen Einrichtungen benützt, die Transmissionsmessungen zulassen; Mit diesen ist es möglich, sowohl die Menge eines Einzelfarbstoffes, als auch die der Farbstoffmischung zu bestimmen. Bei Farbstoffmischungen müssen allerdings zur Bestimmung der Einzelkomponenten die entsprechenden Transmissionskurven mit entsprechenden Kurven, der an der Mischung beteiligten Einzelfarbstoffe, verglichen werden.

Beim **Abmustern**, dem visuellen Vergleich der Färbung bei Tageslicht mit dem Vorlagemuster, soll die *Auf-* und *Übersicht* möglichst gleich sein. Die Übersicht ist vor allem beim Färben von Wolle wichtig, da deren „Blume" (Fülle) für die Lebhaftigkeit der Färbung verantwortlich ist. Beim Abmustern von Teppichgarnen muß neben der Auf- und Übersicht auch der Schnitt der Garne, wenn sie zu Velourteppichen verarbeitet werden, übereinstimmen. Daneben wird in steigendem Maße das Abmustern bei normalen Glühlampenlicht (Abendfarbe) verlangt um die Veränderung bei dieser Beleuchtung zu prüfen, die verschiedentlich von der Nuance bei Tageslicht stark abweicht und wenn möglich, durch Verwendung der Farbstoffe eingeschränkt werden soll, die auch beim Vorlagemuster verwendet wurden. Beim Abmustern muß direktes Sonnenlicht vermieden werden und auch Musterzimmer, die nach Norden gebaut sind, dürfen durch Reflexion des Lichtes von gefärbten Wänden nicht beeinflußt werden. Vorteilhaft ist eine neutral grau gestrichene, dem Musterzimmer gegenüberliegende Mauer, die das Tageslicht nicht beeinflußt. Um auch bei fehlendem Tageslicht das Abmustern vorzunehmen, werden von der Industrie eine Reihe von *Tageslichtlampen* angeboten, die zwar das Tageslicht weitgehend ersetzen, für absolute Übereinstimmung mit dem Tageslicht jedoch nur eingeschränkt verwendbar sind. Für die Brauchbarkeit dieser Geräte werden von verschiedenen Firmen Musterkarten herausgegeben (z. B. „Färbungen zur Prüfung von Tageslichtlampen"/*Bayer*), welche metamere Färbungen nebeneinander enthalten, die am Tageslicht gleich, in der Abendfarbe jedoch stark voneinander abweichen. Je brauchbarer die Tageslichtlampen sind, desto weniger zeigen die Färbungen bei Beleuchtung mit diesen Lampen Nuanceabweichungen. Oft werden die Färbungen bei Tageslicht und unter Tageslichtlampen abgemustert bzw. das Abmustern nur im verdunkeltem Raum mit diesen Geräten vorgenommen um Einflüsse des wechselnden Tageslichtes ganz auszuschalten.

C. Textilfarbstoffe

Zum Färben und Bedrucken textiler Faserstoffe werden heute ausschließlich organische Produkte verwendet, deren erster Vertreter, das *Mauvein*, von PERKIN 1856 synthetisch hergestellt wurde. Vorher wurde jedoch schon die Pikrinsäure als Seidenfarbstoff verwendet. Man ist geneigt, die Zeit vor der Auffindung des Mauveins als „farblos" abzutun. Das ist jedoch keineswegs der Fall, da damals eine Vielzahl von Naturprodukten, anorganischen oder auch organischen Ursprungs, zur Färbung zur Verfügung standen. Allerdings waren die Färbemethoden langwieriger und wurden oft als Geheimnisse betrachtet. Die meisten Hersteller von *Anilin-*, *synthetischen, organischen* oder *Teerfarbstoffen* sind aus Firmen hervorgegangen, die sich früher mit dem Handel von Naturfarbstoffen beschäftigten und sich erst in der 2. Hälfte des 19. Jahrhunderts der Eigenherstellung zuwandten. Der Entdeckung des Mauveins folgten in rascher Folge Farbstoffsynthesen der bereits aus Naturprodukten bekannten Färbemittel (z. B. Indigo, Alizarin usw.) und anderer, in der Natur nicht vorkommender Farbstoffe. Die chemische Industrie erlebte durch die Farbstoffsynthesen einen nie genannten Aufschwung und man stellte auf Grund der Erkenntnisse aus den Synthesen Produkte für die verschiedensten Zwecke her.

Die vom Verbraucher gewünschten Farbtöne, die unterschiedlichen Verwendungszwecke, denen die Fertigtextilien ausgesetzt sind, und damit notwendigen Echtheiten der Färbung und nicht zuletzt, die große Zahl der im Gebrauch stehenden Faserrohstoffe haben zu einer Vielzahl von Farbstoffgruppen und Einzelfarbstoffen geführt, die auf Grund ihrer Konstitution die mannigfaltigsten Applikationsverfahren erfordern. Es kann nicht Aufgabe dieses Buches sein die Zusammenhänge zwischen Farbstoffkonstitution, Echtheit der Färbung und Färbeverfahren erschöpfend zu erläutern und es muß deshalb auf die kurzen Angaben am Eingang zu den Beschreibungen der einzelnen Färbeverfahren und auf entsprechende Spezialliteratur[1] verwiesen werden. Von der *Society of Dyers and Colourists*, Bradford/England wurde als *Colour-Index* (2. Aufl. 1959) ein 5bändiges Werk herausgebracht, welches sämtliche Farbstoffe mit den bisher bekannten Konstitutionen usw. enthält und die dort aufgeführten Produkte unter einer No. und der Bezeichnung C. I. gesucht werden können.

---

[1] z. B. RATH, H.: Textilchemie. Berlin/Göttingen/Heidelberg: Springer 1963.

1. Handelsformen, Benennung und Typenbezeichnung

Textilfarbstoffe kommen als wasserlösliche oder wasserunlösliche Produkte auf den Markt. Zur Verwendung in der Färberei werden sie hauptsächlich als *Pulver* bezogen, wenn auch in letzter Zeit die *Teig-* (*Pasten-*) sowie *flüssigen Formen* stärker eingesetzt werden. Pulverfarbstoffe haben den Vorteil, daß sie in Büchsen, Sperrholz- oder Eisenfässern, z. T. auch in Pappfässern, leicht transportiert werden können und bei Überseetransporten keine besonderen Vorsichtsmaßnahmen erfordern. Nachteilig ist bei sehr feinen Ausmahlungen das Stauben der Farbstoffpulver, welches zu größeren Verlusten bzw. Verunreinigungen anderer Farbstoffe führen kann, wenn die Behälter nicht verschlossen gehalten werden. Viele Farbstoffhersteller haben einige ihrer Produkte als *Granulate* (Körner) herausgebracht, die sich ebenso leicht wie Pulverprodukte dosieren lassen und das unangenehme Stäuben weniger aufweisen. Wegen der leichteren Verteilung in den Verdickungen sind Teig- oder Pastenfarbstoffe hauptsächlich in der Druckerei üblich. In letzter Zeit wird diese Aufmachung jedoch auch in der Färberei verwendet und dann, wegen der einfacheren Dosierung, als möglichst *gießfähige Pasten* hergestellt. Höherviskose Pasten werden wegen der umständlichen Handhabung vom Färber jedoch ungerne verwendet, da sie bei unsauberer Arbeitsweise zu größeren Verlusten führen. Ein Stäuben ist jedoch ausgeschlossen. Pasten und auch Flüssig-Farbstoffe haben den Vorteil, daß sich die Farbstoffpartikel schneller lösen lassen, da eine besondere Benetzung wie bei Verwendung von Pulvern, nicht notwendig ist. Vielfach sind Farbstoffpasten oder Flüssig-Marken wegen der zugesetzten Hilfsmittel, die eine schnellere Lösung oder besseres Dispergieren ermöglichen, schwächer als die Pulvermarken. Ein Nachteil einiger Pastenfarbstoffe ist die Möglichkeit des *Ausfrierens*, das oft bereits bei wenigen Graden unter 0 °C eintritt und zur Unbrauchbarkeit der Produkte führt. Die von der *BASF* herausgebrachten, flüssigen Indanthren- (Küpen-), Palanil-(Disperions-) und Basacryl-(kationischen)Farbstoffe können nach dem Einfrieren durch vorsichtiges Auftauen und ausreichendes Homogenisieren (Durchrühren) wiederverwendet werden. Die Anzahl der in den angegebenen Farbstoffgruppen erhältlichen Flüssig-Marken befindet sich noch im Aufbau. Ein weiterer Nachteil der Pasten und Flüssig-Farbstoffe ist das *Austrocknen* bei unsachgemäßer Lagerung, vor allem wenn die Behälter offen bleiben. Es bildet sich dann bei Teigmarken an der Oberfläche eine dicke Haut, die schwer löslich ist, den Farbstoff in verstärkter Konzentration enthält und damit für eine einwandfreie Dosierung unbrauchbar ist und deshalb verworfen wird. Die *BASF* liefert ihre Flüssigfarbstoffe in Kunststoffkanistern, welche eine schnelle Dosierung erlauben und die kleine Gießöffnung der Kanister ein Austrocknen der Produkte kaum zuläßt. Die Vorteile der Flüssig- und z. T. auch Pasten-Farbstoffe besteht in der geringen Migrationsneigung beim Trocknen von Stückwaren, die mit diesen Farbstoffen foulardiert wurden. Es werden diese Farbstoffe vor allem für die Kontinuefärberei empfohlen, wo sie auch wegen der leichten Dosierbarkeit Vorteile bieten.

Besondere Aufmerksamkeit haben in den letzten Jahren die Farbstoffhersteller auf die Feinverteilung ihrer Produkte durch entsprechende *Feinmahlungen* gelegt, da dadurch eine verbesserte Löslichkeit oder Dispersion von wasserunlöslichen Farbstoffen zu erzielen ist. Es werden die besonderen Feinmahlungen (mikrodispers, mildispers, Pulver fein, ultrafein usw.) als Granulate, Pasten und

Flüssig-Farbstoffe verwendet. Die besonderen Feinmahlungen sind vor allem bei Küpen- und Dispersionsfarbstoffen üblich. Die meisten Farbstoffe kommen nicht als 100%ige Produkte auf den Markt *(Fabrikationstypen)* sondern werden mit verschiedenen *Stellmitteln* verschnitten um die Farbstoffe z. T. abzuschwächen bzw. ihre Löslichkeit oder Dispersion zu verbessern. Die Abschwächung ist im Interesse der Verbraucher wichtig, da durch Verwendung von unverschnittenen Farbstoffen beim Nuancieren auch mit Kleinstmengen der Produkte, eine starke Nuanceverschiebung eintreten würde. Als *Verschnittmittel* kommen Glaubersalz, Kochsalz, Lösungsvermittler (hydrotrope Substanzen), Dispergiermittel, Entschäumer und bei Pastenprodukten noch Wasser, hygroskopische und konservierende Substanzen, die ein Austrockenn bzw. Schimmelbefall verhindern, in Betracht. Von den einzelnen Farbstoffen sind meist mehrere Konzentrationen, neben der Möglichkeit die Produkte als Pasten oder in flüssiger Form zu erhalten, im Handel, die entweder mit Zusatzbezeichnungen wie konz., hoch konz., extra konz. versehen sind oder in den Musterkarten mit Verhältnisszahlen wie z. B. 50:100, 70:100 versehen sind. Es bedeutet dabei, daß die höher konzentrierte Marke 50:100 nur mit der Hälfte eingesetzt werden muß um die Farbtiefe des *Normaltyps* zu erreichen. Einige Farbstoffhersteller geben ihre Konzentrationerhöhung auch mit Prozentzahlen an, wie z. B. 150%ig, 120%ig usw. Dabei wird zur Erreichung der Farbtiefe mit dem 150%igen Farbstoff nur die Hälfte beim 120%igen 20% weniger Farbstoff wie vom Normaltyp eingesetzt. Die Angaben konz., hoch konz. oder extra konz. geben zwar graduelle Stärkeunterschiede der gleichen Produkte an, — die Bezeichnungen sind auch für Textilhilfsmittel üblich — über die perzentuelle Verstärkung gegenüber dem Normaltyp, sind jedoch ohne entsprechende Zahlenangaben, keine verbindlichen Schlüsse möglich.

Die Farbstoffhersteller haben die Einzelfarbstoffe der einzelnen Gruppen unter *Sammelnamen* zusammengefaßt, die nur eingeschränkt etwas mit der Konstitution, dem Verwendungszweck oder der mit ihnen zu erzielenden Echtheiten zu tun haben. Verschiedentlich wird jedoch ein Zusatzwort verwendet, welches höhere Echtheiten (z. B. -echt-, -licht-, -walk- usw.) dokumentiert bzw. auch auf Produkte hinweist, die zu ihrer Herstellung verwendet wurden (z. B. Alizarin- usw.). Weiter enthält der Farbstoffname noch die Nuance, die mit ihm zu erreichen ist. Allerdings werden von den verschiedenen Herstellern chemisch gleiche Produkte unter verschiedenen Sammelnamen und auch mit unterschiedlichen Nuancebezeichnungen versehen, so daß das gleiche Produkt von einem Hersteller als „Blau" vom anderen z. B. als „Violett" erhältlich ist. Einige Farbstoffgruppennamen weisen auch auf den Hauptverwendungszweck der Produkte in offener oder verschlüsselter Form hin, z. B. Halbwoll-(Union-), Polyestren-/*Cassella* (Farbstoffe für Polyesterfasern), Baumwoll-, Visco- u. a. Farbstoffe.

Man ist bemüht in die Palette der einzelnen Farbstoffgruppen nur *einheitliche Farbstoffe* aufzunehmen. Das sind Farbstoffe, die nur sehr geringe Beimischungen von anderen Farbstoffen enthalten, die zur Einstellung der Nuance des Normaltyps notwendig sind, da die aus der Produktion kommenden Farbstoffe immer von diesem Typ geringfügig abweichen. Da es jedoch nicht immer möglich ist, für alle Farbtöne einer Gruppe, einheitliche Produkte herzustellen, werden in die einzelnen Gammen auch *Farbstoffmischungen* aufgenommen, die aus mehreren Produkten der entsprechenden Farbstoffklasse stammen. Auch diese Farbstoffmischungen werden *typkonform*, d. h. dem einmal eingeführten Normaltyp gleich, ausgeliefert. Obwohl man bei der Zusammenstellung der Farbstoffmischungen bemüht ist, möglichst Produkte mit gleichen färberischen Eigenschaften zu verwenden, egalisieren diese doch in der Regel etwas schlechter als die einheitlichen Produkte. Der Färber ist deshalb bemüht, einheitliche Farbstoffe zu verwenden, die er nach Bedarf durch Zu- oder Nachsatz von anderen Farbstoffen nuanciert. Ob es sich um Farbstoffmischungen handelt, kann vom Hersteller erfragt oder durch eigene Prüfungen festgestellt werden. Man bläst bei diesen Prüfungen eine Kleinstmenge pulverförmigen Farbstoff gegen feuchtes Filterpapier, das man evtl. zur schnelleren Lösung der Farbstoffpartikel, kurz über eine Flamme hält. Diese Prüfung ist jedoch nur bei wasserlöslichen Farbstoffen möglich und versagt dann, wenn die zu prüfenden Produkte nicht als Pulver, sondern als Lösungen vermischt wurden, bzw. wenn es sich um wasserunlösliche Farbstoffe handelt.

Die Einzelfarbstoffe haben in der Regel noch besondere Zusatzzahlen bzw. -buchstaben, die vom Hersteller willkürlich, auf Grund des damit zu erzielenden Farbtons, gewählt werden. Meist geben sie die Nuancerichtung eines Farbstoffes im Verhältnis zu anderen Produkten der gleichen Nuance an. So ist z. B. ein Blaufarbstoff mit der *Typenbezeichnung* 3 R röter als ein solcher mit der Bezeichnung R bzw. B oder 3 B. Daneben können diese Zusätze auch besondere Rohstoffe angeben, die bei der Herstellung verwandt wurden (z. B. H für H-Säure) oder weisen auf besonders hohe Echtheiten hin wie z. B. „LL" für hohe Lichtechtheit, „F" oder „I", wenn die Färbungen mit dem *FELISOL*- oder *INDANTHREN*-*Warenzeichen* ausgezeichnet werden können. In vielen Fällen haben die Zusatzbezeichnungen für den Verbraucher wenig Sinn und nur der Hersteller weiß, welche Bedeutung sie haben. Leider gibt es keine Absprachen unter den Farbstoffherstellern, diese Bezeichnungen zu normieren und man kann keineswegs darauf schließen, daß Farbstoffe der gleichen Klasse, mit gleichen Typenbezeichnungen, jedoch von verschiedenen Herstellern nach ihrer Konstitution die gleichen Produkte sind und gleiche Farbstärke haben. Bei verschiedenen Farbstoffklassen verwenden allerdings einige Hersteller gleiche Typenbezeichnungen. Daneben erscheinen des öfteren auch in der Fachpresse vergleichende Listen mit den Einzelfarbstoffen gleicher Konstitution, die jedoch über die unterschiedliche Farbstärke keine Auskunft geben (s. auch Colour-Index S. 28).

Bei der *Lieferung von Farbstoffen* werden unterschiedliche Gebinde verwendet, die meist in das Eigentum des Verbrauchers übergehen. Es ist selbstverständlich, daß die Preise von der jeweils gelieferten Menge abhängen und die Preislisten deshalb Büchsen- (bis 10 kg Nettogewicht) und Faßpreise (meist ab 25 kg) mit unterschiedlichen Preisen aufweisen. Vom Verbraucher werden zur Verbilligung der Produkte mit dem Hersteller oder Händler oft *Abschlüsse* getätigt, die entweder als reine Farbstoffabschlüsse oder als gemischte Abschlüsse auch eine Mindestabnahmemenge von Farbstoffen und Textilhilfsmittel umfassen, meist 1 Jahr Laufzeit haben und der vereinbarte Bonus durch Gratislieferung von Produkten ausgeglichen wird. Beim Einkauf von Farbstoffen muß immer berücksichtigt werden, daß ein zu großes Lager eine starke Kapitalbelastung für das Unternehmen ist. Es darf jedoch aus Sparsamkeitsgründen nicht auf die Lagerung von ausreichenden Mengen Farbstoff verzichtet werden, die in einer überschaubaren Zeit verbraucht werden und bei Fehlen zu Produktionsverzögerungen führen könnte. Das gilt vor allem in Übersee, wo die Auslieferung oft Wochen in Anspruch nimmt, wenn nicht hohe Luftfrachtkosten in Kauf genommen werden sollen. Erschwerend kommt für außereuropäische Bezieher dazu, daß meist nur beschränkte Devisen für den Farbstoffankauf zur Verfügung stehen und damit ein Teil der Produktion in Frage gestellt sein kann.

Die Farbstoffe sollen, ganz gleich in welcher Form, immer in ihren Originalgebinden in trockenen, weder zu warmen noch dem Frost ausgesetzten Räumen, geschlossen gelagert werden. Größere Verluste können dann eintreten, wenn offene Behälter durch Verstauben oder Irrtum mit anderen Farbstoffen verunreinigt werden. Chemikalien und Textilhilfsmittel sollen vom Farbstofflager getrennt, möglichst unter den für Farbstoffe üblichen Bedingungen, gelagert werden. Oft werden *Farbstofflager* direkt an die Färberei gebaut und es treten dann durch Luftzug Verschmutzungen von nasser Farbware auf, da Farbstoffpartikel aus dem Lager auf die Ware fliegen. Auch die gemeinsame Lagerung von Farbstoffen und Textilhilfsmitteln ist ungünstig, da durch Farbstoffstaub Textilhilfsmittel verschmutzt und damit, zumindestens teilweise, unbrauchbar werden. Betriebschemikalien sollen ebenfalls, zumindestens von den Farbstoffen getrennt, gelagert werden um durch flüchtige Dämpfe die Farbstoffe bzw. auch Testilhilfsmittel nicht zu beeinträchtigen. Für die Aufbewahrung der 3 für die Bleicherei und Färberei notwendigen Hilfsstoffe (Farbstoffe, Textilhilfsmittel und Chemikalien) ist die getrennte Lagerung in Räumen vorteilhaft, die direkt an einen Raum anschließen in dem die Produkte gelöst werden und der sowohl vom Lager als auch den Betriebsräumen durch selbstschließende Schwingtüren abgegrenzt und ausgekachelt ist und alle Einrichtungen zum Lösen oder Verdünnen der Produkte enthält. Es werden dazu Warm- und Kaltwasseranschluß und zum Aufkochen von Textilhilfsmitteln, geringen und großen Farbstoffmengen, entsprechend getrennt markierte, *Dampfstechrohre, Lösungsgefäße mit Rührwerk, Wasserbäder* usw. notwendig sein. Durch diese Anordnung wird das Bedienungspersonal gezwungen alle Hilfsstoffe vor Betreten der Betriebsräume aufzulösen und damit Farbstoffflug ausgeschlossen.

Großbetriebe sind dazu übergegangen, ihre Lager- und Lösungsräume vollkommen von der Färberei zu trennen und die Farbstofflösungen über Rohre sowie auch die Stammlösungen der Textilhilfsmittel, bzw. Chemikalien unverdünnt oder auch als Lösungen den einzelnen Behandlungseinrichtungen über entsprechende Leitungen zuzuleiten, Verschiedentlich werden die für die Behandlung notwendigen Produkte nur mit Code-Zahlen oder -Buchstaben im Rezept bezeichnet und damit das Bedienungspersonal nicht mit den oft schwierigen Produktnamen belastet, wenn die Produkte abgerufen oder abgeholt werden. Die Einrichtung einer *Farbküche* ist nur in der Druckerei üblich, doch sind in letzter Zeit eine Reihe von Großbetrieben der Färberei ebenfalls zu diesen Einrichtungen übergegangen, um der Apparate- und Maschinenbedienung die oft diffizile Arbeit des Lösens der zur Behandlung notwendigen Produkte abzunehmen.

2. Aufgaben des Färbers

Wenn hier einfach vom „Färber" gesprochen wird, ist keineswegs nur der Arbeiter in der Färberei gemeint, sondern vor allem die Fachleute, die für den ordnungsgemäßen Ablauf der Behandlung der Textilien verantwortlich sind. Oft ist für diese Fachleute auch die Bezeichnung „Kolorist" (Colorist) im Gebrauch, doch versteht man darunter meist Druckereileiter, deren Aufgaben sich von denen der Färberei unterscheiden. Die Hauptaufgabe des Färbers besteht in der Nachfärbung *(Imitation)* eines Farbtons, der ihm vom Auftraggeber vorgeschrieben ist. Leider wird auch heute noch an Stelle einer Farbvorlage (Vorlagemuster) vom Auftraggeber eine sehr vage Angabe der Nuance, wie z. B. lachs, rosa, veil, rosenholz, beige usw. gemacht, die den Auftraggeber nach Auslieferung der gefärbten Ware selten befriedigt. Auch die Übergabe eines Papieraufstriches bzw. eines Farbmusters auf anderem, als dem zu färbenden Material führt sehr häufig zu Reklamationen, wenn nicht, was leider bisher nur in Ausnahmefällen möglich ist, ein gutes Farbmeßgerät zur Verfügung steht, mit dem über Remissionsmessungen die Nuance eindeutig bestimmt werden kann. Jeder Färber weiß, daß z. B. die Imitation eines Farbtons eines Wollmusters auf Zellulosefasern an der „Fülle" der Wollmusternuance scheitert. Der Ausspruch: *„Der Färber ist kein Fotograf"* hat zwar oft seine Berechtigung, kann aber keineswegs zur Entschuldigung aller Farbabweichungen herangezogen werden. Großen Ärger bereiten ferner die in vielen Lieferverträgen enthaltene Klausel der *handelsüblichen Farbabweichungen, die toleriert werden müssen,* die aber bisher von keiner Seite verbindlich abgegrenzt wurden. Mit der Farbmetrik lassen sich zwar Toleranzgrenzen vereinbaren, doch fehlt bisher noch immer deren juristische Verbindlichkeit. Oft werden Farbtonreklamationen vorgebracht, die ihren Grund in kaufmännischen Überlegungen haben und nur dem Zweck dienen, angefallene Kosten zu vermindern. Die angeführten Schwierigkeiten des Färbers lassen sich zum Großteil durch ein gutes Verhältnis vom Färber zum Auftraggeber einschränken, wenn auch nicht gänzlich verhindern.

Neben der Erzielung des vorgeschriebenen Farbtons, wobei dem Färber die Sorge, ob es sich um eine „schöne" oder „weniger schöne" Nuance handelt, nicht zukommt, muß die Färbung mit den Farbstoffen vorgenommen werden, die wirtschaftlich vertretbar und dem Verwendungszweck der Textilie gerecht werden. Es wird deshalb in allen Fällen notwendig sein, dem Färber über die Verwendung der gefärbten Textilie ausreichende Informationen zu geben. Viele Auftraggeber glauben aus Konkurrenzgründen diese Angaben verschweigen zu müssen und sind oft erstaunt, daß Farbechtheiten unberücksichtigt geblieben sind, die gerade der vorliegende Artikel aufweisen müßte, vom Färber jedoch nicht berücksichtigt wurden, da ihm der Verwendungszweck der Textilie unbekannt war.

Je nach Eigentum der zu veredelnden Ware unterscheidet man *Betriebs-* und *Lohnfärbereien.* In den Betriebsfärbereien werden nur Textilien gebleicht, gefärbt usw., die Eigentum des Betriebes selbst sind. Lohnfärbereien veredeln Waren, die von Auftraggebern zur Bearbeitung angeliefert wurden. Daneben existieren auch Betriebe, die beide Arbeiten nebeneinander vornehmen. Die Betriebsfärbereien haben den Vorteil, daß meist nur Partien verarbeitet werden, die den Einrichtungsgrößen angepaßt sind, ferner können Fehlpartien nach Rücksprache mit den nachgeschalteten Abteilungen ohne große Materialbeanspruchung auf eine dunklere Farbe umgefärbt werden. Firmen, die eine eigene Veredlung haben, sind außerdem in der Lage, ihre Neumusterungen im eigenen Betrieb vorzunehmen und können die Abnehmer der Fertigtextilien schneller beliefern, als es durch eine Zwischenschaltung einer Lohnfärberei möglich ist. Das sind die Gründe, warum heute immer mehr Textilbetriebe zur *Eigenveredlung* übergehen. Es darf jedoch nicht unbeachtet bleiben, daß die Investitionen, die eine Eigenveredlung erfordert, nur dann lohnend sein werden, wenn die Abteilung voll ausgelastet bzw. durch Fremdveredlung ergänzt werden kann. Wenn das nicht der Fall ist, kann eine Eigenveredlung eine starke finanzielle Belastung für den Betrieb sein. In Ballungszentren der Textilindustrie sind einige Firmen auch zum Verbundbetrieb in der Veredlung übergegangen und haben gemeinsame Veredlungen erstellt. Auch der genossenschaftliche Farbstoff- und Chemikalieneinkauf ist wegen der höheren Mengenrabatte üblich.

Die *Lohnfärbereien* haben sehr oft nicht die Möglichkeit, vom Auftraggeber die Partiegrößen zu bekommen, die eine ausreichende Wirtschaftlichkeit bei der Behandlung garantieren. Es muß in diesen Betrieben deshalb sehr häufig improvisiert werden. Viele Firmen haben sich, um das Risiko, alle Fasern verarbeiten zu müssen, auf die Bearbeitung von Zellulosefasern bzw. deren Mischungen, Wolle und deren Mischungen spezialisiert. Sehr oft hat man sich auch nur auf wenige Faseraufmachungen beschränkt, wie z. B. Garn-, Wickelkörper-, Stück-, Trikotagen-Veredlung. In allen Fällen ist für die Leitung einer Lohnfärberei ein weit umfassenderes Können notwendig als in der Regel in der Betriebsfärberei, da meist der Ursprung der Fremdware nicht ausreichend festgestellt werden kann, evtl. aufgetretene Fehler vom Auftraggeber gern verschwiegen werden und vor allem ein Umfärben auf andere Farbtöne als den verlangten nur nach Rücksprache mit dem Auftraggeber möglich ist. Es müssen deshalb Fehlfärbungen oft unter starker Beanspruchung des Materials unter allen Umständen, oft unter nicht ganz praxisgerechten, improvisierten Bedingungen „auf Nuance" gebracht werden. Die stets wechselnden Partiegrößen gestatten nur in Ausnahmefällen den Einsatz von Kontinue-Anlagen, es ist jedoch die Anschaffung von Apparaten und Maschinen in den unterschiedlichsten Größen notwendig, um möglichst allen Wünschen des Auftraggebers mit ausreichend wirtschaftlichen Bedingungen zu entsprechen. Die Einrichtung eines Laboratoriums ist zur Vorfärbung von Kleinmengen, Bestimmung der Echtheiten usw. neben der möglichst genauen Prüfung der angelieferten Rohware auf bereits vorhandene Fehler, unerläßlich. Das gilt auch für die Prüfung der Fertigware. In den USA sind die meisten Lohnbetriebe auf eine Arbeitsweise abgestellt, die zwar erhebliche Eigenmittel erfordert, aber weit risikoloser arbeitet als die gleichen Betriebe in Europa. Die Lohnveredler unterhalten dort ein größeres Rohwarenlager in den Textilien, die von ihnen bearbeitet werden, und entnehmen diesem Lager die vom Abnehmer — es handelt sich dabei meist um die Konfektion — gewünschten Warenmengen zur Veredlung. Diese Art der Veredlung bedarf allerdings einer weiteren Spezialisierung, ermöglicht aber eine wirtschaftlichere Verwendung von halb- und vollkontinuierlichen Anlagen. Außerdem ist es leichter, Fehlpartien durch Umfärben unterzubringen. Um auch in Europa Fehlpartien der Lohnfärbereien finanziell besser zu verwerten, haben z. B. Garnfärbereien eigene Webereien angeschlossen, um die durch die Färberei verursachten Fehlpartien, die vom Auftraggeber käuflich übernommen werden mußten, zu verweben und mit gewissen Preisabschlägen selbst zu verkaufen.

Abgesehen von Meistern für die chemische Reinigung und der meist angeschlossenen Färberei von getragenen Kleidungsstücken, werden in der Bundesrepublik

Deutschland Nachwuchskräfte an einer großen Anzahl von Schulen als Veredlungstechniker oder Textilingenieure der Fachrichtung Textilveredlung in 3- oder 6semestrigem Studium ausgebildet, die dann entsprechende Stellungen in den Betrieben übernehmen. Meisterausbildungen unterhalten nur wenige dieser Lehranstalten. Für die chemische Reinigung werden meist in 2semestrigem Studium Meister ausgebildet. In Betriebs- und Lohnfärbereien werden Nachwuchskräfte mit entsprechender Eignung auch vom Betrieb zum Meister oder Ingenieur ernannt. In den meisten Fällen wird vor dem Beginn des Studiums eine Lehrzeit bzw. 2jähriges Praktikum in der Veredlung verlangt. Die schnelle Entwicklung, die auch auf dem Veredlungsgebiet zu verzeichnen ist, macht die Fortbildung auch des Praktikers durch Fachzeitschriften, Kurse in der chemischen Industrie bzw. den technischen Dienst der Farbstoff- und Textilhilfsmittelhersteller und neuerdings auch Informationskurse, welche in den Versuchsstätten verschiedener Textilmaschinenhersteller abgehalten werden, notwendig.

D. Farbechtheiten

In den Richtlinien des Fachnormenausschusses „Materialprüfung" im „Deutschen Normenausschuß" (DNA) wird der Begriff „Farbechtheit" wie folgt definiert:

Unter Farbechtheit versteht man die Widerstandsfähigkeit von Färbungen und Drucken gegen verschiedenartige Einwirkungen, denen sie bei der Fabrikation und im Gebrauch der Textilien üblicherweise ausgesetzt sind.

Die Angabe der Echtheitszahlen in den Musterkarten ist zwar als „Note" den einzelnen Farbstoffen zugeordnet, es handelt sich jedoch in allen Fällen um die Echtheit der Färbung auf dem entsprechenden Material. Die Echtheitsnoten der Färbungen und Drucke eines Farbstoffes unterscheiden sich im Regelfall nur unwesentlich. Daß die Echtheiten eines Farbstoffes nur als Färbung auf bestimmtem Material bewertet werden können, zeigen in eklatanter Weise die basischen Farbstoffe, die mit niedrigen auf Zellulose- und mit sehr hohen Echtheitsnoten als Färbungen und Drucke auf Polyacrylfasern ausgewiesen werden.

Von den untenstehend angegebenen Organisationen wurden für die Prüfung der einzelnen Farbechtheiten die Prüfungsmethoden genormt, die Prüfung und Benotung der Färbungen nach diesen Vorschriften wird jedoch den Herstellern der Produkte überlassen bzw. vom Verbraucher vorgenommen. Bereits 1914 wurden von der *Deutschen Echtheitskommission (DEK)* die ersten Normvorschläge gemacht. Nach dem 2. Weltkrieg wurde mit der *Schweizer Normenvereinigung (SNV)* und der *Association Française de Normalisation (AFNOR)* die *Europäisch-Continentale Echtheits-Convention (ECE)* gegründet, der sich fast alle westeuropäischen Länder angeschlossen haben. Verhandlungen mit der *American Association of Textile Chemists and Colorists (AATCC)* haben inzwischen zur Herausgabe von international gültigen Richtlinien über die *International Organization for Standardization (ISO)* im Rahmen der *UNESCO* und deren technische Komitees geführt, die in den nationalen Ausschüssen berücksichtigt werden. So werden u. a. in Deutschland die Prüfungsvorschriften vom *Deutschen Normenausschuß (DNA)* als *DIN-Vorschriften* (Beuth-Vertrieb, Berlin 15 und Köln) und dem SNV als *SNV-Richtlinien für die Bestimmung der Farbechtheiten von Textilien* herausgegeben.

Wie bereits aus der Definition des Farbechtheitsbegriffs hervorgeht, wird zwischen **Fabrikations-** und **Gebrauchsechtheiten** der Färbungen unterschieden. Es ist jedoch eine genaue Abgrenzung nicht möglich, da sehr viele Echtheiten beiden Gruppen angehören. Oft werden unter *Naßechtheiten* alle Fabrikations- und Gebrauchsechtheiten zusammengefaßt, bei deren Prüfung im wässerigen Medium gearbeitet wird.

Es ist verständlich, daß die Echtheitswerte der Färbungen von der Intensität der Färbung abhängen, da der Angriff der Prüfungsmittel und des Lichtes auf wenig Farbstoff stärker sein muß als auf eine größere Farbstoffmenge. In den meisten Musterkarten sind daher eine Reihe von Farbtönen illustriert, die als **Richttyptiefen** *(Hilfstypen)* gelten und, abgesehen von der Lichtechtheit, als die Farbtiefen vorgeschrieben sind, mit der die Färbungen beurteilt werden. Oft werden auch schwächere Färbungen geprüft, die dann als Teile der Hilfstype (z. B. 1/12 Richttyptiefe) angegeben sind. Zur Normierung des *Anblutens von Begleitgeweben* und der Änderung des Farbtons nach den einzelnen Prüfungen wurden von den Normausschüssen sog. **Graumaßstäbe** herausgegeben, die als Vergleichsmittel dienen. Es ist jedoch eine sehr große Erfahrung notwendig, wenn die Bestimmung der Echtheitsnoten verbindlichen Charakter haben soll. Trotzdem sind auch die in den Musterkarten angegebenen Echtheitswerte unverbindlich, da auch hier materialbedingte Abweichungen nicht einbezogen werden können, die sich durch stärkere Beeinflussung der Echtheiten der Färbung auswirken.

Es kann nicht Aufgabe dieses Buches sein, alle Prüfmethoden zur Feststellung der Farbechtheiten normgerecht zu beschreiben. Es werden deshalb nur die Methoden der wichtigsten Echtheiten auszugsweise angegeben und dazu die Unterlagen des *DNA* zugrunde gelegt. Als Echtheitsbeispiele werden bei der Beschreibung der Färbeverfahren Tafeln mit den Echtheitsnoten einzelner Vertreter der jeweils verwendeten Farbstoffgruppe angeführt, deren Echtheitsnoten nach den *DIN-, SNV-* oder *AATCC-Vorschriften* festgestellt wurden. Es handelt sich dabei um Färbungen mit willkürlich ausgewählten Farbstoffen der entsprechenden Gruppe.

Lichtechtheit

Es handelt sich dabei um die wichtigste Echtheit, die sowohl für die Fabrikation, vor allem aber die Gebrauchsechtheit einer Färbung, ausschlaggebend ist. Es ist verständlich, daß zur ausreichenden Differenzierung 8 und nicht, wie bei den anderen Echtheiten, nur 5 Echtheitsnoten verwendet werden. Die Normung betrifft dabei nicht die Prädikate, sondern die Zahlen. In Europa und USA werden den Echtheitsnoten folgende Prädikate zugeordnet:

1 sehr gering, very poor,
2 gering, poor,
3 mäßig, fair,
4 ziemlich gut, fairly good,
5 gut, good
6 sehr gut, very good,
7 vorzüglich, excellent,
8 hervorragend, outstanding.

Bei der Prüfung der Lichtechtheit wird nicht nur die Richttyptiefe, sondern auch schwächere und stärkere Färbungen beurteilt. Dabei werden in der Regel

Färbungen in 1/3, 1/1 und 2/1 Richttyptiefe geprüft. Für Marineblau und Schwarz wird nur eine Note angegeben. In letzter Zeit werden auch Echtheiten von geringerer Farbtiefe im größeren Umfang geprüft. Im Regelfall ist die 1/3 Hilfstype um 1—1,5 Noten schlechter als die Richttype. Werden Schwarz- oder Marineblaufarbstoffe zum Nuancieren empfohlen, müssen auch entsprechend abgeschwächte Färbungen geprüft werden.

Obwohl die **Tageslichtechtheit** die aufschlußreichsten Noten ergibt, werden in letzter Zeit immer häufiger künstliche Lichtquellen zur Prüfung herangezogen, da die Sonneneinstrahlung von der Jahreszeit, dem Klima und der geografischen Lage des Prüfortes abhängig ist. Nach DIN 54003 wird zur Prüfung der Tageslichtechtheit die Textilie auf einem lichtundurchlässigen Karton aufgespannt und in einem Winkel von 45° nach Süden geneigt dem Tageslicht ausgesetzt. Garne und Faservliese werden als Fläche geprüft, die Proben teilweise abgedeckt in Belichtungskästen hinter Fensterglas, ohne Einwirkung störender Dämpfe, aber gut durchlüftet, belichtet. Die Abdeckpappe kann nach gewissen Belichtungszeiten um 1 cm verschoben werden, wodurch man abgestufte Belichtungswerte erhält. Gleichzeitig wird ein *Blaumaßstab* in gleicher Form dem Licht ausgesetzt. Dieser Maßstab besteht aus 8 blauen Wollfärbungen, die, international festgelegt, die 8 Lichtechtheitsstufen repräsentieren. Für den Blaumaßstab werden folgende Wollfärbungen verwendet.

    1 Acilanbrillantblau FFR/*Bayer* (CI 42 735)[1]
    2 Acilanbrillantblau FFB/*Bayer* (CI 42 740)
    3 Supranolcyanin 6B/*Bayer* oder
       Benzylcyanin 6B/*CIBA* (CI 42 660)
    4 Supraminblau EG/*Bayer* oder
       Polarblau G/*Geigy* (CI 50 310)
    5 Acilanechtblau RX/*Bayer* oder
       Alizarinlichtblau R/*Sandoz* (CI 62 085)
    6 Alizarinlichtblau 4GL/*Sandoz* (CI 61 125)
    7 Anthrasol 06B/*Hoechst* oder
       Indigosol 06B/*Durand* (CI 73 066)
    8 Anthrasolblau AGG/*Hoechst* oder
       Indigosolblau AGG/*Durand* (CI 73 801)

Die Testfärbungen werden in Richttyptiefe verwendet. Die Beurteilung erfolgt durch Vergleich der Färbung mit dem Blaumaßstab in der Schätzung des „Verschießens" der beiden Proben. Dabei bleibt die Anfärbung der geprüften Probe, die u. U. andersfarbig als der ursprüngliche Farbton sein kann, als solche unberücksichtigt, geht aber als Veränderung in die Bewertung ein. Die Schwierigkeit der Bewertung liegt in allen Fällen in der „Übersetzung des Veränderns" eines Farbtons auf die Veränderung des Blautons im Maßstab. Ähnliche Schwierigkeiten treten auch bei der Prüfung der anderen Echtheiten auf, da dort in den Graumaßstab „übersetzt" werden muß.

Die Prüfmethode der *AATCC* unterscheidet sich von den europäischen, als *ISO-Empfehlung* bekannten Verfahren und in DIN 54 003 festgehaltenen Prüfung dadurch, daß kein Blaumaßstab verwendet wird. Die Beurteilung wird in sog. *Fadingstunden* ermittelt, d. h., es wird solange belichtet, bis das erste merkbare Verschießen (break) der gefärbten Probe sichtbar ist. Die Benotung erfolgt eben-

---

[1] CI = Nummer des Farbstoffes im *Colour Index* 2. Aufl.

falls in 8 Stufen, die entsprechenden Belichtungsstunden entsprechen, von den europäischen Noten aber etwas abweichen. In der Abb. 19 ist ein Vergleichsdiagramm der beiden Beurteilungen angeführt.

Die Prüfung der Tageslichtechtheit ist von der Sonnenbelichtung abhängig, die z. B. für Mitteleuropa im Sommer mit monatlich etwa 200 Std. angenommen werden kann. In den anderen Jahreszeiten liegen die Zahlen weit tiefer. Es ist deshalb verständlich, daß Färbungen mit Echtheitsnoten über 6 oft monatelang belichtet werden müssen. Die Farbstoffhersteller haben deshalb in Südeuropa, Afrika und Asien besondere Belichtungsstationen mit längerer Sonneneinstrahlung eingerichtet. Daneben werden die Färbungen auch in großen Höhen belichtet, um die verstärkte UV-Strahlung einzubeziehen. Von verschiedenen Stellen wurde festgestellt, daß die Umgebungsluft, deren Temperatur und Feuchtigkeit und die Feuchtigkeit der Probe selbst, einen starken Einfluß auf die Belichtung haben. Diese Feststellungen waren vor allem bei der Konstruktion der künstlichen Belichtungsgeräte zu berücksichtigen. Bei der Belichtung feuchter Proben oder bei hoher Luftfeuchtigkeit bildet sich, oft unterstützt durch katalytische Farbstoffe, Wasserstoffperoxyd, das nicht nur während der Belichtung, sondern auch ohne Lichteinwirkung bleichend wirkt. Dabei ist das entstehende Produkt weit wirksamer als das evtl. auf die Probe aufgebrachte Peroxyd. Auch nascierender Wasserstoff konnte als zerstörungsfördernd nachgewiesen werden. Bei einigen Farbstoffen wurde bei der Belichtung sowohl oxydative als auch reduktive Zerstörung hintereinander als *photochemische Beeinflussung* nachgewiesen, die nicht nur zur Zerstörung des Farbstoffes, sondern auch zur Veränderung der Faser durch Vergilben usw. führen kann und dann ebenfalls in die Lichtechtheitsbewertung eingeht.

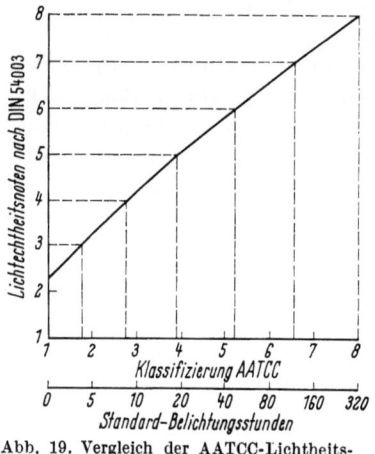

Abb. 19. Vergleich der AATCC-Lichtheitsbenotung mit denen des DNA (DIN)

Alle geschilderten Umstände verwischen bei längerer Belichtungszeit die für die Belichtung maßgeblichen Einflüsse, und es war notwendig, alle Einflüsse zu eliminieren und vor allem eine abgekürzte Belichtungszeit mit intensivierter Strahlung anzustreben, um möglichst reproduzierbare Werte in kürzester Zeit zu erhalten. Im DIN-Entwurf (1963) 54004 wird als Lichtquelle für **künstliche Belichtungsapparate** ein *Xenobrenner* vorgeschlagen, der im *Xenotest 150 System Cassella* und inzwischen auch in weiteren Geräten verwendet wird. Das Gerät wird von *Quarzlampen* (Abb. 20) geliefert. Die Xenonstrahler zeigen den dem Sonnenlicht ähnlichsten UV-Lichtanteil und gleiche Eigenschaft im sichtbaren Spektralbereich. Bei der Prüfung werden die Proben in einer Größe von 10 · 4,5 cm flach, in besonderen Haltern oder mit 10 · 15 cm zylindrisch und dem Blaumaßstab eingespannt, abgedeckt, oder wenn unbelichtete Muster gesondert aufbewahrt werden, ohne Abdeckung der Belichtung ausgesetzt. Dabei rotieren die Proben um den mit Wärmeschutzfiltern abgeschirmten Xenonbrenner. Die Filter absorbieren außerdem die IR-Strahlung. Das Normalgerät *Xenotest 150* faßt 20 flache

Proben, die durch Drehung der Materialhalter abwechselnd dem Brenner zu- oder abgekehrt werden, wodurch sich ein Hell-Dunkel-Wechsel ergibt. Zur Abkürzung der Belichtungszeit kann das Gerät auch so eingestellt werden, daß die Proben dauernd dem Brenner zugekehrt bleiben. Durch den Wechsel von Hell-Dunkel soll der wechselnde Einfluß von Tageslicht mit Nachtdunkelheit imitiert werden. Der Raum zwischen Brenner und Proben wird mittels Luft gekühlt und kann klimatisiert werden. Es kann also im Extremfall mit 95% rel. Luftfeuchtigkeit geprüft werden. Normalerweise liegt die Prüftemperatur etwa 5 °C über der Temperatur des Prüfraumes, der nicht unbedingt Normklima aufweisen muß, wenn der Xenotest mit einer Klimatisierung ausgerüstet ist. In der Tab. 6 sind die Belichtungsstunden im

Abb. 20. Xenotest-Belichtungsstation der *CIBA*

Xenotest 150 angegeben, die notwendig sind, um die entsprechenden Noten festzustellen. Dabei hat es sich gezeigt, daß die Benotung nur in wenigen Fällen von den durch Sonnenlicht geprüften Färbungen abweicht.

Das **Fade-Ometer** der *Atlas Electric* (Abb. 21) arbeitet nach ähnlichem Prinzip wie der Xenotest, das Gerät kann mit einer Kohlenbogenlampe oder einem Xenonbrenner ausgerüstet werden. Die Kohlenbogenlampe weicht allerdings in vielen Wellenbereichen vom Spektrum des Sonnenlichts ab, und man kann dadurch von der Tagesbelichtung abweichende Lichtechtheitsbewertungen erhalten. Als Vergleich zwischen den europäischen und den USA-Lichtecht-

Abb. 21. Fade-Ometer-Belichtungsstation der *CIBA*

Tabelle 6. *Belichtungszeiten im Xenotest 150 mit Hell-Dunkel-Wechsel und den zugeordneten Echtheitsnoten*

Lichtechtsnoten der 1/1 Richttyptiefe	1	2	3	4	5	6	7	8
Belichtungszeit in Stunden bis zur Veränderung	4	8	40	80	140	200	340	700—800

heitsbenotungen und die am Fade-Ometer notwendigen Standard-Belichtungsstunden dient Tab. 7. Neben den geschilderten Geräten sind noch weitere Konstruktionen auf dem Markt, die neuerdings alle mit Xenonbrennern ausgerüstet werden.

Tabelle 7. *Vergleich der DIN-Belichtungsnoten mit den durch Fade-Ometer-Belichtung gefundenen Belichtungsstunden (AATCC)*

Lichtechtsnoten des Blaumaßstabs (DIN)	1	2	3	4	5	6	7	8
Belichtungsstunden im Fade-Ometer bis zum „break"	1,5– 2,5	2,5– 5	5– 10	10– 20	20– 40	40– 80	80– 160	160– 320

Wetterechtheit

Die bei der Lichtechtheitsprüfung einzuhaltenden Bedingungen machen es verständlich, daß die Prüfung der Wetterechtheit noch kompliziertere Voraussetzungen erfordert. Das ist auch der Grund, daß bisher DIN-Vorschriften für diese Prüfung nicht existieren. Die Wetterechtheit wird z. Z. noch nach Art der Tageslichtechtheit, allerdings ohne Abdeckung, geprüft. Dabei kann entweder der Blau- oder Graumaßstab als Vergleich verwendet werden. Von den Firmen, die Lichtechtheitsprüfgeräte auf dem Markt haben, wurden inzwischen Wetterechtheitsprüfer entwickelt, bei denen neben dem Wechsel von Hell-Dunkel auch ein Besprühen der Proben möglich ist. So kann beim *Xenotest WL* die Beregnungs- mit der Belichtungszeit im Rhythmus 1:5, 1:2 und 1:1 gewechselt werden. Von *Quarzlampen* wurde außerdem ein Großgerät geschaffen, welches als *Xenotest 450* eine größere Probenzahl aufnehmen kann und in dem Beregnung und Belichtung in weit größerem Rahmen variabel sind. Aus dem Fade-Ometer wurde in gleicher Weise das *Weather-Ometer* entwickelt.

Vorbereitung der Prüflinge

Für die Durchführung der meisten, nachstehend angegebenen Echtheiten ist es notwendig, den Prüfling mit entsprechenden Begleitgeweben im Verhältnis 1:1:1 allseitig oder an den Schmalseiten nach der *Sandwichmethode* zu verbinden. Loses Material wird als Vlies und Garne als flächige Parallelwickelung in der Größe von $4 \cdot 10$ cm, wie auch gefärbte Gewebe, mit gebleichtem, nicht appretierten Baumwoll- oder gewaschenen Woll- bzw. anderen Geweben verbunden. Als Begleitgewebe werden solche von etwa 125 g/m^2 verwendet und mit der Färbung vernäht.

Abgesehen von der Lichtechtheit, werden zur Prüfung aller anderen Echtheiten nur Färbungen in *Richt-* bzw. *Hilfstypenstärke* geprüft. Die Nuancen der Richttypen wurden als Gelb, Orange, Rot, Rotviolett, Violett, Blau, Grün, Olivgrün, Braun, Grau, Marineblau und Schwarz normiert (DIN 54000) und von den Farbstoffherstellern in ihren Musterkarten illustriert. In den Musterkarten sind in der Regel für die Echtheiten 3 Noten angegeben, welche die

> Änderung des Farbtones,
> Bluten auf gleiches Material,
> Bluten auf fremdes Material

bezeichnen. Wenn mehr als 2 Materialien zum Abbluten verwendet werden, erweitern sich die Noten um diese Begleitgewebe. Für das Ändern und auch das

Anbluten wurde je ein *Graumaßstab* (DIN 54001) geschaffen, der jeweils 2 Grautöne nebeneinander enthält und in deren Änderung bzw. in dessen Anbluten der Prüfung und die Begleitgewebe „übersetzt" werden müssen. Die beiden Maßstäbe enthalten 5 Stufen, welche die Echtheitsnoten repräsentieren und für das Anbluten folgende Prädikate tragen:

1 gering (starkes Anbluten), much changed,
2 mäßig (ziemlich starkes Anbluten) considerably changed,
3 ziemlich gut (etwas angeblutet) noticeably changed,
4 gut (wenig angeblutet) slightly changed),
5 sehr gut (kein Anbluten) negligible or no change.

Die Farbtonänderung wird entsprechend bewertet. Für das Anbluten und die Farbtonänderungen können zusätzlich noch Buchstaben mit der Angabe des aufgetretenen Farbtons verwendet werden (z. B. B = blauer, R = röter usw.). Oft wird das „Anbluten" wenig beachtet und führt dann zu sehr unliebsamen Reklamationen, wenn der Konfektionär die Färbung mit weißem Material verarbeitet.

Die mit den Begleitgewebe verbundenen Prüflinge werden den nachstehend, kurz beschriebenen Behandlungen unterworfen und nach der Behandlung meist im warmen dest. Wasser und anschließend im fließenden Leitungswasser gespült, der Prüfling von den Begleitgeweben getrennt und die Anteile ohne Berührung bei max. 60 °C getrocknet und nach dem Auskühlen beurteilt.

Für die Prüfung der **Waschechtheit** bestehen 7 Vorschriften, die sich in den Zusätzen, der Prüfungsdauer, der Temperatur und den verwendeten Geräten unterscheiden. Dadurch wird allen nur möglichen Waschmethoden des Haushalts und der Industrie Rechnung getragen. Bei der *Handwäsche* (DIN 54009) wird im Flottenverhältnis von 1:50 mit 5 g/l Seife 30 min. bei 40 °C gewaschen und der Prüfling alle 2 min. mit einem abgeplatteten Glasstab an den Boden des Prüfgefäßes gepreßt. Die Prüfung ist auch mit den nachstehend beschriebenen mechanischen Waschgeräten möglich. Bei der *mechanischen Wäsche* (DIN 54013) wird der Prüfling wie oben beschrieben, jedoch 45 min. bei 50 °C, in mechanischen Einrichtungen gewaschen. Nach DIN 54010 wird bei 60 °C mit 5 g/l Seife und 2 g/l Soda kalz. während 30 min. in mechanischen Geräten gewaschen. Bei den Waschprüfungen nach DIN 54011 und 54012 handelt es sich um die stärkste mechanische Waschprüfung, die nur für Zellulosetextilien in Betracht kommen. Der Prüfling wird bei 95 °C mit 5 g/l Seife und 2 g/l Soda 30 min. bzw. 4 Std. gewaschen. Die Waschwirkung wird durch Zugabe von 10 Stahlkugeln im Waschbehälter verstärkt. Abgesehen von den letzten beiden Prüfungen, werden die Behandlungen ohne Stahlkugeln vorgenommen.

Als *mechanische Waschechtheitsprüfgeräte* werden Wasserbäder verwendet, in denen 500 ml-Behandlungsbehälter auf einer waagrechten Achse mit 40 U/min. rotieren und die für die Aufnahme des Prüflings und der 6 mm Stahlkugeln bestimmt sind. Die Geräte werden auch als Laborfärbeapparate mit Stahldruckbehältern ausgerüstet und können dann auch für Behandlungstemperaturen über 100 °C (HT) verwendet werden. Als *Lounder-Ometer* wird ein derartiges Gerät von der *Atlas-Electric* und als *Linitest* von *Quarzlampen* gebaut.

Bei der Prüfung der **Peroxyd-(Perborat-)Waschechtheit** (DIN 54015) wird der Prüfling mit 10 Stahlkugeln und

5 g/l Seife
2 g/l Soda kalz.
0,8 g/l Natriumperborat (NaBO$_2$ · H$_2$O$_2$ · 3 H$_2$O)
0,15 g/l Magnesiumchlorid (MgCl$_2$ · 6 H$_2$O)
1,2 g/l Natriumsilikat (Wasserglas mit 26% SiO$_2$ und 10% Na$_2$O)

bei 60 °C beginnend, 20 min. bei 95 °C gewaschen. Diese und die Prüfung der **Hypochlorit-Waschechtheit** (DIN-Entwurf 54016) wird nur für gefärbte Zellulosetextilien eingesetzt. Bei der letzten Prüfung wird wie bei der Peroxydwäsche jedoch 45 min. bei 83 °C mit 0,1 g/l akt. Chlor aus Natriumhypochlorit gewaschen, warm und kalt zwischengespült und mit 0,15 g/l Eisessig-Lösung warm abgesäuert und nochmals gespült. Die Prüfung dient zur Beurteilung von gefärbten Textilien, die heute noch in Süd- und Mittelamerika bzw. Südeuropa mit Hypochlorit gewaschen werden.

Bei der Prüfung der **Wasser-** und **Meerwasserechtheit** werden die nur einseitig mit den Begleitgeweben verbundenen Prüflinge in den entsprechenden Lösungen gut genetzt, und zwischen Glas- oder Kunststoffplatten mit 4,5 kg beschwert. Für die leichte Wasserechtheit wird dest. Wasser verwendet und 1 Std. geprüft (DIN 54005), bei der schweren Prüfung wird in gleicher Weise bei 37 °C während 3 Std. oder bei 20 °C während 16 Std. geprüft (DIN 54006). Die Meerwasserechtheit (DIN 54007) wird mit einer Lösung von 30 g/l Kochsalz während 4 Std. bei 37 °C vorgenommen. Alle Prüflinge werden ohne zu spülen getrocknet und beurteilt.

Bei der **Wassertropfen-** (DIN 54008), **Alkali-** (DIN 54030) und der **Säureechtheit** (DIN 54028) wird der Einfluß von 3 Tropfen dest. Wassers, Lösungen von 100 g/l Soda kalz., oder 300 ml/l Eisessig, 50 g/l Schwefelsäure 66 °Bé bzw. 100 g/l Weinsäure krist. geprüft. Die Tropfen werden mit *einem Glasstab verrieben, nach* 2 min. und nach dem Trocknen die Farbänderung, evtl. nach Abbürsten von Salzen. beurteilt.

Bei der Prüfung der Beständigkeit der Färbungen gegen die in der chemischen Reinigung verwendeten **Lösungsmittel** (DIN 54023) (Benzin, Tri, Tetra und Per) wird der Prüfling 30 min. bei Raumtemperatur wie bei der Handwäsche (S. 41) geprüft und anschließend bei 80 °C getrocknet. Das Abbluten in die Lösung kann durch Trocknen der Fettlöser auf Filterpapier festgestellt und nach dem Graumaßstab bewertet werden. Für die Beständigkeit gegenüber Lösungsmitteln mit Reinigungsverstärkern *(Trockenreinigungsechtheit)* existieren bisher keine DIN-Normen. Die deutschen Farbstoffhersteller benützen 5 g/l einer speziellen Ölsäure-Kaliseife in den entsprechenden Fettlösern und prüfen auf mechanischen Waschgeräten bei 30 °C während 30 min. mit 20 Stahlkugeln.

Die **Schweißechtheit** (DIN 54020) wird, wie auch die Wasserechtheit (S. 42) mit dem *Hydrotest-Gerät* der AATCC (*Schröder KG.*, Weinheim/Bergstraße) geprüft und der Prüfling in einer Lösung von

0,5 g/l L-Histidinmonohydrochlorid krist.
5 g/l Kochsalz,

welche bei der alkalischen Prüfung noch 5 g/l Dinatriumphosphat krist. enthält und mit n/10 NaOH auf pH 8 eingestellt wurde und bei der sauren Prüfung noch 2,2 g/l Mononatriumphosphat krist. enthält und mit n/10 NaOH auf pH 5,5 eingestellt wurde, benetzt und 4 Std. bei 37 °C mit 5 kg belastet, behandelt. Die Prüflinge werden nicht nachgespült, jedoch vom Begleitgewebe getrennt getrocknet. Die

Prüfung der **Beständigkeit gegen gechlortes Wasser** wird ohne Begleitgewebe vorgenommen und die genetzten Proben 4 Std. bei 20 °C in eine Lösung von 20 mg/l akt. Chlor aus Natriumhypochlorit bei pH 8,5 eingelegt und ohne Spülen getrocknet (DIN 54019). Diese Echtheit kommt vor allem für Badeartikel in Betracht. Die **Reibechtheit** (DIN 54021) wird mit dem *Crockmeter* der AATCC (*Walter Thoma*, Rheinfelden/Baden) dem Gerät nach *Ruf* (*Schröder KG.*, Weinheim) oder nach *Krais* (*Hugo Keyl*, Dresden N 6) geprüft. Das aufgespannte Gewebe wird mit einem gebleichten, nicht appretierten Baumwollgewebe während 10 sec. auf einem Reibweg von 10 cm 20 mal mit einem Druck von 400 g/cm^2 insgesamt 200 cm gerieben. Als Reibfläche dient eine Fläche des Baumwollgewebes von 1 cm^2. Bei der Prüfung der *Naßreibechtheit* wird entweder das zu prüfende Muster mit 100% Feuchtigkeit geprüft oder das Reibgewebe befeuchtet. Die Prüfung soll in Kett- und Schußrichtung vorgenommen werden. Die Beurteilung nach dem Graumaßstab (Abbluten) wird auf dem getrockneten Reibgewebe vorgenommen. Die **Bügelechtheit** (DIN 54022) kann nach 3 Methoden geprüft werden. Bei der trockenen Prüfung wird ein erwärmtes Bügeleisen 15 sec. auf die Probe gestellt, die auf gebleichtem, trockenem Baumwollgewebe ruht. Bei der *Naßbügelechtheit* wird entweder die feuchte Probe direkt oder die trockene Probe mit feuchtem Baumwollgewebe bedeckt während 15 sec. durch Bestreichen mit dem erwärmten Bügeleisen geprüft. Beurteilt wird sofort und nach 4 Std. Lagern.

Bei der Prüfung der **Walkechtheit** unterscheidet man die *alkalische* und *saure Prüfung*. Bei den alkalischen Prüfungen werden die auf S. 41 beschriebenen, mechanischen Waschgeräte verwendet. Daneben wird auch das *Prexa-Gerät* (*Wullschleger & Schwarz*, Basel) verwendet in dem der einseitig vernähte Prüfling mittels gerippter Reibplatten und einer Belastung von 110 g geprüft wird. Bei der leichten, alkalischen Walke (DIN 54040) wird der Prüfling im Flottenverhältnis 1:3 mit 10 g/l Seife 30 min. bei 40 °C behandelt mit warmen Wasser die Flotte auf 1:100 erhöht und weitere 10 min. behandelt, gespült und getrocknet. Bei der schweren, alkalischen Prüfung (DIN 54041) wird mit 50 g/l Seife während 2 Std. mit 50 Stahlkugeln in den mechanischen Waschgeräten geprüft. Zur Überwachung der Prüfung wird gleichzeitig eine saure Kontrollfärbung mit 3% Disulphine Blue ANS/*ICI* (C.I. 42052) behandelt, die eine Beurteilung von 3 für Ändern und Bluten auf Wolle haben muß. Die leichte saure Walke wird mit 1 ml/l Schwefelsäure 66 °Bé bei 60 °C während 60 min. wie die Handwaschprobe (S. 41) vorgenommen (DIN 54042) und bei der schweren Prüfung 30 min. bei 90 °C geprüft (DIN 54043). Die sauren Walken werden hauptsächlich für die Prüfung von gefärbten Platten- und Hutfilzen verwendet.

Für den Buntbleichartikel ist es notwendig, daß die Färbungen genügend beständig gegen die Einwirkung der verschiedenen Bleichmittel sind. Bei der Prüfung der **Hypochloritbleichechtheit** (DIN 54034) wird bei der leichten Prüfung der Prüfling ohne Begleitgewebe gut genetzt bei pH 11 mit 0,5 g/l akt. Chlor aus Natriumhypochlorit und 10 g/l Soda kalz. 60 Min. bei 20 °C und bei der schweren Prüfung mit 2 g/l akt. Chlor behandelt, zwischengespült und mit einer Lösung von 2,5 ml/l Wasserstoffperoxyd 30%ig bzw. 5 ml/l Natriumbisulfitlösung (60—62% SO$_2$-Gehalt) 10 min. kalt entchlort und nochmals gespült. Bei der **Chloritbleichechtheit** (DIN 54036 und 54037) wird einmal 60 min. bei 80 °C mit 1 g/l bzw. 2,5 g/l Natriumchlorit 80%ig bei einem pH-Wert von 3,5 (eingestellt

Tabelle 8. *Bleichzusätze und Behandlungsbedingungen bei der Prüfung der Peroxydbleichechtheit*

Bleichzusätze	Bad 1	Bad 2[1]	Bad 3 Wolle, Azetat	Bad 4 Seide
	für Zellulosefasern			
ml/l Wasserstoffperoxyd 30 Gew.-%ig	5	—	20	20
g/l Natriumperoxyd 100%ig	—	3	—	—
ml/l Natriumsilikat mit 26 Gew.-% SiO_2, 10 Gew.-% Na_2O ($d = 1{,}32$ g/ml, 35 °Bé)	5	5	—	5
g/l Natriumpyrophosphat ($Na_4P_2O_7 \cdot 10\, H_2O$)	—	—	5	—
g/l Magnesiumchlorid ($MgCl_2 \cdot 6\, H_2O$)	0,1	0,1	—	0,1
Anfangs-pH-Wert	10,5	11,5	9,3	10
Temperatur °C	90	80	50	70
Behandlung in Stunden	1	1	2	2
Flottenverhältnis	1:30			

mit Essig- bzw. Ameisensäure) behandelt und anschließend der Prüfling gründlich gespült und sowohl das Ändern als auch das Abbluten in getrocknetem Zustand beurteilt. Bei der **Peroxydbleichechtheit** (DIN 54033), die nicht nur für Zellulosetextilien, sondern für weitere Faserstoffe üblich ist, wird der vernähte Prüfling mit den in der Tab. 8 angegebenen Zusätzen und den gleichfalls aufgeführten Temperaturen und Zeiten geprüft. Für den Buntbleichartikel kommt auch die **Sodakochechtheit** (DIN 53964) in Betracht, bei der der Prüfling mit Begleitgewebe 1 Std. auf dem Rückflußkühler in einer Lösung von 10 g/l Soda kalz. mit oder ohne ein organisches Oxydationsmittel (z. B. Ludigol/*BASF*) gekocht wird. Um unangenehme Karbonisierflecken zu vermeiden, wird Wolle oft vor dem Karbonisieren mit karbonisierechten Farbstoffen gefärbt und die **Karbonisierechtheit** (DIN 54044 und 54045) mit Aluminiumchlorid oder Schwefelsäure geprüft. Die Prüflinge werden einmal in einer Lösung von 51,4 g/l $AlCl_3 \cdot 6\, H_2O$ und das andere Mal in 50 ml/l Schwefelsäure 66 °Bé genetzt, auf 80% Feuchtigkeit entwässert, bei 60 °C getrocknet und 15 min. bei 105 °C „gebrannt". Anschließend werden die Prüflinge halbiert, einmal nur in fließendem Wasser gespült, die andere Hälfte nach dem Spülen mit 0,8 ml/l Ammoniak neutralisiert und nachgespült. Zur Kontrolle der Behandlung wird eine nachchromierte Wollfärbung mit 1% Diamantrot W/*Bayer* (C.I. 58005) nach den gleichen Methoden geprüft. Dabei ändert sich die Kontrollfärbung bei ordnungsgemäßer Prüfung mit $AlCl_3$ nach dem Graumaßstab auf 4—5G und nach der Schwefelsäurebehandlung, beide nicht neutralisiert, auf 2G. Bei der **Merzerisierechtheit** (DIN 54039) wird das Gewebe in einem Rahmen mit weißem Baumwollgewebe gespannt, mit Natronlauge, die 300 g/l NaOH fest enthält, 5 min. bei 20 °C behandelt, bei 70 °C und anschließend in fließendem Wasser gespült, mit 5 ml/l Schwefelsäure abgesäuert und wieder neutral gespült.

---

[1] hauptsächlich für Naphthol-Färbungen.

Vielfach werden Färbungen auf synthetischen Fasern nach dem Färben plissiert, die Fasern selbst thermofixiert bzw. foulardierte Farbstoffe thermosoliert. Für diese Fälle ist es notwendig die Färbung auf evtl. *Sublimieren* während der Behandlung zu prüfen. Für diese Zwecke hat sich das *Thermotest-Gerät* der *Rhodiaceta*[1] oder die *Präzisionsheißpresse System BASF/Quarzlampen* bewährt. Mit diesen Geräten wird die **Trockenhitzeplissier- und -fixierechtheit** (DIN 54060) geprüft. Im ersten Gerät wird der Prüfling mit einem Begleitgewebe zwischen elektrisch beheizten Metallblöckchen mit unterschiedlichen Temperaturen 30 sec. behandelt, beim 2. Gerät wird eine größere Fläche des Prüflings mit 2 Begleitgeweben beidseitig bei vorgeschriebenen Temperaturen (150, 180 und 210 °C) behandelt. Die Prüfung mit Heißluft ist ebenfalls üblich bzw. werden auch die Prüflinge in geschmolzenem Metall geprüft.

Die angeführten Echtheitsprüfungen stellen den überwiegenden Teil der in den deutschen DIN-Vorschriften angegebenen Methoden dar. Es muß jedoch nochmals wiederholt werden, daß es sich dabei um Auszüge und nicht um den Abdruck der Originale handelt, die als DIN-Blätter (S. 35) erworben werden können. Der Praktiker ist oft gezwungen besondere Bedingungen in eine Echtheitsprüfung einzubeziehen und von den Normen abweichende Bedingungen der Farbtiefe bzw. der Behandlung anzuwenden. Die in den Musterkarten der Farbstoffhersteller angegebenen Echtheitsnoten sind jedoch auf Grund der in dem entsprechendem Land üblichen Normen erstellt. Das gilt vor allem für die in diesem Buch angegebenen Echtheitsnoten von Färbungen die als Beispiele bei den entsprechenden Farbstoffgruppen angegeben sind. Da die DIN und auch anderen Normenvorschriften einer dauernden Ergänzung unterliegen, ist es möglich, daß einige Echtheitszahlen im Buch auf Grund von heute bereits überholten Normvorschriften ermittelt wurden.

Der Praktiker ist oft gezwungen, Färbungen zu prüfen, die aus Farbstoffmischungen stammen. Dabei kann keineswegs ohne besondere Prüfung nur das arithmetische Mittel der Noten der Einzelfarbstoffe angegeben werden, da nur die Prüfung selbst maßgeblich ist. In Ausnahmefällen können auch helle Mischungsfärbungen eine bessere Lichtechtheit aufweisen als dunklere Färbungen der an der Mischung beteiligten Einzelfarbstoffe. Auch bei Färbungen von Mischtextilien können nur Echtheitsprüfungen die entsprechenden Echtheitsnoten der an der Mischung beteiligten Faserfärbungen liefern. Die von den Farbstoffherstellern angegebenen Echtheitsnoten sind, wie auch die anderen Angaben in den Musterkarten, in allen Fällen unverbindlich und können u. U. bei Verwendung von Textilien mit Materialunterschieden andere Werte ergeben.

Leider ist es bisher nicht möglich genormte Vorschriften für die Prüfung des **Verhaltens von Färbungen beim Knitterfestprozeß** aufzustellen. Die Vielzahl der für diese Behandlung auf dem Markt befindlichen Produkte und Verfahren verhindern die Normierung der Prüfvorschriften. Es haben sich deshalb die einzelnen Farbstoffhersteller mit eigenen Methoden für die Prüfung beholfen und dabei Produkte geprüft, die sie selbst bzw. ihnen nahestehende Firmen herstellen.

In der Tab. 12 S. 177 sind die Echtheitsnoten einer Direktfärbung mit Siriuslichtscharlach BN/*Bayer* angegeben. In dieser Tafel sind neben den Echtheitsbenotungen auch besondere Eigenschaften des Farbstoffes angeführt. Bei der

---
[1] Teintex 1957, S. 343.

Löslichkeit bedeutet die Zahl jeweils die 1/10 Menge des Farbstoffes in Gramm, der in 1000 ml dest. Wasser, nach 2 min. Kochen löslich ist. Verschiedentlich wird auch die Löslichkeit in Gramm/Liter direkt angegeben. Bei der *Empfindlichkeit gegen Wasserhärte, Kupfer* und *Eisen* wird die Farbtonänderung durch Einlegen von Cu- oder Fe-Platten in das Färbegefäß getestet. Nach DIN 54053 kann die **Empfindlichkeit gegen Cu(II)- und Fe(III)-Ionen** auch nach dem Graumaßstab für das Ändern des Farbtons angegeben werden. Bei diesen Prüfungen werden Kupfer- oder Eisensalze im Färbebad zugesetzt. Bei der Empfindlichkeit der Farbstoffe gegen Wasserhärte wird, da bisher keine Normvorschriften existieren, der Effekt, wie auch in Tab. 12 S. 177 mit + bzw. ++ als empfindlich und stark empfindlich bzw. mit — (minus) nicht empfindlich, ohne Verwendung des Graumaßstabes auch für die Metallempfindlichkeit angegeben. Die *Eignung für das Färben bei HT-Bedingungen* gibt an, zu welcher Gruppe der Farbstoff in dieser Hinsicht gezählt werden kann. Dabei enthält die Gruppe I, Farbstoffe, die $1^1/_2$ Std. neutral, die Gruppe II, die neutral $^1/_2$—1 Std., die Gruppe III, die neutral nur in tiefen Färbungen $^1/_2$ Std. ohne Farbtonumschlag bei 120 °C gefärbt werden können. Farbstoffe der Gruppe IV sind für das HT-Färben ungeeignet. Bei der Angabe des *Ausgleichsvermögens* werden Noten von 1—5 verwendet, wobei bei Gruppe 1 nach 3 Std. noch kein Ausgleich, bei 5 bereits nach 1 Std. ein vollkommener Ausgleich bei Mitverwendung der gleichen Menge ungefärbten Materials, eingetreten ist. Das *färberische Verhalten* der Einzelfarbstoffe wird von *Bayer* in 3 Gruppen aufgegliedert. Gruppe A enthält Farbstoffe mit sehr gutem Ausgleichsvermögen, Farbstoffe der Gruppe B lassen sich auch bei vorsichtigem Salzzusatz einwandfrei egalisieren, bei Gruppe C lassen sich nur durch vorsichtige Temperatursteigerung und vorsichtiger Salzzugabe egale Färbungen erreichen. Bei den Angaben der *Ätzbarkeit* ist im angegebenen Fall nur die neutrale, reduktive Weißätze angegeben, die bei Verwendung des Farbstoff-Typs 8002 eine absolute Typkonformität des Ätzdruckes gewährleistet. Die *Halbwollgruppeneinteilung* gibt an, wie der jeweilige Farbstoff Wolle neben Baumwolle anfärbt. Gruppe I zeigt gleichmäßige Anfärbung beider Fasern im neutralen Glaubersalzbad, Gruppe II färbt die Baumwolle tiefer, Gruppe III die Wolle tiefer an. Unter *Azetateffekte* ist die Reservierung von Sekundärazetateffekten zu verstehen. Gruppe I reserviert auch große Effekte weitgehend weiß, die Farbstoffe der Gruppe II sind nur für die Reservierung von kleinen Effekten zu empfehlen. In allen Fällen sollen nur Farbstoffe des Typ 8000/*Bayer* verwendet werden, die von vornherein eine ausreichende Reservierung garantieren, was nicht bei allen Farbstoffen möglich ist. Siriuslichtscharlach BN ist nicht in der Lage *tote Baumwolle* zu decken. Bei der *Eignung für das Kontinuefärben* wurden die Farbstoffe von Bayer in 3 Gruppen eingeteilt. Produkte der Gruppe A benötigen eine Dämpfzeit von 1—2 min., Gruppe B, 3 min., und Gruppe C, 3 min. Dämpfzeit und eine anschließende Salzpassage zur ausreichenden Farbstoffixierung.

E. Textilhilfsmittel

Als Textilhilfsmittel (*Textilveredlungsmittel*) bezeichnet man meist grenzflächenaktive Produkte, welche zwar als Zusatz in der Textilveredlung nicht unbedingt notwendig sind, aber in sehr vielen Fällen die Arbeitsverfahren erleichtern, beschleunigen und sicherer gestalten. Die chemische Industrie stellt diese Produkte nicht nur für die Textil-, sondern auch für die Leder-, Waschmittel- und Papierindustrie her, die u. U. auch zur Körperpflege und als Kosmetika verwendet werden. Aus der unangenehmen Eigenschaft der Seife mit Erdalkalimetallen der Härtebildner und anderen Schwermetallen wasserunlösliche Niederschläge zu bilden, hat sich die Herstellung vor allem der Netz- und Dispergiermittel, die auch als *Tenside* bzw. die Waschmittel auch als *Detergentien* bezeichnet werden, entwickelt. Die in der Bleicherei und Färberei verwendeten, vorwiegend **grenzflächenaktiven Produkte** haben den Zweck die in Grenzflächen, wozu auch die Flottenoberfläche gehört, auftretenden Spannungen zu verringern oder ganz aufzuheben wodurch sich die Netz- und teilweise auch die Waschwirkung der Produkte erklärt.

Man teilt sie auf Grund ihrer Ionenaktivität in

anionische (anionaktive)
kationische (kationaktive)
nichtionische (nichtionogene)

Produkte ein, wenn auch die letzteren meist schwach kationische Eigenschaften zeigen. Daneben sind in der Veredlung auch *Ampholite* üblich, die sich je nach pH-Wert anionisch oder kationisch und damit *amphoter* verhalten.

Als **Netzmittel** kommen anionische und nichtionische Produkte in Betracht, welche die Oberflächen- und Grenzflächenspannung zwischen Faser und Flotte verringern und damit die Kapillarität der Textilien fördern. Es handelt sich meist um ölige oder Pastenprodukte, die auch zum Anteigen der Farbstoffe verwendet werden, da sie auch eine gewisse Dispergierwirkung aufweisen. Als anionische Netzmittel werden Seife, sulfurierte Öle, Alkylnaphtalinsulfonate, Sulfobernsteinsäureester und Polyäthylenoxydverbindungen als nichtionogene Produkte verwendet. Ihre Netzkraft ist unterschiedlich und man unterscheidet zwischen *Kalt-* und *Heißnetzern*, einige *Universalnetzer* sind bei allen Temperaturen wirksam. Ihre Waschkraft ist, abgesehen von den nichtionischen Produkten, meist gering, ihre Härtebeständigkeit gut bis sehr gut. Man verwendet sie in Mengen von 1—3 g/l zum Netzen aller Textilien. Die oft stark schäumenden Produkte können das Färben von Wickelkörpern durch Verminderung der Pumpenleistung erschweren und beim Foulardieren durch platzende Schaumlamellen zur Fleckenbildung Anlaß geben. Die Hersteller haben auch schaumarme Produkte im Handel bzw. empfehlen Zusätze von Schaumdämpfern. Als Netzer für Merzerisier- und Karbonisierflotten sind sie nicht geeignet.

Die größte Gruppe der Textilhilfsmittel umfaßen die **Waschmittel**, die als anionische Produkte sulfierte Paraffine und Olefine, Aralkylsulfonate, Fettalkoholsulfate, Fettsäurekondensationsprodukte und nichtionogene Produkte (Polyglykoläther) sein können. Sie haben netzende und viele auch weichmachende Eigenschaften und werden zum Waschen aller Textilien in der Herstellung und im Gebrauch als „synthetische" Waschmittel eingesetzt. Ihre Stammlösungen eignen sich wie auch ein Großteil der Netzmittel, zum Farbstoffanteigen, da sie gute Dispergierwirkung zeigen. Ihre Härtebeständigkeit ist gut bis hervorragend. Sie wirken meist auch egalisierend. Die nichtionogenen Produkte sind in vielen Fällen ausgezeichnete Egalisiermittel.

Die *kationaktiven Produkte* haben für die Bleicherei und Färberei nur untergeordnete Bedeutung, da sie nur sehr eingeschränkte Waschwirkung, wenn auch meist unbeschränkte Beständigkeiten haben. Sie werden vor allem als Weichmacher verwendet. Zur Verbesserung der Naßechtheiten von Direktfärbungen und als Egalisiermittel für kationische (basische) Farbstoffe werden sie jedoch in stärkerem Maße eingesetzt.

Um das rasche und damit oft unegale Aufziehen von Farbstoffen zu verhindern, werden für die meisten Farbstoffklassen **Egalisiermittel** eingesetzt, die den verschiedensten Klassen der nachstehend beschriebenen Textilhilfsmittel angehören. Bei den *faseraffinen Produkten* handelt es sich um „farblose Farbstoffe", die wegen ihrer leichteren Beweglichkeit bevorzugt auf die Faser ziehen und das schnelle Aufziehen der Farbstoffe verhindern. Derartige Hilfsmittel werden vor allem in der Wollfärberei verwendet. Beim Färben von Zellulosefasern ist jedoch ihre Netzwirkung wahrscheinlich der Hauptgrund für das egalere Anfärben der Fasern. Die Produkte zeigen meist eine gewisse Waschwirkung und ermöglichen auch dadurch eine egalere und bessere Durchfärbung der Faserstoffe. Die meisten faseraffinen Egalisiermittel sind anionische Produkte.

Die *farbstoffaffinen Egalisiermittel* gehen mit den Farbstoffen schwer bewegliche Verbindungen ein und verhindern dadurch das zu schnelle Aufziehen der Farbstoffe auf die Faser. Die vom Egalisiermittel und dem Farbstoff gebildeten Addukte zerfallen erst unter bestimmten Bedingungen (Temperatur, pH-Wert usw.) und geben dann den Farbstoff, jedoch meist nicht mehr 100%ig, frei. Auf Grund des schwach kationischen Charakters der nichtionogenen Hilfsmittel werden diese als Egalisiermittel für die meisten Farbstoffklassen eingesetzt.

Als Egalisiermittel können auch alle Produkte angesprochen werden, welche zur Feinverteilung oder besseren und schnelleren Lösung der Farbstoffe beitragen. Es handelt sich dabei um die meisten anionischen Netz- und Waschmittel bzw. *Pyridinbasen*, Sprit usw., die vornehmlich zum Anteigen der Farbstoffpulver verwendet werden. Auch hydrotrope Substanzen, welche die Löslichkeit der Farbstoffe erhöhen, können in dieser Richtung als Egalisiermittel angesprochen werden.

Da die meisten für die Bleicherei und Färberei üblichen Netzmittel für stark alkalische Flotten nicht eingesetzt werden können, sind besondere **Netzmittel für Laugier- und Merzerisierflotten** notwendig. Die früher üblichen Netzmittel, welche Phenol oder Kresol enthielten und meist in Mischung mit sulfurierten Ölen, Alkylnaphthalinsulfonaten, Polyglykolen usw. verwendet wurden, kommen wegen der Geruchsbelästigung und der Verschmutzung der Abwässer nicht mehr in Betracht. Die heute üblichen, kresolfreien Merzerisiernetzer bestehen aus Sulfaten niedriger Alkohole bzw. deren Gemischen, sulfurierten Äthanolaminen, Butylglykolen, sulfierten Polyätheralkoholen usw. Die Produkte sind meist wasserunlöslich, werden jedoch beim nachträglichen Spülen und Neutralisieren als Dispersionen von der Ware geschwemmt.

Die *Naßechtheiten von Direktfärbungen* auf Zellulosefasern können durch eine **Nachbehandlung mit kationischen Hilfsmitteln** verbessert werden (S. 183). Dabei verbinden sich diese Hilfsmittel mit den Farbstoffen auf der Faser zu wasserunlöslichen oder weitgehend unlöslichen Produkten. Durch Verwendung von *Kunstharzvorkondensaten* können diese Echtheiten ebenfalls verbessert werden. Die durch das Kondensieren wasserunlöslichen Harze verhindern den Zutritt der wäßrigen Behandlungslösung, doch ist auch eine Verbindung der Harze mit dem Farbstoff auf der Faser wahrscheinlich. Durch die Kunstharze wird auch in vielen Fällen die Reibechtheit verbessert. Verschiedentlich tritt jedoch auch eine Veränderung der Lichtechtheit der Färbung, wie auch bei kationischen Hilfsmitteln, auf.

Die früher nur in der Druckerei verwendeten **speziellen Dispergiermittel** und **hydrotropen Substanzen** haben auch in der Färberei Eingang gefunden. Es wurden durch deren Zusatz bessere Löslichkeiten und bei wasserunlöslichen Farbstoffen eine bessere Feinverteilung erreicht. Dazu gehören u. a. verschiedene Alkohole. Zur Verbesserung der Lösung von Naphtholen, basischen und Säurefarbstoffen ist denat. Äthylalkohol (Brennspiritus) allgemein üblich. Man teigt die Produkte damit an um sie dann mit warmen oder heißem Wasser zu übergießen. Auch Glykol, Glykoläther usw. sind in Verwendung. Auch hat der *Harnstoff* als hydrotropes Druckereihilfsmittel, vor allem bei Verwendung der Reaktiv-Farbstoffe, zur Erhöhung der Löslichkeit in der Färberei Eingang gefunden. Ähnliches gilt auch für *Verdickungsmittel*, die zur Verminderung der Farbstoffmigration (Wanderung) beim Trocknen foulardierter Waren dem Klotzbad zugesetzt werden. Für diesen Zweck haben sich die Alginate, als „körperarme Verdicker", eingeführt, da sie die Ware nur wenig versteifen und leicht auswaschbar sind. In letzter Zeit werden immer mehr synthetische Verdickungsmittel z. T. auf Polyacrylat-Basis verwendet und beim Klotzen der verschiedensten Farbstoffe eingesetzt.

Schaumdämpfungsmittel werden ebenfalls in Klotzflotten verwendet, da Schaumblasen auf der Ware oft unangenehme Markierungen hinterlassen. Die Produkte sind entweder Gemische verschiedener, höherer Alkohole, Ester und Ketone bzw. in neuerer Zeit auf Basis spezieller Silikone aufgebaut.

Zur Entfernung von Metallen und deren Salzen, zu denen auch die Salze der Wasserhärte gehören, bedient man sich häufig der *Komplexbildner*, wenn entsprechend enthärtetes Wasser nicht zur Verfügung steht. Als Komplexbildner kommen anorganische und organische *Sequestriermittel* in Betracht. Beide Hilfsmittelgruppen sind durch Komplexbildung in der Lage die Metalle so zu inaktivieren, daß sie z. B. mit Seife keine schädlichen, wasserunlöslichen Metallseifen bilden und damit die Waschkraft der Seife erhalten bleibt. Auch auf der Ware abgeschiedene Kalkseife wird wieder aktiviert. Die Verwendung der Produkte beschränkt sich jedoch nicht allein auf Seifenbäder, sondern ist auch dort notwendig, wo — vorausgesetzt es ist kein härtefreies Wasser vorhanden — mit Farbstoffen gearbeitet wird, die metallempfindlich (härteempfindlich) sind und evtl. Kalk- und Magnesiumsalze (z. B. Baumwolle) durch die Fasern eingeschleppt wurden. Bei den *anorganischen Komplexbildnern* handelt es sich um *kondensierte Phosphate*, die nach neueren Forschungen eigentlich keine Komplexbildner sind, sondern als Ionenaustauscher wirken. Die Produkte haben noch gute Dispergierkraft, zeigen außerdem eine gewisse Waschwirkung und werden deshalb auch in enthärtetem Wasser universell zum Nachseifen, Waschen und als Farbstoffdispergiermittel eingesetzt. Die verschiedenen Marken eignen sich unterschiedlich für neutrale, stark alkalische oder saure Behandlungsflotten bzw. zur Entfernung von Eisen, welches besonders unangenehme Nuanceveränderungen bei eisenempfindlichen Farbstoffen ergibt. Zur Eliminierung der Wasserhärte sind von Calgon T *(Benckiser)*

0,15 g auf 1° d. H. und 1 l Wasser notwendig. Kondensierte Phosphate kommen u. a. als:

        Calgon-Marken   *Benckiser*
        Hexatren   *Guilini*
        Polyron-Marken   *Albert*

in den Handel. Sie sind gut lösliche, weiße Pulver und z. T. etwas hygroskopisch.

Die *organischen Komplexbildner* sind *Natriumsalze von Aminopolycarbonsäuren* (z. B. Nitrilo-triessigsaures Natrium = Trilon A/*BASF*). Sie haben keine Dispergier- und Waschwirkung und dienen deshalb nur zur Eliminierung von Metallen bzw. deren Salze. Man setzt sie mit etwa 0,3 (warm) — 0,12 g/l (Kochtemperatur) für 1 ° d. H und 1 l Wasser ein. Zu diesen Produkten gehören u. a.:

        Aquamollin-Marken   *Cassella*
        Halosal B   *CIBA*
        Irgalon BT   *Geigy*
        Trilon-Marken   *BASF*

Textilhilfsmittel kommen als *Pulver*, unterschiedlich *viskose Pasten* und als *viskose Flüssigkeiten* in den Handel. Die meisten Produkte enthalten Glaubersalz als Verschnittmittel bzw. als Rückstand aus der Herstellung. Es sind jedoch auch salzarme Produkte im Handel, die vor allem dort zugesetzt werden sollen, wo Elektrolyte die Substantivität der Farbstoffe erhöhen (Kontinuefärbung). Die flüssigen und pastenförmigen Produkte werden meist in herstellereigenen Holzfässern, die Pulverprodukte in Pappfässern oder Säcken geliefert. Neuerdings werden auch pastöse Produkte in Kunststoffsäcke eingegossen, in Pappfässern versandt. Bei der *Lagerung* sollte beachtet werden, daß Textilhilfsmittel durch stäubenden Farbstoff verschmutzt werden können und man sollte deshalb die Lagerräume vom Farbstofflager trennen. Auch für das Lösen und evtl. Aufkochen sollten besondere Stechrohre vorgesehen sein, die nicht zum Aufkochen von Farbstoff verwendet werden dürfen. Die Dosierung geschieht meist mit entsprechenden Meßgefäßen, die vorher ausgewogene Mengen fassen. Leider trifft man oft die Unsitte, daß Textilhilfsmittel in weit größeren Mengen verwendet werden als es notwendig ist, da man annimmt, daß „viel, viel hilft" oder ein „Mehr" niemals schadet. Durch diese Arbeitsweise wird oft sehr starkes Schäumen der Bäder verursacht, was u. U. zu Unegalitäten, verminderte Pumpenleistung bei Apparaten und Markierungen in Klotzflotten führt und die Veredlung unnötig verteuert. Die Textilhilfsmittelhersteller unterhalten, wie die Hersteller von Farbstoffen, einen ausgedehnten technischen Dienst und informieren die Verbraucher durch Prospekte, Gebrauchsanweisungen usw. Zur Verbilligung werden von den Herstellern auch Jahresabschlüsse getätigt und Bona gewährt.

Es kann nicht Aufgabe dieses Buches sein alle auf dem Markt befindlichen Textilhilfsmittel, deren Zahl auf 10—15000 geschätzt wird, aufzuzählen und ihre Wirkungsweise und Konstitution zu erklären. Als Beispiel sind bei der Beschreibung der verschiedenen Veredlungsverfahren eine kleine Anzahl der gebräuchlichen Produkte genannt. Sehr viele der Produkte sind Mischungen und ihre Zusammensetzung unterliegt von Herstellerseite oft einem ständigen Wechsel. Zur Prüfung ihrer Wirksamkeit sind eine Reihe von genormten Methoden üblich, die den Praxisbedingungen angepaßt werden müssen.

F. Färbereimaschinen und -apparate

Die in der Färberei verwendeten Maschinen und Apparate sind bis auf wenige Ausnahmen auch zum Bleichen, Vor- und Nachbehandeln von Textilgut verwendbar. Zum Teil ist es auch möglich, die gleichen Einrichtungen zum Aufbringen (Imprägnieren) von Appreturlösungen einzusetzen. In den letzten Jahren wurden mit den Kontinueverfahren auch Einrichtungen der Appretur (z. B. Trockner) und der Druckerei (Dämpfer) in die Färberei übernommen.

Den folgenden Ausführungen liegen die, teilweise noch umstrittenen, von den meisten Fachleuten jedoch anerkannten, Definitionen der Bezeichnung *Behandlungsapparat (Apparat)* und *Behandlungsmaschine (Maschine)* zugrunde.

Danach wird in der Bleicherei und Färberei als **Apparat** *eine Einrichtung verstanden, in der das Textilgut in der evtl. umgewälzten Flotte ruht, als* **Maschine** *eine solche, bei der die Ware durch die ruhende oder umgewälzte Flotte bewegt wird.*

Als **Werkstoffe für die Herstellung der Färbeeinrichtungen** wurden Holz, Kupfer und Nickellegierungen weitgehend von *rostfreien Stahllegierungen* abgelöst, da diese korrosionsbeständiger sind, keine katalytische Wirkung zeigen und auch nach jahrelangem Gebrauch keine rauhe Oberflächen aufweisen. Es ist jedoch unbedingt darauf zu achten, daß die bei der Herstellung der einzelnen Konstruktionen notwendigen Schweißnähte glatt sind und die Maschinenteile nicht mit normalen Eisen oder Stahl verarbeitet werden, da durch Einschleppen von *Fremdrost* auch der Edelstahl Korrosionserscheinungen zeigt. Die Maschinen- und Apparatehersteller beizen die Einrichtungen vor der Auslieferung ab um Fremdrost und Zunder von den Schweißnähten zu entfernen. Da jedoch auch Edelstahl bei Verwendung von Natriumchlorit als Bleichmittel korrodiert, diese Korrosion durch Einsatz gewisser Inhibitoren zwar eingeschränkt, aber nicht vollkommen verhindert werden kann, ist die Verwendung von *Titan* für derartige Bleicheinrichtungen in den letzten Jahren häufiger geworden, wenn auch der z. Z. noch hohe Preis dieses Metalls, eine allgemeine Einführung verhindert. Weite Verbreitung haben auch *keramische Werkstoffe* gefunden, die ebenfalls gegen alle Chemikalien resistent sind und auch für Chloritbleicheinrichtungen eingesetzt werden können. *Eisenapparate* und *-maschinen* sind wegen der katalytischen Wirkung in der Bleicherei und der evtl. Komplexbildung mit verschiedenen Farbstoffen in der Färberei, ungeeignet. Auch das früher in starkem Maße als Werkstoff verwendete *Kupfer* zeigt bei den einzelnen Bleichverfahren starke, katalytische Wirkung und darf zum Färben von Wolle aus den gleichen Gründen wie Eisen, nicht verwendet werden. Durch Zusatz von Ammonrhodanid kann das durch saure Färbebäder abgelöste Kupfer unschädlich gemacht werden. Nickel war in Form von *Nickelin*, — eine Legierung mit Kupfer — früher in weitem Maße üblich, wurde jedoch inzwischen vom Edelstahl abgelöst. In den letzten Jahren haben sich die verschiedensten *Kunststoffe* als Auskleidungen für Apparate und Maschinen einführen können. Ihre allgemeine Verwendung scheitert jedoch oft an der ungenügenden Haftung an den metallischen Werkstoffen bzw. der Thermoplastizität bei höheren Temperaturen. *Holz* ist zwar einer der billigsten Baustoffe, zeigt aber den Nachteil, daß es Farbstoffe und Chemikalien aufnimmt und beim Farbtonwechsel eine intensive Bleiche erfordert, wenn nicht Farbstoffreste aus dem Holz auf die Textilien übergehen sollen. Beim Bleichen in Holzgefäßen ist weiter darauf zu achten, daß die Behälter so gebaut werden, daß Eisennägel nicht mit der Flotte in Berührung kommen und dadurch Katalyse hervorgerufen wird. Als *Haveg* kommt ein Werkstoff zum Bau von Färbekufen in Betracht, der aus Asbest und Phenolformaldehydharz besteht und ebenfalls korrosionsbeständig ist.

Die Hersteller von Färbeapparaten und -maschinen haben in den letzten Jahren ihre Konstruktionen so eingerichtet, daß, abgesehen von Sonderfällen, mit den früher üblichen Baustoffschwierigkeiten nicht mehr zu rechnen ist.

Grundsätzlich können *textile Fasern in allen Verarbeitungsstufen gebleicht und gefärbt* werden. Es ist deshalb eine Behandlung von

> losem Material (Flocke)
> Vorgespinst (Kardenband, Kammzug)
> Garn (Stranggarn, Wickelkörper)
> Stückware (Gewebe, Gewirke) und als
> Einzelstücke (Strümpfe, Strickstücke)

möglich. Die Wahl der Behandlungsart und der dazu notwendigen Einrichtungen hängt von technologischen und wirtschaftlichen Gesichtspunkten ab. Außerdem muß sich der Textilveredler der Art des Betriebes anpassen und das Material in dem Zustand verarbeiten, wie es ihm angeliefert wird. Die Verwendung bestimmter Farbstoffe machen die Anschaffung von besonderen Behandlungseinrichtungen in der Regel nicht notwendig.

1. Färben von losem Material (Flocke)

Die nachstehend beschriebenen Färbeeinrichtungen eignen sich auch zum Bleichen, Nachbehandeln, Waschen und allen Naßoperationen, die bei der Veredlung von losem Material vorkommen. Obwohl es sich beim Färben um eine Arbeitsweise handelt, die gewisse Vorteile hat, ist das Färben von losem Material verhältnismäßig selten. Der Grund ist, daß Verunreinigungen des losen Materials mitbehandelt werden müssen und dadurch der Verbrauch an Farbstoffen und Chemikalien höher ist als beim Behandeln von Garnen oder Stückwaren die in der Spinnerei bereits teilweise von diesen Verunreinigungen befreit wurden. Ferner müssen in der Flocke gefärbte Fasern „bunt versponnen" werden, d. h., daß die gesamten Spinnereieinrichtungen beim Wechsel der Farbtöne einer langwierigen Säuberung unterzogen werden müssen, welche die Herstellung von Buntgarnen sehr verteuert. Ferner besteht beim *Buntspinnen* immer die Gefahr des Faserflugs von einer zur anderen Spinnpartie und damit zu unangenehmen Reklamationen der Garnabnehmer vor allem dann, wenn es sich um Unigarne handelt. Durch Färbung in der Flocke werden bei Baumwolle die Baumwollwachse weitgehend entfernt, die als „natürliche Schmelze" zur guten Verspinnbarkeit beitragen. Sie müssen u. U. durch eine Schmelze, die in der Baumwollindustrie nicht üblich ist, ersetzt werden. Gleiches gilt auch bei der Färbung von regenerierten Zellulosefasern, deren abgelöste Präparation nachträglich durch eine Schmelze ersetzt werden muß. Große Mengen losen Materials werden vor allem für die Streichgarnindustrie in der Flocke gefärbt, da man dort meist *Melangen* verarbeitet. Dabei werden sowohl Wolle, Zellulose- und synthetische Fasern im losen Material gefärbt. Auch in der Kammgarnindustrie bedient man sich in starkem Maß dieser Arbeitsweise zur Herstellung von Melangen, kann aber auch dafür das Färben im Kammzug einsetzen. Es ist dann möglich, verschieden gefärbte Kammzüge zu

Melangen zu vereinigen. Zur Herstellung von Melangen kann auch der *Kammzug- oder Vigureuxdruck* verwendet werden, der feinere Melangen ergibt und weniger große Lagerhaltung in gefärbten Restposten erfordert als es beim Färben von losem Material notwendig ist. Beim Herstellen von Melangen aus gefärbter Flocke ist es meist unumgänglich größere Mengen von Fasern zu färben als es für die Erzeugung der einzelnen Melangen notwendig ist und die mehr gefärbte Menge muß dann auf Lager genommen oder umgefärbt werden. Das Färben oder Bedrucken von Kammzug hat weiterhin den Vorteil, daß die *Kämmlinge* ungefärbt an die Streichgarnindustrie abgegeben werden können. Auch beim Färben von loser Wolle werden die Restfette der Wolle weitgehend abgelöst. Es reichen dann die natürlichen Fette der nur vorgewaschenen Wolle als Spinnschmelze nicht aus. Es ist deshalb in der Wollindustrie ein Schmelzen immer notwendig.

Beim Färben von losem Material werden auftretende Unegalitäten durch das folgende Verspinnen ausgeglichen. Das gilt auch dann, wenn mehrere Farbpartien gemischt werden, die geringe Nuanceunterschiede aufweisen, was beim Verarbeiten von Textilien in anderen Verarbeitungszuständen — abgesehen von Kardenband und Kammzug — nicht möglich ist. Diesem Vorteil steht allerdings der Umstand nachteilig gegenüber, daß das in der Flocke gefärbte Material noch einen weiten Weg vor sich hat, bis es nadelfertig der Konfektion zugeführt werden kann. Um diesen langen Weg zu verkürzen versucht man bei der Herstellung von melangierten Textilien, die eine Flockenfärbung erfordern, entweder verschieden färbbare Faserstoffe zu verarbeiten bzw. einen Teil der Faserstoffe mit überfärbeechten Farbstoffen anzufärben und den anderen Faseranteil im Garn oder Stück nachzufärben.

Als **Behandlungseinrichtungen** kommen, abgesehen von den in letzter Zeit konstruierten, kontinuierlichen Anlagen, nur Färbeapparate zum Einsatz. Abgesehen von Kleinmengen, wird loses Material in **Packapparaten** gefärbt, bei denen die Behandlungsflotte durch das ruhende Material bewegt wird. Kleinmengen werden auch heute noch in einfachen *Kufen* mit Siebboden, durch Gabeln oder Rechen bewegt, gefärbt. Packapparate sind Konstruktionen, in denen das Material in möglichst gleicher Packungsdichte eingelegt wird; sie arbeiten nach dem gleichen Prinzip wie die Apparate für Wickelkörper. Dabei haben sich viele Konstrukteure entschlossen, die Einrichtungen so auszustatten, daß auch Stranggarn, Kreuzspulen und andere Wickelkörper in diesen Apparaten gefärbt werden können, wenn entsprechende Einsätze dafür vorhanden sind.

Als Beispiel eines Apparates zur Behandlung von losem Material, der in ähnlicher Form auch von den im Anschluß genannten Firmen gebaut wird, soll hier der *Radial-Färbeapparat* (Abb. 22) beschrieben werden. Das Material wird im rundgebauten Apparat auf eine heraushebbare, nicht perforierte Platte gepackt. Die Bodenplatte kann nach beendeter Behandlung mit dem Material ausgehoben werden. Das Material ruht zwischen dem perforierten Innen- und Außenzylinder, die starr montiert sind. Der Materialblock wird durch einen Deckel abgeschlossen. Der Innenzylinder kann ausgeschraubt und der Apparat mit entsprechenden Bodenplatten auch für Kreuzspulen oder Bobinen verwendet werden. Durch Heben und Senken des Deckels können in einem Apparat wechselweise kleinere oder größere Materialmengen gefärbt werden. Die größeren Apparate enthalten meist 2 aushebbare Platten um den Materialblock zu teilen. Es wird dadurch eine gleichmäßigere Flottendurchströmung erreicht. Die Flotte wird durch Propeller- oder Zentrifugalpumpen bewegt und mittels eines Konus im Innenzylinder in das Material abgelenkt. In der Regel arbeitet man mit der Flottenrichtung innen: außen, doch ist am Anfang ein mehrmaliger Wechsel zur Entlüftung günstig. Zum Nuancieren können Zusatzgefäße oder ein Einfüllstutzen in der Pumpenleitung dienen. Die Apparate werden für ein Fassungsvermögen von 1—500 kg gebaut und können auch im Verbund gekoppelt werden. Zum Entwässern sind Spezialzentrifugen üblich, in die der Materialkorb direkt oder die Bodenplatte mit dem Material eingesetzt wird (Abb. 23). Diese Apparate werden, meist auch die dazu gehörenden Zentrifugen, u. a. von folgenden Firmen gebaut:

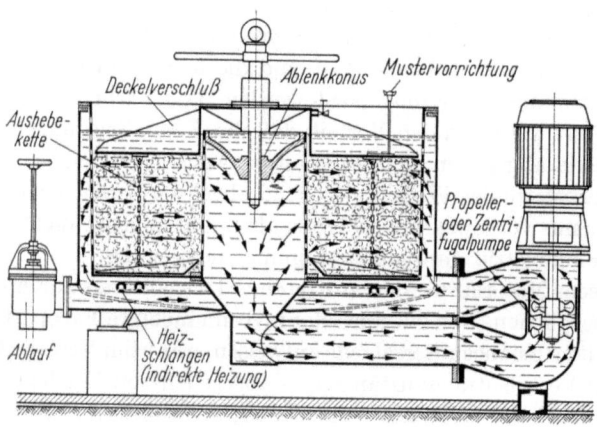

Abb. 22. Radialfärbeapparat *(Krantz)*

Annicq	*ILMA*	*Michelstadt*
Bibby	*Invest*	*Obermaier*
Callebaut	*Jagri*	*Pegg*
Elitex	*Krantz*	*Scholl*
Franke	*Longclose*	*Then*
Frauchiger	*Meccanotessile*	*Thies*
Henriksen	*Meyer*	

Zum mechanischen Einpacken des Materials werden Stampfmaschinen gebaut. Von der *Augsburger Maschinenfabrik* wird die Stampfmaschine System AUTEFA geliefert bei der der Einsatzbehälter auf einer drehbaren Scheibe stehend, von Hand oder über eine Rinne beschickt und mittels einfachem oder Doppelstößel das Material eingepreßt wird. Gleichzeitig wird das Material über Brausen benetzt (Abb. 24). Von *Fleissner* wird als *Bleichkuchenöffner* eine Vorrichtung gebaut bei der der Materialblock auf einem drehbaren Teller ruht und mittels eines Öffnerrades, welches mit Stacheln besetzt ist, das feuchte, behandelte Material vom Block abhebt und dem Kastenspeiser, Öffner und den angeschlossenen Trockeneinrichtungen zuführt.

Abb. 23. Radialfärbeanlage mit 2 Behandlungsapparaten, ausgehobenem Materialblock und Zentrifuge *(Krantz)*

In den letzten Jahren hat das **kontinuierliche Färben von losem Material** eine
Reihe von Konstrukteuren beschäftigt. Die Schwierigkeiten aller dieser Kontinue-
prozesse besteht darin, daß sie für mittlere Betriebe nur dann sinnvoll sind, wenn
genügend große Partien in einem Farbton gefärbt werden können und damit die
Anlage nicht durch zu lange Rüstzeiten, die
hauptsächlich in der Reinigung beim Farbtonwechsel bestehen, unwirtschaftlich werden. Von
Fleissner wurde eine Anlage geschaffen (Abb. 25),
die als *Kontinuefärbe- und Trockenanlage für
loses Material* bekannt geworden ist. Dabei wird
das lose Material über einen Kastenspeiser als
Faservlies, ein Transportband dem 1. Behandlungsbad zugeführt. Das Vlies wird dabei an eine
Siebtrommel gesaugt und gleichzeitig intensiv
von der Flotte durchströmt. Um die horizontale
Siebtrommel läuft außerdem ein endloses Sieb-
band welches die Abnahme und Aufnahme vor
und nach der Behandlung auf die Transportbänder erleichtert. Zwischen dem 1. und 2. Behandlungsbad wird das Vlies abgequetscht. Nach
dem 2. Tauchbad folgt ein weiteres Quetschwerk.
Nach einem Naßöffner wird das Material einem
Dämpfer zugeführt, der nach dem Saugtrommelprinzip arbeitet, d. h. der ausströmende Dampf
wird zum Ansaugen des Materials an die Siebtrommel und gleichzeitig zum Fixieren der

Abb. 24. Stampfmaschine für Einsatzbehälter von losem Material mit Doppelstößel
(Augsburger Maschinenfabrik)

Färbung benutzt. Je nach Fixierzeit werden mehrere Trommeln als Dämpfer
bzw. zum Trocknen benützt. Die Anlage wird zum Färben von loser Baumwolle,
Zellwolle mit allen Farbstoffklassen und zum Avivieren, Waschen usw. eingesetzt.

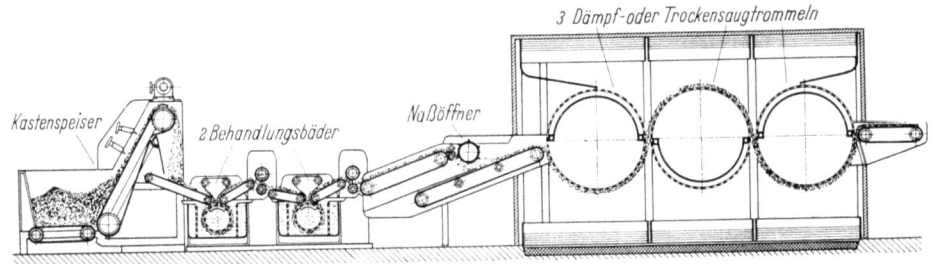

Abb. 25. Kontinuierliche Färbe- und Trockenanlage für loses Material *(Fleissner)*

Zum Färben mit Reaktiv-Farbstoffen hat sie sich besonders bewährt. Sie wird
in Arbeitsbreiten von 800, 1200 und 1800 mm geliefert. Die Tauchzeiten betragen
15—20 sec. Um auch Rohbaumwolle ohne Ablösen der Baumwollwachse zu färben,
müssen spezielle Netzmittel eingesetzt werden (S. 197).

2. Färben von Vorgespinsten

Als Vorgespinste werden *Kardenbänder* (Spinnkabel) aus Zellulosefasern und *Kammzug* aus Wolle und synthetischen Fasern bezeichnet. Zum Färben beider Faseraufmachungen werden in der Hauptsache Apparate verwendet, wie sie auch

Abb. 26. Kardenband-Zettelmaschine *(Thies)*

zum Färben von anderen Wickelkörpern üblich sind. Kardenbänder werden dabei auf perforierte Bäume, wie sie auch zum Färben von Kettgarnen verwendet werden, gezettelt (Abb. 26) und Kammzugkreuzwickel (Bobinen), in besonderen Einsätzen, auf Wickelkörper-Apparaten behandelt (S. 73). Daneben sind auch offene Apparate üblich bei denen die Bobinen in perforierte Behälter gepreßt von der Flotte in beiden Strömungsrichtungen (innen: außen und umgekehrt) durchflutet werden (Abb. 27).

Die Vorteile des Behandelns von Vorgespinsten bestehen in der Möglichkeit mehrere Partien zu einer Großpartie beim nachträglichen Verspinnen zusammen verarbeiten zu können. Es werden dadurch Unegalitäten ausgeglichen und auch kleine Nuanceunterschiede der Partien unsichtbar. Ferner sind durch vorheriges Kardieren bzw. Kämmen ein Großteil der Verunreinigungen aus dem Material entfernt worden und bei Wolle die wertvollen Kämmlinge in ungefärbter Form für die Streichgarnindustrie erhältlich. Wegen des losen Faserverbandes von Zellulosekardenbändern, der bei längerem Färben auftretenden Faserquellung und damit verbundenen Gefahr des Aufplatzens der Kardenbäume, werden Spinnkabel meist in dieser Form gebleicht (vorteilhaft die HT-Peroxydbleiche eingesetzt) und nicht gefärbt.

Abb. 27. Offener Kammzug-Färbeapparat *(Then)*

Neuerdings werden auch kontinuierliche Färbeeinrichtungen für Kammzug gebaut.

3. Färben von Stranggarn

Obwohl das Behandeln von Stranggarn, wenn es nicht als Strick- oder Häkelgarn zum Verbrauch kommt, zuerst das Haspeln zum Strang und nach der Behandlung das Umspulen zum Wickelkörper, wenn es weiter zu Geweben oder Gewirken verarbeitet wird, erfordert, hat sich diese Art der Behandlung auch heute noch in starkem Umfange erhalten. Auch die Notwendigkeit in hohem Flottenverhältnis von 1:15—1:30 arbeiten zu müssen, konnte diese Behandlungsart nur wenig einschränken, da Stranggarnfärbungen eine *hervorragende Egalität* und *Durchfärbung* aufweisen. Diese Eigenschaften werden vor allem von *Garnen für die Wirkerei*, die aus Wolle, deren Mischungen und Synthesefasern bestehen und *Teppichgarnen* verlangt. Für Stranggarne aus Zellulosefasern kommt die Strangbehandlung wegen der auftretenden Faserquellung und des damit verstärkten Widerstandes gegen die strömende Flotte, weniger in Frage. *Texturierte Bauschgarne* werden jedoch immer in Strangform behandelt.

Für das Färben — und damit auch alle anderen Behandlungen außer Merzerisieren — kommen zwei Konstruktionssysteme in Betracht:

Apparate nach dem Hängesystem,
Stranggarnfärbemaschinen.

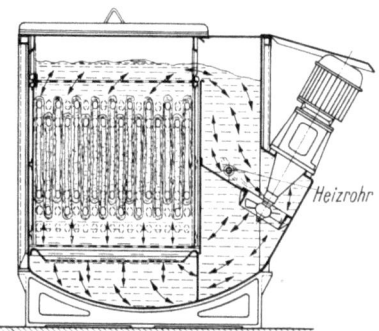

Abb. 28. Stranggarnfärbeapparat nach dem Hängesystem *(Krantz)*

In einigen Fällen werden Stranggarne auch in Packapparaten gefärbt, wie sie zum Behandeln von losem Material üblich sind, doch ist es meist dann schwierig, gute Egalität zu erhalten, da die Packungsdichte in den Einsätzen nur sehr schwer gleichmäßig zu halten ist. Dagegen werden Garne aus texturierten Synthesefasern vorteilhaft „im Pack" als Kreuzwickel und Reyongarne als „Spinnkuchen" in Apparaten für Wickelkörper mit besonderen Einsätzen gefärbt.

Stranggarne werden häufig nach dem **Hängesystem auf Apparaten** gefärbt. Dabei werden die Stränge im Ein- oder Zweistock-System direkt in den Apparat gehängt oder mit einem, vorher mit dem Stranggarn beschickten Einsatz, in den Apparat gehoben. Die Abb. 28 zeigt das Schema eines Färbeapparates bei dem die Stränge „versetzt", direkt eingehängt wurden. Daneben ist auch die normale Aufhängung in gleicher Höhe möglich. Die meisten Apparate sind für Weifenlängen von 460—960 mm eingerichtet und können im Verbund geschaltet werden. Die Abb. 29 zeigt 4 Stranggarnfärbeapparate nebeneinander in geschlossener Bauart, die auch unter HT-Bedingungen und gekoppelt verwendet werden können. Die meisten Lieferfirmen bauen auch *Niederdruckapparate* in denen die Behandlung bis 110 °C möglich ist, wie sie für Wolle und deren Mischungen häufig eingesetzt werden. Zur Garnschonung verwendet man auch allseitig geschlossene Materialeinsätze um ein Scheuern des Garns an den Apparatewänden zu vermeiden. Zum raschen Beschicken der Apparate bzw. deren Einsätze werden entweder *Federstöcke* verwendet, die in die Halterungen einrasten oder der Apparat enthält Falze in denen die Stöcke eingeschoben werden.

Zum Mustern enthalten Apparate, die bei Temperaturen über 100 °C verwendet werden, besondere *Mustergefäße*, die vom Flottendurchlauf abgetrennt werden können oder *Musterschleusen*, wie sie auch bei Apparaten für Wickelkörper (S. 77) üblich sind. HT-Apparate enthalten, die auch für Wickelkörper-

HT-Apparate (S. 75) üblichen Ausdehnungsgefäße und Flottenzusatzeinrichtungen. Standard-Apparate werden für ein Fassungsvermögen von 1 bis 800 kg

Abb. 29. Vier HT-Strangfärbeapparate nach dem Hängesystem *(Scholl)*, die wahlweise auch im Verbund geschaltet werden können

gebaut. Zur Vergrößerung des Fassungsvermögens kann im Verbundsystem gearbeitet oder auch mehrstöckige Apparate eingesetzt werden (Abb. 30). Die Teppichindustrie benötigt sehr große Mengen Stranggarn für deren Behandlung von *Longclose* Apparate mit einem Fassungsvermögen von 2,5—3000 kg im Einstock- (Abb. 31) und Doppelstock-System gebaut werden. Bei letzteren ist ein Verstellen der Weifenlänge auch während der Behandlung von außen möglich.

Abb. 30. Schrank-Strangfärbeapparat für zweistöckige Beschickung und Zusatzgefäß *(Callebaut)*

Stranggarnfärbeapparate nach den vorstehend beschriebenen Systemen werden u. a. von den Firmen

Bellini
Bibby
Callebaut
M. P. Durand,
Elitex
Farrar
Franke
Frauchiger

Freemann
Giachino
ILMA
Invest
Jagri
Klauder
Krantz
Longclose

Mezzera
Michelstadt
Obermaier
Pegg
Schlumpf
Scholl
Smith-Drum
Then

gebaut.

Beim Färben von Stranggarnen ist darauf zu achten, daß die Stränge gut „abgebunden" sind und einer diese Abbinder den Garnanfang und das -ende enthalten. Meist sind zur guten Abhaspelung der Stränge nach dem Färben mindestens 2 *Fitzfäden* als Abbindung notwendig, die möglichst mehrmals durchgesteckt werden sollen um den Strang in mehrere Teile zu teilen und ein leichtes Abarbeiten ermöglichen. Je geringer das Stranggewicht ist, desto leichter kann das Garn abgehaspelt (aufgespult) werden. Normalerweise wiegen die einzelnen Stränge, wenn nicht besonders lange Weifen verwendet werden (Leinengarn), 100—300 g.

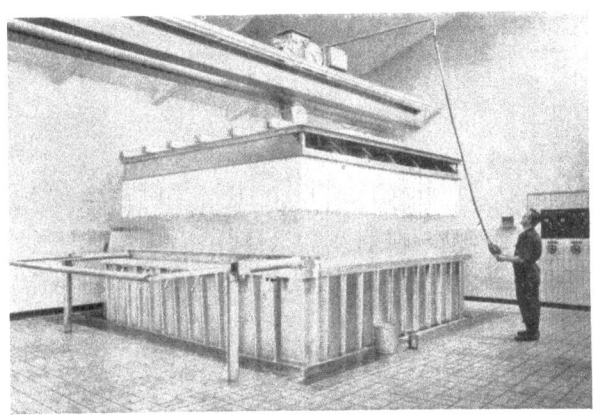

Abb. 31. Stranggarn-Färbeapparat *(Longclose)* nach dem „Einstocksystem", mit ausgefahrenem Material für 3000 kg Teppichgarn

Beim Einpacken der Stränge in den Hängeapparat muß unter allen Umständen der Materialschrumpf durch einen genügenden Abstand der unteren Strangschlaufe vom unteren Stock berücksichtigt werden. Dabei gelten als Faustregel Abstände von 3—6 cm (2—5 Fingerbreite). Bei Garnen, die zu stärkerem Schrumpf neigen wie z. B. Hochbauschgarne, wird der Abstand entsprechend vergrößert. Der Materialblock darf keinesfalls eine Kanalbildung zulassen. Es ist deshalb eine gleichmäßige Packungsdichte notwendig. Dabei sind feste Blöcke günstiger als lose hängendes Garn. Bei sehr voluminösen Garn ist die Aufhängung in versetzter Art günstiger um Druckstellen an den Garnköpfen und den unteren Teilen der Stränge zu vermeiden, die sich durch schlechtere Durchfärbung markieren. Als *Stockflecke* werden schlecht, oder nicht durchgefärbte Garnstellen bezeichnet, die sich durch zu straffes Einhängen an der Innenseite der Strangaufhängung bilden, da dort die Flotte nicht ausreichend zirkulieren konnte. Weiterhin können die Flecken auch dadurch entstehen, daß die Pumpe zu schwach arbeitete und beim Durchströmen von „unten-nach-oben" die Stränge von den oberen Stöcken nicht genügend abheben und diese Stellen dadurch nicht ausreichend durchfärben konnten. Die Flecken entstehen auch, wenn die Flottenrichtung nicht ausreichend gewechselt wurde. Bessere Egalität läßt sich durch das Einpacken von trockenen oder zumindestens stark entwässertem Material erreichen, da dieses nicht so stark zum Zusammenkleben der Einzelfäden neigt und dadurch die Flotte besser zirkulieren läßt.

Die *Apparate mit aushebbaren Einsätzen* haben den Vorteil, daß beim Zusetzen oder Nachsetzen von Farbstofflösung diese im gesamten Volumen durch kurzes Zirkulieren besser verteilt werden kann und ein besonderes Nachsatzgefäß nicht unbedingt notwendig ist. Das wird sich vor allem dann günstig auswirken, wenn mit Farbstoffen nuanciert wird, die nur in die abgekühlte Flotte zugesetzt werden dürfen. Außerdem ist es möglich den ausgehobenen Warenblock öfter während des Färbens auf ausreichende Egalität zu prüfen. Zum Ausheben des Warenblocks sind jedoch Hebezeuge und eine entsprechend stabile und hohe Gebäudekonstruktion notwendig. Der An- und Nachsatz soll nur dann erfolgen, wenn die Flottenlaufrichtung so eingestellt ist, daß der längste Weg bis zum Material resultiert (meist von ,,oben-nach-unten"). Alle Apparate können auch groß dimensionierte Ansatzbehälter enthalten, um gebrauchte Flotte zurückzupumpen, wenn auf

Abb. 32. Stranggarn-Färbemaschine Modell ,,N" *(Gerber)*

stehenden Bädern gearbeitet wird. In den letzten Jahren wurden auch diese Apparate weitgehend automatisiert um die Aufheiz-, Koch- und Abkühlzeit steuern zu können. Vor allem gilt das für HT-Apparate bei denen die Kühlung durch Kaltwasser über die Heizschlangen erfolgt (S. 75).

Bei **Strangfärbemaschinen** wird die Färbeweise auf der Kufe (Barke) durch mechanisches Umziehen der Stränge nachgeahmt. Dadurch wird man von manueller Arbeit und die damit verbundenen Unregelmäßigkeiten unabhängig. Bei der normalen Stranggarnfärbemaschine *(Gerbermaschine)* werden die in der Kufe hängenden Garnstränge durch Vierkantstäbe *(Gerber)* oder Doppelstäbe *(Michelstadt)*, abwechselnd in Links- und Rechtsdrehung umgezogen. Diese *Stranggarn-Maschine Modell N (Gerber)* zeigt die Abb. 32. Die Garnstränge werden auf die hochgezogenen Trägerarme aufgehängt und in die vorbereitete Flotte abgesenkt und dort behandelt. Die Maschine wird mit beliebig vielen Garnträgern geliefert. Die Umzieharme sind einzeln abschaltbar und die Kufen durch Schotten in jeder Größe abzuteilen. Damit ist es möglich die Maschine wechselweise für jede Partiegröße einzurichten. Die Konstruktion zeigt, abgesehen von der gleichmäßigeren Garnbewegung, die gleichen Nachteile der Kufenfärbung wie ein hohes Flottenverhältnis von 1:20 und das ,,Schwimmen" leichter Garne bzw. die gleiche Erscheinung bei Verwendung von stark schäumenden Textilhilfsmitteln. Die Konstruktion ist, abgesehen von feinem Wollgarn, für alle Strangmaterialien verwendbar und kann auch zum Spülen, Nachbehandeln usw. eingesetzt werden. Beim Färben von Strängen auf Strangfärbemaschinen ist zu beachten, daß die Fitzfäden der Stränge nicht zu lange Enden haben, die sich u. U. um die Stäbe wickeln und dadurch die Stränge aus der Flotte ziehen und sich dann um die Färbearme wickeln. Nach dem Färben und zum Nachsetzen werden die Garnträger hochgestellt und die Stränge abgehoben. Die Trägerarme nehmen je nach Schwere der Garnstränge 2,5 bis 3,5 kg Material auf. Die Maschine wird zur Dampf- und Reduktionsmittelersparnis auch mit einer abhebbaren oder aufklappbaren Haube geliefert.

Aus der Stranggarnfärbemaschine wurde die **Spritzfärbemaschine** *(Mezzera-Maschine)* entwickelt. Dabei werden die Stränge wie bei der vorher beschriebenen Konstruktion auf

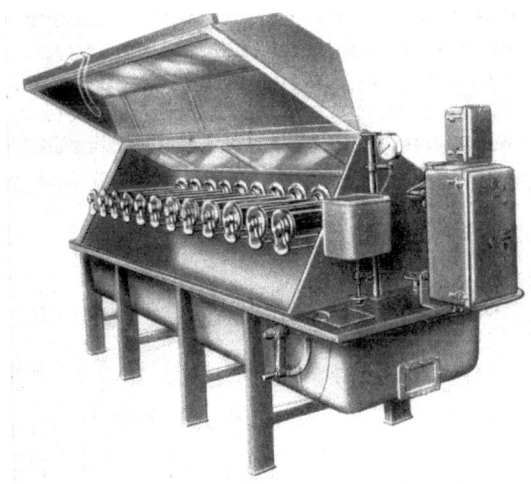

Abb. 33. Stranggarn-Färbemaschine *(Mezzera)*

spezielle Färbearme aufgelegt, tauchen jedoch nicht in die Flotte; diese wird durch den perforierten Färbearm an das Innere der Stränge gespritzt und dringt durch diese hindurch, wird beim Abtropfen in einer flachen Kufe unterhalb der Stränge wieder aufgefangen, mittels einer Pumpe abgesaugt, durch eine indirekte Heizung erwärmt und wieder den Spritzarmen zugepumpt. Die *Spritzfärbemaschine von*

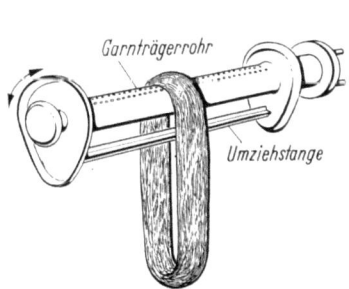

Abb. 34. Garnträgerrohr der Spritzfärbemaschine „Dominant" *(Gerber)*

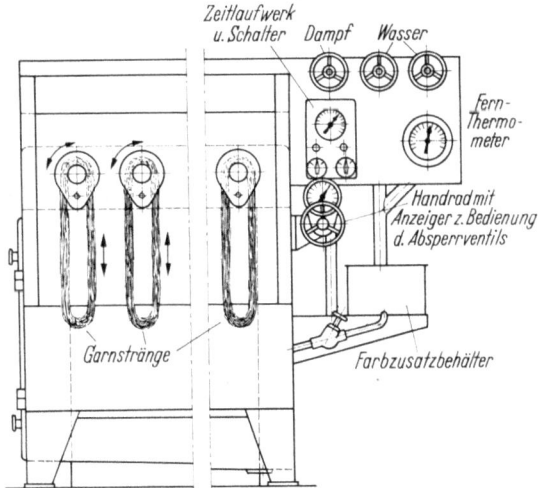

Abb. 35. Spritzfärbemaschine „Dominant" *(Gerber)*

Mezzera zeigt die Abb. 33. Die besondere Konstruktion der Garnträgerrohre gestattet die Behandlung auch der empfindlichsten Reyongarne. Dabei werden die Stränge auf ein *perforiertes Trägerrohr* aufgelegt, das, um ein Abrutschen der Stränge zu vermeiden, mit einer vorderen und hinteren

Begrenzungsscheibe versehen ist. Um ein Aufwickeln der Stränge auf dem Trägerrohr zu verhindern, werden die Stränge mittels einer Umziehstange exzentrisch um das Trägerrohr bewegt (Abb. 34). Dabei kann der Links- und Rechtslauf je nach Bedürfnis automatisch variiert werden. Während des „Umziehens" mit der Umziehstange wird der Flottenzufluß gestoppt um ein Verspritzen der Flotte durch die Perforation, die nur ein Teil des Garnträgerrohrs enthält, nach unten zu verhindern. Da die Stränge nicht in der Flotte hängend gefärbt werden, kann das Flottenverhältnis bis auf 1:10 verringert werden, die Behandlungsflotte wird durch das Umpumpen gut durchmischt und es ist möglich, Nachsätze laufend zuzuführen (Abb. 35). Spritzfärbemaschinen werden mit einer nutzbaren Trägerrohrlänge von 900—1100 mm geliefert, die in Intervallen von 30 sec.—10 min. gedreht werden, und je nach Material bis zu 5 kg aufnehmen können. Durch die Abstellung der Flottenzufuhr während des Umziehens, ist ein Verspritzen der Flotte, außer an das Innere des aufliegenden Stranggarns, welches gleichzeitig hochgehoben wird, nicht möglich. Obwohl die Spritzfärbemaschinen vorerst für die Behandlung von Reyongarnen konstruiert wurden, wurden sie bald auch zum Färben von Garnen aus Baumwolle, Zellwolle und deren Mischungen, sowie Synthesegarnen eingesetzt. Da die Maschinen auch in geschlossener Bauart geliefert werden, kann beim Färben mit Küpenfarbstoffen, wenn nicht bei zu hohen Temperaturen gefärbt wird, der Reduktionsmittelverbrauch in Grenzen gehalten werden. Einzelmaschinen mit 1—20 Trägerrohren können im Verbund gekoppelt und dadurch jeder Partiengröße angepaßt werden. Das Flottenverhältnis beträgt im Normalbetrieb 1:10 und bedeutet damit eine wesentliche Ersparnis an Farbstoff, Chemikalien und Dampf gegenüber dem Hängesystem. Zum Färben von Wollgarnen ist die Konstruktion wenig geeignet, da die Wollstränge durch die Materialbewegung zum Verfilzen neigen und durch die Flottenbewegung Kochtemperatur nicht erreicht wird. Spritzfärbemaschinen werden u. a. von folgenden Firmen gebaut:

Abb. 36. Stranggarn-Färbemaschine *(Klauder)*

Gerber, Mezzera, Then,
ILMA, Smith-Drum

Bei der *Stranggarn-Färbemaschine* von *Klauder* werden die Garnstränge in die inneren und äußeren Speichen eines Doppelrades gehängt (Abb. 36) und mit diesem durch die Flotte bewegt. Die Maschine wird auch mit 2 Doppelrädern nebeneinander geliefert und kann dann bis 500 kg Material aufnehmen. Wie auch auf allen anderen Stranggarnfärbeapparaten und -maschinen können auf dieser Konstruktion Bänder gefärbt werden, wenn sie vorher in Strangform aufgemacht wurden.

Als Stranggarnfärbemaschine kann auch die als **Passiermaschine** bekannte Konstruktion der Fa. *Timmer* (Abb. 37) angesprochen werden, die hauptsächlich zum Grundieren und Entwickeln von Azofarbstoffen (z. B. Naphthol AS/*Hoechst* u. a.) verwendet wird. Daneben wird die Maschine zum Schlichten und Bläuen von Stranggarn benutzt. Dabei werden die Stränge auf eine Rund- und eine Vierkantwalze aufgelegt und mittels der Vierkantwalze in die Flotte getaucht (Abb. 38). Durch eine Gummiwalze, die das Garn an die Oberwalze anpreßt, wird eine gute Benetzung erreicht. Eine geriffelte Breithalterwalze verstärkt diesen Vorgang. Die Maschine arbeitet zweiseitig und kann von einer Bedienung ausreichend versorgt werden. Bei beidseitiger Beschickung beträgt die Netzzeit etwa 45 sec., anschließend wird die Vierkantwalze aus der Flotte gehoben und das Stranggarn etwa 14 sec. ausgequetscht. Zum Abnehmen und

Abb. 37. Garnpassiermaschine *(Timmer)*

Auflegen werden je 21 sec. benötigt, so daß in 8 Std. etwa 720 kg Stranggarn grundiert bzw. entwickelt oder geschlichtet werden können. Die Konstruktion ersetzt die *Terrine*, bei der die Benetzung und Entwässerung der Stranggarne von Hand aus vorgenommen werden mußte. Eine ähnliche Konstruktion wird u. a. auch von *Meccanotessile* gebaut. Der Vorteil der Passiermaschinen besteht vor allem im kurzen Flottenverhältnis, der raschen Flottenerneuerung, dem guten Abquetscheffekt, der durch ein nachträgliches Abschleudern weiter verbessert wird und zu Ersparnissen bis zu 50% der anzuwendenden Zusätze führt.

Zum Färben von Kettgarnen mit unlöslichen Azofarbstoffen (Naphthol AS/*Hoechst* u. a.) kann zum Grundieren des *Denim-Artikels* auch die Schlichtmaschine gebraucht werden und die Entwicklung im verwebten Stück erfolgen. Zum Färben von Kettgarnen wird auch das Standfast-Verfahren empfohlen.

Zum Färben von **Flammé-Effekten** können Stranggarne in der Kufe von Hand gefärbt werden. Dabei

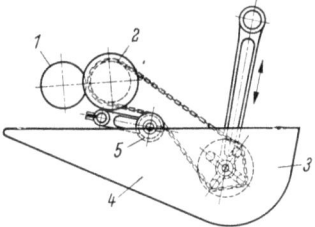

Abb. 38. Schema des Imprägniervorganges in der Passiermaschine *(Timmer)*
1 Abquetschwalze (Gummi); 2 Stranggarn; 3 Vierkant-Tauchwalze; 4 Flottenbehälter; 5 geriffelte Breithalterstange

werden die Stränge ohne Umziehen nach einem gewissen Rhythmus aus der Färbeflotte höher gestellt. Dabei werden die Stranganteile dunkler, die länger in der Flotte verbleiben. Derartige Effekte, die auch als *Ombré-Färbung* bezeichnet werden, können auch durch partielles Ablassen der Flotte, bei nicht umgezogenen Strängen, erreicht werden. Durch Abbinden der Stränge in bestimmten Abständen lassen sich ähnliche Effekte erreichen. Für die Flamméfärbung ist auch die normale Stranggarnfärbemaschine brauchbar (S. 60), die ohne Stranggarndrehung arbeitet und bei der die Stränge in bestimmten Abständen höher über die Flotte gestellt werden.

4. Färben von Wickelkörpern

Unter Wickelkörpern versteht man die verschiedensten Spulen, die das Garn als Wickelung enthalten. Die Garne werden als

konische oder zylindrische Kreuzspulen,
Raketenspulen (Flaschenspulen),
Spinnkuchen (Reyon aus dem Zentrifugenspinnverfahren),
Kreuzwickel (texturierte Garne),
Kettbäume

behandelt. Ferner werden Vorgespinste wie *Kardenband* auf perforierten Kettbäumen und *Kammzugwickel* als *Bobinen*(tops) als Wickelkörper bezeichnet. Obwohl es sich beim Behandeln von Stückwaren auf HT-Stückbaumautoklaven auch um Wickelkörper handelt, werden diese Apparate im Kapitel „Stückfärberei" beschrieben. Das Behandeln von Copsen (Kopsen, Kötzer) ist wegen des ungünstigen Flottenverhältnisses, das diese Wickelkörperform (Färbeigel) erfordert, aufgegeben worden. Alle für das Färben und Bleichen eingesetzten Einrichtungen sind Apparate, da das Behandlungsgut nicht bewegt wird. Die seit Jahren zum Behandeln von Wickelkörpern geeigneten Apparate werden meist so gebaut, daß sie durch Austausch entsprechender Einsätze für alle oben angeführten Wickelkörperformen eingesetzt werden können. Man bezeichnet sie deshalb oft als *Universalapparate*, da sie daneben auch die Behandlung von losem Material und Stranggarn zulassen, wenn entsprechende Apparateeinsätze dafür vorgesehen werden.

Der besondere *Vorteil* der Wickelkörperbehandlung besteht im kleinen Flottenverhältnis von max. 1:12, welches allerdings beim Behandeln von Stranggarn größer ist. Ferner ist es mit diesen Apparaten möglich auch größere Warenposten gleichzeitig zu behandeln, da die Apparate entsprechend groß dimensioniert oder im Verbundbetrieb gekuppelt werden können. In den letzten Jahren werden die Apparate hauptsächlich in geschlossener Bauweise hergestellt, und es ist damit auch das Arbeiten bei Temperaturen über 100 °C (HT-Bedingungen) möglich, was vor allem beim Behandeln von Synthesefasern große Vorteile bringt und in steigendem Maß auch für native Fasern eingesetzt wird. Als *Nachteile* muß die Verwendung von speziellen Färbehülsen, perforierten Bäumen oder anderen Spezialeinsätzen genannt werden. Nicht unerwähnt darf bleiben, daß es *nicht immer möglich ist eine absolut gleichmäßige Durchfärbung der Wickelkörper* zu erreichen, wenn auch die Garne sorgfältig vorbereitet wurden, entsprechende Egalisiermittel eingesetzt und auch besondere Färbeverfahren verwendet wurden.

Es gilt deshalb die Regel, daß *als Wickelkörper gefärbtes Garn möglichst nicht zur Herstellung von gewebter oder gewirkter Uniware verwendet werden soll*. Trotzdem werden derartige Garne wegen der Wirtschaftlichkeit des Behandlungsverfahrens für Uniwaren verwendet. Ist das der Fall, muß der Färber besonders Abmustern und auf die noch zu beschreibenden Vorbedingungen achten. Werden kreuzspulgefärbte Garne für Uniwaren verwendet, sollten mehrere Spulen der Partie abgemustert werden. Außerdem müssen sowohl die Außen, -Mittel- und Innenlagen nebeneinander gemustert und möglichst als Schlauch gewirkt (Rundrändermaschine), verglichen werden. Dabei zeigen sich auch die geringsten Farbtonunterschiede, die auch in der Fertigtextilie sichtbar werden. In der Weberei werden diese Garne vorteilhaft auf Pic-a-Pic-Stühlen mit 3 schützigem Rundwechsel verarbeitet um den Schuß von 3 Spulen nebeneinander zu legen. Gefärbtes Stranggarn ist für einen absolut egalen Ausfall günstiger, die Färbung wegen des höheren Flottenverhältnisses jedoch teurer.

Als unbedingte Voraussetzungen für eine gute Durchfärbung und ausreichende Egalität der als Wickelkörper zu färbenden Garne, Kardenbänder, Spinnkuchen und Bobinen ist die Behandlung möglichst gleichgroßer und gleichmäßig dichtgewickelter Körper notwendig. Ferner muß beim Aufspulen der Garne der evtl. *Materialschrumpf* berücksichtigt werden, der u. U. durch eine zusätzliche Faserquellung zu einer starken Verdichtung der Wickelkörperinnenlagen führt und damit ein ausreichender Flottendurchfluß nicht mehr möglich ist. Aus diesen Gründen werden Wickelkörper aus *Baumwolle möglichst weich* gespult. Dasselbe gilt auch für regenerierte Zellulosegarne. Dabei ist zu berücksichtigen, daß glänzendes Reyongarn bei zu weicher Spulung zum Abrutschen der äußeren Fadenlagen und damit zu Materialverlusten führt. Oft müssen Kompromisse zwischen der Härte der Wicklung und der Größe bzw. dem Materialgewicht der in der Partie eingesetzten Wickelkörper geschlossen werden. Der Materialschrumpf ist bei Synthesefasern so groß, daß das Material entweder vorgeschrumpft und erst nach einer Zwischentrocknung umgespult oder auf besonderen Färbehülsen (S. 68) behandelt werden muß. Für *Wollgarne ist eine härtere Spulung* des Materials vorteilhafter, da sich Wolle auf Grund ihrer Plastizität in der Wärme eher entspannt und dadurch der Flotte weniger Widerstand entgegensetzt.

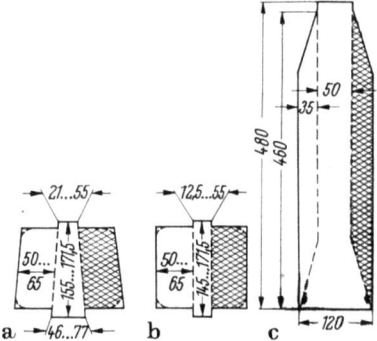

Abb. 39. Abgekantete konische (a), zylindrische (b) Kreuzspule und Raketenspule (c) mit Färbehülsen *(Geidner)*

Um den Durchfluß der Behandlungsflotte in den Spulen zu vergleichmäßigen, müssen die **konischen** und **zylindrischen Kreuzspulen** (Abb. 39a und 39b) *abgedrückt* (abgekantet) werden, da sich in den härteren Kanten der Farbstoff infolge der größeren Materialdichte stärker absetzt und diese Fadenlagen dunkler angefärbt werden. Dieses Abkanten kann von Hand aus oder mittels besonderer Abdrückapparate vorgenommen werden. Die Einrichtungen werden meist von den Firmen gebaut, die auch Apparate für die Behandlung von Wickelkörpern herstellen. Von der Fa. *Fratelli Ferraro*, Busto-Arsizio/Italien wird ein *halbautomatischer Kantenabrunder* gebaut bei dem die Spulen in den unteren Abkantteller eingelegt und mittels eines endlosen Bandes zur Abdrückstelle befördert werden. Nach Passieren der Abkantpresse, deren Ober- und Unterteller austauschbar sind, wird die abgedrückte Kreuzspule durch das Band in den davorstehenden Behälter ausgeworfen. Die Konstruktion ist für konische und zylindrische Kreuzspulen mit Durchmessern von 100—200 mm verwendbar und der Preßdruck der Abkantschalen kann der Wickeldichte angepaßt werden. Durch besondere *Kantenverlegung* bei Kreuzspulmaschinen (BKN-Kreuzspulmaschine *Schlafhorst*, Kreuzspulmaschine der Fa. *Mettler's Söhne*, Arth/Schweiz u. a.) ist eine besondere Abrundung nicht notwendig, da diese Maschinen bereits beim Spulen runde Kanten ergeben.

Die Fa. *G. Sahm*, Eschwege/Westf. hat sich um die Herstellung gut färbbarer Kreuzspulen bemüht und die Kreuzspulmaschine Modell *Bikomat/Präkomat* konstruiert. Mit dieser Maschine ist es möglich, konische und zylindrische sowie auch sog. Pineapple-Kreuzspulen herzustellen. Die letzteren Spulen haben eine stark abgeschrägte Ober- und Unterkante und kommen als Färbeschule nicht in Betracht, da sie das Flottenverhältnis ungünstig beeinflussen. Die Fa. hat festgestellt, daß bei der Herstellung von normalen Kreuzspulen (Abb. 40) durch den gleichen Kreuzungswinkel des Garns in der Spule, unregelmäßig verteilt, dichtere und losere Wicklungszonen entstehen und damit der Flottendurchsatz unregelmäßig sein muß. Bei *Präzisions-Kreuzspulen* (Abb. 41) die auf der Präkomat-

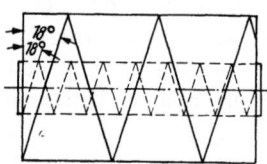 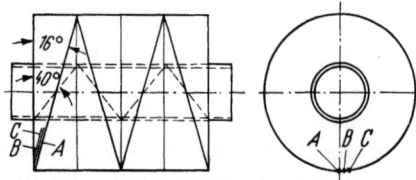

Abb. 40. Gewöhnliche Kreuzspule mit gleichen Faden-Kreuzungswinkeln *(Sahm)*

Abb. 41. Präzisions-Kreuzspule mit gleichbleibender Fadenverkreuzung und damit bei anwachsender Spule spitzer werdendem Kreuzungswinkel *(Sahm)*

Kreuzspulmaschine hergestellt werden, wird dieser Nachteil durch unterschiedliche Fadenkreuzungswinkel verhindert. Ferner wurde von der Firma eine Spulmöglichkeit zur Herstellung von *offenen Rautenspulen* entwickelt, die wegen des gleichmäßigen Flottendurchsatzes für die Färbung besonders interessant sind. Für die Färbung von Chemiefasergarnen hat sich die offene Rautenspule besonders bewährt. Als günstigste Spulenhärte und -gewichte hat die Fa. *Sahm* die in Tab. 9 angegebenen Werte festgestellt. Mittels einer Kompensations-Fadenbremse ist es der Firma außerdem gelungen, beim Umspulen die unterschiedliche Fadenspannung der Vorspule soweit auszugleichen, daß auf der Färbespule Shore-Härten von 15—20° erreicht werden. Praxisversuche haben ferner ergeben, daß die günstigsten Spulenhärten bei Wickeldichten von 350 g/dm³ (oder 1 Liter) bei Wolle, 300 g/dm³ bei Baumwolle und 275 g/dm³ bei Chemiefasern liegen. Die Werte

Tabelle 9. *Shorehärte und Spulengewicht von Färbekreuzspulen mit Chemiefasern (offene Rautenspulen G. Sahm)*

Spulgut	Spulenhärte in °Shore	Spulengewicht in g
Viskose-Reyon	35—45	500—600
Cupro-Reyon	30—40	400—600
Sek. Azetat-Reyon	40—50	500—600
Polyamid	25—35	500—600
Polyester	10—25	400—500

der Tab. 9 und die vorstehend angegebenen Zahlen können jedoch nur als Anhaltspunkte genannt werden, da eine ordnungsgemäße Durchfärbung auch von der Art des Apparates, der Partiegröße, dem Färbeverfahren u. a. Bedingungen abhängt.

In den letzten Jahren hat sich die *Raketen-(Flaschen-)Spule* als besonders günstig für die Färberei erwiesen. Diese Wickelkörper (Abb. 39c) werden auf der HACOBA-Kreuzwickelmaschine FS/*Plutte, Koecke & Co.*, Wuppertal-Barmen bzw. einer Konstruktion der Fa. *D. Delerue & Cie.*, Roubaix/Frankreich hergestellt. Die Spulen verwenden die Cops-(Kötzer)-Wicklung, d. h., die Garne werden so verlegt, daß der aufgespulte Faden immer wieder zwischen Außen- und Innenlage wechselt. Wegen des geringeren Spulendurchmessers, können beim Färben

Zwischenteller wegfallen, sind härtere Wicklungen möglich, und es kann damit mehr Garn im Rauminhalt gefärbt werden. Die Färbeeinsätze fassen im Durchschnitt 30% mehr Garn als solche für normale Kreuzspulen. Die Flaschenspulen werden direkt als Schußkopse im schützenlosen Webstuhl bzw. vom Schergatter abgearbeitet.

Die Garne müssen je nach ihrer Form auf perforierte **Färbehülsen** aufgespult werden. Man unterscheidet zwischen *starren* und *flexiblen Färbehülsen*.

Starre Färbehülsen werden zum Behandeln von Garnen eingesetzt, die bei entsprechender Wicklung, nur wenig Schrumpf aufweisen. Dazu gehören vor allem Wolle, Baumwolle und Garne aus regenerierten Zellulosefasern, die jedoch auch auf flexiblen Hülsen gefärbt werden können. Die Hülsen werden aus imprägnierten Pappen, rostfreiem Edelstahl und neuerdings in verstärktem Maße aus Kunststoffen hergestellt. Die Abb. 42 zeigt Färbehülsen aus *Edelstahl* und *Kunststoff* für *konische* und *zylindrische Kreuzspulen*. Sie werden mit glatter, gewellter und rändulierter Oberfläche geliefert. Durch eine gewellte Oberfläche bzw. durch versenkte Perforation werden die innersten Fadenlagen besser durchgefärbt, da die strömende Flotte diese Garnlagen besser erreicht. Eine Rändulierung läßt die Garnanfänge besser haften. *Papphülsen* (Papierhülsen) können entweder nur einmal (Einweghülse) oder wenige Male verwendet werden, sie sind jedoch entsprechend billiger. Kunststoffhülsen dehnen sich bei höheren Temperaturen aus und müssen mittels einer Spiralfeder im Einsatzkopf die Möglichkeit zur Kompensation ihrer Ausdehnung haben (federnder Hut). Beim Färben von Synthesefasern mit Carriern sollen sie nicht angegriffen werden, doch werden einige angefärbt. Zum Behandeln von Garnen auf *Raketenspulen* werden die Wickelkörper nach dem Spulen auf Röhrenspindeln (Abb. 52, S. 72) umgesteckt. Die starren und ein

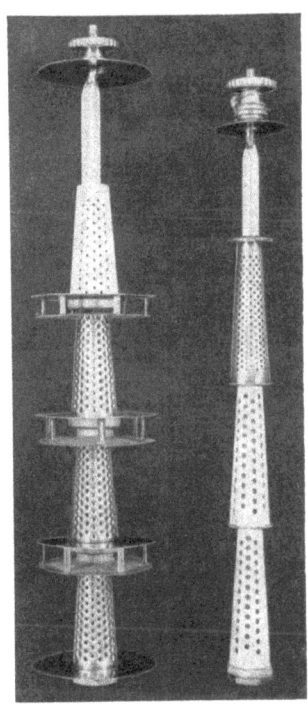

Abb. 42. Dreikantspindeln mit konischen Edelstahl- und Kunststoffhülsen, verschiedenen Zwischentellern und starrem bzw. federndem Abschluß
(Geidner)

Teil der flexiblen Färbehülsen machen die Verwendung von besonderen **Zwischentellern** notwendig, die den Flottenaustritt außerhalb des Garnkörpers verhindern bzw. die Garnwicklung vor Deformation schützen. Die Abb. 42 zeigt auch Dreikantspindeln mit großen Zwischentellern (links), die hauptsächlich zum Färben von Wolle und kleine Zwischenteller (rechts), wie sie für Zellulosefasergarne verwendet werden. Die Abb. 42 zeigt weiter einen stabilen (links) und federnden Spindelverschluß (rechts). Analoge Möglichkeiten bestehen auch für starre, zylindrische Färbespulen. Zum Behandeln von *Leinengarnkreuzspulen* werden von *Geidner* spezielle Färbehülsen hergestellt, die eine besonders große Perforation aufweisen und ineinander gesteckt werden können. Dadurch sind Zwischenteller nicht notwendig (Abb. 43). In allen Fällen sind Abschlußteller auch dann notwendig, wenn Färbehülsen verwendet werden, die keine Zwischenteller erfordern.

5*

Starre Färbehülsen, Zwischen- und Abschlußstücke bzw. auch Spindeln werden u. a. von folgenden Firmen hergestellt:

>Emil Adolff, Reutlingen/Württ. (Papphülsen)
>Wilhelm Geidner, Kempten/Allgäu (Stahl- u. Kunststoffhülsen)
>Louis Julien S. A., Verviers/Belgien (Stahl- u. Kunststoffhülsen)
>Plastikfabrik Elbenia, Büderich/Düsseldorf (Kunststoffhülsen)
>Josef Zimmermann, Aachen (Eisbär-Kunststoffhülsen)

Flexible Färbehülsen werden dann verwendet, wenn ein größerer Materialschrumpf ausgeglichen werden muß, dem Flottendurchlauf möglichst geringen Widerstand entgegengesetzt und möglichst ohne Zwischenteller gearbeitet werden soll. Die Abb. 44 zeigt 2 Formen von flexiblen Drahthülsen, die sich axial

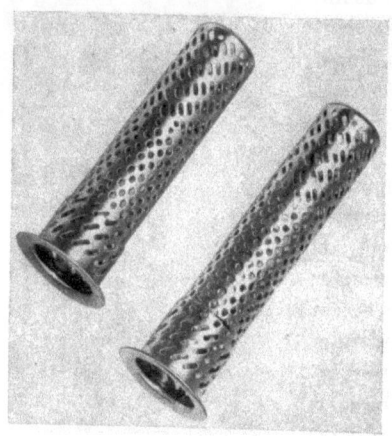

Abb. 43. Färbehülsen für Leinenkreuzspulen (Geidner)

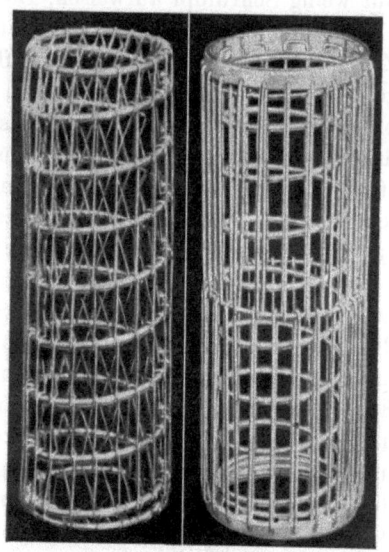

Abb. 44. Flexible Federhülsen von Scholl (links ARGO-Hülse)

zusammendrücken lassen, keine Zwischenteller benötigen und auch radial einen gewissen Materialschrumpf auffangen können. Beim Beschicken der Färbespindeln werden die Färbehülsen so aufeinander gepreßt, daß die Garnwickel fest übereinander liegen und die durchströmende Flotte auch ohne Zwischenteller nur durch den Garnkörper fließen kann. Flexible Färbehülsen werden auch für konische Kreuzspulen u. a. von folgenden Firmen hergestellt:

>Anicq
>Frauchinger
>Davidson, MacGregor & Co., Hartley-Wintney/England
>Scholl

Als *Franklin-Feder* wird eine spiralförmige Blattfeder bezeichnet, die sowohl axial als auch radial flexibel ist. Zum Spulen muß jedoch ein Stützkörper eingeführt werden, der vor dem Aufspindeln wieder entfernt wird. Als *Schlitzhülsen* werden starre Federhülsen verwendet, welche durch einen Längsschnitt geteilt und aufgebogen, radiale Flexibilität aufweisen. Für die Behandlung von texturierten Garnen in Wickelform wird von die *Dupont* auch eine *Auflage von Schaumstoff* auf starre Federhülsen empfohlen. Von der Fa. *Tigges* werden flexible Drahthülsen hergestellt, die sich zum Färben aller Garnmaterialien, vor allem aber für stark schrumpfende und texturierte Garne eignen. Die Abb. 45 zeigt eine derartige Federhülse für zylindrische Kreuzspulen, die jedoch bei der Herstellung des Wickels einen besonderen Spulenträger erfordert. Die in der Abb. 46 gezeigte,

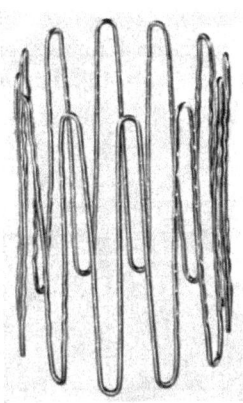
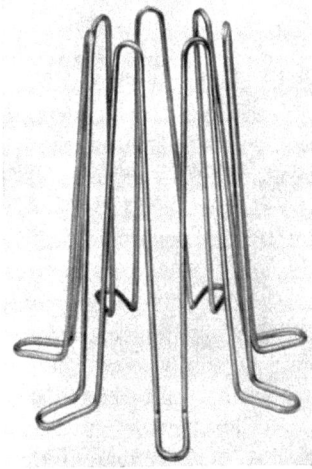

Abb. 45. Federhülse Typ RADIA III/S *(Tigges)* Abb. 46. Kreuzspulfederhülse Typ RADIA III/K *(Tigges)*

flexible Federhülse RADIA/III/K ist zur Bildung von konischen Kreuzspulen bestimmt. Die auf normalen Papphülsen hergestellten Spulen müssen entweder von Hand oder durch einen *Federhülsen-Umstoßapparat* (Abb. 47) mit der Federhülse versehen werden.

Den Vorteilen der Verwendung flexibler Hülsen, wie intensiverer Flottendurchfluß, bessere Durchfärbung, höhere Garneinsatzmenge usw., steht der meist höhere Preis der Federhülsen entgegen, und man wird sie deshalb nur dort einsetzen, wo mit starren Hülsen ungenügende Effekte resultieren. Um die Verunreinigungen der Flotte vom Garnwickel fernzuhalten, werden vor dem Aufspulen des Garns auf die verschiedenen Hülsen Papierfilter aus nicht optisch aufgehellten Filterpapier aufgeschoben, welche feste Verunreinigungen und evtl. ungelösten Farbstoff auffangen. Die Filter ermöglichen ferner eine bessere Durchdringung der innersten Fadenlagen und verbessern beim Aufspulen die Haftung der untersten Garnlagen. Es muß jedoch bei Verwendung dieser *Spezialfilter* die Flotte

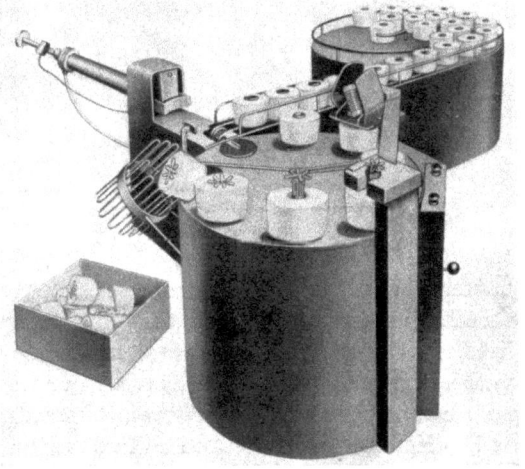

Abb. 47. Federhülsen-Umstoßapparat UR III/K-Z *(Tigges)*

zuerst von innen-nach-außen gepumpt werden, um die Schwebestoffe der Flotte auszufiltern. Derartige Filter werden u. a. von

    J. C. Binzer, Hatzfeld/Eder (Ederol-Filter)
    Davidson, MacGregor & Co., Hartley-Wintney/England (Springtex)
    Melitta-Werke Bentz & Sohn, Minden/Westf. (Melitta-Garnfilter)

hergestellt.

Für die Behandlung von *Spinnkuchen* werden entweder entsprechend dimensionierte, starre Hülsen verwendet, wie sie für zylindrische Kreuzspulen üblich sind bzw. spezielle Spinnkuchen-Färbehülsen eingesetzt (Abb. 48). Für *Kettgarne* und *Kardenband* — seltener *Kammzüge* — werden perforierte Kettbäume (Abb. 57, S. 74) verwendet. Beim Behandeln von Kettbäumen ist, genau wie bei Kreuzspulen, eine entsprechende Wickeldichte einzuhalten, die gleichmäßig durch den ganzen Baum beibehalten werden muß. Die Kettfadenenden werden vor dem Behandeln bündelweise in die äußeren Fadenlagen

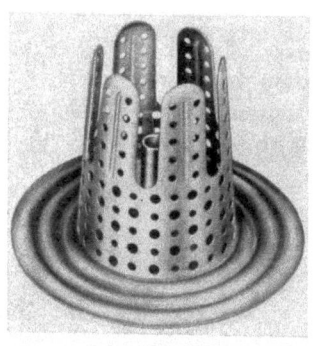

Abb. 48. Spinnkuchen-Färbehülse STARAX I/T *(Tigges)*

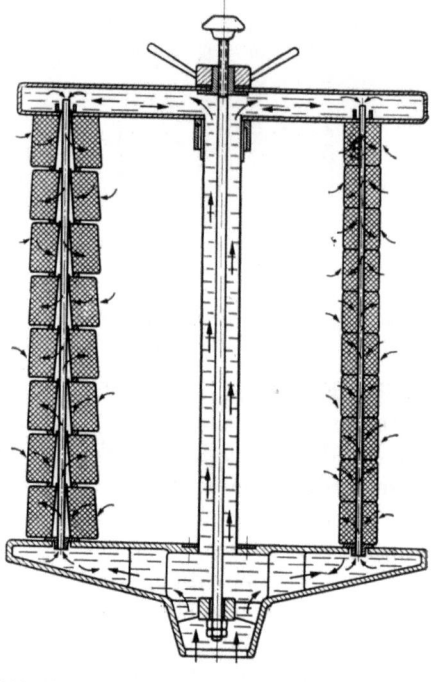

Abb. 49. Materialträger *(Thies)* mit konischen und zylindrischen Kreuzspulen (Schema der Flottenzirkulation)

„untergesteckt" um ein Schwimmen zu verhindern. Kardenbänder werden ebenfalls untergesteckt und die einzelnen Bäume mit dünn eingestellten Nesselgewebe umhüllt. Neuerdings verwendet man zu diesem Zweck Gewebe aus Synthesefasern (Polypropylen), die sich nur wenig oder überhaupt nicht anfärben und dadurch für den Dauergebrauch günstiger sind. Besonders gefürchtet ist das „Aufplatzen" von Kett- oder Kardenbäumen. Dabei werden durch zu hohen Anfangspumpendruck und/oder unregelmäßig dichte Wicklung die Faden- oder Bandlagen aufgerissen. Zum Färben von *Bändern* werden ebenfalls kleine, perforierte Bäume mit Begrenzungsscheiben eingesetzt, auf denen die Bänder aufgewickelt werden (s. Abb. 58, S. 74).

Zur Aufnahme des zu behandelnden Textilmaterials verwendet man **Materialträger,** die vom Apparatehersteller für den jeweiligen Apparattyp geliefert werden.

Apparate für Wickelkörper werden als *Universalapparate in niedriger* und *hoher Bauart* gebaut. Die niedere Bauart kann für sämtliche Materialien außer Kettbäume eingesetzt werden, wogegen die hohe Bauart auch Zettel-(Kett-)bäume aufnehmen kann. Die Apparate werden für Materialmengen von 0,5—800 kg gebaut. Die Abb. 49 zeigt das Schema eines Materialträgers von *Thies* mit konischen und zylindrischen Kreuzspulen bei dem die Behandlungsflotte entweder von unten durch die Spulen oder in der Mittelsäule durch die Oberplatte und wiederum durch die Spulen in den Apparatkessel tritt (Flottenrichtung: innen-nach-aussen). Durch Umkehrung der Flottenrichtung (außen-nach-innen) durchströmt die Flotte das Material in umgekehrter Richtung. Dieses, von Thies als „Vertikalsystem" bezeichnete Prinzip, benötigt jedoch eine Materialoberplatte und wird vor

Abb. 50. Kreuzspuleinsatz mit flexiblen Hülsen für Apparate niederer Bauart *(Scholl)*

Abb. 51. Doppelmaterialträger für Kreuzspulen *(Scholl)*

allem für Apparate mit hoher Bauart eingesetzt. Die Abb. 50 zeigt einen Kreuzspulträger für Apparate mit niedriger Bauart ohne Oberplatte. Diese Konstruktion hat den Vorteil, daß die Spulenmenge und damit die Höhe der Aufsteckspindeln unterschiedlich sein kann und so auch weniger Spulen, allerdings im ungünstigeren Flottenverhältnis, behandelt werden können. Die Materialhöhe muß jedoch bei allen Spindeln gleich sein um den Flottenwiderstand gleichmäßig halten zu können. Bei hohen Kreuzspulträgern muß zwar die Spulenhöhe eingehalten werden, es kann aber der Apparateinsatz mit einer kleineren Anzahl von Kreuzspulsäulen und damit ebenfalls mit einer geringeren Spulenzahl beschickt werden. Daneben besteht noch die Möglichkeit mit entsprechenden Verdrängungskörpern zu arbeiten. Die Abb. 51 zeigt einen *Doppelträger für Kreuzspulen* ohne Deckplatte, der jedoch eine Mittelplatte enthält in welcher die Flotte durch eine Halbsäule gedrückt wird und damit ist auch bei Apparaten mit hoher Bauart ein ausreichender Flottendruck im Oberteil des Apparates möglich.

Das früher übliche *Hülsenlos-System*, bei dem die Kreuzspulen auf schwach konische Holzdorne aufgespult und von diesem auf perforierte Färbespindeln geschoben wurden, hat sich nicht durchsetzen können, da das Aufschieben recht langwierig ist und die inneren Fadenlagen häufig zusammengeschoben bzw. beschädigt wurden. Es lassen sich dadurch allerdings teure Färbehülsen ersparen.

Auch das *Spindellos-System* hat nicht restlos befriedigt. Man setzte dabei die auf entsprechende Färbehülsen gespulten Garne übereinander und verwendete Porzellan- oder Steingutzwischenscheiben in denen man die Färbehülsenenden einsetzte. Die einzelnen Materialsäulen wurden durch einen Deckel bzw. auch durch Seitenträger des Materialeinsatzes gehalten. Die, auch als Scheibensystem bezeichnete Arbeitsweise, führte oft zum Umfallen der Spulensäulen. Heute verwendet man hauptsächlich das **Aufstecksystem** bei dem die Kreuzspulen auf

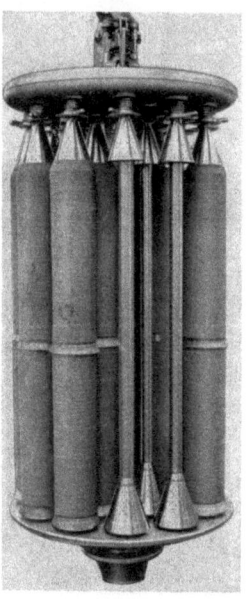

Abb. 52. Flaschenspulenträger
(Thies)

Abb. 53. Materialträger für loses Material, Spinnkuchen, Kreuzwickel und Stranggarn im Packsystem
(Scholl)

Dreikantspindeln aufgesteckt werden. Da die einzelnen Spindeln außerhalb des Materialträgers beschickt und erst dann in den Einsatz eingesetzt und verschraubt werden, ist auch eine schnelle Beladung des Einsatzes möglich. Die Abb. 52 zeigt einen Materialträger mit Flaschen-(Raketen-)Spulen für einen hohen Apparat. Bei niederen Apparaten wird nur mit einer Spule gearbeitet, jedoch ist dafür die Bodenplatte größer um entsprechend mehr Einzelspulen aufnehmen zu können.

Zum Färben von *losem Material, Stranggarn im Packsystem, Spinnkuchen oder Kreuzwickel im Packsystem* dienen Rundeinsätze die u. U. so konstruiert sind, daß sie sofort als Schleudereinsatz in die Zentrifuge verbracht und dort entwässert werden können (Abb. 53). Das lose Material wird mittels Stampfmaschinen oder hydraulische Pressen eingedrückt (S. 55), Stranggarn und Spinnkuchen werden von Hand aus flach (nicht stehend), möglichst gleichmäßig, um Kanalbildung zu vermeiden, eingelegt. In letzter Zeit hat sich das Packsystem auch zum Färben von Kreuzwickeln aus texturierten Garnen bewährt, die ähnlich wie Spinnkuchen in Beutel verpackt, eingelegt werden. Die Kreuzwickel werden von der Spule in Stränge mit Verkreuzung, gestreckt umgehaspelt, mindestens dreimal gut unterbunden, entspannt, in Säckchen verpackt, meist nach vorherigen Netzen in den Materialträger eingelegt und so behandelt. Nach erneutem Ausspannen können die Texturgarne nach dem Färben und Trocknen wieder abgehaspelt werden. Die beschriebenen Materialträger eignen sich vor allem für niedere Apparate. Für hohe Apparate verwendet man vorteilhaft Doppeleinsätze, um ein „Zusammenfallen" des großen Materialblocks und damit schlechte Durchfärbung zu vermeiden. In hohen Apparaten kann auch der eine Teil des Trägers durch einen *Verdrängungskörper* ersetzt werden um ein möglichst kleines Flottenverhältnis zu behalten.

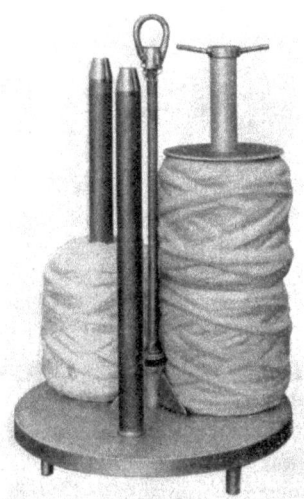
Abb. 54. Materialträger für Kammzugbobinen, offene Bauart *(Scholl)*

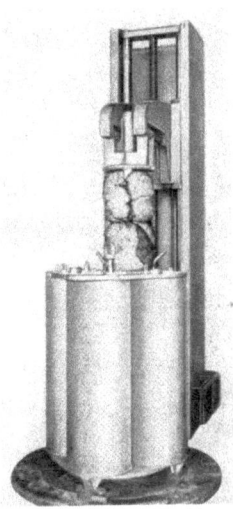
Abb. 55. Kammzugbobinen-Einsatz mit Presse *(Krantz)*

Kammzugkreuzwickel (Bobinen) werden entweder offen (Abb. 27, S. 56) oder in geschlossenen, perforierten Behältern behandelt. Beim offenen Materialträger werden die Bobinen auf perforierte Färbespindeln aufgeschoben und mit verschraubbaren Deckel zusammengepreßt (Abb. 54). Verwendet man geschlossene Behälter (Abb. 55) werden die Bobinen mit Netzen umhüllt und einer Presse auf die perforierte Innenspindel geschoben und eingepreßt. Von *Callebaut* werden geschlossene Materialträger für Kammzugbobinen hergestellt, die seitlich geöffnet werden können und nach Ausziehen der perforierten Innenspindel, sofort seitlich zu entleeren sind.

In den letzten Jahren werden immer mehr *Stranggarne* auf Apparaten behandelt, die ursprünglich nur für Wickelkörper konstruiert wurden. Vor allem werden heute Garne aus Synthesefasern und deren Mischungen unter Niederdruck- (bis 108 °C) oder unter HT-Bedingungen auf diesen Apparaten gefärbt. Allerdings ist bei Verwendung von Stranggarneinsätzen das Flottenverhältnis ungünstiger (1:20—1:30); es ist jedoch nicht unwirtschaftlicher als auf Apparaten mit

74   Färberei

Hängesystem. Ähnlich wie bei letzterem System werden die Stranggarne in Zweistockhalterungen, meist versetzt, eingehängt. Dabei werden die gebogenen Färbe-

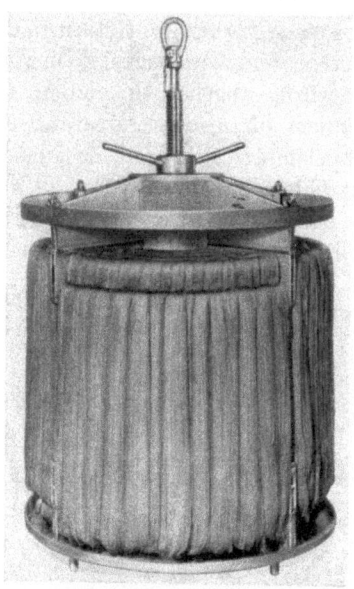

Abb. 56. Materialträger für Stranggarn im Hängesystem *(Scholl)*

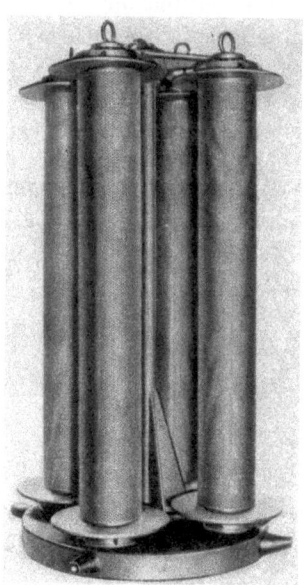

Abb. 57. Materialträger für 4 Kett- oder Kardenbandbäume *(Scholl)*

Abb. 58. Materialträger für Bänder *(Scholl)*

stöcke ausgeschwenkt, die Stränge aufgeschoben, die Stöcke wieder eingeschwenkt und anschließend das Segment des Einsatzes verriegelt (Abb. 56). *Kettbäume* werden hauptsächlich stehend in Apparaten hoher Bauart — es werden bis zu 12 Bäume gleichzeitig behandelt — gefärbt (Abb. 57). Die Kettbaumfärberei hat seine besonderen Vorteile, da man mit abgesaugtem oder geschleudertem, feuchtem Material sofort an die Schlichtmaschine geht und nach dem Schlichten das Garn nur einmal trocknen muß. Allerdings lassen sich mit kettbaumgefärbtem Material nur schußgemusterte Buntgewebe herstellen, wenn man nicht verschieden gefärbte Kettgarne zusammenzettelt. Zum Färben von *Bändern* dienen sog. Teilbäume auf denen die aufgewickelten Bänder wie Kettbäume gefärbt werden (Abb. 58).

Apparate für Wickelkörper werden als Rundbehälter gebaut, da sie beim Arbeiten unter *statischem Druck* metallurgisch und maschinenbautechnisch am besten den Druck auffangen und die günstigste Flottenzirkulation ermöglichen. Die verwendeten Pumpen oder entsprechende Umsteuerungsorgane müssen beide Strömungsrichtungen der Flotte (innen : außen, außen : innen) zulassen, die entweder von Hand oder automatisch gesteuert werden. Die Vorteile der Behandlung bei Temperaturen bis 140 °C *(HT-Bedingungen)* haben alle Konstrukteure veranlaßt, die Einrichtungen so auszustatten, daß sie diesen Bedingungen gerecht werden. Es handelt sich dabei um *Autoklaven*, die als *HT-Färbeapparate* bezeichnet werden und auch für niedere Temperaturen brauchbar sind.

Zur *Erzeugung des statischen Drucks*, der über den gesamten Behandlungsprozeß eingehalten werden muß, sind mehrere Systeme üblich. Dabei soll der

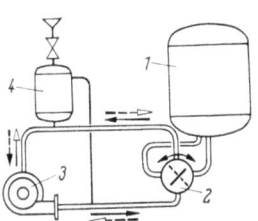
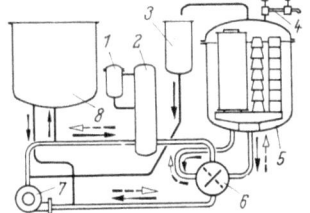
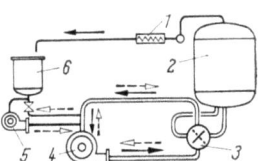

Abb. 59. Schema eines HT-Färbeapparates mit geschlossenem Expansionsgefäß *(Scholl)*.
1 Färbeautoklav; 2 Umsteuerorgan (4-Weghahn); 3 Zentrifugalpumpe; 4 geschlossenes Expansionsgefäß

Abb. 60. Schema eines HT-Färbeapparates mit geschlossenem Expansionsgefäß und Ansatzgefäß für die Gesamtflotte *(Scholl)*
1 Nachsatzgefäß für HT-Betrieb.; 2 Expansionsgefäß; 3 Überlaufgefäß (bis 100 °C); 4 Musterschleuse; 5 Färbeautoklave; 6 Umsteuerorgan (4-Weghahn); 7 Zentrifugalpumpe; 8 Offenes Ansatzgefäß für Gesamtflotte

Abb. 61. Schema eines HT-Färbeapparates mit offenem Expansionsgefäß *(Scholl)*
1 Kühler; 2 Färbeautoklave; 3 Umsteuerorgan (4-Weghahn); 4 Zentrifugalpumpe; 5 Zusatzpumpe; 6 offenes Nachsatz- und Ausdehnungsgefäß

Druck über der der Flotte zugeordneten Temperatur liegen um Dampfbildung zu vermeiden, die zur schlechteren Pumpenleistung führt (Kavitation). Beim *System Steverlynck* (Static Process Steverlynck), das von vielen Konstrukteuren in Lizenz übernommen wurde, wird die Behandlungsflotte im geschlossenen Apparat erwärmt und dadurch der Überdruck erzeugt. Zur elastischen Pufferung und zur Aufnahme des durch die Wärmeausdehnung entstehenden, größeren Flottenvolumens dient ein *Expansions-(Ausdehnungs-)Gefäß*, welches in die Zirkulationsleitung eingeschlossen ist. Das im Expansionsgefäß gebildete Luftpolster ermöglichte die Konstanthaltung des statischen Drucks (Abb. 59). Die Abb. 60 zeigt das Schema eines HT-Apparates in dem das Expansionsgefäß ebenfalls im Hauptschluß angebracht ist und ein offenes Überlaufgefäß zur Aufnahme von Nachsätzen beim Arbeiten bis 100 °C enthält. An das Expansionsgefäß ist ein weiteres, geschlossenes Nachsatzgefäß angeschlossen, welches Zusätze, die während der Behandlung mit statischem Druck notwendig sind, aufnehmen kann und vom Flottenkreislauf abgetrennt wird, wenn der Nachsatz gegeben wird. Weiter ist ein offenes Ansatzgefäß für die Gesamtflotte vorhanden. Als weitere Variante zeigt die Abb. 61 einen Apparat ohne Expansionsgefäß bei dem die, durch die Erwärmung auftretende, „überschüssige" Flotte gekühlt, in ein offenes Nachsatzgefäß geleitet und über eine Zusatzpumpe der statische Druck gehalten und evtl. nachgesetzte Flotte in die Zirkulationsleitung gepumpt werden kann. Auch sind Apparate üblich, die einen Ansatzbehälter für die Gesamtflotte haben, in dem das gesamte Flottenvolumen bereits vor der Behandlung auf statischen Druck und die entsprechende Temperatur gebracht werden kann.

Durch Preßluft oder andere Gase ist es ferner möglich, auch ohne Erwärmung der Behandlungsflotte, im geschlossenen Apparat statischen Druck zu erzeugen. Dabei bildet sich das elastische Druckpolster im Oberteil des Apparates bzw. in einem besonderen Expansionsgefäß. Durch eine entsprechende Hydraulik kann der Flottendruck ohne Flottenerwärmung auf die gewünschte Höhe gebracht werden. Bisher haben die Apparate, die ohne Expansionsgefäß arbeiten, abgesehen von den geringeren Baustoffkosten, keine besonderen Vorteile gegenüber den Konstruktionen gezeigt, die den statischen Druck durch Flottenerwärmung erzeugen, da eine verbesserte Farbstofflöslichkeit, geringere Faserquellung usw. hauptsächlich durch Temperaturen über 100 °C erreicht werden. Selbstverständlich werden bei den zuletzt genannten Apparaten durch indirekte Heizung diese Temperaturen ebenfalls erreicht.

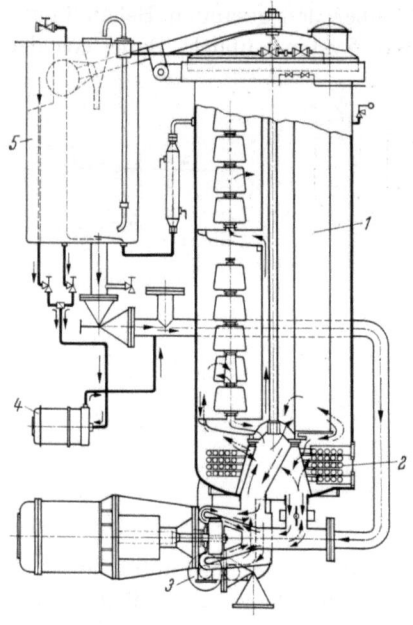

Abb. 62. „Turbostat"-Schema des HT-Färbeapparates von *Obermaier*.
1 Färbeautoklav mit Doppelträger für Kreuzspulen; *2* Wärmeaustauscher; *3* Turbopumpe; *4* Zusatzpumpe; *5* offenes Expansionsgefäß

Zur Flottenumwälzung in HT-Apparaten ist eine *Propellerpumpe* unzweckmäßig, da sie in ihrer Leistung nicht ausreicht und zu verstärkter *Kavitation* neigt. Es wird dabei im Ansaugstutzen ein Unterdruck erzeugt, der zur Dampfbildung und geringerer Pumpenleistung Anlaß gibt, wie sie bereits bei normalen Apparaten und Kochtemperatur bzw. bei Schaumbildung eintritt. Es werden deshalb entweder *Zentrifugalpumpen* verwendet, die mit Mehrweghähnen zur Flottenrichtungsänderung gekoppelt werden oder reversible *Turbo-* oder *Axialpumpen* eingesetzt. Zur Flottenerwärmung wird ausschließlich indirekter Dampf oder Heißwasser verwendet. Die Wärmeaustauscher, die auch als Kühlschlangen benützt werden, können im Apparat selbst, im Expansionsgefäß oder der Zirkulationsleitung untergebracht werden und gestatten ein Aufheizen von 2—4 °C/min. Die Abb. 62 zeigt das Schema eines Apparates mit Turbopumpe, die direkt an den Apparat angeschlossen ist, dadurch Rohrleitungen erspart und die Heizrohre im unteren Apparateteil enthält (Blockbauweise). Die Apparate werden durch Flügelschrauben oder pneumatisch bzw. Schnellverschlußdeckel geschlossen.

Für die Entnahme von Mustern kann eine Kleinmenge des Materials in einem besonderen *Mustertopf* untergebracht werden, der im Nebenschluß an den Apparat sitzt und beim Mustern vom Flottendurchfluß getrennt wird. Von *Scholl* wurde als pat. *Musterschleuse* eine Vorrichtung geschaffen, bei der die Muster in den Garn- oder Gewebelagen eingesteckt und beim Mustern über Hanf- oder Perlonschnüre einzeln über 2 Hähne aus dem Apparat gezogen werden (Abb. 63). Dadurch verbleiben die Muster während der gesamten Behandlung in der Partie.

Apparate für Wickelkörper werden oft zu Anlagen zusammengestellt, die aus einem oder mehreren Färbeapparaten, einem offenen oder geschlossenen Kochkessel für das Beuchen, Netzen oder Vorwaschen einem *Nachbehandlungsapparat*,

Abb. 63. Einführen der Musterschnüre in die Musterschleuse *(Scholl)*

der meist ein offener Apparat ist und zum Spülen, Nachbehandeln, Absaugen oder Abdrücken verwendet wird und einem Schnelltrockner bestehen. Ferner kann der Anlage eine Zentrifuge für loses Material, die auch mit Spezialeinsätzen für Kreuzspulen ausgerüstet ist bzw. eine *Kettbaumschleuder* (Abb. 212, S. 391) angefügt werden.

Abb. 64. 2-HT-Färbeapparate im Verbundbetrieb *(Frauchiger)* mit Steuerautomatik

Die *Vorteile der Arbeitsweise unter HT-Bedingungen* besteht in der schnelleren Färbeweise von nativen Fasern bei entsprechenden Temperaturen bzw. in der Ersparnis von Carriern beim Färben von Polyester- und anderen Synthesefasern bzw. deren Mischungen. Die Einrichtungen sind teurer als normale Apparate. Meist können nur ausgesuchte Farbstoffe bei Temperaturen über 100 °C verwendet werden. Die Apparate werden heute sehr oft halb- oder vollautomatisch gesteuert und werden mit entsprechenden Einsätzen und Zusatzeinrichtungen u. a. von folgenden Firmen gebaut:

Abb. 65. HT-Färbeanlage für 500 kg Material *(Then)*

Annicq *Krantz*
Bellini *Longclose*
Bibby *Meyer*
Callebaut *Mezzera*
Clermont *Michelstadt*
M. P. Durand *Obermaier*
Elitex *Omli*
Franke *Pegg*
Farmer-Norton *Pozzi*
Frauchiger *Riggs*
Giachino *Schlumpf*
Henriksen *Scholl*
Invest *Smith-Drum*
ILMA *Then*
Jagri *Thies*

Die Abb. 64, 65 und 66 zeigen HT-Apparate verschiedener Hersteller.

Für die Behandlung von Kreuzspulen wurde von *Frauchiger* als *Frawilar* eine Kreuzspulzentrifuge geschaffen, mit der den Kreuzspulen durch die Hohlwelle die Behandlungsflüssigkeit zugeführt wird. Durch die Umdrehung der Spule wird die Flüssigkeit durch den Spulkörper gedrückt und in $1^1/_2 - 2$ min die Spule genetzt. Es ist so möglich in 1 Std. 120—160 Spulen mit 2 Schleudern zu pigmentieren,

Abb. 66. HT-Färbeapparat mit Axial- und Zusatzpumpe und großem Ansatzgefäß *(Scholl)*

laugieren, schlichten usw. Die Einrichtung wird zum Färben von Reaktiv- und Küpenfarbstoffen empfohlen. Es können beliebig viele Schleuderköpfe verbunden und über eine Automatik gesteuert werden (Abb. 67). Die mit möglichst nicht substantiven Produkten behandelten Kreuzspulen werden anschließend in Kreuzspulapparaten weiterbehandelt bzw. geschlichtete Garne getrocknet.

5. Automatisierung von Bleicherei- und Färbereieinrichtungen

Die steigenden Textilverbrauchszahlen, der immer stärker werdende Mangel an geschultem Bedienungspersonal und die Möglichkeit alle Veredlungsarbeiten von manueller Beeinflussung unabhängig zu machen, haben auch die Textilveredlung zur Rationalisierung und damit zum Einsatz automatisch gesteuerter Apparate und Maschinen veranlaßt. Die für die Rationalisierung notwendigen Geräte sind so vielfältig, daß in diesem Rahmen nur eine eingeschränkte Zahl von Möglichkeiten aufgezeigt werden kann, die sich mit den hauptsächlichen Methoden des *Regelns*, *Steuerns* und *Automatisierens* beschäftigen. Die Bestrebungen in der Veredlung gleichartige Arbeitsverfahren nach einem bestimmten System zu regeln sind so alt wie die Konstruktionen der Arbeitseinrichtungen selbst. Vor allem gilt das für Apparate, die zur Behandlung von Wickelkörpern verwendet werden, bei denen die ersten Regeleinrichtungen der automatischen *Flottenrichtungsumschaltung* verwendet wurden und, die jeweils in gleichen

Abb. 67. „Frawilar"-Behandlungsmaschine für Wickelkörper *(Frauchiger)*

oder unterschiedlichen Abständen den Flottendurchfluß in beiden Strömungsrichtungen ändern. Als weitere Regeleinrichtungen können die in Automatenjiggern eingebauten Vorrichtungen zur Begrenzung der Passagenzahl, bei kontinuierlichen Anlagen die Regelung der Warengeschwindigkeit, Niveau-Regelung bei Foulards, Waschmaschinen usw., automatische pH- und rH-Messung und Regelung, Regelung der Waren- und Atmosphären-Feuchtigkeit beim Trocken- und Dämpfprozeß usw. genannt werden. Als wichtige Regelungseinrichtungen wurden in den letzten Jahren *Temperaturregler* eingeführt, da in der Bleicherei und Färberei der Warenausfall wesentlich von der Einhaltung der den Verfahren eigenen Temperaturprogramme abhängt. Zu den wichtigen Regeleinrichtungen gehören auch die Zusatzgeräte, die beim Färben von Reaktivfarbstoffen zur Dosierung des Farbstoffes und des Alkalis beim Färben nach halb- oder vollkontinuierlichen Verfahren eingesetzt werden (S. 228).

Die vorstehend unvollständigen, angegebenen Möglichkeiten der Regelung lassen auf den ersten Blick erkennen, daß es sich in der Hauptsache um Feststellungen und im weiteren Verlauf um Steuerung von Vorgängen handelt, die vom Bedienungspersonal, auch wenn es in ausreichendem Maß geschult und vorhanden ist, nur unvollkommen beurteilt und entsprechend geregelt bzw. gesteuert werden kann. Die Vielzahl der möglichen Regel-, Steuer- und Automatisierungseinrichtungen, die, nicht nur in der Textilindustrie, immer mehr an Raum gewinnen, haben dazu geführt, daß sich neue Industriezweige mit der Konstruktion der entsprechenden Einrichtungen befassen und die entsprechenden Geräte den Textilmaschinenherstellern zur Verfügung stellen. Die nachstehend aufgeführten Firmen sind deshalb nur eine sehr kleine Auswahl von Herstellern, die sich jedoch intensiv mit der Konstruktion von Regel-, Steuer- und Automatisierungseinrichtungen für die Textilveredlung befaßt haben.

Bälz   *Groux* (Mercurius)
Chemap   *Ramstätter* (prodocard)
Eckardt   *Svenska Aeroplan* (SAAB)
Engel   *Termorid* (Paggi)
Foxboro   *Vaco-Pilot*

Neben den genannten Firmen bauen auch einige Apparatehersteller Einrichtungen für die Automatisierung ihrer Bleicherei- und Färbereieinrichtungen. Die nachstehend als Beispiele genannten Steuerungs- und Automatisierungseinrichtungen sollen dem Praktiker zeigen, welche Möglichkeiten bisher ausgeschöpft wurden um eine Vollautomatisierung zu erreichen und erheben keinesfalls den Anspruch auf Vollständigkeit.

Von *Jagri* werden z. B. zur nachträglichen Automatisierung bereits vorhandener Färbeapparate für Wickelkörper (Kreuzspulen, Kett- und Kardenbäume, Spinnkuchen, Stückbäume usw.) 4 Ausbaustufen vorgeschlagen. Dabei ist jedoch Voraussetzung, daß die einzelnen Vorgänge jederzeit unterbrochen, wiederholt oder übergangen werden können und wenn Störungen auftreten, auch halbautomatisch über Druckknöpfe oder manuell durch Handsteuerung weitergearbeitet werden kann. Als 1. Ausbaustufe wird von *Jagri* der Einsatz von Hydraulik-(Federbalk-)Ventilen vorgeschlagen, durch welche die Flotte noch von Hand, mittels vorgeschalteter Steuerventile, geschaltet wird. In der 2. Ausbaustufe werden die Handsteuerventile gegen elektrische Servo-Steuerventile ausgetauscht, welche eine Handschaltung ersparen und bereits auf einzelne Funktionskommandos (Drucktaster-Impulsgebung) ansprechen. In der 3. Ausbaustufe wird die Drucktastersteuerung durch Programmkarten abgelöst und damit der Gesamtapparat mittels der *Jagri-Comat-Vollautomatik* von der laufenden Bedienung unabhängig gemacht. Diese Programmkarten enthalten alle Befehle für die Steuerorgane der Flottenbewegung, Temperatur, Behandlungszeit usw. In diese Programmkarten können auch die Dosierungsmöglichkeiten der *Chemodos-Anlage (Jagri)* aufgenommen werden, durch welche auch die Behandlungszusätze (Farbstoff- und Chemikalienlösungen) dosiert, zugesetzt werden können. Das vorgezeigte Aufbauprogramm umfaßt alle Möglichkeiten, die im Behandlungsablauf auftreten und gestattet selbstverständlich auch eine Reduzierung des Programms auf knopfgesteuerte Arbeitsweise bzw. einfache Handsteuerung. Für den Ablauf des lochkartengesteuerten Programms ist lediglich das Einsetzen des Materials in den Apparat und der Verschluß des Deckels notwendig. Nach Ablauf des Programms, das durch optische oder akustische Signale angezeigt wird, kann entweder gemustert und nachgesetzt oder die Behandlung beendet und das Material aus dem Apparat gehoben werden.

Die vorstehend beschriebene Automatisierung wird auch von anderen Firmen vorgenommen. Programmgesteuerte Apparate mit Dosiereinrichtungen haben bereits ihre Feuertaufe in der Praxis bestanden. Es muß jedoch gesagt werden, daß die Entwicklung erst begonnen hat und bis zur absolut störungsfreien Verwendung noch viele Erfahrungen gesammelt und verwertet werden müssen. Die Abb. 68 zeigt einen Teil einer derartigen Anlage mit den Behandlungsapparaten *(Thies)* und die Schaltzentrale (rechts hinten). Die Vorratsbehälter für die Chemikaliendosierung sind in darüber befindlichen Stockwerken untergebracht. Die Abb. 69 zeigt den auf einer Bühne über der Färberei (Abb. 70) untergebrachten Staffierraum einer anderen Firma, in dem die Farbstoffe und Chemikalien gelöst, auf Abruf bereitgestellt und vom programmgesteuerten Apparat abgerufen werden.

Abb. 68. „duo-mat"-Färbeanlage mit vollautomatischer Steuerung und Chemikaliendosierung *(Thies)*

Abb. 69. „Farbküche" einer Färberei für Wickelkörper *(Thies)*

Abb. 70. Färberei für Wickelkörper *(Thies)*

Die Abb. 71, 72, 73 und 74 zeigen eine Reihe von Regelgeräten bzw. Schaltpulte für *lochkartengesteuerten Programmablauf*, eine Lochkarte und eine Kontrollstation einer Kontinueanlage.

Die Vollautomatisierung wird vor allem in Betriebsfärbereien eingesetzt, da dort gleichlaufende Behandlungsprogramme die Regel sind. Für Lohnfärbereien hat man bisher mit halbautomatischen Steuerungen die besten Erfahrungen gemacht, da der ständige Wechsel der Färbeverfahren, Materialmengen und die ver-

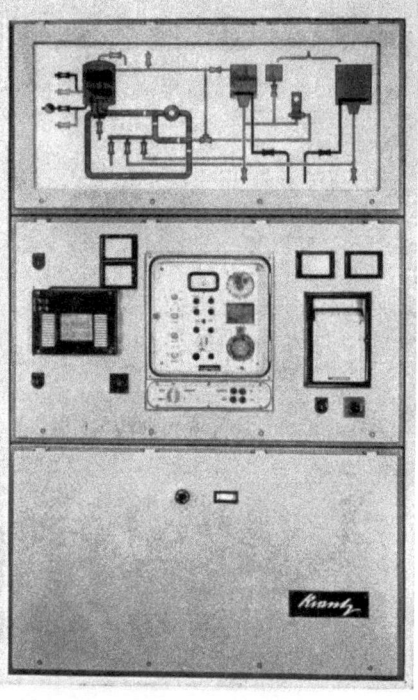

Abb. 71. Flottenumsteuerungs-Gerät *(Scholl)*

Abb. 72. Kontroll- und Regeleinrichtung zur automatischen Steuerung eines Färbeapparates für Wickelkörper *(Krantz)*

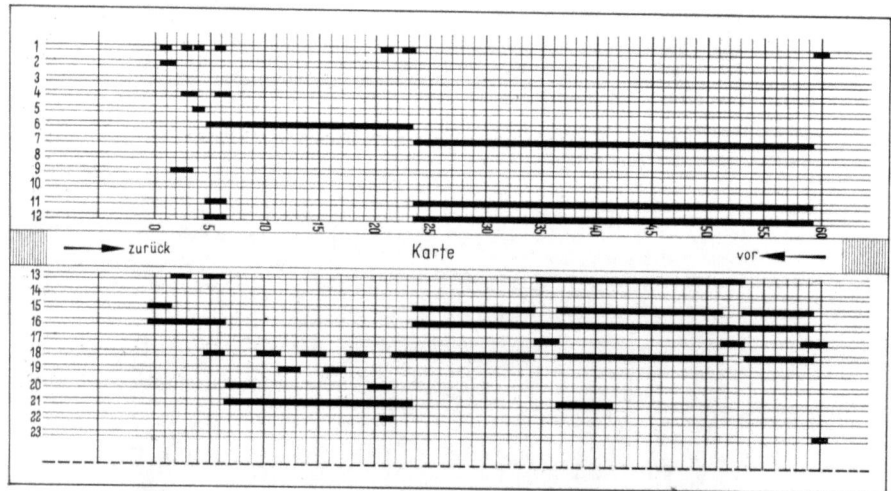

Abb. 73. Lochkarte für die Programmsteuerung

schiedenen Einsatzmengen oft lange Vorbereitungszeiten benötigen um vollautomatisch ablaufen zu können und man halbautomatisch einfacher, wenn auch mit größeren Personalaufwand, arbeitet. Die Vollautomatisierung hat sich bisher nur dort befriedigend durchgesetzt, wo über lange Zeiträume die gleichen Material- und Behandlungsbedingungen möglich sind. In allen Fällen ist jedoch eine Vorfärbung auf Laborgeräten notwendig um die einzelnen Bedingungen auf der Lochkarte programmieren zu können. Es steht jedoch außer Zweifel, daß

Abb. 74. Kontrollstation einer Stück-Kontinue-Färbeanlage *(Foxboro)*

in den nächsten Jahren, gerade auf diesem Gebiet, noch sehr viel Pionierarbeit geleistet werden muß, um die nicht gerade billigen Automatisierungseinrichtungen wirtschaftlich einsetzen zu können. Um auch den der Landessprache nicht mächtigen Arbeitern die Bedienung zu erleichtern, haben alle Firmen bereits bei der halbautomatischen Steuerung Leuchttafeln verwendet, die sowohl Strömungsrichtung der Flotte und geöffnete Ventile anzeigen (Abb. 75).

6. Färben von Stückwaren

Alle diese Konstruktionen werden auch zum Bleichen, Färben, evtl. Waschen und andere Naßbehandlungen eingesetzt, ihre Hauptverwendung liegt jedoch auf dem Färbereigebiet. Man unterscheidet dabei 3 Gruppen von Maschinen bzw. Apparate, die eine

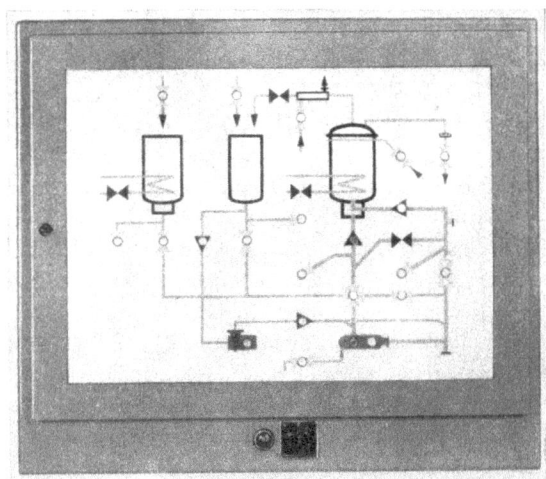

Abb. 75. Schaltkasten für halbautomatische, druckknopfgesteuerte Färbeapparate *(Scholl)*

diskontinuierliche,
semikontinuierliche (halbkontinuierliche)
kontinuierliche Behandlungsweise

erlauben. Abgesehen von Stückbaumautoklaven, handelt es sich durchwegs um Färbemaschinen in denen das Färbegut bewegt wird. Oft werden Maschinen, die zur diskontinuierlichen Behandlung dienen, vereinigt und als semi-, halb- oder teilkontinuierliche Anlagen eingesetzt.

Die besonderen *Vorteile* der Behandlung von Gewebe- und Gewirke-Stückwaren besteht in der Möglichkeit große Rohwarenmengen zu lagern, die umgehend in den vom Abnehmer verlangten Farbtönen gefärbt und kurzfristig ausgeliefert werden können. Das ist auch bei großen Warenmengen möglich, die man dann kontinuierlich behandeln kann. Es ist mit den angebotenen Einrichtungen ferner möglich, kleinste und größte Gewebemengen zu behandeln. Wenn die Stückwaren spannungsarm behandelt werden, ist oft eine besondere Behandlung zur Herabsetzung der Restkrumpfwerte nicht mehr notwendig, die Stückwaren können sich während des Färbens weitgehend entspannen und erhalten einen volleren Griff als garngefärbte Waren, die meist zur Erreichung ihres Charakters eine oder

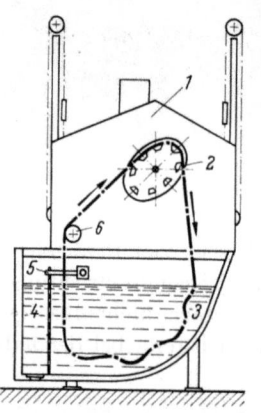

Abb. 76. Schema einer geschlossenen Haspelkufe mit Ovalhaspel und tiefem Flottenraum *(Goller)*
1 Haube; *2* Ovalhaspel; *3* Flottenraum; *4* Kochraum; *5* Rechen; *6* Leitwalze

mehrere Naßbehandlungen in der Ausrüstung notwendig machen. Durch Verwendung von unterschiedlich färbenden Material in der Spinnerei oder überfärbeecht vorgefärbter Flocke, die mit ungefärbten Material versponnen oder verzwirnt wurde, lassen sich die daraus gefertigten Stückwaren auch mit Bicolor-Nuancen herstellen. Als *Nachteile* müssen die oft schwierige Durchfärbung und die Unmöglichkeit fleckige oder unegale Färbungen durch eine nachfolgende Ausrüstungsarbeit — abgesehen vom Ausegalisieren oder Abziehen und Wiederauffärben — zu verbessern, wie es bei der Flockefärbung durch das nachträgliche Verspinnen oder durch Buntweben von unegalen Garnen möglich ist, berücksichtigt werden. Die Nachteile können jedoch die angegebenen Vorteile nicht aufwiegen. Es werden deshalb Stückwaren in sehr großem Umfang veredelt.

Als *diskontinuierliche Färbemaschinen* werden
           Haspelkufen   Jigger   Färbesterne
und als Apparate, Stückbaumautoklaven verwendet.

a) Haspelkufen. Auf Haspelkufen können Web- und Wirkwaren aus allen Fasern gefärbt werden, wenn sie nicht besonders knitterempfindlich sind, da die Ware als endloser Strang behandelt wird. Durch Behandeln *im Sack (Schlauch)*, bei dem die Stückware an den Leisten zusammengenäht wurde, ist auch das Färben von etwas knitterempfindlicher Ware möglich. Diese Arbeitsweise muß beim Bleichen und Färben von flachgewirkter Stückware (Charmeuse) eingesetzt werden um die zum Einrollen neigenden Leisten ausreichend durchfärben zu können. In Ausnahmefällen werden auch Stückwaren in breitem Zustand auf der Haspelkufe gefärbt.

Im Prinzip besteht die Haspelkufe (Abb. 76) aus einer abgeschrägten oder abgerundeten Kufe, die zum Färben von Wollwaren tief und kurz, und für Waren, die zum „Schwimmen" neigen (z. B. Synthetiks), flach und lang gebaut wird. Der Flottenraum ist durch eine perforierte Wand vom Kochraum, in dem sich die Heizrohre befinden, abgetrennt. Im Kochraum werden die Zu- und Nachsatzlösungen zugesetzt. Die Stränge werden einzeln und nebeneinander, Stückanfang- und -ende zusammengenäht, in die Kufe eingehängt und über die Leitwalze und den Haspel gezogen. Bei leichten Waren und flachen Kufen wird die Leitwalze synchron mit dem Haspel angetrieben. Der Rechen verhindert das Übereinanderlaufen der einzelnen Warenstränge. Zum Färben von Wollstückwaren (Tuche, Jersey) werden wegen der geringeren Materialbewegung Rundhaspeln mit

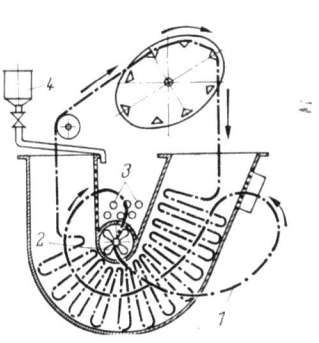

Abb. 77. Haspelkufe mit Flottenumwälzung (Michelstadt).
1 Flottenumlauf; 2 Propeller; 3 Heizschlangen; 4 Nachsatzbehälter

Abb. 78. Spezialentfalterhaspel *(Then)*

30—40 U/min., die möglichst knapp über der Flotte laufen, verwendet. Für Gewebe und Gewirke aus Zellulose- und Synthesefasern werden flache und lange Kufen verwendet und die Ware mit Ovalhaspeln mit 50—60 U/min. durch die Kufe gezogen. Die Ovalhaspeln bewirken eine intensivere Warenbewegung als die Rundhaspeln und damit ein besseres Egalisieren.

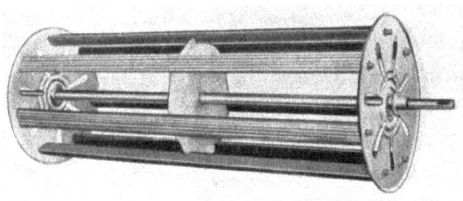

Abb. 79. Rundhaspel mit Dreikantprofilstäben *(Then)*

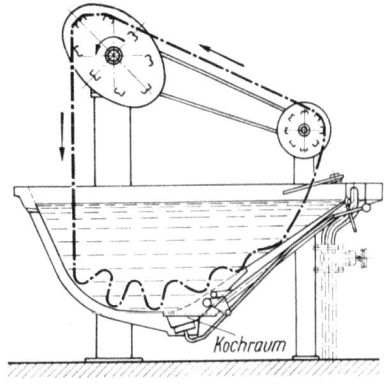

Abb. 80. Haspelkufe „System Schetty" *(Benninger)*

Nachteilig bei der Haspelkufenbehandlung ist das hohe Flottenverhältnis von mindestens 1:20 und die oft ungenügende Flottenbewegung, die jedoch durch Spezialkonstruktionen verbessert werden kann. Die Haspelkufe von *Michelstadt* (Abb. 77) hat den Kochraum in der Kufenmitte und die Flotte wird mittels einer Propellerpumpe abgezogen und seitlich dem Flottenraum wieder zugeführt. Zum Ausbreiten der Warenstränge werden spezielle Entfalterhaspeln (Abb. 78) neben Normalhaspeln verwendet (Abb. 79), die zur Warenschonung auch mit Nesselgewebe umhüllt werden um Scheuerstellen zu vermeiden. Oft werden dem Färbebad auch anionische Weichmacher zur Warenschonung zugesetzt, die ebenfalls Scheuerstellen vermeiden helfen. Zur Verringerung des Flottenverhältnisses wird von *Benninger* eine *kochraumfreie Haspelkufe* „System Schetty" Abb. 80 gebaut,

Abb. 81. Geschlossene Haspelkufe *(Then)*

bei der die Zusätze an einer Seite der beidseitig abgeschrägten Kufe im Doppelboden erfolgen. Der Doppelboden ist durch eine verstellbare Klappe vom Flottenraum getrennt und enthält auch die Heizrohre. Zur verstärkten Warenbewegung werden auch *Doppel-* oder *Zwillingshaspelkufen* verwendet, bei denen die Warenstränge abwechselnd über zwei Haspeln und dazwischen durch den Flottenraum laufen.

Beim Färben sollten die Warenstränge möglichst gleichlang sein und die Stückenden nicht verknotet, sondern vernäht werden. Zur besseren Egalität ist auch das Einziehen in unverdrehtem Zustand vorteilhaft. Zur Einsparung von Dampf werden Haspelkufen oft mit Hauben gebaut (Abb. 81), die auch den Austritt von Dampfschwaden in die Betriebsräume einschränken bzw. die Schwaden durch Anschluß an eine besondere Saugleitung abführen. Beim Färben von Synthesefasergeweben mit Carriern wird zur Vermeidung von Carrierflecken meist die Doppeldecke der Haube beheizt. Neuerdings werden in USA auch geschlossene *Niederdruckhaspelkufen* gebaut, die Temperaturen bis 110 °C erlauben. Haspelkufen aus den verschiedensten Baustoffen (Holz, Edelstahl, Keramik, Kunststoff) werden u. a. von folgenden Firmen gebaut:

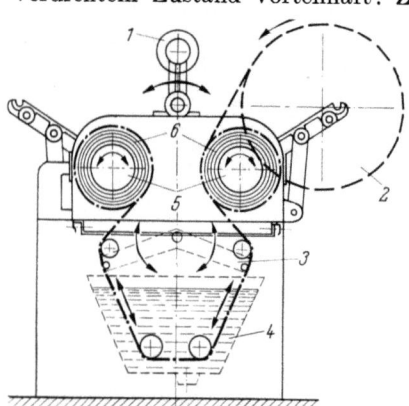

Abb. 82. Schema eines offenen Färbejiggers *(Gerber)*
1 Schwenkbare Abquetschwalze; *2* Vorgelegte Warendocke; *3* pendelnder Breithalter; *4* Jiggertrog; *5* Jiggerwalzen; *6* Warenwickel

Benninger	*Gerber*	*Leemetals*	*Rodney-*
Bibby	*Goller*	*Longclose*	*Scholl*
Bieger	*Giachino*	*Meyer*	*Schlumpf*
Callebaut	*Horrock*	*Mezzera*	*Stork*
Clermont	*ILMA*	*Obermaier*	*Tattersall*
Deutsche Steinzeug	*Invest*	*Pegg*	*Then*
Elitex	*Jagri*	*Pesch*	*West-Point*
Freeman	*Keramchemie*	*Pozzi*	
Farmer-Norton	*Krantz*	*Riggs*	

b) Jigger. Als Breitfärbemaschine kann man auf dem Jigger Gewebe in breitem Zustand ohne Lauffaltenbildung behandeln. Dabei wird die Konstruktion sowohl zum Färben als auch Bleichen, Entschlichten und Imprägnieren mit den verschiedensten Chemikalienlösungen eingesetzt. Im Prinzip (Abb. 82) läuft die Ware in breitem Zustand von einer Kaule durch das Chassis, und damit durch die Behandlungsflotte, auf die andere Kaule (Docke). Eine derartige Passage wird vom Färber als *Ende* bezeichnet. Der Behandlungsprozeß besteht in mehreren Enden (im Normalfall 20—25). Obwohl die Jigger-Konstrukteure ihre Maschinen z. T. als „spannungslos" bezeichnen, ist immer eine gewisse, wenn auch geringe Spannung notwendig, um die Waren faltenfrei durch die Flotte zu ziehen. Die kurze Verweilzeit, Praxisversuche mit 1000 m Ware haben während einer 5stündigen Behandlungszeit ein Verweilen des einzelnen Warenabschnittes in der Behandlungsflotte des Jiggertrogs von 18 sec. ergeben, beweist, daß die eigentliche Behandlung hauptsächlich auf den Warendocken vor sich geht.

Die *Vorteile* der Jiggerbehandlung bestehen in der Möglichkeit die Stückwaren — mit neueren Konstruktionen lassen sich auch Wirkwaren behandeln — in spannungsarmen Warenlauf faltenlos und in kleinem Flottenverhältnis von 1:5 bis 1:10 zu behandeln. Je nach Schwere der Ware und Konstruktion des Jiggers können Metragen bis 3000 m auf den Kaulen bis 1200 mm Durchmesser aufgedockt und behandelt werden. Jiggerkonstruktionen werden für die verschiedensten Breiten gebaut (bis 3200 mm). Dadurch lassen sich weit größere Warenmengen in einer Partie färben als es meist auf Haspelkufen, Färbesternen und Stückbaumautoklaven möglich ist. *Nachteilig* ist, daß längszugempfindliche Gewebe auf dem Jigger nicht gefärbt werden können, auch wenn es sich um spannungsarme Konstruktionen handelt. Dasselbe gilt für Struktur- (profilierte) Gewebe, die durch das Aufdocken in ihrer Struktur plattgedrückt und damit „zu flach" werden. Die sehr kurzen Verweilzeiten im Jiggertrog, in dem die Ware einer kochenden Behandlung ausgesetzt werden kann, machen es unmöglich, auf Jiggern Stückwaren bei Kochtemperatur zu behandeln. Es ist deshalb das Färben von Wolle, schon allein aus diesem Grund, nicht möglich. Zusätzlich ist auch die geringste Längsspannung für Wollgewebe schädlich. Ein weiterer Nachteil ist die Möglichkeit der *Moirébildung*, die bei stärkerem Längszug schon bei gering profilierten Waren auftritt.

Die Vorteile der Jiggerbehandlung haben eine Reihe von Maschinenbauer veranlaßt, Jigger der unterschiedlichsten Konstruktion herzustellen. Dabei wurde vor allem Wert auf

    möglichst spannungsarmen Gewebelauf,
    konstante Warengeschwindigkeit,
    wirksame Breithalter und
    changierende Kaulenbewegung

gelegt. Jigger älterer Konstruktion mit *Direktkupplung* wurden ohne Rücksicht auf die genannten Forderungen über eine Welle und Kegelräder angetrieben, die jeweils auf die angetriebene Kaulenwelle von Hand aus verschoben wurden. Die Warenspannung auf der ablaufenden Kaule mittels einer Backenbremse oder durch Auflegen eines Schleifriemens mit unterschiedlicher Belastung erzielt. Damit konnte zwar der Längszug manuell variiert werden, die Warengeschwindigkeit war jedoch sehr unterschiedlich (Abb. 83), da die Tourenzahl der angetriebenen Auflaufkaule gleich blieb und durch den größer werdenden Umfang die Auflaufgeschwindigkeit immer größer wurde. Als Weiterentwicklung wurden *Differential*-

getriebe verwendet, die am Anfang und Ende zwar gleiche Warengeschwindigkeit zeigen, sind jedoch die Gewebekaulen gleich groß, ist die Durchlaufgeschwindigkeit durch das Chassis am größten. Um eine möglichst gleichmäßige Behandlung der Ware zu erreichen, ist jedoch eine gleichbleibende Warengeschwindigkeit anzustreben, die von vielen Konstrukteuren durch *Spezial-Antriebe* erreicht wird.

Beim Färben auf dem Jigger tritt durch unterschiedliche Spannung einzelner Fadensysteme häufiger Streifigkeit (meist in Kettrichtung) auf als beim Färben auf anderen Einrichtungen, da die Gewebespannung beim Färben ein Entspannen nur unvollkommen zuläßt und dadurch die Faserquellung, vor allem bei Zellulosegeweben, für die der Jigger besonders geeignet ist, zum Ausgleich nicht beitragen kann. Beim Färben von Zellulosegeweben mit schnelloxydierenden Küpen-, Schwefel- und Schwefelküpen-Farbstoffen tritt *Leistigkeit* dann auf, wenn die Gewebeleisten aus der Kaule herauslaufen, dort oxydieren, und da der Durchlauf durch den Jiggertrog zur Reduktion des auf der Kaule in den auslaufenden Kanten ausoxydierten Farbstoffes nicht ausreicht, zu dunkleren Leisten führt. Bei älteren Konstruktionen mußten diese Leisten von Hand aus „verzogen" werden. Bei neueren Konstruktionen wird durch *Changieren der Auflaufkaule* ein kantengerades Auflaufen der Ware ohne Öffnen der Haube möglich.

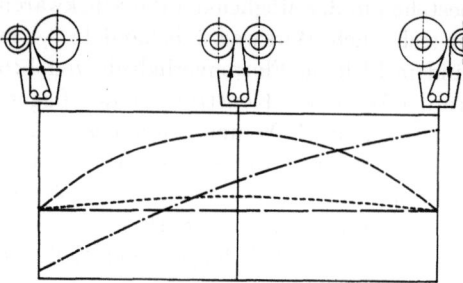

Abb. 83. Warengeschwindigkeiten einiger Jiggerkonstruktionen bei unterschiedlichen Kaulengrößen.
—·—· direkt gekuppelter Jigger; — — — Jigger mit Differentialgetriebe; ··· Henriksen-Jigger; — — Poensgen-Jigger (CYCLOTRIC)

Um die beste Egalität zu erreichen, müssen die Zusätze auf mehrere Enden (Passagen), portionsweise verteilt, zugegeben werden. Besonders zu beachten ist, daß ein *Endfarbablauf* (Endablauf) nicht eintritt. Dabei tritt an den auflaufenden Enden des Jiggers wegen der kalten, meist gummierten Walzen, eine weit stärkere Abkühlung der Warenenden und damit ein meist geringeres Ziehvermögen der Farbstoffe auf. Durch ausreichend lange Vor- bzw. Nachläufer kann dieser Endablauf, der oft bis zu 15 m in die Partie reicht, vermieden werden. Von verschiedenen Seiten ist auch die Heizung der Kaulen mit Dampf durch die Achse empfohlen worden. Zur Dampfersparnis und zur Konstanthaltung der Temperatur im Raum oberhalb der Kaulen sind die meisten *Jigger mit Hauben* ausgestattet, die u. U. eine Deckenheizung haben bzw. durch Einblasen von Dampf auf eine höhere Temperatur gebracht werden können. Von *Gerber* wurde ein Jigger konstruiert, der einen besonders großen Raum in der Haube hat, in dem die imprägnierte Ware auf eine *Steigdocke* aufläuft und im erwärmten Haubenraum verweilen kann und gleichzeitig auf dem Jigger selbst weitere Ware behandelt wird. Es handelt sich dabei um ein Thermoverweilverfahren auf dem Jigger ohne besondere Verweilkammern. Aus dieser, als Universaljigger bezeichneten Konstruktion, wurde von *Gerber* der *Vorbehandlungsjigger* (Abb. 84) entwickelt. Die Konstruktion hat einen Spartrog, der vor allem zum Imprägnieren der Ware mit Behandlungskonzentraten eingesetzt wird. So wird z. B. Natriumchloritlösung mit den weiteren Zusätzen in ein oder mehreren Passagen auf die Ware „geklotzt" und anschließend die Warendocke in die Thermoverweilkammer eingeführt. Der Jigger wird zur Vorbehandlung bzw. zur Imprägnierung mit Abkoch-, Entschlichtungs- und Peroxydflotte in einer oder mehreren Passagen mit großem Trog, bei dem die Warendocken selbst in die Behandlungsflotte tauchen, oder mittels Spartrog, eingesetzt. Um die Durchlaufgeschwindigkeit der Ware durch die Behandlungsflotte gleichmäßig zu halten, wird eine *schwenkbare Treibwalze* verwendet, die mit wechselndem, hydraulischem Druck an die Auflaufkaule gepreßt wird und damit gleichzeitig als Quetschwalze fungiert. Dieser Jigger erlaubt die Behandlung von Warenmengen bis 2500 m (150—200 g/m^2). Der Vorteil dieser Konstruktion besteht ferner darin, daß die Benetzungszeiten durch mehrere Passagen individuell auf die Ware abgestimmt werden können. Die 2 unterschiedlichen Troginhalte ermöglichen auch ein Behandeln kleiner Warenmengen in kleinem Flottenverhältnis.

Die meisten Jigger werden heute automatisch gesteuert, d. h., es kann mindestens die Passagenzahl vorgewählt werden, wenn nicht Aufheizzeit und Warengeschwindigkeiten variabel zu schalten sind. Für das Einbringen und Ausrollen der Ware enthalten die meisten Jigger Vorgelege auf die die Ware synchron, also mit gleichmäßiger Spannung, ab- oder aufgewickelt werden kann. Ferner Arme, auf denen Warenkaulen vorgelegt werden, die entweder direkt in den Jigger gehängt oder von denen auf die Auflaufkaule umgewickelt wird. Jigger können auch

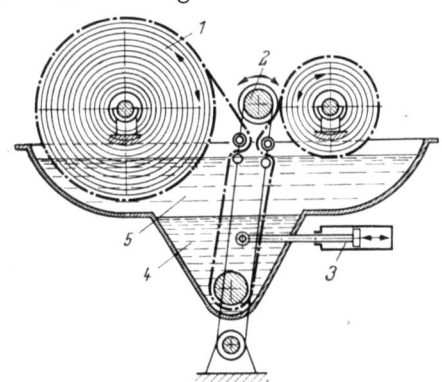

Abb. 84. Schema des Vorbehandlungsjiggers *(Gerber)*
1 Warenkaulen; *2* Treibwalze schwenkbar (Quetschwalze); *3* Hydraulik für die Treibwalze; *4* Troginhalt für kleine Flotte (Spartrog); *5* Troginhalt für große Flotte

im Verbund geschaltet werden. Dabei werden ein oder mehrere Jigger zur Vorbehandlung, die weiteren zum Färben und die letzten zum Spülen, Oxydieren und Seifen eingesetzt. Oft werden für die Vor- und Nachbehandlungen einfache und damit billigere Konstruktionen verwendet, wenn es die Ware erlaubt. Die Jigger ermöglichen meist ein Umdocken von einer Kaule des einen, zur anderen Kaule des nächsten Jiggers und somit ein sehr rationelles Arbeiten. Der *CYCLOTRIC-Färbejigger* von *Poensgen* ist eine Neukonstruktion, die allen, an einen modernen Jigger gestellten Forderungen gerecht wird. Der Antrieb der Kaulen über Reibräder und Treibkegel erlaubt eine absolut gleiche Warengeschwindigkeit während der gesamten Behandlungsdauer, ferner ist die Warenspannung von 0—20 kg (auf Wunsch 0—40 kg) durch Voreinstellung mittels Handrad wählbar und über einen Spannungsanzeiger abzulesen. Die Breithalter wurden so ausgebildet, daß sie durch einfache Verstellung auf die zu behandelnde Ware eingestellt werden können. Es ist durch Verstellung der Hilfsorgane ferner möglich, alle Waren aus Zellulose- und Synthesefasern und deren Mischungen, Gardinen und Wirkwaren zu behandeln. Für Wirkwaren und Gardinen werden zusätzlich Unterflottenbreithalter eingesetzt, um ein Durchhängen und Flattern der Kanten zu vermeiden. Die Durchlaufgeschwindigkeit ist von 8—20 m/min. und im Schnellgang von 55—130 m/min. stufenlos regulierbar. Die besondere Konstruktion der Antriebselemente vermeidet auch einen unregelmäßigen Warenablauf durch sog. Wassersäcke, die sich bei längerem Stillstand durch Absinken der Behandlungsflotte in die unteren Warenlagen der Kaule bilden.

Die Flottenbewegung ist bei den meisten Jiggerkonstruktionen, abgesehen von der durch die durchlaufende Ware erzeugten Strömung, sehr gering. Verschiedentlich hat man zur besseren Nutzung der Flotte die Leitwalzen im Zick-Zack im Trog angeordnet, wodurch ebenfalls eine gewisse Durchmischung möglich ist. Spezialkonstruktionen enthalten einen verbreiterten Trog mit entsprechend vermehrten Leitwalzen, einige arbeiten auch mit Unterflottenquetschwalzen *(Benninger)*. Von der gleichen Firma wird zur Intensivierung der Warenbearbeitung der *Turbinator* eingesetzt, der auch in den Breitwaschmaschinen dieser Firma verwendet wird. Es handelt sich dabei um einen *oszillierenden Körper* (Abb. 85) mit kleinem Winkelausschlag, der die Flotte in verstärkte Bewegung und die Ware in transversale Schwingungen versetzt und dadurch einen stärkeren Flottenaustausch ermöglicht und deshalb mit geringeren Passagenzahlen eine ausreichende Behandlung erreicht wird.

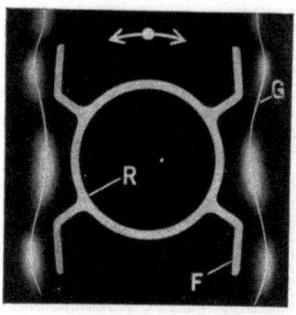

Abb. 85. „Turbinator" (Benninger). R = Rohr, F = Flügel des oszillierenden Körpers, G = Gewebebahn

Die Abb. 86 und 87 zeigen 2 Jiggerkonstruktionen. Von den nachstehend angegebenen Firmen werden u. a. Jigger für die verschiedensten Breiten und entsprechende Hilfseinrichtungen gebaut:

Benninger	*Farmer-Norton*	*Mezzera*	*Sistig*
Benteler	*Gerber*	*Metalmeccanica*	*Smith*
Bieger	*Henriksen*	*Meyer*	*Tatersall*
Clermont	*Invest*	*Peter*	
Comerio-Ercole	*Lamperti*	*Poensgen*	
Elitex	*Libbrecht*	*Riggs*	

Abb. 86. Automatischer Jigger *(Tattersall)* mit Differentialantrieb, Freilaufbremsen, verzögerter Umschaltung zum langsamen Gewebelauf

Abb. 87. Jigger VH-Super 800/1700 mit geöffneter Haube *(Henriksen)*, spannungsarmen Warenlauf durch Spezialantrieb, 0–100 kg einstellbarer Warenspannung und changierenden Kaulen

Für die beim Färben auf den Jiggern günstigste Gewebespannung sind

1—20 kg für Synthesefaser-
10—30 kg für Reyon-, Zellwolle- und leichte Baumwoll- und
20—50 kg für schwere Baumwollgewebe

üblich. Jigger, die eine Behandlung bei Temperaturen über 100 °C gestatten, werden im folgendem Kapitel beschrieben.

c) HT-Stückbaumautoklaven. Zum Färben von knitterempfindlichen Stückwaren werden allgemein Jigger verwendet, die jedoch auch bei Verwendung spannungsarmer Konstruktionen, einen gewissen Längszug auf die Ware ausüben und z. B. für flachgewirkte Gewirke kaum verwendbar sind. Diese wurden deshalb hauptsächlich auf der Haspelkufe im Strang gefärbt. Die dabei entstehenden Falten müssen durch entsprechende Nacharbeiten entfernt werden. Die Vorteile des Färbens von Geweben aus Synthesefasern und deren Mischungen bei Temperaturen über 100 °C haben zur Konstruktion von gedeckten Jiggern geführt, die sowohl zum Breitbeuchen als auch Färben eingesetzt werden können. Derartige *HT-Jigger* oder **Druck-Färbejigger** werden u. a. von den Firmen

| Benninger | Smith |
| Farmer-Norton | Gerber |

gebaut. Es handelt sich dabei um Jigger stärkerer Konstruktion mit einem verschraubbaren Deckel, der meist durch Hebezeuge abgehoben und mittels Flügelschrauben mit dem unteren Teil verschraubt wird. Die Abb. 88 zeigt das Schema der Konstruktion von *Benninger*, die für Gewebenutzbreiten von max. 2500 mm geliefert wird und mit einem Normaltrog mit 250 oder einem Spartrog mit 42 l auf 1000 mm Warenbreite ausgestattet werden. Der Jigger arbeitet mit 2 Geschwindigkeiten von 44 und 70 m/min. Mittels einer Pumpe kann gelöster

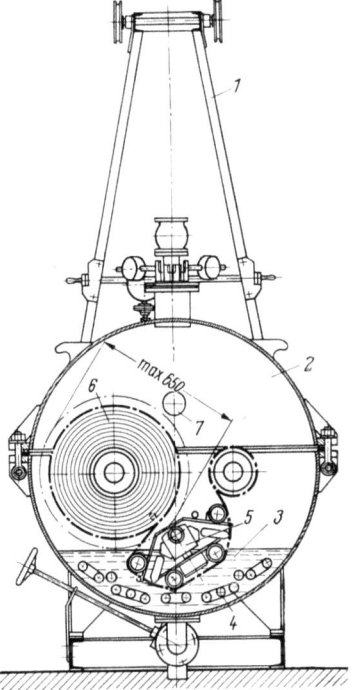

Abb. 88. HT-Breitfärbemaschine LFMkd (*Benninger*)
1 Hebezeug für Oberteil des Jiggers; 2 Abhebbares Jiggeroberteil; 3 Flottenraum; 4 Heizschlangen; 5 Breithalter und Leitwalzen; 6 Warendocke; 7 Kontrollfenster

Nuancierungsfarbstoff auch ohne Abkühlung der Maschine zugesetzt werden. Zum Mustern wird ein Gewebeabschnitt aus dem Ende des Gewebes geschnitten und durch einen Kanal aus dem Jigger gezogen. Die Beuchjigger haben den Vorteil, daß faltenfrei behandelt wird, die Ware jedoch ziemlich flach wird und durch den Längszug, vor allem bei Gewebe aus Synthesefasern, oft Glanzstellen auftreten. Die Konstruktionen werden auch für Mischgewebe aus Synthese- mit Zellulosefasern, jedoch nicht mit Wolle, eingesetzt. Die nachstehend beschriebenen HT-Stückbaumautoklaven haben die HT-Jigger in vielen Fällen abgelöst.

Zum Färben von Webtrikot aus Polyamidfäden (S. 310) wurden zuerst **HT-Stückbaumautoklaven** verwendet. In diesen Apparaten wird die Stückware auf einem perforierten Färbebaum aufgewickelt und bei Temperaturen über 100 °C behandelt, die Flotte durch eine Pumpe durch den Baum gedrückt bzw. auch aus dem Flottenraum durch die Ware in das Innere gesaugt. Es handelt sich dabei um einen liegenden Kessel der an der Stirnseite mit dem vorgewickelten Warenbaum beschickt und der Deckel anschließend mittels Flügelschrauben oder Schnellverschluß geschlossen wird. Die Konstruktionen, die wegen ihrer Aktualität inzwischen von einer großen Zahl von Maschinenfabriken geliefert werden, können auch zum Färben von Geweben und Gewirken aus allen Synthesefasern und Mischungen mit allen anderen Fasern — auch Wolle, wenn bei höchstens 106 °C gearbeitet wird — eingesetzt werden. Da die Ware keinerlei Zug ausgesetzt ist,

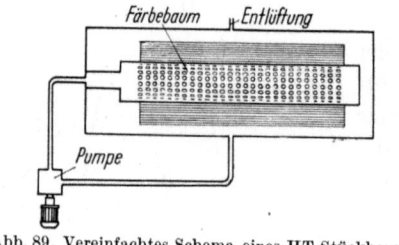

Abb. 89. Vereinfachtes Schema eines HT-Stückbaumautoklaven

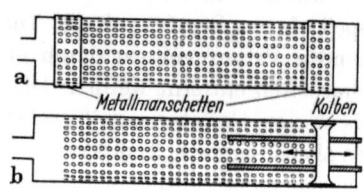

Abb. 90 a u. b. Schema der Perforationsbegrenzung mittels a) 2 Manschetten und b) eines Kolbens im Bauminneren

können auch Gewebe mit texturierten Garnen auf diesen Einrichtungen gefärbt werden (Abb. 89).

Beim Färben auf dem Autoklaven ist besonders dem *Aufwickeln der Stückware* auf den perforierten Kettbäumen besondere Sorgfalt zu widmen. Um die Durchflußmenge möglichst gleichmäßig zu gestalten, werden die Stückleisten 5—8 cm über die Perforation hinaus gewickelt, um das Schrumpfen der Ware, welches z. B. bei Polyamidwebtrikot 3 cm auf beiden Seiten beträgt, zu kompensieren und ein Überstehen von mindestens 5 cm nach dem Schrumpf verbleibt. Es müssen deshalb die Manschetten vorher bereits auf dem Baum angebracht werden, wogegen bei der Kolbenbegrenzung (Abb. 90 a und 90 b) der Kolben erst nach der Wicklung arretiert wird. Eine unbedingt kantengleiche Wicklung ist selbstverständlich. Da unfixierter Perlon- 12% und Nylonwebtrikot 8% schrumpft, müssen die Gewirke mit geringer Spannung so aufgewickelt werden, daß dieser Schrumpf aufgefangen wird und nicht zu Moirébildung führt. Man bewickelt die Bäume zuerst mit einigen Lagen eines schütter eingestellten Baumwollgewebes, welches teilweise den Schrumpf und Flottenverunreinigungen auffängt. Die ersten Trikotlagen werden dann mit etwas geringerer und die weiteren mit größerer Spannung auf den Baum gewickelt und am Schluß die Wirkware mit weiteren Baumwollgewebelagen, die 20 cm breiter als die Ware selbst sind, umhüllt. Zur Befestigung der gesamten Warenkaule werden Stahl- oder textile Bänder verwendet. Die Verwendung von ausreichend langen „Nachläufern" verbessert außerdem die Durchfärbung des Baumes. Die meisten Autoklaven-Hersteller liefern auch *spezielle Wickelmaschinen*. Daneben werden solche auch von *Guillot* und *Zöllig* hergestellt, die keine Autoklaven bauen. Die Abb. 91 zeigt den *Servoklav-Wickler (Zöllig)* mit dem die Ware trocken oder naß gewickelt werden kann. Beim Aufwickeln von nasser Polyamidware muß berücksichtigt werden, daß durch das Befeuchten die

Stückware um 1—2% länger wird und diese Längung zusätzlich zum Fixierschrumpf beim Färben berücksichtigt werden muß. Die unbewickelten Bäume haben einen Durchmesser von 40—50 cm und werden je nach Maschinentyp mit 1—2100 kg Ware bewickelt. Dabei sind Warenbreiten bis 360 cm möglich. Bei schmäleren Waren können auch 2 Bahnen nebeneinander gewickelt werden. Beim Flottenzulauf ist zu beachten, daß die Luft aus dem Warenwickel restlos entfernt wird, um eine ausreichende Durchfärbung zu erreichen, die bei Lufteinschlüssen nicht gewährleistet ist. Bei Apparaten, bei denen der Flottenspiegel höher als in der Kaule steigt (Abb. 92a) wird die Luft eingeschlossen. Durch Einpumpen der Flotte in der für das Färben von Stückware üblichen Laufrichtung (innen: außen) kann dieser Fehler vermieden werden (Abb. 92b). Da auch durch schäumende Textilhilfsmittel der Luftaustritt behindert wird, sollte zur Apparatfüllung nur 40—50 °C warmes Wasser verwendet werden, dem man Wasch- u. a. Textilhilfsmittel- bzw. Farbstofflösungen erst nach Entlüftung des Apparates über entsprechende Zusatzgefäße zuführt. Zum Färben von Polyamidwebtrikot werden meist anionische Farbstoffe verwendet und der Färbung eine Vorbehandlung mit Hilfsmitteln vorgeschaltet, die Barré-Effekte (S. 308) einschränken. Da Polyamidwebtrikot ziemlich rein zur Färberei kommt, werden diese Waren heute auf dem Autoklaven nacheinander gewaschen, zwischengespült, gebleicht und optisch aufgehellt oder mit anionischen Farbstoffen während 20—30 min. bei 130 °C gefärbt und damit die Ware gleichzeitig *hydrofixiert*. Es dürfen jedoch für dieses Verfahren nur Farbstoffe eingesetzt werden, die diese Arbeitsweise ohne Zersetzung überstehen. Stark verschmutzte Waren sollten möglichst in breitem Zustand auf speziellen Waschmaschinen vorgewaschen, vorfixiert und auf dem Autoklaven nur gefärbt und evtl. durch eine Hydrofixierung nachfixiert werden. Zum Färben von Polyamidgewirken, Stückwaren aus anderen Synthesefasern bzw. deren Mischungen, müssen die dafür günstigsten Wickel- und Behandlungsbedingungen eingehalten werden. So dürfen z. B. Mischungen mit Wolle nur bei max. 108 °C nach vorheriger Breitwäsche und Fixieren auf dem Brennbock, gefärbt werden. Gewebe aus texturierten Synthesekett- und Woll- oder Zelluloseschußgarnen müssen nach den für diese Gewebe notwendigen Vorarbeiten und entsprechend geringer Spannung auf den Stückbaum behandelt werden. Um Abdrücke der Nähte, die beim Zusammennähen der Stücke notwendig sind, zu vermeiden, verwendet man Überwend- (Überwendlich-) Nähte und zieht die Nähfäden bei

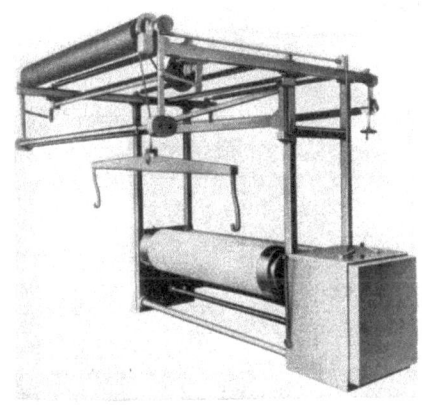

Abb. 91. Breitwickelmaschine „Servoklav" *(Zöllig)*

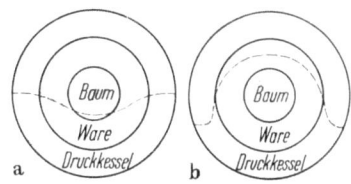

Abb. 92a u. b. Wasserspiegel bei zu schnellem Füllen (a) und beim Einpumpen durch den Warenbaum (b) und damit verbundenem Auspressen der Luft *(BASF)*

besonders kritischen Fällen nach dem Aufbäumen wieder heraus. Unsachgemäße Nähte fixieren sich sonst durch mehrere Lagen der Warenkaule.

Die Abb. 93 zeigt das Schema des Stückbaumautoklaven HS 13/900 *(Scholl)* und die Abb. 94 den gleichen Apparat mit großem Ansatzbehälter für die Aufnahme der Gesamtflotte des Autoklaven und den entsprechenden Zusatzein-

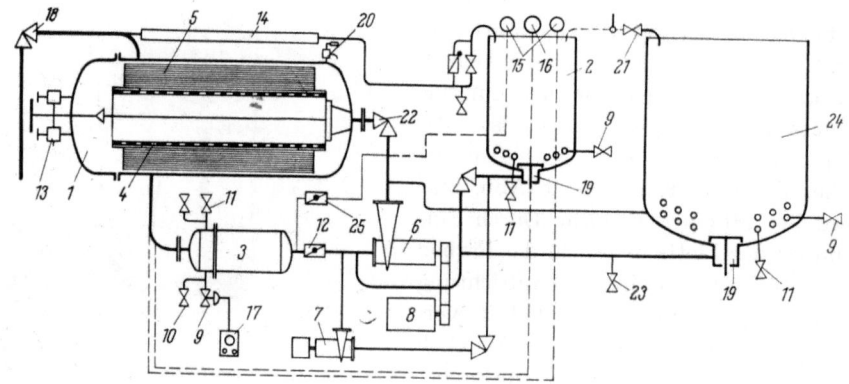

Abb. 93. Stückbaumautoklav HS 13/900 mit großem Ansatzbehälter *(Scholl)*
1 Autoklav; Betriebsdruck 4,5 atü, Temperatur bis 130 °C; *2* Überlaufgefäß mit indirekter oder direkter Heizung; *3* Wärmeaustauscher zur Aufheizung und Rückkühlung; *4* Stückbaum für verschiedene Warenbreiten; *5* Färbegut; *6* Zentrifugalpumpe bzw. Axialpumpe; *7* Zusetzpumpe für statischen Druck; *8* Antriebsmotor; *9* Eintritt für Dampf oder Heißwasser; *10* Eintritt für Kühlwasser; *11* Austritt für Kondensaat oder Heißwasser bzw. Kühlwasser; *12* Drosselklappe zur Druckregulierung; *13* Patentierte Musterschleuse; *14* Rückkühlung; *15* Manometer; *16* Thermometer; *17* Automatische Temperatur-Programm-Regulierung; *18* Schnellspülvorrichtung; *19* Bodenventil; *20* Sicherheitsventil; *21* Wassereintritt mit Schwenkhahn; *22* Drosselorgan; *23* Entleerung/Ansatzbehälter; *24* Großer Ansatzbehälter zur Aufnahme der Gesamtflotte; *25* Bypass zur Regulierung der Flottenmenge

richtungen. Bei allen HT-Stückbaumautoklaven handelt es sich im Prinzip um die gleichen Konstruktionen wie sie für die Färbung von Wickelkörpern unter HT-Bedingungen verwendet werden und auf S. 75 ausführlich beschrieben werden. Das Aufheizen der Behandlungsflotte wird meist außerhalb des Apparates vorgenommen, um den Behandlungsapparat möglichst klein halten zu können. Die Behandlungsflotte kann außerdem im Ansatz- und Überlaufgefäß indirekt aufgeheizt werden. Verschiedene Firmen haben die Wärmeaustauscher in den Apparat selbst verlegt, um längere Rohrleitungen zu vermeiden. Das Heizungssystem wird auch zum Kühlen der Behandlungsflotte verwendet, wenn der Behandlungsprozeß beendet ist. Für das Färben von Stückwaren ist meist nur eine Flottenrichtung — innen-nach-außen — notwendig und vorteilhaft, da durch die umgekehrte Richtung unangenehme Moirébildung gefördert wird. Für diesen Fall ist für den Flottentransport eine Zentrifugalpumpe ausreichend, wenn nicht Mehrweghähne zum Flottenströmungswechsel eingesetzt werden sollen. Viele Autoklavenhersteller haben ihre Konstruktionen auch zum Färben von Kreuzspulen

Abb. 94. Stückbaumautoklav HSU 13/900 *(Scholl)*

(Abb. 95) eingerichtet, die auf Spezialeinsätzen behandelt werden und dann unbedingt beide Flottenrichtungen für einen ausreichenden Ausfall notwendig machen. Diese Konstruktionen werden in der Regel mit Axialpumpen ausgerüstet. Um die momentane Belastung der Axialpumpe beim Wechsel der Drehrichtung abzumildern, sind die Apparate mit einem „Bypass" versehen, d. h. die Pumpe ist beim Anlaufen „kurzgeschlossen" und damit ist eine direkte Zuleitung zum Apparat hergestellt, und die Flotte durchströmt nicht allein durch den Warenblock. Der Druckstoß wird aufgefangen und sobald der Widerstand auf 2 atü abgesunken ist, der Kurzschluß wieder aufgehoben. Diese Einrichtungen werden auch bei Apparaten für andere Wickelkörper verwendet.

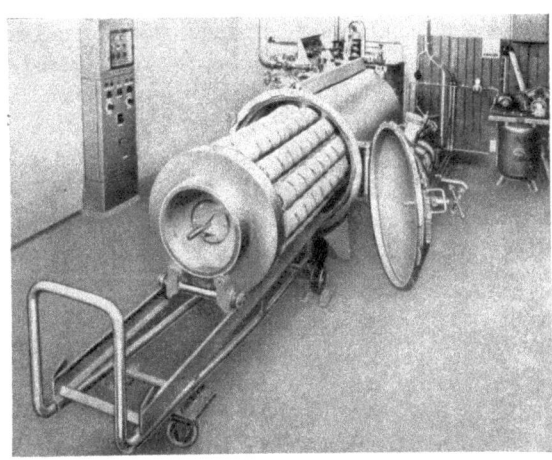

Abb. 95. Stückbaum-Autoklav mit Kreuzspuleinsatz *(Then)*

Zum Mustern, das ohne Abkühlung der Behandlungsflotte vorgenommen werden muß, bestehen zwei Möglichkeiten. Durch Einbau eines *Mustergefäßes* in den Flottenkreislauf, welches durch 2 Ventile von diesem getrennt werden kann und in dem sich ein Miniaturwickelbaum befindet, kann von diesem jeweils das Muster entnommen und der Rest wieder der Behandlung unterworfen werden. Neuerdings hat sich die zuerst von *Scholl* konstruierte *Musterschleuse* (Abb. 96), wie sie auch für HT-Apparate zum Behandeln von Wickelkörpern üblich ist, stärker eingeführt. Dabei werden Musterstreifen der Stückwaren in die Warenlagen eingelegt und beim Mustern durch Hanf- oder Nylonschnüre über eine mit 2 Ventilen versehene Schleuse einzeln aus dem Apparat gezogen. Die Einrichtung hat den Vorteil, daß die Muster immer dem gesamten, ununterbrochenen Behandlungsprozeß unterworfen bleiben und auch nicht kurzfristig — wie beim Mustertopf — aus diesen entfernt werden müssen.

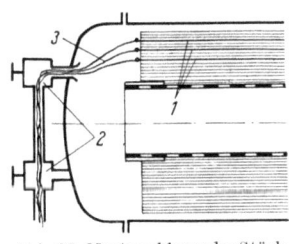

Abb. 96. Musterschleuse des Stückbaumautoklaven *(Scholl)*
1 Musterstreifen; *2* Ventile; *3* Schnüre

Von den meisten Firmen können die Konstruktionen mit Handsteuerung und auch für vollautomatischen, meist lochkartengesteuerten Betrieb geliefert werden. Variabel ist auch die Größe der Flottenansatzbehälter, die entweder 20 bis 30%, oder die gesamte Ansatzflotte aufnehmen können. Bei normaler Beschickung wird in Flottenverhältnissen von 1:8 — 1:13 behandelt. HT-Stückbaumautoklaven, die teilweise auch zum Färben von Kreuzspulen eingerichtet sind, werden u. a. von folgenden Firmen hergestellt:

Bellmann	*Callebaut*	*Franke*
Bellini	*Clermont*	*Giachino*
Burlington	*M. P. Durand*	*Michelstadt*

ILMA	*Longclose*	*Obermaier*	*Scholl*
Jagri	*Meyer*	*Pegg*	*Then*
Krantz	*Mezzera*	*Pesch*	*Thies*
Leemetals			

Burlington baut auch einen HT-Baumfärbeapparat für Teppiche mit Arbeitsbreiten bis 4500 mm. Dabei wird der Warenbaum nicht an der Stirnseite eingeschoben, sondern bei horizontal geöffnetem Deckel eingehoben. Die Einrichtung wird mit statischen Druck von 1—4 atü betrieben. Von *Burlington, Bibby, Longclose* und *Leemetals* werden auch *offene Baumfärbemaschinen* zur Behandlung bis max. 100 °C hergestellt.

Als Sonderkonstruktion zum Färben von Stückwaren unter HT-Bedingungen ist der *Barotor* bekannt geworden, der hauptsächlich in USA verwendet und von den Firmen *James Hunter Machine Comp.*, North-Adams Mass./USA und *Wiesner-Rapp Co.*, Buffalo/USA gebaut wird und gemeinsam mit *Dupont* entwickelt wurde.

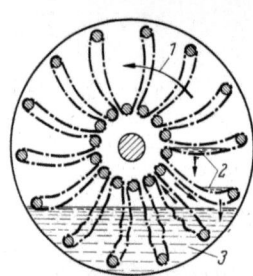

Abb. 97. Schema der Warenbewegung im Barotor.
1 Drehrichtung des Einsatzes; *2* ausgehobene Flotte; *3* Behandlungsflotte

Die Stückwaren werden beim Barotor ebenfalls durch die geöffnete Stirnseite des Autoklaven eingeführt, es wird jedoch kein Färbebaum, sondern eine Sonderkonstruktion verwendet, bei der die Stückware in Schlaufen hängend (Abb. 97) durch die Behandlungsflotte gedreht wird. Dabei wird die Flotte teilweise durch die Warenschlaufen mitgenommen und damit eine gute Durchmischung erreicht. Der Barotoreinsatz besteht aus 2 Schlitzscheiben in die die Ware mittels Stäben einmal nahe der Achse und am Außenrand der Scheiben aufgehängt wird. Der Einsatz läuft mit 0,5—6 U/min. und faßt, wenn mehrere Gewebelagen übereinander eingehängt werden, bis 200 kg (etwa 900 m) Stückware.

Da die Stücke nicht straff auf den Stäben liegen, werden die Gewebelagen beim Rotieren durch die mitgeschleppte Flotte etwas verschoben und dadurch Stockabdrücke vermieden. Der Barotor wurde wegen seiner komplizierten Packungsweise und da die Stücke unbedingt vorfixiert werden müssen, von den anderen Autoklaven verdrängt. Einige Firmen haben auch ihre Färbesterne, mit der Möglichkeit unter Niederdruck- oder HT-Bedingungen arbeiten zu können, in geschlossener Bauweise konstruiert. Der ebenfalls langwierige Ladungs- und Entladungsvorgang und das sehr lange Flottenverhältnis waren auch hier die Gründe, daß sich die *Drucksterne*, es wurde vor allem die liegende Bauweise bevorzugt, nicht einführen konnten.

d) Färbesterne. Diese Einrichtungen, es handelt sich dabei meist um Färbemaschinen, bei denen die Ware in der Flotte bewegt wird, ermöglichen die größte Schonung des Materials und werden dann eingesetzt, wenn alle anderen Behandlungseinrichtungen auf Grund ihrer mechanischen Besonderheiten zur Beeinflussung der Eigenschaften der zu färbenden Stückware wie Falten, Brüche, zu starken Längszug, Verflachen der Struktur usw. führen. Man unterscheidet 2 Arten von Färbesternen, solche in

vertikaler (Hängestern) und
horizontaler (Liegestern)

Bauart.

Der **Hängestern** (Abb. 98) besteht aus einem offenen Rundbottich in dem die Ware auf dem eigentlichen Stern spiralförmig an den Stückleisten in Hakenleisten genadelt *(eingesternt)* und mittels eines Exzenters in der Behandlungsflotte senkrecht auf- und abbewegt wird. Der Sterneinsatz besteht aus einem unteren und einem oberen Reifenrad, auf dessen Speichen Hakennadeln eingesetzt sind, auf denen die Stückware spiralförmig von innen nach außen, oben und unten, gleichmäßig eingenadelt wird. Um Gewebe verschiedener Breiten behandeln zu können, ist die Mittelachse über eine Buchse verschiebbar und kann damit Gewebebreiten von 400—1600 mm angepaßt werden. Das Fassungsvermögen der Einrichtung hängt von der Ware ab und beträgt bei sehr leichter Ware und entsprechender Größe des Gerätes 200 m. Bei schwerer Ware müssen zur besseren Flottenbewegung jeweils einige Hakenreihen ausgelassen werden, und es können dadurch nur kleinere Metragen behandelt werden, wenn auch das Warengewicht dann größer sein kann. Besonders empfindliche Waren, bei denen die Hakeneinstiche vermieden werden müssen oder durch den Warenzug die Gefahr von Löchern durch die Haken zu befürchten sind, werden an die Gewebeleisten elastische Baumwollitzen angenäht, in die man die Ware einhakt.

Abb. 98. Vier Vertikalsterne mit teilweise aufgezogenen Materialeinsätzen *(Meyer)*

Bei schwerer Ware kann auch ein einfacher Stern verwendet werden, bei dem die Ware nur an den oberen Sternrad befestigt wird und frei nach unten hängt. Dadurch wird zwar das Einsternen im unteren Teil des Sternes erspart, man muß aber sicher sein, daß die Ware nicht „schwimmt" und die Gewebelagen nicht aneinander kleben und damit eine schlechte Durchfärbung resultiert. Der Sternhaspel wird nach der Beschickung mittels eines Krans in den Färbebottich, der die Behandlungsflotte enthält, eingehoben und über einen Exzenter in der Flotte mit variablen Hub durch die unterschiedliche Umdrehungszahl des Motors — bis 60 Hübe/min. — unter der Flotte auf- und abbewegt. Beim Beschicken der Sterne muß der Materialschrumpf berücksichtigt werden, um ein Ausreißen oder Beschädigen der Gewebeleisten zu verhindern. Hängesterne haben das ungünstigste Flottenverhältnis aller Färbeeinrichtungen, es kann 1 : 200 betragen und kann nur selten unter 1 : 100 verringert werden. Das bedeutet, daß es sich zwar um das schonendste aber auch teuerste Verfahren handelt und nur dort eingesetzt werden soll, wo andere Einrichtungen versagen.

Färbesterne werden hauptsächlich zum Färben von hochflorigen Geweben wie Plüschen, Samten, Teppichen, Gewebe mit texturierten Garnen und solchen die weder ein Knittern noch, wenn auch nur geringen, Längszug vertragen.

Im Normalfall wird die Flotte nur so weit bewegt, wie es durch die Materialbewegung bedingt ist. Um die Flottenbewegung zu intensivieren wird die Flotte auch durch eine Pumpe (Propeller) aus dem Boden des Bottichs abgezogen und ähnlich wie bei Apparaten für Stranggarne seitlich oder von oben dem Bottich wieder zugeführt. Auch die umgekehrte Strömungsrichtung ist u. U. möglich. Beim *Zirkulationsstern* (Abb. 99) wird der Stern zwischen 2 perforierte Bleche fest eingehängt und die Flotte durch die Stückware gepumpt.

Beim **Liegestern** (Horizontalstern) wird die Ware in gleicher Weise wie beim Hängestern aufgenadelt, jedoch in horizontaler Lage durch die Flotte gedreht. Der Vorteil dieser Konstruktion, die durch Verschieben der Sternscheiben auf der Achse ebenfalls für verschiedene Gewebebreiten eingerichtet ist, besteht im kürzeren Flottenverhältnis, das nur die Hälfte des Hängesterns beträgt. Es besteht jedoch die Gefahr, daß die Gewebe beim Ausdrehen durch die mitgeschleppte Flotte in Querrichtung stärker gezogen und damit die Gewebeleisten mehr beansprucht werden. Bei sehr leichten Geweben kann durch das Durchhängen der Gewebelagen eine schlechtere Durchfärbung eintreten, da die Gewebelagen oft aneinanderkleben und die Flotte dort weniger intensiv an das Material kommt. Die Abb. 100 zeigt einen Doppelliegestern, der durch eine Mittelwand getrennt und dann zum Färben von 2 Gewebebahnen in verschiedenen Farbtönen nebeneinander eingesetzt wird. Liegesterne werden zur Dampfersparnis auch mit Hauben versehen und neuerdings auch als Druckkörper ausgebildet, um auch bei Temperaturen bis 108 °C behandeln zu können.

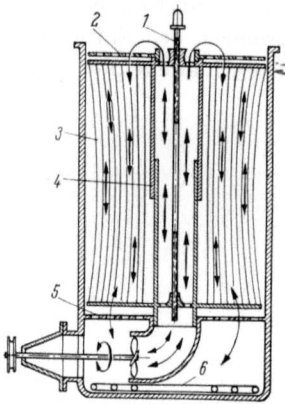

Abb. 99. Schema eines Zirkulationssternes.
1 Schraubenspindel; *2* Siebdeckel; *3* eingesternte Stückware; *4* Buchse zur Einstellung des Sterns auf die Gewebebreite; *5* Siebboden; *6* indirekte Dampfheizung

Diese *Niederdruck-Sterne* werden hauptsächlich für das Färben von Mischungen aus Wolle mit Synthesefasern verwendet. Von *Meccanotessile* werden Niederdrucksterne so eingerichtet, daß das langwierige Einsternen an Hakennadeln vermieden wird. Dabei wird die Stückware auf einem Spezialstern auf Stäbe, ebenfalls spiralförmig von innen-nach-außen, aufgelegt.

Färbesterne werden u. a. von folgenden Firmen gebaut:

Callebaut   *Sistig*
Gerber   *Then*
Meccanotessile   *Obermaier*
Meyer

e) **Foulard.** Foulards sind Breitbehandlungsmaschinen für Stückwaren, die hauptsächlich zum *Imprägnieren*, *Klotzen*, *Foulardieren* von konzentrierten Behandlungslösungen der Bleicherei, Färberei

Abb. 100. Doppel-Liegestern *(Gerber)*

und Appretur dienen. Dabei werden die Chemikalien als Lösung nur mechanisch auf die Ware gebracht und die eigentliche Behandlung erst in nachgeschalteten Einrichtungen vorgenommen. Neuerdings werden Spezialfoulards auch zum Foulardieren von losem Material und Kammzügen eingesetzt. Der Foulard ist damit das *wichtigste Teilstück der semi- und vollkontinuierlichen Behandlungs-*

einrichtungen in der Textilveredlung. Die meisten Foulardkonstruktionen können zum Klotzen von allen Behandlungslösungen gleich gut eingesetzt werden, wenn auch zum Imprägnieren von Bleich- und teilweise auch Appreturlösungen meist größere Chassis verwendet und damit ein längerer Tauchweg erzielt wird. Der Abquetscheffekt ist dann oft kleiner — d.h., es verbleibt mehr Flüssigkeit in der Ware — als beim Klotzen von Farbstofflösungen bzw. -Dispersionen.

Beim Einsatz von Foulards in denen der Tauchweg nur kurz und damit auch die zum Imprägnieren zur Verfügung stehende Zeit nur $1/2-4$ sec. beträgt, ist vor allem eine *gute Warenvorbereitung* notwendig. Dazu gehört die vorzügliche Saugfähigkeit der Ware, die durch gründliche Vorwäsche bzw. bei Baumwollgeweben durch eine Beuche, Bleiche oder beide erreicht werden kann. Die Ware muß von allen Rückständen befreit werden, die das Aufsaugen der Behandlungsflotte von der gesamten Ware oder örtlich behindern. Dazu gehören Kalkseifenreste, Schmierölflecken usw. Weiterhin müssen die zum Foulardieren vorbereiteten Waren unbedingt *gleichmäßig getrocknet* werden, da durch unterschiedliche Restfeuchte, die auch örtlich auftreten kann, die Flottenaufnahme an den feuchteren Stellen geringer und damit die Farbstoffaufnahme kleiner ist. Zum Vortrocknen von Baumwollgeweben werden wegen ihrer Wirtschaftlichkeit auch heute hauptsächlich Zylindertrockner eingesetzt. Dabei sollte berücksichtigt werden, daß durch zu „scharfes" Trocknen mit sehr hohen Zylindertemperaturen die Farbstoffaufnahmefähigkeit herabgesetzt wird. Die Stückwaren müssen beim Zylindervortrocknen unbedingt beidseitig getrocknet werden, da sonst „abseitige" Ware, d.h. die Stücke an der den Zylindern abgekehrten Seite, meist heller bleibt.

Die Stückware darf weiter weder feuchte noch getrocknete *Tropfflecken* aufweisen, da dort der aufgeklotzte Farbstoff andere Faserbedingungen antrifft und bei noch feuchten Flecken schwächer und bei getrockneten Flecken, wegen der stärkeren Vorquellung der Faser, stärker auf die Fasern zieht. Durch *Zusatz von Netzmitteln* in das letzte Naßbehandlungsbad vor dem Trocknen kann die Saugfähigkeit der Ware verbessert werden. Es muß jedoch dabei berücksichtigt werden, daß nur solche Hilfsmittel verwendet werden dürfen, welche die nachfolgenden Trockentemperaturen unzersetzt überstehen bzw. ihre Netzkraft behalten. Ungeeignete Netzmittel können durch Zersetzung beim nachfolgenden Klotzen u. U. hydrophob wirken und damit die Saugfähigkeit herabsetzen. Beim Klotzen von Farbstofflösungen bzw. -Dispersionen arbeitet man hauptsächlich nach der *trocken-in-naß-Methode*, d.h. man klotzt die vorgetrocknete Ware. Ein naß-in-naß-Foulardieren ist wegen der Schwierigkeit der Berechnung der Nachsatzverstärkung auch bei nicht substantiven Produkten bzw. des ungenügenden Austausches der Farbstoffe im Klotzbad mit der Flüssigkeit in der Ware nur in Ausnahmefällen für helle Farbtöne üblich und vor allem beim Bleichen und Appretieren im Gebrauch. Bei letzterer Methode müssen die Stück vorher gleichmäßig entwässert werden und dürfen örtlich keine höhere Feuchtigkeit aufweisen.

Beim *Rezeptieren* muß berücksichtigt werden, daß im Foulard im kleinsten Flottenverhältnis (1:0,6 — 1:1,2) gearbeitet wird und ein Gleichgewicht zwischen Farbstoff in der Klotzflotte und in der Ware, das beim Färben im Vollbad durch die Substantivität zu Gunsten der Ware erstrebt wird, möglichst vermieden werden muß. Zum Foulardieren sind Farbstoffe und Hilfsmittel ideal, die überhaupt nicht substantiv sind oder in unsubstantiver Form verwendet werden können.

Der Foulardansatz wird immer in g/l (Gramm im Liter) angegeben und niemals in Prozenten, wie es beim diskontinuierlichen Färben üblich ist. Für die Rezeptaufstellung muß von vornherein der *Abquetscheffekt (Pickup)* des Foulards bekannt sein und man muß wissen, welche Menge Farbstoff auf 1 kg Ware aufgebracht werden soll. Aus diesen Daten läßt sich nach folgender Formel der Ansatz leicht ermitteln:

$$F_1 = \frac{F_2 \cdot 100}{AE}$$

AE = Abquetscheffekt in %
F_1 = Konzentration g/l der Klotzlösung (Ansatz)
F_2 = Auflage des Farbstoffes auf der Ware in g/kg.

Als Beispiel sollen Färbungen mit 5 g/kg Farbstoff, bei einem AE von 80% dienen: $F_1 = \frac{5 \text{ g/kg} \cdot 100}{80\%} = 6{,}25$ g/l Farbstoff.

Der Ansatz erfolgt dann im Flottenansatzgefäß, in dem man den Farbstoff in der für das Klotzen notwendigen Wassermenge, die sich aus dem AE und Trockenwarengewichtsmenge errechnet (z. B. bei 1200 kg · 0,8 = 816 l) löst und bei vorgeschriebener Temperatur und Durchlaufgeschwindigkeit imprägniert. Der Flottenansatz muß jedoch um das Volumen des Foulardtrogs und um den Literinhalt der Zuleitungsorgane und evtl. einer gewissen Reserve vermehrt werden, da auch die letzten Warenmeter noch durch das Chassis mit vollem Flotteninhalt gefahren werden und meist die Zuleitungen usw. — nicht jedoch der Ansatzbehälter — gefüllt bleiben müssen. Im angezogenem Beispiel wären bei einem Troginhalt von 40 l (ohne Zuleitungen) insgesamt 6,25 g/l · (816 + 40 l) = 5,350 g Farbstoff in 856 l Flotte für 1200 kg Ware anzusetzen.

Der *Abquetscheffekt* wird von verschiedenen Bedingungen beeinflußt. Dazu gehören u. a.:

    Art und Schwere der Ware,
    Vorbehandlung der Ware (Saugfähigkeit),
    Durchlaufgeschwindigkeit (m/min.),
    Temperatur der Klotzflotte,
    Substantivität des Farbstoffes und der Hilfsmittel,
    Art des verwendeten Foulards (2- oder Mehrwalzenfoulard).

Von der *Art der Ware*, die sich meist in stärkerer oder schwächerer Hydrophilie bemerkbar macht, ist auch die Menge der aufgenommenen Flottenmenge abhängig. Hydrophobe, synthetische Fasern müssen deshalb, wenn nicht eine unangenehme Farbstoffwanderung bzw. Verschmieren des nur oberflächlich sitzenden Farbstoffes eintreten soll, mit hohem AE (30—50%) foulardiert werden. Baumwollgewebe können dagegen ohne Bedenken mit geringerem AE imprägniert werden (70—90%), ohne daß mit stärkerer Migration oder Abschmieren zu rechnen ist. Die *Vorbehandlung* hat einen großen Einfluß auf den unter gleichen Foulardbedingungen erreichbaren AE, wie Abb. 101 zeigt. Aus dieser Tafel ist zu ersehen, daß bei Baumwollgeweben die Ware um so mehr Flotte aufnimmt, je intensiver ihre Vorbehandlung (z. B. Beuche) ist und je mehr die Ware noch zum Quellen gebracht werden kann. Diese Tatsachen können dann sehr wichtig werden, wenn dunkle Farbtöne erzeugt werden sollen und Farbstoffe mit geringer Löslichkeit eingesetzt werden müssen. Es kann dann durchaus möglich sein, daß diese Farbtöne nur auf z. B. gebeuchter Ware erzeugt werden können, weil nur abgekochte

Ware nicht in der Lage ist, die zum Lösen der Farbstoffe notwendige Flüssigkeit aufzunehmen. Es ist dann allerdings durch Herabsetzung des Quetschdrucks möglich, mehr Flotte auf der Ware (geringeren AE) zu belassen. Berücksichtigt muß jedoch werden, daß dann stärkere Neigung zur Farbstoffwanderung und Abschmieren besteht, da die Ware mehr Flüssigkeit enthält. Das gilt auch für zugesetzte Lösungsvermittler, bzw. wenn es sich um Dispersionen oder Pigmente handelt, bei höheren Mengen von Dispergatoren im Klotzbad. Die Farbstoff- und Pigment-Wanderung kann durch Zusatz von möglichst körperarmen Verdickungsmitteln (Alginate, Kunststoffverdicker usw.) verringert werden, die bei nachträglichen Naßprozessen leicht ausgewaschen werden können und die Farbstofffixierung nicht beeinträchtigen. Durch Steigerung der *Durchlaufgeschwindigkeit* können bei Baumwollgeweben bis zu 7% und bei Zellwollgeweben bis 10% mehr Flotte aufgebracht werden. Durch Erhöhung der *Temperatur* der Klotzflotte z. B. von 30 auf 90 °C nimmt der AE meist um 6—10%, bei sonst gleichen Bedingungen, zu. Wogegen der Zusatz von Netzmitteln zur Klotzflotte nur sehr geringen Einfluß auf den AE hat.

Zur *Substantivität der Farbstoffe* muß gesagt werden, daß sie eine für das Foulardieren sehr unangenehme Eigenschaft darstellt obwohl sie beim Arbeiten im Vollbad sehr erwünscht ist. Beim Imprägnieren sind vor allem Produkte erwünscht, die möglichst keine Substantivität besitzen. Man ist deshalb bemüht, alle Farbstoffe möglichst in unsubstantiver Form zu verwenden oder durch Zusätze oder Bedingungen in diese Form zu bringen. Das ist leider nicht bei

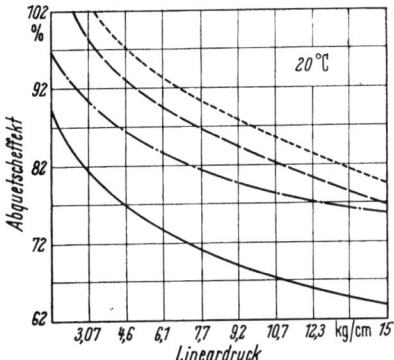

Abb. 101. Abquetscheffekte verschiedener Waren bei unterschiedlichem Lineardruck (Heuburger/ *Geigy*)
——— Baumwollpopeline mercerisiert;
– – – Baumwollpopeline gebleicht;
······· Baumwollpopeline gebeucht;
–·–·– Reyon-Taffet

allen Farbstoffen möglich. So müssen z. B. Direktfarbstoffe meist mit Nachsatzverstärkung foulardiert werden, da von der Ware mehr Farbstoff aufgenommen wird als es der aufgenommenen Flüssigkeitsmenge entspricht und dadurch die Restflotte „verarmt" und durch verstärkte Nachsatzflotte ergänzt werden muß. Da die Substantivität von Farbstoff zu Farbstoff verschieden und außerdem von vielen anderen Foulardbedingungen (Temperatur, AE, usw.) zusätzlich abhängig ist, müssen meist ausgedehnte Vorversuche gemacht werden, wenn nicht *endenungleiche Stücke* bzw. Partien entstehen sollen. Einzelne Farbstoffhersteller haben z. B. für Direktfarbstoffe besondere *Absorptionsfaktoren* ermittelt, die von Farbstoff zu Farbstoff und außerdem von der eingesetzten Farbstoffmenge (g/l) abhängig sind. In der Praxis wird deshalb das Färben mit Direktfarbstoffen bzw. anderen substantiven Farbstoffen möglichst vermieden bzw. mit Temperaturen gearbeitet, bei denen die Substantivität gering ist. Ferner werden nur Einzelfarbstoffe, die gute Löslichkeit aufweisen, und keine Farbstoffgemische eingesetzt. Aus diesen Gründen werden z. B. Direktfarbstoffe in hellen Tönen meist bei 20—30 °C und dunkle Töne bei 70—90 °C foulardiert. Die hohe Klotztemperatur fördert außerdem die Löslichkeit der Farbstoffe, wenn dadurch auch die Substantivität verstärkt wird, kann sie doch nicht in dem Maße zur Wirkung kommen, da große Farbstoffmengen eingesetzt wurden. Beim Naphtolieren verwendet man weniger substantive Naphtolgrundkörper, die man bei hohen Temperaturen klotzt, dadurch wird die Substantivität weiter herabgesetzt und ein besseres Benetzen der Ware erzielt. Für das Klotzen von Küpenfarbstoffen werden heute hauptsächlich feingemahlene Farbstoffpigmente oder „Küpensäuren" verwendet. Verdickungsmittel setzen in geringem Maße die Substantivität, stärker die Migrationsneigung herab.

Foulardkonstruktionen unterscheiden sich vor allem durch die Anzahl und Anordnung der Quetschwalzen bzw. Art der Flottentröge (Chassis). In der Färberei werden 2-, 3- und 4-Walzenfoulards mit verschiedenen Trogformen bzw. auch chassislose Foulards verwendet. Bei der Konstruktion der **Foulardwalzen** werden nahtlose Stahlrohre, die mit Gummi überzogen sind und meist unterschiedliche Gummihärte, die in °Shore angegeben wird, verwendet. Beim Foulardieren von Farbstoffen ist nicht unbedingt der höchste Abquetscheffekt (AE) erwünscht, sondern es ist notwendig, die Lösung möglichst intensiv in die Ware einzuarbeiten. Es werden deshalb nicht zu kleine Walzendurchmesser mit harten Gummiauflagen (über 70°Shore), sondern Walzen mit 300—400 mm Durchmesser und möglichst dicker Gummiauflage von 40—70°Shore verwendet. Dadurch wird die *Breite der Quetschfuge* vergrößert und die Farbstofflösung ausreichend in die Ware eingepreßt. Zur Prüfung der Quetschfugenbreite bzw. zum Nachweis, ob der Quetschdruck auf die gesamte Walzenbreite gleichmäßig ist, wird bei entlasteten Walzen ein Blaupapier und ein weißes Papier eingelegt und die Quetschwalze belastet. Dabei zeigt sich im Abdruck des weißen Papiers die Breite der Fuge bzw. im Vergleich, die Abweichungen im Quetschdruck bei seitenungleicher Belastung. Die Normalkonstruktionen weisen meist Quetschwalzen mit um 5—10 °Shore unterschiedlicher Härte auf. Dabei sollen die Unterschiede nicht höher sein, da sonst die weichere Walze stärker abgenutzt wird. Die Walzenhärte nimmt mit der Dauer des Gebrauchs durch Alterung geringfügig zu. Foulardwalzen müssen bei Stillstand unbelastet bleiben und vor direktem Sonnenlicht geschützt werden, wenn eine vorschnelle Alterung durch Risse, Sprödewerden und Ausbrechen vermieden werden soll. Zur Walzenreinigung sollen chlorierte Kohlenwasserstoffe vermieden werden und nur mit Lösungen von Natriumbikarbonat, Seife/Soda, Spiritus oder Azeton, Fettlöserwaschmittel oder blinde Küpen gewaschen und gründlich nachgespült werden. Die meisten Foulardbeläge bestehen aus einer weicheren Innenschicht und einem dünnen äußeren, jedoch härteren Belag, der durch Abschmirgeln örtlich beschädigt werden kann und dann zu ungleichen Abquetscheffekten führt.

Der **Quetschdruck** wird bei leichten Foulards mittels Schraubenspindeln, Hebeln und bei schweren Konstruktionen pneumatisch, hydraulisch oder durch Preßluft erzeugt, in Tonnen als Gesamtdruck (Axialdruck) angegeben, der durch Umrechnen auf die jeweilige Länge der Quetschfuge den *linearen Druck* mit kg/cm angibt, der für Vergleiche instruktiver ist. Dieser beträgt in der Regel 30—60 kg/cm. Foulards werden je nach Verwendungszweck mit 1200—3600 mm Walzenbreite gebaut (für Spezialzwecke sind auch größere Breiten üblich).

Da kontinuierliche Färbemethoden in den letzten Jahren an Bedeutung gewonnen haben und auf einen unbedingt gleichmäßigen Farbauftrag über die gesamte Warenbreite besonderer Wert gelegt werden muß, haben sich die Foulardkonstrukteure der Herstellung spezieller Foulardwalzen bzw. Foulardskonstruktionen zugewandt. Gleichzeitig wurden die Neukonstruktionen auch in den für das Entwässern (Vortrocknen) üblichen Quetschwerken (Wasserkalander) eingebaut. Die nachstehenden Ausführungen befassen sich mit den verschiedenen Arten der Quetschwalzen, erheben jedoch nicht den Anspruch der Vollständigkeit, vor allem nicht bei den Spezialkonstruktionen, die keine Durchbiegung zeigen. Beim Arbeiten mit normalen, zylindrischen Quetschwalzen zeigen die *Quetschbilder* bei hoher Belastung, die in Abb. 102a gezeigte Form. Das heißt, es werden die Gewebe an den Seiten weit

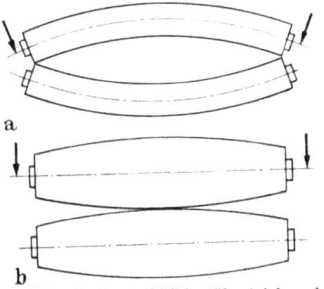

Abb. 102a u. b. Quetschbilder (übertrieben dargestellt).
a) zylindrische Walzen und hoher Druck;
b) ballige bombierte Walzen bei geringem Druck

Abb. 103. Schema der durchbiegungsfreien „Schwimmenden Walze" in einem 2-Walzen-Foulard *(Küsters)*.
1 Ölzuleitung; *2* Öldruckpumpe; *3* Ölbad; *4* Dichtungsleiste; *5* angetriebene Quetschwalze; *6* feststehendes Querhaupt

stärker abgequetscht als in der Mitte und es tritt bei der Klotzung „Leistigkeit" auf. Dabei ist zu berücksichtigen, daß bei Normalbelastung die Weichgummiauflage den unterschiedlichen Quetschdruck in gewissen Grenzen ausgleichen kann, für diffizile Klotzungen aber ungenügend ist. Man verwendet deshalb zylindrische Walzen meist nur zum Foulardieren von Lösungen in der Bleicherei und Appretur. Um den Quetschdruck bei höherer Belastung auf die gesamte Walzenbreite zu vergleichmäßigen, werden entweder die Ober- oder alle Quetschwalzen „ballig" bombiert (Abb. 102b). Dadurch wird bei stärkerer Belastung der Quetschdruck gleichmäßiger auf die Quetschfuge verteilt. Bei beiden Konstruktionen treten jedoch dann Störungen auf, wenn mit zu hohem bzw. zu geringem Quetschdruck gearbeitet wird.

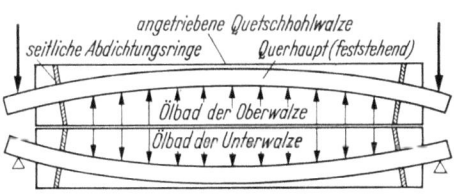

Abb. 104. Schema des Druckausgleichs bei hoher Belastung durch „Schwimmende Walzen" *(Küsters)*

Die Fa. *Küsters* ist beim Bau von Quetschwerken, Foulards und Kalandern neue Wege gegangen und hat die Vergleichmäßigung des Quetschdruckes durch die Konstruktion der *schwimmenden Walze* (S-Walze) gelöst. Dabei wird in die angetriebene, innen polierte und außen gummierte Hohlquetschwalze (Abb. 103) ein feststehendes *Querhaupt* eingeführt, zwischen welche mittels einer Druckpumpe Öl mit konstantem Druck gedrückt wird. Das Öl tritt in den halben Innenzwischenraum von Quetschwalze und Querhaupt und übernimmt dort auch bei sehr hohen Quetschdruck auf das Querhaupt, und damit auftreten der Durchbiegung (Abb. 104), die absolut gleichmäßig-hydraulische Druckverteilung auf die gesamte Quetschfugenbreite. Das Ölbad umspannt die Hälfte der Quetschwalze und ist mittels *Dichtungsleisten* gegen die der Quetschfuge abgekehrten Walzenhälfte und mittels Ringdichtungen nach außen abgedichtet. Der hydraulische Druck des Ölpolsters wird über Vorwähler, Differentialregler und Ölpumpe eingestellt und konstant gehalten und ist verhältnismäßig klein, da er nicht als Quetschdruck, sondern nur als Druckausgleich dient. Das Lecköl, welches durch die Dichtungen tritt, wird dem Pumpenkreislauf wieder zugeführt. Praxisversuche an einer 2000 mm Walze haben bei Arbeitstemperaturen von 50 °C 5,5 l/min. Lecköl ergeben. Das Ölpolster in den Walzen wird immer der jeweiligen Quetschfuge zugekehrt. Es kann jedoch z. B. auch ein 2-Walzenfoulard nur mit einer S-Walze, bzw. bei 3 Walzenfoulards nur die äußeren Walzen als S-Walzen ausgebildet sein.

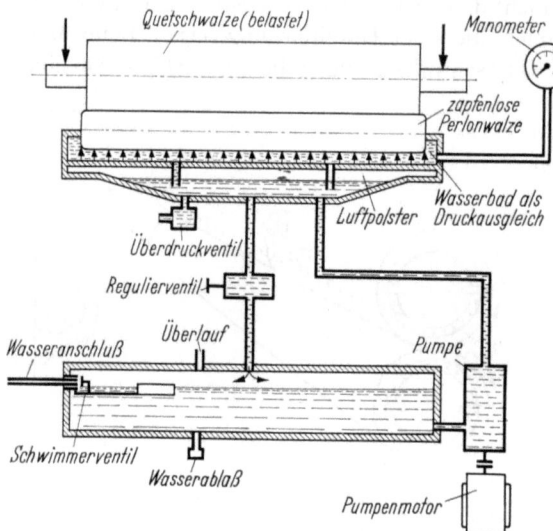

Abb. 105. Schema der Druckerzeugung nach dem „Aquaroll"-System *(Küsters)*

Als Fortentwicklung der S-Walze wurde von Küsters das *Aquaroll-System* konstruiert. Dabei wird eine zapfenlose Walze in ein Wasserbad eingebettet, welches den hydraulischen Druckausgleich besorgt und weiterhin durch ein Luftpolster elastisch abgepuffert ist (Abb. 105). Das System wird hauptsächlich in Quetschwerken eingesetzt und als zapfenlose Walze eine solche mit Perlonfaserbezug und 95 °Shore-Härte für sehr hohe Abquetscheffekte, jedoch auch in Foulards, eingesetzt.

Abb. 106. 2-Walzen-Foulard *(Artos)* mit durchbiegungsfreien Stabilwalzen und Spritzrohr als Handschutz

Von *Gerber* wird die Walzendurchbiegung durch eine „Elastische Walze", die sich der Durchbiegung anpaßt, durch Spezialwalzen (Typ Paroll) bzw. für höchste Abquetscheffekte durch eine kleine Zwischenwalze Typ „Supro" zwischen den eigentlichen Quetschwalzen, verhindert und damit gleichmäßige Abquetscheffekte über die gesamte Quetschfuge erreicht. Von *Artos* wird mittels kernstabilisierter „Stabilwalzen" der gleiche Effekt erreicht. Bei *Farmer-Norton* wird ein Druckausgleich und damit die Durchbiegung der Quetschwalze mechanisch ausgeschaltet.

Die Foulardkonstruktionen unterscheiden sich vor allem durch die *Anzahl der*

Quetschwalzen und ihre Stellung zueinander. Als einfachste und billigste Konstruktion wird der **2-Walzenfoulard** verwendet (Abb. 106). Als *Vertikal-Foulard* enthält er die beiden Quetschwalzen senkrecht übereinander und die benetzte Ware läuft von unten aus dem Chassis kommend in die Quetschfuge und aus dieser, je nach Konstruktion, senkrecht nach oben, schräg oder waagerecht weiter. Die benetzte Ware nimmt aus dem Foulardtrog Flüssigkeit mit, und es bilden sich sog. *Flüssigkeitszungen* vor der Quetschfuge, die sich u. U. als feine Maserung auf der Ware markieren können und ein unruhiges Warenbild ergeben. Diese Erscheinung tritt vor allem dann ein, wenn mit Farbstoffpigmenten oder -dispersionen gearbeitet wird. Sie zeigen sich deutlich, wenn die Ware stillsteht. Diese Erscheinung können alle Foulards zeigen, die vertikale oder schräge Walzen aufweisen, bzw. auch bei

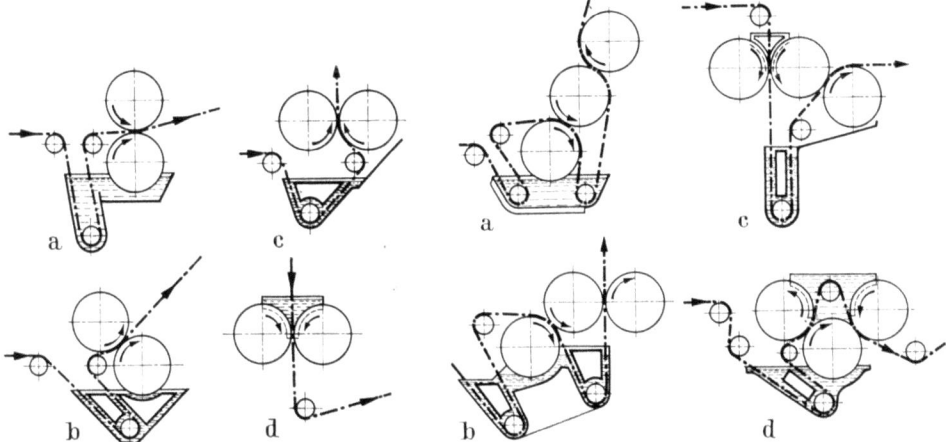

Abb. 107 a bis d. 2-Walzen-Foulards-Schemen *(Goller)* a) Vertikalwalzen, b) Schrägwalzen mit Spartrog, c) Horizontalwalzen mit Spartrog, d) Horizontalwalzen mit Flottenzwickel

Abb. 108 a bis d. 3-Walzen-Foulards-Schemen *(Goller)* a) Vertikalwalzen; b) mit Spartrögen; c) mit Zwickel- und Trogimprägnierung; d) mit Trog- und Zwickelimprägnierung

Foulards, welche die Quetschwalzen horizontal nebeneinander haben und die Ware zuerst den Foulardtrog passiert und senkrecht nach oben in die Quetschfuge geführt wird. Die Abb. 107, zeigen schematisch einen derartigen Warenlauf im 2-Walzenfoulard mit senkrechten (a), schrägen (b) und horizontalen Quetschwalzen eines 2-Walzenfoulards. Die Abb. 107c zeigt einen horizontalen 2-Walzenfoulard mit Vorklotzung. Durch Einführung der Ware von oben und damit Klotzung zwischen den (107d) Foulardwalzen (chassislose Konstruktion mit Zwickel) werden Farbablaufzungen vermieden.

In **3-Walzenfoulards** durchläuft die Ware mindestens zweimal das gleiche oder 2 verschiedene Chassis. Untersuchungen haben gezeigt, daß die gut saugfähige Faser (Zellulosefaser) zuerst wenig Farbstoff, jedoch viel Flüssigkeit aufnimmt und quillt. Erst die gequollene Faser nimmt wiederum Farbstoff aus der Flotte auf. Es muß deshalb versucht werden, alle Widerstände, die das Ausquellen behindern, zu beseitigen bzw. zu verringern. Dazu gehört neben der ausreichenden Vorbehandlung auch die Beseitigung der in der Ware sitzenden Luft. Bei vielen 3-Walzenfoulards wird deshalb zuerst die Ware durch die 1. Quetschfuge geführt und dann geklotzt. Es ist dann allerdings nicht mehr möglich die Ware zweimal

Färberei

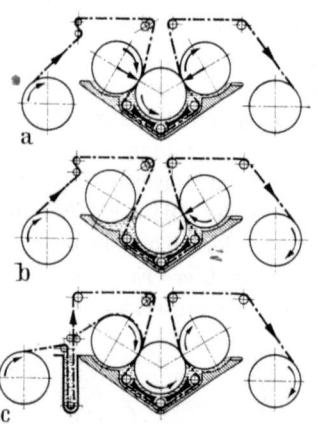
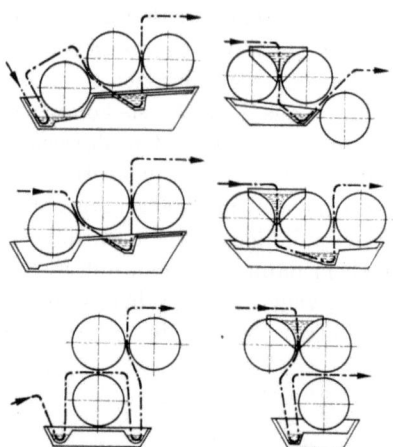

Abb. 109a bis c. Schema des 3-Walzen-Foulards „Padmaster" *(Kleinewefers)*
a) mit 2 Quetschfugen; b) mit 1 Quetschfuge; c) mit Vortrog und 2 Quetschfugen

Abb. 110. Einige Walzenstellungen des „matex"-3-Walzen-Foulards *(Monforts)* die hauptsächlich für das Färben üblich sind

Abb. 111. „matex"-3-Walzen-Foulard *(Monforts)*

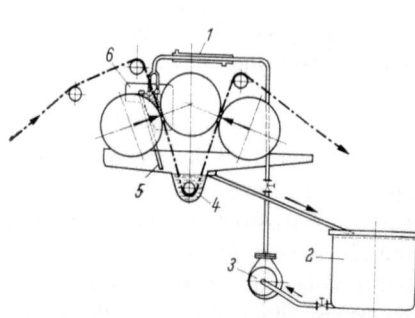
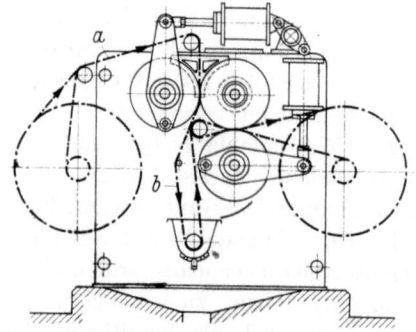

Abb. 112. Schema des 3-Walzen-Foulards *(Mezzera)*
1 Flottenheizung; *2* Flottenansatzgefäß; *3* Umwälzpumpe; *4* Chassis; *5* Flottenüberlauf; *6* Zwickel

Abb. 113. Schema des „Econom"-3-Walzen-Foulards *(Peter)*.
a) Zwickel-Foulardierung; b) Zwickel- und Chassisfoulardierung

zu klotzen, und es ist nicht immer einfach zu entscheiden, welche der beiden Behandlungen bessere Resultate erbringt. Die Abb. 108a, b, c, d zeigen Schemen von Walzenanordnungen in 3-Walzenfoulards mit je 2 Warenklotzungen.

Die Vorteile der 3-Walzenfoulards haben dazu geführt, daß sich viele Foulardhersteller zu **Spezialkonstruktionen von 3-Walzenfoulards** entschlossen haben. So wurde von *Kleinewefers* als *Padmaster* ein 3-Walzenfoulard geschaffen (Abb. 109), der die Quetschwalzen schräg enthält und bei dem die Außenwalzen belastet, gegen die mittlere Zwischenwalze gedrückt werden. Dabei ist der Foulard mit 2 Quetschfugen (Abb. 109a = Luftentfernung) und Abbildung 109c nach einer Vorklotzung, bzw. 109b als 2-Walzenfoulard verwendbar. Beim *matex*-3-Walzenfoulard von *Monforts* sind die beiden Außenwalzen um die Mittelwalze in jede Lage einzeln schwenkbar und

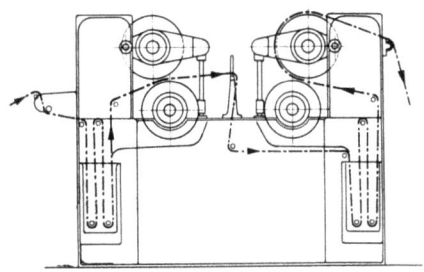

Abb. 114. Schema des 4-Walzen-Foulards *(Monforts)*

es können je nach Verwendung von Trögen die unterschiedlichsten Quetschfugen gebildet werden (Abb. 110 und 111). Von *Mezzera* (Abb. 112) wird eine Konstruktion angeboten, bei der die 2 Außenwalzen schräg zur Mittelwalze stehen. Um den Flottenumlauf zu intensivieren wird die Behandlungslösung aus dem Ansatzgefäß über eine Pumpe, eine Heizung (Dampf oder Heißwasser) in den

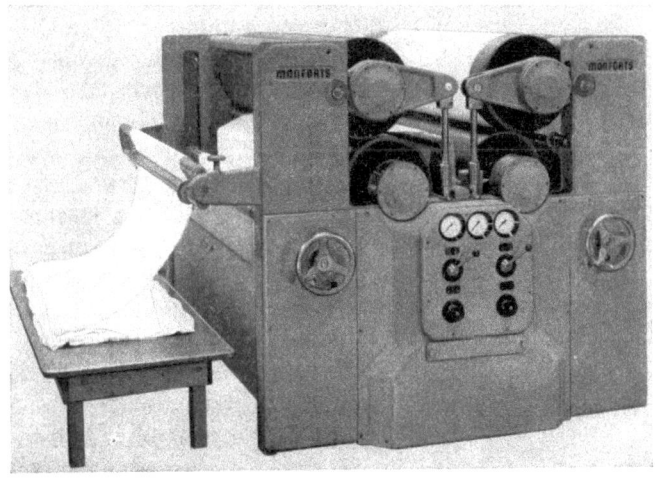

Abb. 115. 4-Walzen-Foulard *(Monforts)*

Zwickel (Spickel) gedrückt und läuft von dort über einen Überlauf in den Trog, von dessen Überlauf sie wieder in das Ansatzgefäß zurückkommt. Die Abb. 113 zeigt das Schema des 3-Walzenfoulards *Econom* von *Peter*, der chassislos (a) und mit Zwickel und Chassisklotzung bzw. nach Abpressen der Luft nur mit Chassisklotzung, verwendet werden kann (b).

Bei den **4-Walzenfoulards** handelt es sich um Konstruktionen, die meist als 2 · 2-Walzenfoulards eingesetzt werden und ähnliche Warenführung erlauben wie die 3-Walzenfoulards. Es ist jedoch möglich, die 2 Quetschwalzenpaare mit unterschiedlichem Quetschdruck zu belasten, was beim 3-Walzenfoulard nur unter starker Abnützung der Mittelwalze möglich ist. Die Abb. 114 und 115 zeigen eine derartige Konstruktion von *Monforts*. Als *Doppelfärbefoulard* wird von *Dornier-Haubold* ein 2 · 2-Walzenfoulard angeboten (System Cellarius), der besonders zum Foulardieren von schwerer Ware geeignet ist. Die Ware wird dabei im Zwickel des ersten 2-Walzenfoulards foulardiert, passiert dann die gleiche Flotte im darunterliegenden Spartrog, der durch einen Überlauf mit dem Zwickel verbunden ist, geht über „Einreibwalzen", welche mit Voreilung laufen und die nichtabgequetschte Ware gründlich bearbeiten. Um der nassen Ware Gelegenheit zum Durchnetzen zu geben, werden weitere 3 Leitwalzen passiert, die als Luftgang wirken. Die mittlere dieser Walzen ist als Kompensatorwalze senkrecht beweglich angeordnet um evtl. Spannungsunterschiede auszugleichen. Nun passiert die Ware den Zwickel des zweiten Horizontalfoulards und erfährt eine nochmalige Unterflottenquetschung. Auch dieser Foulard ist mit einer Verbindung zum Spartrog ausgestattet.

Abb. 116. Spezial-4-Walzen-Foulard „Fibe" *(Benninger)*

Als *chassisloser Spezial-4-Walzenfoulard* (Abb. 116) wird von *Benninger* die *Fibe* gebaut, deren Klotzmöglichkeiten die Abbildung 117 a, b, c zeigen. Wie alle chassislosen Konstruktionen zeichnet sich die Fibe durch ein sehr kleines Flottenvolumen aus, welches im Zwischenwalzenraum (Innenraum) bei 1000 mm Nutzbreite 12,65 l und im Zwickel (Spickel) 5,28 l beträgt. Die Flotte wird außerhalb der Flottenräume in einem Ansatzbehälter angesetzt und mittels einer Pumpe dem Innenraum und/oder dem Zwickel zugepumpt. Dabei passiert die Flotte ein Heizelement und beim Rücklauf einen Filter um evtl. eingeschleppte Fremdkörper (Fasern, Fadenenden usw.) auszufiltern. Die Abdichtung des Innenraums und Zwickels erfolgt über verstellbare Platten, wie auch bei anderen chassislosen Konstruktionen. Die geringe Flottenmenge ermöglicht eine sehr wirtschaftliche Arbeitsweise, da nur sehr geringe Mengen als Restflotte bleiben. Außerdem sind die besonderen Abquetschmöglichkeiten sehr günstig zum Foulardieren von Farbstofflösungen.

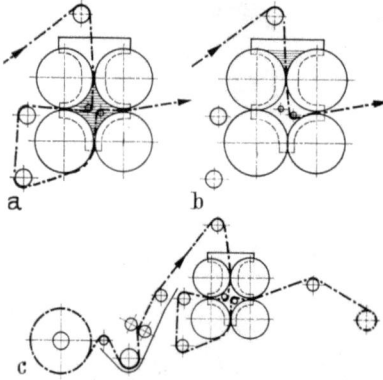

Abb. 117a bis c. Schema des chassislosen 4-Walzen-Foulards „Fibe" *(Benninger)*
a) Foulardierung im Zwischenwalzenraum;
b) Foulardierung im Zwickel (Spickel); c) Foulardierung im Vortrog bzw. Zwickel und/oder Zwischenwalzenraum

Die bisher gezeigten Abbildungen illustrieren bereits eine Vielzahl von **Foulardtrögen**. Man unterscheidet zwischen sog. *Vollchassis*, die ohne Verdrängungskörper verwendet werden und einen Flotteninhalt von 20—50 l/1000 mm Nutzbreite haben. *Spartröge* sind meist in V-Form ausgebildet und mit versenkbaren *Verdrängungskörpern* ausgerüstet und ermöglichen ein Klotzen in sehr geringen Flottenmengen. Das hat den Vorteil, daß die Flotte sehr schnell erneuert werden muß und damit kaum die Möglichkeit einer stärkeren Verschmutzung durch Warenverunreinigungen besteht. Außerdem schränken kurze Flotten die Substantivität der Farbstoffe und Hilfsmittel ein, da die Ware zusätzlich nur sehr wenig Produkt aus der geringen Flotte abziehen kann, die Flotte schnell erneuert werden muß und damit ein verstärktes Nachbessern nicht notwendig ist. Bei Verwendung von Spartrögen, die je nach Form und Art der Verdrängungskörper, zu dem auch die Leitwalzen gehören, auf 1000 mm Nutzbreite 10—15 l Flotte aufnehmen, ist auch die überschüssige Restflotte sehr klein und damit ein wirtschaftliches Arbeiten möglich (Abb. 118). Die meisten Fou-

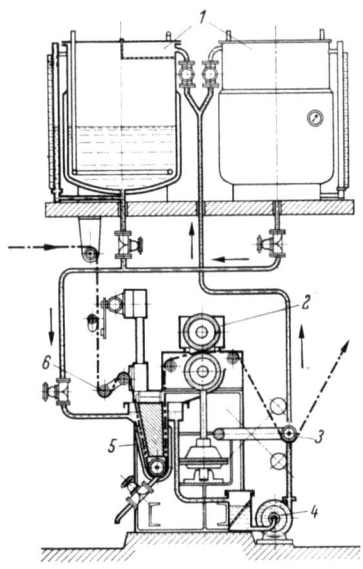

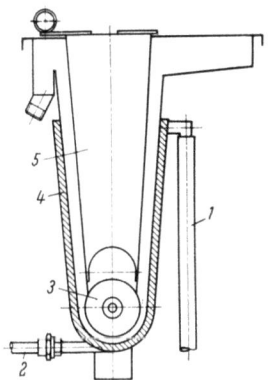

Abb. 118. V-Trog mit Verdränger *(Artos)*
1 Kondensatableitung; 2 Dampf- oder Heißwasserzuleitung; 3 Trogwalze; 4 Mantel für Heizung; 5 Verdrängungskörper

Abb. 119. Schema des 2-Walzen-Foulards „Producer" *(Stork)* mit Flottenumlauf
1 Flottenansatzbehälter; 2 Foulard; 3 Tänzerwalze; 4 Flottenpumpe; 5 Sparchassis; 6 Spannwalzen

lardtröge können nach Bedarf senkrecht verschoben werden und sind dadurch nach Beendigung der Klotzung leicht zu reinigen. Meist bestehen die Tröge aus Hohlkörpern und werden mit Dampf oder Heißwasser im Doppelmantel beheizt. Bei chassislosen Foulards kann durch eine indirekte Heizung mittels einer Dampfschlange im Flottenraum oder über Heizregister außerhalb des Foulards die Flotte auf Temperatur gehalten werden und durch entsprechende Pumpen dem Flottenraum zugeleitet oder im Kreislauf zirkuliert werden.

Die Abb. 119 zeigt das *Schema der Flottenzirkulation* eines 2-Walzenfoulards mit Warenlauf und Zusatzeinrichtungen. Als weitere **Zusatzeinrichtungen,** die sämtliche Foulards haben, sind *Warenausbreiter* und *Leistenaufroller* zu nennen, mit denen die Ware in faltenlosem Zustand in den Trog oder die Quetschfuge kommt. Es handelt sich dabei um Spiralwalzen oder von der Mitte aus diagonal gerippte Leisten, *Spannwalzen,* die für wechselnde Warenspannung durch Drehung eingerichtet sind, *Kompensationswalzen*(Tänzerwalzen), die Spannungsunterschiede zwischen den Quetschfugen oder zwischen den Foulards und folgenden Maschinen ausgleichen. Ferner *Einrichtungen zum Ab- und Aufrollen* der Ware vor und nach dem Foulard, *Einführ-* und *Auslaßgestelle*, um die Ware „vom Stoß" waagerecht oder senkrecht von oben nach unten abziehen zu können bzw. *Tafler* zum Ablegen der Ware nach dem Foulardieren. Moderne Foulards haben ferner *Schaltkästen*, auf denen die Warengeschwindigkeit, Flottentemperatur, Quetschdruck usw. abgelesen und gesteuert werden können. Zum Schutz der Bedienung wird den Quetschfugen ein Stab vorgebaut, der oft als Breithalterstab dient und evtl. zum Aufspritzen der Flotte (Abb. 106, S. 104) verwendet werden kann. Um das Rutschen der Walzen bei Verwendung von schlüpfrigen Flotten (z. B. bei Küpen-, Schwefelfarbstoffen, Naphtolgrundierungen usw.) zu vermeiden, hat z. B. *Artos* besondere *Schleppradsätze* eingebaut, welche auch den Antrieb der Druckwalze mit der Grundwalze erlaubt und damit eine Schleifen der Ware an der evtl. stehenden Walze verhindert. Die Foulards können entweder für sich allein verwendet werden und erhalten dann entweder eine synchron zu betreibende Wickelvorrichtung oder einen Tafler, sie können aber auch mit folgenden Maschinen (Trockner, Dämpfer usw.) gekoppelt werden. Um ein Abschalten des Foulards bei Stillstand der folgenden Maschinen zu vermeiden, was zur örtlich verstärkten Flottenaufnahme führt, ist es vorteilhaft, entweder Kompensationswalzen oder Warenmulden als Depots einzufügen.

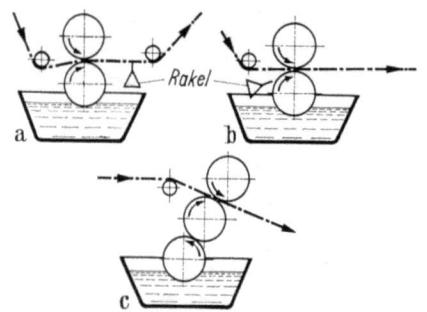

Abb. 120a bis c. 2- und 3-Walzen-Foulards beim Pflatschen.
a) mit Warenrakel; b) mit Übertragungswalzenrakel; c) ohne Rakel

Eine besondere Behandlung, zu der fast alle Foulardkonstruktionen eingesetzt werden können, ist das **Pflatschen.** Dabei taucht nicht die Ware in die Behandlungsflotte, sondern es wird die meist stärker verdickte Flotte durch die Unterwalze auf die Ware übertragen (Abb. 120a, b, c). Der Flottenauftrag kann entweder durch ein Rakel auf der Unter-(Übertragungs-)Walze b) oder direkt auf der Ware (a) eingestellt werden. Beim 3-Walzenfoulard benützt man meist die beiden Unterwalzen als Überträger und erreicht damit eine Vergleichmäßigung des Flottenauftrags auch ohne Rakel. Durch Pflatschen wird Farbstoff auf vorher mit Reserve bedruckte Ware übertragen oder für Rakelappreturen verwendet.

Bei der *Bedienung von Foulards* muß beachtet werden, daß der oft sehr hohe Quetschdruck zu schweren Verletzungen des Bedienungspersonals führen kann. Das gilt auch für Quetschungen, die durch das Einlegen der Ware mit den Händen in Gegenwart von Schutzstäben auftreten können. Es sollten daher möglichst mehrere, leicht zugängliche Schalter zum schnellen Abschalten der Foulards über die Maschine verteilt werden. Die Momententlastung am Schaltkasten reicht dazu meist nicht aus. Ferner muß der Bedienung zur Pflicht gemacht werden, *daß die Gewebeanfänge niemals mit der Hand der Quetschfuge, auch bei Stillstand der Maschine, zugeführt werden.* Dafür eignen sich Preßspäne oder Kunststoffstreifen, mit denen man die Gewebe in die Quetschfuge einführt. Ein Einführen bei laufendem Foulard führt auch bei größter Vorsicht unweigerlich zu Unfällen. Durch Verwendung eines Nachläufers, der an das letzte Stück der auslaufenden Partie und an den der Anfang der folgenden Partie genäht wird, können derartige Unfälle vermieden werden, doch ist diese Arbeitsweise umständlich und deshalb nicht überall üblich.

Die nachstehend aufgeführten Firmen bauen meist alle Formen der vorstehend beschriebenen Foulards und deren Zusatzvorrichtungen bzw. auch Spezialkonstruktionen. Die weite Verbreitung kontinuierlicher Arbeitsweisen haben viele Firmen zum Bau von Foulards veranlaßt. Zum Klotzen von losem Material und/ oder Kammzug sind Spezialkonstruktionen üblich, die auf der S. 290 beschrieben werden. Foulards bauen u. a. folgende Firmen:

Artos	*Elitex*	*Küsters*	*Proctor*
Benninger	*Famatex*	*Kleinewefers*	*Riggs*
Benteler	*Farmer-Norton*	*Maag*	*Rodney*
Bieger	*Gerber*	*Mather-Platt*	*Schlumpf*
Briem	*Goller*	*Mezzera*	*Scholaert*
Butterworth	*Haas*	*Menzel*	*Sistig*
Callebaut	*Hunt*	*Monforts*	*Stork*
Comerio-Ercole	*ILMA*	*Mortensen*	*Vits*
Dungler	*Invest*	*Muller-Fichter*	
Dornier-Haubold	*Krantz*	*Peter*	

In letzter Zeit werden wegen des steigenden Verbrauchs auch *Gewirke in Schlauchform*, bzw. flachgewirkte und im Schlauch genähte Stückwaren auf *Trikotfoulards* geklotzt. Diese Waren können jedoch nicht ohne besondere Vorrichtungen foulardiert werden, da die Gewirkekanten in normalen Quetschfugen „verdrückt" werden und damit ungleiche Klotzungen entstehen. Man verwendet für diese Waren besonders weichen Walzenbelag (bis 60 °Sh) und *spezielle Breithalter*. Die Abb. 121 zeigt eine Konstruktion von *Gerber*. Dabei handelt es sich um einen 2-Walzenfoulard, über dem der „Padquick-Kanal" aufgesetzt ist. In diesem Kanal befindet sich ein Teil der Klotzflotte. Durch ein Teflon-Dichtlippenpaar wird der Kanal nach unten teilweise gesperrt. Die Ware wird oberhalb des Kanals mit einem Schlauchausbreiter, der auf verschiedene Weiten eingestellt werden kann, geöffnet, verjüngt sich in ein Breithalteschwert, welches bis in den Flottenraum zwischen die Horizontalwalzen reicht. Dadurch wird ein Zusammenkleben der Ware vermieden und auch die Quetschstreifen an den Schlauchkanten durch die angetriebene Rollenaufhängung, welche die Weiterbeförderung der Ware mit Voreilung

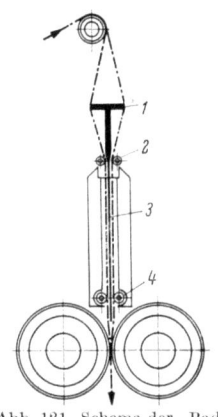

Abb. 121. Schema der „Padquick"-Foulardierung für Schlauchware *(Gerber)*.
1 Schlauchausbreiter im Warenschlauch; *2* Rollenaufhängung (angetrieben) für den Ausbreiter; *3* Breithalterschwert; *4* Teflon-Dichtlippenpaar

besorgt, vermieden. Die Ware hat im Kanal bereits Gelegenheit sich gründlich zu netzen und wird im Zwickel des Foulards unter der Flotte abgequetscht. Foulards für Schlauchwaren werden auch von *Benteler, Farmer-Norton, Peter* u. a. gebaut.

Der steigende Textilverbrauch und der Mangel an Arbeitskräften haben zur Rationalisierung der diskontinuierlichen und zur Einführung *semi-*(halb-*)* und *vollkontinuierlicher Arbeitsweisen* in der gesamten Textilindustrie und somit auch in der Textilveredlung geführt. Es lassen sich fast alle Farbstoffklassen auf allen Materialaufmachungen mit mehr oder weniger gutem Erfolg nach diesen Ver-

Tabelle 10. *Die wichtigsten halb- und vollkontinuierlichen Färbeverfahren und dazu verwendeten Farbstoffklassen*

Verfahren	verwendete Farbstoffe	Faserstoffe
Semikontinuierle Verfahren		
Pad-Jig- (Klotz-Jigger-)	Küpen-, Leukoküpenester-, Reaktiv-, Schwefel-, Naphthol-, Schwefelküpen-, Direkt-	Zellulose-
Pad-Roll- (Klotz-Thermoverweil-)	Küpen-, Leuloküpen-, Direkt-, Reaktiv- (auch Kaltverweil-)	Zellulose-
	Dispersions-, Reaktiv-, Säure-, 1:2 Metallkomplex-	Polyamid-
	Dispersions- + Reaktiv- evtl. + Direkt-	Polyester : Zellulose
Vollkontinuierle Verfahren		
Pad-Steam- (Klotz-Dämpf-)	Küpen-, Reaktiv-, Leuloküpen-, Naphthol-, Direkt-, Schwefel-, Schwefelküpen-, Phthalocyanin-, Polykondensation-, Anilinschwarz-	Zellulose-
	Woll-	Wolle (Flocke und Kammzug)
Thermosol-	Dispersions-, Küpen-, Pigment-	Polyester-
	Dispersions-, Woll-, Pigment-	Polyamid-
	Dispersions-	3- und $2^1/_2$- Azetat-
	Küpen-, Reaktiv-, Schwefel-, Leuloküpen-, Dispersions-, Direkt- (evtl. gemeinsam oder als Nachfärbung)	Polyester : Zellulose
	Dispersions- (Wollfarbstoffe als Nachfärbung)	Polyester : Wolle
Stand-fast- (Metallbad-)	Küpen-, Reaktiv-, Direkt-	Zellulose
Hot-oil- (Heißöl-)	Küpen-, Reaktiv-, Direkt-	Zellulose-
Thermofixier-	Pigment-	alle geeigneten Fasern und deren Mischungen

fahren applizieren, doch ist eine jede der beschriebenen Anlagen an eine Mindestmenge gebunden, wenn ein wirtschaftliches Arbeiten erstrebt wird. Für Spezialartikel, die nur in kleinen Partien gefärbt werden, ist der Einsatz von semi-, vor allem aber vollkontinuierlichen Arbeitsweisen unrentabel. Es haben sich deshalb die Einrichtungen zum Behandeln von Baumwolle und deren Mischungen als Gewebe und neuerdings auch als Gewirke besonders bewährt. Daneben werden auch Gewebe aus Mischungen von Wolle mit synthetischen Fasern, Kammzug und loses Material vollkontinuierlich gefärbt. Kontinuierliche Verfahren sind auch in der Bleicherei und Appretur üblich.

Im Prinzip der Verfahren werden die Textilien mit der Farbstofflösung oder -dispersion (evtl. -emulsion) foulardiert und anschließend nach Zwischentrocknung oder sofort auf der Faser mit Wärme und/oder Chemikalien fixiert, da die Foulardierbedingungen zur Erreichung der Echtheiten in den meisten Fällen allein dazu nicht ausreichen. Auf Grund der unterschiedlichen Applikationsbedingungen der einzelnen Farbstoffgruppen werden die Anlagen, meist im Baukastensystem, aus den Einzeleinrichtungen zusammengestellt. In der Tab. 10 sind die z. Z. wichtigsten und vor allem gebräuchlichsten, semi- und vollkontinuierlichen Färbeverfahren angegeben. Bei der Reihenfolge der Farbstoffklassen wurden diese von links nach rechts mit der z. Z. gültigen, fallenden Bedeutung angegeben. Neben den in dieser Tafel angegebenen Verfahren existieren noch weitere Spezialeinrichtungen, die meist Abwandlungen der Hauptverfahren darstellen und im Anschluß an diese beschrieben werden.

f) **Halb (semi-) kontinuierliche Färbeverfahren.** Darunter versteht man solche Arbeitsweisen, bei denen die Ware kontinuierlich mit der konzentrierten Färbeflotte oder den Chemikalien-Lösungen foulardiert und die Farbstoffe diskontinuierlich entwickelt oder fixiert werden. Die anschließenden Arbeiten wie Spülen, Seifen, Oxydieren usw. können dann dis- oder kontinuierlich vorgenommen werden. Zu diesen Verfahren gehören als Hauptverfahren die

Pad-Jig-(Foulard-Jigger-) und
Pad-Roll-(Foulard-Verweil-)

Arbeitsweise. Beide Verfahren haben den Vorteil, daß sie an den vollkontinuierlichen Anlagen gemessen nur kleine Investitionen benötigen und für Partiegrößen bis zu 5000 m geeignet sind. Es lassen sich jedoch auch größere Partien nach diesen Verfahren färben, wenn allerdings dann eine vollkontinuierliche Anlage wirtschaftlicher ist. Die semikontinuierlichen Arbeitsweisen gestatten auch eine Beschleunigung der Gesamtbehandlung.

Beim **Pad-Jig-, Klotz-** oder **Foulard-Jigger-Verfahren** werden die Farbstoffe in möglichst unsubstantiver Form z. B. als Feinmahlungen der Küpenpigmente, als Küpensäure, wasserlösliche Schwefelfarbstoffe, wenig substantive Naphtole bzw. Direktfarbstoffe in Lösung auf die Stückware geklotzt und auf einem oder mehreren Jiggern, bei Küpenfarbstoffen mit Reduktionsmittel und Alkali, desgleichen auch bei Schwefelfarbstoffen, mit Färbebasen oder -salzen bei Naphtolen und im heißen Salzbad bei Direktfarbstoffen entwickelt und anschließend auf dem gleichen oder weiteren Jiggern bzw. auch kontinuierlich auf Breitwaschmaschinen entsprechend den verwendeten Farbstoffen nachbehandelt und fertiggestellt. Es ist für die Behandlung nur notwendig, einen Foulard mit einem Jigger zu koppeln. Von *Gerber* wird ein *Foulard-Jigger* gebaut, bei dem die erste Jiggerwalze als Unterwalze für den 2-Walzenfoulard fungiert und nach Einlauf der Partie dessen Oberwalze hochgeklappt, der Foulardtrog vorgeschoben und die Ware wie auf einem Normaljigger behandelt wird. Die Konstruktion hat den Vorteil, daß die foulardierte Ware nicht auf den Kaulen transportiert oder abgelegt werden muß und damit die Flotte in die unteren Gewebelagen absinkt. Auf dem Jigger lassen sich außerdem noch Nuancierungsfarbstoffe zusetzen, wie es ohne Unterbrechung des Verfahrens bei keinem anderen Kontinueverfahren möglich ist. Da sich auf dem Jigger außerdem noch die Möglichkeit ergibt, geringe Unegalitäten, evtl. durch eine vermehrte Endenzahl zu verbessern, hat sich das Verfahren für Klein- und Mittelpartien sehr gut einführen können. Der Zusatz von Klotzflotte in das Jiggerchassis richtet sich nach den foulardierten Farbstoffen. Auch die Möglichkeit des Zwischentrocknens, die z. B. bei der Erzeugung unlöslicher Azokörper (Naphtolfärbung), Foulardieren von hohen Mengen Küpenpigmenten usw. vorteilhaft ist, kann auch bei diesem Verfahren eingesetzt werden.

Das **Pad-Roll-** oder **Foulard-Thermoverweil-Verfahren** wurde als „*Prinzip Rydboholm*" 1950 in Schweden entwickelt. Die Anlagen werden heute von *Artos* gebaut. Im Prinzip wird die Ware mit allen für die Entwicklung bzw. Fixierung notwendigen Farbstoffen und Chemikalien „im kleinsten Flottenverhältnis", d. h. mit einem Abquetscheffekt von 1:1 (100%) bis 1:1,2 (120%), foulardiert, die feuchte Ware in einem Infrarot-Schacht auf die Reaktionstemperatur gebracht und in der *Thermoverweilkammer* so lange belassen, bis die Fixierung der Farbstoffe beendet ist. Die Reaktionskammern sind meist fahrbar und es kann deshalb eine sehr große Warenmenge über einen Foulard geklotzt und in mehreren Reaktionskammern gleichzeitig behandelt werden. Die Warendocken können bis zu einem ∅ von 1600 mm beschickt werden, was z. B. bei Zellwolle 750 kg Ware entspricht. Die Thermoverweilkammern werden auch zum Bleichen und Entschlichten eingesetzt, man benötigt dann nicht unbedingt eine Infrarotaufheizung, sondern heizt die Ware durch eingeblasenen Dampf bzw. durch zusätzliche Heizstäbe im Kammerboden auf (S. 167). Zur schockartigen Erwärmung beim Färben ist die Dampfaufheizung ungenügend.

Im Prinzip arbeitet man so, daß der Ware ein entsprechender Vorläufer vorgeschaltet, an die Aufdockwalze der geöffneten Kammer befestigt, mittels der elektrischen Bodenheizung die Trockenatmosphäre auf die Reaktionstemperatur gebracht, durch perforierte Rohre Dampf in die Kammer injiziert, die Infrarotzone eingeschaltet und mit dem Aufdocken der Ware begonnen wird. Zur Temperaturmessung dient ein *Trockenkugelthermometer*, welches die Temperatur der außerhalb der Ware befindlichen Atmosphäre mißt und die meist um 5 °C höher liegt als die des *Feuchtkugelthermometers*, welches die Temperatur im Inneren der Warendocke angibt und meist aus einem Thermometer besteht, das mit einem Lappen umwickelt ist, der ständig mit dest. Wasser befeuchtet wird. Die Anlage wird sowohl über einen Thermostaten vom Trocken- als auch vom Naßkugelthermometer gesteuert. Es ist zu beachten, daß während der 1—6 stündigen Reaktionszeit eine möglichst gesättigte Atmosphäre in der Verweilkammer herrscht, dadurch weder ein stärkeres Austrocknen der Dockenaußenlagen möglich ist und eine Kondensation der Feuchtigkeit an der Decke und den Wänden des Kammerinneren nicht eintritt. Die Kammer wird nach Einlauf der letzten Gewebemeter vom IR-Schacht abgezogen, verschlossen und an anderer Stelle mit Dampf-, Elektroheiz-Anschluß, mit einem Motor gekuppelt, um eine Drehung von etwa 6 U/min. zu behalten, die vorgeschriebene Reaktionszeit abgestellt (Abb. 122, 123). Die über die Thermostaten gesteuerten Trocken- und Feuchttemperaturen werden automatisch durch Dampfstöße oder elektrische Zusatzheizung korrigiert. Nach Beendigung der Reaktionszeit wird der Dockenwagen an eine kontinuierliche oder diskontinuierliche Wascheinrichtung angeschlossen und dort die Ware fertiggestellt.

Die *Vorteile des Pad-Roll-Verfahrens* bestehen in der Möglichkeit große und auch kleine Warenmengen im „kleinsten Flottenverhältnis" und langer Reaktionszeit färben zu können. Weiterhin hat der Farbstoff genügend Zeit, um in das Faserinnere zu diffundieren und es werden dadurch sehr gute Durchfärbungen erreicht. Wie bei allen auf der Kaule behandelten Stückwaren, ist auf eine möglichst gleichmäßige und mäßige Warenspannung zu achten, die mittels Kompensatorwalzen bzw. Großdockenwickler erreicht wird. Die Aufdockvorrichtung ist mit entsprechenden Einrichtungen versehen, die eine, auch bei großen Kaulendurchmesser, gleiche Warengeschwindigkeit zuläßt. Zu harte Wicklung gibt unangenehmen Moiré-Effekt. Die IR-Heizung kann durch Stufenschaltung auf die Gewebeschwere abgestimmt werden. Während des Aufdockens und der Reaktionszeit ist darauf zu achten, daß die Feuchtkugeltemperatur möglichst konstant bleibt, sinkt sie längere Zeit ab, werden entweder IR-Strahler oder die Dampfeinspritzung zugeschaltet. Bei der Bemessung der Reaktionszeit muß die Verweilzeit der letzten Meter als Beginn genommen werden, auch wenn dadurch das Dockeninnere eine verlängerte Zeit in der Kammer verbleibt. Eine Verlängerung der Reaktionszeit macht sich, vorausgesetzt, es werden für das Gewebeende die vorgeschriebenen Mindestreaktionszeiten eingehalten, in der Regel weder durch Änderung der Nuance noch der Echtheiten bemerkbar. Um auch diese Verhältnisse zu berücksich-

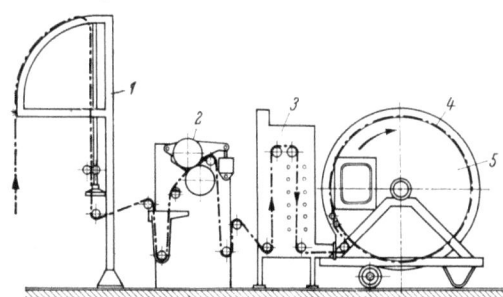

Abb. 122. Schema der Pad-Roll-Färbeanlage „System Rydboholm" *(Artos)*
1 Wareneinlauf; *2* Walzenfoulard; *3* Infrarot-Aufheizkanal; *4* fahrbare Thermoverweilkammer; *5* Warendocke

tigen, sind Vorversuche mit entsprechenden Geräten im Laboratorium vorzunehmen. Die Anlage wird je nach Ware mit 30—70 m/min. (meist 50—60) gefahren.

Im weiteren Sinne gehört auch das *Kaltverweilverfahren* für die Färbung mit Reaktivfarbstoffen (S. 228) zur Pad-Roll-Arbeitsweise. Es wird dabei ohne Reaktionskammer gearbeitet und die Ware in Kunststoffolien eingeschlagen, die entsprechende Reaktionszeit kalt verweilt. Das Verfahren wird auch zur besseren Durchnetzung beim Foulardieren von Naphtolen verwendet.

g) Vollkontinuierliche Färbeverfahren. Die Anlagen erlauben die größte Produktion, sie sind jedoch nur für Partiegrößen von mindestens 5000 m wirtschaftlich verwendbar und teuer. Sie lohnen nur

Abb. 123. Pad-Roll-Färbeanlage *(Artos)*

dann, wenn laufend große Stückwarenmengen in einer Nuance verlangt werden. Da ein Nuancieren während des Färbens nicht möglich ist, sind die Zusammensetzungen der An- und Nachsatzflotten vorher im Laboratorium mit Maschinen im verkleinerten Praxismaßstab genau festzulegen.

Die Einrichtungen werden für

Pad-Steam- (Foulardier-Dämpf-)
Thermosol-
Spezial-

Arbeitsweisen gebaut.

Das **Pad-Steam-, Foulard-Dämpf-** oder **Klotz-Dämpf-Verfahren** wird überwiegend beim Färben von Zellulosegeweben eingesetzt, wenn auch heute bereits HT-Dämpfer auf dem Markt sind, mit denen es möglich ist, auch Synthesefasern bei Temperaturen über 100 °C zu fixieren bzw. diese Temperaturen auch vorteilhaft für Zellulosefasern einzusetzen. Zum Klotzen werden die bereits beschriebenen Foulards verwendet, die für Farbstoffe meist als 3-Walzen- und für den Chemikalien-Klotz als 2-Walzenfoulards im Gebrauch sind. Die Abb. 124 zeigt das Schema einer Universal-Pad-Steam-Anlage und die Tab. 11, die Hauptarbeiten, die beim Pad-Steam-Verfahren von Zellulosefasertextilien von den einzelnen Aggregaten bei Verwendung verschiedener Farbstoffklassen übernommen werden.

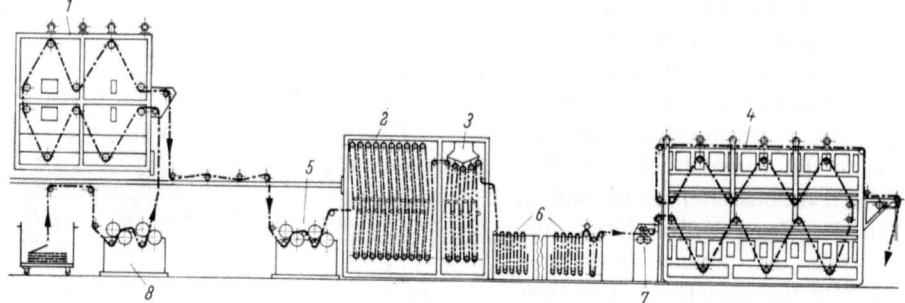

Abb. 124. Schema der Warenführung einer Universal-Kontinue-Pad-Steam-Färbeanlage *(Artos)* für Zellulosegewebe, Hotfluez mit V-förmiger Warenführung.
1. Hotflue für Zwischentrocknung; *2* Dämpfer; *3* Luftgang (Kühlzone); *4* 2. Hotflue für Endtrocknung; *5* Chemikalien-Foulard; *6* 2 Abteile der Breitwaschmaschine; *7* Quetschwerk; *8* 1. Foulard

Für einige Farbstoffklassen bzw. die meisten mittleren und dunklen Farbtöne ist ein *Zwischentrocknen* wegen der dadurch erreichbaren besseren Reibechtheit bzw. der Einschränkung der Farbstoffablösung im nachfolgendem Chemikalienklotz vorteilhaft. Für die Zwischentrocknung werden heute überwiegend Heißlufttrockner wie die *Hotflue* verwendet. Bei den nachstehend beschriebenen Trockeneinrichtungen sind die für das Trocknen allgemein gültigen Bedingungen zu beachten, die auch in der Appretur anzuwenden sind[1].

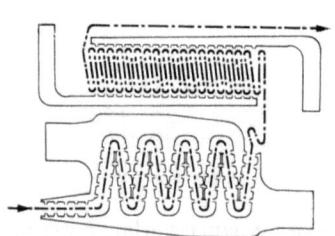

Abb. 125. Warenlauf in der Hotflue TMPN mit Düsenbelüftung, V-förmigem und Schleifenlauf *(Monforts)*

Bei der **Hotflue** handelt es sich um eine Trockeneinrichtung für Stückwaren, die ein sehr schnelles Trocknen auf engstem Raum ermöglicht und damit dem foulardierten Farbstoff kaum Gelegenheit zum Migrieren (Wandern) läßt. Sie wurde zuerst in der Druckerei eingesetzt und nach Einführung der Kontinuefärbeverfahren von der Färberei übernommen. Die Hotflue ist auch ein Teil der Trockeneinrichtung der Thermosolfärbeeinrichtungen. Die Abb. 125 und 126 zeigen Warenlaufschemen bzw. Konstruktionen verschiedener Hotflue-Hersteller. Es kann die Ware in kürzeren oder längeren Schleifen über Leitwalzen geführt, die Luft entweder durch die Ware geblasen oder gesaugt bzw. mittels Düsen bei V-förmigen Warenlauf direkt an die Ware oder bei Schleifen von oben und unten (Abb. 127) geblasen werden. Bei den TMH-Hotflue-Typen *(Monforts)* wird ein Dampf-Luftgemisch zum Trocknen verwendet, durch das ein Übertrocknen kaum zu befürchten ist. Da die Waren beim Trocknen meist krumpfen, ist durch Leitwalzenantriebe der Schrumpf aufzufangen. Man

---
[1] BERNARD: Appretur der Textilien. Berlin/Göttingen/Heidelberg: Springer 1960.

Tabelle 11. *Kontinuierliche Arbeitsverfahren für verschiedene Farbstoffe zum Färben von Zellulosegeweben auf einer Universal-Pad-Steam-Anlage*

Farbstoffe	Reihenfolge der maschinellen Einrichtungen					
	1. Foulard (3 Walzen)	Hotflue (Trockner)	Chemikalien-Foulard (2 Walzen)	Dämpfer	Luftgang	Breitwaschmaschine (mit mindestens 6 Kästen)
Küpen-	Küpenpigmente, 60—70% AE, 30—55 °C	für mittlere und dunkle Töne	Hydrosulfit + NaOH, 90—100 AE, max. bei 20 °C	103—105 °C 25—40 sec.	nur bei wenigen Farbstoffen	Spülen, Oxydieren, Neutralisieren, Seifen, heiß und kalt spülen
Leukoküpenester-	Farbstofflösung + NaNO$_2$, 60—70% AE	nur bei mittleren Tönen	mit H$_2$SO$_4$ bei 65—75 °C	—	ja	Spülen, Neutralisieren, evtl. Seifen, 2mal spülen
Reaktiv-	Farbstofflösung bei 20—80 °C	bei mittleren und tiefen Tönen	mit Elektrolyt und Alkali	105—110 °C 30—60 sec.	—	2mal mit Überlauf spülen (kalt u. kochend), Seifen, heiß und kalt spülen
Naphthol-	Grundieren mit Naphtholaten	unbedingt notwendig	Echtfärbesalz oder -base 15—20 °C	—	ja	Spülen, Bisulfit-Passage, warm spülen, 2mal seifen, Spülen
Schwefel- und Schwefelküpen-	Farbstoffpigmente oder -lösungen	bei mittleren und tiefen Tönen	Reduktionsmittel und Alkali	103—105 °C 30—40 sec.	zweckmäßig	kalt spülen, Oxydieren, Neutralisieren, Seifen bei 65 °C, Spülen
Direkt-	Farbstofflösung	—	—	103 °C 60—180 sec.	—	2mal kochendes Salzbad, kalt spülen, Nachbehandlung, Spülen

erreicht das z. B. durch einen Antrieb mittels Leonard-Getriebe *(Monforts)*, welches einen spannungsarmen Warenlauf durch die Möglichkeit die Zuführwalzen mit „Voreilung" bis zu 20% laufen zu lassen unterstützt. Spannungsarmer Waren-

Abb. 126. Hotflue mit vorgeschaltetem 3-Walzen-Foulard *(Artos)*

lauf kann auch durch pat. Relax-Antriebe über Spiralfedern *(Artos)*, Schlupfriementrieb und durch unterschiedlichen Leitwalzenantrieb in den einzelnen Sektionen der Hotflue erzielt werden. Je nach verlangter Leistung werden

Abb. 127. Kontinue-Fäbeanlage *(Monforts)* mit einem „matex"-3-Walzen-Foulard, Zusatzgefäßen und Hotflue TMH/18/10 mit vertikaler Warenschleifenführung, die wahlweise auch als Thermosolanlage verwendet werden kann

Hotflues im Baukastensystem aus mehreren Trockensektionen zusammengesetzt und können zwischen den einzelnen Abteilungen zusätzliche Kompensations-(Tänzer-)Walzen enthalten, die ebenfalls spannungsausgleichend wirken. Hotflue werden u. a. von folgenden Firmen gebaut:

Artos	*Dungler*	*Mather-Platt*
Brückner	*Famatex*	*Monforts*
Comerio-Ercole	*Farmer-Norton*	*Schilde*
Cook	*Haas*	*Stork*

Zur Zwischentrocknung können auch *Schwebedüsentrockner* eingesetzt werden, die jedoch wegen ihrer Größe teurer sind. Ähnliches gilt auch für alle Arten von *Spannrahmen*, die außerdem wegen der Kluppen oft andersfarbige Abdrücke an den Warenleisten hinterlassen. Die früher üblichen *Zylindertrockner* haben den Nachteil, daß sich die Ware an der den heißen Walzen zugekehrten Seite wegen der verstärkten Farbstoffwanderung dunkler anfärben. Außerdem ist ein Abschmieren der feuchten Ware auf den ersten Zylindern nur durch einen kostspieligen Teflon-Überzug zu vermeiden. Nur die neueren Konstruktionen haben die Möglichkeit durch spezielle Antriebe den auftretenden Längszug zu kompensieren. Werden Zylindertrockner verwendet, sollten die ersten Walzen einen Teflonüberzug erhalten und nicht zu hoch geheizt werden. Für alle Fälle muß die Ware abwechselnd beidseitig an die Zylinder gebracht und die Warenspannung durch besondere Vorrichtungen möglichst ausgeglichen werden. Schleifen- und Hängetrockner sind ungeeignet.

Zur Entwicklung vieler Farbstoffe ist ohne oder nach der Zwischentrocknung und vor dem Dämpfen ein *Chemikalienklotz* notwendig, der z. B. bei Küpenfarbstoffen bei möglichst niedriger Temperatur (unter 20 °C) erfolgen soll. Die Ware darf in solchen Fällen keinesfalls heiß aus dem Trockner in den Foulard kommen. Man kann entweder einen Luftgang zwischenschalten oder in der letzten Sektion des Trocknens mit Kaltluft fahren bzw. die getrocknete Ware über wassergekühlte Zylinder leiten, wenn der Weg vom Trockner zum Foulard zur Kühlung nicht ausreicht. Da die meisten Farbstoffe nach dem Trocknen noch nicht fixiert sind, ist es vorteilhaft die Ware auf evtl. Fehler durchzusehen, die dann noch durch eine halbkontinuierliche Arbeitsweise reparabel sind. Bei der Durchsicht muß beachtet werden, daß z. B. Naphtole und Leukoküpenester lichtempfindlich sind und nach Einwirkung von direktem Sonnenlicht ungenügend auskuppeln bzw. schlecht entwickelt werden können. Man sollte deshalb die Waren möglichst umgehend entwickeln um auch Tropfflecken usw. zu vermeiden. Für den Chemikalienklotz genügen meist 2-Walzenfoulard, die man mit etwas geringerem AE einsetzt, da eine Farbstoffwanderung nur in Ausnahmefällen auftritt. Es ist jedoch unbedingt der kürzeste Weg vom Foulardauslauf in den Dämpfer zu wählen.

Zur Entwicklung (Küpen-, Schwefel-Farbstoffe) bzw. Fixierung (Direkt-, Reaktiv-Farbstoffe) ist ein Dämpfen erforderlich. Man hat die Konstruktionen der **Kontinue-Dämpfer** entweder direkt aus der Druckerei übernommen oder gewisse Änderungen für die Färberei angebracht. Ein diskontinuierliches Dämpfen z. B. auf Stern- oder Kesseldämpfer kommt kaum in Betracht, auch eignen sich Hängedämpfer nicht für den angegebenen Zweck. Durch das Dämpfen wird die beim diskontinuierlichen Färben notwendige Naßbehandlung bei höheren Temperaturen im Vollbad (meist Kochtemperatur) durch Behandlung mit gesättigtem Dampf bei Temperaturen von 103—105 °C und damit in weit kürzerer Zeit und mit geringerer Feuchtigkeit, ersetzt. Obwohl die meisten für die Druckerei üblichen Dämpfer auch in der Kontinuefärberei verwendbar sind, haben sich vor allem Dämpfer mit kurzen, senkrechten Warenschleifen besonders bewährt, bei denen eine möglichst gleichmäßige Behandlung der gesamten Ware möglich ist. Weniger verwendet werden Turmdämpfer *(Gerber, Mezzera, Benteler* usw.), Spiraldämpfern *(Benteler, Gerber* u. a.), die vor allem für das Zweiphasen-Druckverfahren üblich sind. Auch Bogendämpfer *(Benteler, Stork)* werden hauptsächlich für das zuletzt genannte Verfahren eingerichtet, da es beim Dämpfen von Farbware nicht unbedingt notwendig ist, daß die Ware wie beim Druck, im Dämpfer möglichst nur linksseitig zur Vermeidung des Verschmierens des auf der rechten Seite aufgedruckten Musters, geführt wird. Man verwendet als Kontinue-Färbedämpfer Konstruktionen, die dem Fachmann als „Mather-Platts" geläufig sind und häufig die in Abb. 128 und 129 gezeigte Warenlaufschemen aufweisen. Von den Herstellern sind die Dämpfer meist so abgedichtet, daß ein *luftfreies Dämpfen* möglich ist und dadurch Reduktionsmittel beim Dämpfen von Küpen- und Schwefelfarbstoffen gespart und ein Verdämpfen von Direktklotzungen vermieden wird. Der gesättigte Dampf wird in einem *Sumpf* erzeugt, d. h. in einem unterhalb der Warenschleifen mit 2, gegeneinander versetzten Siebblechen abgedeckten Trog in dem Wasser durch direkten oder indirekten Dampf verdampft wird. Die Perforation der Siebbleche muß so angeordnet sein, daß Wasser

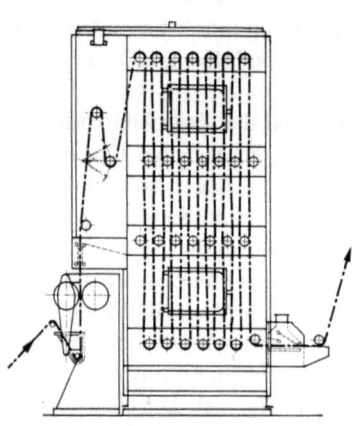
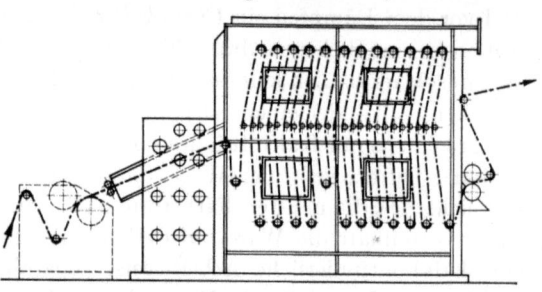

Abb. 128. Spezialdämpfer mit 2fach gebrochenem Warenlauf und 2-Walzen-Horizontal-Foulard *(Gerber)*

Abb. 129. Schnelldämpfer mit 2-Walzen-Foulard herangezogener Eingangslippe einmal gebrochenem Warenlauf mit 2 Abteilen für je 27 m Wareninhalt *(Benteler)*

spritzer aus dem Sumpf nicht an die Ware kommen. Um Kondensation zu vermeiden, müssen die Dämpfer entsprechend lange vorgeheizt und mit Deckenheizung versehen sein. Die im Dämpfer herrschende Atmosphäre muß klar und ohne Kondensations-Schwaden sein. Der verbrauchte Dampf wird nach oben oder bei Spezialkonstruktionen *(Gerber)* in einem geheizten Vorkasten mit der durch die Ware mitgerissenen Luft abgeführt, was zur luftfreien Dämpfung beiträgt. Die Größe des Dämpfers richtet sich nach der zur Fixierung notwendigen Dämpfzeit und der Schwere der Ware bzw. der verlangten Produktion. Normalerweise werden Dämpfer mit 50—200 m Wareninhalt gebaut.

Dämpfer für die verschiedensten Zwecke und Systeme werden u. a. von folgenden Firmen gebaut:

Benteler	*Gerber*	*Mortensen*
Butterworth	*Goller*	*SACM*
Dornier-Haubold	*Haas*	*Smith*
Dungler	*Meyer*	*Stork*
Farmer-Norton	*Mezzera*	*West-Point*

Zur Ablösung oberflächlich sitzender Küpenfarbstoffe, unlöslicher Azokörper und mittleren Tönen von Leukoküpenestern, ist zur Erlangung der verlangten Nuance und zur Verbesserung der Reibechtheit ein gründliches Nacheifen notwendig. Für diese Zwecke sind meist 1 bis 2 Waschkästen einer Breitwaschmaschine ungenügend. Von *Gerber* wurde für diese Zwecke ein *Seifdämpfer* geschaffen, der dem normalen Dämpfer (Abb. 128) nachgebildet ist, jedoch an Stelle des Sumpfes eine teilbare Wanne enthält, die jeweils nebeneinander 2 Seifenbäder mit unterschiedlicher Konzentration von Waschmitteln aufnehmen kann. Die Ware läuft durch diese Wannen und wird im Oberteil des Dämpfers bei 103—105 °C behandelt. Durch die erhöhte Temperatur ist es möglich den Seifprozeß mit Warenlängen von 30—75 m im Seifdämpfer ausreichend zu behandeln. Von *Gerber* wird ebenfalls der für das „Naß-Dampf-Entwicklungsverfahren für Küpenfarbstoffe" eingesetzte Dämpfer mit Boosters (S. 200) gebaut.

Die Vorteile der schnellen und echten Fixierung von Farbstoffen bei Temperaturen über 100 °C haben die Firmen *Peter* und *Benteler* zur Konstruktion von *HT-Dämpfern* veranlaßt. In diesen Einrichtungen kann Stückware aus Synthesefasern bzw. deren Mischungen bei Temperaturen bis zu 132 °C (2 atü) mit Sattdampf behandelt werden und damit z. B. foulardierte Polyester/Zellulose-Stückware kontinuierlich gedämpft werden (Abb. 130). In allen Fällen wird wie auch bei den Normaldämpfern mit Sattdampf gearbeitet. Die Ware wird von oben über einen

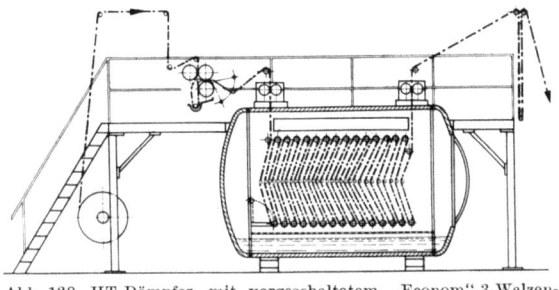

Abb. 130. HT-Dämpfer mit vorgeschaltetem „Econom"-3-Walzen-Foulard *(Peter)*

Foulard in einen liegenden Kessel eingefahren und in Vertikalschleifen — meist über Brechungswalzen — durch den Dämpfer geführt. Der Kessel ist einseitig durch eine schwenkbare Tür zugänglich. Die HT-Dämpfer haben eine umfangreiche Konstruktionsarbeit zur Abdichtung beim Warenein- und -ausgang erfordert und sind verhältnismäßig teuer. Es wird sich erst in den nächsten Jahren erweisen, ob sie den Thermosolfärbeverfahren Konkurrenz bieten können.

Zur Entfernung des nichtfixierten Farbstoffes und der überschüssigen Chemikalien werden die Stückwaren meist in breitem Zustand gewaschen. Strangwaschmaschinen, wie sie zum Spülen nach der Bleiche eingesetzt werden, erfüllen in der Regel für kontinuierlich gefärbte Stückwaren nicht ganz die Forderungen. Breitwaschmaschinen werden jedoch auch nach der Bleiche, Entschlichtung usw. eingesetzt, wenn die Waren knitterempfindlich sind. Die Breitwäsche der kontinuierlich gefärbten Stückwaren verlangt intensivere Waschbedingungen als es beim „Spülen" nach der Bleiche der Fall ist, da z. B. bei Geweben aus Zellulosefasern und deren Mischungen mit Synthesefasern, Kochbehandlungen notwendig sind. Für Wollmischungen mit Synthesefasern werden hauptsächlich die in der Appretur üblichen Breit-, seltener Strangwaschmaschinen eingesetzt, wenn auch in letzter Zeit die nachstehend beschriebenen Breitwaschmaschinen stärker verwendet werden.

Die **Breitwaschmaschinen** wurden, bis auf wenige Spezialkonstruktionen, aus der Rollenkufe (Abb. 131) entwickelt. In dieser werden die Stücke kontinuierlich über Leitwalzen durch die Behandlungsflotte geführt und am Ende jedes Waschabteils abgequetscht. Die Ware wird dabei nur wenig mechanisch bearbeitet und auch die Flotte zeigt kaum Bewegung, so daß mindestens 6 Waschkästen hintereinander zur Wäsche notwendig sind. Zur Intensivierung der Wäsche wurden von den Konstrukteuren folgende Wege beschritten:

>besonderer Warenlauf
>verstärkte Flottenbewegung
>spezielle Waschmaschinenkonstruktionen.

Um den Stoffaustausch zwischen Waschflotte und Stückware zu verbessern, wurden zuerst die einzelnen Abteile der Rollenkufe höher gebaut und dadurch eine bessere Benetzung der Ware mit der Waschmittellösung erreicht. Die Ware kann außerdem in der Rollen-

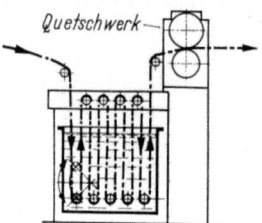

Abb. 131. Rollenkufen-Waschabteil mit Quetschwerk *(Gerber)*

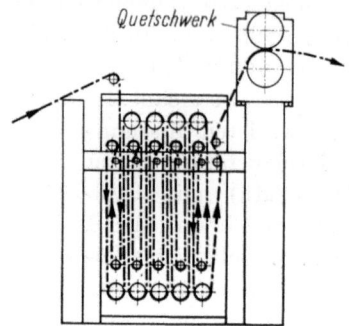

Abb. 132. Warenlauf in der „Turbulenz"-Breitwaschmaschine *(Gerber)* mit Quetschwerk

kufe so geführt werden, daß die Warenbahnen gegeneinander laufen (Abb. 132) wodurch eine Verlängerung der Wäsche und eine gewisse Turbulenz der Waschflotte auftritt. Die vorstehend geschilderten Möglichkeiten des *besonderen Warenlaufs* werden meist mit den Einrichtungen zur *verstärkten Flottenbewegung* kombiniert. Mittels Spritzdüsen, die oberhalb oder in den Waschkästen der

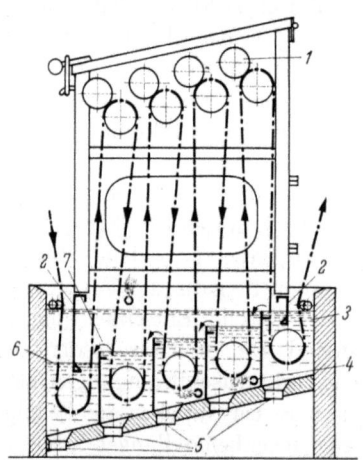

Abb. 133. Gegenstrom-Breitwaschmaschine *(Artos)*
1 Auflagepreßwalzen; *2* Dampfblenden; *3* Flottenspiegel bei stehendem Bad; *4* Spritzdüsen; *5* Bodenventile; *6* Flottenspiegel bei Flottengegenstrom; *7* Flottenüberlauf

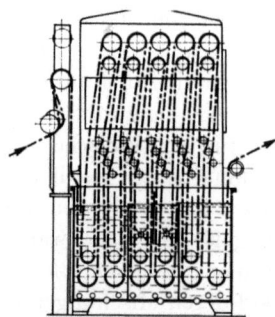

Abb. 134. Waschabteil der Breitwaschmaschine Modell LAA *(Benninger)*, hohe Bauart, gegenläufigem Warenlauf, 2 Turbinatoren zwischen den mittleren Gewebebahnen und 2 Prallwänden zwischen den anschließenden Warenbahnen

Rollenkufen eingesetzt werden, kann eine stärkere Bearbeitung der Ware und bessere Ausnutzung der Waschflotte erreicht werden. Diese Konstruktionen werden in der Gegenstrom-Breitwaschmaschine/*Artos* (Abb. 133), der Hochdruck-Düsenwaschmaschine/*Farmer-Norton*, dem Durchlaufkocher *Kleinewefers* u. a. verwendet. Von *Menzel* wird Preßluft an die Ware geblasen. Durch *oszillierende Körper*, die zwischen den Warenbahnen arbeiten, wird eine starke Waschflottenbewegung erreicht und auch die Warenbahn in Schwingungen versetzt. Nach diesen Prinzip arbeitet der Turbinator/*Benninger* (S. 90) in der Breitwaschmaschine LAA (Abb. 134), der Turbomat/*Zöllig* in der Rapitex-Breitwaschmaschine und die Vibromatic-Breitwaschmaschine/*Stork*. Die Vibra-

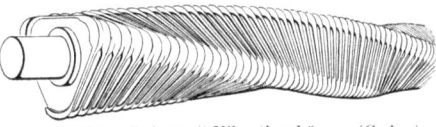

Abb. 135. „Pulsator"-Vibrationskörper *(Gerber)*

toren laufen mit 1000—3000 Schwingungen/min. und bewegen sich entweder waagrecht bzw. senkrecht zu den Warenbahnen. *Farmer-Norton* verwendet Vibrierkeile und *Goller* besondere Flottenwirbler.

Als *Spezialkonstruktionen* sind Breitwaschmaschinen üblich, die durch spezielle *Schlägerwalzen* sowohl die Ware bearbeiten als auch eine stärkere Flotten-

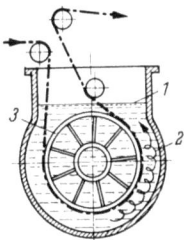

Abb. 136. Warenbewegung in der „Vibrotex"-Breitwaschmaschine *(Küsters)*
1 Flottenspiegel; *2* Warenbewegung; *3* oszillierender Vibrationskörper

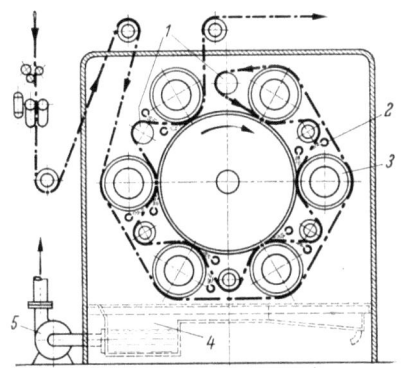

Abb. 137. Waschkasten einer „rotomat"-Waschmaschine für Wirkwaren *(Gerber)*
1 Breithalter; *2* Spitzdüsen; *3* Quetschwalzen; *4* Wanne; *5* Umwälzpumpe

bewegung hervorrufen. Nach diesem Prinzip arbeitet die Turbotex-/*Benteler*, Pulsotex-/*Gerber* und Pulsoroll-Breitwaschmaschine/*Gerber*. Bei der letzten Konstruktion wird eine spiralige Schlägerwalze verwendet (Pulsator) (Abb. 135). Die Vibrotex-Breitwaschmaschine/*Küsters* verwendet einen perforierten Hohlkörper, der exzentrisch gelagert ist und die auf ihm laufende Warenbahn in eine spiralförmige Bewegung (Abb. 136) versetzt. Die letzte Konstruktion kann auch für Wirkwaren verwendet werden. Zur Warenbearbeitung verwendet *Peter* gummierte Quetschwalzenpaare zwischen die mittels Spritzrohre Waschflotte gesprüht wird. Auch diese Konstruktion kann zur Breitwäsche von Wirkwaren verwendet

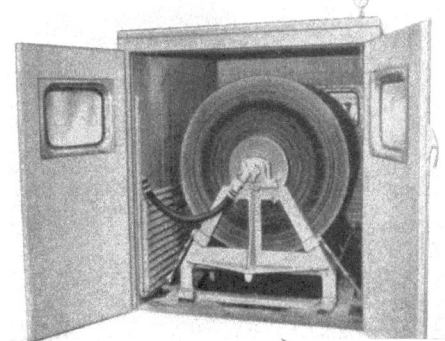

Abb. 138. „Rotowa"-Waschmaschine *(Kleinewefers)* mit geöffneter Kammer

werden. Die Rotomat-Breitwaschmaschine/*Gerber* (Abb. 137) wurde speziell für flachgewirkte Stückwaren entwickelt. Die Ware läuft dabei über ein Walzensystem in dem sie breitgehalten und immer wieder mit der Waschflotte besprüht wird. Durch Verwendung der vorstehend geschilderten Breitwaschmaschinen-Konstruktionen ist es möglich mit weniger Waschkästen auszukommen als es bei Verwendung von einfachen Rollenkufen möglich ist.

Abb. 139. Kontinue-Färbeanlage, Doppel-Foulard und Hochtemperatur-Dämpfer *(Dornier-Haubold)*

Zur Wäsche von Stückware auf Kaulen, wie sie beim Pad-Roll- oder Kalt-Verweil-Verfahren üblich sind, wurde von *Kleinewerfers/Heberlein* die Rotowa-

Abb. 140. Kontinue-Färbeanlage *(Mezzera)* ohne Dämpfer für das Naß-auf-Naß-Verfahren

Waschmaschine (Abb. 138) gebaut. In dieser wird die Warenkaule durch die Hohlachse mit Wasch- oder Spülflotte beschickt und durch Rotation der Kaule bis zu 400 U/min. durch die Kaule geschleudert. *Farmer-Norton* pumpt die Flotte durch die langsam laufende Kaule.

Die Abb. 139, 140 zeigen Kontinuefärbeanlagen, die u. a. auch von den nachstehend aufgeführten Firmen, die auch Breitwaschmaschinen der verschiedensten Systeme herstellen, gebaut werden:

Artos	*Gerber*	*Libbrecht*	*Omez*
Benninger	*Goller*	*Mather-Platt*	*Peter*
Benteler	*Greenbank*	*Metalmeccanica*	*Riggs*
Butterworth	*Haas*	*Menzel*	*Rodney*
Callebaut	*ILMA*	*Meyer*	*Smith*
Comerio-Ercole	*Isotex*	*Mezzera*	*Stork*
Dornier-Haubold	*Kleinewefers*	*Mortensen*	*Zöllig*
Farmer-Norton	*Küsters*	*Muller-Fichter*	

Das **Thermosol-Färbeverfahren**, oft auch als *Thermofixier-* oder *Thermosolier-Verfahren* bezeichnet, wird heute hauptsächlich zum Färben von Stückwaren aus Polyester- mit Zellulosefasern eingesetzt, In letzter Zeit werden jedoch auch Gewebe aus Polyester- oder Polyamidfasern (Webtrikot) nach diesem Verfahren gefärbt, welches zuerst von *Dupont* 1950 beschrieben wurde. Im Prinzip wird nur die synthetische Faser gefärbt und zwar wird die Möglichkeit ausgenützt, durch Zuführung von Wärme die Diffusion von Dispersionsfarbstoffen in Synthesefasern zu beschleunigen und damit auf Sekunden zu verkürzen. In USA hat man das Verfahren teilweise mit Temperaturen um 600 °C ausgerüstet. Es gelingt dann den Dispersionsfarbstoff in wenigen Sekunden in der Synthesefaser zu lösen. Normalerweise arbeitet man bei Temperaturen wie sie zum Thermofixieren der Synthesefasern üblich sind (Polyamide- 190—215 und Polyesterfasern 200—220 °C) und einer Heißbehandlungszeit von 40—60 sec. Es handelt sich dabei um ein HT-Färbeverfahren mit stark verkürzter Behandlungszeit und ohne Zuhilfenahme von Flüssigkeiten oder Carrier, da die Ware nach der Vortrocknung der Thermobehandlung ausgesetzt wird. Wenn Mischgewebe aus Polyesterfasern und Wolle thermosoliert werden, ist es notwendig, die Thermobehandlung zur Wollschonung auf max. 185 °C zu ermäßigen.

Da es nicht möglich ist größere Flüssigkeitsmengen auf die hydrophoben Synthesefasergewebe zu foulardieren, wird mit Abquetscheffekten von 30% bei reinen Synthesefasern und 50—70% bei Mischgeweben mit nativen Fasern foulardiert, da die letzteren mehr Feuchtigkeit aufnehmen. Wegen der geringeren Flüssigkeitsmenge ist es ferner notwendig, daß man absolut seitengleich abquetschende Foulards verwendet und eine max. Walzenhärte von 70 °Shore einhält. Man verwendet in der Regel 2- oder 3-Walzenfoulards mit Horizontalwalzen aus denen die Ware aus der letzten Quetschfuge senkrecht nach oben in den *Trockenschacht* läuft, wo sie zur Verhinderung des Abschmierens nicht durch Laufwalzen geführt wird. Bei der berührungsfreien Trocknung soll die Ware mindestens 50% der Klotzfeuchtigkeit verlieren und erst dann umgelenkt werden.

Die Abb. 141 und 127 S. 118 zeigt das Warenlaufschema und die Ansicht einer Betriebsanlage für den Thermosolprozeß der Fa. *Monforts*. Die Ware wird senkrecht von oben über entsprechende Ausbreiter in einen 3-Walzenfoulard geleitet, zweimal geklotzt und senkrecht nach oben in den Infrarot-Trockenschacht gezogen. In der Hotflue (Trockenmaschine TMH/1S/2) vollkommen getrocknet und auf einem Peripherie-Großdockenwickler aufgekault. Die Abb. 142 und 143 zeigen Thermosolanlagen anderer Firmen. Da die Anlagen nicht sehr lange in der Praxis üblich sind, konnte eine allgemein übliche **Vortrocknung** bisher noch nicht gefunden werden. Es hat sich jedoch der *3-Walzenfoulard mit Horizontalwalzen* eingeführt, ebenfalls haben fast alle Firmen zum Vortrocknen einen senkrechten

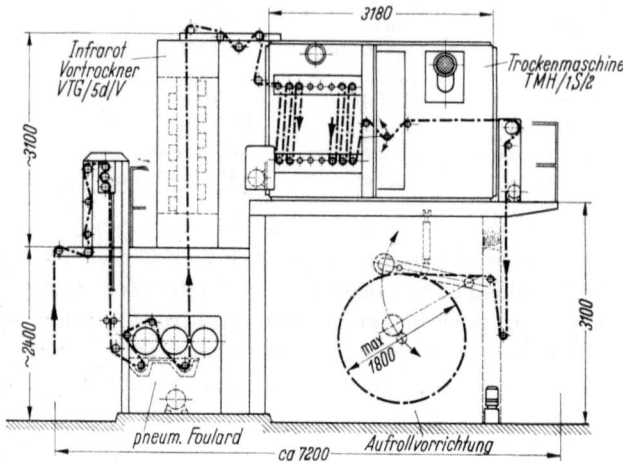

Abb. 141. Thermosolanlage *(Monforts)*

Schacht eingesetzt, in dem die Ware, ohne von Leitwalzen berührt zu werden, vorgetrocknet wird. Lediglich *Famatex* (Abb. 144) führt die Ware horizontal aus der Quetschfuge über 2 Leitwalzen und dann erst senkrecht in die darüber liegende

Abb. 142. Thermosolanlage *(Artos)*

Trockeneinrichtung (Famatex-Universal-Gewebetrockner). In der Praxis hat sich diese Konstruktion durch bessere Durchnetzung (verlängerte Penetrationszone) für Mischgewebe aus Polyester/Zellulosefasern bewährt. Unterschiedlich wurde von den einzelnen Konstrukteuren die Beheizung des senkrechten Trockenkanals gelöst. *Monforts* verwendet im Vortrockner entweder Gasstrahler, die durch Verbrennen von Leucht- oder anderen Gasen in Keramiksteinen beheizt werden oder

IR-Strahlung glühender Elektroheizdrähte. Bei Warenstillstand werden die Brenner sofort abgeschaltet und mittels zweier Kühlventilatoren Kaltluft von unten eingeblasen und oben abgesaugt. Auch eine Heißluftdüsenbelüftung ist von *Monforts* für den Trockenschacht erhältlich. Von *Artos* wird Konvektionstrocknung mittels Heißluftdüsen und gasbeheizte IR-Strahler verwendet. Durch die Düsen wird bei Warenstillstand sofort Kaltluft zur Abkühlung geblasen. Auch *Haas* verwendet IR-Strahler und Düsenbelüftung. Von *Famatex* wird eine Symmetrie-Düsenbelüftung verwendet, ebenso arbeitet *Dungler* im Heizkanal der „Amdes"-Hotflue. Einen vollkommen neuen Weg ist die Fa. *Trockentechnik* gegangen, die in den letzten Jahren die Direktheizung mit Verbrennungsgasen aus Ölbrennern so entwickelt hat, daß diese, auch als Vortrockner bzw. in anderen Trockeneinrichtungen, ohne Gefahr für die Ware und die Färbung eingesetzt werden kann.

Abb. 143. Thermosolanlage *(Haas)*

Da durch längere Senkrechtkanäle die Stückware zum Flattern neigt, werden die Kanäle, durch welche die Ware ohne Leitwalzenberührung geführt wird, nur mit einer ungefähren Länge von 2000 mm gebaut. Dadurch ist eine vollkommene Trocknung nicht möglich, sie muß jedoch so weit gehen, daß auf nachfolgenden Umlenkwalzen kein Farbstoff abgeschmiert wird. Von vielen Thermosolanlagen-Herstellern werden die Umlenk-

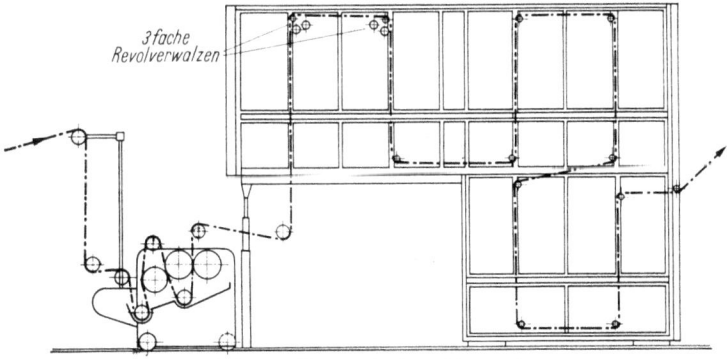

Abb. 144. Thermosolanlage *(Famatex)*

walzen und die ersten Walzen der nachgeschalteten Hotflues teflonisiert. *Famatex* verwendet eine 3fache Revolverwalze, die 3 teflonisierte Leitwalzen enthält und jeweils die nächste Walze eingeschwenkt werden kann, wenn sich Farbstoffablagerungen an der ersten Walze zeigen.

Die **Endtrocknung**, der aus den Vortrockenschacht kommenden Ware, wird heute fast ausschließlich mit den verschiedensten Hotflue-Konstruktionen vorgenommen (S. 116), wobei hauptsächlich Düsenhotflues eingesetzt werden. Ein „Verblasen" des oberflächlich sitzenden Farbstoffes ist dann nicht mehr zu befürchten, wie es evtl. bei starker Luftbewegung (Konvektionstrocknung) im Trockenkanal möglich ist. Durch die Vortrockenverfahren, die zwar mit hohen Heißluft- oder Strahlungstemperaturen arbeiten, ist keine „Thermosolierung", d. h. eine Diffusion des Farbstoffes in die Synthesefaser bei Thermofixierungstemperaturen (180—210 °C) möglich, da die Ware selbst meist Temperaturen über 100 °C nicht erreicht. Die meisten Konstrukteure haben in ihren Anlagen die Möglichkeit berücksichtigt, die vorgetrocknete Ware vor der Farbstoffixierung nochmals durchzusehen um evtl. Unegalitäten zu beseitigen, da nach dem Thermosolieren eine Verbesserung wegen der hohen Echtheiten der Färbung auf der Synthesefaser nur unvollkommen möglich ist. Auch nach dem Vortrocknen können unegale Klotzungen nur durch eine Wäsche und nochmalige Klotzung oder nach diskontinuierlichen Färbemethoden verbessert werden. Meist werden die vorgetrockneten Waren auf Großkaulen gewickelt und so der eigentlichen **Thermosolierung** zugeführt.

Zur Fixierung der geklotzten Ware werden heute hauptsächlich Spannrahmentrockenmaschinen eingesetzt, welche mit Fixierfeldern eingerichtet sind, die Temperaturen von 180—220 °C während 40—60 sec. erlauben. Da bei dieser Thermobehandlung ein Warenschrumpf eintritt, da nicht nur der Farbstoff in die Faser diffundiert, sondern auch die Faser selbst stabilisiert wird, kommen nur Spannrahmen mit Nadelkluppen in Betracht, welche ein Auflagern der Gewebeleisten auf die Nadelplättchen verhindern um Farbtonunterschiede (Kluppenmarkierung) zu vermeiden. Man hat dafür besondere Hakennadeln *(Krantz)* eingesetzt bzw. man unterbricht die Plättchen der Nadelleisten. Tasterkluppen geben ebenfalls andersfarbige Markierung. Das gilt auch für die Fälle, wo Stückwaren vorfixiert werden. Meist wird die Ware in 2 Feldern vorgewärmt, in 1 oder 2 Feldern thermosoliert, gleichzeitig die Synthesefasern fixiert und im letzten Feld die Stückware durch Einblasen von Kaltluft „eingefroren". Die zum Vortrocknen verwendeten Hotflues können durch Erweiterung auch in angeschlossenen Kästen bei entsprechender Temperatursteigerung zum Thermosolieren verwendet werden. Dabei ist jedoch, da die Ware an den Kanten nicht gehalten wird, ein unkontrollierter Breiteneinsprung möglich, der auf Spannrahmen gesteuert werden kann.

Durch das Thermosolieren tritt in den Geweben eine gewisse Steifigkeit auf, die als *Thermosolierungsstarre* bezeichnet und entweder auf Appreturbrechmaschinen oder in den folgenden Naßbehandlungen beseitigt wird. Zur Nachbehandlung der Färbungen kommen nur, die bereits beschriebenen, Breitwaschmaschinen in Betracht.

Thermosolierungsverfahren sind erst seit einigen Jahren üblich und es werden in den nächsten Jahren noch weitere Erkenntnisse gesammelt werden müssen, um sie absolut betriebssicher zu machen. Zu diesem Zweck haben sich die Konstrukteure der Anlagen mit den Farbstoffherstellern koordiniert, um die Erfahrungen beider Seiten zu verwerten. Thermosolanlagen werden in Europa bereits zum Färben von 500 m-Partien eingesetzt und mit 30—50 m/min. betrieben. In USA arbeitet man mit 100 m/min. und thermosoliert erst bei Warenmengen von 5000 m aufwärts. Zum Färben von Autosicherheitsgurten werden ebenfalls Thermosolanlagen verwendet, die von den Firmen hergestellt werden, die auch andere kontinuierliche Bandfärbeanlagen liefern (S. 132).

Bei den **Spezialanlagen für das kontinuierliche Färben** handelt es sich in der Hauptsache um modifizierte Pad-Steam-Einrichtungen, bei denen der Dampf aus der foulardierten Flotte erzeugt wird. Es ist dann notwendig, entweder nach dem Naß-auf-Naß-Verfahren zu arbeiten oder Farbstoffe einzusetzen, die nach dem Foulardieren und Trocknen zur Fixierung einen wässerigen Chemikalienklotz erfordern und anschließend gedämpft werden (Küpen-, Reaktiv-Farbstoffe). Nach der Naß-auf-Naß-Methode sind meist nur helle bis mittlere Farbtöne mit guter Egalität zu erzeugen, wogegen durch einen Chemikalienklotz auf der foulardierten und zwischengetrockneten Stückware alle Farbtöne zu erreichen sind.

Die Abb. 145 zeigt das Warenlaufschema des **Monforts-Reactors,** bei dem die Ware auf einem 2- oder 3-Walzenfoulard geklotzt, auf eine Doppelmantelringtrommel läuft, die von einem endlosen, mit Chlorkautschuk (Neoprene) vulkanisierten, 8fachen Perkalgewebe zum größten Teil umspannt wird. Die Trommel wird durch Dampf aufgeheizt und ist mit einem chemikalienfesten Einbrennlack oder Teflon (für Färbezwecke) überzogen. Die Neoprene-Decke wird vor dem Auflaufen auf die Ringtrommel mit einer besonderen Heizwalze aufgeheizt bzw. während der Behandlung auf Temperatur gehalten, gleichzeitig gespannt

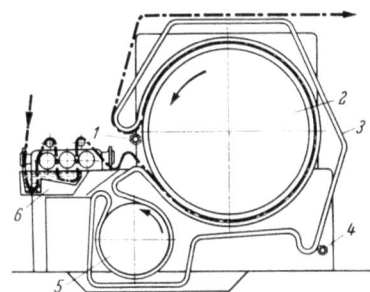

Abb. 145. Warenlaufschema im *Monforts-Reactor*.
1 Waschvorrichtung für die Trommel; *2* Ringtrommel; *3* Neoprene-Decke; *4* Waschvorrichtung für die Decke; *5* Heiztrommel für die Decke; *6* 3-Walzen-Horizontal-Foulard

und während des Färbens mit einer Bürstenwalze eines Waschwerkes gesäubert. Auch die Trommel wird über ein Waschwerk mit Bürstenwalze zwischen Warenein- und -austritt während des Betriebs laufend gesäubert. Die Ware erhält ihre Dampfatmosphäre durch die vom Foulardieren mitgebrachte Feuchtigkeit und wird von der Decke allseitig umschlossen und läuft damit in einer „Dampfglocke". Der „Reactor" wird als Labormaschine mit einem Durchmesser von etwa 1000 mm und als Produktionsmaschine mit 2500 mm geliefert und auch zum Entschlichten, Färben von Geweben aus Zellulosefasern, Sekundär- und Triazetat und synthetische Fasern eingesetzt. Dabei konnten z. B. in USA auf Triazetatgeweben während 10 sec. Kontaktzeit (40 m/min. Warengeschwindigkeit) unter Mitverwendung von 20% Diazetonalkohol und 5% Phenylglykoläther im Klotzbad mit Dispersionsfarbstoffen auch dunkle Farbtöne und Schwarz gefärbt werden. Dabei wurde mit einer Temperatur der großen Trommel von 140 und der Heiztrommel von 170 °C gearbeitet. Das Gewebe soll von der Decke etwa 15—20 cm überlappt werden. Der Vorteil dieser Anlage liegt in der Möglichkeit absolut ohne Luftzutritt dämpfen zu können, ferner können kleine Metragen unter 500 m noch wirtschaftlich behandelt werden. Der „Reactor" ist auch für das Dämpfen nach dem Bedrucken von Zellulosegeweben mit Küpenfarbstoffen nach dem „Zweiphasen-Verfahren" verwendbar. Wegen der kurzen Reaktionszeit in der Dampfglocke soll der Abstand zwischen Foulard und Reactor zur ausreichenden Benetzung der Gewebe mindestens 1,5 m betragen. Von *Farmer-Norton* wird als *Shirley-Flash-Steamer* eine Konstruktion geliefert, die nach dem gleichen Prinzip wie der Monforts-Reactor, aber mit zwei 1-m-Trommeln arbeitet über die eine endlose Gummidecke und die Ware geführt wird und die übereinander angeordnet sind. Zur Nachbehandlung von geklotzten Stückwaren in feuchtem und vorgetrockneten Zustand wird auch der *Elektrofixierer Schilde* (System Aubauer) empfohlen, bei dem die Ware in Spiralen — ähnlich wie bei Spiraldämpfern bzw. Mansarden — an elektrisch beheizten Aggregaten vorbeigeführt wird. Es wird dadurch entweder eine Dampf- oder Heißluftatmosphäre erzeugt, die zur Fixierung der Färbung führt. Die Einrichtung wird hauptsächlich in der Druckerei verwendet.

Von *Farmer Norton* wird eine Kontinuefärbeanlage gebaut, die als **Standfast-Verfahren** von Dr. H. Kilby der *Standfast Dyers and Printers Ltd.*, Lancaster/England konstruiert wurde und für die von den Besitzern pro gefärbten Meter eine Lizenzgebühr erhoben wird. Die Konstruktion ist hauptsächlich in englischsprechenden Ländern verbreitet und ermöglicht eine Farbstofffixierung in der Passage der feuchten Ware durch *geschmolzenes Metall* (molten-metal), wodurch die Dampfatmosphäre erzeugt wird. Nach dieser Methode können auch Garne gefärbt werden, die wie Stückwaren, allerdings vom Kettbaum, durch das geschmolzene Metall geführt werden. Die Abb. 146 zeigt das Schema des Warenlaufes beim Färben mit Direktfarbstoffen. Dabei wird im „Färbebad" der gelöste Farbstoff auf die Ware „geklotzt", da das darunter befindliche Metallbad einen „Abquetscheffekt" von 140% erlaubt. Im Metallbad wird die Ware durch „Dämpfen" fixiert und beim Auslauf eine Salzbad-Fixierung angeschlossen. Die beiden Behälter sind nach unten offen und fassen je nach Breite der Maschine 6—10 l Flotte. Diese, von Standfast als Methode 1 bezeichnete Arbeitsweise ist hauptsächlich zum Färben von hellen bis mittleren Tönen auf leichten Geweben vorgesehen, die sich leicht benetzen und deshalb kaum Durchfärbeschwierigkeiten auftreten. Als Methode 2 wird das Verfahren modifiziert und die foulardierte Ware zwischengetrocknet, im „Färbebad" mit den Entwicklungschemikalien (bei Küpenfarbstoffen z. B. Reduktionsmittel und Alkali) geklotzt und im Metallbad gedämpft. Dabei ist zu berücksichtigen, daß das geschmolzene Metall das Behandlungsbad sehr schnell erwärmt und dadurch eine stärkere Zersetzung des Reduktionsmittels eintritt. Durch die geringe Dimensionierung des Behandlungsbades (mit etwa 6 l) wird für einen raschen Flottenaustausch gesorgt und dadurch die Reduktionsmittelzersetzung begrenzt. Bei schweren Waren ist es notwendig, die Stückware vorher über mehrere Trockenzylinder zu erwärmen damit auch das Innere der Ware beim Durchgang durch den 3 m langen, U-förmigen Reaktionsschacht im geschmolzenen Metall ausreichend erwärmt und damit eine gute Fixierung erreicht wird. Im *Williams-Unit* wird eine ähnliche Methode verwendet. Es wird jedoch eine Rollenkufe eingesetzt, die mit versenkbaren und feststehenden Verdrängungskörpern ausgerüstet ist und als Wärmeüberträger heißes Mineralöl (Weißöl) verwendet. In den feststehenden Verdrängungskörper sind die Heizkörper eingebaut. Auch hier wird der vorher foulardierte Farbstoff in der Dampfatmo-

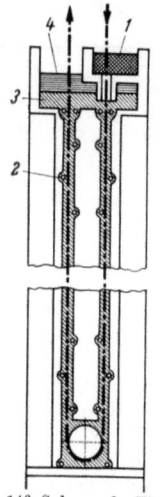

Abb. 146. Schema des Warenlaufs beim Standfast-Verfahren.
1 Färbe- oder Salzbad; *2* Heizrohre; *3* geschmolzenes Metall; *4* Salzbad

sphäre fixiert. Praxisversuche haben ergeben, daß der Ölverlust in engen Grenzen bleibt und keine Verschmutzung der Ware durch Ölflecken auftritt (Abb. 147). Williams-Einheiten werden auch zur Naßentwicklung empfohlen. An Stelle des Öls wird heißes Wasser verwendet, in das man beim Wareneintritt z. B. bei Küpenfarbstoffen über eine Rinne Reduktionsmittel einfließen lassen oder einschütten kann. Trotz der Verdrängungskörper ist das Flottenverhältnis immer noch hoch und damit auch der Chemikalienverbrauch größer als bei anderen Kontinueverfahren. In den letzten Jahren ist als *Fluid-bed-Verfahren* eine Behandlungseinrichtung bekannt geworden, in der die foulardierte Stückware durch mit Heißluft erhitzte Glaskugeln (0,1—1 mm ⌀) fixiert wird (Abb. 148). Dabei wird die Stückware in breiter Bahn durch das Glaskugelbad geführt, welches durch Heizrohre erhitzt und mit Heißluft durchblasen wird und Temperaturen bis

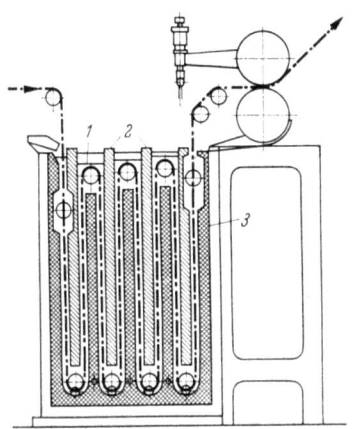

Abb. 147. Williams-Unit
1 Flottenspiegel; *2* versenkbare Zwischenwände als Verdränger; *3* Heizraum

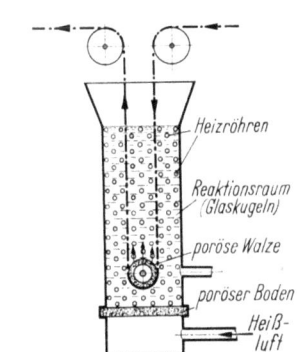

Abb. 148. Warenlaufschema einer Fluid-Bed-Anlage
(*Brit. Tufting-Machinery Ltd.*)

140 °C aufweist. Die Fluid-bed-Maschine wird von der *British Tufting Machinery Ltd.* Blackburn/England gebaut und für das Trocknen und Kondensieren von Kunstharzen auf der Ware empfohlen, sie ist jedoch auch zum Fixieren von Klotzfärbungen verwendbar und wird zum Thermosolieren von geklotzten Synthesefasern eingesetzt und mit einer Kontaktzeit von 15—30 sec., bei entsprechenden Temperaturen, gute Resultate erzielt. Die zuerst empfohlene Verwendung von Quarzsand hat sich als Reaktionsbadfüllung nicht bewährt, da der Sand auch durch Vibratoren nicht immer aus der Ware zu entfernen war.

Von der *ICI* wird die Fixierung von Dispersionsfarbstoffklotzungen während 30—180 sec. in einer gesättigten Trichloräthylendampfatmosphäre als *Vapacol-Verfahren* empfohlen und damit gleichechte Färbungen wie durch andere Verfahren erreicht. Das Verfahren wird zum kontinuierlichen Fixieren von Klotzungen mit Dispersionsfarbstoffen auf Sekundär-, Triazetat und Polyestergeweben empfohlen. Es werden auf der vorgetrockneten Ware dabei etwa 35% Tri kondensiert, welche eine Faserquellung, verstärkte Farbstofflöslichkeit und damit eine sehr schnelle Diffusion in das Faserinnere bewirken. Es lassen sich bei Sekundärazetat bereits durch 15 sec., bei Triazetat nach 60 und bei Polyesterfasern nach 180 sec. echte und tiefe Färbungen erreichen. Das von der Faser aufgenommene Trichloräthylen wird anschließend durch eine Heißwasserpassage bei 80 °C während 15—30 sec. aus der Ware entfernt.

Zum *kontinuierlichen Färben von Bändern* wurden von verschiedenen Firmen Einrichtungen geschaffen, auf denen die Bänder auf Foulards geklotzt und anschließend in Trockenanlagen getrocknet, evtl. fixiert und anschließend kontinuierlich gewaschen werden. *Benz* hat seine Laboratoriumseinrichtungen auf Bänder eingerichtet und man kann auf diesen Einrichtungen auch Sicherheitsgurte aus Polyesterfäden pigmentfärben und gleichzeitig thermofixieren. Dabei wird als Fixierelement Heißluft verwendet. Von der *Bandfabrik Breitenbach AG.* Breitenbach b. Basel/Schweiz werden die foulardierten Bänder spiralförmig mehrmals zwischen IR-Strahlern hindurchgeführt. Von *Peter* wurden HT-Dämpfer (S. 121) so dimensioniert, daß sie für die Bandfärberei eingesetzt werden können und entsprechende Wascheinrichtungen angefügt.

Die in den letzten Jahren zum kontinuierlichen Färben von Kammzug- und losem Material bekannt gewordenen Einrichtungen werden auf S. 290 beschrieben.

h) **Strumpffärbeapparate und -maschinen.** Zum Behandeln von Strümpfen sind Einrichtungen üblich, die sich in ihrer Konstruktion stark voneinander unterscheiden. Zur ersten Gruppe gehören Konstruktionen, die vornehmlich zum *Behandeln von flach- oder rundgewirkten Damenstrümpfen*, zur zweiten, die für Herrenstrumpfwaren (Socken), in seltenen Fällen jedoch auch für Damenstrümpfe und Wickelkörper im Packsystem verwendet werden. Daneben gibt es jedoch auch Möglichkeiten bei denen alle Strumpfwaren auf Einrichtungen der einen oder anderen Gruppe behandelt werden können. Nachstehend sollen die Apparate und Maschinen beschrieben werden, die hauptsächlich für Damenstrümpfe eingesetzt werden.

Damenstrümpfe und z. T. auch Herrensocken wurden zuerst auf *offenen Kufen* behandelt und dabei jeweils ein oder mehrere Paare durch eine längere Garnschlaufe, in Spitze oder Ferse auf Stöcken hängend, von Hand aus mittels der Stöcke in der Flotte, und zur besseren Benetzung auch durch kurzes Ausheben und Stauchen, bewegt. Diese Art der Strumpffärbung ist nur mehr beim Färben einzelner Musterstrümpfe üblich. Die heute auf dem Markt befindlichen Damenstrümpfe aus flach- oder rundgewirkten Polyamidfäden neigen wegen ihres geringen spez. Gewichts zum Schwimmen, und es ist deshalb schwierig, auf offenen Kufen ausreichende Egalität und Durchfärbung zu erreichen. Außerdem rechtfertigt der stark gestiegene Verbrauch die Verwendung von besonderen *Strumpffärbeapparaten nach dem Hängesystem.* Dabei werden die Strümpfe wie beim Behandeln auf der Kufe in einem Apparat an Stöcken hängend unbewegt nach dem Prinzip der Stranggarnfärbeapparate (Hängesystem, S. 57) von der mittels Pumpe oder Propeller bewegten Flotte durchströmt *(Obermaier).* Von *Then* wird ein *Spezial-Strumpffärbeapparat* gebaut, bei dem die Damenstrümpfe meist zu 1 Dtzd. in einem Schlauchsäckchen verpackt, in Höhe der Wade auf Einsatzstäben liegend, von der jeweils in 2 Richtungen mittels Propeller bewegten Flotte durchströmt (Abb. 149). Dabei sind bei geöffneter Tür (links) die Strümpfe in Säckchen verpackt und rechts noch unverpackt — zur Illustrierung des Hängesystems — zu sehen. Nach dieser Färbweise lassen sich mit den 3 Hauptapparategrößen 50, 75, 150 Dtzd. Paar bei 60 den. und 70, 130,

225 Dtzd. Paar bei 20 den.-Strümpfen, das einer Einsatzmenge von 18—54 kg entspricht, gleichzeitig im Flottenverhältnis von 1 : 20 behandeln. Von der Herstellerfirma werden zum Beschicken besondere Aufstockwagen geliefert, auf denen die Hängestäbe außerhalb des Apparates vorbereitet und bei Freiwerden des Apparates nur in die Nuten des Apparats eingeschoben werden müssen. Zur ausreichenden Durchfärbung ist eine gleichmäßige und möglichst dichte Materialpackung notwendig. Da Damenstrümpfe aus Polyamidfasern sehr empfindlich gegen mechanische Beschädigungen sind, die zu sog. Ziehern führen, ist es vorteilhaft, die Strumpfrohlinge in einem *Vordämpfer* mit 0,5—1 atü Sattdampf (110—120 °C) vorzufixieren und damit auch Materialspannungen zu beseitigen. Gleichzeitig wird die gleichmäßige Farbstoffaufnahme beim nachträglichen Färben verbessert und Zieher beim Herstellen der Strumpfnaht — wenn es sich um Strümpfe mit Naht handelt — vermindert. Der Vordämpfer wird von *Bellmann* auch mit der Möglichkeit die

Abb. 149. Strumpffärbeapparat nach dem Hängesystem *(Then)*

Luft vor dem Dämpfen zu evakuieren und für nahtlose Strümpfe und Herrensocken auf entsprechenden Formen zum Vordämpfen geliefert.

Aus den Fixiereinrichtungen, die zum Stabilisieren von Damen- und Herrenstrumpfwaren aus synthetischen Fasern eingesetzt werden, wurden die **automatischen Strumpfausrüstungsmaschinen** entwickelt, welche die gesamte Ausrüstung der Strümpfe bzw. Socken übernehmen. Bei diesen Einrichtungen werden die Strümpfe nur auf die Formen aufgezogen, in den Maschinen gereinigt, gefärbt, fixiert, gespült, aviviert und getrocknet, um nach dem Ausfahren von Hand aus oder neuerdings auch maschinell *(Heliot)* wieder von den Formen gezogen. Von der Fa. *Bellmann* wird als *Colorplast senior* eine Einrich-

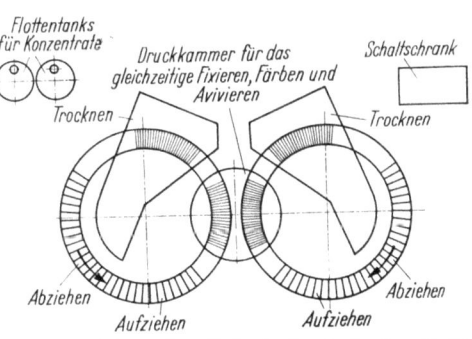

Abb. 150. Schema der „Cholorplast senior" automatischen Strumpfausrüstungsmaschine *(Bellmann)*

tung geliefert, welche die Abb. 150 als Schema und 151 im Betrieb zeigt. Bei der Konstruktion wird in einer Druckkammer der gesamte Ausrüstungsprozeß vorgenommen und die Strümpfe auf Formen beidseitig eingefahren. Dabei werden die Formen auseinandergezogen, mit Strümpfen beschickt und nach dem Zusammenschieben — ähnlich wie der Balg einer Ziehharmonika — in die Behandlungskammer eingeführt, wo sie, vollautomatisch gesteuert, gleichzeitig gewaschen, gefärbt, plastifiziert (stabilisiert), aviviert und gespült werden. Die zum Behandeln notwendigen Farbstoffe und Textilhilfsmittelmengen werden als konzentrierte

Lösungen in besonderen Tanks angesetzt und mittels Düsen in der Druckkammer an die Strümpfe gesprüht. Diese Konzentrate enthalten meist Dispersionsfarbstoffe, da deren Echtheiten für die Strumpffärberei ausreichen. Als Textilhilfsmittel werden Spezialprodukte (z. B. 20—40 g/l Silvaplast 7010 B/*CIBA* und 10—20 g/l

Abb. 151. „Cholorplast-senior" *(Bellmann)*

Sapamin NJ als Weichmacher) eingesetzt, die in den Ansatztanks mit den Farbstoffen über ein Rührwerk gelöst bzw. in Dispersion gehalten werden. Behandelt wird meist mit einem Konzentrat, welches durch Essigsäurezusatz auf pH 4 gehalten wird um ein Absetzen der Farbstoffe auf den Aluminiumformen zu verhindern.

Abb. 152. Schema der „Teintofix 60"
(Heliot)
1 Auf- und Abziehen der Strümpfe; *2* Plastifizieren (Fixieren), *3* Waschen, Färben und Avivieren, *4* Trocknen

Neuere Konstruktionen der Colorplast-Maschinen arbeiten nach einem Sparsystem, bei dem die abfließende Flotte aufgefangen und im Ansatztank durch Nachsätze aufgebessert wird. Als *Colorplast-junior* wird vom gleichen Hersteller eine Konstruktion geliefert, die nur die Beschickung in einem Zyklus erlaubt und zur Rezepteinstellung eine *Labor-Colorplastmaschine*, bei der nur einige Strümpfe behandelt werden. Bei der senior- und junior-Konstruktion kann eine Trockenkammer angeschlossen werden, in der schwerere Waren zusätzlich getrocknet werden können um den Arbeitsrhythmus in der Druckkammer nicht zu verlängern. Die Colorplast-senior rüstet nach Angaben des Herstellers in 8 Std. 500 Dtzd. Paar Damenstrümpfe mit 15 den. Polyamid- und 250 Dtzd. Paar 2,40 den. aus Krepp-(Stretch-) Garnen aus. Für die Bedienung sind 3—4 Personen ausreichend. Von den Farbstoffherstellern werden Spezialmusterkarten herausgegeben, die jeweils auf die automatischen Färbemaschinen und ihr jeweiliges Normal- oder Sparsystem abgestellt sind.

Von *Heliot* wird eine automatische Strumpffärbemaschine als „*Teintofix 60*" angeboten (Abb. 152). Die Strümpfe werden bei dieser Konstruktion auf einem fächerförmigen Einsatz auf Formen aufgezogen *(1)*, anschließend der Fächer zusammengeschoben und in die erste Kammer eingesetzt *(2)*. Die Kammer wird mittels einer abhebbaren Glocke gebildet, die nach dem Absenken zum Fixieren (Plastifizieren) mit Sattdampf dient. Anschließend wird im zweiten Arbeitstakt das Formenpaket weiter gedreht, wiederum mit einer Glocke verschlossen und in dieser gewaschen, gefärbt und gleichzeitig aviviert *(3)*. Dabei wird nicht mit Konzentraten, sondern mit normaler Behandlungsflotte das Material im „Vollbad" von oben nach unten überströmt. In der dritten Kammer, die ebenfalls als versenkbare Glocke ausgebildet ist, mittels Heißluft getrocknet *(4)*. Anschließend kehrt der Strumpffächer zum Eingang der Maschine zurück und wird in aufgeklapptem Zustand zum Abziehen bzw. anschließendem Aufziehen der Strümpfe eingesetzt. Die *Deyboarding-Machine* von *Pegg* arbeitet nach dem gleichen

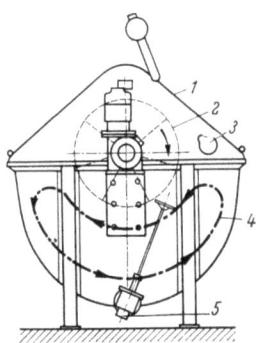 

Abb. 153. Paddelfärbemaschine *(Then)*
1 Abdeckhaube; *2* Paddelhaspel; *3* Wasserzulauf; *4* Warenbewegung; *5* Ablaßventil

Abb. 154. Geschlossene Paddelfärbemaschine *(Then)*

Prinzip wie die Teintofix 60, doch werden die Formen nur unter einer absenkbaren Glocke mit Farbstofflösung, die aus besonderen Konzentratbehältern nachgesetzt wird, gefärbt und ausgerüstet. Die Glocke wird abwechselnd von der linken und rechten Seite mit Formen beschickt, die jedoch nicht fächerförmig, sondern nebeneinander stehend eingefahren werden.

Nach dem Glockensystem arbeitet auch die *Hydro-Set* und *Electrocolorset-Maschine* der Fa. *Proctor Hydro-Set Comp.* Montgomeryville/Penna./USA, dabei werden die Strümpfe auf kippbaren Formen auf- und abgezogen, die auf einer Rundplatte untergebracht sind und mit dieser unter der abgesenkten Glocke mit Konzentraten gleichzeitig gereinigt, gefärbt, aviviert und hydrofixiert bzw. getrocknet. Von den Firmen *Sanderson & Cie.*, Manchester/England wird die *Dyetherm-* und von der *Turbo Machine Comp.*, Lansdale/Pa./USA die *Turbo Dye-Boarder-Machine* als automatische Strumpfausrüstungsmaschinen gebaut.

i) Die Paddel- und Trommelfärbemaschinen. In steigendem Maße werden auch Fertigtextilien aus den verschiedensten Materialien gefärbt, vor allem gewirkte Oberbekleidung wie Fertigpullover, Strickjacken usw. In den Einrichtungen können auch Damenstrümpfe in Säckchen verpackt, Socken unverpackt oder verpackt und Kreuzwickel aus texturierten Garnen, verpackt, behandelt werden.

Die **Paddelfärbemaschinen** bestehen aus einer halbrunden Kufe in der das Material schwimmend behandelt wird. Die schwimmende Ware wird mittels einer Paddelhaspel in der Flotte bewegt und gleichzeitig die Flotte umgewälzt. Zur Warenschonung sind die Enden der Paddelfächer mit gerollten Längskanten versehen. Die Abb. 153 und 154 zeigt das Schema und die Paddel-Färbemaschine von *Then*, die das Behandeln im Flottenverhältnis von 1 : 20 erlaubt und je nach Type 2,5—70 kg Material aufnehmen kann. Eine Spezialausführung dieser Maschine kann durch Höherstellen der Paddelhaspel auch zum Färben von Stückware als Haspelkufe verwendet, wenn zusätzlich eine Leitwalze und ein Rechen eingesetzt werden. Paddelfärbemaschinen werden u. a. von den Firmen

Abb. 155. Ovale Paddelmaschine mit einseitigem Paddelhaspel *(Callebaut)*

Callebaut	*Pegg*
Freeman	*Scholl*
Klauder	*Smith-Drum*
Longclose	*Then*
Obermaier	

in offener und abgedeckter Form gebaut. Von einigen Firmen werden Paddelfärbemaschinen in ovaler Konstruktion gebaut, in denen das Material und die Flotte durch einen einseitig angebrachten Haspel bewegt wird, der an einer Seitenwand und dem festen Mittelteil drehbar gelagert ist (Abb. 155).

Für Textilien, die in Paddelmaschinen behandelt werden können, sind auch **Trommelfärbemaschinen** üblich, die von den gleichen Firmen gebaut werden und meist in geschlossener Bauart geliefert werden (Abb. 156). Dabei wird der Paddelhaspel in die Flotte verlegt, als perforierte Trommel abgeschlossen und

Abb. 156. Trommelfärbemaschine *(Then)*

Abb. 157. Färbeapparat für Strumpfwaren und Kreuzwickel nach dem Packsystem *(Then)*

die Ware in den einzelnen Fächern des Haspels untergebracht. Die Konstruktion erlaubt eine intensivere Warenbewegung als die Paddelmaschine, es wird dadurch jedoch auch die Ware mechanisch stärker beansprucht und sollte deshalb nur in Säckchen verpackt, behandelt werden.

Von *Then* wird zum Färben von Strumpfwaren, Fertigtrikotagen und Kreuzwickel im Packsystem der Spezialstrumpffärbeapparat mit besonderen, perforierten Einsätzen empfohlen, zwischen die die Textilien, meist in Säckchen verpackt, eingelegt werden und von der mittels eines Propellers bewegten Flotte in beiden Strömungsrichtungen durchflutet wird (Abb. 157).

7. Laboratoriums-Färbeeinrichtungen

Bestrebungen zur Einsparung von Betriebsmitteln, Schonung der Textilien und vor allem zur Abkürzung der Behandlungszeit haben dazu geführt, daß auch kleinere Färbereien Einrichtungen für die Behandlung von Muster- und Kleinmengen einsetzen. Zur Aufstellung von Rezepten sind sie für die Kontinue-Färbung unerläßlich, da ein Nuancieren der laufenden Partie nicht möglich ist. Diese, meist als *Taxfärberei (Benz)* bezeichnete Arbeitsweise, hat sich jedoch auch für diskontinuierliche Verfahren immer stärker durchsetzen können. Fast alle Firmen, die Kontinueanlagen bauen, liefern auch entsprechende Einrichtungen, die Einstellungen von Rezepten im Kleinmaßstab für die Praxisanlagen erlauben. Diese Firmen liefern Foulards, Dämpfer, Kontinuewaschmaschinen usw. in dem der Großpraxis angepaßten Maßstab. Darüber hinaus haben sich auch Firmen der Herstellung von Laborapparaten für die Stückfärberei gewidmet, die keine Praxiseinrichtungen auf dem Markt haben. Dazu gehört vor allem *Benz*, der Labor-Jigger, -Foulards, -Haspelkufen und Laborfixier-, Kontinuewaschmaschinen, Dämpfer und eine Laboreinrichtung für die Pad-Roll-Färbung neben kontinuierlichen Bandfärbemaschinen herstellt.

Zur Behandlung von Kleinstmengen (5—100 g) aller Arten von Textilien werden neben Geräten von Firmen, die auch Großpraxiseinrichtungen bauen, solche von Firmen angeboten, die sich auf derartige Apparate spezialisiert haben. Die Einrichtungen wurden aus einfachen Wasserbädern *(Digestorien)* entwickelt, in denen Färbebecher in Wasser oder Lösungen von Glycerin, Natriumnitrat, Natriumformiat usw. hängend zum Färben verwendet werden. Durch Salz- oder Glycerinlösungen in den Kochbädern wird in den eingehängten Porzellan- oder Edelstahlbechern eine kochende Behandlung möglich, die im Wasserbad nicht zu erreichen ist. Von den Firmen *AHIBA, Scholl, Longclose*, u. a. werden diese Geräte auch mit besonderen Hubvorrichtungen hergestellt, mit denen das Material mechanisch in der Färbeflotte bewegt wird. *AHIBA* hat auch einen Autoklaven auf dem Markt, der ein Färben bis 140 °C ermöglicht. Autoklaven bei denen die Textilien in rotierenden, geschlossenen Gefäßen in Öl- oder Glycerinbädern rotieren werden von *Callebaut, Scholl, Atlas-Electric* (S. 41) u. a. Firmen hergestellt. Von *Quarzlampen* wird der *Praxitest, System Ellner* gebaut, bei dem die Textilien, in einer Glasröhre behandelt, und damit Veränderungen direkt sichtbar gemacht werden. Die Baderschöpfung wird über eine Photozelle und einen Schreiber registriert. Das Gerät ist auch für HT-Bedingungen eingerichtet. Alle Laborgeräte, vor allem aber die zuletzt genannten, werden auch zur Prüfung von Farbstoffen und Textilhilfsmitteln verwendet.

IV. Baumwolle

Obwohl der Verbrauch von synthetischen und regenerierten Zellulosefasern steigende Tendenz aufweist, liefert die Baumwolle auch heute noch etwa $2/3$ der insgesamt verwendeten Faserstoffmenge in der Textilindustrie. Sie ist neben *Kapok*, welches hauptsächlich als Matratzenfüllung verwendet wird, die einzige *Samenfaser* mit textiler Bedeutung. Nachdem die Samenkapsel aufgesprungen ist, werden die Samenfasern von Hand oder mittels Pflückmaschinen geerntet. Dabei werden die Samenkapseln abgerissen und durch das nachfolgende *Egrenieren (Ginnen)* die Fasern von den Samen getrennt. An den Samen verbleiben noch Kurzfasern, sog. *Linters*, die als Zelluloserohstoff zur Herstellung von regenerierten Zellulosen wichtig sind. Die von allen Fasern befreiten Samen werden der Ölgewinnung zugeführt.

Physikalische Eigenschaften: Die ausgereifte Baumwollfaser zeigt unter dem Mikroskop korkzieherartige Windungen und einen nierenförmigen Querschnitt. Durch Kreuzung verschiedener Baumwollsorten werden die unterschiedlichsten Faserqualitäten erhalten. Die einzelnen Sorten unterscheiden sich in ihrer *Faserlänge* (20—40 mm), dem *Faserdurchmesser* (7—17 μ), ihre *Farbe* (weiß, gelb, braun, grau usw.) und unterschiedlichen *Glanz*. Die Güte der Rohfaser ist daneben vor allem vom *Stapel* abhängig, der durch Messung der Einzelfaserlängen bestimmt wird. Eine gutstapelige Baumwolle soll im Durchschnitt Fasern von 22—24 mm, eine mittelstapelige solche von 14—16 mm Länge aufweisen. Gute Baumwolle muß weitgehend frei von *Blattresten, Samenschalen* und anderen Verunreinigungen sein. Leider läßt sich diese Forderung nur eingeschränkt verwirklichen, da die heute üblichen, mechanischen Pflückmethoden viele Blätter und Samenschalen erfassen, die bis in die fertige Ware mitgeschleppt werden. Diese Verunreinigungen können nur durch eine alkalische Druckkochung (Beuche) oder entsprechende Bleichverfahren entfernt werden. Unangenehmer sind die Beimengungen von *toter* oder *unreifer Baumwolle*, die ebenfalls durch die mechanischen Pflückmethoden verstärkt auftreten. Diese Fasern sind dünner, weisen keine Windungen auf und sind hauptsächlich für die Nissenbildung im Garn verantwortlich. Ferner zeigt tote und unreife Baumwolle ein geringeres Farbstoffaufnahmevermögen als ausgereifte Fasern. Durch Verwendung von Farbstoffen, die für das Ausgleichen von toter Baumwolle besonders geeignet sind bzw. eine alkalische Vorbehandlung wie Beuchen, vor allem aber Laugieren und Merzerisieren, kann die Anfärbbarkeit in vielen Fällen verbessert werden. Durch Laugieren oder Merzerisieren der gefärbten Baumwolle ist es möglich, Farbtonunterschiede bei fast allen Farbstoffen, auch bei Verwendung von solchen, die sich nicht für das Decken toter Baumwolle eignen, nachträglich zu beseitigen. Dabei wird allerdings der Farbton etwas vertieft und die Licht- und Naßechtheiten geringfügig herabgesetzt.

Die *Trockenreißfestigkeit* liegt bei normal ausgereifter Baumwolle bei 20 bis 66 kg/mm², was einer Reißlänge von 15—45 km entspricht. Die *Naßreißfestigkeit* beträgt 100—110% der Trockenreißfestigkeit und ist sehr gut. Damit weist die Baumwolle nach Leinen die höchste Reißfestigkeit aller Naturfasern auf, die auch während einer Naßbehandlung erhalten bleibt, was für den Veredler und Verbraucher von großer Bedeutung ist, da die Faser auch im nassen Zustand nicht besonders empfindlich gegen mechanische Beanspruchung ist. Die *Bruch-*

dehnung im trockenen Zustand liegt zwischen 6 und 10%, steigt im nassen Zustand auf 7—12% und ist niedrig gegenüber den anderen Naturfasern.

Gegen die *Einwirkung von Sonnenlicht* ist die Baumwolle beständig, wird aber durch längere Belichtung bzw. Bewetterung zu *Photozellulose* abgebaut und geschwächt. Dieser Lichtbeeinflussung wird durch katalytisch wirkenden Substanzen (z. B. Lichtschädiger der Küpenfarbstoffe, Appreturen, usw.) verstärkt und kann dann in kurzer Zeit zur akuten Faserschädigung führen. Wie alle nativen Faserstoffe, benötigt auch die Baumwolle zur Entfaltung ihrer, für die Textilherstellung und den Gebrauch wichtigen Eigenschaften, eine gewisse Feuchtigkeitsmenge, die 7,3% beträgt. Nach internationalen Vereinbarungen ist ein *Feuchtigkeitszuschlag* von 8,5% (Konditionierzuschlag, Reprise) handelsüblich. Aus entsprechend feuchter Luft kann die Baumwolle bis 26% Feuchtigkeit aufnehmen ohne daß sie als „feucht" zu bezeichnen ist.

Chemisches Verhalten: In gereinigtem, gebleichtem und ungeschädigtem Zustand ist die Baumwollfaser *polymolekulare Zellulose* und entspricht der Formel $(C_6H_{10}O_5)n$. Die Länge des Fasermoleküls ist verschieden und wird als *Durchschnittspolymerisationsgrad* (DP-Grad, degree of polymerisation) bezeichnet, der bei ungeschädigter Zellulose der Baumwolle etwa 3000 beträgt. Alle Behandlungen, vor allem solche, die zur Faserschädigung führen, setzten den DP-Grad und damit die Reißfestigkeit herab. Es verändert sich dabei auch die Farbstoffaffinität und die Alkalilöslichkeit der Zellulose. Alle diese Veränderungen werden als Nachweis der Faserschädigung, die hauptsächlich in der Bildung von *Oxy-* oder *Hydrozellulose* bestehen, herangezogen und mittels besonderer Prüfmethoden bestimmt. Durch *Wassereinwirkung* tritt bei höheren Temperaturen eine *anisotrope Quellung* der Faser ein, die sich durch Vergrößerung des Faserquerschnitts um etwa 28% und 1% Faserverlängerung ausdrückt. Die Wassermoleküle treten dabei zwischen die Faserkristallite (Mizellen). Durch *Trockenhitze* verliert die Faser bis 120 °C ihre hygroskopische Feuchtigkeit (Reprise), von 120—180 °C ändert sich das Gewicht nicht mehr. Über 180 °C tritt bei längerer Einwirkung Vergilbung bzw. Verkohlung ein. In der Dampfatmosphäre kann die Baumwolle jedoch auch kurzfristig auf weit höhere Temperaturen erhitzt werden.

Durch *Einwirkung von Alkalien* in wässeriger Lösung, wie z. B. Natronlauge, tritt bis zur Konzentration von 10% NaOH eine der Wasserquellung ähnliche Veränderung ein. Bei NaOH-Konzentrationen von 12—18% verstärkt sich die Quellung und die Faser wird gegen mechanische Einwirkung, vor allem bei erhöhter Temperatur, sehr empfindlich. Es müssen deshalb Ätznatronkonzentrationen von 10—20% vermieden bzw. die Faser bei diesen Konzentrationen vor stärkerer mechanischer Einwirkung bewahrt werden. Höhere Laugenkonzentrationen sind, vor allem in der Kälte, weniger schädlich und führen zur Bildung der Natronzellulose *(Hydratzellulose)*. Von diesem Verhalten wird beim Laugieren und Merzerisieren Gebrauch gemacht. Ammoniak hat auch in höheren Konzentrationen keinen nachteiligen Einfluß auf die Faser.

Weit empfindlicher ist die Zellulose gegen *Säuren*. Vor allem gegen Mineralsäuren wie z. B. Schwefelsäure, die zum Aufbrechen der Makromoleküle, Minderung des DP-Grades und Hydrozellulose, bzw. bei längerer Einwirkung und höherer Temperatur, zur Auflösung der Zellulose führt. Gegen die Einwirkung von Salzsäure ist die Baumwolle bis 60 °C und Anwendungsmengen von 3 ml/l beständig. Es soll jedoch auch hier die Einwirkung möglichst kurz und von einer Neutralisation gefolgt sein. Gegen organische Säuren ist die Zellulose weit widerstandsfähiger, und es sollten nur diese Säuren zum Neutralisieren von alkalisch vorbehandelter Baumwolle eingesetzt werden.

Durch Anwendung hoher *Oxydationsmittelmengen* wird die Zellulose zu Oxyzellulose abgebaut, der DP-Grad herabgesetzt und die Faser geschädigt. Bei Oxydationsbleichen, wie sie fast ausschließlich eingesetzt werden, tritt, wenn nicht unsachgemäß gearbeitet wird, kaum Oxyzellulose auf, die Faser wird jedoch in ihrer Reißfestigkeit geringfügig herabgesetzt, was sich ebenfalls durch Erniedrigung des DP-Grades feststellen läßt. Von einer Faserschädigung kann jedoch nicht gesprochen werden. *Reduktionsmittel*, in den für das Bleichen bzw. Abziehen von Färbungen vorgeschriebenen Mengen, beeinflussen die Fasereigenschaften kaum, wenn in neutralen, soda- oder schwach-ätzalkalischen Flotten gearbeitet wird. *Bakterien* und *Schimmelpilze* greifen die Baumwolle nur unter ungünstigen Bedingungen, vor allem in der Wärme an, wenn die Faser feuchtigkeitsgesättigt ist. Die gefürchteten *Stockflecken*, die sich nur in Ausnahmefällen beseitigen lassen, entstehen auf feuchter Faser durch Schimmelbefall. Stärkehaltige Appreturen oder Schlichten beschleunigen den Schimmelbefall im feucht-warmen Zustand. Durch Konservierungsmittel oder chemische Veränderung der Zellulose kann die Baumwolle vor dem Befall von Bakterien und Schimmel geschützt werden.

Die *hohe Gebrauchstüchtigkeit* der Baumwollfaser ermöglicht die Verwendung zu allen textilen Zwecken. Das gilt vor allem für ausgesprochene Waschartikel wie gewebte Leib-, Tisch- und Bettwäsche, die ohne Beeinflussung der speziellen Eigenschaften sodaalkalisch und kochend gewaschen werden können. Daneben wird die Baumwolle auch in großer Menge für gewirkte Wäscheartikel, Oberbekleidung, Strumpfwaren, Dekorationsstoffe allein oder in Mischungen mit nativen oder synthetischen Fasern verwendet. Die universelle Verwendung der Baumwolle ist auch durch die Möglichkeit der Anfärbung in allen Farbtönen und Echtheiten begründet. Die für das Färben und Bedrucken von Baumwolle möglichen Verfahren sind zahlenmäßig die meisten, die für Textilfasern bekannt sind.

Vor der eigentlichen Veredlung sind verschiedene Arbeiten notwendig, die der Reinigung dienen, wie z. B. das Beuchen, offenes Abkochen und der mechanischen Beseitigung von Fäden- und Faserenden, Knoten, Entschlichten usw. Da letztere Arbeiten für die Appretur gelten und auch als *Vorappretur* bezeichnet werden, gehören sie nur in Ausnahmefällen zur Bleicherei und Färberei. Auch das Sengen von Geweben bzw. Gasieren von Garnen zählt zur Vorappretur.[1]

A. Beuche

Eine gute Saugfähigkeit sollen Baumwolltextilien auszeichnen, die als Waschartikel verwendet werden. Diese Eigenschaft — auch *Kapillarität*, *Benetzbarkeit* oder *Wiederbenetzbarkeit* bezeichnet — ist meist auch für einen störungsfreien Ablauf aller Naßbehandlungen in der Textilveredlung notwendig. Eine Wäsche, wie sie zur Entfernung der Verunreinigungen regenerierter Zellulose-, synthetischer und Proteinfasern ausreicht, genügt zur Entfernung der Verunreinigungen

---

[1] BERNARD: Appretur der Textilien. Berlin/Göttingen/Heidelberg: Springer 1960.

der Rohbaumwolle allein nicht. Die Faser enthält, bezogen auf das absolute Trockengewicht

    92 — 94 % Zellulose
    0,6 — 1 % Baumwollwachse
    4 — 6 % Pektine und Hemizellulosen
    1 — 1,5 Proteine
    0,6 — 1,5% anorganische Bestandteile (Asche)

Zur Entfernung möglichst aller Nichtzellulose-Verunreinigungen ist nur eine alkalische Druckkochung wie sie die Beuche darstellt, geeignet. Eine offene, drucklose Abkochung erfüllt diesen Zweck nur unvollkommen.

Die **Baumwollwachse** bestehen etwa zur Hälfte aus verseifbaren, höhermolekularen Fettsäuren und deren Ester und unverseifbaren, höhermolekularen Alkoholen und deren Ester. Die Beuchalkalien wie Ätznatron oder/und Soda verseifen unter Druck die freien und veresterten Fettsäuren, die dann als Emulgatoren für die unverseifbaren Wachsanteile dienen. Auch der zusätzliche Einsatz von speziellen Beuchhilfsmitteln ist nicht in der Lage die gesamten Baumwollwachse zu entfernen. Die Baumwollwachse bedingen jedoch als natürliche „Schmelze" die gute Verspinnbarkeit der Baumwolle und man wird eine vollkommene Ablösung möglichst vermeiden. Die Baumwollwachse ergeben auch den fülligen Griff der Baumwolle. Man wird deshalb eine Beuche nur dort einsetzen, wo eine besondere Saugfähigkeit unbedingt notwendig ist. Das gilt vor allem für Baumwollstückwaren, die für den Zeugdruck bestimmt sind, lose Baumwolle für die Watte- und Verbandstoffherstellung und für Garne der Frottéindustrie.

Die **Pektine** und **Hemizellulosen** werden durch eine offene Abkochung nur teilweise hydrolisiert und führen vor allem beim nachfolgenden Trocknen (Schnelltrockner) oft zum Vergilben. Die Pektine können jedoch auch ohne Beuche in einem heißen, essigsauren Netzbad entfernt werden. Dabei kann diese Behandlung vor oder nach der Bleiche vorgenommen werden. Eine Beuche führt jedoch ebenfalls zur Entfernung dieser Verunreinigungen.

Die **Proteine** werden, wenn sie nicht vorher abgelöst wurden, in der Hypochloritbleiche zu wasserunlöslichen Chloraminen, die beim Lagern Salzsäure abspalten, zur Hydrozellulose und damit Faserschädigung führen. Durch eine vorherige, alkalische Kochung bzw. eine genügend alkalische Hypochloritbleiche können die Pektine direkt bzw. daraus gebildete Chloramine entfernt werden.

Blattreste, Samenschalen und ganze **Fruchtkapseln,** die auch in der Spinnerei nur teilweise entfernt werden können, müssen durch eine Beuche so aufgeschlossen werden, daß sie in den nachfolgenden Behandlungen entfernt werden können. Dazu eignet sich vor allem die Beuche, auch wenn eine offene Abkochung bzw. verlängerte Bleichen zu gewissen Erfolgen führen.

Aus zeit- und wärmewirtschaftlichen Gründen ist man bemüht die Beuche durch eine offene Abkochung zu ersetzen bzw. durch Zusatz von Netz- und Reinigungsmitteln in den folgenden Naßprozessen ganz zu vermeiden. Durch eine Beuche wird weder der Weißgrad noch der Warengriff verbessert. Untersuchungen haben gezeigt, daß durch Beuchen die Primärwand der Baumwolle abgelöst wird und damit bereits ein 4%iger Materialverlust eintritt. Bei normal verunreinigter Ware muß mit einem *Beuchverlust* von 5—7% gerechnet werden, der sich bei stark verunreinigter Ware bis 15% erhöhen kann. Die Garnstärke nimmt zu und damit stellt sich eine Erhöhung der Reißfestigkeit ein, die aber durch einen größeren Längeneinsprung erkauft werden muß. Die Reißfestigkeitserhöhung ist deshalb nur subjektiv.

Die früher übliche *Kalkbeuche* mit 5—10 g/l gebranntem Kalk ist zwar das billigste Verfahren, aber wegen der verbleibenden Kalkrückstände, die eine Salzsäurenachbehandlung erfordern, nicht mehr üblich. Man verwendet heute hauptsächlich die **Natronbeuche**, die unter Zusatz von 3—8% Ätznatron (8 bis 18 g/l Ätznatron bzw. mit 1,5—3 °Bé Natronlauge) vorgenommen wird. Gebeucht wird in kleinem Flottenverhältnis von 1:3 bis 1:8 und einem Druck von 1,5—3 atü (110—130 °C). Um *Faserschädigung durch Oxyzellulose* zu vermeiden, muß die Luft vor Beginn der alkalischen Druckkochung unbedingt entfernt werden. Wenn das durch Einblasen von Dampf oder Austreiben mittels Überlauf der Beuchflotte nicht möglich ist, müssen der Beuchflotte 1—3 g/l Natriumbisulfit, Hydrosulfit oder Formaldehydsulfoxylat (Rongalit C/*BASF*) zur Unschädlichmachung des Luftsauerstoffes neben der benötigten Alkali- und Beuchhilfsmittelmenge zugesetzt werden. Die Ware wird im Beuchkessel möglichst gleichmäßig eingepackt, um Kanalbildung zu vermeiden und durch Einblasen von Direktdampf oder durch Einpumpen der Beuchflotte von unten durch den Warenblock die Luft aus der Ware getrieben. Nun wird die Flotte auf die Beuchtemperatur erhitzt und 3—6 Std. bei dieser Temperatur gearbeitet. Das Spülen soll unbedingt mit Heißwasser begonnen werden, um die wasserunlöslichen Wachse nicht durch Kaltwasser zum Erstarren zu bringen, was örtlich zu kaum entfernbaren Flecken führt. Vorteilhaft wird das heiße Spülwasser von unten eingepumpt und die Verunreinigungen über das Deckelventil abgeschwemmt. Durch langsames Abkühlen der Spülflotte lassen sich die besten Reinigungserfolge erzielen. Zur restlosen Entfernung der Verunreinigungen und des Alkalis sollten die Textilien nach der Beuche unbedingt auf einer besonderen Waschmaschine nachgespült werden und wenn die Ware nur gebeucht wird, mit 1° Bé Salz- oder organischen Säuren neutralisiert werden. Die Verwendung von Schwefelsäure kann zur Faserschädigung führen, wenn beim nachfolgendem Spülen noch Säurereste auf der Ware verbleiben, die beim Trocknen zu Hydrozellulose führen.

Um die Ätzalkalität der Beuchflotte zu mildern und evtl. Härtebildner auszuscheiden, kann man auch die *Natron Soda-Beuche* verwenden. Man arbeitet dann unter den gleichen Bedingungen wie bei der Natronbeuche, jedoch unter Zusatz von

    2 — 3% Ätznatron
    3—5% Soda kalz.

Diese Beuche kann auch für Mischungen von Baumwolle und Zellwolle verwendet werden. Es läßt sich jedoch auch damit ein gewisser Angriff der regenerierten Zellulose nicht vermeiden.

Zur Verbesserung der Reinigungseffekte ist es vorteilhaft, spezielle *Beuchhilfsmittel* in Mengen von 1—1,5% (1—5 g/l) zu verwenden. Es handelt sich dabei um anionische oder nichtionogene Produkte, die sich durch gute Netz- und Reinigungswirkung sowie Emulgierkraft in stark alkalischen Bädern auszeichnen. Die Produkte müssen jedoch unzersetzt auch längere Beuchzeiten überstehen. Derartige Hilfsmittel kommen u. a. unter folgenden Namen in den Handel:

Ateban AB	*Böhme*	Hostapal CV	*Hoechst*
Beatol ND	*Fettchemie*	Kieralon B	*BASF*
Cotoblanc	*Tübingen*	Nuva H	*Hoechst*
Cottoclarin C	*Fettchemie*	Perminal KB	*ICI*
Defindol	*Fettchemie*	Sandopan DTC	*Sandoz*
Diadavin C, WTS	*Bayer*	Solopol NK	*Stockhausen*

Neben Beuchhilfsmitteln können auch *Netzmittel* eingesetzt werden, wenn sie unzersetzt den Beuchbedingungen widerstehen. Verschiedentlich wird auch ein Zusatz von 10 g/l Natriumsilikat zur Bindung von Eisen empfohlen. Es wird dadurch auch die Beuchzeit herabgesetzt. Dieser Zusatz genügt jedoch nicht um Eisenflecken bei Beuchkesseln zu vermeiden, die bei Berührung der Ware mit den ungeschützten, eisernen Kesselwänden auftreten. Durch *Zementieren* (S. 144) werden die Kesselwände so präpariert, daß Beuchflecken nicht auftreten. Dieses Zementieren schützt auch die Ware im Beuchkessel vor Flecken, wenn mit Peroxyden gebleicht wird. Besonders gefürchtet sind **Beuchflecken,** die verschiedenste Ursachen haben können. Abgesehen von durch unsachgemäßes Spülen niedergeschlagene, fettige Verunreinigungen, führen vor allem die Härtebildner des Wassers und das in der Baumwolle sitzende Kalzium zu Ausfällungen, die durch Zusatz von Sequestriermitteln (S. 49) verhindert werden können.

Zum Beuchen werden schmiedeeiserne **Beuchkessel** verwendet, die für alle Formen der Baumwolle, wie loses Material, Stranggarn und Stückwaren als Autoklaven eingesetzt werden. Besondere Sorgfalt sollte dabei auf das Einpacken der Ware verwendet werden. In allen Fällen muß die Ware möglichst gleichmäßig in den Kessel gebracht werden um Kanalbildung an den Stellen zu vermeiden, an denen die Flotte wegen geringeren Materialwiderstands leichter den Warenblock durchströmen könnte. Kanalbildung führt in allen Fällen zu ungleichmäßiger Beuche und damit unterschiedlicher Reinigung, Kapillarität und damit unegaler Färbung. Loses Material sollte möglichst mit Wasser, welches Netzmittel enthält, eingespült werden. Stranggarne können als Kette, d. h. die Stränge werden durch eine Unterbindung verbunden, schräg in den Beuchkessel eingelegt. Eine vertikale oder horizontale Lage führt zur Kanalbildung. Ähnliches gilt auch für Stückwaren, die ebenfalls möglichst schräg in den Kessel eingelegt werden sollen. Zum Einlegen von Stückwaren, die nur in Strangform behandelt werden können, werden *Rüsselstrangeinleger* empfohlen. Dabei wird der endlose Stückwarenstrang durch einen schwenkbaren Trichter mit Netzmittellösung in den Beuchkessel eingespült. Der Warenblock ruht zwischen zwei Siebböden und wird, um ein Verschieben des Warenpfropfens und damit Reibstellen bzw. Kanalbildung zu vermeiden, oben mit Holzbalken oder einen Siebboden verstemmt.

Die gußeisernen Beuchkessel sind zur Aufnahme von 100, 500, 1000 und 2000 kg Material eingerichtet. Das Flottenverhältnis beträgt 1:3—1:8. Die Beuchkessel älterer Bauart arbeiten mit indirekter Flottenheizung. Die neueren Konstruktionen (Abb. 158, 159) arbeiten mit einem *Laugenerhitzer* und ermöglichen dadurch die volle Ausnutzung des Kesselinnenraums. Die Beuchlauge durchströmt die Ware dabei nur von oben nach unten und wird immer wieder im Laugenerhitzer aufgeheizt. Die Beuchlauge wird vom Laugenerhitzer über einen perforierten Ring oder eine Brause über den Warenblock gebraust, durchströmt die Ware, wird durch eine Pumpe abgesaugt und dem Laugenerhitzer wieder zugeführt. Nach der Beuche wird das heiße Spülwasser von unten durch den Warenblock gedrückt und die an der Oberfläche abgelagerten Verunreinigungen abgehoben und durch das Deckelventil abgeschwemmt.

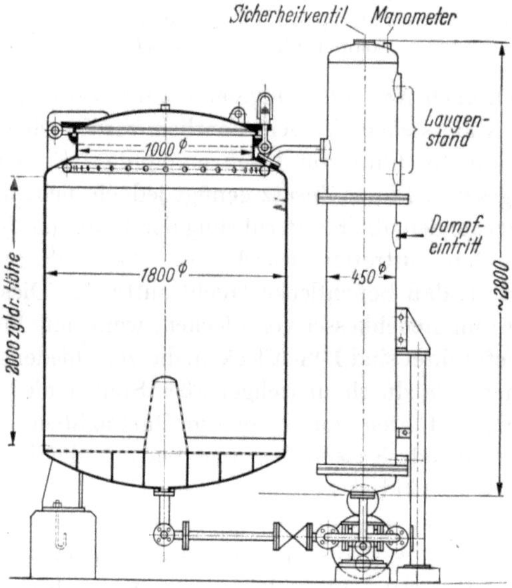

Zur Vermeidung von Beuchflecken durch Berührung der Ware mit den ungeschützten Kesselwänden werden die Kessel *zementiert*. Dabei wird der fettfreie, saubere Kessel mit einer streichfähigen Anschlämmung von Portlandzement zweimal bestrichen, getrocknet und der Kessel mit einer Lösung von

3   ml/l Wasserglas 38—40° Bé
0,2 ml/l Natronlauge 38—40° Bé
0,1 g/l Bittersalz (gesondert gelöst)

gefüllt, unter dauerndem Zirkulieren zum Kochen getrieben und die Flotte langsam, möglichst unter Einhaltung der Kochtemperatur, abgelassen. Durch die heißen Kesselwände findet dabei eine Verkieselung des Zements statt. Vor in Betriebnahme des Kessels muß mehrmals gespült werden. Die so erreichte Schutzschicht ermöglicht auch eine Peroxydbleiche, ist aber gegen Beschädigung durch Schläge empfindlich und muß öfter erneuert werden.

Abb. 158. Beuchkessel für 5000 l Flotte *(Dupuis)*

Nach der Beuche wird die im Kessel gespülte Ware auf entsprechenden Strang oder Breitwaschmaschinen (S. 121) gründlich nachgespült und wenn nicht sofort weiterbehandelt wird, neutralisiert. Die gebeuchte, ungespülte Ware nimmt beim Beuchen, ähnlich wie beim Merzerisieren, eine intensive Braunfärbung an, die sich jedoch nach gründlichem Spülen wieder verliert.

Beuchkesseln werden u. a. von den Firmen

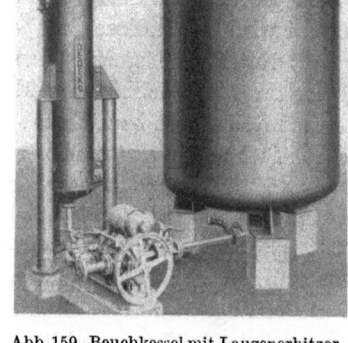

Abb. 159. Beuchkessel mit Laugenerhitzer *(Dupuis)*

Bellini	*Clermont*	*Mather-Platt*
Benteler	*Dupuis*	*Meccanotessile*
Callebaut	*Hunt*	*Pegg*
		Former-Norton

hergestellt. Da das Beuchen im Kessel für Stückwaren nur in Strangform möglich ist und verschiedene Färbeverfahren eine vorherige Breitbehandlung vorschreiben, wurden von einigen Firmen *Beuch-* oder *Druckjigger* entwickelt (S. 91).

B. Offene Abkochung (Brühen)

Zum Beuchen werden Autoklaven verwendet, die teurer als offene Abkochgefäße sind und gewerbepolizeilicher Überwachung unterstehen. Außerdem ist das Verfahren aus wirtschaftlichen Gründen nicht immer tragbar, da es zu gewissen Gewichtsverlusten führt und die Verspinnbarkeit sowie der Warengriff ungünstig beeinflußt werden. Man versucht deshalb die Beuche durch eine offene Abkochung zu ersetzen. Dabei ist die Entfernung der Verunreinigungen nicht so gründlich als durch eine Beuche, kann aber durch eine anschließende, verlängerte, einfache oder kombinierte Bleiche verbessert werden. Ein Brühen wird meist in den Fällen ausreichend sein, wo die Baumwolle weiteren kochenden Behandlungen (z. B. Seifen von Färbungen usw.) unterworfen wird.

Besonders wichtig ist das Brühen für den *Buntbleichartikel*. Es handelt sich dabei um eine offene Abkochung von Web- oder Wirkwaren, die aus vorgefärbten und Rohgarnen hergestellt wurden und die Rohgarne erst in der Fertigware gebleicht werden sollen. Es müssen für diese Zwecke Buntgarne verwendet werden, die mit sodakoch- und bleichechten Farbstoffen (ausgesuchte Küpen- und unlösliche Azofarbstoffen usw.) gefärbt wurden. Für diese Artikel kommt eine ätzalkalische Beuche oder Abkochung nicht in Betracht, da die Verunreinigungen, Schlichtereste und auch die Zellulose eine gewisse Reduktionswirkung haben und zum Abflecken, Ausbluten oder Aufhellen des Farbtons führen würden. Dabei wird die für das Beuchen eingesetzte Ätznatronmenge durch Soda ersetzt und daneben spezielle Netz- und Reinigungsmittel verwendet. Ferner ist ein Zusatz von 3—5 g/l eines *organischen Oxydationsmittels* auf Basis von m-Nitrobenzolsulfonsäure nötig um evtl. auftretende Reduktion der Farbstoffe in der sodaalkalischen Flotte zu vermeiden. Diese Produkte kommen u. a. als

Albatex BD	*CIBA*	Resistsalz L	*ICI*
Ludigol	*BASF*	Revatol S	*Sandoz*

in den Handel.

Die normale, offene Abkochung wird, abgesehen vom erhöhten Druck und der damit erreichten hohen Temperatur, mit gleichen Zusätzen wie die Beuche vorgenommen. Ein weiterer Vorteil ist die Möglichkeit der Verwendung aller, für die Behandlung von Textilien brauchbaren Maschinen und Apparate der Bleicherei und Färberei. Zur besseren Durchnetzung muß allerdings die Mitverwendung von 0,5—2 g/l alkalibeständiger Netzmittel wie

Cekit OM	*Stockhausen*	Lunetzol A	*BASF*
CHT-Schnellnetzer	*Schill*	Rapidnetzer	*BASF*
Defindol konz.	*Fettchemie*	Ruconetzer S	*Rudolf*
Diffusil S	*Böhme*	Sandozin NI	*Sandoz*
Humectol C konz.	*Cassella*	Tinopolöle	*Geigy*

u. v. a. empfohlen werden, die auch für die Beuche verwendet werden können.

Die *Netzmittel* haben meist nur geringe Reinigungswirkung, die durch Zusätze besonderer Beuchhilfsmittel unterstützt wird. Auch Waschmittel, die *Fettlöser* enthalten, sind verwendbar. Als *Faserschutzkolloide* können auch Reinigungsmittel auf Basis von Fettsäure-Eiweißkondensaten eingesetzt werden. Dazu gehören u. a.:

Lamepon A	*Grünau*	Percolloid KG	*Holtmann*
Lavatex	*Böhme*	Rucosal FS	*Rudolf*

Bei Verwendung von Hartwasser sollten auch Sequestriermittel (S. 49) eingesetzt werden.

Auch das Brühen bedeutet eine gewisse Verteuerung der Veredlung und man wird dort, wo nur wenige Schalen zu entfernen sind und die Ware keine besondere Saugfähigkeit aufweisen muß, die weiteren Naßprozesse unter Einsatz von entsprechenden Netz- und Reinigungsmitteln vornehmen und die offene Abkochung ersparen. Das wird vor allem dort möglich sein, wo in der Bleiche oder Färbung alkalische Arbeitsweisen eingesetzt werden müssen, so z. B. beim Merzerisieren, Laugieren, Bleichen mit Peroxyden, der kontinuierlichen Chloritbleiche, Färben mit Küpen- und der Erzeugung unlöslicher Azo-Farbstoffe usw. Das Brühen bildet auch meist einen Bestandteil des semi- oder vollkontinuierlichen Bleichverfahrens und wird dort meist fälschlich als Beuche bezeichnet (S. 173).

Zur Vermeidung des *Vergilbens von gebleichter Baumwolle* beim Trocknen bei hohen Temperaturen (z. B. Schnelltrockner für Wickelkörper), an dem nichtabgelöste Proteine die Schuld tragen und die auch beim Brühen nur teilweise abgelöst werden, empfiehlt sich eine Behandlung vor oder nach dem Bleichen mit 1—2 ml/l Essigsäure 60%ig und 0,5—1 g/l eines Netzmittels während 30 min. bei 60°C.

C. Stranggarn-Merzerisation

Durch Verwendung von regenerierter Zellulose und synthetischer Fasern ist es möglich auch die höchsten Glanzeffekte von Textilien zu erreichen. Trotzdem wird Baumwollstranggarn wegen der besonderen, anderen Eigenschaften dieser Garne, noch häufig merzerisiert. Es wird Baumwollgarn im Strang merzerisiert, wenn es als Stick-(Perl-), Näh- oder Wirkereigarn verwendet wird. Die Merzerisation von Stückwaren wird hauptsächlich in der Appretur vorgenommen[1].

Als Merzerisieren wird die Behandlung von Baumwolle unter Spannung mit 28—32 °Bé Natronlauge in der Kälte verstanden, mit der eine

      Glanzerhöhung,
      Zunahme der Reißfestigkeit um 10—40%,
      Abnahme der Bruchdehnung um 20—30%,
      Verbesserung der Licht- und Wetterbeständigkeit,
      Erhöhung der Feuchtigkeitsaufnahme und
      erhöhte Faserquellung im Wasser

erreicht wird. Trotz der verbesserten Reißfestigkeit kann die Merzerisation nicht uneingeschränkt als Verbesserung der Baumwolle bezeichnet werden, da die Scheuerfestigkeit in vielen Fällen abnimmt und auch die verminderte Bruchdehnung keine Verbesserung bedeutet. Merzerisierte Baumwolle nimmt mehr Farbstoff auf, obwohl auch die glattere Oberfläche der merzerisierten Faser bei vorgefärbter Baumwolle zur Farbvertiefung beiträgt. Die Natronlauge wird von der Zellulose „selektiv" gebunden zu Natronzellulose umgewandelt und die Fasermoleküle stärker orientiert (nur unter Spannung). Der DP-Grad jedoch nicht verändert. Zellulose mit niedrigem DP-Grad (tote oder unreife Baumwolle) zum Großteil herausgelöst und dadurch eine egalere Färbung durch Vor- oder Nachmerzerisation erreicht. Durch *Laugieren* mit Natronlauge von 18—25 °Bé unter Merzerisationsbedingungen, jedoch ohne Spannung, wird ein ähnlicher Effekt

---
[1] BERNARD: Appretur der Textilien. Berlin/Göttingen/Heidelberg: Springer 1960.

erreicht, die Baumwolle wird jedoch „texturiert" und erhält eine Elastizität bis zu 25%, die allerdings durch einen entsprechenden Warenschrumpf erkauft wird. Laugierte Baumwolle nimmt Farbstoffe ebenfalls stärker auf.

Die besten Merzerisiereffekte lassen sich durch Verwendung von möglichst langstapeliger, von Natur glänzender Baumwolle erreichen. Das gilt vor allem für die Glanzerzeugung, die man früher auch als „Verseidung" bezeichnete. Die Glätte und den Glanz der Garne kann man durch Gasieren (Sengen) vor und durch Glätten (Polieren) nach der Merzerisation verstärken.

Die Laugenbehandlung benötigt für optimale Effekte nur 60—90 sec. und kann durch Verwendung von gut vorbehandelter, saugfähiger Baumwolle oder durch Zusatz von Merzerisiernetzmittel unterstützt werden. Das Merzerisieren ist ein *exothermer Vorgang* und man erreicht die besten Effekte mit Laugen von max. 15 °C, die evtl. gekühlt werden müssen. Bei der *Trockenmerzerisation* werden die Garne vorher gebeucht oder gut abgekocht, trocken merzerisiert. Diese Arbeitsweise gibt den besten Glanz, die reißfestesten Garne, ist aber teuer. Als *Naßmerzerisation* bezeichnet man eine Behandlung, bei der die vorbehandelten Stränge, nach gutem Entwässern, mit höher konzentrierten Laugen (32—36° Bé), zum Ausgleich der mitgebrachten Feuchtigkeit, merzerisiert werden. Bei beiden Verfahren wird die Lauge wenig verschmutzt, die Erwärmung ist geringer als bei der heute hauptsächlich üblichen *Rohmerzerisation*, bei der Rohgarne unter Verwendung von *Merzerisiernetzern* behandelt werden.

Als Merzerisiernetzer waren früher *kresolhaltige* Produkte üblich, die jedoch wegen der Abwasserverschmutzung und dem unangenehmen Geruch durch *kresolfreie Netzmittel* ersetzt wurden. Gute Netzer müssen in 20—25 sec. einen Schrumpf von mindestens 15% bewirken. Dazu gehören u. a.

Eumercin ML, S, SF	*Pfersee*	Mercerol GV, QW, G	*Sandoz*
Floranit 24/34	*Fettchemie*	Neopyridit V	*Rudolf*
Inferol OKM	*Böhme*	Sultafon MA, MBW	*Stockhausen*
Invadin MET	*CIBA*	Tinophen CF	*Geigy*
Leophen BN	*BASF*		

die mit 4—8 g/l in den Laugen verwendet werden. Zum Laugieren sind diese Produkte zum Großteil ebenfalls verwendbar. Die Netzmittel sind meist schaumarm bzw. müssen zusätzlich Antischaummittel verwendet werden. Oft sind die Produkte wasserunlöslich, werden jedoch durch besondere Zusätze dispergiert und dadurch beim folgenden Entlaugen von der Baumwolle gelöst.

Besonders gefürchtet sind *Merzerisierflecke*, die in der Hauptsache durch ungleichmäßiges Netzen der Ware entstehen und beim anschließendem Färben zu helleren Flecken Anlaß geben und auch durch eine Nachmerzerisation bzw. neuerliches Färben nur sehr unvollständig zu beseitigen sind. Sie können in Stranggarnen auch durch den Druck von kreuzgehaspelten Garnen an den Fadenverkreuzungen, bzw. durch örtliches Befeuchten der Copse beim vorherigen „Konditionieren", unterschiedliche Garn- oder Zwirndrehung, Nissen und Dickstellen im Garn entstehen. Durch Antrocknen der merzerisierten, nicht gespülten und nicht neutralisierten Garne entstehen ebenfalls Merzerisierflecke.

Durch Merzerisation von vorgefärbten, entwässerten oder zwischengetrockneten Garnen, entstehen kaum Merzerisierflecke, die Lauge wird weniger stark verschmutzt und Merzerisiernetzer können in geringeren Konzentrationen verwendet werden. Die zum Vorfärben eingesetzten Farbstoffe müssen allerdings merzerisierecht sein und bei vielen Färbungen muß eine Farbvertiefung bzw. Nuanceveränderung berücksichtigt werden, die durch die Merzerisation auftritt.

Stranggarn-Merzerisiermaschinen

Auf den Maschinen werden die Stranggarne in gut ausgeschlagenem Zustand, möglichst parallel gehaspelt, vertikal oder horizontal behandelt. Moderne Konstruktionen können automatisch in ihrem gesamten Ablauf gesteuert werden. Die Stränge werden von Hand oder mittels Blechschaufeln auf die Walzen der Maschine aufgeschoben und leicht *vorgestreckt*. Dadurch werden die Garnlagen parallelisiert. Beim Merzerisieren wird die Lauge mit Spritzrohren auf oder auch zwischen die auf den Arbeitswalzen laufenden Stränge gespritzt und mittels einer Preßwalze in das Material gepreßt. Dabei laufen die Stränge abwechselnd in beiden Drehrichtungen. Die abfließende Lauge wird aufgefangen und über eine Pumpe bzw. einen Absetzbehälter und Kühlaggregate der Maschine wieder zugepumpt. Das Netzen wird durch Entspannen der Stränge und langsameren Lauf der Arbeitswalzen unterstützt. Im letzten Drittel der Merzerisierzeit wird das Material wieder gespannt und 5–10% überspannt, der Laugenzufluß gestoppt, die Stränge gut abgequetscht und in ge- oder überstrecktem Zustand und beschleunigtem Walzenlauf mehrmals heiß gespült. Dieser Spülvorgang wird so lange fortgesetzt, bis nur Lauge von 6 °Bé oder geringerer Konzentration abläuft, die separat aufgefangen und durch Eindampfen wiedergewonnen wird. Wird vor dem heißen Spülen entspannt, wird der Glanz vermindert. Die eingedampfte Lauge wird nach vorheriger Filtration wieder als Merzerisierlauge oder direkt als Beuchlauge verwendet. Anschließend wird kalt gespült und mittels der Schaufeln, bei eingefahrenen Arbeitswalzen das Garn aus der Maschine genommen. Der Arbeitsgang beträgt insgesamt etwa 5 min. Bei der Garnmerzerisieranlage von *Jaeggli* (Abb. 160 und 161) werden die Garnstränge vertikal auf die Arbeitswalzen geschoben und vorher auf drehbaren Böcken ausgeschlagen. Die Arbeitswalzen horizontal abgesenkt

Abb. 160. Hydraulische Stranggarn-Merzerisier-Anlage Typ MM-6 mit aufgebauter Laugeneindampfanlage in Ladestellung *(Jaeggli)*

Abb. 161. Stranggarn-Merzerisiermaschine MM-6 in Arbeitsstellung *(Jaeggli)*

und so merzerisiert, gespült und wieder in die Horizontale ausgefahren. Die Konstruktionen werden mit ein- oder beidseitigen Arbeitsstellen ausgestattet und ermöglichen die Merzerisation von etwa 100 kg Garn in 1 Std. bei einer Bedienung und beidseitig verwendbarer Maschine. Von *Gerber* wird eine geschlossene Konstruktion geliefert, bei der die Stränge in vertikaler Stellung merzerisiert werden. Merzerisiermaschinen für Stranggarne werden u. a. von

Frank'sche Eisenwerke *Kleinewefers*
Gerber *Meccanotessile*
Jaeggli

gebaut. Diese Firmen liefern auch **Rund-** oder **Revolverwaschmaschinen,** die zum Spülen und Neutralisieren der merzerisierten Garne verwendet werden (Abb. 162). Die Garnstränge werden dabei meist horizontal auf verstellbare Arbeitswalzen gehängt und in den 12—16 Bottichen gründlich gespült und im Zyklus mit Salzsäure neutralisiert und nochmals gründlich nachgespült. Zur Verbesserung der Effekte werden die automatisch von Bottich zu Bottich geführten Stränge abgequetscht, die Säureflotte evtl. umgepumpt und im letzten Bottich gründlich entwässert. Das Absäuern und Spülen kann auch auf einfachen, oder mechanischen Kufen (Gerber-Maschine Abb. 32, S. 60) bzw. Spritzfärbemaschinen (S. 61) vorgenommen werden.

Abb. 162. Stranggarn-Rundwaschmaschine „Coloras" mit eingefahrenen Garnsträngen *(Jaeggli)*

Die Baumwolle nimmt beim Merzerisieren etwa 330 g NaOH fest je 1 kg Material auf, das durch Laugennachsatz ergänzt werden muß. Der Laugenüberschuß muß unbedingt durch gründliches Spülen und Absäuern entfernt werden. Verschiedentlich werden merzerisierte Stränge sofort zum Färben mit Küpenfarbstoffen verwendet, doch müssen die in der Maschine notwendigen Spülprozesse durchgeführt und die Stränge dürfen örtlich vorher nicht antrocknen.

Zur *Herstellung der Merzerisierlauge* verwendet man meist festes, in Blechfässern eingegossenes Ätznatron, welches durch Überfluten in besonderen Laugenauflösern mit Wasser gelöst wird, nachdem die Fässer gelocht wurden. Durch das Lösen wird Wärme frei und man sollte das Einblasen von Dampf wegen der Gefährlichkeit von Laugenspritzern vermeiden. Die Verwendung von Schutzbrillen und Schutzhandschuhen ist in allen Fällen vorgeschrieben.

In Sonderfällen werden auch Mischgarne von Baumwolle mit regenerierter Zellulose merzerisiert. Dabei ist jedoch der Ersatz der Natronlauge mit $1/3-1/2$ durch Kalilauge für eine größere Schonung der Zellwolle vorteilhaft. Durch Merzerisieren wird eine nachträgliche Beuche der Garne erspart und kann durch ein einfaches Brühen ersetzt werden, wenn nicht mit entsprechenden Hilfsmitteln gefärbt wird.

Eine *kontinuierliche Garnmerzerisation* vom Kettbaum zu Kettbaum nach Art der kettenlosen Stückmerzerisiermaschine ist ebenfalls bekannt geworden, die aber, wie auch kontinuierliche Färbeverfahren, nur für sehr große Garnmengen wirtschaftlich arbeitet.

D. Baumwollbleiche

Zum Bleichen von Baumwolle werden in der Hauptsache oxydative, seltener reduktive Bleichmittel verwendet. Als oxydative Bleichmittel werden

      Hypochlorite,
      Chlorit und
      Perverbindungen

eingesetzt.

Durch Oxydation werden die Naturfarbstoffe in farblose, möglichst wasserlösliche Verbindungen überführt und können so von der Faser gespült werden. Alle Bleichverfahren können diskontinuierlich auf allen, auch für das Färben brauchbaren Maschinen oder Apparaten durchgeführt werden. Das gilt auch z. T. für einige halb-(semi-)kontinuierliche Arbeitsverfahren wie z. B. den Pad-Roll-Anlagen. Für das Bleichen von Stückwaren wurden kontinuierliche Anlagen geschaffen, die im Anschluß an die Beschreibung der Bleichbedingungen angeführt werden. Loses Material, Wickelkörper, Stranggarne werden meist diskontinuierlich auf den für das Färben üblichen oder geringfügig geänderten Anlagen gebleicht. Zu diesen Apparaten gehört auch der Beuchkessel, der durch eine sachgemäße Zementierung (S. 144) für das Bleichen mit Peroxyden eingesetzt werden kann.

1. Bleichen mit Hypochloriten

Mit *Chlorkalk* wird heute nur in den Ländern gebleicht, in denen Natronbleichlauge nicht hergestellt wird oder der Transport des flüssigen Natriumhypochlorits nicht möglich ist. Der feste Chlorkalk (das pulverförmige Produkt enthält 35—40% Aktivchlor) wird, da er schwer löslich ist in einem Stammansatz mit der 20fachen Wassermenge angesetzt und absitzen gelassen. Die über dem Niederschlag befindliche klare Lösung wird mit 1 °Bé bzw. 4 g/l Aktivchlor direkt zum Bleichen verwendet. Ungelöste Anteile dürfen nicht auf die Ware gebracht werden, da sie zu örtlicher Faserschädigung führen. Für das Bleichen sind die anschließend für Bleichlauge geschilderten Bedingungen einzuhalten. Nach der Bleiche ist ein Absäuern mit Salzsäure zum Entchloren, vor allem aber zum Lösen wasserunlöslicher Kalziumverbindungen unbedingt notwendig.

Das Bleichen mit **Natriumhypochlorit** (Natronbleichlauge) ist weit häufiger als die Chlorkalkbleiche. Das Verfahren wird auch als *Kalt-* oder *Chlorbleiche* bezeichnet. Da jedoch unter faserschonenden Bleichbedingungen nicht mit Chlor gebleicht wird, ist die letzte Bezeichnung unrichtig. Die technische Natronbleichlauge ist eine wässerige Lösung des unterchlorigsauren Natriums (NaOCl) und enthält in frischem Zustand 150 g/l Aktivchlor, das jedoch durch unsachgemäße Lagerung wie z. B. in zu warmen Räumen und durch Einwirkung von Sonnenlicht schnell abnimmt. Aus der Herstellung enthält das Produkt noch etwa 3 g/l Ätznatron, das stabilisierend wirkt aber zur Einstellung des günstigsten pH-Wertes im Bleichbad in den meisten Fällen nicht ausreicht.

Baumwollwaren werden in der Regel mit 2—3 g/l bleichaktivem Chlor aus der Bleichlauge bei pH 9—11 und 25 °C in 1—2 Std. gebleicht. Anschließend wird kalt gespült und das von der Ware hartnäckig zurückgehaltene Hypochlorit durch „Entchloren" entfernt. Zur Einhaltung des **pH-Wertes** ist ein Zusatz von 1—3 g/l Soda kalz. oder 1—2 g/l Ätznatron zum Bleichbad notwendig. Durch Hydrolyse des Hypochlorits während des Bleichens wird die Bleichflotte sauer und kann, wenn nicht genügend Alkali vorhanden ist, in den Bereich der akuten Faserschädigung (Abb. 163) kommen. Die Bleichbäder sollen deshalb öfter auf ihren pH-Wert kontrolliert und durch evtl. Alkalinachsatz auf den obigen Wert gehalten werden. Eine Bleiche über pH 11 schont zwar die Faser noch mehr, führt aber in normalen Bleichzeiten nicht zum optimalen Weißgrad. Die Alkalität kann durch entsprechende pH-Messer kontrolliert werden. Es genügt jedoch meist die leichte Rosafärbung eines kurz eingetauchten Phenolphtaleinpapiers.

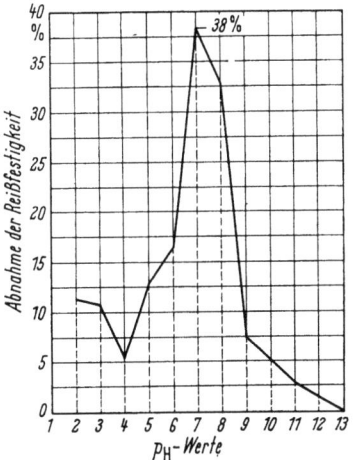

Abb. 163. Beeinflussung der Reißfestigkeit von Baumwolle durch unterschiedliche pH-Werte bei der Hypochlorit-Bleiche

In Normalfällen wird mit 2—3 g/l **Aktivchlor** ein guter Weißgrad erreicht werden. Es handelt sich jedoch dabei nur um Anhaltswerte, die durch die Vorbehandlung der Faser, die Baumwollqualität und das Flottenverhältnis Änderungen erfahren. Für das Bleichen von gebeuchter oder gebrühter Baumwolle werden 0,4—0,8% und für Rohbaumwolle 1,5—2% Aktivchlor benötigt. Diese Werte werden auch durch die Menge der Naturfarbstoffe beeinflußt. So benötigt z. B Makobaumwolle 0,2% mehr Aktivchlor.

Da die Bleichgeschwindigkeit über 25 °C steil ansteigt und damit die Möglichkeit der Faserschädigung stark zunimmt, sollte die **Bleichtemperatur** möglichst bei 25 °C gehalten werden. Oft wird nach der Hypochloritbleiche heiß gespült oder sofort mit Säure „entchlort". Durch solche Arbeitsweisen wird zwar der Bleichgrad erhöht, die Möglichkeit einer Faserschädigung aber unverhältnismäßig verstärkt.

Die **Bleichzeit** über 2 Stunden auszudehnen, erbringt meist keinen besseren Bleichgrad, kann aber in ungünstigen Fällen zu stärkerer Faserschädigung führen. Schwermetallsalze steigern als Katalysatoren die Bleichgeschwindigkeit, haben aber nicht den schädigenden Einfluß wie bei der Peroxydbleiche.

Das auf der Baumwolle verbliebene Hypochlorit bzw. die unterchlorige Säure kann durch Spülen nicht restlos entfernt werden. Dazu ist nach dem Spülen ein besonderes **Entchloren** notwendig. Durch diesen Arbeitsgang werden auch evtl. gebildete *Chloramine* (Chlor-Eiweißverbindungen) abgelöst, die bei feuchtem Lagern der gebleichten Ware über neu gebildete unterchlorige und Salzsäure zur Faserschädigung führen. Durch *Absäuern* mit Salz- oder Schwefelsäure, man verwendet 1—2 ml/l, wird die unterchlorige Säure in Cl_2 umgewandelt und anschließend durch gutes Spülen entfernt. Meist wird das Absäuern nur für Waren eingesetzt, die anschließend noch gefärbt werden, wodurch das Chlor restlos entfernt wird. Chloramine werden durch Absäuren jedoch nicht entfernt. Ein gründliches Entchloren wird durch 3 g/l Natriumthiosulfat ($Na_2S_2O_3$ = Antichlor), 2—3 g/l Natriumbisulfit Plv. oder 38 °Bé Lsg., kalt, 1—2 g/l Hydrosulfit mit 1 g/l Soda kalz. bei 40—60 °C bzw. 1—2 ml/l Wasserstoffperoxyd und 1—2 g/l Ätznatron oder 1—2 g/l Natriumperoxyd erreicht. Durch Bisulfit, Hydrosulfit und Peroxyd wird außerdem der Weißgrad verbessert. Durch die zuletzt genannten Behandlungen werden auch die Chloramine aus der Faser gelöst.

Um das Benetzen der Baumwolle zu beschleunigen können *hypochloritbeständige Kaltnetzer* eingesetzt werden. Der **Weißgrad** hypochloritgebleichter Baumwolle reicht für die Verwendung als Weißware nicht aus und wird oft als „kaltes", graues Weiß bezeichnet. Trotzdem wird das Verfahren wegen seiner Billigkeit sehr häufig als Vorbleiche für Farbware oder als erste Stufe einer Kombinationsbleiche eingesetzt. Auch die Verwendung von *optischen Aufhellern* nach der Hypochloritbleiche kann den Weißgrad nicht so weit verbessern, daß der Verbraucher eine ansprechende Weißware erhält. Die optischen Aufheller werden meist im letzten Spülbad in Mengen von 0,05—0,7% eingesetzt. Sie ziehen bei Verwendung von hartem Wasser besser und können durch Zusatz von 5 g/l Glaubersalz kalz. stärker auf die Faser getrieben werden. Durch Erhöhung der Behandlungstemperatur auf 80 °C egalisieren sie besser, ziehen aber weniger stark auf. Auch durch Foulardieren können die Produkte, die auch für das Aufhellen von regenerierten Zellulosefasern verwendbar sind, in Mengen von 0,5—5 g/l zum Aufhellen nach der Bleiche eingesetzt werden (Tab. 4, S. 11).

2. Bleichen mit Natriumchlorit

Die Natriumchloritbleiche hat in den letzten Jahren wegen ihrer Betriebssicherheit und Faserschonung zum Bleichen von nativen und regenerierten Zellulose- sowie synthetischen Fasern weite Verbreitung gefunden. Das Produkt kommt als weißes Pulver oder Lösung in den Handel. Das Pulverprodukt läßt sich leicht transportieren, muß jedoch geschlossen aufbewahrt werden, da es sich durch Säuredämpfe zersetzt und beim Verschmutzen durch organische Substanzen wie Stroh, Holz, Textilfasern usw. zum Entflammen neigt. Die Pulvermarken enthalten meist 80% $NaClO_2$, der Rest sind Korrosionsschutzmittel und Inhibitoren die das Entflammen einschränken. Die flüssigen, schwächeren Produkte enthalten noch Stabilisatoren oder Aktivatoren.

Die bisher nicht bis ins letzte geklärten Oxydationsvorgänge beruhen wahrscheinlich auf der bleichenden Wirkung des Chlordioxyds und der chlorigen Säure. Das sich bei sinkendem pH-Wert bildende ClO_2 bewirkt wahrscheinlich überwiegend den Bleicheffekt, wogegen die chlorige Säure, die erst bei pH-Werten über 5 eine gewisse Bleichwirkung zeigt, weniger in Frage kommt (Abb. 164). Für die Bleiche sind pH-Werte von 2—4 und Temperaturen zwischen 40 und 80 °C am günstigsten. Durch weitere Temperatursteigerung wird das verstärkt entstehende ClO_2 nicht mehr von der Flotte absorbiert, entweicht und geht damit als Bleichmittel verloren. Zur Einstellung des günstigsten pH-Wertes werden hauptsächlich Ameisen- und Essigsäure verwendet, für Spezialverfahren werden auch andere Produkte eingesetzt. Die Verwendung von Mineralsäuren führt meist zum schnellen Zerfall des Chlorits und damit zu ungenügenden Bleicheffekten. Es können jedoch auch Salze anorganischer Säuren wie z. B. Monoammonphosphat verwendet werden. Für die diskontinuierliche und viele kontinuierliche Verfahren hat sich als pH-Aktivator vor allem die Ameisensäure bewährt.

Die **diskontinuierliche Chloritbleiche** kann auf allen für das Bleichen und Färben üblichen Maschinen und Apparaten durchgeführt werden, wenn zum Bau dieser Aggregate die entsprechenden Werkstoffe verwendet werden. Da auch bei Temperaturen unter 80 °C Chloridoxyd entweicht, sollten vornehmlich geschlossene Konstruktionen den offenen Apparaten vorgezogen werden. Man bleicht Baumwolle meist mit:

1 — 3,5% Natriumchlorit Plv. oder
3 — 7 % Natriumchlorit flüssig (30%ig)
0,5 — 1,5 g/l Chloritstabilisator
0,3 — 0,8 ml/l Ameisensäure 85%ig

bei pH 3,5 in Flottenverhältnissen 1:5—1:30. Der vorgeschriebene pH-Wert muß evtl. durch Nachsatz von weiterer Säure gehalten werden. Durch Zusatz von Netz- und Waschmitteln wird ein guter Weißgrad erreicht und daneben die Reinigung des Materials beschleunigt. Man geht in das mit den Zusätzen bestellte Bad bei 40 °C ein, treibt innerhalb von 30 min. auf 80—85 °C und bleicht bei dieser Temperatur 45—60 min. Anschließend wird gründlich heiß und kalt gespült.

Die **Bleichzeit** ist kurz und auch bei Einsatz von chloritbeständigen Reinigungsmitteln kann deshalb die Entfernung der Baumwollwachse, Schalen usw. nicht erwartet werden. Die Bleichverluste sind dementsprechend niedrig und betragen 2—5%. Nur durch Einsatz besonderer Verfahren (S. 173) ist es möglich, auch diese Verunrei-

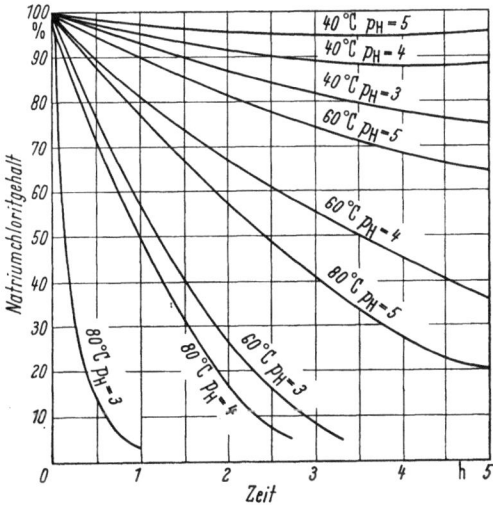

Abb. 164. Einfluß von Temperatur und pH-Wert beim Zerfall von Natriumchlorit, bezogen auf eine Einsatzmenge von 1 g/l NaClO₂ 100%ig

nigungen teilweise zu entfernen. Die Baumwollwachse bleiben jedoch auch dann fast gänzlich auf der Ware und beeinträchtigen in gewissem Maße die Saugfähigkeit der gebleichten Baumwolle. Eine kochende, alkalische Vor- oder Nachbehandlung löst die Wachse. Es kann auf diese Weise die Chloritbleiche mit einer alkalischen Peroxydbleiche zur Erzielung eines guten Bleichgrades und guter Saugfähigkeit kombiniert werden.

Die **Entwicklung von Chlordioxyd** als bleichendes Agens muß, wenn in kurzen Zeiten gebleicht wird, so gesteuert werden, daß nur geringe Anteile entweichen und damit für das Bleichen verloren gehen bzw. zu Korrosion und Geruchsbelästigung führen. ClO_2 ist ein grüngelb gefärbtes Gas, welches nur teilweise in Wasser löslich ist, es wirkt ätzend und kann zu gesundheitlichen Schäden führen. Es wird deshalb in vielen Ländern das Bleichen mit Chlorit an die Verwendung von geschlossenen Maschinen gebunden bzw. müssen die Apparate an eine ausreichende Entlüftung angeschlossen werden. Für das *Aktivieren der Bleichbäder* wurden neben den organischen Säuren (Ameisen- und Essigsäure) Produkte vorgeschlagen, die aber entweder zu einer geringeren Bleichwirkung führen oder die Bleichzeiten stark verlängern und deshalb nur für semikontinuierliche Arbeitsweisen wie das Pad-Roll-(Thermoverweil-) oder kontinuierliche Bleichverfahren in Betracht kommen. Zu letzteren Produkten gehören organische Ester wie z. B. Äthyllaktat, -tartrat, die erst bei 90 °C sauer hydrolisieren. Dasselbe gilt auch für das Monoammoniumphosphat, welches in Mengen von 3 g/l allein eine starke Einschränkung der ClO_2-Entwicklung bewirkt und durch Zusatz der gleichen Menge H_2O_2 30%ig die ClO_2-Entwicklung weiter verringert. Daneben wird auch H_2O_2 allein bzw. Natriumhypochlorit für die Aktivierung verwendet. Obwohl diese Produkte eine Einschränkung der ClO_2-Entwicklung bewirken, sind die Bleicheffekte mit diesen Produkten ungenügend und bei Überdosierung kann es zu Faserschädigung kommen. Von der chemischen Industrie wurden *Aktivatoren* geschaffen, die nur für Verfahren eingesetzt werden können, bei denen die Bleichzeiten verlängert werden, wie das bei den semi- und vollkontinuierlichen Verfahren notwendig ist. Dazu gehören u. a.

Axil C	*Bayer*	Aktivator N, NL, D 58	*Degussa*
Aktivator SF	*Hoechst*	Chlorit-Aktivator EWM	*EWM*

Die Herstellungsfirmen von Natriumchlorit stellen neben den Pulvermarken *Spezialchlorite* in flüssiger Form her, die meist einen Aktivator neben Korrosionsschutzmitteln und evtl. Netzmittel enthalten. Dazu gehören u. a.:

Natriumchlorit EWM flüssig spezial	*EWM*
Degussa-Chlorit flüssig A	*Degussa*
Degussa-Spezialchlorit 300/03	*Degussa*

Die Produkte enthalten meist 30% $NaClO_2$ und benötigen in der Bleiche meist nur ein Netzmittel und in einzelnen Fällen Korrosionsschutzmittel. Das normale Natriumchloritpulver kommt u. a. als

Bleichsalz-Bayer (70 und 80%ig)	*Bayer*
Degussa-Chlorit 80% (Pulver), flüssig (30%ig)	*Degussa*
Natriumchlorit EWM 80% Pulver, 30 Vol.-% flüssig	*EWM*
Natriumchlorit „Hoechst" (50%ig Pulver)	*Hoechst*

in den Handel. Die Pulver lösen sich leicht in Wasser und sind zur besseren Lagerbeständigkeit mit Soda stabilisiert. Um die ClO_2-Entwicklung in sauer-aktivierten Flotten zu regulieren, werden beim Bleichen im Vollbad besondere Puffer als *Chloritstabilisatoren* in Mengen von 0,5—2 g/l zugesetzt, die ebenfalls Korrosionsschutzmittel und evtl. Netz- und Reinigungsmittel enthalten. Es handelt sich dabei u. a. um

Ateblanc NH	*Böhme*
Chloritstabilisator EWM, EWM-K	*EWM*
Chloritstabilisator BASF	*BASF*
Bleichhilfsmittel HV, HC	*Hoechst*
Puffersalz PK 3	*Degussa*
Rucorit CB	*Rudolf*

Das beim Bleichen entstehende Chlordioxyd übt auf den heute zum Bau von Bleich- und Färbeanlagen verwendeten Edelstahl eine unangenehme **Korrosionswirkung** aus, wobei es zur Lösung des Eisens aus dem Stahl, zur Loch- und Rostbildung kommt und die gelösten Eisensalze zusätzlich katalytisch wirken.

Man sollte deshalb für den Bau von Bleichapparaten nur Spezialstahl mit 2 und mehr Prozenten Molybdän, Kupfer und Titan verwenden. Als absolut korrosionsbeständig hat sich Steinzeug, Holz und Titan erwiesen. Titan wird, obwohl sehr teuer, heute bereits von einigen Firmen verwendet. Als billigstes *Korrosionsschutzmittel* gilt Kalium- oder Natriumnitrat, dessen Verwendung in einigen Ländern an Patente gebunden ist. Der Natronsalpeter wird in Edelstahlapparaturen bei den ersten Chloritbleichen in Mengen von 8—10 g/l und bei den folgenden Bleichen fallend bis 1—2 g/l eingesetzt. Das Produkt schützt den Edelstahl allerdings nur in der flüssigen Phase des Bleichbades, in der über dem Bleichbad befindlichen Gasphase hat es keine Wirkung. Viele für die semi- und vollkontinuierliche Bleiche empfohlenen Aktivatoren und Spezialchlorite enthalten ebenfalls Anteile von Korrosionsschutzmittel. Der Aktivator SF *(Hoechst)* entwickelt alkalische, gasförmige Produkte, die Edelstahl auch in der Gasphase vor Korrosion schützt.

Die Verwendung von Natriumnitrat wird auch dann notwendig sein, wenn der Edelstahl nach den nachfolgend beschriebenen Verfahren polarisiert bzw. gebeizt wurde. Bei der *kathodischen Polarisation* werden Aluminiumplatten oder -stäbe mit den Stahlteilen der Apparate in der Flotte verbunden. Durch Lösen des Aluminiums wird die Korrosion eingeschränkt. Auch durch Anlegen einer elektrischen Spannung kann der gleiche Zweck erreicht werden, allerdings fehlt es bisher an geeigneten Anodenmaterial.

Für Anlagen, die neu sind oder bereits Korrosion aufweisen, hat sich vor Inbetriebnahme oder Weiterverwendung ein **Abbeizen** und Mitverwendung von Korrosionsschutzmittel während des Bleichens bewährt. Beim Beizen wird die Apparatur folgenden Behandlungen unterworfen:

       Aktivieren,
       Passivieren und
       Blindbleichen.

Vor dem Aktivieren muß die Anlage von Fremdrost, Zunder an den Schweißnähten und anderen Verunreinigungen gründlich gesäubert werden. Nun behandelt man 10—20 min. bei 30—50 °C mit

       1 T. Salzsäure 38%ig
       1 T. Schwefelsäure 66 °Bé.
       1 T. Salpetersäure konz.
       7 T. Wasser

Einzelteile werden mit einer mit Bentonit oder kolloidaler Kieselsäure verdickten Lösung von

       6 T. Salpetersäure konz.
       300 T. Salzsäure 38%ig
       140 T. Wasser

bestrichen und nach 20—30 min. abgespült. Beide Behandlungslösungen sollen während des Aktivierens nicht antrocknen und durch Spülen gründlich entfernt werden. Das Passivieren während 3, besser aber 20 Std., wird durch eine Behandlung bei 50—70 °C mit einer Lösung von 1:9 Salpetersäure konz. in Wasser vorgenommen. Nach gründlichem Spülen wird in einem Blindbad während 4—7 Std. bei 70—80 °C mit

       2—3 g/l Natriumnitrat
       2 g/l Natriumchlorit Plv.
       1 g/l Ameisensäure

mit zirkulierender Flotte die Behandlung beendet. Nach gründlichem Spülen kann die gebeizte Anlage für die Bleiche verwendet werden. Ein Zusatz von 1—2 g/l Natronsalpeter in jedes Bleichbad stabilisiert das abgebeizte Metall. Die Behandlung soll immer dann vorgenommen werden, wenn sich neue Korrosion zeigt, die u. U. durch eingeschleppten Fremdrost oder Eisensalze aus dem Betriebswasser beschleunigt wird. Durch Zusatz von organischen Komplexbildnern (Sequestriermitteln) bzw. Ionenaustauschern auf Polyphosphatbasis, können diese Eisensalze eliminiert werden. Die Sequestriermittel schützen im Chloritbleichbad verwendet, das Bleichgut zwar vor der katalytischen Wirkung der aus dem Stahl gelösten Eisenanteile bzw. eingeschleppten Eisensalze, die Korrosion selbst verhindern sie jedoch nicht.

Bei Verwendung von korrosionsfestem Steinzeug ist es wichtig die Ausfugung auf evtl. Ausbrechen zu beobachten und dadurch entstehende Warenbeschädigung zu vermeiden. In letzter Zeit werden auch Kunststoffe als Auskleidung verwendet. Allerdings müssen Kunststoffe (Niederdruck- oder isotaktische Polyolefine u. a.) verwendet werden, die nicht thermoplastisch sind und Kleber eingesetzt werden, die durch die Bleichlösung nicht abgelöst werden. Schutzanstriche haben sich nicht einführen können, da sie meist abblättern und deshalb oft erneuert werden müssen. In letzter Zeit werden im Pad-Roll-Verfahren glasfaserverstärkte Polyester-Thermoverweilkammern verwendet.

Die Chloritbleiche ist auch für die Buntbleiche verwendbar, doch müssen Farbstoffe verwendet worden sein, die chloritbeständig sind; nicht alle Farbstoffe, die hypochloritbeständig sind, können jedoch als Vorfärbung für eine nachfolgende Chloritbleiche eingesetzt werden.

Der **Weißgrad**, der durch eine Chloritbleiche möglich ist, kann mit dem durch Hypochlorit erreichbaren, verglichen werden. Allerdings wird durch verlängerte Bleichzeiten bei besonderen Verfahren ein besserer Weißgrad erreicht bzw. ist die Bleichzeit im diskontinuierlichen Verfahren kürzer und da heiß gearbeitet wird, eine bessere Reinigung des Materials bzw. schnellere Durchnetzung der Ware möglich. Um den Weißgrad zu erreichen, der heute von einer Weißware verlangt wird, muß neben der Verwendung von optischen Aufhellern meist mit einer Peroxydbleiche kombiniert werden. Einige optische Aufheller können auch im Chloritbad verwendet werden. Dazu gehören u. a.:

Blankophor CE	*Bayer*
Tinopal GS, RBN, SP	*Geigy*
Uvitex RS, RBS	*CIBA*

3. Bleichen mit Perverbindungen

Zum Bleichen von Zellulosefasern werden von den Perverbindungen hauptsächlich Wasserstoff- und Natriumperoxyd bzw. Peressigsäure verwendet. Kaliumpermanganat wird nicht mehr verwendet. Da der Bleichgrad nicht mit den vorher genannten Bleichchemikalien erreichbaren Weiß zu vergleichen ist, werden Persulfate, -carbonate und -borate zum Bleichen nicht verwendet. Die Produkte werden in der Textilindustrie jedoch zum Oxydieren von Küpenfärbungen eingesetzt. Die Bleichwirkung wird in allen Fällen der Bleiche mit Persalzen durch den sich bildenden nascierenden (atomaren) Sauerstoff erreicht.

a) **Die Wasserstoffperoxyd-Bleiche** wird im ätzalkalischen Bad nahe Kochtemperatur bzw. auch unter HT-Bedingungen durchgeführt. Die Bleiche ermöglicht auch eine weitgehende Entfernung der Baumwollwachse, Schalen und anderer Verunreinigungen, wenn auch eine Beuche nicht voll ersetzt wird, wenn die Bleichzeit nicht zu lange ausgedehnt werden soll. Das Brühen wird sich in allen Fällen einsparen lassen. Die Saugfähigkeit der Baumwolle wird durch eine Peroxydbleiche am besten gefördert vor allem dann, wenn unter Zusatz von entsprechenden Reinigungsmitteln gebleicht wird.

Dem Bleichbad werden folgende Produkte in der angegebenen Reihenfolge zugegeben:

$\qquad$ 4—8 ml/l Wasserglas 38 °Bé oder
$\qquad$ 0,5—2 g/l eines organischen Perstabilisators
$\qquad$ 2—6 ml/l Wasserstoffperoxyd 35%ig
$\qquad$ 1—2 g/l Ätznatron oder
$\qquad$ 2,5—5 ml/l Natronlauge 38 °Bé

Beim diskontinuierlichen Arbeiten wird mit der Ware bei 40—60 °C eingegangen, in 45 min. auf 80—85 °C getrieben und bei dieser Temperatur 3—6 Std. gebleicht. Zur vollen Nutzung des Peroxyds wird in der letzten Stunde der Bleichzeit bei 90—95 °C gearbeitet. Höhere Temperaturen führen, wenn sie vom Anfang an angewendet werden, trotz Stabilisatoren, zum raschen Zerfall des Bleichmittels und damit geringerem Weißgrad, da der entstehende atomare Sauerstoff molekular und ungenutzt aus dem Bleichbad entweicht. Der faserschonendste pH-Wert liegt bei 12—12,5 und wird durch Alkali- und Wasserglaszusatz erreicht. Wenn zur Entfernung von Verunreinigungen eine höhere Ätznatronmenge nötig ist, sollte zur Faserschonung besser eine alkalische Vorbehandlung erfolgen. Nach der Bleiche wird gründlich gespült und wenn die Ware einer weiteren Naßbehandlung nicht unterworfen wird, mit Salzsäure neutralisiert und nochmals gespült.

Das Wasserstoffperoxyd kommt als wässerige Lösung mit 30, 35, 50 oder 60 Gew.-% und jeweils 14,1—16,5—23,5 und 28,2% Aktivsauerstoff in den Handel. Das Produkt zersetzt sich durch Licht und Wärme bzw. längeres Lagern, auch wenn es durch Zusatz von 0,03—0,06% Schwefelsäure vom Hersteller stabilisiert wurde.

Die Entwicklung von nascierendem Sauerstoff ist auch unter normalen Bleichbedingungen meist so stark, daß ein Teil für die Bleiche verlorengeht. Um möglichst den gesamten Sauerstoff für das Bleichen nutzbar zu machen, ist die Mitverwendung von **Stabilisatoren** notwendig. Vor allem gilt das für die Fälle, wo die alkalische Bleiche auf mehrere Stunden ausgedehnt wird, um eine gute Saugfähigkeit und Reinheit der Bleichware zu erzielen. Als billigster Stabilisator ist das *Wasserglas* (Na_4SiO_4 oder $Na_2O \cdot 3,5\ SiO_2$) bekannt. Das Produkt ist aber nur in mindestens 8° d. H. enthaltendem Wasser wirksam, wobei ein möglichst großer Teil der Härte aus Magnesiumsalzen bestehen soll. Durch Wasserglas bildet sich kolloidales Magnesiumsilikat ($MgSiO_2$), welches die Bleichbäder stabilisiert. Wenn weiches oder magnesiumfreies Wasser verwendet werden muß, sollten 0,1—0,3 g/l Bittersalz ($MgSO_4$ krist.) zugesetzt werden. Obwohl Wasserglas einer der besten Stabilisatoren ist, können die abgeschiedenen Silikate die Bleichware verspröden, was sich besonders durch eine schlechtere Verspinnbarkeit von loser Baumwolle bemerkbar macht. Durch entsprechende Dispergiermittel kann dieser Nachteil teilweise behoben werden, es empfiehlt sich jedoch die Verwendung von *organischen Stabilisatoren*. Es handelt sich bei diesen Produkten um Hilfsmittel von verschiedenem Aufbau, die neben der Stabiliserwirkung zusätzliche Netz- und Reinigungswirkung zeigen. Stabilisatoren auf Eiweißbasis wirken als Schutzkolloide faserschonend. Organische Stabilisatoren kommen u. a. als:

Bleichstabilisator RB	*R. Baumheier*	Peroxydstabilisator W,H,K	*EWM*
Cerafil S 50	*Böhme*	Peroxydstabilisator	*BASF*
Geipolan BS	*Geissler*	Rucostabilisator CP	*Rudolf*
Merpistab	*Elektro*	Sebosan SWR	*Stockhausen*
Percolloid KG	*Holtmann*	Stabilol D	*Fettchemie*
Perlastan	*Schill*	Viscavin LCN	*Tübingen*
		Zetesan KS	*Zschimmer*

in den Handel.

Als Stabilisatoren werden auch kondensierte Phosphate (S. 49) verwendet, die außerdem Verunreinigungen dispergieren und eingeschleppte Metallkatalysatoren unschädlich machen. Die stabilisierende Wirkung aller Produkte beruht wahrscheinlich auf der Bildung von Peroxydaddukten, die erst bei höherer Temperatur und längerer Bleichzeit den bleichenden Sauerstoff freigegen.

Beim Bleichen mit Peroxyden sind eingeschleppte Schwermetalle (Fe, Mn, Cu, Co usw.), ihre Oxyde und Salze wegen ihrer **katalytischen Wirkung** besonders schädlich und führen zu starker Faserschädigung. So ist z. B. die katalytische Wirkung von 1 Mol MnO_2 noch in 10 Mill. l Wasser deutlich feststellbar. Apparate aus den oben genannten Metallen müssen unbedingt vermieden werden. Als Heizrohre können Bleirohre verwendet werden. Als Bauelemente sind Edelstähle, Steinzeug und Holz unschädlich. Eisensalze können mit dem Betriebswasser, Kupfer mit der Schlichte in die Bleichflotte gelangen. Durch Zusatz von organischen Sequestriermitteln werden die Katalysatoren gebunden, Polyphosphate wirken daneben noch stabilisierend und reinigend. Wenn in Eisenkesseln gebleicht werden muß, sollten diese gut „zementiert" (S. 144) und der gebildete Überzug unbeschädigt sein.

Die lange Bleichzeit kann durch besondere Verfahren verkürzt werden. Vor allem hat sich dabei die **HT-Bleiche** auf Apparaten mit statischem Druck, die höhere Temperaturen ermöglichen, einführen können. Dabei wird das Material mit den für eine Vollbadbehandlung üblichen Zusätzen 30—40 min. bei 115 °C gebleicht und anschließend wie üblich gespült. Für diese Arbeitsweise eignen sich alle Apparate, die auch für die HT-Färberei geeignet sind (S. 75). Zur Erhaltung des Warengriffes ist die Verwendung von organischen Stabilisatoren ratsam, ebenso fördert der Zusatz entsprechender Reinigungsmittel die Kapillarität und Sauberkeit des Bleichgutes. Die Bleichflotte muß zur guten Durchnetzung bei 60 °C durch das Bleichgut ausreichend vorzirkulieren, bevor die eigentliche HT-Bleiche durchgeführt wird. Auch semi- und vollkontinuierlichen Bleichverfahren (S. 174) führen zur Herabsetzung der Bleichzeit.

Mit Peroxyden läßt sich der beste **Weißgrad** und Warengriff der Baumwolle erreichen. Das Weiß ist „warm", der Griff weich und voll, wenn nicht wasserunlösliche Silikate vom Wasserglas als Stabilisator herrührend den Griff verschlechtern. Die Verspinnbarkeit loser Baumwolle ist wegen der langen, alkalischen Behandlung meist schlechter als bei anderen Verfahren, da die Baumwollwachse in starkem Maße abgelöst werden, das gilt vor allem für die HT-Bleiche.

Zur Verbesserung des Weißgrades kann der H_2O_2-Bleiche eine Bleiche mit Hypochlorit vorgeschaltet werden. Bei dieser kombinierten Arbeitsweise kann auf das Entchloren verzichtet werden. Auch die Verwendung von gebrauchten Peroxydflotten als Vorbleiche, anschließende Hypochlorit- und eine Peroxydendbleiche führen ebenfalls zu Weißgraden, die den heute an Weißwaren gestellten Ansprüchen gerecht werden. Die Kombination einer Chlorit- mit einer Peroxydbleiche ist seltener, da beide Verfahren teuer sind.

Die Verwendung von *optischen Aufhellern* (S. 10) als Nachbehandlung nach der Bleiche oder als Zusatz zu Appreturflotten für Weißwaren ist üblich. Daneben kann eine Reihe von Aufhellern auch dem Peroxyd-Bleichbad direkt zugesetzt werden. Dazu gehören u. a.:

Blankophor BE, REU, BBU, RA, BA, CE	*Bayer*
Leukophor R, RG, BB, BS	*Sandoz*
Tinopal AN, 2B, 4BM, BV, GS, RNB, SP	*Geigy*
Uvitex VR, CF, RT, BT	*CIBA*

b) Beim Bleichen mit Natriumperoxyd verwendet man an Stelle des flüssigen H_2O_2 das pulverförmige Na_2O_2. Das meist 98%ige Produkt enthält 20% aktiven Sauerstoff und wird auch als Granulat vertrieben. Die feste Form ist für den Transport angenehmer. Durch Lösen in Wasser bildet sich H_2O_2 als bleichendes Agens. Durch Lösen entstehen aus 1 kg Na_2O_2 1,2 kg (1,06 l) H_2O_2 35%ig und 1 kg Ätznatron (2 kg Natronlauge 40 °Bé). Die hohe Ätznatronmenge muß mit Schwefelsäure so weit neutralisiert werden, wie es für normale Bleichbedingungen notwendig ist. Meist legt man die entsprechende Schwefelsäuremenge als Lösung vor und streut das Na_2O_2 unter ständigem Rühren ein. Zur vollen Neutralisation des aus 1 kg Na_2O_2 freiwerdenden Ätznatrons sind 1,3 kg (0,71 l) H_2SO_4 66 °Bé nötig. Beim Lösen von Na_2O_2 wird eine beträchtliche Wärmemenge frei, es muß deshalb mindestens die 20fache Wassermenge, evtl. als Schwefelsäurelösung, vorgelegt werden. Um Verätzungen durch Verspritzen zu vermeiden, muß mit Schutzbrille und Gummihandschuhen gearbeitet werden.

Das Natriumperoxyd ist stark ätzend und neigt in Gegenwart von organischen Substanzen wie Holz, Stroh, Fasern usw. zum Entflammen. Das Pulver muß deshalb stets geschlossen und kühl aufbewahrt werden. Bei Bränden dürfen nur Trockenfeuerlöscher verwendet werden. Das Bleichen gleicht, abgesehen von der notwendigen Neutralisation, der Wasserstoffperoxydbleiche und erfordert die gleichen Zusätze und Bedingungen. Um die hohe Alkalimenge zu verringern, wird meist in Kombination mit H_2O_2 gearbeitet und nur soviel Na_2O_2 genommen, wie zur Erreichung des pH-Wertes nötig ist. Das gilt vor allem bei semi- und vollkontinuierlichen Bleichverfahren.

c) Das Bleichen mit Peressigsäure hat in den letzten Jahren wachsende Bedeutung erlangt und wurde zuerst von der Fa. *F. M. Hämmerle*, Dornbirn/Österreich ausgearbeitet. Die Peressigsäure ist explosiv und in vielen Ländern deshalb vom Transport ausgeschlossen. Sie wird deshalb am Ort durch Reaktion von Essigsäureanhydrid mit Wasserstoffperoxyd hergestellt

$$\begin{matrix} CH_3CO \\ CH_3CO \end{matrix}\!\!\!\!\!\!>\!\!O + H_2O_2 = CH_3COOOH + CH_3COOH$$

Durch Reaktion von 3 T. Anhydrid und 3 T. H_2O_2 35%ig werden 1,8 T. 80%ige Peressigsäure gewonnen. Die Ausbeute ist 80%ig, der Rest ist Essigsäure.

Als Stabilisator werden der techn. Peressigsäure 0,5% Schwefelsäure 66 °Bé zugesetzt. Das Produkt ist auch als 40%ige Lsg. explosiv und enthält daneben noch 10% Wasser, 3% H_2O_2, der Rest ist Essigsäure. Zum Bleichen werden die oben angegebenen Mengen Anhydrid und Peroxyd gemischt und nach 5 min. Reaktionszeit direkt zum Bleichen verwendet.

Beim Bleichen werden benötigt:

    1—4 g/l Peressigsäure 80%ig
    0,5—1 g/l Natriumpyrophosphat (Stabilisator)
    0,5—1 g/l eines Netzmittels

Das Bleichbad wird mit Ätznatron oder Soda auf pH 5—7 eingestellt und 1 Std. bei 80—85 °C gebleicht. Anschließend wird sehr gründlich gespült. Das Verfahren führt, wenn der pH-Wert nicht über 7 ansteigt, zu keiner Faserschädigung. Ebenso tritt keine Korrosion auf und die Faser zeigt keine unangenehme Alkaliquellung. Die Peressigsäurebleiche wird oft als „saure Peroxydbleiche" bezeichnet. Sie kann auch als Buntbleiche eingesetzt werden, und es haben sich weit mehr Farbstoffe als beständig erwiesen, als es bei der normalen, alkalischen Peroxydbleiche der Fall ist. Unangenehm ist der hohe Preis der techn. Chemikalie bzw. des Anhydrids, doch wird dieser Nachteil durch geringere Einsatzmengen weitgehend kompensiert. Störend wirkt sich jedoch in allen Fällen der Essigsäuregeruch aus, und man arbeitet vorteilhaft in geschlossenen Apparaten. Besonders empfohlen wird die Arbeitsweise nach dem Pad-Roll-Verfahren (S. 167). Das Verfahren wird in Lizenz der Fa. *F. M. Hämmerle*, Dornbirn vergeben, die auch über genaue Einzelheiten unterrichtet.

4. Bleichen mit Reduktionsmitteln

Reduktionsmittel setzen die Naturfarbstoffe in ihre Leukoverbindungen um, die jedoch nicht immer wasserlöslich sind und beim Lagern u. U. reoxydieren und dadurch die Lagerbeständigkeit des Weißgrades der so gebleichten Ware herabsetzen. Man verwendet die Bleichmittel entweder nur zum Aufhellen oder Nachbleichen oxydativ vorgebleichter Baumwolle. Bei mit Hypochlorit gebleichter Ware entfernen sie auch das auf der Ware verbliebene Hypochlorit und können deshalb auch zum „Entchloren" mit einer zusätzlichen Verbesserung des Weißgrades eingesetzt werden.

Das unter dem Handelsnamen *Hydrosulfit* (Natriumhydrosulfit) erhältliche $Na_2S_2O_4$ (Natriumhyposulfit, -dithionit) zerfällt bereits bei 20 °C, verstärkt über 40 °C, wenn in neutralen Flotten gearbeitet wird. Man bleicht deshalb entweder mit stabilisierten Produkten oder in Gegenwart von Soda mit

    2—4 g/l Hydrosulfit
    1—3 g/l Soda kalz.

1—2 Std. bei 60—90 °C und spült gründlich nach. Der Sodazusatz empfiehlt sich auch bei Verwendung stabilisierter Produkte, die u. a. als

Arostit BL, Blanco, BLW[1]	*Sandoz*	Burmol	*BASF*
Blancolen	*Brüggemann*	Clarit PS, PSW[1]	*Geigy*
Blankit IN, I AN[1], II A[1],	*BASF*	Hydrosulfit BL, BLI	*CIBA*

in den Handel kommen.

---

[1] Diese Produkte enthalten zusätzlich optische Aufheller.

Eine Vielzahl von Aufhellern kann auch gleichzeitig mit der reduktiven Behandlung eingesetzt werden wie:

    Blankophor BE, REU, RA, BA, BBU, CE   *Bayer*
    Leukophor R, RG, BB, BS, B   *Sandoz*
    Tinopal 2B, 4BM, 4BMF, BV, GS, RBN, SP   *Geigy*
    Uvitex, CF VR, RT, BT   *CIBA*
    u. a.

5. Bleichapparate und -maschinen

Alle Textilfasern können auf Anlagen gebleicht werden, die auch zum Färben geeignet sind. Daneben werden spezielle Apparate und Maschinen hergestellt, die ausschließlich für das Bleichen verwendet werden. Das gilt auch für Beuchkessel, die mit entsprechender „Zementierung" (S. 144) für die Peroxydbleiche verwendet werden können. Nach der Beschreibung der Anlagen wird rezeptmäßig auf die verschiedenen Baumwollbleichverfahren eingegangen. Die Anlagen sind selbstverständlich auch für Textilien aus anderen Materialien geeignet. Die für die anderen Fasern entsprechenden Bleichrezepturen werden, um Wiederholungen zu vermeiden, bei den entsprechenden Faserstoffen angegeben und auf die hier geschilderten maschinellen Einrichtungen verwiesen.

Abb. 165. Packbleichanlage *(Deutsche Steinzeug)*

Als Beispiel einer **diskontinuierlichen Bleicheinrichtung,** die für loses Material, Stranggarn und Stückwaren in Strangform gleich gut geeignet ist, wird die *Bleichanlage* (Abb. 165) der *Deutschen Steinzeug* beschrieben, die durch Verwendung eines besonderen Einsatzes auch für die Kreuzspulbleiche geeignet ist. Bei der Konstruktion handelt es sich um einen Packapparat, in dem das Material, ähnlich wie im Beuchkessel, eingepackt und mittels Balkenkreuzen im Behandlungsraum verstemmt wird, um ein Schwimmen und damit Reibstellen an der Ware zu vermeiden. Die Einrichtung ist je nach Type für Einsatzmengen von 50—4000 kg erhältlich und mit Spezialsteinzeug-Platten dort ausgekleidet, wo durch Chloritflotten Korrosion auftreten könnte. Es ist somit möglich, alle bekannten Bleichverfahren diskontinuierlich auch in Kombination einzusetzen. Der Apparat wird mit der in ein oder zwei Ansatzbehältern bereiteten Bleichflotte beschickt. Zur Heizung der Behandlungsflotte dient ein Vorwärmer bzw. kann wahlweise auch eine direkte oder indirekte Heizung im Bleichkessel dienen. Um sämtliche Luft aus dem Materialblock auszutreiben, ist es vorteilhaft, die Flotte bei Beginn der Bleiche aus dem erhöhten Ansatzgefäß ohne Zuhilfenahme der Pumpe von unten in den Kessel einlaufen zu lassen. Ähnliche Apparate aus Holz oder Edelstahl werden auch von anderen Firmen gebaut.

Nach einem Spezialverfahren arbeitet die *Hochkonzentrations-Bleiche System „Avesta-Karrer"*. Im Prinzip handelt es sich um ein Thermoverweilverfahren wie es auch beim Pad-Roll-Prozeß für Stückbreitbleichen üblich ist. Es können nach dieser Arbeitsweise loses Material, Wickelkörper und Stückwaren diskontinuierlich mit Hypochlorit, Peroxyden, Chlorit allein oder kombiniert gebleicht werden. Das Material wird kalt mit einer konzentrierten Bleichlösung getränkt und anschließend die Flotte wieder in den Ansatzbehälter zurückgepreßt. Um eine gründliche Durchnetzung zu erreichen, wird mittels einer Vakuumpumpe der Apparat vorher möglichst luftleer gesaugt, genetzt und durch Umsteuerung der Pumpe nach der Netzung die Behandlungsflotte zurückgepumpt. Nun wird bei der Hypochloritbleiche mit einem Luftstrom in 30 min. kalt und bei den anderen Bleichverfahren durch ein Luft-Dampfgemisch die Ware bis auf 100 °C innerhalb von 5—10 min. aufgeheizt und mittels eines Kompressors bei möglichst gleichbleibender Temperatur 40—60 min. in beiden Richtungen zirkulierend gebleicht. Anschließend entweder gründlich gespült, entchlort oder die zweite Behandlung der Kombinationsbleiche nach gleichem Prinzip angeschlossen. Das Verfahren hat den Vorteil, daß die Bleichflotte nach evtl. Aufbesserung wieder verwendet werden kann, die Bleichzeit kürzer ist als die einer Normalbleiche, wesentliche Dampfersparnisse erzielt werden, da das Material nur in einem Flottenverhältnis von etwa 1:1 gebleicht wird und durch die vorherige Evakuierung eine gute und luftfreie Benetzung möglich ist. Die Bleichverluste sind geringer als bei einer Vollbadbleiche. Durch Zusatz von Aktivatoren kann auch die Chloritbleiche verlängert werden. Dasselbe gilt für die Verwendung von Stabilisatoren bei der Peroxydbleiche. Das Verfahren ist auch zum Bleichen von Leinen, Reyon-Spinnkuchen, und wenn bei max. 55 °C gearbeitet wird, für Wolle geeignet. Die für die Imprägnierung gebräuchlichen Flotten gleichen denen, die für das Pad-Roll- bzw. kontinuierliche Verfahren üblich sind.

Zum Bleichen von Stückwaren steht eine Vielzahl von Anlagen zur Verfügung, die hauptsächlich zum halb- oder vollkontinuierlichen Bleichen von größeren Warenmengen eingesetzt werden. Grundsätzlich können dabei Web- oder Wirkwaren in

Strang- (Rope-) oder
breiter (open width) Form

behandelt werden.

Wie bereits erwähnt, reicht der Weißgrad der einfachen Bleichverfahren für eine Weißware, auch bei Einsatz von optischen Aufhellern, nicht aus. Wenn jedoch nur zur Erreichung brillanter oder heller Farbtöne vorgebleicht wird, sind die einfachen Verfahren ausreichend. Bei den als **kombinierte Bleichverfahren** bezeichneten Arbeitsweisen ist man bemüht, ein möglichst billiges Verfahren, wie die Hypochloritbleiche, mit der Peroxydbleiche zu kombinieren, die neben einem guten, lagerbeständigen Weiß auch den besten Warengriff ergeben. In besonderen Fällen kann man auch eine Chloritbleiche mit einer Peroxydbehandlung kombinieren. Eine Reduktionsbleiche wird jedoch nach einer Hypochlorit- bzw. Chloritbleiche nur in Ausnahmefällen einen auskömmlichen Weißgrad ergeben. Auch die kombinierten Bleichverfahren können auf den für das Färben üblichen Apparaten vorgenommen werden. Für Stückwaren wurden jedoch Spezialeinrichtungen und -verfahren geschaffen, die eine größere Produktion erlauben.

Bei der **Ce-Es-Bleiche** *(Chlor-Sauerstoff)*, die von der *Böhme-Fettchemie* entwickelt wurde und vor allem für das Bleichen von rundgewirkten Zellulosetrikotagen eingesetzt wird, handelt es sich im Prinzip um eine alkalische Hypochloritimprägnierung und anschließender Peroxydbleiche ohne vorherige alkalische Kochung oder Beuche. Die alkalische Hypochloritimprägnierung beruht hauptsächlich auf der Bildung von Eiweißchloraminen, die in der nachfolgenden alkalischen Peroxydbleiche ausgewaschen werden und dadurch ein sehr gutes Peroxydweiß zulassen. Die Bleichverluste sind niedrig und die Ware erhält einen weichen Griff und bleibt elastisch. Für die Durchführung des Verfahrens eignet sich besonders die in Steinzeug hergestellte Apparatur der *Deutschen Steinzeug*. Das Prinzip der Behandlung veranschaulicht die Abb. 166. Das Verfahren ist auch für das

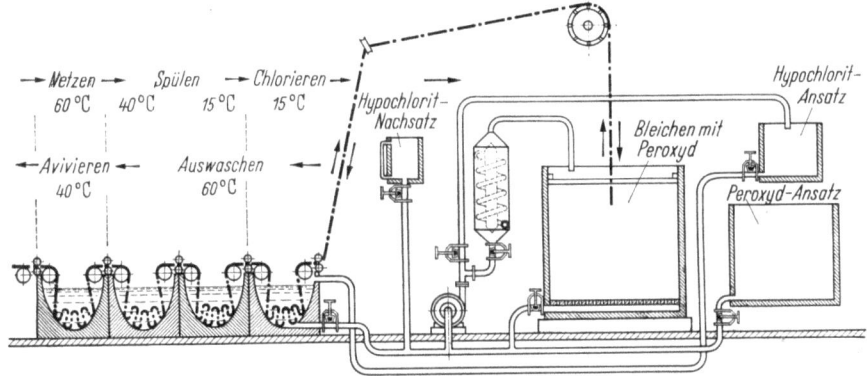

Abb. 166. Schema einer Ce-Es-Bleichanlage *(Fettchemie)*

Bleichen von Baumwoll/Zellwoll-Mischtrikotagen verwendbar, wenn die unten angegebenen Zusatzmengen um $1/3-1/2$ gekürzt werden. Die dem Peroxydbleichkessel vorgeschalteten Kufen werden beim Eingehen als Netz-, Spül- und Chloriergefäße und beim Ausgang der Ware zum Spülen und Avivieren/Bläuen verwendet. Die *Deutsche Steinzeug* liefert die Anlage für Partiegrößen von 250—1000 kg.

Netzen: 0,3—0,5 g/l Avirol DAH extra oder Defindol konz. *(Fettchemie)*
Chlorimprägnierung: 3—5 g/l akt. Chlor (aus Hypochloritlauge)
　　　　　　　　　　1—2 g/l Ätznatron oder 2—4 g/l Natronlauge 40° Bé
Peroxydbleiche:　　1　% Stabilol D (Stabilisator der *Fettchemie*),
　　　　　　　　　　0,25% Ätznatron oder doppelte Menge NaOH 40° Bé
　　　　　　　　　　2—2,5 % H_2O_2 40 Vol.-%ig

Die einzelnen Netzkufen enthalten normalerweise 600 l Flotte, der Abquetscheffekt beträgt 150—250%. Der Nachsatz von 1,25 g/l akt. Chlor aus Hypochloritlauge und 0,5 g/l Ätznatron ist meist ausreichend für die Konstanthaltung der Chlorierflotte. Beim Netzmittel sind 1—2 g/l einzuhalten. Die Peroxydbleiche wird im Flottenverhältnis 1:6 vorgenommen, innerhalb von 1—2 Std. auf 85 °C erhitzt und die gleiche Zeit zirkuliert. Die Trikotagenfabriken arbeiten so, daß sie die Ware am Nachmittag in den Bleichkessel einführen, die Flotte unter Zirkulieren erhitzen und über Nacht ohne Dampfzufuhr und Zirkulation behandeln und die Ware am kommenden Morgen in der geschilderten Weise ausfahren.

Das Verfahren kann in abgewandelter Form auch auf der Haspelkufe vorgenommen werden. Dabei wird nach dem Netzen und Kaltspülen wie angegeben chloriert. Das Chlorieren wird bei steigender Temperatur vorgenommen. Es soll jedoch bis zu 50 °C mindestens die Hälfte der Aktivchlors verbraucht sein, bevor Peroxyd zugesetzt wird. Auch für eine Bleiche auf Apparaten kann das Verfahren eingesetzt werden.

Zum *Bleichen von Baumwollstückwaren* bzw. solchen aus Mischungen mit regenerierten Zellulosefasern sind neben den diskontinuierlichen Verfahren auch *semikontinuierliche* und *vollkontinuierliche Breit-* und *Strangbleichverfahren* üblich. Zu den einfachen semikontinuierlichen Strangeinrichtungen gehören auch offene Bleichgefäße, in denen die Ware in Strangform eingelegt und mit der Bleichlösung überbraust und die, wie auch alle anderen Anlagen, in eine ,,Bleichstraße'' mit Entschlichtungs-, Spül- und Trockenanlagen eingefügt werden können.

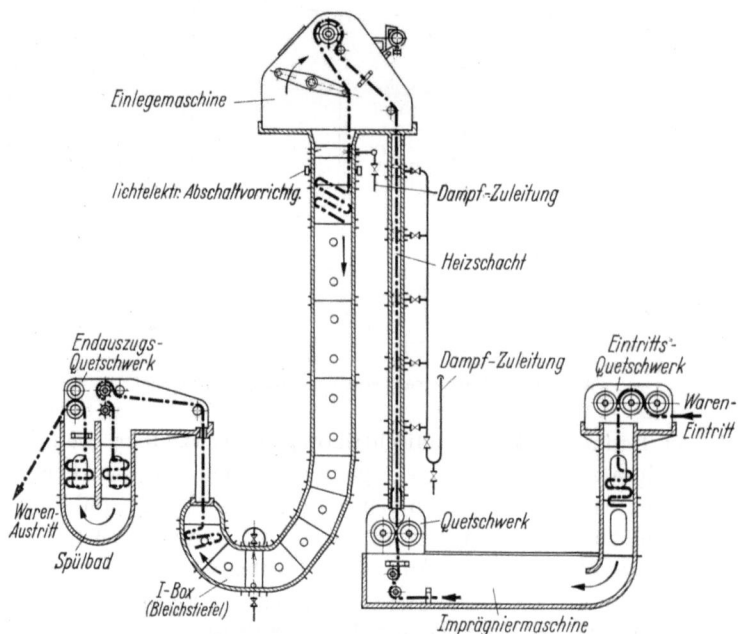

Abb. 167. Kontinue-Bleichanlage *(System-Degussa/Deutsche Steinzeug)*

Die **kontinuierlichen Strangbleichanlagen** unter Verwendung des **Bleichstiefels (J-Box)** haben wegen der Möglichkeit sehr große Mengen von Geweben zu bleichen, allgemein Eingang gefunden. Die Einrichtungen können auch zum Entschlichten, Brühen, einfachen und kombinierten Bleichen hintereinander oder wahlweise allein verwendet werden. Es kann ferner vor der J-Box-Strang- eine Breitbehandlung vor oder nachgeschaltet werden. Das Grundelement der Anlagen ist der Bleichstiefel, der entweder nach dem *Du-Pont-* (Solo-matic-) oder *Becco-System* eingerichtet ist. Nach dem Du-Pont-Verfahren wird die Ware vor Eintritt in den ausreichend isolierten Stiefelraum in einem Heizschacht mit Sattdampf aufgeheizt. Beim Becco-Verfahren dient der Stiefel selbst zur Erwärmung der Ware mit Sattdampf. Je nach Verwendungszweck bestehen die Stiefelanlagen aus Holz- (Hypochlorit-), Edelstahl- (Peroxyd-, Chlorit-Bleiche, Brühen oder Schnellentschlichtung) und Titan (Chlorit-Bleiche). Die Bleichstiefel können mit Polyester-, Polyäthylen- oder Polypropylenkunststoffen korrosionsfest ausgelegt oder aus Steinzeug hergestellt werden und werden u. a. von den Firmen

Benteler	*Farmer-Norton*	*SACM*
Bieger	*Hunt*	*Stork*
Butterworth	*ILMA*	*Rodney*
Cook	*Kleinewerfers*	
Deutsche Steinzeug	*Mather-Platt*	

gebaut.

Als Beispiel eines Bleichstiefels soll die **Kontinue-Strangbleichanlage (System Degussa)** beschrieben werden, die nach dem Du-Pont-Prinzip arbeitet (Abb. 167 u. 168). Die Anlage wurde von der *Deutschen Steinzeug* in Zusammenarbeit mit der *Degussa* entwickelt und ist dort mit Steinzeug korrosionsfest armiert, wo durch Chlordioxyd Schäden auftreten könnten. Die Ware kommt über ein Eintrittsquetschwerk, in dem entwässert und die Luft aus der Ware gedrückt wird, in die *Imprägniermaschine*, wo sie mit der konzentrierten Behandlungsflüssigkeit am Eingang besprüht und anschließend im Vollbad genetzt wird. Die Netzflotte wird mittels einer Pumpe in ständigem Kreislauf gehalten und über Filter von Verunreinigungen befreit. Die Nachsätze werden über die gleiche Pumpenleitung aus Nachsatzgefäßen eingespült. Mit dem Quetschwerk am Ende der Imprägniermaschine wird auf möglichst 100% Restfeuchtigkeit entwässert und in den *Heizschacht* eingeführt. Hier wird mit Sattdampf die Reaktionstemperatur erzielt und die aufgeheizte Ware über die Einlegemaschine in Schlaufen in den Stiefel

Abb. 168. Imprägniermaschine und J-Box einer Kontinue-Bleichanlage *(System-Degussa/Deutsche Steinzeug)*

eingeführt. Vor der Schlaufenbildung wird nochmals Sattdampf an die Ware geblasen. Um ein Zerreißen oder Beschädigung der Ware zu vermeiden, wird die Warenzuführung dann über eine Photozelle abgeschaltet, wenn der Stiefel überfüllt wird oder die Ware verknotet. In der Abb. 169 ist das Fassungsvermögen und die wählbare Verweilzeit der einzelnen Stiefeltypen ersichtlich. Am Ausgang des Stiefels wird der Warenstrang durch ein Spülbad gezogen, abgekühlt und evtl. Chlordioxyd aufgefangen. Nach dem Abquetschen wird die Ware auf Strangwaschmaschinen gespült und entweder der 2. Imprägniermaschine der folgenden Stiefeln zugeführt oder fertiggestellt.

Von *Kleinewefers* werden verschiedene Bleichstiefel mit einem Fassungsvermögen von 800—4000 kg gebaut. Die Anlagen arbeiten nach dem Becco-System, bei dem die Ware im Einführtrichter und Stiefelkopf erhitzt wird. Normalerweise wird dabei mit Dampf von 0,7 atü aufgeheizt. Die Ware wird über eine Einzugtrommel und einen Führungshaspel über einen Schlitten changierend über die gesamte Stiefelbreite eingelegt. Die Stiefeltypen können untereinander kombiniert werden und damit alle Vorbehandlungen und Bleichen kontinuierlich vorgenommen werden (Abb. 170). In der Imprägnier- und den „Multiflex"-Waschmaschinen werden als Teil der Quetschwerke die vollelastischen „Aeroflex"-Walzen verwendet. Als letzte Neuerung baut *Kleinewefers* einen *Flüssigkeits- oder schwimmenden Stiefel*, der beim Behandeln von Trikotagen, Leinen- und Halbleinen-Geweben im Normalstiefel durch die Schwere der Ware zu unangenehmen Falten und Zerrungen führt, verhindert. Die Ware wird dabei mit 200—350% Bleichflotte ansonsten wie normal behandelt.

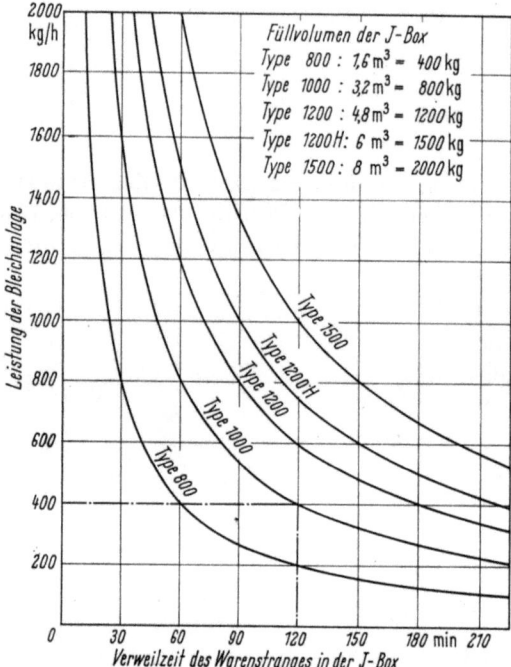

Abb. 169. Leistungskurve der Friedrichsfelder Continue-Strang-Bleichanlagen *(Deutsche Steinzeug)*

Abb. 170. Strangbleichanlage mit 5 Bleichstiefeln *(Kleinewefers)*

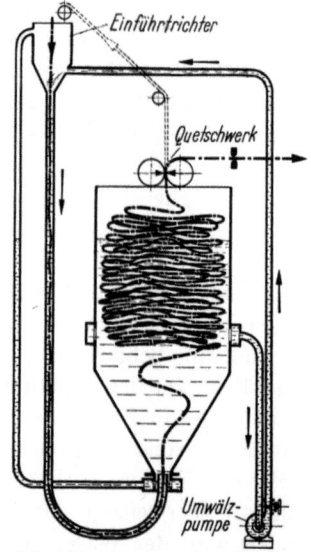

Abb. 171. Strangspeicher *(Menzel)*

Von der *ILMA* werden in der Strangbleichanlage T/Montebianco mehrere Haspelkufen hintereinander als kontinuierliche nach der Stiefelbleiche verwendete Wascheinrichtung eingesetzt, bei denen die Ware nicht als Einzelstücke, sondern als endloser Strang spiralförmig gespült, entchlort usw. werden. Von *Menzel* wurde als neuartige Strangbleichanlage der *Strangspeicher* (Abb. 171) geschaffen, in dem Gewebe und Gewirke kontinuierlich gebleicht und gespült werden können.

Der Gewebestrang wird mit der Behandlungsflüssigkeit von unten in den Speicher eingespült und dort behandelt. Dadurch ist eine intensive Benetzung der Ware durch die ständig zirkulierende Flotte gewährleistet. Wird der Warenstrang mehrmals behandelt, muß die Ware als endloser Strang aus dem Speicher wieder über den Einführtrichter geführt werden. Um die Ware mit konzentrierter Flotte zu imprägnieren, wurde von *Menzel* eine *Strangimprägniermaschine System Cilander* entwickelt, bei der die Strangware in einem V-förmigen, 2-Röhrensystem einmal mit Flotte im Gleichstrom und im aufsteigenden Rohr im Gegenstrom behandelt wird. Die Konstruktion kann auch für andere Kurzbehandlungen wie Säuern, Laugieren und Neutralisieren usw. eingesetzt werden. Zum Waschen kann eine spezielle Strangwaschmaschine (System Cilander) angeschlossen werden.

Verschiedene Gewebe können wegen der Gefahr von Bruchfalten oder des Verziehens nicht im Strang gebleicht werden. Auch sind einige Farbstoffklassen vorteilhafter auf breitvorbehandelter Ware wegen der Gefahr der Markierung von Falten und Reibstellen zu färben. Vor allem gilt das für das Färben mit Pigmentfarbstoffen. Neben der Möglichkeit, die Waren auf dem Jigger diskontinuierlich breit zu bleichen, wurde auch die für die Strangbehandlung übliche J-Box (Bleichstiefel) zur Breitbehandlung eingerichtet. Es hat sich jedoch gezeigt, daß es sehr schwierig ist, die Warenlagen so gleichmäßig durch den stehenden Bleichstiefel zu führen, daß die Warenschlaufen nicht verknoten. Breitstiefelanlagen haben deshalb kaum Verbreitung gefunden. Als Breitbleichanlagen haben sich vor allem die folgenden halb- und vollkontinuierlichen Anlagen einführen können.

Beim Bleichen nach **halbkontinuierlichen Breitbleichverfahren** arbeitet man hauptsächlich nach dem **Pad-Roll-Verfahren,** mit dem auch die Entschlichtung, das Brühen, das Bleichen nach allen üblichen, einfachen und kombinierten Verfahren möglich ist. Im Prinzip wird die Ware in speziellen Imprägniermaschinen mit der kalten oder warmen Behandlungslösung getränkt, gut abgequetscht, vor oder in der *Thermoverweilkammer* (Dockenwagen, Reaktionskammer) mit Sattdampf erhitzt und auf Großdocken aufgerollt und durch langsames Drehen der Großkaulen in der vorgeschriebenen Behandlungszeit verweilt und anschließend über Breitwaschmaschinen (S. 121) gewaschen.

Wie auch vor dem Behandeln im Bleichstiefel, reicht das einfache Foulardieren zur gründlichen Durchnetzung der Ware nicht aus und man verwendet deshalb *Imprägniermaschinen* nach Art der Rollenkufen, in denen die Ware die Netzflotte mehrmals durchläuft, evtl. zwischenabgequetscht und durch ein Endquetschwerk möglichst weit entwässert wird. Die Entwässerung reguliert die Aufheizzeit, da hohe Flottenrestmengen weit längere Aufheizzeiten benötigen. Dabei muß die Restfeuchtigkeit jedoch so hoch sein, daß die Behandlungschemikalien in ausreichendem Maße in gut gelöster Form auf die Ware kommen. Bei den *Dämpfern* sind die einzelnen Firmen unterschiedliche Wege gegangen. Dabei handelt es sich nicht um ein normales Dämpfen, da die Ware nicht befeuchtet und gleichzeitig erhitzt, sondern die bereits feuchte Ware lediglich durch Dampf von meist 2 atü auf die günstigste Temperatur gebracht werden soll. Es sind normalerweise 100 °C notwendig, um in der anschließenden *Thermoverweilkammer* optimale Effekte erreichen zu können. Die aufgeheizte Ware wird in der Kammer als Großdocke weiterbehandelt. Von den Konstrukteuren wurden in den Anlagen mehrere Möglichkeiten verwirklicht. Dabei können die Großdocken hintereinander in einem mit Deckenheizung und evtl. Einblasen von Dampf ausgerüsteten Kanal eingefahren werden, in dem sie bis zum Ende der Reaktion langsam (6 U/min.) ge-

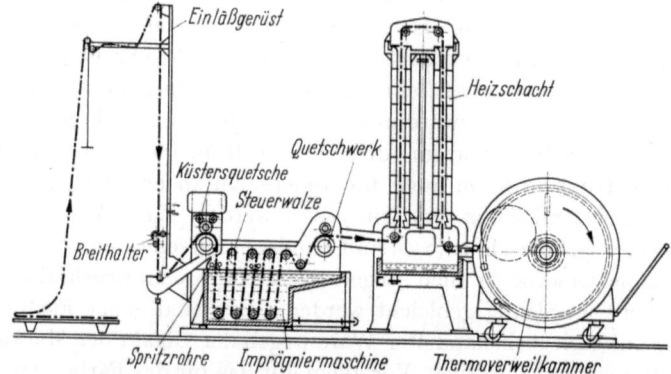

Abb. 172. Friedrichsfelder Breitbleichanlage *(Deutsche Steinzeug)*

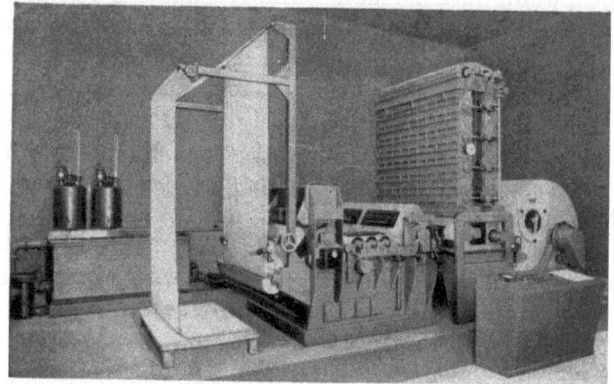

Abb. 173. Friedrichsfelder Bleichanlage *(Deutsche Steinzeug)*

Abb. 174. Pad-Roll-Bleichanlage *(Artos)*

dreht und nach Eintritt einer neuen Docke dem Ende des Kanals zugeschoben werden *(Benteler)*. Auch kann die Großdocke ausgehoben und in besonderen Verweilkammern mittels Hebezeugen eingehängt oder eingeschoben werden *(Gerber, Stork)*. Die meisten Firmen verwenden fahrbare Verweilkammern, die nach Aufdocken der Ware durch eine Leerkammer ersetzt werden (Abb. 172, 173 und 174). Die fahrbaren Kammern werden nach dem Aufdocken an Orten abgestellt, wo sie den weiteren Arbeitsablauf nicht behindern. In der Regel genügt zur Erreichung der Reaktionstemperatur das Aufdämpfen der Ware in dem der Verweilkammer vorgeschalteten Heizschacht, wenn die Kammer vor dem Aufdocken durch die Bodenheizung und gesättigten Dampf auf Reaktionstemperatur gebracht wurde. Ein Dämpfen in der Verweilkammer während des Aufdockens sollte vermieden werden, da es zur Verdünnung der Reaktionslösung auf der Ware und zur Kondensatbildung und damit Flecken führen kann. Vorteilhaft ist jedoch ein Dämpfen nach Beendigung des Aufdockens. Um ein Absinken der Imprägnierflotte in der Kaule zu verhindern, wird die Warendocke während der Reaktionszeit langsam gedreht.

Von *Küsters* wird eine Reaktionskammer hergestellt, die das Aufheizen der Ware in den Kopf der fahrbaren Kammer verlegt und die hermetische Abdichtung mittels Titan-Lippen erreicht. Diese Arbeitsweise ist jedoch nur durch eine möglichst gute Vorentwässerung möglich, die durch Quetschwerke von *Küsters* in denen das Prinzip der „schwimmenden Walze" verwirklicht wurde (Abb. 105, S. 104). Die Verweilzeiten richten sich nach Art der Behandlung, der Menge der eingesetzten Chemikalien, Temperatur und der Art der Ware und ihren Verunreinigungen und der Intensität der verlangten Behandlung. Als Werkstoff für die Thermoverweilkammer können Holz, Edelstahl, evtl. mit entsprechenden Innenanstrich und neuerdings in stärkerem Maße glasfaserverstärkte Kunststoffe, vor allem Polyesterharze, verwendet werden. Dabei ist die Korrosionsgefahr des Chlordioxyds bei der Chloritbleiche zu berücksichtigen. Nach dem Verweilen werden die Stückwaren im breiten Zustand auf dem Jigger oder entsprechenden Breitwaschmaschinen (S. 121) gewaschen.

Das Behandeln in Thermoverweilkammern (Pad-Roll-Verfahren) hat sehr viele Anhänger gefunden, da die Anschaffung von Dockenwagen weit billiger als die für das kontinuierliche Behandeln im Strang notwendigen Bleichstiefel mit ihren Zusatzeinrichtungen bzw. die noch zu schildernden Breitbleichanlagen ist. Außerdem können die Verweilkammern in vielen Fällen in den bereits vorhandenen Maschinenbestand eingefügt werden und brauchen nur dann eingesetzt werden, wenn irgendeine Behandlung über Großdocken notwendig ist. Je nach Art des Gewebes fassen die Großdocken bis 8000 m Ware und können mit einer Geschwindigkeit bis zu 120 m/min. beschickt werden. Ein weiterer Vorteil liegt vor allem in der Möglichkeit der evtl. Verwendung der Verweilkammern auch zum Breitfärben nach dem Pad-Roll-Verfahren (S. 113). Das Verfahren hat sich deshalb in Klein-, Mittel- und Großbetrieben gut einführen können.

Breitbehandlungsanlagen nach dem Pad-Roll-System werden u. a. von folgenden Firmen hergestellt:

Artos	*Dornier*	*Kleinewefers*	*Mezzera*
Benteler	*Funke*	*Küsters*	*Muller-Fichter*
Comerio-Ercole	*Gerber*	*Menzel*	*Stork*
Deutsche Steinzeug	*Goller*	*Metalmeccanica*	

Um die diskontinuierliche Verweilzeit in der Reaktionskammer zu umgehen, wurden von einigen Firmen nach dem Prinzip des „kontinuierlichen Aufdockens" *(Zöllig)*, als Umdockeinrichtung *(Benteler)* bzw. als „Autobleach" *(Smith)*-Verfahren bezeichnete, kontinuierliche Behandlungen eingeführt. Das Gewebe wird dabei nicht in einer Verweilkammer nur langsam gedreht, sondern abwechselnd von einer auf die andere Großdocke umgewickelt und gleichzeitig als Doppellage neues Gewebe mitaufgerollt. Dabei können die Doppeldocken über- oder hintereinander liegen. Das Schema der *Umdockeinrichtung (Benteler)* zeigt die Abb. 175, die Reaktionskammer die Abb. 176. Die *Benteler*-Einrichtung gestattet Verweilzeiten bis zu 60 min. und je nach Warengewicht, die Aufnahme von 3000—6000 m auf den Doppelkaulen. Die Anlagen werden im Baukastensystem mit den auch für das Pad-Roll-Verfahren notwendigen Imprägnier- und Waschmaschinen bzw. Quetschen kombiniert. Das Aufheizen wird entweder in einem der Kammer vorgeschalteten Dämpfkanal und der Kammer oder allein in der Kammer vorgenommen. Neben den genannten Firmen werden u. a. auch von *Kleinewefers* solche Anlagen gebaut.

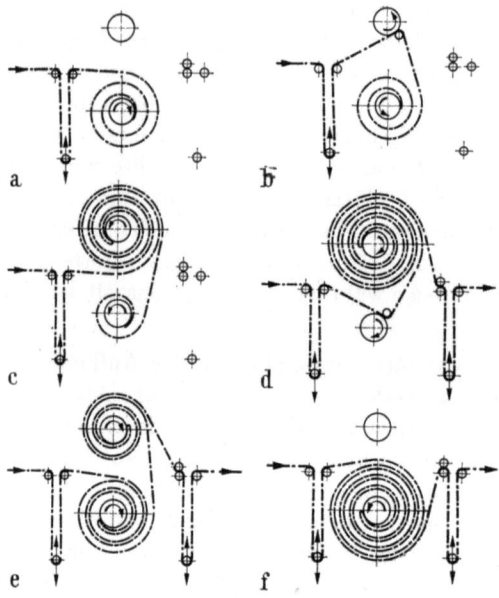

Abb. 175a bis f. Arbeitsweise der *Benteler-Kontinue-Umdockeinrichtung*
a) Beginn der Wicklung auf die untere Docke; b) Umdocken von der unteren und Aufdocken auf die obere Kaule; c) Beendigung von b; d) Umdocken und Ausfahren von der oberen Kaule; e) Fortsetzung von d; f) Ausfahren von der unteren Kaule und Vorstufe für b

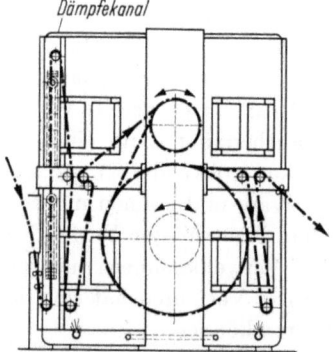

Abb. 176. Reaktionskammer der *Benteler-Umdockbreitbleichanlage*

Für die Behandlung von größeren Warenmengen in spannungslosem Zustand wurden von einigen Firmen besondere Bleicheinrichtungen geschaffen, die diesen Anforderungen gerecht werden. Diese **kontinuierlichen Breitbleichanlagen** arbeiten ebenfalls über „Thermoverweilkammern", in denen jedoch die Stückware nicht auf Großkaulen, sondern in „Schlaufen" oder „im Stoß" verweilen. Die Stückwaren können dadurch frei krumpfen, und profilierte Gewebe erleiden keine oberflächliche Verflachung wie auf den Kaulen. Auch ein Scheuern der Ware an den Gefäßwänden (J-Box) ist nicht möglich, da die Schlaufen oder Warenstöße durch die Reaktionskammer auf Transportbändern (Goller/Abb. 177) Rollen (Benninger /Abb. 178, Farmer-Norton) oder einem Stabrost (Gerber Abb. 179) getragen werden. Die Anlage von Goller arbeitet mehrstöckig und ermöglicht dadurch das

„Stürzen" (Abb. 180) der zu behandelnden Ware, um ein Absinken der Behandlungsflotte in die unteren Schlaufenteile zu vermeiden. Je nach Größe der Anlage

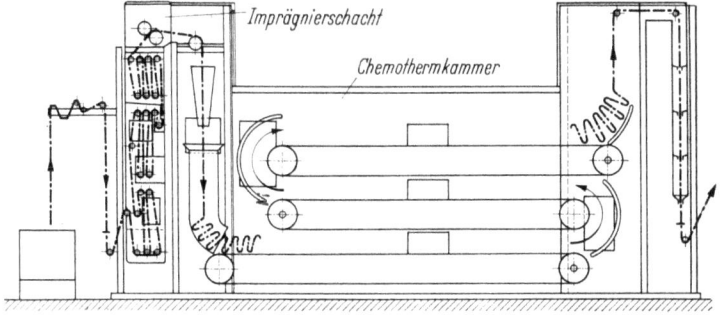

Abb. 177. Kontinuierliche Breitbleichanlage „System Wendler" *(Goller)*

können Warenmengen von 2500—15000 m in den Reaktionskammern untergebracht werden und damit Warengeschwindigkeiten von 20—130 m/min., je

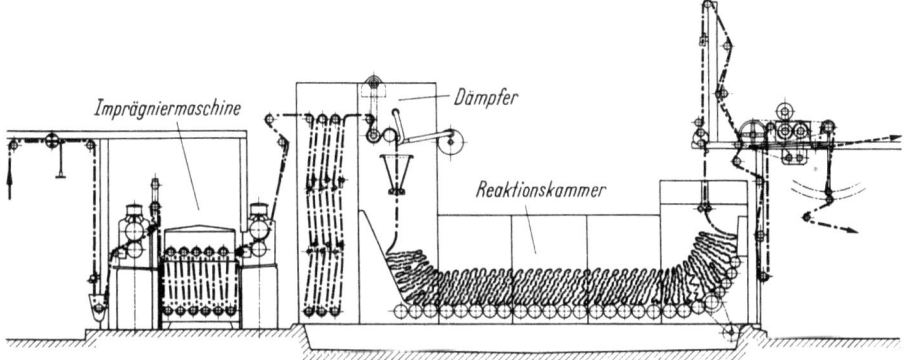

Abb. 178. Kontinue-Bleichanlage TFA *(Benninger)*

nach Verweilzeit, gefahren werden. Die 8-Stundenproduktion der verschiedenen Anlagetypen wird bei einer Verweilzeit von 1 Std. mit 16800—58800 m und bei

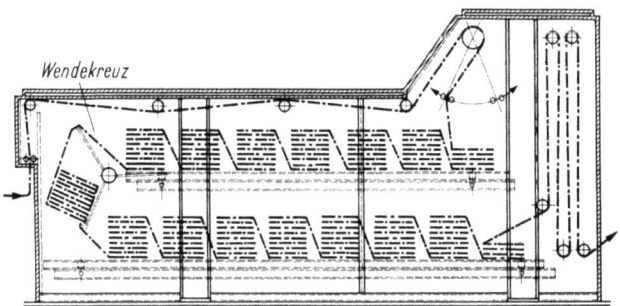

Abb. 179. „Blancomat"-Breitbleich-Reaktionskammer *(Gerber)*

2 Std. mit 7200—46800 m angegeben. Nach ähnlichem Prinzip arbeiten auch die Anlagen der Fa. *Proctor*. Die Fa. *Benninger* und *Farmer-Norton* arbeitet nach dem Prinzip des „liegenden Bleichstiefels", bei der „Blancomat"-Anlage (*Gerber*

Abb. 179), wird die Ware nach dem Dämpfen „aufgehäufelt", zweistöckig durch die Reaktionskammer geführt und mittels eines Wendekreuzes auf den unteren Stabrost verkehrt aufgelegt und dem Ende der Reaktionskammer zugeführt. Alle Anlagen werden im Baukastensystem mit Imprägniermaschinen, Quetschen und Waschmaschinen gekoppelt und erlauben dadurch alle Vorbehandlungen und Bleichverfahren. Zum Färben eignen sich diese Einrichtungen nicht.

Abb. 180. „Stürzen" der Gewebschlaufen in der Breitbleichanlage „System Wendler" *(Goller)*

Von *Benteler* wurde die *Volventer-Trikotagen-Breitbleichanlage* konstruiert, in der die Trikotagen in Schlaufen mittels eines Transportbandes durch die runde Verweilkammer geführt werden. *Kleinewefers* verwendet als Verweilkammer einen Druckdämpfer mit oder ohne Sumpf, in dem die Stückwaren faltenlos bei 130 bis 140 °C behandelt werden.

Dungler setzt seit langem überhitzten Dampf zum Trocknen von Geweben ein. Von der gleichen Firma wird eine *kontinuierliche Breitbleiche System Dungler* gebaut, bei der die Ware nach Passieren der Imprägniermaschine in der Reaktionskammer durch ein Doppeldüsenfeld vorgeheizt und in der Kammer selbst in einer Reaktion-J-Box abgelegt wird. Die schockartige Erwärmung verkürzt die Reaktionszeit sehr stark, so daß mit Verweilzeiten von maximal 20 min. optimale Effekte erreichbar sind. Die J-Box kann je nach Schwere des Gewebes bis zu 1500 m bzw. 180 kg Material aufnehmen. Als Besonderheit hat die Fa. festgestellt, daß als Aktivator in der Chloritbleiche auch Salzsäure verwendet werden kann, da die hohe Raumfeuchtigkeit in der Reaktionskammer eine Korrosion durch ClO_2-Gas nicht zuläßt. Die Reaktionskammer ist auch hier als Komponente einer kontinuierlichen Anlage (Abb. 181) verwendbar und kann für alle Vorbehandlungen und Bleichverfahren eingesetzt werden.

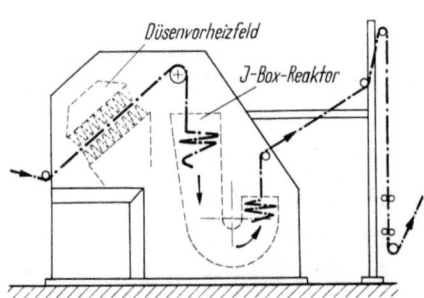

Abb. 181. Reaktionskammer der *Dungler-Kontinue-Breitbleichanlage* (Thermreaktor)

6. Chemikalien- und Hilfsmittelzusätze für die Hochkonzentrationsbleichverfahren

Unter Hochkonzentrationsbleiche sind alle Verfahren zu verstehen, die ein Imprägnieren und Abquetschen der Ware auf 60—100% Feuchtigkeit erfordern, um anschließend in einem „Flottenverhältnis" von etwa 1:1 thermisch zur Reaktion gebracht zu werden. Es handelt sich dabei um Verfahren, die als semi- und vollkontinuierliche Arbeitsweisen auf der J-Box, Pad-Roll oder den anderen kontinuierlichen Einrichtungen möglich sind. Ähnliche Verhältnisse herrschen auch dann, wenn zum Imprägnieren der Jigger oder eine Rollenkufe mit Quetschwerk verwendet wird. Zum Entschlichten kommen nur Bakterienamylasen in Betracht, die nach dem Schnellentschlichtungsverfahren eingesetzt werden. Die nachstehend aufgeführten Rezepturen gelten auch für die von Avesta-Karrer eingeführten Bleichverfahren (S. 162). Bei Umstellungen von diskontinuierlichen auf Hochkonzentrations-Verfahren muß die verwendete Chemikalienmenge auf das kleinere Flottenverhältnis umgerechnet werden.

a) Brühen. Als Ätznatronkonzentration werden je nach Schalenhaltigkeit 30—50 g/l neben 2—5 g/l Netz- und Waschmittel verwendet. Zur besseren Durchnetzung wird die Imprägnierflotte angewärmt.

b) Hypochloritbleiche. Wenn nach diesem Verfahren gebleicht wird, verwendet man meist den billigen Holzstiefel, der, da nur kalt gebleicht wird, vollkommen ausreicht. Im Pad-Roll-Verfahren ist eine Reaktionskammer nicht nötig, da die Bleiche auf einer Großkaule, die, um Antrocknen oder Verschmutzen zu vermeiden, mit Nesselgewebe, das ebenfalls benetzt sein sollte und einer Plastikfolie 1—2 Std. umhüllt, verweilt. Je nach Vorbehandlung bzw. Benetzen der Rohware wird man zum Imprägnieren Bleichlauge mit 4—6 g/l akt. Chlor und einen Kaltnetzer mit 1—3 g/l bei pH 11 einsetzen. Wenn eine kombinierte Bleiche durchgeführt werden soll, ist ein Entchloren nicht unbedingt notwendig, wird aber dann von Vorteil sein, wenn anschließend mit Peroxyden gebleicht wird und die Gesamtmenge des Peroxyds zum Bleichen eingesetzt und nicht ein Teil davon durch das Entchloren verloren gehen soll. Oft wird zur Verbesserung des Bleichgrades auf den nachfolgenden Waschmaschinen gesäuert, um das auf der Ware verbliebene Hypochlorit zu aktivieren. Es sollte in diesem Fall die Säurebehandlung, man setzt meist 1 °Bé Salzsäure ein, zwischen 2 Spülbädern liegen. Zum Entchloren hat sich in letzter Zeit vor allem das Natriumbisulfit als sehr billige Chemikalie einführen können. Man entchlort auch hier möglichst zwischen 2 Spülbädern.

c) Chloritbleiche. Die vorstehend beschriebenen Einrichtungen wurden vor allem für dieses Bleichverfahren geschaffen. Als Imprägnierlösung werden dabei

15—28 g/l Natriumchlorit 80%ig (Pulver)
5—10 g/l   chloritbeständiges Wasch- oder Netzmittel
5—10 g/l   Aktivator (Axil C/*Bayer*, Aktivator SF/Hoechst)
5—10 g/l   Natronsalpeter als Korrosionsschutz
0,5—1,5 ml/l Essigsäure 60%ig

verwendet. Wird ohne Essigsäure gearbeitet, wird die Aktivatormenge um etwa 20% erhöht. Nach dieser Arbeitsweise kann die Heißverweilzeit zur Erreichung von optimalen Bleicheffekten bis zu 6 Stunden ausgedehnt werden, das auch zur verbesserten Saugfähigkeit der Ware und Zerstörung von Schalen beiträgt. Die meisten Aktivatoren ermöglichen ein Netzen in alkalischer Lösung, die sich erst im Laufe der Bleichzeit langsam auf den sauren pH-Bereich, der für das Bleichen notwendig ist, einstellt und dadurch die Chlordioxydentwicklung einschränkt oder ganz verhindert. In den Spezialchloriten in flüssiger Form sind Aktivatoren bereits vorhanden, so daß lediglich noch Natronsalpeter und evtl. ein Spezialnetzer notwendig sind.

d) Peroxydbleiche. In der Regel werden Peroxyde als 2. Komponente einer kombinierten Bleiche verwendet, da die Reaktionszeiten der Peroxyde lang und die Produkte teurer als das Hypochlorit sind. Man imprägniert mit

20—40 ml/l Wasserstoffperoxyd 35%ig
10—15 g/l Ätznatron
15—25 ml/l Wassergals 38 °Bé oder
3—5 g/l organischen Stabilisator
1—3 g/l Heißnetzmittel

und läßt nach Abquetschen auf 100—120% Restfeuchtigkeit 2—6 Std. heiß verweilen. Bei Verwendung von Natriumperoxyd muß entweder mit entsprechenden Mengen Schwefelsäure neutralisiert oder in Kombination mit Wasserstoffperoxyd gearbeitet werden. Das Verhältnis liegt meist bei $Na_2O_2 : H_2O_2$ 35%ig = 1 : 2. Zur Vermeidung von Alkalischäden ist ein Absäuern mit organischen Säuren zwischen 2 Spülbädern vorteilhaft.

Die angegebenen Chemikalienmengen können nur als Näherungswerte betrachtet werden, da sowohl die Qualität und Verunreinigungen der Baumwolle, die Flüssigkeitsaufnahme auf Grund des Abquetscheffekts, die Erwärmung und Verweiltemperatur, vor allem aber die Verweilzeit maßgeblich am Bleicheffekt beteiligt sind. Als Nachsatz werden die gleichen Ansätze verwendet, da mit der Flüssigkeit die gesamten, gelösten Produkte aufgenommen werden. Der Nachsatz wird meist in größeren Gefäßen angesetzt und über einen Niveauregler automatisch zugesetzt. Nach Größe der Einrichtungen richtet sich der Preis der Anlagen und vor allem der damit zu erzielende Warenausstoß.

E. Färben der Baumwolle

Die Erhöhung der Saugfähigkeit durch eine Beuche oder Vorbleiche wurde durch Verwendung von Netzmitteln bei der nachfolgenden Färberei zum großen Teil ersetzt, wenn die Baumwolltextilien nicht für Leibwäsche, Frottéartikel usw. verwendet werden. Blätter und Samenschalen können jedoch nur durch eine alkalische Vorbehandlung oder Bleiche restlos entfernt werden. Letztere lassen sich u. U. durch eine alkalische Nachbehandlung, wie sie als Seifen nach Echtfärbungen üblich ist, teilweise entfernen. Wegen der Eigenfarbe der meisten Baumwollsorten wird man für brillante Farbtöne eine *Vorbleiche* vornehmen müssen, die neuerdings auch durch Spezialverfahren gleichzeitig mit dem Färben ersetzt werden kann. Zur Entfernung der auf der Ware sitzenden Erdalkalisalze und Proteine wird auch eine saure Vorbehandlung während 30 min. bei 60 °C mit

2 % Essigsäure 50%ig
1—2 g/l eines Heißnetzers

unter Zusatz von Sequestriermitteln im Färbebad empfohlen, die auch ein Vergilben der Ware beim Trocknen bei höheren Temperaturen vermeidet. Aus den hohen Verbrauchszahlen der Baumwolle erklären sich auch die zum Färben empfohlenen Färbeverfahren, die alle, auch die brillantesten Töne in allen Echtheiten gestatten. Baumwolle und regenerierte Zellulosefasern werden mit

Direkt-
Küpen-,
Leukoküpenester-,
unlöslichen Azo-,

gefärbt.

Schwefel-
Reaktiv-
Polykondensations-
Phtalocyanin-
Pigment-
Oxydations-
Beizen- und
basischen Farbstoffen

1. Direktfarbstoffe

Die Farbstoffe werden auch als *substantive* Farbstoffe bezeichnet, obwohl auch andere Farbstoffe mehr oder weniger substantiv auf die Faser ziehen. Früher wurden sie auch *Benzidin-Farbstoffe* genannt, da zu ihrer Herstellung vielfach Benzidin verwendet wird. Es sind in der Hauptsache wasserlösliche Azo- und Oxazim-Farbstoffe, die teilweise auch Metall im Molekül enthalten. Sie dissoziieren teilweise im Färbebad, diffundieren als Einzelmoleküle in die Zellulose, um sich im Faserinneren wieder zu assoziieren. Elektrolytzusätze schränken die Dissoziation ein und zwingen die Farbstoffe stärker substantiv als Farbsalze auf die Faser. Am Färbemechanismus sind jedoch auch die alkoholischen Hydroxylgruppen der Zellulose beteiligt.

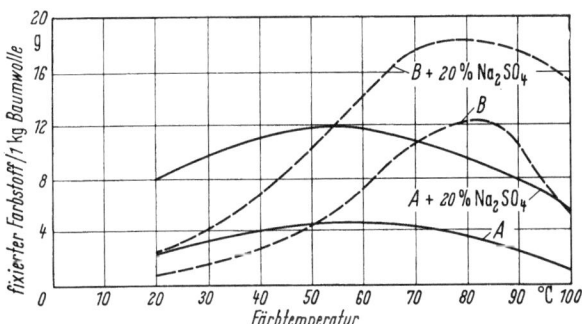

Abb. 182. Substantivitäts-Temperaturkurven eines A = Warm- (Siriuslichtgelb 5 G/*Bayer*) und eines B = Heißfärbers (Siriuslichtbraun RL/*Bayer*) bei 2% Farbstoffeinsatz, 1stündiger Färbezeit, mit und ohne Salz

Die Farbstoffe haben unterschiedliche *Substantivitätsoptima*, die durch Zusatz von Elektrolyten und die Temperatur beeinflußt werden. Durch Vergrößerung des Flottenverhältnisses bleibt, wie auch durch Zusatz von Egalisiermitteln, mehr Farbstoff im Färbebad bzw. wird wieder von der Faser abgelöst. Man unterscheidet deshalb **Kalt-**, **Warm-** und **Heißfärber**. Die Kaltfärber erschöpfen sich optimal bei etwa 40, die Warmfärber bei 60 und die Heißfärber zwischen 75—95 °C. Werden die angegebenen Temperaturen nicht erreicht, wird der Farbstoff nicht ausreichend genützt. Überschreitet man bei den Kalt- und Warmfärbern und teilweise auch bei Heißfärbern die angegebenen Temperaturen, wandert der Farbstoff wieder in das Bad zurück. Dieses *Wandern (Migrieren)* wird zur Verbesserung der Egalität der Färbung verwendet. Zur vollen Nutzung des zugesetzten Farbstoffes ist jedoch unbedingt als Musterungs- oder Endtemperatur in den günstigsten Temperaturbereich abzukühlen (Abb. 182). Zur Kombination sollen deshalb möglichst Farbstoffe der gleichen Temperaturgruppe verwendet werden. Die bei Kalt- und Warmfärbern verstärkt auftretende Migration führt zwar zu egaleren Färbungen, die in ihren Naßechtheiten denen der Heißfärber jedoch nachstehen. Werden Färbungen oberhalb des Substantivitätsoptimums abgemustert, kann es bei Abkühlung der Bäder zu Farbtonverschiebungen kommen.

Ein **Elektrolytzusatz** führt in allen Fällen zur besseren Ausnutzung der Direktfarbstoffe (Abb. 182), kann aber durch unsachgemäßen Zusatz zu verstärktem, örtlichem Aufziehen des Farbstoffes und damit Unegalitäten führen. Durch sinnvolle Kombination der Temperatursteigerung, des Salzzusatzes und evtl. Einsatz eines Egalisiermittels, wird sich in den meisten Fällen eine ausreichend egale Ausfärbung erzielen lassen. In schwierigen Fällen, vor allem gilt das für helle Färbungen, kann auch ohne große Farbstoffverluste, ohne Salz gefärbt werden. Bei mittleren und vor allem dunklen Färbungen ist ein Salzzusatz, der evtl. in Portionen, oder am Ende des Färbeprozesses zugegeben wird, unbedingt von Vorteil. Da der prozentuelle Erschöpfungsgrad mit steigender Farbstoffmenge abnimmt, ist neben der Verwendung von Salz das Färben in *stehenden Bädern* dann vorteilhaft, wenn mehrere Partien im gleichen Farbton hintereinander gefärbt werden. Das gilt für Standard-Braun-, Marine- und Schwarzfärbungen. Man färbt dabei die 1. Partie mit normalen Salzmengen, setzt den ausgezogenen Farbstoff und $1/3$, bzw. in den folgenden Partien $1/4$, der ursprünglichen Salzmenge nach. Bei längerer Verwendung des Bades kann auch ohne Salz, nur mit Farbstoffnachsatz allein, gefärbt werden. Durch Verschmutzung steigt die Dichte des Bades an und man sollte das Bad ablassen, wenn durch Spindeln eine Dichte von 1,5 bei mittleren und 4 °Bé bei dunklen Tönen festgestellt wurde. Zur verstärkten Baderschöpfung werden im letzten, stehenden Färbebad erhöhte Salzmengen, evtl. unter Reduzierung des Farbstoffnachsatzes, verwendet.

Als **Egalisiermittel** wird als billigstes Produkt die Soda verwendet, die zur Ionisation der Zellulose führt und damit das Aufziehen des Farbstoffes behindert. Als farbstoffaffine Egalisiermittel sind nichtionogene Produkte üblich, die sich mit dem Farbstoff zu schwerbeweglichen Additionsprodukten verbinden, die sich erst durch längeres Färben und bei höherer Temperatur lösen, den Farbstoff wieder freigeben und damit ein langsames Aufziehen und besseres Egalisieren ermöglichen. Zu diesen Hilfsmitteln gehören auch die als Retardiermittel in der Küpenfärberei verwendeten Produkte (S. 190) und alle nichtionogenen Waschmittel. Auch durch Verwendung von anionischen Produkten wie Färbeöle, Netz- und Waschmittel läßt sich eine bessere Egalität erreichen, da diese Produkte zur verbesserten Verteilung und Lösung der Farbstoffe beitragen.

Die **Echtheiten der Direktfärbungen** sind sehr unterschiedlich. Durch entsprechende Nachbehandlungen können die Lichtechtheit, im besonderem aber die Naßechtheiten, verbessert werden. Ausgesuchte Produkte zeigen auf Grund ihrer Konstitution sehr hohe Lichtechtheitswerte, die in hellen Tönen auch die von Küpenfärbungen übertreffen können. Da das Färbeverfahren einfach ist und normale Ausfärbungen durch eine Nachbehandlung nicht entwickelt werden müssen, Direktfarbstoffe außerdem preislich sehr günstig sind, erfreut sich diese Färbeweise einer weiten Verbreitung.

Verschiedene Farbstoffe sind gegen *Schwermetallsalze* und die *Härtebildner des Wassers empfindlich*, sie geben Ausfällungen und sich schlecht reibecht auf die

Ware absetzen. Sie müssen deshalb nur mit weichem Wasser gefärbt oder entsprechende Sequestriermittel zur Wasserenthärtung zugesetzt werden. Diese Hilfsmittel eliminieren neben der Wasserhärte auch Eisen, Kupfer u. a. Salze, die mit der Schlichte oder dem Wasser eingeschleppt wurden. Bei Verwendung von eisen- oder kupferhaltigen Elektrolyten empfiehlt sich ebenfalls der Zusatz dieser Sequestriermittel (S. 49). Kupfer- oder eisenempfindliche Farbstoffe dürfen außerdem nicht in Apparaten aus diesen Metallen gefärbt werden. In der Tab. 12 sind die Echtheiten eines lichtechten Direktfarbstoffes angeführt. Nähere Angaben über den Gebrauch dieser Tafel sind auch auf S. 45 angeführt.

a) Färbeverfahren für Direktfarbstoffe. Die Produkte kommen nur in Pulverform in den Handel und werden durch Übergießen mit kochendem Wasser oder Aufkochen mit der ihrer Löslichkeit entsprechenden Wassermenge gelöst. Durch Anteigen mit anionischen Färbeölen oder deren Stammlösungen, Spiritus oder anderen Dispergiermitteln, wird das Lösen verbessert. Man sollte die Lösungen immer durch ein feinmaschiges Sieb oder Kalikofilter dem Färbebad zusetzen um ungelösten Farbstoff abzufiltrieren. Nichtionogene Egalisiermittel dürfen nicht zur Stammlösung der Farbstoffe zugesetzt werden, da sie u. U. zur Ausfällung führen. Man setzt sie vorteilhaft dem Färbebad vor dem Farbstoff zu und läßt kurz zirkulieren.

Man färbt bei 40 °C beginnend mit:

neutral: 0—20% Koch- oder Glaubersalz kalz.
alkalisch: 0,5—2 % Soda kalz.
        5—20% Koch- oder Glaubersalz kalz.
sauer: 0,5—1 % Essigsäure 60%ig
        5—20% Koch- oder Glaubersalz kalz.,

treibt in 30—40 min. zum Kochen, bleibt 30 min. in der Nähe des Kochpunktes und läßt weitere 30 min. nachziehen um in das Substantivitätsoptimum des Farbstoffes zu kommen. Die neutrale Färbeweise ist für alle Farbstoffe geeignet. Die Soda wird als Egalisiermittel verwendet, wenn es sich um rasch ziehende Farbstoffe handelt. Die saure Färbeweise ergibt bei einigen Blaufarbstoffen brillantere Farbtöne. Die einzelnen Zusätze richten sich nach der Farbtiefe. Der Elektrolytzusatz kann bei Heißfärbern im kalten Färbebad erfolgen. Bei

Tabelle 12. *Echtheiten und Verhalten von Siriuslichtscharlach BN/Bayer* (s. auch S. 45)

Löslichkeit			8
Empfindlichkeit gegen	Wasserhärte		+
	Kupfer		—
	Eisen		kaum verändert
Licht-	1/12		5
	1/3		5
	1/1		5—6
	2/1		6
Wasser- b)			4—3 / 2—3 / 4
Meerwasser-			3—4 / 2—3 / 4
Wasch- 40 °C			3—4 / 2—3 / 4—5
Schweiß-			3—4 / 2 / 3—4
Bügel- trocken	sofort		3G
	nach 2 Stunden		4—5
	Alkali-		4B
Säure-	Weinsäure		2BT
	Essigsäure		4—5
	Schwefelsäure		1 BBB
Eignung für die HT-Färbung			II
Ausgleichsvermögen bei 90 °C			3
Einteilung m. Bezug auf färberisches Verhalten	A	B	C
			+
Wassertropfen-			5
Ätzbarkeit, neutral (Typ 8002)			gut
Halbwollgruppe			II
Azetateffekte			I
Decken toter Baumwolle			
Eignung für das Konturenfärben			B

schlecht egalisierenden Farbstoffen soll das Salz portionsweise oder nach Beendigung des kochenden Färbens zugesetzt werden. Die Soda bzw. das Egalisiermittel kann auch am Ende des Färbeprozesses zugesetzt werden, wenn die Färbung keine ausreichende Egalität aufweist. Durch den Nachsatz werden die Farbstoffe zum Migrieren veranlaßt und können dadurch ausreichend egalisieren.

Das Flottenverhältnis beträgt normalerweise 1:3—1:40, doch muß bei kleinem Flottenverhältnis immer die Löslichkeit der Farbstoffe berücksichtigt werden. In den Musterkarten wird auch auf die besondere Eignung der Farbstoffe für die *Apparatefärberei* hingewiesen, d. h., daß diese Farbstoffe eine genügend große Löslichkeit haben, die für das Färben in kleinem Flottenverhältnis ausreicht. Produkte, die sich besonders für das *Decken toter Baumwolle* eignen, sind ebenfalls besonders herausgestellt.

Nach Erreichung des vorgeschriebenen Farbtons wird möglichst die gesamte Flotte abgelassen. Durch Zulauf von Spülwasser kann es u. U., vor allem bei höheren Temperaturen zum Ablösen von Farbstoff kommen und der Farbton abgeschwächt werden. Durch Zusatz von Kaltwasser in den leeren Apparat oder die Maschine besteht diese Gefahr nicht. Einige Farbstoffe lösen sich wegen ihren schlechten Naßechtheiten auch im kaltem Wasser stärker und es sollten diese Färbungen nur mit Salzlösung gespült werden. Vor allem sind die Türkisblaumarken für dieses Verhalten bekannt. Farbstoffnachsätze dürfen nur in gelöster Form und portionsweise zum Färbebad gegeben werden. Nach dem Zusatz wird nochmals kurz aufgekocht und 20 min. bei sinkender Temperatur gefärbt.

Von den Farbstoffherstellern wurden aus der Reihe der Direktfarbstoffe die Produkte ausgewählt und unter besonderen Gruppennamen zusammengefaßt, welche sich durch *besonders hohe Lichtechtheiten* auszeichnen. Dazu gehören u. a.:

Chlorantinlicht–	*CIBA*	Remastral–	*Hoechst*
Diaminlicht–	*Cassella*	Saturn–	*Chemapol*
Diazollicht–	*Francolor*	Siriuslicht–/LL	*Bayer*
Durazol–	*ICI*	Solaminlicht–	*Wolfen*
Eliamina–	*ACNA*	Solar–/3L	*Sandoz*
Lurantinlicht–	*BASF*	Solophenyl–	*Geigy*
Pontaminecht–	*Dupont*	Triantinlicht–Farbstoffe	*Vondelingenplaat*

Zu den Direktfarbstoffen mit *mittleren Gesamtechtheiten* gehören u. a.:

Benzo–	*Bayer*	Diphenyl–	*Geigy*
Carbid–	*CIBA*	Libia–	*ACNA*
Chlorazol–	*ICI*	Naphtogen–	*Wolfen*
Columbia–	*Wolfen*	Pontamin–	*Dupont*
Diamin–	*Cassella*	Rigan–	*CIBA*
Dianil–	*Hoechst*	Triamin–	*Vondelingenplaat*
Diazol–	*Francolor*	Trisulfon–Farbstoffe	*Sandoz*

Einige Farbstoffe neigen in Gegenwart von reduktiven Substanzen, wie die Pektine der Rohbaumwolle oder Stärkeschlichtereste zum *Verkochen*. Durch eine kochende Vorbehandlung mit 2% Soda und Zusatz des gelösten Farbstoffes in das anschließend abgekühlte Bad, kann diese Erscheinung unterbunden werden. Auch durch eine Nachbehandlung mit 1 g/l Natriumperborat oder 0,5 ml/l Wasserstoffperoxyd 35%ig können verkochte Färbungen in 10—15 min. bei 60—70 °C ebenfalls wieder repariert werden.

Von den Farbstoffherstellern wurden alle Direktfarbstoffe auf ihre **Eignung für das HT-Färben** geprüft. Es hat sich gezeigt, daß eine große Anzahl für diese Arbeitsweise geeignet ist. Allerdings muß im neutralen Bad gefärbt werden. Als Sicherheitszusatz werden 0,5—1 g/l Ammonsulfat zugesetzt um unbedingt unter pH 7 zu bleiben. Die geeigneten Produkte werden in 20—40 min. bei 120 °C gefärbt und anschließend das Farbbad durch Abkühlen erschöpft. Alle Farbstoffe zeigen bei HT-Bedingungen eine geringere Substantivität und damit bessere Egalität. Die Färbeweise wird zur Abkürzung der Färbezeit und besseren Durchfärbung von Wickelkörpern hauptsächlich in der Apparatefärberei angewandt. Durch die hohe Temperatur wird außerdem die Zellulosequellung herabgesetzt und das Material besser durchgefärbt. Salzzusätze werden meist erst nach dem Abkühlen zugegeben.

Um die Vorbleiche in das Färbebad zu verlegen, wurden von den Farbstoff- und Hilfsmittelherstellern besondere Netz-, Reinigungs- und Peroxydstabilisiermittel auf den Markt gebracht, die ein **gleichzeitiges Bleichen und Färben** erlauben. Die Arbeitsweise ergibt Ersparnisse an Dampf, Wasser und Arbeitszeit. Allerdings müssen besonders ausgesuchte Farbstoffe verwendet werden, die keine oder nur geringfügige Nuance- und Farbtiefenänderungen aufweisen. Die von *Tübingen* angegebene Arbeitsweise lautet:

Das Material wird bei 30 °C mit 1—2 g/l Viscavin CA spez. 10 min. behandelt und anschließend der gut gelöste Farbstoff zugesetzt. Nachdem der Farbstoff gut verteilt ist, werden

0,4 g/l Ätznatron oder 1,2 ml/l NaOH 38 °Bé,
2 ml/l Wasserstoffperoxyd 35%ig

und nach weiteren 10 min. 5—10 g/l Glaubersalz kalz. in Lösung nachgesetzt. Nun wird in 30—45 min. zum Kochen getrieben und 30 min. gekocht, gründlich gespült und im letzten Spülbad mit 0,3—0,5 ml/l Essigsäure 60%ig abgesäuert. Das Verfahren wird für Wickelkörper in Apparaten, Trikotagen und Webwaren auf der Haspelkufe und dem Jigger sehr häufig verwendet. Ein Salzzusatz ist unbedingt zu empfehlen, da bei Kochtemperatur der im Bad befindliche Farbstoff durch das Peroxyd stärker angegriffen wird als der auf der Baumwolle. Das Verfahren ist nur mit einer Peroxydbleiche möglich, da fast alle Direktfarbstoffe durch Hypochlorit und Chlorit zerstört werden.

Neben den diskontinuierlichen Färbeweisen können auch halb- und vollkontinuierliche Verfahren eingesetzt werden, die für das Färben von größeren Stückwarenmengen interessant sind. Eine Sonderstellung nimmt das *Avesta-Karrer-Verfahren* ein. Es handelt sich dabei um ein *Pad-Steam-(Imprägnier-Dämpf-)Verfahren* für loses Material und Wickelkörper in Apparaten. Im Prinzip werden die Wickelkörper mit der Farbstofflösung bei optimaler Substantivitätstemperatur 5—10 min., evtl. unter Zirkulation, imprägniert und anschließend durch Absaugen wieder entwässert. Zur guten Durchnetzung ist es nötig das Material und den Apparat durch eine Vakuumpumpe möglichst weitgehend zu evakuieren um der anschließend eingesaugten Flotte den geringsten Widerstand entgegenzusetzen. Durch Einblasen eines Dampf-Luftgemisches von 100—110 °C wird der imprägnierte Farbstoff in 6—10 min. fixiert. Anschließend wird durch Einsaugen von Spülwasser in den wiederum evakuierten Apparat, mehrmals gespült. Das Verfahren hat seinen Vorteil nicht nur in der verkürzten Färbezeit, sondern auch in der Ersparnis von Flotte, die nach dem Netzen abgesaugt und durch Nachsatz von Farbstoff und Salz für die folgende Partie wieder verwendet werden kann. Das Verfahren ist sowohl für das Bleichen als auch Färben fast aller Farbstoffe, auch für die Woll- und Mischgarnfärberei, verwendbar und wird neuerdings auch zum Appretieren von Garnen bzw. zur Strangschlichte eingesetzt.

Bei allen *halb-* und *vollkontinuierlichen Stückfärbeverfahren* ist ein *Foulardieren* (Klotzen) der Farbstofflösung notwendig. Dabei ist als unbedingte Voraussetzung eine sehr gut benetzbare, trockene Ware notwendig, die meist auch vorgebleicht wurde. Oft treten durch ungleichmäßige Flottenaufnahme Fehler auf, die nicht auf ungenügende Vorbereitung, sondern auf örtliches Übertrocknen vor dem Klotzen zurückzuführen sind. Da es nicht möglich ist, Direktfarbstoffe in nichtsubstantiver Form zu foulardieren, ist die Gefahr der *endenungleichen Färbungen* sehr groß. Mit großer Sicherheit endengleiche Färbungen zu erhalten, ist jedoch nur bei hellen bis mittleren Farbtönen möglich. Bei der Farbstoffauswahl sind die Heißfärber den Kalt- und Warmfärbern vorzuziehen, da deren größte Substantivität über 80 °C und damit über der *Klotztemperatur* liegt, die bei hellen Farbtönen 30—50 °C und bei mittleren bei 60—85 °C beträgt. Ein Klotzen bei niedrigeren, als den oben angegebenen Temperaturen wäre noch günstiger, doch scheitert das Verfahren meist an der ungenügenden Löslichkeit der Farbstoffe bzw. der ungenügenden Benetzung der Ware. Zur Verminderung der Substantivität ist es in allen Fällen notwendig, *salzfreie Direktfarbstoffe* zu verwenden, wie sie in den hochkonzentrierten Marken zur Verfügung stehen. Die *CIBA* empfiehlt dazu ihre D- und F-Marken. Dabei ist immer die geringere Löslichkeit dieser Produkte zu berücksichtigen, die allerdings durch größere Ausbeute ausgeglichen wird.

Als Foulards kommen meist 2- Walzenkonstruktionen mit möglichst kleinem Chassis in Betracht um die Substantivität der Farbstoffe möglichst einzuschränken. Man klotzt mit 30—50 m/min. und einem AE von 60—80 %. Je nach Foulardierbedingungen kann die Nachsatzverstärkung 0—250 % betragen. Um die Nachsatzverstärkung ungefähr bestimmen zu können, werden Gewebeabschnitte unter Foulardierbedingungen im Becherglas getaucht, abgequetscht und entwickelt. Unter gleichen Bedingungen wird ein Nachzug gemacht und nach folgender Formel die Nachsatzmenge berechnet:

$$C_N = \frac{(C_F - C_{NZ})\ 100}{\text{Flottenaufnahme (AE in \%)}}$$

C_N = Konzentration des Nachsatzes in g/l
C_F = Konzentration des Ansatzes in g/kg Material
C_{NZ} = Konzentration des Farbstoffes im Nachzug in g/kg Material

C_{NZ} wird kolorimetrisch mittels Vergleichslösungen ermittelt. Durch Tauchen von 10 Gewebeabschnitten in der Klotzflotte, abquetschen und entwickeln kann festgestellt werden, mit welchen Farbstoffzusätzen und unter welchen Temperatur-, Abquetsch-, Durchlauf bzw. Netzmittelbedingungen, die man so lange ändern muß, bis auf allen Abschnitten Nuancegleichheit erreicht wird, zu arbeiten ist. Das Verfahren ist jedoch nicht besonders zuverlässig. Vorteilhaft ist in allen Fällen eine Vorfärbung im Laboratorium mit den der Praxis möglichst angepaßten Bedingungen.

Die geklotzten Direktfarbstoffe müssen zur Erreichung der Echtheiten entweder diskontinuierlich oder kontinuierlich entwickelt bzw. fixiert und anschließend der nicht auf der Faser fixierte Farbstoff ausgespült werden. Nur bei billigsten Waren wird die Foulardierung nur getrocknet. Je nach Art der verwendeten Farbstoffe sind zur Fixierung folgende 3 Verfahren möglich:

a) Salzbad-Fixierung
b) Fixierung durch Dämpfen oder
c) Dämpfen und Salzbadfixierung

Wird die foulardierte Ware im diskontinuierlichen **Klotz-Jigger-(Pad-Jig-) Verfahren** fixiert, kann zwar ein Großteil der normalen Jiggerfärbezeit erspart werden, große Warenmengen benötigen jedoch eine Vielzahl von Jiggern um die vom Foulard angelieferten Gewebe zu bewältigen. Diese Methode erfordert kein Dämpfen. Man fährt in einem Fixierbad, welches 20—50 g/l Koch- oder Glaubersalz kalz. enthält, im Temperaturbereich der größten Substantivität der verwendeten Farbstoffe, 2—5 Passagen (Enden) und spült anschließend wie nach einer normalen Jiggerfärbung. Ein „Vorschärfen" der Entwicklungsflotte mit Klotzlösung ist nur bei mittleren und tiefen Färbungen notwendig, helle Färbungen werden auf dem Salzbad ohne Vorschärfen fixiert. Das Verfahren hat den Vorteil, daß geringe Endenungleichheiten durch die Jiggerentwicklung ausgeglichen werden können. In Ausnahmefällen kann zum Entwickeln auch die Haspelkufe verwendet werden, es ist jedoch wegen des hohen Flottenverhältnisses bei der Entwicklung ein Zusatz von Klotzflotte notwendig.

In den letzten Jahren hat sich wegen der Möglichkeit, große Warenmengen mit billigen Einrichtungen färben zu können, das diskontinuierliche **Klotz-Thermoverweil-(Pad-Roll-)Verfahren** auch zum Färben von Direktfarbstoffen eingeführt. Dabei werden die geklotzten Stücke in einer trocken und durch Einblasen von Dampf vorgeheizten *Verweilkammer* (S. 115), als Großdocke aufgerollt und in feucht-heißer Atmosphäre entwickelt. Das Verfahren verläuft analog dem Pad-Roll-Breitbleichverfahren, allerdings wird an Stelle der Imprägniermaschine ein entsprechender Foulard und die Ware vor der Reaktionskammer mit Infrarotstrahlern auf die Fixier-(Färbe-)Temperatur von meist 90—95 °C gebracht und bei hellen Farbtönen 45—60 min. und bei dunklen Tönen 2—4 Std. fixiert. Die Thermoverweilkammer wird über Thermostaten durch öfteres Einblasen von Sattdampf auf der entsprechenden Temperatur gehalten. Um möglichst gleiche Temperaturbedingungen in der ganzen Großkaule zu halten, wird zuerst ein nichtfärbender Polyester- oder Glasvorläufer in gleicher Breite foulardiert und aufgedockt, die Infrarotheizung im Anfang verstärkt und mit wenig Sattdampf in der Kammer gefahren. Zur Messung der Verweiltemperatur verwendet man ein *Trocken-* und *Feuchtkugel-Thermometer*, mit dem man die Umgebungsatmosphäre der Großdocke bzw. die Temperaturbedingungen in der Docke bestimmen kann. Das Trockenthermometer hängt direkt im Reaktionsraum, das Feuchtthermometer wird mit einem feuchten Gewebeabschnitt umwickelt und gibt damit die Temperaturen im Inneren der Kaule an. Normalerweise liegt die Feuchtkugeltemperatur um 5 °C niedriger. Um einen zu starken Feuchtigkeitsaustritt aus den oberen Lagen der Großdocke zu vermeiden, ist ein gleichfalls foulardierter Nachläufer von etwa 20 m Länge vorteilhaft. Nach der Verweilzeit — dem eigentlichen Färben — wird diskontinuierlich oder kontinuierlich gespült, evtl. nachbehandelt und wieder gespült.

Für das Rezeptieren haben die Konstrukteure von Pad-Roll-Anlagen entsprechende Laboreinrichtungen geschaffen, es kann jedoch die foulardierte Färbung auch behelfsmäßig zwischen Glasplatten, mindestens 3mal gefaltet, im Wärmeschrank entwickelt werden. Dabei ist es notwendig, daß die Gewebeabschnitte fest gepreßt werden, um ein Verdampfen der Behandlungsflotte zu vermeiden. Nach der Entwicklung sollen die Abschnitte vor dem Spülen gut abkühlen. Die Pad-Roll-Thermoverweilkammer faßt je nach Warengewicht bis 8000 m Gewebe und es ist dadurch möglich, auch große Warenmengen in gleichen Farbtönen zu färben. Das Verfahren wurde zuerst von der *Svetema* (System Rydboholm) entwickelt, die Anlagen werden heute von *Artos* gebaut. Gewebemengen unter 2000 m werden jedoch besser auf dem Jigger gefärbt. Durch Verwendung von mehreren, fahrbaren Verweilkammern ist es möglich, auch ohne teure Kontinue-Anlagen, große Warenmengen zu färben.

Zum kontinuierlichen Fixieren foulardierter Direktfärbungen kann die einfache *Salzbadfixierung* auf entsprechenden Einrichtungen, wie Rollenkufen usw. eingesetzt werden. Dabei wird die Ware in breitem Zustand in Salzbädern von 30—50 g/l Koch- oder Glaubersalz kalz. kochend behandelt. Allerdings sind dafür mehrere Kufen notwendig, wenn echte Färbungen erreicht werden sollen.

Da nur eine beschränkte Zahl von Direktfarbstoffen für die alleinige Salzbadfixierung geeignet sind, hat sich das Verfahren nur wenig durchsetzen können. Zur Entwicklung der Färbung können auch *Kontinue-Dämpfer* (S. 119) eingesetzt werden, in denen man 3—6 min. bei 102—105 °C mit gesättigten Dampf dämpft. Die lange Dämpfzeit macht sehr große Geräte notwendig, die in der Färberei meist nicht vorhanden sind. Da jedoch substantive Färbungen als Druckfond häufig sind, werden die Klotzungen in der Druckerei, wo diese Dämpfer allgemein gebraucht werden, fast immer durch Dämpfen entwickelt bzw. wenn der Farbstoff eine zusätzliche Salzpassage benötigt, diese, dem Dämpfen nachgeschaltet. Als besondere Möglichkeit der Farbstoffixierung kann auch das der *Standfast Dyers & Printers Ltd.*, Lancaster/England geschützte *Standfast-Molten-Metal-Verfahren* gewählt werden (S. 130). Dabei werden helle Töne im Netzbad über dem Flüssig-Metall, mittlere und dunkle Töne auf einem entsprechenden Foulard vorgeklotzt und durch die Metallpassage „gedämpft". Das Verfahren hat sich außerhalb Englands nur wenig durchsetzen können. Die Anlage wird auch zum Kontinuefärben von Kardenband und Garn empfohlen.

b) Nachbehandlung von Direktfärbungen. Die Färbungen mit Direktfarbstoffen zeigen nur mittlere Naßechtheiten, einige lassen auch in der Lichtechtheit einige Wünsche offen, die durch bestimmte Nachbehandlungen verbessert werden können. Vor allem aber dienen die Nachbehand lungen der Verbesserung der Wasch-, Wasser-, Schweiß-, Walk- und der anderen Naßechtheiten. Nicht alle Direktfarbstoffe können durch alle Nachbehandlungen verbessert werden. Für die Auswahl müssen die Musterkarten der Farbstoffhersteller herangezogen werden.

Nachbehandlungen mit Metallsalzen werden vor allem zur Verbesserung der Naß- und nur in bestimmten Fällen der Lichtechtheit oder durch Kombination, für beide Zwecke eingesetzt. Alle Verfahren haben heute an Bedeutung verloren, da sie in fast allen Fällen mit einer Farbtonänderung verbunden sind und dadurch Risiken für eine mustergetreue Färbung mitbringen.

Durch eine *Kupfersulfat-Nachbehandlung*(Kupfervitriol) wird die Lichtechtheit um 1—2 Punkte und die Naßechtheiten um $1/2$—1 Punkt verbessert. Der Farbton vertrübt sich wie auch bei allen anderen Metallsalznachbehandlungen. Man behandelt die gut gespülte Direktfärbung 30—40 min. bei 50—60 °C mit

   1—3% Kupfersulfat und
   1—2% Essigsäure 50%ig oder der halben Menge Ameisensäure 85%ig.

Anschließend wird gründlich gespült.

Mit *Chromkali*, *Chromalaun* oder *Fluorchrom* kann man unter gleichen Salzeinsatzmengen und Säure bei 70—80°C eine Verbesserung der Naßechtheiten um 1—2 Punkte erreichen. An Stelle des Chromkalis wird oft auch das billigere Chromnatron verwendet. Alle Farbstoffe, die für eine der oben angegebenen Verfahren geeignet sind, können auch mit einer *Kombination der Nachbehandlungsmittel* behandelt werden. Man erreicht damit eine Verbesserung der Licht- und Naßechtheiten. Von einigen Farbstoffherstellern werden Direktfarbstoffe, die für die einzelnen Behandlungen besonders geeignet sind, mit einer Zwischenbezeichnung versehen (z. B. Benzochrom-, Benzokupfer-Farbstoffe/*Bayer*).

Durch die vorstehend genannten Nachbehandlungen werden die Direktfarbstoffe durch Aufnahme des Metalls in der Hauptvalenzkette weitgehend wasserunlöslich. Daneben sind jedoch eine Reihe von Direktfarbstoffen in der Lage, das Metall aus besonderen Kupfersalzen koordinativ zu binden und damit sehr naß- und gut lichtechte Färbung zu ergeben. Es entsteht dabei ein *Farbstoff-Kupferkomplex*. Es handelt sich meist um kationische Kupferverbindungen, die nach guter Erschöpfung der alkalischen Färbebäder oft direkt dem Bad zugesetzt werden können. Man verwendet je nach Farbtiefe im abgekühltem Färbe- oder einem frischem Behandlungsbad 2—6% dieser Produkte und behandelt 20 bis 30 min. bei 70—80 °C und spült anschließend gründlich nach. Dunkle Farbtöne werden vorteilhaft zur Verbesserung der Reibechtheit mit 5 g/l Seife oder der Hälfte bzw. $1/3$ eines synthetischen Waschmittels bei 50 °C nachgeseift. Die Produkte kommen u. a. unter folgenden Namen in den Handel:

Farbstoffe:	*Nachbehandlungsmittel:*	
Benzocupren-	Benzocupren B	*Bayer*
Benzocuprol-	Benzocuprol WL	*Bayer*
Coprantin-	Coprantex, Coprantinsalz	*CIBA*
Cuprophenyl-		*Geigy*
Cuprofix-	Cuprofix	*Sandoz*
Cuproxamin-		*Wolfen*
Tricufix-	Tricufix	*Vondelingenplaat*

Zur Verbesserung der Walkechtheit und der anderen Naßechtheiten kann man ausgesuchte Direktfarbstoffe — es handelt sich hauptsächlich um Schwarzmarken — mit 3% *Formaldehyd* nachbehandeln. Die Behandlung gleicht der für das Kupfersulfat angegebenen, sauren Arbeitsweise.

Die Nachbehandlung mit **kationischen Hilfsmitteln** hat vor allem deshalb für die Verbesserung der Naßechtheiten eine weite Verbreitung gefunden, da Nuanceänderungen nur geringfügig oder überhaupt nicht feststellbar sind. Allerdings sind Verschlechterungen der Lichtechtheit möglich. Die sehr gründlich gespülten Färbungen werden mit 0,5—3% der angegebenen Mittel auf frischem Bad bei Zimmertemperatur oder bis zu 60 °C 30 min. nachbehandelt und dunkle Farbtöne anschließend gespült. Die Nachbehandlungsmittel verbinden sich auf Grund ihres kationischen Charakters mit den anionischen Farbstoffen zu weitgehend wasserunlöslichen Verbindungen. Die Nachbehandlungsmittel kommen u. a. als

Fixanol PN, V, R	*ICI*	Pernifix L	*Vondelingenplaat*
Fixogen T, TN	*Francolor*	Sandofix WE	*Sandoz*
Levogen WW, HW, FWN	*Bayer*	Solidogen FFL, FGA	*Cassella*
Lufixan LF	*BASF*	Tinofix A, LW	*Geigy*
Lyofix EW, SB, SBW	*CIBA*	Wofafix WWS, S, KLW	*Wolfen*

Einige Produkte ergeben mit den Härtebildnern des Wassers Ausfällungen, auch müssen die Färbungen sehr gründlich gespült sein, um Ausfällungen mit dem Farbstoff im Behandlungsbad und damit reibunechte Färbungen zu vermeiden. Die Produkte verbessern die Naßechtheiten um $1/2$ bis 2 Punkte.

Auch **Hochveredlungsprodukte** (Kunstharze) ergeben durch Harzauf- und -einlagerung verbesserte Naßechtheiten. Allerdings treten durch die saure Härtung gewisse Nuanceumschläge und u. U. auch Veränderungen der Lichtechtheit auf. Von *Bayer* wurde im *Siriogen WK* auf Basis eines *Reaktantharzes* ein Nachbehandlungsmittel auf den Markt gebracht, welches bei einer ausgesuchten Zahl von Direktfarbstoffen (Siriogenfarbstoffe) eine starke Verbesserung der Naßechtheiten erreichen läßt. Auch eine 5malige Wäsche nach DIN 54011c bei 95 °C führt zu keiner Nuanceänderung. Die gut gespülte Siriogenfärbung wird getrocknet, bei 25 °C mit

90—120 g/l Siriogen WK/*Bayer*
8—12 g/l Magnesiumchlorid als Katalysator

foulardiert, getrocknet und 5—4 min. bei 145—155 °C kondensiert. Durch eine alkalische Nachwäsche mit

1 g/l Levapon TH hochkonz./*Bayer*
0,5 g/l Soda kalz.

innerhalb von 20—30 min. bei 50—60 °C werden die Naßechtheiten voll entwickelt. Die Nachwäsche soll erst einige Stunden nach der Kondensation vorgenommen werden. Die Nachbehandlung kann mit einer Hochveredlung gekoppelt werden. Derartig nachbehandelte Färbungen können auch für Waschartikel, wie Kleider und Schürzenstoffe, Cord usw. verwendet werden.

c) **Diazofarbstoffe.** Bei den Diazofarbstoffen handelt es sich um Direktfarbstoffe m t mittleren Echtheiten, die durch Diazotieren und Kuppeln mit entsprechenden Entwicklern zu neuen Farbstoffen mit größerem Molekül auf der Faser umgewandelt werden. Die Produkte müssen eine diazotierungsfähige Aminogruppe enthalten. Die angegebene Nachbehandlung vergrößert das Molekül und bewirkt dadurch eine „Farbvertiefung" d. h., die ursprüngliche Nuance erfährt eine Verschiebung im Uhrzeigersinn des Ostwaldschen Farbenkreises. Gleichzeitig werden die im ursprünglichen Molekül vorhandenen wasserlöslichmachenden Gruppen abgeschwächt, der Farbstoff wasserunlöslicher und damit die Naßechtheiten besser.

Die meist alkalisch gefärbten Baumwolltextilien werden nach gründlichem Spülen je nach Farbtiefe, kalt mit

1,5—2,5% Natriumnitrit
5—7 % Salzsäure 38%ig (konz.) oder 2/3 der Menge Schwefelsäure 66 °Bé

20—30 min. diazotiert und kalt zwischengespült. Zur Vermeidung von nitrosen Gasen muß das Nitrit und die Säure gelöst bzw. verdünnt, nacheinander zugesetzt werden. Die Diazoverbindungen sind *lichtempfindlich* und müssen vor direktem Tageslicht geschützt werden. Außerdem sollte möglichst sofort entwickelt werden. Zur Entwicklung sind eine Reihe von aromatischen Körpern befähigt, die je nach verwendetem Farbstoff und Farbtiefe mit 0,5—1,5% Entwickler nach gründlichem Lösen auf kaltem Bad mit den Diazokörpern auf der Faser in 20—30 min. gekuppelt werden.

Als wichtigster Entwickler gilt das *β-Naphtol*, welches nach Anteigen mit der gleichen Menge Natronlauge 38 °Bé, mit heißem Wasser als Naphtolat gelöst wird. *Entwickler A* (*Bayer* u. a.) kann als wasserlösliches Naphtolat direkt verwendet werden, *Entwickler AZ* (*Bayer* u. a.) ist gereinigter Entwickler A, der beim Färben von Zellulose-Azetat-Fasermischungen die Azetatfaser weiß läßt. *Entwickler H* (*Hoechst* u. a.) ist als m-Toluylendiamin nach Zusatz der halben Menge Soda kalz. in heißem Wasser löslich. Wasserlöslich ist ferner der *Entwickler Z* (*Hoechst* u. a.) der auch als Gelbentwickler bekannt ist. Diazofarbstoffe werden von den Herstellern unter besonderen Gruppennamen vertrieben. Dazu gehören u. a.:

Benzamin-	*Bayer*	Diazophenyl-	*Geigy*
Chlorazoldiazo-	*ICI*	Naphtogen-	*Wolfen*
Diazamin-	*Francolor, Sandoz*	Pontamindiazo-	*Dupont*
Diazo-Farbstoff	*ACNA, CIBA*	Rosanthren-Farbstoff	*CIBA*

Die Färbungen mit Diazofarbstoffen sind meist gut weiß ätzbar und man verwendet sie deshalb als Fondfärbung in der Druckerei. Sie zeichnen sich außerdem durch Brillanz und große Farbtiefe aus, die mit geringeren Farbstoffeinsatzmengen als die Normalfärbung erreichbar sind.

Bei der Nachbehandlung mit *diazotiertem p-Nitranilin* handelt es sich um ein Verfahren, bei dem der Farbstoff die Rolle des Entwicklers, und das p-Nitranilin, als diazotiertes Produkt, angekuppelt wird. Durch das Verfahren wird weniger eine Verbesserung der Naßechtheiten als vielmehr eine intensive Farbvertiefung der Direktfärbung erreicht. Die für diese Arbeitsweise brauchbaren Direktfarbstoffe lassen mit niedrigen Einsatzmengen tiefe Braun-, Grün- und Marineblau- und Schwarztöne erreichen. Die ausgesuchten Farbstoffe kommen u. a. als:

| Benzopara- | *Bayer* | Paradiazol- | *Francolor* |
| Nitranilin-Farbstoff | *CIBA* | Parasulfon-Farbstoff | *Sandoz* |

in den Handel. Zur Vermeidung des umständlichen Diazotierens des p-Nitranilins werden von den Farbstoffherstellern wasserlösliche, stabilisierte Diazoniumsalze des Produktes angeboten (z. B. Nitrazol CF/*Cassella*, Parazol FB/*Bayer* u. a.). Die gut gespülten Färbungen werden dabei mit

    2—4 % des vorgelösten Diazoniumsalzes,
    0,2—0,4% Soda kalz. und
    0,1—0,2% Natriumazetat

während 30 min. kalt behandelt und anschließend gründlich gespült.

Die Nachbehandlung von Primulin mit Chlorkalk bzw. das Kuppeln des diazotierten Produktes mit entsprechenden Entwicklern wird kaum mehr verwendet, da es nur geringe Echtheitsverbesserungen erbringt.

Zur Verbesserung von Fehlfärbungen mit Direktfarbstoffen kann man entweder Aufhellen oder Abziehen. Beim *Aufhellen* wird die Färbung im frischen Bad evtl. unter Zusatz von Soda oder eines anderen Egalisiermittels 30—40 min. kochend behandelt. Dabei wird ein Großteil des Farbstoffes von der Faser gelöst. Beim *Abziehen* wird der Farbstoff reduktiv oder oxydativ zerstört. Durch eine reduktive Behandlung mit

1—3 g/l Hydrosulfit
1—2 g/l Soda

während 30—40 min. bei 80—95 °C können die meisten einfachen und nachbehandelten Färbungen abgezogen werden. Die mit kationischen Hilfsmitteln nachbehandelten Direktfärbungen lassen sich besser nach einer Vorbehandlung mit 2 ml/l Salzsäure konz. während 20 min. bei 60 °C reduktiv zerstören. Oft verbleiben beim reduktiven Abziehen gefärbte Produkte auf der Faser, die das Wiederauffärben stören. Man kann dann durch eine Hypochlorit- oder Chloritbleiche auch diese Produkte entfernen. Nur wenige Direktfärbungen lassen sich weder reduktiv noch oxydativ ausreichend zerstören (z. B. Remastralfärbungen/*Hoechst* u. a.). Nach jeder Behandlung muß gründlich gespült, nach der Hypochloritbleiche auch entchlort werden.

Direktfarbstoffe haben wegen ihres niedrigen Preises und der leichten Färbeweise eine weite Verbreitung gefunden, auch wenn ihre Gesamtechtheiten durch eine Nachbehandlung nicht allen Anforderungen gerecht werden. Auch die Möglichkeit Fehlfärbungen leicht zu verbessern haben zu diesem Umstand beigetragen. Die hohe Lichtechtheit der besonders ausgesuchten Farbstoffe machen sie zum Färben von Baumwolle für den Dekorationsartikel sehr interessant. Ferner werden Direktfarbstoffe in der Trikotagenindustrie für rundgewirkte Artikel und Strumpfgarne eingesetzt. Ihre gute neutrale und alkalische Ätzbarkeit wird in der Druckerei für den Weiß- und Buntätzartikel ausgenützt. Ferner enthalten Halbwollfarbstoffe als Hauptkomponente Direktfarbstoffe zum Anfärben des Zelluloseanteils. Zum Färben von Zellulose-Azetatfasermischungen, bei denen die Azetatfaser weiß bleiben soll, müssen besonders aufbereitete Farbstoffe verwendet werden, die von *Bayer* als „Typ 8000" gekennzeichnet sind. Andere Firmen geben die Reservierbarkeit direkt an. Ihr besonderes Anwendungsgebiet haben die Direktfarbstoffe zum Färben von regenerierten Zellulosefasern gefunden, da sie ohne jeden Alkalizusatz gefärbt werden können.

2. Küpenfarbstoffe

Mit diesen Farbstoffen lassen sich auf Zellulosefasertextilien die echtesten und sehr brillante Farbtöne erreichen. Es handelt sich dabei um wasserunlösliche Produkte, die chemisch als Ausgangsbasis das *Anthrachinon* oder den *Indigo* haben. Die echtesten Färbungen werden mit den anthrachinoiden Produkten erreicht.

Zum Färben werden die Küpenfarbstoffe durch *Reduktionsmittel* in ihre *Leukoverbindungen* überführt, deren Natriumsalze wasserlöslich sind. In dieser Form ziehen sie substantiv auf die Faser und werden durch Oxydation wieder in ihre wasserunlösliche und damit sehr echte Form auf der Faser zurückgebildet. Durch die Reduktion und Lösung werden die meisten Vertreter farblich verändert. Man spricht dann von der sog. *Küpenfarbe*, die meist dunkler als der unverküpte Farbstoff ist. Als **Reduktionsmittel** hat sich allgemein das Natriumhyposulfit ($Na_2S_2O_4$) eingeführt, welches, nicht ganz richtig, als *Natriumhydrosulfit* oder *Hydrosulfit* bezeichnet wird. Es handelt sich um ein weißes, leicht wasserlösliches Pulver, das zur Zersetzung neigt und kühl und immer in geschlossenen Gefäßen aufbewahrt werden soll. Früher war als Reduktionsmittel auch Zinkstaub und Eisensulfat üblich. Zum Lösen wird als Alkali entweder Ätznatron oder Natronlauge verwendet.

Die Farbstoffe werden konzentriert in der **Stammküpe** mit einem vorgeschriebenen Teil der im Färbebad notwendigen Hydrosulfit- und Laugenmenge verküpt und dem mit der Restmenge Hydrosulfit und Lauge vorgeschärftem Bad zugesetzt. Die meisten Produkte lassen sich auch in langer Flotte, d. h. im Behandlungsbad selbst, verküpen. Beim Stammküpenverfahren sind bei vielen Farbstoffen die vorgeschriebenen Hydrosulfit- und Laugenmengen unbedingt einzuhalten um Überreduktion, Verseifung oder Dehalogenierung und damit andere Nuancen oder die Zerstörung der Farbstoffe zu vermeiden. Zum Lösen werden die Pulverfarbstoffe mit Wasser oder speziellen Dispergiermittel gut angeteigt, die mit Lösungswasser verdünnte Natronlauge zugesetzt und das notwendige Hydrosulfit unter Rühren portionsweise eingestreut. Als spezielle Dispergiermittel werden u. a. verwendet:

Eulysin L, A	*BASF*
Perlamol	*Vondelingenplaat*
Setamol WS	*BASF*
Solegal A	*Hoechst*

Daneben werden auch Färbeöle, die als Türkischrotöle und höher sulfonierte Produkte bekannt sind, verwendet. Egalisiermittel, außer die vom Lösungsmitteltyp (S. 190), dürfen, wie auch Natronlauge, nicht zum Anteigen verwendet werden, da sie zum Ausflocken führen können bzw. Natronlauge verschiedene Farbstoffe verseift. Damit das Hydrosulfit reduzierend wirken kann, ist Lauge notwendig, deshalb wird die verdünnte Lauge zuerst und anschließend das Reduktionsmittel zugesetzt. Durch Hydrosulfitnachsatz im Färbebad ist deshalb pro 1 kg Hydrosulfit auch 1 l Natronlauge 38 °Bé nachzusetzen, wenn nicht von vornherein ein Überschuß vorhanden war. Zur Verküpung und Lösung der Produkte ist meist eine etwas höhere, als die Färbetemperatur und 20—30 min. Verküpungszeit notwendig, die bei Verwendung von besonderen Feinmahlungen der Farbstoffe auf 5—10 min abgekürzt werden kann.

Die Produkte kommen in der Färberei hauptsächlich als Pulver zur Verwendung. Wegen der leichteren Verküpbarkeit, der Möglichkeit egalere Färbungen zu erhalten und weil *besondere Feinmahlungen* beim *Küpenpigmentierverfahren* egalere Klotzungen ergeben, werden von den Herstellern die Farbstoffe oft in diesen Formen neben den normalen Pulvermarken vertrieben (Tab. 13). Neuerdings werden auch flüssige Indanthrenfarbstoffe hergestellt, die in Kunststoffkanistern besonders für das Küpenpigmentverfahren verwendet werden, schaumarm und leicht zu dosieren sind. Verschiedene Firmen haben auch *staubarme Granulate* hergestellt (Körner) um Verluste durch Stauben bei der Dosierung zu vermeiden.

Beim *Färben in langer Flotte* — allgemein als *Ausziehverfahren* bezeichnet — ist zu beachten, daß die Küpenfarbstoffe temperaturabhängige Substantivitätsoptima haben und von den Herstellern deshalb in 3 Hauptgruppen eingeteilt werden (Tab. 14), die sich in der günstigsten Färbetemperatur und den Zusätzen an Reduktionsmittel, Lauge und Elektrolyt unterscheiden (Tab. 15). Die Kalt-

Tabelle 13. *Handelsnamen und -formen von Küpenfarbstoffen einiger Hersteller*

Anthrachinoide	Indigoide	Handelsformen:	Hersteller:
Caledon-	Durindon-	Pulver, Feinpulver, FD-Pulver (feindispers) FDN-Körner SQ-Körner	ICI
Cibanon-	Ciba-	Pulver, Mikropulver, Mikropulver f. Färbung Mikrodispers-Pulver	CIBA
Indanthren-	Anthra- Algol- Kupen-	Pulver, Pulver fein, Pulver fein Typ 8059 Pulver fein f. Färbung Pulver fein f. Färbung Typ 8059 Colloisol Colloisol flüssig	BASF, Bayer, Cassella, Hoechst
Romantren-	Solinden- Tinalden-	Pulver, Mikrofein f. Färbung UD-Pulver (ultradispers)	ACNA
Sandothren-	Tetra-	Pulver, extra fein Pulver fein f. Färbung Pulver ultradispers	Sandoz
Solanthren-	Helian- Heliasol-	Pulver, Pulver fein, Neopulver, Neoredox	Francolor
Tinon-	Tina-	Pulver, Supra Pulver, Feinpulver, Feinpulver f. Färbung Supra fein Pulver f. Färbung Pulver-M-dispers	Geigy

Tabelle 14. *Bezeichnungen der Hauptfärbeverfahren von Küpenfarbstoffen*

Kaltfärber	Warmfärber	Heißfärber	Firma
IK	IW	IN	BASF, Bayer, Cassella, Hoechst
C III	C II	C I	CIBA
T 3	T 2	T 1	Geigy
K	W	H	Sandoz
RF	RT	RN	ACNA
C	B	A	Francolor
3	2	1	ICI
P 3	P 2	P 1	Vondelingenplaat

und Warmfärber unterscheiden sich vor allem in der Färbetemperatur, wogegen die Normalfärber höhere Laugen- und Hydrosulfitmengen und keine Salzzusätze erfordern. Für einige Farbstoffe sind auch Spezialverfahren notwendig, die ebenfalls ohne Elektrolyte und höchsten Chemikalienzusätzen appliziert werden. Die in der Tab. 15 angegebenen Färbebadzusätze müssen, wenn in der Stammküpe verküpt wird, um die Zusätze der Stammküpe ermäßigt werden. Vor und während des Färbens ist der „Stand" der Küpe zu kontrollieren, d. h., das Färbebad muß die vorgeschriebene Küpenfarbe zeigen und klar sein. Durch Verwendung von *Küpengelbpapier*, das sich bei genügenden Mengen Hydrosulfit beim Eintauchen blau anfärbt, kann festgestellt werden, daß der Küpenstand normal ist. Überschüsse von Reduktionsmittel können jedoch nur durch *potentiometrische Messungen des Redoxpotentials* festgestellt werden.

Bei ungenügender Laugenmenge kann die Küpenfarbe verändert oder die Flotte getrübt sein. Eine Trübung tritt jedoch auch bei Verwendung von hartem Wasser oder durch verschiedene Egalisiermittel ein. Durch Prüfen mit Phenolphtaleinpapier, welches bei ausreichender Laugenmenge eine deutliche Rosafärbung zeigt, kann der Laugenstand festgestellt werden. Der Küpenstand muß während des gesamten Färbeprozesses geprüft und durch Zusätze von Hydrosulfit und Lauge oder Lauge allein korrigiert werden.

Die Küpenfarbstoffe ziehen, wenn in ihrem Substantivitätsoptimum gefärbt wird, sehr schnell (meist 50% in den ersten 5 min.) auf die Faser. Durch Temperaturerhöhung läßt sich in allen Fällen ein zu schnelles Aufziehen einschränken, wenn auch dadurch nicht immer eine volle Egalität zu erwarten

Tabelle 15. *Hydrosulfit- und Natronlauge-Zusätze für die Hauptfärbeverfahren der Küpenfarbstoffe (Auszug aus dem „Ratgeber" der deutschen Küpenfarbstoffhersteller)*

Verfahren		IK (Kaltfärber)			IW (Warmfärber)			IN (Heißfärber)			IN spezial (spezielle Heißfärber)		
Zusätze	% Farbstoff	Wanne 1:20	Apparat 1:10	Jigger 1:5	Wanne 1:20	Apparat 1:10	Jigger 1:5	Wanne 1:20	Apparat 1:10	Jigger 1:5	Wanne 1:20	Apparat 1:10	Jigger 1:5
ml/l NaOH 38 °Bé (32,5%ig)	bis 1%	4—5	6—7	9—11	5—6	8—9	12—14	10—12	15—17	23—25	15—17	22—25	34—38
	1—3%	5—6	7—9	11—14	6—8	9—12	14—18	14—18	17—22	25—32	17—22	25—32	38—48
	3—5%	6—8	9—12	14—18	8—10	12—15	18—23	18—23	22—26	32—40	22—26	32—38	48—58
g/Hydrosulfit konz. Pulver	bis 1%	1,5—2	2—2,5	2,5—4	1,5—2	2—3	3—5	2—2,5	2,5—3,5	4—5,5	2—2,5	2,5—3,5	4—5,5
	1—3%	2—2,5	2,5—3,5	4—7	2—3	3—5	5—8	2,5—3,5	3,5—5,5	5,5—9,5	3—3,5	3,5—5,5	5,5—9,5
	3—5%	2,5—4	3,5—5,5	7—10	3—4	5—6,5	8—12	3,5—4,5	5,5—8	9,5—13,5	3,5—4,5	5,5—8	9,5—13,5
g/l Glaubersalz kalz.		7,5—15	7,5—10	7,5—15	5—10	5—10	5—10	—	—	—	—	—	—
		15—25	10—15	15—20	10—15	10—15	10—15	—	—	—	—	—	—
		25—35	20—25	20—25	15—25	15—25	15—25	—	—	—	—	—	—
Färbetemperatur:		20—30 °C			45—50 °C			50—60 °C			50—60 °C		

ist. Außerdem sind viele Farbstoffe temperaturempfindlich und der Hydrosulfitverbrauch steigt steil an. Das Ausgleichsvermögen der Kaltfärber ist wegen der kleinen Moleküle und des geringeren Bestrebens sich zu Aglomeraten zu assoziieren am besten. Warmfärber zeigen diese Vorteile in geringerem Maß, egalisieren deshalb etwas schlechter und erfordern oft den Einsatz von Egalisiermitteln. Die Heißfärber aglomerieren am stärksten, zeigen die geringste Migrationsneigung und egalisieren deshalb am schlechtesten. Durch Temperaturerhöhung wird ihr Ausgleichsvermögen nur wenig verbessert. Außerdem sind einige Farbstoffe bei höheren Temperaturen überreduktionsempfindlich und können über 80 °C nur unter Zusatz von 10% Natriumnitrit (als Oxydationsmittel) und 2 g/l Triäthanolamin als Dispergiermittel für evtl. ausgefallenen Farbstoff und erhöhten Hydrosulfit- und Laugenmengen gefärbt werden.

Als **Egalisiermittel** mit den verschiedensten Wirkungen kommen anionische, nichtionogene und kationische Produkte zum Einsatz, die vor allem beim Arbeiten mit Warm- und Heißfärbern, in Sonderfällen auch bei Kaltfärbern, eingesetzt werden. Als *Retardiermittel* sind u. a. folgende Produkte im Gebrauch:

Albatex PO, PON (a)	*CIBA*	Peregal O, ON, OK (n)	*BASF*
Dispersol VL (n)	*ICI*	Remol OK (n)	*Hoechst*
Eganal ON (n)	*Hoechst*	Tinegal NA, CV (n)	*Geigy*
Ekalin F (n)	*Sandoz*	(n = nichtionogen	
Levekal K (n)	*Bayer*	a = anionaktiv.)	
Lyogen DK (n)	*Sandoz*		

Die Produkte werden erst dem fertigen Färbebad zugesetzt und mit 0,5—5 g/l verwendet. Sie bilden mit den Natriumleukoverbindungen der Farbstoffe schwer bewegliche Addukte, die sich erst im Laufe des Färbens lösen und den Farbstoff teilweise wieder freigeben. Dabei unterscheiden sie sich in ihrer Retardierwirkung von Farbstoff zu Farbstoff und halten auch nach längerer Färbezeit noch bis 20% des Farbstoffes zurück. Eine ähnliche Wirkung hat auch das Albigen A/*BASF*, welches jedoch mit dem Farbstoff nicht mehr lösliche Verbindungen eingeht und deshalb weniger als Egalisier-, sondern als unterstützendes Abziehmittel verwendet wird.

Zu den farbstoffaffinen Egalisiermitteln mit Schutzkolloid-Wirkung gehören auch Produkte auf *Sulfitablaugebasis* wie Dekol N, CN/*BASF*, Cellex/*CIBA* u. a., die jedoch für einige Blau- und Violettfarbstoffe nicht eingesetzt werden können.

Zu den *Lösungsmitteltypen*, die keine Retardierwirkung zeigen, gehört u. a. das Solidegal GL/*Cassella*, welches ein Assoziieren der Farbstoffmoleküle verhindert und dessen Addukte mit den Leukofarbstoff leichter löslich sind als die Leukoverbindung allein. Als letzte Entwicklung sind Egalisiermittel mit *Retardier- und Lösungswirkung* auf dem Markt, welche den gut gelösten Farbstoff bei Temperaturen außerhalb der größten Substantivität retardieren und durch die bessere Löslichkeit auch in kritischen Fällen egalere Färbungen ergeben. Dazu gehören u. a.

Lyogen K	*Sandoz*	Remol E	*Hoechst*
Peregal P	*BASF*	Solidegal SR, AF	*Cassella*

Der Einsatz der Hilfsmittel richtet sich nach dem verwendeten Farbstoff, der Farbtiefe und der Möglichkeit durch Temperaturerhöhung die Egalität zusätzlich zu verbessern. In der Regel werden Retardiermittel hauptsächlich zum Färben von hellen Tönen verwendet, wo Farbstoffverluste nicht unwirtschaftlich sind.

Bei mittleren Tönen werden Lösungsmitteltypen und höhere Temperaturen bzw. spezielle Färbeverfahren zur besseren Egalität eingesetzt. Viele Farbstoffe sind metallempfindlich und müssen in weichem Wasser oder unter Zusatz von Sequestriermitteln gefärbt werden um Ausfällungen zu vermeiden. Vom *INDANTHREN-Warenzeichenverband* wird eine sehr instruktive Information über das Egalisiervermögen der Küpenfarbstoffe bei verschiedenen Temperaturen gewählt, welche die Abb. 183, zeigt. Dabei egalisiert der Farbstoff am besten, der den dünnsten, schwarzen Keil zeigt. Bei Kombinationsfärbungen sollten nur Produkte einer Gruppe verwendet werden. Außerdem sind die meisten Farbstoffe nach mindestens 2 Temperaturgruppen färbbar.

Der endgültige Farbton wird bei Küpenfärbungen durch **Oxydation** erreicht, die entweder an der Luft, im fließenden Wasser oder durch Oxydationsmittel möglich ist. Durch Verhängen an der Luft lassen sich fast alle Farbstoffe entwickeln. Lediglich einige Blau- und Violettmarken neigen zur *Überoxydation* und damit zu trüberen Farbtönen und werden deshalb in fließendem Wasser bzw. durch Oxydationsmittel entwickelt. Durch Absaugen oder Abdrücken von Wickelkörpern ist meist nur eine ungenügende Luftoxydation erhältlich und man oxydiert vorteilhaft 15—30 min. bei 30—60 °C mit 1—2% Perborat, Wasserstoffperoxyd, Persulfaten oder Perkarbonaten, die evtl. mit 1—2% Essigsäure gemeinsam verwendet werden. Bei Kaltfärbern erhält man wegen der guten Löslichkeit der Natriumleukoverbindungen der Farbstoffe durch Spülen meist etwas hellere Farbtöne. Ein Absäuern nach der Oxydation bzw. gemeinsam mit den Oxydationsmitteln ist zur Entfernung von Laugenrückständen unbedingt notwendig, außerdem werden viele Färbungen dadurch brillanter. Man verwendet meist 1—4 ml/l Essigsäure 60%ig bzw. 2/3 der Menge Ameisensäure 85%ig und spült gut nach.

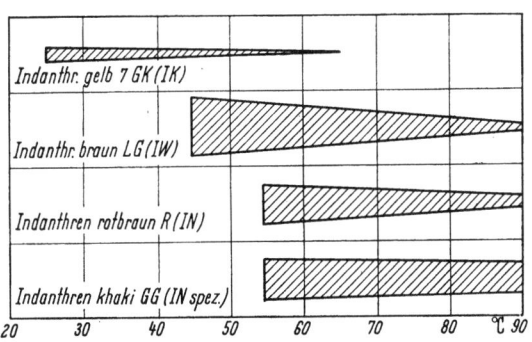

Abb. 183. Ausgleichsvermögen einiger Küpenfarbstoffe bei unterschiedlichen Färbetemperaturen. (Ratgeber für Indanthrenfarbstoffe)

Zur *Entfernung des nur oberflächlich sitzenden Farbstoffes* bzw. auch zur Entwicklung der endgültigen Nuance, ist ein **alkalisches Seifen** notwendig, welches mit 3—5 g/l Seife oder der halben Menge eines anionischen oder nichtionogenen Waschmittels und 1—2 g/l Soda kalz. während 30—40 min. kochend vorgenommen wird. Dabei werden vor allem die Naßechtheiten verbessert. Ein längeres Seifen führt jedoch zur stärkeren Aglomeration der Farbstoffmoleküle und verschlechtert die Reibechtheit wieder.

Einige Natriumleukofarbstoffe sind gegen direktes Sonnenlicht empfindlich und werden durch Sonnenlicht geschädigt oder zerstört. Viele Küpenfarbstoffe wirken bei längerem Wechsel von Oxydation und Reduktion, wie er beim Färben von Stranggarn auf der Kufe auftritt, katalytisch und schädigen als *Färbeschädiger* die Zellulosefaser. Die Katalyse kann durch Zusatz von 0,5 g/l Tannin, Brenzkatechin oder Sustinol FS/*Bayer* verhindert werden. *Lichtschädiger* sind Küpen-

Tabelle 16. *Angaben über die Anwendung von Indanthrenblau RS/BASF und die Echtheiten der Färbung*
100 Teile Pulver fein f. Färbung = 100 Teile Pulver fein f. Färbung, Typ 8059 = 100 Teile „Colloisol" = 200 Teile „Colloisol"-Teig = 50 Teile RSN-Pulver

Färbeverfahren		Verküpungsart	Bestes Ziehvermögen: bei 60 °C	Küpe	Küpensäure	Für Pigmentierverfahren geeignet:	Ausgleichsvermögen
Haupt IN	zum Nuancieren						
—	—	konzentriert und lang	kann gefärbt werden bis 80 °C*	blau	violett	Plv. fein f. Färbung, Typ 8059, Colloisol, Colloisol-Teig	60 °C: gut 75 °C: sehr gut

Stammküpenvorschriften		Grundstammküpe			Höchstlöslichkeit		Empfindlichkeit der Natriumleukoverbindung		
		I	II	III			Sonnenlicht	Ca-Härte 20° d. H.	Mg.-Härte 20° d. H.	Dekol N
Plv. fein f. Fbg.	kg	1	—	1	g	16	—	stark	—	—
Wasser		100	—	—	—	1				
NaOH 38 °Bé		1	—	—	ml	30				
Hydrosulfit konz.	kg	1,5	—	—	g	10		Oxydation		
Verküpungs-Temp.	°C	60	—	—	°C	50	Spülen	Verhängen	Peroxyd	Biehromat + Essigsäure	NaClO₂ + Essigsäure
Verküpungszeit	min.	10	—	—	min.	10	geeignet	stumpfer	geeignet	stumpfer, grüner	nicht geeignet

Farbtonumschlag beim Seifen: deutlich röter

Decken toter Baumwolle						Faserschädigung				Ton-in-Ton-Färbung	PVC-Beschichtung
schlecht										geeignet	geeignet

Ätzbarkeit		Baumwolle				Zellwolle				Eignung f. d. Buntbleiche			
Ätze	a	b	c	d	a	b	c	d		Sodakoch-Chlor-		Chlor-peroxyd	Natriumchlorit
helle Färbung	—	—	—	—	—	—	—	—		mit Ludigol	ohne		
mittlere Färbung	—	—	—	—	—	—	—	—		nein	nein	nein	nein
dunkle Färbung	—	—	—	—	—	—	—	—					

Echtheiten auf Baumwolle

Richttyptiefe	1/12	1/6	1/3	1/1	2/1		Wasch c (95 °C)	Peroxydwasch (95 °C)	Sodakoch a mit Ludigol	Sodakoch b ohne	Chlor a	NaClO₂	Peroxyd a 2	Wassertropfen a sofort	Wassertropfen b trocken
Tageslicht	7	7	7—8	7—8	7—8	F	4—5	4—5	4—5	4 R	2 G	1	4—5	4—5	4—5
Wetter	5—6	6—7	7	7—8	7—8	B	5	5	5	4—5	5	5	5	5	5
						R	5	5	5						

Bügel			Vulkanisation			Lösungsmittel			Trockenreinigung	
a) trocken sofort	a) trocken nach 4 Std.	b) naß	Heißluft	Heißdampf	Kalt	Benzin	Tetra	Tri	Benzin	Per
4G	4G	5	4—5	4	4—5	4—5	4—5	4—5	4—5	4—5
						5	5	5	5	5
						5	5	5	5	5

F B W L

farbstoffe, die als fertige Färbung die Faser bei Einwirkung von Sonnenlicht katalytisch schädigen und für Vorhang-, Dekorations- und Markisenstoffe nicht verwendet werden dürfen. Die *Bleichschädiger* schwächen die Faser bei der Hypochloritbleiche, wenn bei pH-Werten unter 11 gebleicht wird.

Färbungen mit Küpenfarbstoffen zeigen neben einer Reihe anderer Färbungen, die z. Z. besten *Echtheiten* (Tab. 16). Um den Verbraucher vor Verfälschungen zu schützen haben *Warenzeichenverbände* die Überwachung von Färbungen, die dem vorgeschriebenen Standard aufweisen, übernommen. Neben Färbungen mit Küpenfarbstoffen, werden mit den entsprechenden Warenzeichen auch solche mit Naphtolen, Leukoküpenester-, bestimmte Schwefel-, Phtalocyanin-, einiger Reaktiv-Farbstoffe, Anilinschwarz und Türkischrot ausgezeichnet.

Dem **INDANTHREN - Warenzeichenverband e. V.** Frankfurt/M. ist das *I*-Zeichen (Abb. 184) und das Wort *INDANTHREN* geschützt. Für die Benützung sind *warenzeichenrechtliche* und *technische Bedingungen* zu erfüllen, die in den *Richtlinien für die Kennzeichnung mit dem INDANTHREN-Etikett* enthalten sind. Auszugsweise und sinngemäß sollen folgende Punkte angegeben werden:

Abb. 184. INDANTHREN-Warenzeichen

Es dürfen nur Waren ausgezeichnet werden, die nach den „Richtlinien" gefärbt oder gedruckt wurden. Das gilt auch für Weiterverarbeiter. Die Etiketten werden vom Verband ausgeliefert. Vom Hersteller müssen alle ausgezeichneten Waren als Belegmuster dem Verband zugänglich sein. Die Benutzung des Warenzeichens kann widerrufen werden.

Einige Punkte der technischen Bedingungen lauten:

Die Färbung und der Druck muß nach Angaben der Farbstoffhersteller erfolgen. Das gilt auch für die Nachbehandlung. Mitverwendung von naturfarbenen Garnen in Buntgeweben (z. B. Rohleinen) oder optisch aufgehellter Fasern verbietet die Kennzeichnung. Färbungen dürfen nicht durch unechtere Farbstoffe „geschönt" werden.

Viele Färbungen können erst durch Einhaltung einer *Mindesttiefe* zur Kennzeichnung zugelassen werden, da hellere Färbungen den Echtheitsstandard des Verbandes, der als Slogan die Bezeichnung *unübertroffen waschecht, lichtecht, wetterecht* gewählt hat, vor allem bei der Lichtechtheit nicht entsprechen. Da die Beanspruchung der Färbungen auf Grund der Verwendung der Textilie unterschiedlich ist, wurden besondere Gruppen geschaffen, denen die Färbungen angehören bzw. von denen sie ausgeschlossen sind. Dazu gehören:

W = Waschartikel V = Vorhang- und Dekorationsstoffe
M = Markisenstoffe A = Allwetterartikel (z. B. Kleiderstoffe)
(Neuerdings werden auch entsprechende Symbole verwendet)

Das „I"-Warenzeichen gilt nur für die Kennzeichnung von Färbungen auf Zellulosefasern innerhalb Deutschlands, es hat sich aber auch im Ausland als

---

Erklärung zur Tabelle 16:
Geeignet für Wasch-, Dekorations- und Allwetterartikel. Bei konzentrierter Verküpung Stammküpenvorschrift beachten. Nach dem Färben unmittelbar spülen. Durch Überoxydation hervorgerufener Farbtonumschlag (Grün) kann durch Nachbehandlung mit schwacher Hydrosulfitlösung behoben werden. In weichen Wasser färben.

* Zusatz von Natriumnitrit und Triäthanolamin notwendig.

Qualitätsbegriff große Anerkennung erworben und wird von einigen Farbstoffherstellern des Auslandes für Färbungen und Drucke mit ihren Produkten benützt.

Der **Internationale Verband für die Echtheitsmarke FELISOL (IVF)**, Abb. 185, **Zürich** verfolgt ähnliche Ziele und ist ein Zusammenschluß von Farbstoffherstellern und Textilveredlern. Auch von diesem Verband werden über die angeschlossenen Farbstoffhersteller Musterkarten herausgegeben, welche die zugelassenen Färbungen und deren vorgeschriebene Mindesttiefen aufweisen. Für die Auszeichnung werden die gefärbten Textilien in 3 Gruppen eingeteilt:

Gruppe 1 (Waschartikel) a) Leib-, Tisch-, Bett- und Küchenwäsche, Taschentücher, Berufskleider, Badeartikel
b) Kleiderstoffe

Gruppe 2 (Innendekorationsartikel) Möbel- und Vorhangstoffe

Gruppe 3 (Allwetterartikel) Markisen-, Planen- und -Stoffe für Strandschirme.

Beide Verbände haben die für die Auszeichnung möglichen Färbungen und Drucke in ihren Musterkarten illustriert.

Abb. 185.
FELISOL-Warenzeichen

Wegen der hohen Echtheiten der mit Küpenfarbstoffen erreichbaren Färbungen, ist eine gründliche Vorbehandlung der Baumwolle notwendig. Um die beste Brillanz der Nuancen zu erreichen, ist eine Vorbleiche oft unumgänglich, wenn auch durch einen erhöhten Hydrosulfitzusatz bei höherer Färbetemperatur bzw. durch ein Nachseifen mit Oxydationsmitteln oft eine Vorbleiche erspart werden kann. Die weite Verbreitung der Küpenfarbstoffe macht eine genauere Beschreibung der Färbeweisen für verschiedene Textilaufmachungen notwendig.

a) Färben von Stranggarn. Wegen der besseren Egalität werden auch heute Stranggarne auf der Kufe, nach dem Hängesystem (S. 57) bzw. auf der Spritzfärbemaschine (S. 60) gefärbt. Auf der Kufe sind *U-förmige Färbestöcke* vorteilhaft um den öfteren Wechsel von Oxydation und Reduktion und damit höheren Hydrosulfitverbrauch, der durch das hohe Flottenverhältnis sowieso nötig ist, einzuschränken und katalytische Faserschädigung beim Färben mit „Färbeschädigern" zu vermeiden. Um Hautschäden zu verhindern sollen für das „Umziehen" der Stränge auf der Kufe, unbedingt Schutzhandschuhe verwendet werden. Beim Oxydieren an der Luft müssen die Garnstränge vollkommen ausoxydieren und dürfen dabei nicht antrocknen. Die Oxydation kann durch vorheriges Abschleudern beschleunigt werden. Zum Nachseifen und Oxydieren können auch Rundwaschmaschinen, wie sie zum Spülen und Neutralisieren von merzerisiertem Stranggarn verwendet werden, dienen (S. 149).

Neuerdings werden Stranggarne mit Küpenfarbstoffen auch auf Spritzfärbemaschinen gefärbt, obwohl auf diesen Maschinen der Hydrosulfitverbrauch hoch ist. Er wird jedoch durch Verwendung von gedeckten Maschinen eingeschränkt. Nach dem Hängesystem werden Stranggarne nur wenig gefärbt, da wegen der Faserquellung nicht immer egale Färbungen zu erreichen sind. Das Färben von merzerisiertem Stranggarn bereitet normalerweise sehr große Schwierigkeiten, da die rasche Farbstoffaufnahme egale Färbungen erschwert. Es ist deshalb der Zusatz von Egalisiermittel und evtl. spezielle Färbeverfahren notwendig. An Unegalitäten ist jedoch in vielen Fällen eine ungleichmäßige Merzerisation schuld, die zu örtlich unterschiedlicher Anfärbung führt.

b) Färben auf Apparaten. Beim Färben von loser Baumwolle, Kreuzspulen, Kardenband- und Kettbäumen mit Küpenfarbstoffen ist die verstärkte Laugenquellung der Faser an den Schwierigkeiten schuld, die beim Färben auftreten. Die Quellung tritt vor allem in dem für Küpenfarbstoffe günstigsten Temperaturbereich auf und kann auf verschiedenen Wegen eingeschränkt werden. Durch eine vorherige Heißwasser- oder Dampfbehandlung bei 130—160 °C während 1 Std. läßt sich die Faserquellung weitgehend einschränken, die Behandlung ist aber teuer und langwierig. Oft werden Wickelkörper nur kurz durchgedämpft, allerdings wird dann keine größere Verminderung der Quellung erreicht aber meist die in den Wickelkörpern enthaltene Luft entfernt, die ebenfalls zu ungefärbten Stellen (Finken) führt. Neuerdings hat auch das Färben bei Temperaturen über 100 °C (HT-Färberei) stärkere Bedeutung erhalten, da von der *BASF* als Rongal HT ein Reduktionsmittel hergestellt wird, welches den hohen Hydrosulfitverbrauch bei diesen Temperaturen verhindert. Bei diesem Verfahren ist jedoch eine Nuanceverschiebung bei vielen Farbstoffen zu berücksichtigen und Farbstoffen die zur Überreduktion, Dehalogenierung neigen, müssen durch Zusatz von Natriumnitrit, Natriumchlorit oder Glukose evtl. mit Triäthanolamin (S. 190) geschützt werden.

Ebenfalls von der *BASF* wird ein Färbeverfahren bei höheren Temperaturen empfohlen, welches gute Egalität und Durchfärbung ermöglicht. Dabei wird durch Einsatz eines Sequestriermittels das, die mit der Baumwolle eingeschleppten Erdalkalisalze (Ca, Mg, Fe), unschädlich macht und durch spezielle Netzmittel eine Deformation der Wickelkörper, durch Luftbläschen verursachte „Finken" und ungefärbte Fadenkreuzungsstellen vermieden werden. Das Verfahren kann auch zum Färben von Rohgarnen verwendet werden, die durch erhöhten Hydrosulfitzusatz im Färbebad und durch Seifen mit Oxydationsmitteln, man verwendet meist Wasserstoffperoxyd, das Garn so weit aufhellen, daß eine vorherige Halbbleiche erspart wird. Das Färbebad wird bei 90 °C mit der Natronlauge, dem Sequestriermittel, den Egalisiermitteln, dem Färbereihilfsmittel TX 1285, dem gut angeschlemmten Farbstoff und Hydrosulfit versetzt, die Ware schnell eingefahren und mit dem Färben begonnen. Die Farbstoffe werden vorteilhaft als besondere Feinmahlungen verwendet, da sich diese Produkte schneller verküpen als normale Pulverprodukte. Als Zusätze werden von der *BASF* empfohlen:

    1—2 ml/l Dekol CN flüssig (Schutzkolloid)
    0—1,5 ml/l Peregal P (Egalisiermittel)
    4—5%   Trilon B Plv. (Sequestriermittel)
    0,7—1%   Färbereihilfsmittel TX 1285 (Netzer)

Bei vorgebeuchten oder vorgebleichten Wickelkörpern sind geringere Sequestriermittelmengen notwendig. Man färbt bei sinkender Temperatur und behandelt in üblicher Weise nach.

Um eine gute Egalität, ausreichende Durchfärbung zu erhalten und die Faserquellung zu umgehen, sind eine Reihe von speziellen Färbeverfahren üblich zu denen das

    Temperaturstufen-
    Küpensäure-Temperaturstufen-
    Pigmentier- und
    Pigmentier-Temperaturstufen (Halbpigmentier-) Verfahren

gehören. Durch Verwendung der bereits genannten Egalisiermittel können die Effekte dieser Verfahren weiter verstärkt werden.

Das **Temperaturstufen-Verfahren** hat besondere Vorteile bei den schlechter egalisierenden Warm- und Heißfärbern, welche bei Temperaturen unter 20 °C mit allen Zusätzen beginnend gefärbt werden und die Behandlungstemperatur bis 35 °C um 1 °C/min. und darüber um 2 °C/min. bis zur optimalen Färbetemperatur, bis zu welcher der Farbstoff gefärbt werden kann, getrieben und im erkaltendem Bad fertiggestellt wird.

Beim **Küpensäure-Temperaturstufen-Verfahren** werden die in der Stammküpe verküpten Farbstoffe durch Neutralisation der verwendeten Lauge in ihre „Küpensäure" (wasserunlösliche Leukoverbindung) übergeführt, in Dispersion mit Elektrolytzusätzen weitgehend auf die Faser niedergeschlagen und anschließend durch Zusatz von Lauge und Reduktionsmittel verküpt. Durch die neutrale „Pigmentierung" der Wickelkörper wird die Faserquellung vermieden und durch die langsame Temperatursteigerung der Farbstoff sehr gleichmäßig in den Wickelkörpern abgelagert. Das Verfahren ist vor allem für das Färben von hellen bis mittleren Tönen verwendbar, wogegen sich dunkle Töne nur sehr unvollkommen egal färben lassen, da die ausgeflockte Küpensäure dann kaum gleichmäßig auf die Faser gebracht werden kann. Zur Herstellung der Küpensäure werden die stammverküpten Produkte zur Neutralisation von 1 l Natronlauge 38 °Bé mit 1,2 l Essigsäure 50%ig, oder der halben Menge Ameisensäure 85%ig verrührt, wodurch sich die von der Küpenfarbe meist unterschiedliche *Küpensäurefarbe* einstellt. Das Färbebad wird mit 1 g/l Hydrosulfit zur Vertreibung des Sauerstoffes versetzt, 20 min. bei 18—20 °C mit der Küpensäure zirkuliert, die zum Färben notwendige Lauge und das Hydrosulfit, letzteres portionsweise zugesetzt und wie beim Temperaturstufenverfahren gefärbt. Da man nach diesem Verfahren nur helle und mittlere Töne färbt, hat es an Bedeutung verloren und wurde von den Pigmentierverfahren mit Küpenfarbstoffeinmahlungen abgelöst, außerdem sind höhere Chemikalienzusätze notwendig.

Das **Pigmentier-Verfahren** wurde zuerst als *Abbot-Cox-Verfahren/Dupont* in den USA bekannt. Dabei werden die besonderen Feinmahlungen oder Flüssig-Küpenfarbstoffe in kleiner Flotte gründlich dispergiert dem Färbebad, welches meist 1 ml/l Essigsäure 50%ig zur Vermeidung vorzeitiger Reduktion durch Faserverunreinigungen enthält, bei 40—50 °C zugesetzt und auf Färbetemperatur bzw. wenn möglich, auch darüber erwärmt. Für alle Farbstoffe ist zur „Aussalzung" auf der Faser der Zusatz von 20—30 g/l Koch- oder Glaubersalz notwendig, welches möglichst portionsweise während der Pigmentierung zugesetzt wird. Bei hellen Tönen genügt dazu auch der Laugenzusatz. Nun wird die notwendige Lauge und das Hydrosulfit, letzteres portionsweise zugefügt, 20—30 min. weitergefärbt und anschließend in das Substantivitätsoptimum abgekühlt. Durch Verwendung von 0,5—2 g/l Stabilisator VP/*CIBA*, 5—40 g/l Kochsalz und 2 ml/l Essigsäure 50%ig werden die Pigmentierbäder so weit erschöpft, daß auf frischem Bad entwickelt werden kann. Dadurch werden die Farbstoffe voll ausgenutzt und ein Abfiltrieren von Farbstoff aus dem Pigmentierbad vermieden.

Das Verfahren ist vorteilhaft, da eine Laugenquellung beim Pigmentieren nicht auftritt. (Die Pigmentierung kann auch unter HT-Bedingungen vorgenommen werden.) Der Farbstoff kommt sehr gleichmäßig auf die Faser, was durch die verwendeten Feinmahlungen noch unterstützt wird und alle Farbtöne nach diesem Verfahren erzeugt werden können.

Das Verfahren hat in den letzten Jahren eine Erweiterung dadurch erfahren, daß durch Einsatz von speziellen Netzmitteln auch Rohgarne ohne jede Vorbehandlung pigmentiert und evtl. während des Pigmentierens mit Wasserstoffperoxyd unter HT-Bedingungen gebleicht werden können, Diese Spezialnetzer werden mit 1—3 g/l verwendet und kommen u. a. als

Casservol RW	*Cassella*	Primasol FP	*BASF*
Emigen P	*Hoechst*	Rucoegalisierer IRU	*Rudolf*
Erkantol PAD	*Bayer*	Viscavin CA spez.	*Tübingen*
Leonil R	*Hoechst*		

in den Handel. Beim *Pigmentier-Bleichverfahren* wird der dispergierte Farbstoff, dem mit Wasserstoffperoxyd, Alkali und geringen Mengen Peroxydstabilisator versetzten Bad zugefügt, auf 95 °C erwärmt und in normaler Zeit oder bei 120 °C während 30 min. vorgebleicht und pigmentiert, auf die Färbetemperatur abgekühlt und nach Zusatz von Lauge und Hydrosulfit ausgefärbt. Es muß bei dieser Arbeitsweise jedoch das Peroxyd restlos verbraucht sein, um nicht beträchtliche Mehrmengen Hydrosulfit einzusetzen, die zur Zerstörung des Peroxyds notwendig sind.

Beim **Pigmentier-Temperaturstufen-Verfahren** (Halbpigmentierverfahren) wird mit dem Färben wie beim normalen Temperaturstufen-Verfahren gearbeitet und da die Küpenfarbstoffeinmahlungen unter 18 °C nur teilweise reduziert sind, der Farbstoff als „Halbpigment" auf die Faser gebracht und erst bei langsamer Temperatursteigerung verküpt und dadurch besser egale und gute Durchfärbungen erzielt werden. Beim Färben nach dem Prinzip „Avesta-Karrer" wird die Färbeküpe im evakuiertem Apparat während. 5—15 min. auf die Wickelkörper gebracht und durch Einblasen von Luft oxydiert.

c) **Färben von Stückwaren.** Beim Färben auf der **Haspelkufe,** auf der man hauptsächlich rundgewirkte Baumwolltrikotagen färbt, ist der Hydrosulfitverbrauch hoch und auch die geringe Flottenzirkulation für die Egalität nicht besonders vorteilhaft. Es werden deshalb vorteilhaft gedeckte Kufen verwendet. Zur verbesserten Flottenzirkulation sind auch Spezialkonstruktionen der Haspelkufen (S. 85) üblich. Zur Verbesserung der Egalität und Durchfärbung werden hauptsächlich die Pigmentier- und Halbpigmentierverfahren — evtl. unter Zusatz von Stabilisator VP/*CIBA* — eingesetzt.

Zum Färben von Stückwaren werden auch heute noch, trotz der immer häufiger werdenden halb- und vollkontinuierlichen Verfahren, Jigger verwendet. Dabei werden automatische, spannungsarme **Jigger** bevorzugt, die zur Einschränkung des Reduktionsmittelverbrauchs mit Haube verwendet werden. Für eine bessere Egalität und Durchfärbung können alle für das Färben von Wickelkörpern beschriebenen Spezialverfahren unter Zusatz von Egalisiermitteln analog eingesetzt werden. In allen Fällen werden die Zusätze, jedoch auf mindestens 2 Enden (Passagen) verteilt, zugesetzt. Wegen des „Farbablaufs" sind ausreichend lange Vorläufer notwendig, um Temperaturunterschiede in den zuerst auf den Docken auflaufenden Gewebelagen zu vermeiden. Der Farbstoff wird in der Regel aus der Stammküpe dem vorgeschärften Bad zugegeben. Wenn aus der Küpe gefärbt wird, ist der Hydrosulfitverbrauch meist auch dann hoch, wenn auf geschlossenen

Jiggern gefärbt wird. Man bevorzugt deshalb auch hier die Pigmentierverfahren, bei denen kürzere Färbezeiten möglich sind und damit weniger Reduktionsmittel verbraucht wird.

Zur Vermeidung von dunkleren Kanten ist ein kantengerades Aufdocken der Stückware auf den Warenkaulen unumgänglich, Oxydationsflecken entstehen durch ungenügende Reduktionsmittelmengen, die zu örtlicher Oxydation führen, die in der kurzen Chassispassage wie auch ausoxydierte Warenkanten, nicht mehr ausgeglichen werden können. Der Küpenstand muß laufend mit Küpengelbpapier oder potentiometrisch geprüft werden. Praxisversuche haben einen Mehrverbrauch von Hydrosulfit von 20—100% ergeben, da durch die Ware immer wieder Luftsauerstoff in das Bad bzw. die Warenkaulen eingeschleppt wird und der bei poröser Ware noch stärker ist, als bei glatten, strukturlosen Geweben. Der Küpenstand muß auch auf den Warendocken, wo der eigentliche Färbeprozeß stattfindet, geprüft werden. Beim Färben von dunklen Tönen ist eine Nachbehandlung mit

    2—3 ml/l   Natronlauge 38 °Bé
    1 g/l   Hydrosulfit
  20—30 g/l   Koch- oder Glaubersalz

und 2—5 g/l eines Dispergiermittels bei 40 °C während 20—30 min. (2 Passagen) zur Ablösung des nur oberflächlich sitzenden Farbstoffes vor der Oxydation und dem Nachseifens vorteilhaft. Meist wird diese und die weiteren Behandlungen auf einem anderen Jigger vorgenommen.

Zum Färben mit Küpenfarbstoffen werden, die auch für das Färben mit anderen Farbstoffen üblichen, halb- und vollkontinuierlichen Verfahren eingesetzt. Beim **Pad-Jig (Foulard-Jigger)-Verfahren** werden entweder die wie beim Färben von Wickelkörpern hergestellten Küpensäuren (S. 196) mit 10 g/l eines Dispergiermittels und Essigsäure bei pH 5—6,5 flocken- und schaumfrei oder mit Dispersionen besonderer Feinmahlungen der Farbstoffe auf die Stückware foulardiert und anschließend auf dem Jigger entwickelt. Beim Küpensäureklotz-Verfahren ist eine Flockenfreiheit der Bäder nur mit geringen Farbstoffmengen erhältlich. Man färbt deshalb nur helle bis mittlere Töne nach diesem Verfahren. Der Zusatz von Dispergiermitteln ist für beide Verfahren ratsam. In Ausnahmefällen kann auch der Jigger zum Klotzen der Imprägnierflotte verwendet werden. Man fährt dabei auf dem Jigger nur mit so viel Klotzflotte, daß diese gerade noch über den Leitwalzen die Ware bedeckt (Jiggerklotz-Verfahren) und entwickelt die Färbung im gleichen Jigger unter Zusatz der auch sonst üblichen Chemikalien und normaler Flottenmenge, jedoch ohne Klotzflottenvorlage. Zur besseren Durchnetzung ist ein kurzes Verweilen vor der Entwicklung auf der Steigdocke des Jiggers vorteilhaft.

Die *Jiggerentwicklung* ist bei beiden Verfahren gleich. Die mit 80—100% Restfeuchtigkeit oder bei dunklen Tönen zwischengetrocknete Stückware wird auf dem Jigger mit den für die Farbstoffe notwendigen Zusätzen (Tab. 15, S. 189) in 2—4 Passagen entwickelt und auf dem Jigger oxydiert, gespült und geseift. Um ein verstärktes Ablösen des Küpenfarbstoffes zu vermeiden, werden die Chemikalienzusätze auf 2 Enden zugesetzt und vor dem Einfahren der Ware gewisse Mengen der Klotzflotte im Entwicklungsbad vorgelegt, die sich nach folgender Formel berechnen:

$$K = \frac{F \cdot AE}{100}$$

K = ml Klotzflotte des Ansatzes auf 1 l Jiggerentwicklungsflotte,
F = g Farbstoff, der auf 1 kg Ware foulardiert wurde,
AE = Abquetscheffekt in % nach dem Foulardieren.

Durch Verwendung von 2—3 g/l Stabilisator VP/*CIBA* können Trikotagen auch auf der Haspelkufe pigmentiert werden. Dabei wird zuerst 20—30 min. kalt gearbeitet, in 40 min. auf 50 °C erwärmt und während dieser Zeit möglichst kontinuierlich 2 ml/l Essigsäure 50%ig und 5—30 g/l Kochsalz als 20%ige Lösung zugesetzt und auf dem gleichen oder frischen Bad auf der Haspelkufe entwickelt und wie üblich nachbehandelt. Das Verfahren eignet sich vor allem für helle bis mittlere Töne.

Die Pad-Jig-Verfahren haben den Vorteil, daß bei der Jiggerentwicklung Unegalitäten ausgeglichen und Nuancierungszusätze gemacht werden können. Bei der Naß-auf-Naß-Arbeitsweise müssen die geklotzten Stückwaren umgehend entwickelt werden, um ein Absinken der Farbstoffe in die unteren Lagen der Warendocke zu vermeiden. Ein Ablegen der Docken führt zu Druckstellen, die sich als Querstreifen zeigen. Beim Aufbewahren der feuchten Warenkaulen sollen diese mit ausreichend langen Nachläufern, die ebenfalls foulardiert wurden, umwickelt und hängend unter öfterem Drehen, verbleiben. Zum Zwischentrocknen, welches beim Färben von dunklen Farbtönen ratsam ist, werden Hotflues, seltener Zylindertrockner oder Spannrahmen verwendet. Beim Foulardieren sind die Bedingungen einzuhalten, die nachstehend für die kontinuierlichen Verfahren ausführlich beschrieben werden.

Das **Pad-Roll(Klotz-Thermoverweil)-Verfahren** hat in der Küpenfärberei nur wenig Bedeutung. Von *Hoechst* wird zum Pigmentieren und gleichzeitigem Bleichen der Zusatz von

35 ml/l Wasserstoffperoxyd 35%ig
20 ml/l Wasserglas 40 °Bé
10 g/l Leonil R/*Hoechst*
35 ml/l Natronlauge 38 °Bé

neben den Küpenpigmenten empfohlen. Die geklotzte Ware wird über mehrere Stunden in Plastikfolien gut umhüllt, unter langsamen Drehen kalt verweilt und auf dem Jigger oder kontinuierlich entwickelt.

Weit häufiger sind die **Kontinue-Verfahren,** bei denen jedoch Warenmengen von mindestens 5000 m für einen Farbton vorhanden sein müssen, wenn die Arbeitsweise wirtschaftlich sein soll. Dazu gehören das

Pad-Steam- (Foulard-Dämpf-)
Pad-Williams-Unit-Entwicklungs- und das
Standfast- (Metallbad-) Verfahren.

In allen Fällen wird die gut saugfähige, meist vorgebleichte Stückware in trockenem Zustand foulardiert. Man verwendet dazu 2- und 3-Walzenfoulards, die einen möglichst niedrigen Abquetscheffekt von max. 70% zulassen. Höhere Abquetscheffekte sind nicht vorteilhaft, da dann die Farbstoffe beim Zwischentrocknen zur *Migration* neigen und nur unter Zusatz von 5—15 g/l Alginat-Verdickungsmitteln oder speziellen Klotzhilfsmitteln geklotzt werden sollen. Zu diesen Produkten, die in Mengen von 10—40 g/l als *Migrationsinhibitoren* eingesetzt werden, gehören u. a.:

Dispersol VL, CA	*ICI*	Necessan A	*BASF*
Emigen P	*Hoechst*	Solidegal CM	*Cassella*
Erkantol PAD	*Bayer*	Stabilisator VP	*CIBA*

Zum Zwischentrocknen eignet sich die Hotflue (S. 116). Wird auf Zylindertrockner getrocknet, sind die genannten Klotzhilfsmittel besonders vorteilhaft, um eine Farbstoffwanderung an die den Zylindern zugekehrten Warenseiten zu vermeiden. Es sollen dann die ersten Zylinder nur mäßig warm sein und die Ware unbedingt beidseitig getrocknet werden. Beim Färben von hellen Tönen können auch Küpensäuren foulardiert und das Zwischentrocknen erspart werden. Normalerweise verwendet man zum Klotzen besondere Feinmahlungen oder flüssige Farbstoffe.

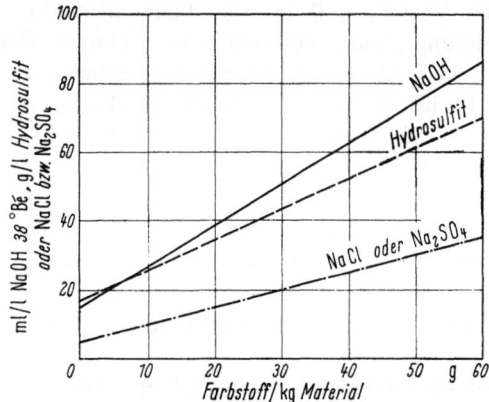

Abb. 186. Zusätze beim Pad-Steam-Verfahren im Chemikalienfoulard mit 100% Abquetscheffekt

Zum Entwickeln der foulardierten Farbstoffe wird in der Hauptsache das **Pad-Steam-Verfahren** eingesetzt, bei dem die zwischengetrocknete Ware bei 15—20 °C mit Natronlauge, Hydrosulfit, Koch- oder Glaubersalz und einen AE von 100% geklotzt (Chemikalienklotz) und anschließend während 15—40 sec. bei 102—105 °C möglichst luftfrei, gedämpft wird. Die Chemikalienzusätze sind aus Abb. 186 zu ersehen. Beim Färben von hellen Tönen kann auch ohne Zwischentrocknung, nur durch Dämpfen entwickelt werden. Dabei ist jedoch mit möglichst geringer Restfeuchtigkeit zu foulardieren und die Dämpfzeit nach verstärktem Chemikalienklotz zur ausreichenden Warenerwärmung zu verlängern. Beim *Naß-Dampf-Entwicklungsverfahren* wird die Ware in einem Spezialdämpfer mehrmals in Rinnen (Boosters) mit Lauge und Hydrosulfit genetzt und darüber gedämpft. Obwohl die Netzrinnen gekühlt werden, erwärmt sich die Chemikalienflotte stark und die Chemikalienzusätze werden deshalb gegenüber dem normalen Pad-Steam-Verfahren erhöht.

Beim Entwickeln auf *Williams-Units* wird die mit Farbstoffpigmenten und anschließend mit Chemikalien geklotzte Stückware in Heißöl entwickelt (S. 130). Im ,,Pad-Wet-Verfahren" werden die Units ohne Heißöl verwendet und die foulardierte Ware direkt in der wässerigen Chemikalienflotte entwickelt. Bei hellen Färbungen können auch einfache Rollenkufen für die Entwicklung der nassen oder zwischengetrockneten Stückware verwendet werden. Es ist jedoch dann der Chemikalienverbrauch entsprechend höher.

Das *Standfast-Verfahren* (S. 130), auch Molten-Metal-Proces genannt, wird zum Färben von hellen Tönen als ,,Direktfärbung" verwendet. Die vorgewärmte Stückware wird mit 40—100 m/min. durch das über dem Metall befindliche

„Klotzbad" geführt und im geschmolzenem Metall entwickelt. Man arbeitet dabei mit verküptem Farbstoff. Zur guten Durchnetzung muß dabei die Küpe vor Eintritt in das Klotzbad über einen Schnellerhitzer auf 75 °C vorgeheizt und bei einer Metalltemperatur von 95—100 °C während 2—7 sec. entwickelt werden. Der „Abquetscheffekt" des Metalls beträgt etwa 140%. Nach Austritt aus dem Metallbad wird anhaftendes Metall durch ein Salzbad von der Ware abgestreift. Beim Färben von dunklen Tönen wird die foulardierte, meist zwischen getrocknete und die vorgewärmte Ware oberhalb des Woodschen Metalls mit Chemikalien geklotzt und im Metallbad im „eigenem Dampf" entwickelt. Die Direktfärbemethode hat den Vorteil, daß auch profilierte Stückwaren ohne stärkeren Druck und damit unter Erhaltung der Warenstruktur gefärbt werden können.

Zur *Nachbehandlung*, kontinuierlich mit Küpenfarbstoffen gefärbter Stückwaren, kommen nur Breitwaschmaschinen in Betracht, die, wenn nur einfache Rollenkufen zur Verfügung stehen, mindestens 6 Waschkästen haben sollen. Die aus dem Dämpfer oder anderen Entwicklungseinrichtungen kommende Ware wird im 1. Kasten nach ausreichendem Luftgang mit fließendem Kaltwasser gespült. Im 2. und 3. Kasten mit Oxydationsmitteln wie üblich oxydiert, im 4. Kasten zwichengespült und im 5. Abteil kochend geseift und im letzten Kasten gespült. Meist werden jedoch mehr Waschkästen verwendet bzw. besondere Breitwaschmaschinen (S. 121) eingesetzt um die Nachbehandlung zu intensivieren.

Da sich Küpenfarbstoffe, bis auf wenige Ausnahmen, auf der Faser nicht zerstören lassen, kann von „*Abziehen*" eigentlich nicht gesprochen werden, obwohl sich der Ausdruck in der Praxis behauptet. Es ist hauptsächlich nur ein Aufhellen der Färbungen. Die Farbstoffe werden auf frischem Bad, einer „blinden Küpe", mit

12—20 ml/l Natronlauge 38 °Bé
5—7 g/l Hydrosulfit

zur verstärkten Migration in das Aufhellungsbad veranlaßt. Die Arbeitsweise zeigt in 1 Std. Behandlungszeit bei 70—90 °C gewisse Erfolge, d. h., die meisten Farbstoffe werden maximal zur Hälfte „abgezogen". Durch Zusatz von 5—10 g/l retardierender Egalisiermittel (S. 190) wird der Effekt bis etwa 70% gesteigert. Durch Einsatz von 5 g/l Magnesiumsulfat in der blinden Küpe, das nach 30 min. Behandlung zugesetzt wird, läßt sich der Aufhellungseffekt weiter steigern. Die bisher besten Erfolge lassen sich durch Zusatz von 1—3 g/l Albigen A/*BASF* in der blinden Küpe erreichen. Das Produkt geht mit den abgelösten Farbstoffen Additionsverbindungen ein, die so stabil sind, daß ein Wiederaufziehen auf die Faser unmöglich ist. Mit dieser Arbeitsweise lassen sich ein großer Teil der Küpenfärbungen in ausreichenden Maße, u. U. sogar ganz abziehen.

3. Leukoküpenester-Farbstoffe

Die beim Färben mit Küpenfarbstoffen unangenehme, alkalische Faserquellung und das Ansetzen der Küpe haben zur Herstellung der Leukoküpenester geführt, die als wasserlösliche Küpenfarbstoffe, substantiv wie Direktfarbstoffe, auf die Faser ziehen und durch eine Entwicklung (Verseifung, Spaltung und Oxydation) auf der Faser zum wasserunlöslichen Küpenfarbstoff zurückgebildet werden. Obwohl es nicht möglich ist, alle Küpenfarbstoffe zu verestern, ist die Palette doch so groß, daß sich fast alle Nuancen mit ihnen herstellen lassen, welche nach ordnungsgemäßer Applikation die *Echtheiten von Küpenfärbungen* aufweisen und deshalb auch teilweise von den Warenzeichenverbänden, mit evtl. vorgeschriebenen Mindesttiefen, aufgenommen wurden. Die von *Hoechst* hergestellten Anthrasole tragen als Prädikat „I" (z. B. Anthrasolblau IBC) und die Produkte anderer Hersteller das „F", wenn sie vom *INDANTHREN*- bzw. *FELISOL-Verband* anerkannt wurden. Es handelt sich dabei meist um Produkte, die auf anthrachinoiden Küpenfarbstoffen basieren, wogegen die Ester der indigoiden Farbstoffe, wie auch bei den Küpenfarbstoffen selbst, nicht den Echtheitsstandard erreichen und mehr im Textildruck als in der Färberei verwendet werden. Die Ester werden u. a. als

Anthrasol-	*Hoechst*	Sandozol-	*Sandoz*
Cibantin-	*CIBA*	Soledon-	*ICI*
Indigosol-	*Durand*	Solindolo-	*ACNA*
Pontasol-Farbstoffe	*Dupont*	Tinosol-Farbstoffe	*Geigy*

vertrieben. Da ihre Substantivität nicht groß ist und tiefe Töne sehr viel Farbstoff und Salz benötigen, werden sie in der Hauptsache zum Färben von hellen Tönen in möglichst kleinem Flottenverhältnis eingesetzt und dunkle Töne wirtschaftlicher mit Küpenfarbstoffen hergestellt. Ihr Substantivitätsoptimum liegt bei 25—30 °C. Man färbt wegen der besseren Durchfärbung meist bei höheren Temperaturen beginnend und läßt die Flotten abkühlen. Zur Baderschöpfung sind 5—100 g/l Koch- oder Glaubersalz kalz. je nach Produkt und Farbtiefe notwendig. Die Farbstoffe werden durch Übergießen mit heißem Wasser gelöst. Verschiedene Produkte lösen sich unter Zusatz der gleichen Menge Soda kalz. besser. Der Zusatz von 1 g/l Soda kalz. im Färbebad ist günstig, um Ausscheidungen durch saures Wasser bzw. Säuredämpfe zu vermeiden. Die unentwickelten Färbungen sind, wie auch die Farbstoffpulver bzw. Pasten, sonnenlichtempfindlich und sollten deshalb in dunklen Gefäßen aufbewahrt und vor Sonnenlicht geschützt gefärbt werden. Einige Farbstoffe sind außerdem oxydationsempfindlich, schlagen in ihrer Nuance um und können nicht mehr entwickelt werden. Ein Zusatz von 1—2 g/l Anthrasolsalz NO/*Hoechst* oder Cellex/*CIBA* verhindert die vorzeitige Oxydation.

Zur Entwicklung kann man ein- oder zweibadig arbeiten und entwickelt kalt bei 30 °C (Kalt-) und bei 50—60° (Heißentwickler) mit 10—20 ml/l Schwefelsäure 66 °Bé, wenn bereits während des Färbens 0,5—1 g/l Natriumnitrit zugesetzt wurden bzw. dieser Zusatz vor der Säurezugabe gemacht wurde. Die Schwefelsäure sollte als Lösung 1:4 verwendet werden. Dieses *Einbad-Verfahren* wird hauptsächlich beim Färben in langer Flotte eingesetzt. Nach dem *Zweibad-Verfahren* färbt man die Ware z. B. auf dem Jigger mit Salz vor, läßt die Flotte ab und entwickelt auf frischem Bad mit der angegebenen Nitrit- und Schwefelsäuremenge. Zweckmäßig wird dann der Nitritzusatz um etwa 30% erhöht. Das letztere Verfahren ergibt bessere Echtheiten, da in kleinem Flottenverhältnis auch bei Verwendung von hohen Salzmengen viel Farbstoff im Bad zurückbleibt, der sich durch das Entwickeln nach dem Einbadverfahren auf die Ware niederschlägt und schlechtere Echtheiten ergibt.

Blautöne können nur mit einem Produkt hergestellt werden, das eine besondere Färbeweise erfordert (z. B. Anthrasolblau IBC/*Hoechst*), die auch dann einzuhalten ist, wenn das Produkt in größeren Mengen mit anderen Farbstoffen kombiniert wird. Nach dem *Ammoniak-Essigsäure-Verfahren* wird der gelöste Farbstoff dem mit 0,5 g/l Ammoniak 25%ig und 1 g/l Dispergiermittel (Setamol WS/*BASF*,

Solegal A/*Hoechst* u. a.) beschickten Färbebad zugesetzt, in 20 min. bei 25 °C bis 30 g/l Glaubersalz kalz. zugefügt und 2 ml/l Essigsäure 50%ig während 30 min. eingerührt. Oft ist zur stufenweisen Spaltung des Farbstoffes ein weiterer Essigsäurezusatz zur Erreichung von pH 4,5 notwendig, der sich durch eine rotviolette, der anfangs gelben Färbung, anzeigt. Ist diese erreicht, werden,

    0,5—1 g/l Anthrasolsalz NO/*Hoechst*
    0,3—0,5 g/l Natriumnitrit
    — 5 m/l Schwefelsäure 66 °Bé

nach vorheriger Lösung in der angegebenen Reihenfolge zugesetzt und damit das Blau entwickelt.

Alle Färbungen werden nach dem Entwickeln gespült, mit 2—5 g/l Soda kalz. neutralisiert und mit 0,5—1 g/l eines synthetischen Waschmittels oder der doppelten Seifenmenge und 1 g/l Soda bei 70—100 °C während 20—30 min. geseift und gründlich gespült. Wegen der geringen Substantivität der Farbstoffe werden die Zusätze meist auch beim diskontinuierlichen Färben (Ausziehverfahren) in g/l und dem Flottenverhältnis und nicht in Prozenten angegeben.

Leukoküpenester-Färbungen werden auf Baumwolle hauptsächlich auf Garn und Stück vorgenommen, die zur Herstellung von Wirkwaren, Wäsche, Dekorations- und Frottéwaren verwendet werden. Kontinuierlich werden Hemden- und Blusenstoffe mit dieser Farbstoffklasse gefärbt. Für das *kontinuierliche Färben* ist zu berücksichtigen, daß die einzelnen Produkte eine, wenn auch kleine Substantivität aufweisen, die unterschiedliche Nachsatzverstärkungen beim Foulardieren notwendig machen. Von den Herstellern wurden die Produkte deshalb in Gruppen eingeteilt, die 7,5—12,5/17,5—22,5 oder 27,5% Nachsatzverstärkung benötigen, wenn nicht besondere Hilfsmittel beim Klotzen (z. B. 0,5—2 g/l Emigen A/*Hoechst*) eingesetzt werden. 1 ml/l Natronlauge 38 °Bé im Klotzbad verhindert in vielen Fällen ebenfalls eine Nachsatzverstärkung. Zur Einschränkung der Substantivität wird bei über 60 °C in möglichst kleiner Flottenmenge auf 2-Walzenfoulards geklotzt. Zur gründlichen Durchnetzung ist mindestens ein 20-sec.-Luftgang oder 40—60-sec.-Dämpfen vorteilhaft. Da meist helle Farbtöne kontinuierlich erzeugt werden, ist ein Zwischentrocknen nicht notwendig. Werden mittlere Farbtöne foulardiert, ist der Zusatz von 10—30 g/l Alginat- (25:1000) oder Tragantverdickung (60:1000) zur Eindämmung der Farbstoffmigration beim Zwischentrocknen vorteilhaft. Zur besseren Durchfärbung können die foulardierten Waren vor dem Entwickeln auch mehrere Stunden auf der Docke kalt oder 1—2 Std. bei 70—75 °C verweilt werden. Durch diese Behandlungen, und auch durch Dämpfen, lassen sich bei einigen Farbstoffen die Ausbeuten bis 100% steigern. Die Klotzflotte enthält außer dem Farbstoff ein säurebeständiges Netzmittel, 1 g/l Soda kalz. und 10 g/l Natriumnitrit.

Die foulardierte und evtl. zwischengetrocknete Stückware wird entweder auf dem Jigger mit 20 ml/l Schwefelsäure 66 °Bé bei 40—60 °C während 2 Passagen oder kontinuierlich entwickelt. Bei der zuletzt genannten Arbeitsweise kann entweder auf einem Foulard mit 20—25 ml/l Schwefelsäure 66 °Bé oder dem 1. Kasten einer Breitwaschmaschine mit 25—35 ml/l Schwefelsäure 66 °Bé heiß entwickelt, anschließend gespült, neutralisiert und geseift werden.

Zum Mustern wird der Färbepartie ein Abschnitt entnommen und im Becherglas oder Eimer mit 10 ml/l Schwefelsäure und 1 g/l Natriumnitrit entwickelt, kurz gespült und geseift. Nuancierungsfarbstoff wird in gut gelöster Form zugesetzt und weitere 15 min. gefärbt und nach Erreichung der Vorlagenuance wie beschrieben entwickelt. Beim Färben von Stranggarn, darf der Musterstrang nicht wieder in die Partie gehängt werden, da er aus dem Bad wie ein nichtgefärbter Strang Farbstoff aufnimmt und dadurch weit dunkler wird und damit auch für ein weiteres Mustern unbrauchbar wird.

Die nicht entwickelte Färbung kann durch Temperaturerhöhung, Sodazusatz, vergrößertes Flottenverhältnis oder durch vollkommen neue Flotte aufgehellt werden. Zum ,,Abziehen" sind nur blinde Küpen, wie sie auch zum Abziehen von Küpenfärbungen verwendet werden, wirksam.

4. Schwefelfarbstoffe

Die Konstitution der Schwefelfarbstoffe ist noch weitgehend ungeklärt. Sie sind wasserunlöslich und müssen, wie auch die Küpenfarbstoffe, reduziert und mittels Alkali in ihre wasserlösliche Natriumleukoverbindungen übergeführt werden und ziehen so substantiv auf die Baumwolle. Als *Reduktionsmittel* und Alkali kommt Schwefelnatrium (Natriumsulfid) krist. mit 31% und kalziniert mit 61% Na_2S zur Verwendung. Das technische Produkt enthält, abgesehen von der gereinigten Schuppenform, aus der Herstellung Kohlenstoff, der sich, wenn Stammlösungen (1:5) verwendet werden, absetzt und so den Farbton und die Reibechtheit der Färbungen nicht stört. Das Reduktionsmittel ist billiger als Hydrosulfit, reicht aber zur Reduktion der Küpenfarbstoffe nicht aus. Die hohe Laugenmenge, die bei der Hydrolyse des Na_2S frei wird, fördert die Alkaliquellung der Zellulose, und es wurde deshalb von *Cassella* als Sulfhydrat F eine NaHS-Lösung herausgebracht, die weniger alkalisch ist, keine Verunreinigungen enthält und zur Einstellung der Alkalität der Färbebäder $1/4$ der Sulfhydrat-Menge Soda kalz. erfordert. In Ausnahmefällen können Schwefelfarbstoffe auch mit Hydrosulfit und Lauge gelöst werden, doch neigen sehr viele Farbstoffe dann zur Überreduktion und damit Nuanceverschiebung.

Die wasserunlöslichen Schwefelfarbstoffe kommen u. a. als

Eclips–	*Geigy*	Sulfer–	*Vondelingenplaat*
Immedial–	*Cassella*	Sulfogen–	*Dupont*
Pyrogen–	*CIBA*	Thional–	*Sandoz*
Schwefel–	*Wolfen*	Thionol–Farbstoffe	*ICI*
Sulfanol-Farbstoffe	*Francolor*		

in den Handel. Produkte mit hohen Lichtechtheiten enthalten außerdem das Prädikat ,,-licht-". Die Farbstoffe sind meist Pulver, vereinzelt auch in besonderen Feinmahlungen im Handel und neigen bei längerem Lagern zur Autoxydation und sind etwas hygroskopisch, was bei feuchtem Lagern zur Klumpenbildung führen kann. Die Lagerfähigkeit beträgt meist mindestens 1 Jahr. Auf die Verwendung von wasserlöslichen Schwefelfarbstoffen wird im Anschluß eingegangen. Die Färbungen mit Schwefelfarbstoffen zeigen, abgesehen von einigen Blau- und Grüntönen, nur trübe, gedeckte Nuancen. Ein Rot fehlt vollkommen. Ihr Vorteil liegt in der besonderen Billigkeit, die jedoch durch die Notwendigkeit hohe Farbstoffmengen verwenden zu müssen, teilweise aufgehoben wird. Man verwendet sie zum Färben von Baumwolle in allen Aufmachungen. Vor allem werden Textilien, die zur Herstellung von Zeltbahnen, Plachen, Rucksäcken, Bändern, Samten, Cord und Oberbekleidungsstoffen verwendet werden, mit den Produkten gefärbt.

Beim Lösen werden die Farbstoffpulver mit einem alkalibeständigem Dispergiermittel, Färbeöl oder Netzmittel angeteigt mit der von Farbstoff zu Farbstoff unterschiedlichen Menge Schwefelnatrium krist. (0—3fache Menge) als Pulver oder Stammlösung bzw. Sulfhydrat F versetzt und mit kochendem Wasser übergossen bzw. aufgekocht. Bei Verwendung von Schwefelnatrium konz. genügt die halbe Menge des kristallisierten Produktes. Die meisten Schwefelfarbstoffe geben mit den Härtebildnern des Wassers Ausfällungen, man verwendet deshalb weiches, evtl. mit Sequestriermitteln oder 2—8% Soda beschickte Färbebäder. Beim Färben von hellen Tönen soll der Reduktionsmittelzusatz im Färbebad nicht unter 4 g/l Na_2S liegen.

Die *Echtheiten* der Schwefelfärbungen sind höher als die der Direktfärbungen, erreichen jedoch den Standard der Küpenfarbstoffe — abgesehen von einigen Schwarzmarken — nicht. Die Echtheiten können durch Nachbehandlungen, wie sie für Direktfärbungen üblich sind, weiter verbessert werden. Gering ist bei vielen Schwefelfärbungen die Hypochloritechtheit (Tab. 17).

Tabelle 17. *Echtheiten einer Färbung mit Immedialschwarzbraun AN extra/Cassella ohne Nachbehandlung*

Schwefelnatrium krist. -fache Menge	günstigste Färbetemp.	Licht- 2/1, 1/1, 1/3	Wasser-	Meerwasser-	Wasch- b)	Wasch- c)	Schweiß-	Reib- trocken	Bügel- trocken	Lösungsmittel Benzin	Lösungsmittel Per	H_2SO_4	Säure CH_3COOH	Alkali-	Merzerisier-	Walk- b)	Decken toter Baumwolle
1	90°C	3 / 4 / 4	4–5 / 5 / 5	4–5 / 5 / 5	4 / 3–4 / 5	2 / 3 / 4	4–5 / 5 / 5	4	4	5 / 5 / 5	4–5 / 5 / 5	2–3	4	5	4G / 4–5	3 / 4 / 4–5	gut

Beim diskontinuierlichem Färben wird der gelöste Farbstoff dem Färbebad bei 40—60 °C zugesetzt, auf 90 °C erwärmt und während 30—40 min. bei dieser Temperatur ausgefärbt. Die indigoiden Farbstoffe geben bei 60 °C brillantere Nuancen. Durch Zusatz eines Netzmittels ist es auch möglich in die kochenden Bäder einzugehen und bei sinkender Temperatur zu färben. Durch Zusatz von 5—10% Koch- oder Glaubersalz kalz. wird die geringe Substantivität der Farbstoffe verbessert. Zur Herstellung von mittleren und dunklen Tönen, vor allem Schwarz, wird meist auf stehenden Bädern gearbeitet, da als Nachsatz nur $1/4$—$1/3$ der Farbstoffansatzmengen nachgesetzt werden muß. Ein verringerter Salzzusatz wird nur bei den ersten Nachsatzbädern zugegeben. Bei längerem Stehen hydrolisiert das Schwefelnatrium jedoch oft stärker als es zur Reduktion notwendig ist und die Färbungen werden dadurch heller. Stehende Bäder sollen beim Färben von mittleren Tönen 3—4 und bei dunklen Tönen nicht mehr als 5—6 °Bé spindeln, wenn noch reibechte, nicht bronzierende Färbungen erreicht werden sollen. Diese Dichten werden oft schnell erreicht, da meist nicht vorbehandelte Baumwolle gefärbt wird, die viel Verunreinigungen mitbringt. Durch Färben in hartem Wasser, ohne Sequestriermittel oder Soda, zu hohe Farbstoffmengen und zuwenig Schwefelnatrium neigen die Färbungen zum *Bronzieren*. Dabei setzt sich ungelöster Farbstoff auf die Warenoberfläche und diese zeigt einen metallischen Schimmer und schlechte Reibechtheit. Die Ware neigt in krassen Fällen zum Stäuben und muß durch eine nochmalige Behandlung mit 1—2 g/l Schwefelnatrium, einem Sequestriermittel und Soda bei 60 °C während 20—30 min. verbessert werden. Die Oxydation der Färbung ist leichter als bei Küpenfärbungen und kann durch Luft bei indigoiden Farbstoffen vorgenommen werden, um ein stärkeres Ablösen der Farbstoffe durch Spülen zu vermeiden. Die anderen werden meist in fließendem Wasser oxydiert. Durch Oxydieren mit entsprechenden Chemikalien wird die Entwicklung erleichtert und ein „Verlagern" der Färbung vermieden. D. h., die endgültigen Farbtöne werden sofort erreicht und es tritt eine Nuanceverschiebung bei längerem Lagern nicht mehr ein. Man oxydiert dann bei pH 4—5 mit

1—1,5% Kalium- oder Natriumbichromat, Perborat oder Immedialentwickler S/*Cassella*
1—1,5% Essigsäure 50%ig und evtl.
0,5—1 % Kupfersulfat

20 min. bei 80 °C und erreicht gleichzeitig eine Verbesserung der Naß-, bei Gegenwart von Kupfersulfat, auch der Lichtechtheit. Durch letztere Nachbehandlung tritt meist eine gewisse Farbtonvertrübung ein. Zur Vertiefung der Nuance können gespülte und oxydierte Färbungen mit Ölemulsionen, anionischen Avivagemitteln nachbehandelt werden. Die Nuancen werden dadurch blumiger, was hauptsächlich bei Schwarz von Vorteil ist. Mittlere und tiefe Farbtöne neigen beim Lagern zur *Abspaltung von Schwefelsäure*, was zur Faserschädigung führt. Diese kann durch Zusatz von 10 g/l Natriumazetat oder -formiat im letzten Spülbad oder eine Nachbehandlung mit 3% Fibradurit FS/*Cassella* bei 60—70 °C vermieden werden. Die hochechten Schwarzmarken zeigen diese Erscheinung jedoch nicht.

Beim *Färben von Stranggarn* ist die Verwendung von U-förmigen Stöcken vorteilhaft. Arbeitet man in kleinem Flottverhältnis *(Apparatefärberei)*, kann die Schwefelnatriummenge um 1/3 ermäßigt werden. Das gilt auch beim Färben auf dem *Jigger*. Beim Färben bei Temperaturen über 100 °C werden die Nuancen vieler Farbstoffe in der Tiefe und Nuance verschoben, man erreicht jedoch in kürzerer Zeit egale Färbungen und benötigt meist weniger Reduktionsmittel. Wegen der Substantivität der Produkte ist das Kontinuefärben seltener, da man dazu besser die unsubstantiven, wasserlöslichen Produkte einsetzen kann. Beim kontinuierlichen Färben arbeitet man meist nach dem Pad-Steam-Verfahren.

Einige **Schwarzmarken der Schwefelfarbstoffe** haben *sehr hohe Echtheiten* (Tab. 18), so daß diese Färbungen als Schwarz mit dem *INDANTHREN* bzw. *FELISOL*-*Warenzeichen* ausgezeichnet werden können. Die Färbungen sind jedoch nur für Vorhangstoffe zugelassen. Zu diesen Produkten gehören u. a.: die verschiedenen Marken der

Tabelle 18. *Echtheiten einer Färbung mit Indocarbon CL/Cassella*

Schwefelnatrium krist.-fache Menge	Licht- a)	c)	Wasch	Wasser-	Bügel-trocken	Schweiß	Alkali-	Säure-	Reib-trocken	Chlor- b)	Superoxyd-
3	7	5	5	5	4	4	5	5	3	3—4	4

Brillantindicarbon	*Cassella*	Pyrogen-Carbon	*CIBA*
Carbindonschwarz	*ICI*	Redon-Carbon	*Vondelingenplaat*
Indocarbon	*Cassella*	Thional-Carbon	*Sandoz*

Von *Cassella* werden die Produkte auch in *anreduzierter Form* als „für Sol" geliefert, die ähnlich wie die wasserlöslichen Schwefelfarbstoffe verwendet werden.

Diese Schwarzfarbstoffe zeigen zum Unterschied zu den anderen Produkten eine deutliche Veränderung bei der reduktiven Lösung, sie ergeben eine klare, olivgrüne Farbflotte. Zum Lösen sind weit höhere Wassermengen nötig als bei den anderen Schwefelfarbstoffen. Man löst sie, indem man die angeteigten Produkte in das mit der $2^{1}/_{2}-3$ fachen Menge Schwefelnatrium versetzte Färbebad einsiebt und 10—15 min. kocht, bis die oben angegebene „Küpenfarbe" erreicht ist. Ein konzentriertes Lösen führt zu schlechter Reibechtheit und Unegalitäten durch ungelösten Farbstoff. Ansonsten werden die gleichen Bedingungen der Zusätze eingehalten, wie sie für die anderen Schwefelfarbstoffe üblich sind. Zur Erzielung guter Echtheiten müssen die gefärbten Textilien gut entwässert, gründlich gespült und der auf der Faser sitzende Farbstoff mit

1,5 g/l Schwefelnatrium krist. und evtl.
2 g/l eines Sequestriermittels

15 min. bei 40 °C abgelöst werden. Anschließend wird mit Chromkali/Essigsäure, wie bereits beschrieben, oxydiert und nochmals gespült. Durch Verwendung der „für Sol"-Farbstoffe von *Cassella* kann die Na_2S-Menge, da der Farbstoff bereits vorreduziert wurde, auf $^1/_3$ verringert werden. Durch die zum Lösen geringere Alkalimenge (Na_2S) eignen sich diese „für Sol"-Farbstoffe sehr gut zum Färben von Wickelkörpern und Stückwaren auf dem Jigger. Bei der Jiggerfärbung treten dunklere Kanten weniger auf, da die Farbstoffe nicht so schnell oxydieren als die normalen Schwefelfarbstoffe. Ein weiterer Vorteil ist, daß sich durch Lagern keine Schwefelsäure abspaltet und damit keine Faserschädigung auftreten kann.

a) Wasserlösliche Schwefelfarbstoffe. Zum Lösen von normalen Schwefelfarbstoffen ist die Verwendung von alkalisch hydrolysierendem Schwefelnatrium notwendig, welches eine starke Faserquellung bewirkt, die auch durch Verwendung von Sulfhydrat F/*Cassella* nicht ganz zu vermeiden ist und u. U. zu Durchfärbeschwierigkeiten führt, die vor allem beim Färben von Wickelkörpern und hartgeschlagenen Stückwaren auftreten. Beim kontinuierlichen Färben war es deshalb schwierig, mit den substantiven, wasserunlöslichen Schwefelfarbstoffen endengleiche Stücke zu erhalten. Die von *Cassella* aus wasserunlöslichen Schwefelfarbstoffen hergestellten Hydrosolfarbstoffe sind wasserlöslich, nicht substantiv und werden aus den normalen Immedial- und Immediallicht-Farbstoffen über deren Leukoverbindungen in die Salze der Thiosulfosäure (Buntesche Salze) überführt. In dieser Form lassen sie sich nach den konventionellen Verfahren, ansonsten jedoch weit besser zum Färben von Wickelkörpern und bei kontinuierlichen Methoden verwenden. Ihre Lagerbeständigkeit ist größer. Sie werden durch Übergießen mit heißem Wasser evtl. durch kurzes Aufkochen gelöst. Ihre Löslichkeit beträgt 50—160 g/l und ist damit höher als die der ursprünglichen, wasserunlöslichen Farbstoffe. Die diskontinuierlichen Färbeweisen gleichen denen von wasserunlöslichen Schwefelfarbstoffen. Wasserlösliche Schwefelfarbstoffe werden als Sulfer-Farbstoffe-Aquasol auch von *Vondelingenplaat* hergestellt.

Beim *Färben von Wickelkörpern* ist es möglich nach dem *Pigmentier-Verfahren* zu arbeiten. Dabei wird mit den gelösten Farbstoffen, Soda, Salz, evtl. Netz- und Sequestriermitteln 5—10 min. bei 30° C zirkuliert und anschließend das gelöste Reduktionsmittel zugesetzt, oder aus dem Ansatzbehälter dem Apparat zugepumpt, 15—20 min. weiterzirkuliert, in 20 min. auf die entsprechende Färbetemperatur erwärmt und 20—40 min. gefärbt. Anschließend durch Zusatz von kaltem Wasser gespült und wie normale Schwefelfärbungen nachbehandelt. Das Verfahren ist analog auch für die *Jiggerfärberei* im Gebrauch. Zum Färben ist auch das sog. *Halbpigmentier-(Temperaturstufen-Pigmentier-Verfahren)* möglich, bei dem neben dem Farbstoff alle Zusätze kalt dem Apparate zugefügt werden und Reduktion und Färbung durch langsame Temperatursteigerung erreicht wird.

Besondere Vorteile haben die wasserlöslichen Schwefelfarbstoffe beim Färben von Stückwaren. Das gilt für das *halbkontinuierliche Foulard-Jigger-(Pad-Jig)Verfahren*, bei dem der gelöste Farbstoff evtl. unter Zusatz eines Netzmittels bei 25—35 °C geklotzt, naß-auf-naß, oder nach einer Zwischentrocknung auf dem Jigger unter Zusatz der für das Färben auf dem Jigger notwendigen Chemikalien und 15—25 ml/l Klotzflotte bei den entsprechenden Färbetemperaturen gearbeitet wird. Auch die Jigger-Klotzung in enger Flotte bei 95 °C und anschließendes Auffüllen und Chemikalienzusatz ist möglich. Auch das *Pad-Roll-(Foulard-Verweil-)Verfahren* hat durch die wasserlöslichen Produkte eine gewisse Bedeutung erlangt. Dabei ist es möglich, durch eine kurze Verweilzeit von 1 Std. eine bessere Durchfärbung zu erreichen und die Farbstoffe besser als nach den konventionellen Verfahren zu fixieren. Ferner ist es möglich, die Farbstoffe nicht nur mit Schwefelnatrium oder Sulfhydrat — man verwendet je nach Farbtiefe 60—120 ml/l mit 15—30 g/l Soda kalz. — sondern auch mit Produkten auf Formaldehydsulfoxylat-Basis (z. B. Rongal A, Rongalit FD evtl. unter Zusatz von Hydrosulfit/ alle *BASF*) und Soda kalz. (in höheren Mengen als bei Verwendung von Sulfhydrat) zu arbeiten. Diese Arbeitsweise verhindert sulfidische Abwässer, was u. U. zur Reinhaltung der Abwässer wichtig sein kann. Farbstoffe, die überreduktionsempfindlich sind, können nach dieser Methode allerdings nicht gefärbt werden. Die Thermoverweilkammer muß unbedingt luftfrei, der Warenabzug möglichst kurz und sofort in die Spülflotte erfolgen.

Zum *kontinuierlichen Färben* kann bei hellen bis mittleren Tönen das *Klotz-Luftgang-Verfahren* eingesetzt werden, bei dem die Stückwaren über 60 °C mit allen Zusätzen foulardiert und nach einem mindestens 20 sec. Luftgang auf einer Breitwaschmaschine gespült und oxydiert werden. Zur besseren Durchfärbung können auch gelöster Farbstoff und Chemikalien hintereinander geklotzt werden. Zur Färbung aller Farbtöne sind das *Zweibad-Klotz-* oder *Einbad-Klotz-Dämpf-Verfahren* möglich. Beim Zweibad-Verfahren wird der Farbstoff allein foulardiert, zwischengetrocknet und das Reduktionsmittel mit Alkali auf dem Chemikalienfoulard geklotzt, 30—60 sec. bei 102—110 °C gedämpft und auf Breitwaschmaschinen fertiggestellt. Beim Einbad-Verfahren muß wegen der Substantivität des reduzierten Farbstoffes in möglichst kleinem Chassis gefahren und durch Dämpfen bzw. mit nachfolgender Breitbehandlung fertiggestellt werden.

b) Schwefelküpen-Farbstoffe. Diese Farbstoffklasse enthält *nur Blautöne*, die vor allem zum Färben von *Arbeitsbekleidung* verwendet werden. Da die Artikel eine möglichst wirtschaftliche Färbeweise erfordern, werden die Farbstoffe hauptsächlich nach kontinuierlichen Methoden appliziert. Als billige Marineblautöne sind sie jedoch auch in der Garn- und Wickelkörperfärberei in Verwendung. Ihre Lichtechtheiten sind sehr gut und auch die Naßechtheiten erreichen in den meisten

Fällen hohe Noten (Tab. 19). Die geringe Chlorechtheit verhindert die Möglichkeit, sie in die Klasse der hochechten Küpenfarbstoffe einzureihen. Zur Nuancevertiefung werden sie ohne Änderung der Färbeverfahren mit den hochechten Schwefelschwarzmarken kombiniert.

Obwohl sie wie Schwefelfarbstoffe, allein mit Schwefelnatrium, gefärbt werden können, verwendet man zumindestens teilweise Hydrosulfit und Natronlauge, wenn diese beiden Chemikalien nicht allein eingesetzt werden, da der „Küpenstand" dadurch wesentlich verbessert wird. Die Küpe zeigt eine klare Gelbfärbung, die über den ganzen Färbevorgang erhalten bleiben muß. Die rasche Oxydierbarkeit der Farbstoffe führt bei Stückfärbungen auf dem Jigger oft zu dunklen Kanten bzw. Oxydationsflecken. Die Produkte kommen u. a. als

Tabelle 19. *Echtheiten einer Färbung mit Hydronblau G/Cassella*

Licht-	Wasch- a) c)	Wasser-	Bügel-trocken	Schweiß-	Alkali	Reib- trocken	Sodakoch-	Chlor- b)	Superoxyd-
6–7	5 4	5	5	4	5	4	4	3	3–4

Carbindonblau-	*ICI*	Sulfanthrenblau-	*Dupont*
Cibablau-	*CIBA*	Solanblau-	*Francolor*
Hydronblau-	*Cassella*	Thiotinonblau	*Geigy*
Redonblau-	*Vondelingenplaat*	Tinaldeneblau-Marken	*ACNA*
Sandonblau-Marken	*Sandoz*		

in den Handel.

Da es sich bei den Färbungen meist um Standard-Farbtöne handelt, sind Färbungen auf stehenden Bädern üblich. Beim *diskontinuierlichen Färben* wird der Farbstoff mit der halben Laugenmenge, nachdem er mit Weichwasser angerührt wurde, vermischt und nach 15 min. Stehen mit Weichwasser weiter verdünnt dem 60–70 °C warmen Färbebad, welches die Restmenge Natronlauge enthält, eingesiebt. Nach gründlicher Verteilung wird das Hydrosulfit oder Schwefelnatrium bzw. Sulfhydrat F *Cassella* und Hydrosulfit zugesetzt und bis zur gelben Küpenfarbe kurz zirkuliert oder gerührt. Die Färbung wird während 1 Std. bei 60–70° beendet, das Material gut entwässert und gründlich kalt und heiß gespült.

Für das Färben kann das *Hydrosulfit-Natronlauge-Verfahren* gewählt werden, welches einen sehr guten Küpenstand erlaubt, aber teurer ist. Es kann aber auch nach dem *Hydrosulfit-Schwefelnatrium-Natronlauge-Verfahren* gearbeitet werden, bei dem ein Teil des Reduktionsmittels vom billigem Na_2S gestellt wird. Über die An- und Nachsatzmengen beider Verfahren beim diskontinuierlichen Arbeiten unterrichten die Tab. 20 und 21. Wegen der leichten Oxydierbarkeit der Färbungen ist eine besondere Nachbehandlung und ein Nachseifen nicht notwendig, wenn über die gesamte Färbezeit ein guter Küpenstand gewahrt wurde.

Große Bedeutung haben für das Färben von Stückwaren die *kontinuierlichen Färbeverfahren*. Dabei wird meist nach dem *Zweibad-Klotz-Dämpfverfahren* gearbeitet. Besonders vorteilhaft ist dabei die Verwendung von anreduzierten Farbstoffen, wie sie die Hydronblau-Marken für Sol/*Cassella* oder die wasserlöslichen *Redonblau*-Aquasole/*Vondelingenplaat* darstellen. Es handelt sich bei der Arbeitsweise um ein „Pigmentieren" der Farbstofflösung, eine Zwischentrocknung und

Tabelle 20. *An- und Nachsatz-Chemikalienmenge beim Färben von Hydronblau-Marken/Cassella nach dem Hydrosulfit-Lauge-Verfahren*

	Ansatzbad				Nachsatzbad			
	Farbstärke als Pulver	Wanne 1:20	Apparat 1:10	Jigger 1:5	Farbstärke als Pulver	Wanne 1:20	Apparat 1:10	Jigger 1:5
Natronlauge 38 °Bé ml/l	1,5—3 %	5—6	7—9	11—13	1,3—2,6 %	3,5—4	5,5—6	7,5—9
	3—4,5 %	6—8	9—12	13—17	2,6—4 %	4—5,5	6—8	9—12
	4,5—6 %	8—10	12—15	17—22	4—5,2 %	5,5—6,5	8—10	12—15
Hydrosulfit g/l	1,5—3 %	2—2,5	2,5—3	4—5,5	1,3—2,6 %	1,5—1,8	2—2,5	3—4
	3—4,5 %	2,5—3	3—5	5,5—7	2,6—4 %	1,8—2,2	2,5—3	4—5
	4,5—6 %	3—4	5—7	7—10	4—5,2 %	2,2—3	3—4	5—6,5

Tabelle 21. *An- und Nachsatz-Chemikalienmengen beim Färben von Hydronblau-Marken/Cassella nach dem Hydrosulfit-Schwefelnatrium-Lauge-Verfahren*

	Ansatzbad				Nachsatzbad			
	Farbstärke als Pulver	Wanne 1:20	Apparat 1:10	Jigger 1:5	Farbstärke als Pulver	Wanne 1:20	Apparat 1:10	Jigger 1:5
Natronlauge 38 °Bé ml/l	1,5—3 %	2—4	4—7	8—10	1,3—2,6 %	1,5—2,7	2,7—5	5,5—6,5
	3—4,5 %	4—5	7—8,5	10—12	2,6—4 %	2,7—3,5	5—6	6,5—8
	4,5—6 %	5—6,5	8,5—11	12—15	4—5,2 %	3,5—4,5	6—8,5	8—10
Schwefelnatrium krist. g/c	1,5—3 %	3—6	6—10	12—15	1,3—2,6 %	1,5—2,5	3—4	5—6
	3—4,5 %	6—7,5	10—13	15—18	2,6—4 %	2,5—3	4—5	6—7
	4,5—6 %	7,5—10	13—16	18—22	4—5,2 %	3—4,5	5—7	7—9
Hydrosulfit g/l	1,5—3 %	1,5—2	2—3	3,5—4,5	1,3—2,6 %	1—1,5	1,5—2	2,5—3
	3—4,5 %	2—2,5	3—4	4,5—5,5	2,6—4 %	1,5—2	2—2,5	3—4
	4,5—6 %	2,5—3	4—5	5,5—7	4—5,2 %	2—2,5	2,5—3,5	4—4,5

dem Lauge/Reduktionsmittelklotz. Die Ware wird anschließend bei 110 °C während 35 sec. luftfrei gedämpft und durch heißes und kaltes Spülen fertiggestellt. Die Farbstoffe werden bei 80 °C geklotzt, wobei die Hydronblau-Marken eine 10%ige Nachsatzverstärkung benötigen, auf der Hotflue zwischengetrocknet und die ausgekühlte Ware mit 25—50 g/l Hydrosulfit und der gleichen Menge Natronlauge 38 °Bé auf dem 2. Foulard, ohne Nachsatzverstärkung geklotzt und wie beschrieben gedämpft und fertiggestellt.

Alle Schwefelfärbungen können, abgesehen von den chlorechten Schwarzmarken, durch eine *Hypochloritbleiche abgezogen* werden. Dabei ist es jedoch bei vielen Produkten nicht möglich, die Zerstörungsprodukte restlos von der Faser zu lösen und es können diese das Wiederauffärben in brillanten Tönen verhindern. Ein *Aufhellen* ist in einem alkalischen Schwefelnatriumbad, welches durch Zusatz von Hydrosulfit verstärkt wird, oder in der für Küpenfarbstoffe üblichen Weise möglich.

5. Unlösliche Azokörper (Naphtol-Färberei)

Diese Farbstoffe werden aus 2 Nichtfarbstoffen in der Färberei auf der Faser erzeugt. Die beiden Komponenten — kurz *Naphtole, Echtbasen* oder *Echtfärbesalze* genannt — sind selbst, abgesehen von den Färbesalzen, wasserunlöslich, werden nach besonderen Lösungsvorschriften gelöst und verbinden sich auf der Faser zum unlöslichen Azofarbstoff. Die meisten Färbungen haben so hohe Echtheiten, daß sie bei Einhaltung einer Mindesttiefe mit den *FELISOL-* bzw. *INDANTHREN-Warenzeichen* ausgezeichnet werden können.

Die unterschiedliche, chemische Konstitution, der an der Färbung beteiligten Produkte, machen bestimmte Lösungsvorschriften notwendig, die viele Verbraucher von der Verwendung dieser Farbstoffklasse abschreckt. Sie eignen sich auch weniger für das Färben von wechselnden Farbtönen, sondern liefern nach etwas komplizierten Berechnungen der An- und Nachsätze weit besser reproduzierbare Nuancen als es mit anderen Farbstoffen möglich ist. Die Produkte ermöglichen eine große Zahl von Rot-, Bordeaux-, Braun-, Gelb-, Orange-, Blau- und Schwarztönen, jedoch nur wenige, meist trübe Grüntöne, die außerdem nur durch Metallierung der Färbungen erreichbar sind. In der Regel werden die unterschiedlichsten Rottöne durch Kombination eines Naphtols mit einer Base oder Salz, seltener 2 Naphtole mit einer Kupplungskomponente kombiniert und damit die Palette der anderen Echtfarbstoffe durch sehr wirtschaftliche Farbtöne ergänzt.

In den folgenden Ausführungen wird die Arbeitsweise mit den Produkten der *Farbwerke Hoechst* beschrieben, da in deren Zweigwerk Offenbach (früher Naphtolchemie) 1912 die ersten Produkte von Lasker und Zitscher entdeckt wurden. Von den anderen Herstellern sind ebenfalls die meisten Produkte und die für die Applikation notwendigen Ratgeber und Informationsschriften erhältlich.

Das Prinzip der Farbstoffbildung besteht in der stöchiometrisch-chemischen Verbindung der aus dem β-Naphtol hergestellten Derivate der *β-Oxynaphtoesäure* und *Diazoniumverbindungen* unterschiedlicher Konstitution. Die Applikation der Naphtole in der 1. Phase wird als *Grundierung* und die Kupplung mit den Echtbasen oder Färbesalzen als *Entwicklung* bezeichnet. Da zur Lösung der Echtbasen durch Diazotierung meist Eis verwendet werden muß, wurden die Azofarbstoffe auch „Eisfarben" genannt. Als Grundierungskomponente sind u. a. *Naphtole* folgender Hersteller im Handel:

ACNA-Naphtol	*ACNA*	Naphtanil	*Rohner*
Brenthol	*ICI*	Naphtanilid	*Dupont*
Cibanaphtol	*CIBA*	Naphtazol	*Francolor*
Celcot	*Sandoz*	Naphtol	*Hoechst, Bayer*
Irganaphtol	*Geigy*		

Die Produkte tragen keine Nuanceangabe und die Zusatzbezeichnungen AS-SW, AS-RL bzw. SW, RL usw., die für den Verbraucher keine Bedeutung haben.

Als *Kupplungskomponenten* werden *Echtfärbebasen* (Echtbasen) oder deren Diazoniumverbindungen als *Echtfärbesalze* (Echt- oder Färbesalze) verwendet, die u. a. als

ACNA - - - - -Base/Salz	*ACNA*	Diazoecht- - -(Salz)	*Rohner*
- - - - - - - -Base/Salz-Ciba	*CIBA*	Echt - - - - -Base/Salz	*Bayer, Francolor*
			Hoechst, Rohner
- - - - - - - -Base/Salz-Irga	*Geigy*	Naphtanil - - Base/Salz	*Dupont*
Brentamin - - -Base/Salz	*ICI*	Variamin Base/Salz	*Hoechst*
Devol- - - - -Base/Salz	*Sandoz*	Variogen - - -Base/Salz	*Hoechst*

(An die Stelle der - - - - - - treten besonders Farbton- oder Typenbezeichnungen wie z. B. Echtrot ITR Base bzw. Diazoechtrot ITR, die zwar die Hauptnuance der Färbung bezeichnen aber nicht in allen Fällen gültig sind.)

in den Handel kommen.

Die Zahl der heute verfügbaren Naphtole bzw. deren Kupplungskomponenten gestattet die Erzeugung sehr vieler Nuancen, die jedoch nicht alle hergestellt werden, da ein Teil entweder ausreichende Echtheiten nicht erreichen oder aber brillantere Töne durch andere Kombinationen erhältlich sind. Man kombiniert heute die beiden Komponenten zur Erzeugung von etwa 500 unterschiedlichen Farbtönen, die außerdem in verschiedenen Tiefen erhältlich sind.

a) **Grundierung.** Die Naphtole sind wasserunlöslich und werden nach besonderen Lösungsverfahren mit Natronlauge zu ihren Natriumsalzen *(Naphtolaten)* umgewandelt, dadurch wasserlöslich und ziehen dann mehr oder weniger substantiv auf die Faser. Durch Zusatz von Elektrolyten wird ihre Substantivität z. B. von 30 auf 50% erhöht. Nur in Ausnahmefällen (z. B. Naphtol AS-S/*Hoechst*) kann eine 90%ige Baderschöpfung erreicht werden, wogegen durch Temperaturerhöhung auch bei Zusatz von Koch- oder Glaubersalz die Substantivität abnimmt. Bei Verwendung von gering und mäßig substantiven Naphtolen ist es deshalb vorteilhaft, auf stehenden Bädern zu arbeiten oder die Produkte zu foulardieren. Die Abb. 187 zeigt das Aufziehvermögen einiger Naphtole auf Baumwolle, die unterschiedliche Substantivität haben.

Die Naphtole werden in 4 Substantivitätsgruppen eingeteilt und die geringsubstantiven Produkte möglichst für kontinuierliche und die mit höherer und hoher Substantivität, für diskontinuierliche Färbeverfahren verwendet.

Die Naphtole werden entweder nach dem

Heiß- oder
Kaltlöseverfahren

in ihre wasserlöslichen Naphtolate umgewandelt. Beim Heißlöseverfahren werden sofort größere Natronlauge- und Wassermengen benötigt, beim Kaltlöseverfahren zusätzlich Sprit, jedoch kleinere Natronlauge- und Wassermengen eingesetzt, die weitere Natronlauge muß jedoch zum Vorschärfen der Grundierungsbäder verwendet werden.

Beim **Heißlöseverfahren** wird das pulverförmige Naphtol mit einem gut netzendem Schutzkolloid oder dessen Stammlösung angeteigt und je nach Produkt mit der 1—4fachen Menge Natronlauge 38 °Bé unter Rühren versetzt und evtl. erwärmt. Nach 15—30 min. Stehen werden je kg Produkt 5—50 l heißes Wasser zugesetzt und damit die Lösung erzielt. Durch kurzes Aufkochen wird oft schnellere Lösung erreicht. Der Zusatz der gleichen Menge Formaldehyd 33%ig bewirkt bei vielen Naphtolen eine verbesserte Luft- und Lichtbeständigkeit der Naphtolatlösungen und ist beim Arbeiten auf stehenden Bädern unbedingt notwendig. Einige Naphtole dürfen jedoch nicht mit Formaldehyd versetzt werden. Der Zusatz wird erst nach dem Abkühlen auf 50 °C gemacht. Als Schutzkolloide werden sulfatierte Öle, Eiweißkondensations-, Sulfitablaugeprodukte und spezielle Hilfsmittel verwendet, die u. a. als

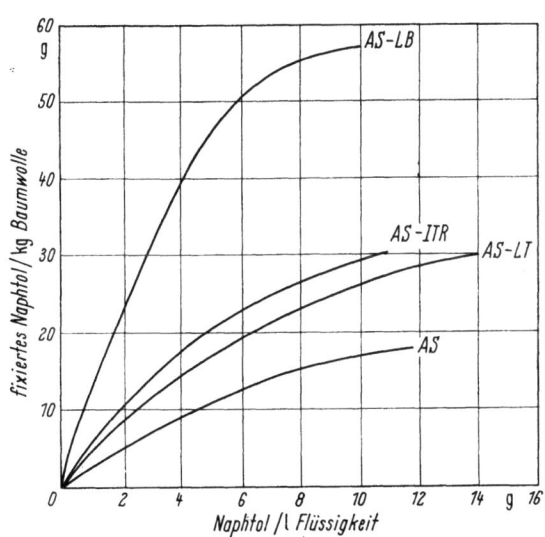

Abb. 187. Aufziehvermögen verschiedener Naphtole/*Hoechst* be 30 °C, ohne Salz, Flotte 1:20, Grundierungszeit 30 Min. auf Louisiana-Baumwollgarn 40/2

Acorit D	*Fettchemie*	Monopolbrillantöl	*Stockhausen*
Azomel	*ICI*	Ofnapon AS, ASN	*Hoechst*
Calsolenöl HS	*ICI*	Percolloid SK	*Holtmann*
Eunaphtol ASN	*BASF*	Rucogen EN	*Rudolf*
Eulysin MP	*BASF*	Rucosal FS	*Rudolf*
Lamepon 287	*Grünau*		

auf den Markt kommen. Da die Naphtolate härteempfindlich sind, muß mit enthärtetem oder mittels Sequestriermittel versetztem Wasser gearbeitet werden. Beim vorstehenden und den noch zu beschreibenden Löse- bzw. Diazotierungsverfahren sind unter allen Umständen die in den Ratgebern der Hersteller angegebenen Verfahren, die sich von Produkt zu Produkt unterscheiden, einzuhalten.

Beim **Kaltlöseverfahren** wird 1 kg Naphtol mit der 1—3fachen Menge Sprit (denaturiertem Äthylalkohol) und der 1—4fachen Menge warmen Wasser angerührt bzw. in das Gemisch eingestreut und die $1/4$—$1/2$fache Menge Natronlauge 38 °Bé mit dem Wasser, oder direkt zugesetzt und damit die Lösung hergestellt. Der Formaldehydzusatz erfolgt in gleicher Menge wie beim Heißlöseverfahren. Die Lösungen werden dem mit meist 15 ml/l Natronlauge 38 °Bé vorgeschärften Grundierungsbad, durch ein Sieb zugesetzt. Bei stärker verdünntem Sprit, sind oft größere Mengen notwendig bzw. werden für einige Naphtole auch Speziallöser (z. B. RZ-Löser/*Hoechst*) eingesetzt. Wegen der geringen Lösungswassermenge ist das Kaltlöseverfahren üblicher. Von einigen Firmen sind spezielle Naphtole auf dem Markt (z. B. die LL-Marken/*Hoechst*), die bereits Schutzkolloide und Lösungsvermittler enthalten und nur mit heißer Natronlauge-Lösung gelöst werden müssen. Durch die Zusätze in den Produkten müssen jedoch die doppelten Mengen gegenüber dem Normaltyp eingesetzt werden. Auch spezielle Hilfsmittel (z. B. Dinaphton/*Industriechemie*) ersparen in der einfachen oder doppelten Menge verwendet, Sprit und Schutzkolloid und ermöglichen das Lösen der Naphtole nur mit Natronlauge.

Nach dem *Ausziehverfahren* wird in langer Flotte grundiert. Nach diesen Verfahren werden loses Material, Stranggarne, Wickelkörper und Stückwaren auf der Haspelkufe und dem Jigger grundiert. Man arbeitet bei Temperaturen von 40 °C während 30 min., kann aber auch, wenn eine bessere Durchnetzung erforderlich ist, bei 80 °C beginnen, muß jedoch dann auf 40 °C abkühlen um in den Bereich der stärksten Substantivität der Naphtole zu gelangen. Durch Zusatz von 10 bis 50 g/l Koch- oder Glaubersalz kalz. wird die Substantivität der Naphtole teilweise sehr stark erhöht und die Faser daneben zur verstärkten Natronlaugeaufnahme gezwungen. Man verwendet dann nur die halbe Menge Lauge. Das *Aussalzen* wird nur bei Einzelpartien verwendet bzw. im letzten Grundierungsbad eingesetzt, wenn auf stehenden Bädern grundiert wird. Bei einigen Naphtolen führen Zusätze von mehr als 30 g/l Kochsalz zu Ausfällungen. Einige niedrig- bzw. mittelsubstantive Naphtole ergeben nach dem *Sodagrundierungsverfahren* tiefere Töne. Sie werden nach dem Kaltlöseverfahren gelöst und in das mit

    10   g/l Soda kalz.
     3   g/l Schutzkolloid
  20—30 g/l Kochsalz

vorgeschärfte Bad eingerührt und normal grundiert.

Normalerweise wird nach ,,eingefahrenen" oder im Laboratorium in praxisgerechten Verhältnissen erstellten Rezepturen gearbeitet. Um jedoch die Farbtiefe einer grundierten Ware nachzuprüfen ist es notwendig, ein Muster der Grundierung normal zu entwickeln. Bei zu hellen Ausfall müssen entsprechend gelöste Naphtole oder Kochsalz nachgesetzt werden, bei zu tiefen Tönen hilft nur ein Verdünnen des Grundierungsbades und in beiden Fällen die Verlängerung der Grundierungszeit. Auch durch Temperaturerhöhung läßt sich ein Teil des Naphtols wieder von der Faser ablösen. Die größten Schwierigkeiten bereiten die Färbungen, wenn hervorragende Reibechtheiten erreicht werden müssen. Es ist dann notwendig, daß die überschüssige Flotte aus dem grundierten Material (Stranggarn, Flocke) durch Schleudern in mitgenetzten Tüchern, durch Absaugen von Wickelkörpern bzw. Abquetschen und Zwischentrocknen von Stückwaren entfernt werden um das nur oberflächlich kuppelnde Naphtol weitgehend abzulösen. Zur Entfernung des überschüssigen Naphtols können Wickelkörper und Jiggergrundierungen auch mit

    0,5— 2 ml/l Natronlauge 38 °Bé
    30—50 g/l Kochsalz

5 min. kalt zwischengespült werden. Dabei soll mit der Lauge nur soviel Naphtol abgelöst werden, wie an der Oberfläche sitzt und durch das Kochsalz das aufgezogene Naphtol in der Faser gehalten werden. Eine rationelle Arbeitsweise ist auf der *Passiermaschine* (Abb. 37, 38, S. 63) möglich, auf der Stranggarne in sehr

kurzem Flottenverhältnis grundiert und evtl. nach Abschleudern auch entwickelt werden können. Zum *Grundieren von Stückwaren* werden außer beim Ausziehverfahren, hauptsächlich 2-Walzenfoulards verwendet, bei denen man „im Zwickel" in kleinen Flottenmengen mit wenig substantiven Naphtolen grundiert, auf möglichst 80% oder weniger Restfeuchtigkeit abquetscht und bei höher substantiven Produkten bei 80—90 °C klotzt. Formaldehydzusätze unterbleiben, um in den konzentrierten Bädern Ausfällungen zu vermeiden. Die Berechnung der Nachsatzverstärkung ist sehr schwierig und man ist meist auf entsprechende Laborversuche angewiesen. Sie hängt von der Substantivität der Naphtole, der Faserqualität, dem Abquetscheffekt, der Klotztemperatur usw. ab und kann bis zu 50% des Ansatzes betragen. Von *Hoechst* wurde für das Pad-Jig-Verfahren ein Grundierungsverfahren erarbeitet, bei dem ohne Nachsatzverstärkung mit vielen Naphtolen gearbeitet werden kann. Die Ware wird bei 70 °C mit den kaltgelösten Naphtolen in einem Bad, welches

    4 —15 ml/l Natronlauge 38 °Bé
    3 — 5 ml/l Trilon A flüssig/*BASF*
    30—50 ml/l **Sprit**

enthält, mit 70% Restfeuchtigkeit foulardiert 1 Std. kantengerade aufgedockt und das überschüssige Naphtol auf dem Jigger, wie oben angegeben, kalt abgespült und auf frischem Bad wie üblich entwickelt.

Die Grundierungen sind lichtempfindlich, sollen möglichst umgehend entwickelt werden, da auch Wassertropfen und Druckstellen (Fingerabdrücke) zu Flecken führen. Eine Zwischentrocknung, die hauptsächlich bei Stückwaren üblich ist, verhindert zwar Fleckenbildung, die Stücke müssen jedoch auch dann möglichst schnell entwickelt werden, um die Kupplungsfähigkeit der Naphtolate zu erhalten.

b) Entwicklung. Beim Kuppeln der Naphtolate sind zwar nur stöchiometrische Echtbasen- oder Färbesalzmengen notwendig, doch werden von den Herstellern Überschüsse von 50—300% empfohlen und in den entsprechenden Tabellen angegeben, um eine ausreichende Kupplung zu gewährleisten. Von den Herstellern werden in Tabellen die Mengen der Kupplungskomponenten, bezogen auf das auf der Faser sitzende Naphtol angegeben und die Grundierungen meist in schwache, mittlere und starke Färbungen unterteilt und das Flottenverhältnis bei der Kupplung berücksichtigt.

Als *Kupplungskomponenten* werden entweder Echtbasen oder Färbesalze verwendet. Die **Echtbasen** sind wasserunlösliche Derivate des Aminobenzols, welche durch Diazotierung wasserlöslich gemacht werden. Dabei unterscheidet man „salzsäure-" und „nitritlösliche" Produkte, die beim Diazotieren zuerst entweder den Salzsäure- oder Nitritzusatz erhalten. Die *nitritlöslichen Basen* werden mit Dispergiermittel angeteigt, je 1 kg mit 1—2 l heißem Wasser übergossen und je nach Produkt 0,25—0,56 kg Natriumnitrit eingestreut, die Paste abgekühlt und in ein Gemisch von

    10—30 l   Kaltwasser (evtl. unter Eiszusatz)
    0,86—2,15 l Salzsäure 20 °Bé (konz.)

eingerührt. Die Diazotierungstemperatur soll 12 °C nicht überschreiten. Anschließend wird abgestumpft und in das kalte Entwicklungsbad, welches ebenfalls Abstumpfungsmittel enthält, eingegossen. 1 kg der *salzsäurelöslichen Basen* werden mit 1—30 l Wasser angerührt oder direkt mit 0,75—2,4 l Salzsäure 20 °Bé angeteigt und mit 5—20 l Wasser evtl. unter Eiszusatz verrührt, 0,27—0,5 kg Natriumnitrit direkt oder als Lösung 1:5 nachgesetzt und während 20—30 min. diazotiert.

Um die Diazotierung zu umgehen, werden von den Herstellern **Echtfärbesalze** hergestellt, die als stabilisierte Diazoniumverbindungen der Basen wasserlöslich sind, nur mit Wasser übergossen, gelöst werden können. Die Produkte sind jedoch nicht unbeschränkt lagerbeständig und müssen vor Hitze und Licht geschützt gelagert werden. Die Färbesalze sind wegen der Stabilisierungszusätze und der zugesetzten Pufferungsmittel weit schwächer als die entsprechenden Basen und werden im Verhältnis 1:2,5—1:6 verwendet. Von einigen Kupplungskomponenten sind nur Basen bzw. nur Salze erhältlich. Obwohl die Verwendung von Färbesalzen teuerer als die der Basen ist, werden Färbesalze häufiger verwendet und in der 5—8 fachen Menge Warm- oder Heißwasser gelöst.

Die diazotierten Echtbasen und auch ein Großteil der Färbesalze können zur Entwicklung direkt nicht verwendet werden, da sie zur Kupplung einen bestimmten pH-Wert benötigen der von Produkt zu Produkt verschieden ist und von pH 4 (hohe Kupplungsenergie) bis pH 8,2 (sehr geringe Kupplungsenergie) reicht. Da die Echtbasen jedoch bei weit niedrigeren pH-Werten diazotiert werden, ist ein *Abpuffern*, welches allgemein als *Abstumpfen* bezeichnet wird, mit entsprechenden Chemikalien-Gemischen notwendig um den optimalen pH-Bereich zu erhalten. Man verwendet dazu hauptsächlich Natriumazetat krist., Dinatriumphosphat, Natriumbikarbonat, Trinatriumphosphat und Natriumformiat. Da jedoch beim Entwickeln der zum Grundieren notwendige Natronlaugeüberschuß auf der Ware bzw. mit der mitgeschleppten Restflotte ebenfalls Lauge in das Entwicklungsbad kommt, ist es notwendig dieses Alkali durch Zusatz von *Alkalibindemittel* wie Essigsäure, Aluminium- oder Zinksulfat, Magnesiumsulfat, Mononatriumphosphat oder Ameisensäure zu neutralisieren. Die Pufferung und die teilweise Neutralisation, die ebenfalls wieder Pufferungssalze ergibt, wird als *Alkalibilanz* bezeichnet und erfordert eine umfangreiche Berechnung. Um diese zu umgehen werden mit den Diazotierungs- und Lösevorschriften der Basen bzw. Färbesalze von den Herstellern Pufferungszusätze angegeben, die in Normalfällen für die Pufferung und damit Alkalibilanz der Kupplungsbäder ausreichen. Die diazotierten Echtbasen werden dabei mit 0,5—2,5 kg Natriumazetat krist. auf 1 kg Base versetzt und das Entwicklungsbad je nach Produkt mit 0—0,7 ml/l Essigsäure 50%ig vorgeschärft. Um das Ablösen des grundierten Naphtols im Entwicklungsbad zu verhindern, setzt man 20—50 g/l Kochsalz zu. Dieser Zusatz ist bei zwischengetrockneter Ware nicht notwendig, da die Kupplung zum wasserunlöslichen Farbstoff vor der Ablösung des Naphtolats eingetreten ist. Für den Praktiker hat sich die Tab. 22 zur pH-Einstellung (Pufferung) gut bewährt, welche es gestattet, den pH-Wert durch Verwendung der entsprechenden Säure bzw. Salzmengen einzustellen.

Auch bei Verwendung der Färbesalze ist eine Alkalibilanz notwendig, wenn auch die im Produkt enthaltenen Salze eine gewisse Natronlaugemenge binden, die je nach Produkt 0—630 ml NaOH 38 °Bé je 1 kg Färbesalz beträgt. Man verwendet hauptsächlich Essigsäure/Natriumazetat, da verschiedene Färbesalze bereits Al- oder Zn-Salze enthalten, die mit Phosphaten zu Ausfällungen führen. Vom Hersteller werden jedoch Zusätze von 0,2—0,5 l Essigsäure 50%ig auf 1 kg

Färbesalz bzw. 3—40 ml/l Säure im Kupplungsbad empfohlen, die eine besondere Alkalibilanz in Normalfällen ersparen.

Die grundierte, entwässerte bzw. zwischengetrocknete Ware wird während 30 min. bei Zimmertemperatur in dem gepuffertem Entwicklungsbad behandelt. Bei Produkten mit geringer Kupplungsgeschwindigkeit ist eine Temperaturerhöhung vorteilhaft. Bei Verwendung von Variaminblaubasen/*Hoechst* wird bei 50 °C ausgekuppelt und auf frischem Bad bei 80 °C die Kupplung beendet. Beim *Neutralentwicklungsverfahren*, welches hauptsächlich zum Entwickeln von hochsubstantiven Naphtolen eingesetzt wird, verwendet man 15% mehr Base bzw. Echtsalz als es die stöchiometrische Angabe, die aus den „Verhältniszahlen Naphtol zu Echtbase bzw. Echtsalz" der Hersteller zu entnehmen sind, puffert mit Phosphaten oder Natriumbikarbonat allein ab und entwickelt unter Zusatz von 20 bis 40 g/l Kochsalz. Die Bäder werden dabei besser als im Normalverfahren erschöpft. Beim *Basenunterschußverfahren*, werden zur Entwicklung von Braun- und Marineblautönen geringere Mengen der entsprechenden Färbesalze verwendet, da diese Produkte substantiv auf die Faser ziehen und im Überschuß, wie sonst üblich verwendet, ungekuppelt auf die Faser ziehen und nur schwer abzuseifen sind.

Tabelle 22. *pH-Werte, die mit 2 Puffergemischen erhältlich sind (Dipl.- Ing. M. Hückel/Hoechst)*

Essigsäure 50%ig	Natriumazetat krist.	pH-Wert
1,2 ml/l	—	3,35
1,2 ml/l	2,5 g/l	4,9
1,2 ml/l	5,0 g/l	5,25
1,2 ml/l	10,0 g/l	5,55
1,2 ml/l	20,0 g/l	5,8

Dinatriumphosphat	Mononatriumphosphat	pH-Wert
4 g/l	9,2 g/l	6,2
4 g/l	4,8 g/l	6,4
4 g/l	2,4 g/l	6,6
4 g/l	1,2 g/l	6,8
4 g/l	0,2 g/l	7,0

Da auch die Entwicklungsbäder in vielen Fällen weiterverwendet werden und sich durch längeres Stehen unlösliche Zersetzungsprodukte bilden bzw. durch das eingeschleppte Naphtol unlösliche Farbstoffe im Kupplungsbad anreichern, die sich auf der Ware abfiltrieren, ist der Zusatz von 1—3 g/l Dispergiermittel, die auch Schutzkolloidwirkung haben, notwendig. Zu diesen Hilfsmitteln gehören u.a.:

Azopol A	*ICI*	Diazostabilisator DH	*Durand*
Diaziopon A	*BASF*	Naphtolstabilisator NF	*CIBA*
Ekalin F	*Sandoz*	Remol AS	*Hoechst*

Zur Entwicklung können die auch für die Grundierung eingesetzten Apparate und Maschinen verwendet werden. Bei Stückwaren, die man nach kontinuierlichen Methoden entwickelt und nur kurz durch das Kupplungsbad führt, ist ein anschließender Luftgang von 30—60 sec., eine Heißwasserpassage in einer Breitwaschmaschine oder ein Dämpfen während 15—20 sec. zur vollkommenen Auskupplung vor der weiteren Behandlung vorteilhaft. Auch eine Erwärmung der Stückware auf wenigen Trockenzylindern (kein Trocknen) ist möglich. Nach dem *Sodaentwicklungsverfahren* werden Stückwaren entwickelt, die mit träge kuppelnden Basen oder Salzen zu Blau-, Schwarz- und Brauntönen gekuppelt werden. Dabei wird die diazotierte Echtbase oder das Echtsalz in Lösung mit 5—15% Essigsäure 50%ig versetzt, die Ware foulardiert und nach einem Luftgang auf dem Jigger oder einem Kasten der Breitwaschmaschine bei 35 °C 10 min. mit 10 g/l Soda kalz. entwickelt.

Auf die c) **Nachbehandlung der Färbungen** ist besondere Sorgfalt zu verwenden, da von dieser die endgültige Nuance und vor allem eine gute Reibechtheit abhängt. Zur Neutralisation und zum teilweisen Ablösen oberflächlich abgelagerten Farbstoffes ist eine kalte Behandlung mit

2 ml/l Salzsäure 20 °Bé
2—10 ml/l Natriumbisulfit Lsg. 38 °Bé

vorteilhaft, bei der auch evtl. auf der Ware sitzende Metalloxyde abgelöst werden, die aus dem Naphtolat und z. B. Härtebildner des Wassers entstanden sind. Anschließend wird die Färbung warm (nicht heiß) gespült und nachgeseift. Das Nachseifen in 2 besonderen Bädern ergibt die besten Reibechtheiten und die günstigsten Nuancen. Dabei wird einmal bei 50—70 °C mit 2—10 g/l Seife oder der halben Menge synthetischer Waschmittel mit guter Dispersionswirkung 30 min. behandelt und anschließend auf frischem Bad mit den gleichen Hilfsmitteln und 2 g/l Soda kalz. kochend 10 min. nachgeseift. In beiden Fällen ist der Zusatz von Sequestriermitteln vorteilhaft. Anschließend wird gründlich heiß und kalt gespült. Eine mechanische Bearbeitung der Ware während des Seifens ist immer günstig für gute Reibechtheit. Gelbfärbungen werden durch Zusatz von 1 g/l Hydrosulfit im ersten Seifbad brillanter. Zum Nachseifen werden eine große Zahl von anionischen und nichtionogenen Waschmitteln verwendet, deren Wirkung durch Zusatz der im Entwicklungsbad eingesetzten Dispergiermittel noch verstärkt wird.

Durch **Metallierung** von mit speziellen Basen (Variogen-Basen bzw.-Salzen/*Hoechst*) ausgekuppelten Naphtolen erreichten Färbungen, lassen sich eine Reihe von Grün-, Grau und Brauntönen von höchsten Echtheiten erreichen. Dabei werden die zuerst entstandenen Rottöne gründlich heiß gespült, mit 3 ml/l Salzsäure 20 °Bé bei 40 °C abgesäuert, zwischengespült und entweder mit 0,18—0,75 kg auf 1 kg fixiertes Naphtol Kobaltchlorid krist. oder Kupfersulfat krist. metalliert. Die erforderliche Menge der Co- oder Cu-Salze werden dem Bad bei 60 °C zugesetzt und die 5fache Menge Trilon A flüssig/*BASF* nachgegeben. Nach guter Lösung 2 g/l Soda kalz. und 3 ml/l Hostapal CV/*Hoechst* eingerührt und 30 min. bei 90 °C metalliert, kalt zwischengespült, mit 3 ml/l Salzsäure 20 °Bé abgesäuert und wie normale Färbungen zweimal ausgeseift. Zur Vermeidung von Ausfällungen wird Trilon immer vor dem Metallsalzen zugesetzt. Zum Metallieren von Stückwaren können die Metallsalze mit 40 g/kg fixiertem Naphtol, dem Sequestriermittel bei 40 °C geklotzt und die Färbung durch Dämpfen bei 102 °C während 5—7 min. entwickelt und anschließend wie beschrieben geseift werden. Von *Hoechst* wurden als Variogenentwickler COF und KF Co- bzw. Cu-Entwickler geschaffen, die lediglich mit Mengen von 0,5—2,4 kg pro 1 kg fixiertem Naphtol mit 4 g/l Soda kalz. oder Natronlauge und 3 bzw. 10 ml/l Hostapal CV zum Metallieren ohne weitere Zusätze verwendet werden können.

Die hohen Gesamtechtheiten (Tab. 23) der unlöslichen Azokörper ermöglichen eine allseitige Verwendung der damit gefärbten Textilien. In großen Mengen werden sie auf Stranggarn oder Kreuzspulen gefärbt und die Garne zur Herstellung von Inletts, Effektfäden in Hemden- und Oberbekleidungsstoffen, Bettzeug, Dekorations-, Fahnen-, Wäsche- u. a. Stoffe, Handarbeitsgarne, Markisen und Leinenwaren verwendet. Das gleiche gilt auch für Färbungen von Stückwaren.

Als Buntgewebe werden in den letzten Jahren in starkem Maße sog. *Denim-Artikel* verwendet, die auch als „Blue-Jeans" bekannt sind. Dabei wird das Kettgarn beim Schlichten mit dem Naphtol grundiert, getrocknet, mit Rohgarnen im Schuß verwebt und das Rohgewebe kontinuierlich mit entsprechenden Echtbasen oder Färbesalzen entwickelt und nachbehandelt.

Stückwaren werden nach diskontinuierlichen oder kontinuierlichen Foulard-Verfahren gefärbt. Dabei sollen möglichst schaumarme Hilfsmittel verwendet werden. Für die Stückfärberei ist die Verwendung der leichtlöslichen Naphtole besonders vorteilhaft. Von *Hoechst* wird ein modifiziertes Pad-Jig-Verfahren für

Tabelle 23. *Echtheiten einer Färbung mit Naphtol AS—TR und Echtrot TR/Hoechst*

Licht- $^3/_1$, $^2/_1$, $^1/_1$	Wasch- (e	Kochwasch-	Schweiß-	Bügel-	Sodakoch-	Peroxydbleich-	Hypochloritbleich-	Chloritbleich-	Benzin Lösungsmittel- Per	Reib-	Merzerisier-
4	5	5	5	3—4	5	3—4	5	4—5	3 4	5	5
4—5	5			4—5							5
5											

eine gute Durchfärbung empfohlen, bei dem die Ware wie üblich durch Klotzung naphtoliert und anschließend auf Kaulen kantengleich unter langsamer Drehung verweilt wird. Auf dem Jigger wird das überschüssige Naphtol durch ein alkalisches Zwischenspülen abgelöst und wie üblich entwickelt.

Das *Abziehen von Naphtolfärbungen* ist schwierig, und man erreicht bei einigen Kombinationen nur eine Gelbfärbung. Meist behandelt man die Färbungen bei 60—70 °C beginnend, kochend mit

    5—15 ml/l Natronlauge 38 °Bé
    0,1 g/l Anthrachinon
    3—5 g/l Hydrosulfit
    1—2 g/l Hostapal CV/*Hoechst* oder Albigen A/*BASF*

Anschließend wird gründlich heiß und kalt gespült.

Durch ständiges Arbeiten mit stark alkalischen Bädern, wie es in der Naphtolfärberei notwendig ist, treten oft *Hautreizungen* bzw. -schäden auf, die nur durch Verwendung von Handschuhen vermieden werden können. Durch Verstäuben von Färbesalzen können bei allergischen Personen auch Hautausschläge auftreten, die durch entsprechende Hautschutzmittel eingeschränkt oder vermieden werden können (z. B. Produkte von *Stockhausen*).

d) Berechnungsbeispiele. Die nachstehend beschriebenen Rechenbeispiele sind auf Grund der „*Naphtol-Anwendungsvorschriften*" der *Farbwerke Hoechst* erstellt worden und enthalten Produkte dieser Firma. Von anderen Herstellern sind ähnliche Vorschriften ebenfalls erhältlich und werden analog angewendet. Aus Platzgründen wird an Stelle von Natronlauge 38 °Bé nur Natronlauge und für Essigsäure 50%ig nur Essigsäure geschrieben. % AE = % Abquetscheffekt. Bei beiden Beispielen werden 100 kg Baumwollstückware mit einer Grundierung von 14 g/kg

Naphtol AS-TR grundiert und mit entsprechenden Mengen Echtrot TR Base bzw. Echtrotsalz TR entwickelt. Die beiden Beispiele sollen auch die Unterschiede der Zusatzmengen beim diskontinuierlichen Färben auf dem Jigger und nach dem kontinuierlichen Klotzverfahren aufzeigen. Es handelt sich dabei um eine Rotfärbung „starker" Tiefe.

1. Färbung von 100 kg Baumwollstückware auf dem Jigger. Die gut vorbehandelte Stückware, die je nach Metergewicht eine Metrage von 400—800 m darstellt, wird im Flottenverhältnis 1:5 (500 l) nach Tab. 24 (Ansatz) mit 5 g/l Naphtol AS-TR (14 g/kg fixiert), 30 min. bei 35 °C auf dem Jigger grundiert. Dabei werden 0,005 kg · 500 l = 2,5 kg Naphtol AS-TR zum *Ansatzbad* verwendet. Diese werden vorher nach dem Kaltlöseverfahren wie folgt gelöst:

2,5 kg Naphtol- AS- TR werden mit einer Mischung von
5,0 l Sprit
5,0 l Kaltwasser
1,25 l NaOH verrührt und nach dem Lösen
2,5 l Formaldehyd 33%ig zugerührt.

Nach 10 min. wird die Lösung dem mit 5,0 l (10 ml/l) Türkischrotöl und 5,0 l Natronlauge (10 ml/l) vorgeschärften Grundierungsbad zugesetzt und die Ware darin behandelt und auf 100% AE entwässert. Dem *Nachsatzbad*, welches für die gleiche Grundierung der gleichen Warenmenge weiterverwendet werden soll, liegt folgende Berechnung zugrunde: Die 100 kg Ware haben dem Ansatzbad 1,4 kg Naphtol entzogen, ferner sind mit den 100 l Ansatzflotte weitere 0,22 kg Naphtol entfernt worden, die wie folgt errechnet werden: Aus dem Ansatzbad sind 1,4 kg Naphtol substantiv auf die Faser gezogen, es verbleiben deshalb noch 1,1 kg in 500 l Flotte = 2,2 g/l, die mit 100 l = 0,22 kg der Restfeuchtigkeit der Ware ausgehoben werden. Es werden deshalb als Nachsatz (1,4 + 0,22 kg) 1,62 kg Naphtol AS-TR, die nach dem Kaltlöseverfahren gelöst, mit 100 l Flotte nachgesetzt werden müssen. Der Laugennachsatz beträgt 1,8 l, die sich wie folgt errechnen: Im Ansatzbad waren insgesamt 1,25 (Lösung) + 5,0 l (Vorschärfen) = 6,25 l Lauge vorhanden, von denen zur Naphtolatbildung (lt. Vorschrift) 2,5 · 0,290 = 0,725 l verbraucht und als freie Lauge deshalb noch (6,25 − 0,725) 5,325 l = 11,05 ml/l verblieben sind. Lt. Tabelle *(Hoechst)* nehmen 100 kg Baumwolle bei einem Flottenverhältnis von 1:5 und einem AE von 100%

Tabelle 24.
Zusätze für die Rechenbeispiele der Naphtolfärberei

	Jigger 1:5		Foulard
	Ansatz	Nachsatz	
Grundierung mit 14 g/kg Naphtol AS—TR			
Naphtol AS—TR	2,50 kg	1,62 kg	2,09 kg
Sprit	5,00 l	3,24 l	—
Natronlauge	6,25 l	1,8 l	3,57 l
Formaldehyd	2,50 l	0,81 l	—
Entwickeln mit Echtrot TR-Base			
Echtrot-TR Base	2,65 kg	1,215 kg	1,438 kg
Salzsäure	2,65 l	1,215 l	1,50 l
Natriumnitrit	1,06 kg	0,486 kg	0,60 kg
Natriumazetat	2,00 kg	0,911 kg	1,12 kg
Essigsäure	1,20 l	1,90 l	1,785 kg
Kochsalz	15,00 kg	3,00 kg	—
Entwickeln mit Echtrotsalz TR			
Echtrotsalz TR	13,00 kg	5,91 kg	7,08 kg
Natriumazetat	5,00 kg	1,00 kg	—
Essigsäure	0,232 l	2,00 l	1,265 l
Kochsalz	15,00 kg	3,00 kg	—

(100 · 0,0094 = 0,94 kg NaOH fest) = 2,115 l Natronlauge auf. Der Nachsatz wird wie folgt hergestellt:

1,62 kg Naphtol AS-TR werden mit
3,24 l Sprit
3,24 l Wasser
0,81 l Natronlauge

gelöst und 0,81 l Formaldehyd zugerührt. Das mit der Ware entfernte Türkischrotöl wird mit 100 · 0,01 g/l = 1,0 kg ersetzt. Von der Lösungslauge werden (1,62 · 0,29) 0,47 l zur Naphtolatbildung verbraucht, die von der Lösungslauge abgezogen noch (0,81—0,47) 0,34 l Laugenüberschuß ergeben. Dieser Überschuß muß von den beim Grundieren der ersten Partie entnommenen Lauge in Abzug gebracht werden (2,115 l bis 0,34), so daß als Laugennachsatz noch etwa 1,8 l notwendig sind, wenn der Laugenüberschuß der 1. Grundierung erreicht werden soll. Diese Zusätze sind beim Grundieren auf stehendem Bad, wenn der gleiche Farbton auf der gleichen Warenmenge erreicht werden soll, immer wieder nachzusetzen.

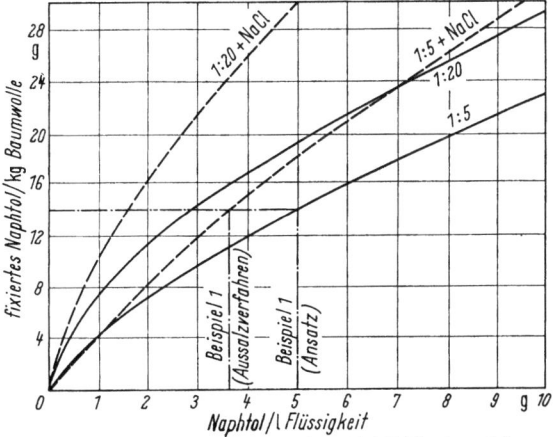

Abb. 188. Aufziehvermögen von Naphtol AS-TR/*Hoechst* auf Baumwolle mit und ohne Elektrolytzusatz bei verschiedenen Flottenverhältnissen.
—— Naphtol AS-TR; — — — Naphtol AS-TR + 20 g/c Kochsalz
(30 min. grundiert bei 35 °C)

Wird nur eine Partie grundiert, sind 20 g/l Kochsalz zur Erschöpfung vorteilhaft, es sind aber dann für 14 g/kg fixiertes Naphtol nur 3,7 g/l im Ansatz (Abb. 188) notwendig. Diese Berechnung und die dann zu verändernden weiteren Zusätze sind auch für die letzte Grundierung einzusetzen, wenn das Bad anschließend nicht mehr benötigt wird, wie es für das *Aussalzverfahren* üblich ist.

Beim *Ansatz des Entwicklungsbades* werden zum Entwickeln (Kuppeln) auf dem Jigger im Flottenverhältnis 1:5 und einer „starken" Färbung lt. Tabelle 5,3 g/l Echtrot TR Base eingesetzt, das bedeutet für 500 l Flotte (0,0053 · 500) 2,65 kg Echtrot TR Base, die wie folgt diazotiert werden:

2,65 kg Echtrot TR Base werden mit
53 l Kaltwasser, in dem
0,13 kg Remol AS gelöst wurden, angerührt, und
2,65 l Salzsäure unter Rühren zugesetzt.
1,06 kg Natriumnitrit, in 5,3 l Wasser gelöst,

zugesetzt und 30 min. bei 10—12 °C diazotiert. Zum Abstumpfen werden lt. Vorschrift 2 kg Natriumazetat + 0,4 l Essigsäure zugesetzt. Um das Ablösen des Naphtols während der Entwicklung zu verhindern, sind 15 kg Kochsalz (0,03 kg · 500) notwendig, die dem Entwicklungsbad zugefügt werden. Bei der Berechnung des Puffers bzw. des Alkalibindemittels (Alkalibilanz) wird von den durch die Baumwolle als Grundierung mitgebrachten 0,94 kg NaOH fest (2,115 l

Natronlauge) und der verwendeten 2,65 kg Echtrot TR Base ausgegangen. 2,65 kg Base binden lt. Tabelle (2,65 · 0,423) 1,12 l Natronlauge, die vom Alkaliüberschuß, den die Grundierung mit 2,115 l mitbringt, abgezogen wird und deshalb noch 1 l zur Neutralisation mit 1,34 l Essigsäure verbleibt. Zur Erreichung des günstigsten Kupplungs-pH-Wertes von 6—6,5 sind 0,5 ml/l Essigsäure (0,005 · 500) auf 500 l Flotte 0,25 l notwendig. Zum Abstumpfen wurden jedoch bereits 0,4 l Essigsäure zugesetzt, es sind deshalb nur noch (1,34—0,4) etwa 1,2 l notwendig. Die Stückware wird 30 min. kalt entwickelt und wie bereits beschrieben gespült, nachbehandelt und geseift.

Wird auf stehendem Bad entwickelt, wird für die 2. Partie von dem 1,62 kg Naphtol AS-TR ausgegangen, welches als Nachsatz in der Grundierung verwendet wird und den gleichzeitig mitgebrachten 2,115 l Natronlauge, die ebenfalls in das Entwicklungsbad gelangen. Lt. Tab. der „Verhältniszahlen von Naphtolen zu Basen" werden 1,215 kg (1,62 · 0,75) Echtrot TR Base zur Kupplung benötigt.

    1,215 kg Echtrot TR Base werden mit
    0,06 kg Remol AS, die in
    25 l Wasser gelöst wurden, verrührt und
    1,215 l Salzsäure zugesetzt und
    0,468 kg Natriumnitrit in 2,5 l Wasser gelöst, zugesetzt.

Zum Abstumpfen werden nach Lösungsvorschrift 0,91 kg Natriumazetat + 0,173 l Essigsäure verwendet. Dem Entwicklungsbad müssen ferner die mit den 100 l der ersten Partie entnommen 3 kg Kochsalz (0,03 · 100) zugegebene werden. Bei der Berechnung des Alkalibindemittels im Nachsatz muß wiederum von 2,115 l Natronlauge aus der Grundierung ausgegangen werden, die zu neutralisieren sind. Dazu werden die 1,215 l Salzsäure, welche 0,612 l Lauge (1,215 · 0,423) binden, verwendet, so daß noch (2,115 — 0,612) 1,503 l Natronlauge zur Neutralisation verbleiben, die mit (1,503 · 1,34) 2,02 l Essigsäure vorgenommen wird. Für die mit der Ware entnommenen 100 l Flotte sind neben der Flotte selbst noch (0,5 ml/l · 100) 0,5 l Essigsäure also insgesamt (2,02 + 0,5) 2,07 l Essigsäure nachzusetzen. Die beim Lösen zugesetzten 0,173 l werden davon in Abzug gebracht, so daß noch als Essigsäurenachsatz etwa 1,9 l verbleiben. Zur Pufferung sind die angegebenen 0,911 kg Natriumazetat ausreichend.

Zum *Entwickeln* kann auch *Echtrotsalz TR* verwendet werden, welches jedoch nur 20%ig erhältlich ist und deshalb die 5fache Menge der Base erforderlich wird. Für die Entwicklung werden deshalb (26 · 500) 13 kg Echtrotsalz TR eingesetzt. Diese werden mit 0,65 kg Remol AS/*Hoechst* und 65 l warmen Wasser gelöst und mit Kaltwasser auf 500 l Flotte eingestellt. Gegen das Ablösen, wie auch bei der Base, 15 kg Kochsalz und zur Pufferung 10 g/l (0,01 · 500) 5 kg Natriumazetat zugefügt. Für die Berechnung des Alkalibindemittels wird von den mit der Grundierung mitgebrachten 2,115 l Natronlauge ausgegangen, die mit (13 · 0,176) 2,288 l vom Färbesalz gebunden werden. Das bedeutet einen Überschuß von (0,173 · 1,34) 0,232 l Essigsäure, die jedoch zur Einstellung des pH-Wertes von 6—6,5 mit 0,5 ml/l Essigsäure verwendet werden.

Wenn auf stehendem Bad weitere Grundierungen entwickelt werden, müssen für 1,62 kg grundiertes Naphtol AS-TR und 2,115 l Natronlauge entsprechende Zusätze gemacht werden. Lt. „Verhältniszahlen" benötigen 1,62 kg Naphtol (1,62 · 3,65) 5,913 kg Echtrotsalz TR. Diese werden mit 30 l Warmwasser, in dem

0,3 kg Remol AS gelöst wurden, angerührt. Für die Ergänzung des Kochsalz sind (100 · 0,03) 3 kg und des ausgehobenen Natriumazetats (100 · 0,01) 1 kg Natriumazetat nachzusetzen. Bei der Berechnung des Alkalibindemittels werden lt. Tabelle von 5,913 kg Echtrotsalz TR (5,913 · 0,176) 1,04 l Natronlauge gebunden, es verbleiben noch (2,115—1,04) 1,075 l. Diese werden durch Zusatz von (1,075 · 1,34) 1,44 l Essigsäure neutralisiert. Um auch die Essigsäure, die mit den 100 l Flotte entnommen wurden, zu ersetzen, sind (0,005 · 100) 0,5 l und damit insgesamt (1,44 + 0,5) 2 l Essigsäure als Nachsatz nötig. Die Entwicklung auf dem Jigger ist die gleiche wie beim Ansatz. Gleiches gilt auch für die weitere Nachbehandlung.

2. Foulardfärbung von 100 kg Baumwollstückware. Es sollen auch hier, wie bei dem Beispiel 1 mit Naphtol AS-TR grundiert und die Kupplung mit Echtrot TR Base bzw. Echtrotsalz TR im Foulard vorgenommen werden. Außerdem soll die gleiche Farbtiefe erreicht werden.

Es steht für die *Grundierung* der gut saugfähigen und trockenen Stückware ein Foulard mit 60 l Chassisinhalt zur Verfügung auf dem mit 20—40 m/min. und einen Abquetscheffekt von 100% bei möglichst hoher Temperatur geklotzt wird. Dabei ist zu berücksichtigen, daß für das Grundieren 160 l Klotzflotte notwendig sind, um auch beim Auslaufen in Foulardtrog nach 60 l Restflotte zu behalten. Es sollen auf der Ware 14 g/l Naphtol AS-TR fixiert werden, die, da im diskontinuierlichen Verfahren (Beispiel 1) etwas abgeseift wird, eine gewisse Verstärkung erfahren muß. Es wird deshalb mit 14,1 g/kg fixiertem Naphtol zu rechnen sein. Da auch bei sehr hohen Temperaturen und der mit 20—40 m/min. gefahrenen Warengeschwindigkeit auf dem 2-Walzenfoulard mit 20% Substantivität zu rechnen ist, werden in 60 l Ansatzbad mit 14,1 — 2,8 = 11,3 g/l Naphtol AS-TR verwendet werden (60 · 11,3 = 0,678 kg). Der Nachsatz benötigt 100 · 14,1 = 1,410 kg Naphtol AS-TR. Insgesamt also 0,678 + 1,410 = 2,088 kg Naphtol AS-TR. Durch Lösen dieser Naphtolmenge in 148 l Wasser und durch Entnahme von 48 l und Verdünnung mit 12 l Heißwasser wird die 20%ige Substantivität des Ansatzbades ausgeschaltet. Beim Ansatz des Grundierungsbades wird nach dem Heißlöseverfahren gearbeitet, da dabei gleichzeitig die notwendige Erwärmung erreicht und zusätzlich Sprit gespart wird.

    2,088 kg Naphtol AS-TR werden mit
    3,565 l   Natronlauge und (20 ml/l)
    2,96 l   Türkischrotöl gut angeteigt

die Paste gut erwärmt und die Lösung nochmals aufgekocht und auf 148 l mit heißem Wasser aufgefüllt. Ein Formaldehydzusatz ist nicht notwendig, da die Flotte sofort verbraucht wird und das Formaldehyd beim anschließenden Zwischentrocknen stören könnte. Die 48 l Klotzflotte werden im Foulardchassis mit 12 l Heißwasser verdünnt und mit der Foulardierung begonnen. Der Nachsatz muß jeweils mit 1 l auf 1 kg durchgelaufener Ware eingestellt werden. Beim Foulardieren ist ein Überschuß von 20 ml/l notwendig 148 · 20 = 2,960 l, außerdem müssen für die Naphtolatbildung 2,088 · 0,290 = 0,606 l, insgesamt also 3,566 l Natronlauge zugesetzt werden.

Beim Foulardieren ist darauf zu achten, daß der Nachlauf auf 1 l abgestimmt wird, wenn 1 kg Ware durchgelaufen ist. Wird mit mehr als 40 m/min. geklotzt, ist die Berücksichtigung der Substantivität weniger notwendig. Wenn die Trocknung auf der Hotflue einen langen Weg vom Foulard notwendig macht bzw. durch des hohen AE eine Farbstoffmigration zu befürchten ist, sollten dem Bad 50 ml/l Tragantverdickung 60:1000 zugesetzt werden. Bei schlecht netzender Ware werden dem Klotzbad 1—2 g/l Netzmittel zugesetzt (z. B. Leonil DB/*Hoechst* u. a.). Für die *Zwischentrocknung* hat sich besonders die Hotflue bewährt, in der man bei 60—80 °C trocknet.

Foulardentwicklung mit Echtrot TR Base. Zur Entwicklung steht ein 2-Walzenfoulard zur Verfügung, bei dem in einem 25 l Trog gearbeitet werden soll. Für die Berechnung des Basenansatzes ist die „Verhältniszahl" zu berücksichtigen. Für 14,1 g/kg fixiertes Naphtol AS-TR sind 14,1 · 0,75 = 10,6 g/kg **Base** notwendig, die jedoch um 10% erhöht werden, um absolute Sicherheit bei der Entwicklung zu haben. Es werden also insgesamt etwa 11,5 g/l Echtrot TR Base eingesetzt, die in zusammen 125 l Klotzflotte verwendet werden (100 l für die Aufnahme durch die Ware +25 l als Restflotte im Chassis). 125 · 11,5 = 1,438 kg.

 1,438 kg Echtrot TR Base werden mit
 30,00 l Kaltwasser und
 0,075 kg Remol AS gelöst und der Lösung unter Rühren
 1,50 l Salzsäure zugesetzt,
 0,60 kg Natriumnitrit in 3 l Wasser gelöst führen in 30 min.

bei 10—12 °C zur Diazotierung. Zur Pufferung sind ferner 1,12 kg Natriumazetat notwendig. Der Essigsäurezusatz beträgt lt. Lösevorschrift 1,438 · 0,15 = 0,216 l. Für den weiteren Essigsäurezusatz ist folgende Berechnung notwendig: Die Ware bringt 20 ml/l Natronlauge — in diesem Fall allerdings in fester Form durch das Trocknen — als Alkaliüberschuß mit. Diese 100 · 0,02 = 2,00 l müssen neutralisiert und ein Überschuß von 1 ml/l Essigsäure im Bad erreicht werden. Die 1,438 kg Echtrotbase binden (1,438 · 0,423) etwa 0,609 l Natronlauge, es verbleiben deshalb für die Neutralisation noch (100 · 0,02 = 2,00 — 0,609 kg) etwa 1,4 l übrig. Für den Überschuß von 1 ml/l Essigsäure sind außerdem noch 0,125 l Essigsäure notwendig. Die 1,4 l Natronlauge benötigen 1,4 · 1,34 = 1,776 l Essigsäure zur Neutralisation. Der Endessigsäurezusatz für 125 l Klotzflotte beträgt also 1,776 + 0,125 — 0,216 = 1,785 l. Beim Foulardieren wird mit 20 bis 40 m/min. gearbeitet. Ein Salzzusatz erübrigt sich. Als Zusatz für eine bessere Dispergierung sollten noch 0,175 kg Remol AS nachgesetzt werden, um insgesamt 2 g/l zu erreichen.

Foulardentwicklung mit Echtrotsalz TR. Auch hier sind wieder 125 l Klotzlösung notwendig. Lt. Tabelle „Verhältniszahlen" benötigen 14,1 g/kg fixiertes Naphtol AS-TR 14,1 · 3,65 = 51,5 g/l Echtrotsalz TR. Aus Sicherheitsgründen wird der Zusatz um 10% auf 56,7 g/l erhöht. Für den Foulardansatz von 125 l werden deshalb 125 · 0,0675 = 7,08 kg benötigt.

  7,08 kg Echtrotsalz TR werden mit einer Mischung von
  0,35 kg Remol AS und
  35,00 l warmen SWasser gelöst.

Die von der grundierten Ware mitgebrachten 2,00 l Natronlauge werden mit 7,08 · 0,176 = etwa 1,15 l Essigsäure gebunden. Es verbleiben zur weiteren Bindung 2,00 — 1,15 = 0,85 l Natronlauge, die mit 0,85 · 0,134 = 1,14 l Essigsäure neutralisiert werden müssen. Zusätzlich werden noch 1 ml/l Essigsäure 125 · 0,001 = 0,125 l Essigsäure benötigt. Insgesamt werden also 1,14 + 0,125 = 1,265 l Essigsäure zugesetzt. Alles wird mit Kaltwasser auf das Klotzvolumen von 125 l eingestellt.

Die Nachbehandlung wird in üblicher Weise auf dem Jigger oder kontinuierlich vorgenommen.

Für den Vergleich der für das Färben von 100 kg Baumwolle nach dem geschilderten Rechenbeispielen dient die Tab. 24. S. 220. Die Berechnung erscheint nur im ersten Augenblick sehr kompliziert, doch muß immer berücksichtigt werden, daß Färbungen mit Naphtolkörpern fast ausschließlich für Standardnuancen eingesetzt werden und deshalb eine Berechnung nicht für jede Partie notwendig ist. Die Farbstoffhersteller sind außerdem gerne bereit die Rezepturen nach den angegebenen Verhältnissen auf eingesandtem Material so auszuarbeiten, daß danach ohne jede weitere Berechnung gearbeitet werden kann. Die in der Tab. 22, S. 217 angegebenen pH-Werte der günstigsten Kupplung und die dort ebenfalls angegebenen Puffergemische erleichtern außerdem die Arbeitsweise. Die Lösungsvorschriften der Echtbasen und Echtsalze enthalten meist soviel Abstumpfungsmittel, daß auch ohne die oben angegebenen Berechnungen in sehr vielen Fällen auszukommen ist.

6. Reaktivfarbstoffe

Obwohl die Reaktionsfähigkeit der Zellulose seit langer Zeit bekannt ist, wurden die ersten Farbstoffe, die mit den *alkoholischen* oder *basischen Hydroxylgruppen der Zellulosefaser* reagieren, erst 1956 von der *ICI* auf den Markt gebracht, die *homöopolar, kovalent* gebunden mit der Faser *Ester-* oder *Ätherbindungen* eingehen. Die Farbstoffe sind meist brillante Azo- oder Phthalocyaninkörper, die mit dem Träger der reaktionsfähigen Gruppe und dieser selbst verbunden sind. Die einzelnen Farbstoffklassen unterscheiden sich hauptsächlich durch ihre reaktionsfähigen Gruppen, die auch, die oft recht unterschiedlichen Färbeverfahren, bedingen. Die Farbstoffe kommen u. a. als

Basazol-	*BASF*	Primazin-	*BASF*
Cavalite-	*Dupont*	Procion-M, -H	*ICI*
Cibacron-	*CIBA*	Reacton-	*Geigy*
Drimaren-	*Sandoz*	Reatex-	*Francolor*
Levafix-, -E-Farbstoffe	*Bayer*	Solidazol-Farbstoffe	*Cassella*

Farbstoffe in den Handel. Bei den Produkten handelt es sich — abgesehen von den Levafix-Farbstoffen/*Bayer*, die hauptsächlich in der Druckerei verwendet werden — um wasserlösliche Farbstoffe, die beim Färben den für Direktfarbstoffe geltenden Regeln der Substantivität unterliegen. Durch Zusatz von Alkali wird die Reaktion mit der Zellulose ermöglicht. Die Farbstoffe reagieren (hydrolysieren) jedoch teilweise mit den OH-Gruppen des Wassers. Dadurch wird ein Teil der Farbstoffe als Färbemittel unwirksam, von der Ware abfiltriert und muß durch gründliches Nachseifen entfernt werden.

Die Echtheiten der Färbungen (Tab. 25) sind höher als die von Direktfarbstoffen, erreichen aber, abgesehen von einigen Levafix-Farbstoffen/*Bayer* die den *INDANTHREN-Standard* erreichen, nicht die Echtheiten der Küpen- und ihnen gleichenden Echtfärbungen. Auf Grund der unterschiedlichen, reaktiven Gruppen unterscheiden sich die Applikationsverfahren oft stark und es können deshalb aus Raumgründen nur die Hauptfärbeverfahren einzelner Farbstoffgruppen aufgeführt werden.

Tabelle 25. Echtheiten von Reaktiv-Färbungen

	Licht-	Wasch- c)	Wasser-	Schweiß-	Bügel-trocken	Hypochlorit-bleich-	Peroxyd-bleich-	Merzerisier-	Sodakoch-	Lösungsmittel-Tri
Procionrot M-G/ICI	$1/25, 1/1, 2/1$ $3-4, 4-5, 6$	4,5	5, 4-5, 5	4-5	5	2,5	3,5	4, 4-5	3-4	5
Cibacrontürkisblau G-E/CIBA	$1/25, 1/3, 1/1$ $4-5, 6, 6-7$	4-5, 4-5	5, 4-5, 5	4, 5, 5	5	2	3,3	—	3-4, 2	—
Remazolgelb R/T/Hoechst	$1/6, 1/3, 1/1$ $6, 6-7, 7$	4, 5, 5	4-5, 5, 5	5, 5, 4-5	alle in 1/3 Richttype geprüft 5	2-3	3, 5, 5	2-3, 5	—	5
Drimarenbraun 3 RL/Sandoz	$1/25, 1/3, 1/1$ $3-4, 6, 7$	4-5, 5	5, 4-5, 4	5, 3-4, 3-4	5	1	—	5, 5	—	5
Levafixrubin E-FB/Bayer	$1/12, 1/3, 1/1$ $4, 5-6, 6$	4-5, 5	4-5, 5, 5	4, 4, 5	5	3-4, 5	—	—	3, 3-4	5
Levafixbrillantgrün IB/Bayer	$1/25, 1/3, 1/1$ $6-7, 7-8, 7-8$	5, 5, 5	5, 5, 5	5, 5, 5	5	4, 4-5	4, 4-5	—	4-5, 4-5	5

Beim **Ausziehverfahren,** welches auf entsprechenden Apparaten und Maschinen für loses Material, Wickelkörpern und Stückwaren üblich ist, werden die *Cibacrone/ CIBA* unter Zusatz von 75—200 g/l Harnstoff zur Verbesserung der Löslichkeit bei 90 °C und evtl. durch Aufkochen gelöst und dem Färbebad bei 50 °C zugesetzt. In 30 min. auf 70—85 °C getrieben und 30 min. bei dieser Temperatur gefärbt. Diese *Ausziehperiode* wird auch zum portionsweisen Zusetzen von 10—100 g/l Koch- oder Glaubersalz verwendet. Nach dem Färben wird in der *Fixierperiode* der Farbstoff durch Zusatz von

10—15 g/l Trinatriumphosphat oder
2,5—5 ml/l Natronlauge 38 °Bé,

die man als Lösung, ebenfalls in Portionen zusetzt, fixiert und dazu weitere 60 min. bei gleicher Temperatur gefärbt. Anschließend wird gründlich kalt und heiß gespült, 30 min. mit 3—10 g/l Seife oder 1—3 g/l eines synthetischen Waschmittels (z. B. Waschmittel 6892/*CIBA*) kochend geseift und nochmals gründlich nachgespült. Ein Zusatz von 0,5 g/l Trinatriumphosphat im Seifbad erleichtert die Ablösung des hydrolisierten Farbstoffes. Nuancierungsfarbstoff kann nach der Fixierungsperiode gelöst direkt zugesetzt, bzw. bei größeren Farbstoffmengen $1/3$—$1/2$ des Bades abgelassen und mit der Farbstofflösung wieder ergänzt werden. Zum Fixieren des Nachsatzes wird weiter 20—30 min. bei der angegebenen Temperatur fixiert. Durch Zusatz von 3—8 ml/l Katalysator CCB bzw. CCl/*CIBA* kann bei 35 °C gefärbt und bei dieser Temperatur in $1/3$ bzw. der halben Färbe- und Fixierzeit gearbeitet werden. Als Alkali wird dann mit 10 g/l Soda an Stelle des teuren Trinatriumphosphats fixiert. Nach dem gleichen Verfahren werden auch die Procion-H-Farbstoffe/*ICI* gefärbt.

Die *Remazolfarbstoffe/Hoechst* werden heiß gelöst und dem mit 1 g/l Polyphosphat (z. B. Calgon T/*Benckiser*) 50 g/l Salz und dem Alkali versetztem Färbebad zugefügt. Es sind jedoch keine Färbe- und Fixierzeiten, sondern bei unterschiedlicher Färbetemperatur und wechselnden Alkalimengen verschieden lange Färbezeiten notwendig. Bei 20 °C wird mit 2—8 ml/l NaOH + 5 g/l Soda kalz. 120 min., bei 40 °C mit 1—4 ml/l NaOH 38 °Bé und der gleichen Menge Soda kalz. oder allein mit 10—30 g/l Trinatriumphosphat 90 min., und bei 60 °C mit der gleichen Menge Lauge und Soda wie bei 40 °C oder 5—25 g/l Trinatriumphosphat 60 min. gefärbt. Zum besseren Egalisieren können als Alkali auch 2 g/l Natriumbikarbonat verwendet und 4 ml/l Natronlauge portionsweise, verdünnt nachgesetzt werden. Die besten Farbausbeuten werden durch Trinatriumphosphat erreicht. Nuancierungsfarbstoff wird nach der vorgeschriebenen Färbezeit gelöst zugesetzt und kurz weitergefärbt. Nach dem Färben wird kalt gespült, mit Essig- oder Ameisensäure neutralisiert, bei 80 °C gespült, wie bereits beschrieben geseift und nachgespült.

Procion-M-Farbstoffe/ICI werden als „Kaltfärber" bei 25 °C mit 15—30% Salz 30 min. gefärbt und danach mit 1—20% Soda kalz. fixiert. *Drimarene/Sandoz* und *Reactone/Geigy* eignen sich nicht alle für das Ausziehverfahren. Die empfohlenen Produkte (Drimaren Y-) werden bei höheren Temperaturen mit 20—30 g/l Trinatriumphosphat (30—50 g/l Soda kalz. und 1,5—7 ml/l Natronlauge) gefärbt und fixiert. *Primazine/BASF* werden unter Zusatz von 100—300 g/l Salz gefärbt und mit 5—10 ml/l Lauge bei 80—90 °C fixiert. *Levafix-E-Farbstoffe/Bayer* werden mit 50 g/l Salz ausgezogen und mit 5—20 g/l Soda bei 40 °C fixiert. Die Nachbehandlung ist bei allen Färbungen gleich.

Die guten Allgemeinechtheiten, die geringe Substantivität, die einfache Färbeweise und die Möglichkeit alle, auch die brillantesten Farbtöne herstellen zu können, haben vor allem zu Färbeverfahren von Stückwaren nach halb- und vollkontinuierlichen Verfahren geführt. Als semikontinuierliche Verfahren werden das

Kaltverweil- (Kaltlager-)
Pad-Roll- (Thermoverweil-) und das
Pad-Jig- (Foulard-Jigger-) Verfahren

verwendet. Das **Kaltverweil-**, auch *Einbad-Kaltlager-*, *Klotz-Kaltlager* oder *Pad-Batch-Verfahren* genannt, wird vor allem dann verwendet, wenn der Einsatz einer Kontinueanlage nicht lohnt oder diese Anlagen nicht vorhanden sind und vor allem dann, wenn nicht zu große Stückwarenmengen gefärbt werden müssen, die jedoch für eine Jiggerpartie zu umfangreich sind. Im Prinzip werden die Farbstoffe mit dem Alkali foulardiert, auf Kaulen gewickelt und in Kunststoffolien eingeschlagen während der Reaktionszeit (Fixierung) langsam oder sporadisch gedreht und wie bereits beschrieben nachbehandelt. Die Hydrolyse der alkalischen Farbstofflösung verbietet oft den Ansatz von größeren Mengen Klotzflotte, da dann ein Teil des Farbstoffes durch die Reaktion mit dem Wasser unwirksam wird. Von den Firmen:

Ernst Benz, Zürich   *The Horsfall Engeneering Co.*, Oldham/England
Klaus Fischer, Bad Salzuflen   *Hürner*, Frankfurt/M.
Funken, Siegburg

werden besondere *Dosiergeräte* hergestellt, welche den gesonderten Farbstoff- und Alkalizusatz in das Foulardchassis erlauben und damit die Farbstoffhydrolyse im alkalischen Ansatzbad vermieden wird.

Die *Cibacrone/CIBA* und *Procion-H-Farbstoffe/ICI* werden nach dem *Kaltverweil-Verfahren* bei 20 °C mit

10—40 g/l Harnstoff
20—30 ml/l Natronlauge 38 °Bé
10 g/l Glaubersalz kalz.

foulardiert, mit 50—70% AE kantengerade aufgedockt und während 4—24 Std. kalt in Folien eingeschlagen, verweilt. Die Klotzlösungen sind bei 20 °C 1—4 Std. haltbar, bei 30 °C sinkt die Haltbarkeit jedoch auf die halbe Zeit. Um die langen Verweilzeiten abzukürzen, können den Klotzbädern 3—10 ml/l Katalysator CCB oder CCI/*CIBA* zugesetzt und als Alkali 20—40 g/l Soda kalz. verwendet werden. Das Verfahren verbessert die Farbstoffaufnahme bei merzerisierter Baumwolle um 40% und es wird dann ohne Salzzusatz gearbeitet. Die Klotzbäder sind jedoch weniger lang haltbar und es empfiehlt sich in allen Fällen die Verwendung von Dosiergeräten.

Nach dem Kaltverweil-Verfahren werden die *Remazole/Hoechst* mit 50—100 g/l Harnstoff gelöst und helle Töne mit 10—20 g/l Trinatriumphosphat, mittlere Töne mit 6 g/l Phosphat und 5 ml/l NaOH und dunkle mit 16 g/l Phosphat + 14 ml/l NaOH 38 °Bé bei 20 °C geklotzt und 6—12 Std. verweilt. Durch Verwendung von 10—25 ml/l Natronlauge 38 °Bé als Alkali kann die Verweilzeit auf 2—8 Std. verkürzt werden (Klotz-Kurzverweil-Verfahren). Die Haltbarkeit der Bäder beträgt bei Zusatz von Phosphat mindestens 6 Std., ist bei Verwendung von Lauge geringer und erfordert dann den Einsatz von Dosier- und Mischgeräten. *Procion-M-Farbstoffe/ICI* werden unter Zusatz von 50—200 g/l Harnstoff, der gleichen Menge Soda kalz. wie Farbstoff oder $1/3$ Natriumsilikat 40 °Bé bzw. $1/6$ Ätznatron, die über ein Dosiergerät zugesetzt werden bzw. gleichen Menge Natriumbikarbonat, das ohne Dosiergerät verwendet wird, geklotzt und in 2 Std. Verweilzeit fixiert. *Reactone* und *Drimarene* werden mit 50—100 g/l Salz und 10—30 ml/l NaOH bzw. die gleiche Menge Natriumsilikat 40 °Bé (Wasserglas) geklotzt und bis zu 24 Std. kalt verweilt. Dosiervorrichtungen benötigen diese Farbstoffe wegen ihrer geringen Hydrolyseneigung, wie auch die nachstehend angegebenen Farbstoffe, nicht. *Primazine* werden mit

      50 g/l Kochsalz
      40 ml/l Natronlauge 38 °Bé
      10 g/l Trinatriumphosphat

foulardiert und 15—40 Std. verweilt. *Levafix-E-Farbstoffe* werden mit Harnstoff gelöst und mit 20 g/l Soda geklotzt und in 12 Std. Verweilzeit fixiert.

Die Unbeständigkeit der alkalischen Klotzbäder hat zur Einführung des *Zweibad-Kaltverweil-Verfahrens* geführt. Dabei werden die Farbstoffe wie üblich gelöst und bei Temperaturen bis zu 70 °C geklotzt, zwischengetrocknet oder auch naß mit der doppelten Alkalimenge wie beim Normalverfahren (meist verwendet man Lauge) und bis zu 250 g/l Salz geklotzt und wie beschrieben durch Verweilen fixiert. Nach allen Verfahren wird die Stückware wie üblich gespült und geseift.

Als halbkontinuierliches Stückfärbeverfahren hat sich auch das **Pad-Roll-(Klotz-Thermoverweil-)Verfahren** für Reaktivfarbstoffe eingeführt (S. 113). Dabei sind Dosiergeräte meist für die Klotzung nicht notwendig, da mit milderen Alkalien gearbeitet wird. Die *Cibacrone* und *Procion-H-Farbstoffe* werden mit

      20 g/l Soda kalz.
      2 ml/l Natronlauge 38 °Bé
      40 g/l Harnstoff

bei 20—50 °C foulardiert, in der Infrarotzone der Verweilkammer auf 85 °C erwärmt und 4—12 Std. bei dieser Temperatur des „Trockenthermometers" verweilt. Die *Remazole* verlangen 6—16 g/l Soda kalz. und werden während 3—4 Std. bei 75 °C fixiert. Die kaltfärbenden *Procion-M-Farbstoffe* werden mit 5—30 g/l Natriumbikarbonat kalt foulardiert und 2 Std. bei 65 °C verweilt. *Reactone* und *Drimarene* werden wie die Cibacrone geklotzt und bei 90 °C thermoverweilt. *Primazine* benötigen 10—20 g/l Soda + 50 g/l Kochsalz und werden 3—5 Std. bei 100 °C und bei Mitverwendung von 5—15 ml/l Lauge bei 85 °C während 3 Std. fixiert. Verschiedene Reaktivfarbstoffe sind gegen die Reduktionswirkung von Verunreinigungen oder Stärkeschlichtereste der Baumwolle empfindlich und werden unter Zusatz von 2—6 g/l organischer Oxydationsmittel foulardiert. Dazu gehören u. a.:

    Albatex BD   *CIBA*   Resistsalz L   *ICI*
    Ludigol   *BASF*   Revatol S   *Sandoz*
    Reservesalz G *Geigy*

Das Kalt- und Thermoverweil-Verfahren haben das *Pad-Jig-Verfahren* ziemlich verdrängt, bei dem die Ware bei Temperaturen bis zu 80 °C foulardiert und unter den für das Ausziehverfahren notwendigen Alkalien und erhöhten Salzmengen auf dem Jigger heiß fixiert werden. Das Pad-Jig-Verfahren hat den Vorteil, daß auf dem Jigger nuanciert werden kann. Ist ein Nuancieren bei den bereits geschilderten halb- und den noch zu beschreibenden kontinuierlichen Verfahren notwendig, wird ebenfalls meist der Jigger verwendet.

Auch die *kontinuierlichen Färbeverfahren* haben für Reaktivfarbstoffe eine große Bedeutung erlangt. Man färbt dabei nach dem

Klotz-Trocken– (One-Bath-Pad-Dry–)
Klotz-Thermofixier– (Pad-Dry-Bak–)
Klotz-Dämpf– (Pad-Steam–) und dem
Standfast– (Molten-Metal–) Verfahren.

Im Prinzip werden die Farbstoffe mit oder ohne Alkali foulardiert und entweder naß-auf-naß sofort entwickelt bzw. zwischengetrocknet mit Alkali geklotzt und dann entwickelt (fixiert).

Nach dem *Klotz-Trocken-Verfahren* können nur die reaktionsfähigen *Procion-M-* und *Remazol-Farbstoffe* gefärbt werden. Dabei werden die Farbstofflösungen mit 100—200 g/l Harnstoff, 5—10 g/l Natriumbikarbonat und evtl. geringen Mengen Salz kalt geklotzt und durch Trocknen auf der Hotflue oder dem Spannrahmen entwickelt. In Ausnahmefällen kann auch die Zylindertrockenmaschine verwendet werden.

Beim **Klotz-Thermofixier-Verfahren** werden die Farbstofflösungen mit 30 bis 100 g/l Harnstoff und 5—30 g/l Soda kalz. foulardiert, auf der Hotflue zwischengetrocknet und anschließend je nach Reaktionsfähigkeit bei 100—140 °C während 8—1 min. fixiert. Das Verfahren ist für *Procion-M-*, *-H-*, *Cibacron-*, *Remazol-*, *Drimaren-*, *Reacton-*, *Primazin-* und *Levafix-E-Farbstoffe* bzw. weitere Handelsprodukte verwendbar. Die *Basazol-Farbstoffe/BASF* werden unter Zusatz 0,5—20 g/l Fixierer P und Soda foulardiert und wie oben angegeben thermofixiert. Es handelt sich bei diesen Farbstoffen um eine neue Gruppe, die erst durch Zusatz von Fixierer P/*BASF* zur kovalenten Bindung an die Zellulose befähigt sind. Nach dem Thermofixier-Verfahren können auch die *Levafixfarbstoffe*, allerdings werden als Alkali 5—40 ml/l Natronlauge verwendet, gefärbt werden, die mit ihren meisten Produkten *INDANTHREN*-echt sind. Es handelt sich dabei um reaktive Dispersionsfarbstoffe, die nicht mit Wasser hydrolisieren.

Zum Färben von Polyester/Baumwoll-Mischgeweben können die Reaktivfarbstoffe mit den entsprechenden Dispersionsfarbstoffen gemeinsam foulardiert und durch das gleichzeitig aufgebrachte Alkali mit den Dispersionsfarbstoffen und Zwischentrocknen thermosoliert werden (S. 125). Das Verfahren ist auch als *Thermoschock-Arbeitsweise* bekannt und wird auch für Zellulosegewebe allein verwendet. Man behandelt dabei die zwischengetrocknete Ware 30—60 sec. bei 200 °C. Die Fixierung kann auch durch Infrarotstrahler erfolgen.

Das **Pad-Steam-Verfahren** wird von allen Kontinue-Verfahren am häufigsten verwendet. Dabei werden bei der *Einbad-Methode* Farbstoff, Alkali, Harnstoff und evtl. Salz ähnlich wie beim Thermofixier-Verfahren foulardiert, zwischengetrocknet und durch Dämpfen während 60—100 sec. bei 103—105 °C fixiert. Für Farbstoffmengen bis 25 g/l ist auch ein direktes Dämpfen der mit wenig Restfeuchtigkeit geklotzten Ware möglich. Zum Dämpfen werden die üblichen Konstruktionen (S. 119) bzw. auch der Monforts-Reactor und andere, hauptsächlich in der Druckerei verwendete, Dämpfer eingesetzt.

Bei der *Zweibad-Methode* wird die Ware nur mit der Farbstofflösung geklotzt und damit die Möglichkeit der Farbstoffhydrolyse im alkalischen Klotzbad ausgeschaltet. Die Klotzung kann aus diesem Grund auch ohne Misch- und Dosiergeräte bei höheren Temperaturen vorgenommen werden. Nach dem Foulardieren wird zwischengetrocknet und anschließend das Alkali in Mengen wie nach dem Thermoverweilverfahren gemeinsam mit Salz im Chemikalienklotz foulardiert und bei 103—105 °C während 60—100 sec. möglichst luftfrei gedämpft. Durch Erhöhung der Alkalimenge — man verwendet dann meist Natronlauge — kann die Dämpfzeit auf 20—30 sec. reduziert werden. Die träge reagierenden *Basazol-*, *Reacton-*, *Drimaren-*, *Levafix-* und *Levafix-E-Farbstoffe* können auch ohne eine stärkere Hydrolyse der Klotzlösungen nach der Einbadmethode foulardiert und nach dem Zwischentrocknen durch Dämpfen fixiert werden.

Das *Standfast-Verfahren* wird vor allem zum Färben der stark reaktionsfähigen *Procion-M-* (kaltfärbenden) Reaktivfarbstoffe empfohlen, die mit 5—20 g/l Natriumsilikat, 300 g/l Kochsalz geklotzt und im geschmolzenen Metall fixiert werden. Die Anlage läßt sich auch zum „Dämpfen" nach dem Zweibad-Verfahren verwenden.

Um die Farbstoffwanderung beim Zwischentrocknen zu verhindern, können die gleichen Verdickungsmittel- oder spezielle Klotzhilfsmittel, wie sie auch beim Foulardieren von Küpenfarbstoffen üblich sind, eingesetzt werden. Die Zusätze von organischen Oxydationsmittel, wie sie für das Pad-Roll-Verfahren (S. 229) günstig sind, haben sich bei allen Dämpfverfahren bewährt. Zur Entfernung des durch die Reaktion mit dem Wasser für die Färbung nicht mehr brauchbaren Farbstoff, werden die Stückwaren nach dem Fixieren kontinuierlich gespült, abgesäuert, kochend geseift und nachgespült. Die Nachbehandlung gleicht den für Küpenfärbungen üblichen Verfahren.

Von der *ICI* wurden auch Arbeitsweisen veröffentlicht, die das *kontinuierliche Färben von losem Material Kardenband und Garn* erlauben. Das lose Material wird dabei als Vlies mit den alkalischen *Procion-M-Farbstoffen* in besonderen Einrichtungen genetzt und wie nach dem Trocknungsverfahren während des Trocknens entwickelt. Als Netzmittel werden 2—5 g/l Lissapol N und als Alkali je nach Farbtiefe 5—10 g/l Natriumbikarbonat verwendet. Als besonders geeignete Einrichtungen wird die *Fleissner-Anlage* (S. 292) oder die der Fa. *A. E. Callaghan Son Ltd.*, Stratford Place, London W 1 angegeben. Das alkalisch foulardierte Material kann auch durch Kalt- oder Heißlagern entwickelt werden.

In letzter Zeit ist zur Fixierung von schnellreagierenden Reaktivfarbstoffen das *Alkalischock-Verfahren* bekannt geworden. So werden z. B. die Levafix-E-Farbstoffe/*Bayer* nach neutralem Foulardieren und evtl. Zwischentrocknen durch eine kochende Behandlung mit

100 g/l Kochsalz
150 g/l Soda kalz.

in 10—30 sec. fixiert und wie üblich nachbehandelt.

Die meisten Reaktivfärbungen sind *weiß-ätzbar* und können reduktiv-alkalisch geätzt und sind damit auch für die *Buntätze* mit Küpenfarbstoffen geeignet. Von den Herstellern werden die Reaktivfarbstoffe für die einzelnen Verfahren besonders ausgesucht und die substantivsten Produkte hauptsächlich für das Auszieh- und die weniger substantiven für das Foulardieren bzw. für den Druck empfohlen. So werden z. B. Drimaren-Y-Farbstoffe für die Färbung und die Z-Marken für den Druck verwendet *(Sandoz).* Die *CIBA* verwendet Zusatzbezeichnungen. Dabei werden die P-Marken (Padding) für die Foulardier-, die E-Marken für das 'Ausziehverfahren, die D-Marken für den Druck und die

A-Marken (Allround) für alle Verfahren empfohlen (z. B. Cibacronbrillantrot 2G-P).

Die unterschiedliche Konstitution der Farbstoffe macht es notwendig, daß zum *Abziehen* verschiedene Methoden eingesetzt werden. Dazu gehört die Behandlung in blinder Küpe (S. 201), die Hypochlorit bzw. Chlorit-Bleiche. Die auf Phthalocyaninbasis aufgebauten Türkis- und Blaufarbstoffe können nach den für diese Farbstoffgruppe üblichen Verfahren mit Kaliumpermanganat und nachträgliche Behandlung in blinder Küpe zerstört werden (S. 234).

7. Phthalocyanin-Farbstoffe

Phthalocyanin-Farbstoffe sind seit Jahrzehnten als Pigmente auf dem Markt, konnten sich jedoch erst seit einigen Jahren in der Textilfärberei und -druckerei einführen, da die Hersteller der Produkte erst Verfahren entwickeln mußten, mit denen unter normalen Praxisbedingungen hochechte Färbungen zu erzielen waren. Die Produkte werden als wasserunlösliche Körper auf der Faser erzeugt oder über eine wasserlösliche Form auf die Faser gebracht. Daneben konnten durch Modifizierung der Metallkomplexe, z. B. durch Sulfierung, wasserlösliche Direktfarbstoffe gewonnen werden (z. B. Siriuslichttürkisblau FBL/*Bayer*). Als Kobaltkomplex kommt ferner ein leicht reduzierbarer Küpenfarbstoff (Indanthrenbrillantblau 4G/*Bayer*) in den Handel. Daneben stellen Phthalocyaninkomplexe die Hauptmenge der brillanten Blau- und Türkistöne der Reaktiv-, Polykondensations- und Pigmentfarbstoffe. Durch die am Molekülaufbau beteiligten Metalle werden hauptsächlich Blau-, Türkis- und Grüntöne erhalten, die untereinander kombinierbar sind. Bisher sind jedoch außer den angegebenen Farbtönen keine weiteren Nuancen erhältlich, was die Verwendbarkeit der Produkte begrenzt. Die modifizierten Phthalocyanine sind jedoch mit den anderen Produkten der entsprechenden Farbstoffklasse kombinierbar.

Bisher sind als Phthalocyanin-Farbstoffe hauptsächlich die *Phtalogen Bayer* und *Alcian-Farbstoffe/ICI* im Handel. Bei den Phtalogen-M-Farbstoffen handelt es sich um Gemische von monomeren Vorprodukten mit einem Schwermetallspender, die als schwach gelbgefärbte Pulver durch spezielle Lösungsmittel gelöst, nur in der Klotzfärberei eingesetzt werden können. Die Phtalogen-K-Farbstoffe sind bereits Kupferkomplex-Zwischenprodukte, die nach einer besonderen Vorbeize im Ausziehverfahren auf die Baumwolle gefärbt und durch eine reduktive Nachbehandlung entwickelt werden können. Die Alcianfarbstoffe sind durch basische Seitenketten modifizierte, kationische, wasserlösliche Produkte in deren Palette auch ein Gelb vorhanden ist.

Beim **Färben mit Phtalogen-K-Farbstoffen** können alle Zellulose-Textilien im *Ausziehverfahren* wie loses Material, Stranggarn, Wickelkörper und Stückwaren diskontinuierlich gefärbt werden. Als Beispiel soll hier eine Garnfärbung mit Phtalogenbrillantblau IF3GK dienen. Zur Entwicklung der höchsten Brillanz ist eine Vorbleiche des Materials unbedingt notwendig, die auch mit der Vorbeize zusammengelegt werden kann. Das Baumwollgarn wird dabei mit

    1 —3   ml/l Natronlauge 38 °Bé
    1 —3   ml/l Wasserstoffperoxyd 35%ig
    0,5 —1   g/l   eines Peroxydstabilisators
    0,35—1   %   Phtalofix FN/*Bayer*
    10   g/l   Glaubersalz kalz.

wie für eine Peroxydbleiche üblich vorbehandelt und anschließend zweimal kalt gespült. Der Farbstoff wird inzwischen in vollkommen trockenen Gefäßen in nachstehenden Gew.-Verhältnissen mit der halben Menge Levasol DG/*Bayer* *angeteigt* und der Rest unter weiterem Rühren zugefügt. Nun wird Eisessig oder eine Mischung aus Eisessig und Ameisensäure zugesetzt und nach gründlichem Durchrühren die Lösung 10—15 min. abgestellt. Als Zusätze werden verwendet:

    1 Gew.-Teil Phtalogenbrillantblau IF 3 GK
    2 Gew. Teil-Levasol DG
    5 Gew. Teil-Eisessig oder eine Mischung aus
       3 T. Eisessig + 2 T. Ameisensäure 85%ig

Die Farbstofflösungen haben eine Haltbarkeit von 2 Std. Die so hergestellte, dunkle Lösung wird dem kaltem Färbebad, welches 0,5—1 g/l Naphtopon E/*Bayer* als Dispergiermittel enthält, möglichst portionsweise unter ständigem Rühren oder Zirkulieren der Flotte zugesetzt und 20—30 min. kalt gefärbt. Nun wird gründlich gespült und mit

    5 ml/l Natronlauge 38 °Bé
    2 g/l   Hydrosulfit

bei 50—60 °C während 15 min. *entwickelt*. Zur Verbesserung der Echtheiten ist der Zusatz eines Dispergiermittels im Entwicklungsbad vorteilhaft. Nach gründlichem Spülen werden die Zersetzungsprodukte bei 50 °C mit 3—5 ml/l Salzsäure 20 °Bé während 10 min. entfernt und nach gründlichem Spülen durch kochendes Seifen die Färbung fertiggestellt.

Die **Phtalogen-M-Farbstoffe**/*Bayer* werden hauptsächlich nach dem *kontinuierlichen Klotz-Kondensations-Verfahren* auf Stückware gefärbt. Die Produkte haben keine Substantivität und benötigen deshalb keine Nachsatzverstärkung beim Foulardieren. Zum Lösen werden die Farbstoffe in trockenen, kalten Gefäßen mit Methanol angeteigt, der Rest des Methanols und Emulgator W zugerührt und das Levasol TR zugefügt. Die Verwendung von Rührwerken ist zu empfehlen. Zum Schluß wird der in Wasser vorgelöste Harnstoff eingerührt. Als Zusätze, die auf g/kg foulardierten Farbstoff bezogen werden, sind notwendig bei

    5—50 g/kg Farbstoff auf der Faser
    5—50 ml Methanol
    5—50 ml Emulgator W/*Bayer*
    30 ml   Levasol TR/*Bayer*
    70 g   Harnstoff

Das Levasol TR ist als Minimalmenge zu betrachten und muß je nach Flottenverhältnis u. U. bis auf 70 ml erhöht werden. Durch Zusatz von Kaltwasser wird das Foulardiervolumen hergestellt. Beim *Foulardieren* sollten wegen der Gefahr der Migration beim *Trocknen* möglichst hohe Abquetschdrücke gewählt werden. Obwohl die Farbstofflösungen 4—5 Std. haltbar sind, sollte die geklotzte Ware möglichst sofort getrocknet werden. Bei Verwendung von Spannrahmen zeigt sich dabei meist eine Markierung der Kluppen. Wenn nicht sofort getrocknet werden kann, sollte nicht abgelegt, sondern kurzfristig aufgedockt und die Docke langsam gedreht werden. Die feuchten oder auch vorgetrockneten und nicht fixierten Färbungen sind gegen direktes Licht empfindlich. Durch eine *Kondensation* von 5 min. bei mindestens 140 °C tritt die Farbstoffbildung ein. Um zu prüfen, ob die eingesetzte Kondensation ausreicht, wird ein Muster in einem

Trockenschrank erhitzt. Zeigt der Gewebeabschnitt keine weitere Nuancevertiefung, ist die Kondensation ausreichend. Zur Entwicklung der Brillanz und der Echtheiten wird die Ware gründlich heiß gespült, mit

    3 —5 ml/l Salzsäure konz.
    0,5—1 g/l Natriumnitrit

bei 60—80 °C abgesäuert, zwischengespült, mit

    1—2 g/l eines synth. Waschmittels
    1—2 g/l Soda kalz.

kochend geseift und nachgespült. Die Nachbehandlung wird zweckmäßig diskontinuierlich auf dem Jigger oder der Haspelkufe vorgenommen, da eine kontinuierliche Behandlung nicht immer zur Erreichung der Brillanz und der geforderten Echtheiten ausreicht. Durch eine besondere Lösevorschrift können auch die Phtalogen-K-Farbstoffe foulardiert werden. Verschiedentlich ist auch die Entwicklung der foulardierten und getrockneten Ware durch neutrales Dämpfen üblich.

Tabelle 26. *Echtheiten einer Färbung mit Phtalogenbrillantblau IF 3 GM/Bayer*

Licht- $1/1, 1/3, 1/8, 1/12$	Wasser- b)	Meerwasser	Wasch- c)	Peroxydbleich	Hypochloritbleich	Chloritbleich	Merzerisier	Schweiß	Lösungsmittel- (Tri)	Bügel- trocken
7	5	5	5	5	2—3	4—5	5	5	5	5
7—8	5	5	5	5		5		5	5	
7—8	5	5	5	5			4—5		5	
8										

Die hohen Echtheiten der Färbungen (Tab. 26) ermöglichen die Auszeichnung mit dem *INDANTHREN-Etikett* als V-, M- und W-Artikel. Aus diesen Bezeichnungen ist bereits die vielseitige Anwendung der Farbstoffe ersichtlich.

Die modifizierten Phthalocyanine, wie sie als Direkt-, Küpen- und Reaktivfarbstoffe verwendet werden, zeigen sog. *Phototropie*, wenn die Textilien mit Hochveredlungsharzen ausgerüstet wurden. Dabei treten durch intensive Bestrahlung mehr oder weniger starke Farbtonumschläge nach Rot auf, die jedoch durch Lagern im Dunkeln wieder verschwinden. Die Phtalogenfärbungen zeigen diese Erscheinung nicht.

Die Färbungen können durch eine kalte, oxydative Behandlung während 30 min. mit

    0,5—1 g/l Kaliumpermanganat
    0,3—0,6 ml/l Schwefelsäure 66 °Bé

und anschließende Entfernung des gebildeten Braunsteins mit

    3 —4 ml/l Natriumbisulfitlauge 30—40 °Bé
    1,5—2 ml/l Ameisensäure 85%ig

vollständig *abgezogen* werden. Zur Entfernung der Zersetzungsprodukte wird die Ware, wie auch nach der Färbung, kochend geseift.

Die kationischen **Alcian-X-Farbstoffe**/*ICI* werden aus essigsaurer Lösung gefärbt und durch eine Alkalibehandlung wasserunlöslich auf der Ware fixiert. Die Lösung der Farbstoffe wird durch Übergießen oder besser durch Einstreuen der Farbstoffpulver in eine Lösung von 80 ml/l Essigsäure 60%ig in Wasser angeteigt und durch weitere Zugabe von warmen Wasser gelöst. Die zum Lösen verwendete Essigsäure wird von der zum Färben notwendigen Säure von 3 ml/l abgezogen. Normalerweise sind zur Erreichung tiefer Töne 1% Farbstoff ausreichend. Höhere Einsatzmengen sind meist unwirtschaftlich. Die Echtheiten zeigt Tab. 27.

Beim *Ausziehverfahren* wird der gelöste Farbstoff, dem mit Essigsäure auf einen pH-Wert von 3,5—4 vorgeschärftem Bad, zugesetzt und 15 min. kalt behandelt. Zum besseren Egalisieren können 0,5—2% Lissolamin A Teig/*ICI* zugesetzt werden. Als Netzmittel sind nur nichtionogene Produkte (z. B. 1—5 g/l Lissapol N/*ICI*) verwendbar. Bei alkalisch vorbehandelter Ware ist es vorteilhaft, die Ware zuerst ohne Farbstoff kalt nur in Essigsäure vorzubehandeln, um einen gleichmäßigen pH-Wert der Ware zu erhalten. Nun wird in 45 min. gleichmäßig steigend zum Kochen getrieben und bis zur Baderschöpfung weitergekocht. Durch geschlossene Maschinen oder Apparate läßt sich eine bessere Erschöpfung erzielen. Nun wird das Färbebad abgelassen, kalt gespült und die Färbung durch Zusatz von 3 g/l Soda kalz. kochend, während 15 min. fixiert. In das Entwicklungsbad können 3 g/l Lissapol ND zum Seifen nachgesetzt und während weiterer 15 min. behandelt werden. Durch kaltes Spülen wird die Färbung fertiggestellt. Die *Färbebaderschöpfung* wird durch Zugabe von höheren Essigsäuremengen oder teilweisen Ersatz durch Ameisensäure verzögert und ergibt, vor allem bei hellen Färbungen, bessere Egalität und Durchfärbung. Bei tieferen, als 1%igen Färbungen, kann durch Zugabe von Natriumazetat das Bad bis auf pH 5 abgepuffert und damit eine verbesserte Baderschöpfung erzielt werden. Allerdings tritt dann meist eine weniger reibechte Randfärbung ein.

Tabelle 27. *Echtheiten einer Färbung mit Alcianblau 8 GX 300/ICI*

Licht	Wasch- c)	Wasser	Schweiß	Sodakoch	Hypochloritbleich	Peroxydbleich	Bügel
6—7	4—5	5	5 5 5	4 5	4—5	3—4 4	4

Beim *kontinuierlichen Färben mit Alcian-X-Farbstoffen* werden die Farbstoffe wie oben angegeben gelöst und mit

    8 ml/l Essigsäure 60%ig
    1—5 g/l Lissapol N/*ICI*

möglichst kalt foulardiert und durch *Dämpfen* bei 101—102 °C während 30 sec. oder durch *Trocknen* auf der Hotflue auf der Faser befestigt und durch eine kontinuierliche Alkalibehandlung wasserunlöslich fixiert. Dabei werden die beiden ersten Kästen einer Breitwaschmaschine mit 5 g/l Soda kalz. kochend eingesetzt, die nächsten Kästen, ebenfalls kochend, zum Seifen mit 3 g/l Lissapol ND/*ICI* verwendet und anschließend heiß und kalt gespült.

Durch eine reduktive Behandlung mit

    4% Lissolamin A Teig/*ICI*
    3% Natronlauge 38 °Bé
    5—6% Hydrosulfit

während 30 min. nahe Kochtemperatur und anschließender Hypochloritbleiche können nur einige Farbstoffe *abgezogen* werden. Ein Teil erfährt dadurch nur eine *stärkere Aufhellung* und u. U. Vertrübung des aufgehellten Farbtons. Durch anschließendes Seifen wird der Aufhellungseffekt weiter verstärkt.

Die Phthalocyanin-Farbstoffe haben sich vor allem in der Druckerei einführen können, da sie sich zur Erzeugung von echten Blau- und Türkistönen besonders eignen. In der Färberei wurden sie von den reaktiven Farbstoffen auf Phthalocyaninbasis stark verdrängt, da diese eine einfachere Applikation benötigen, wenn auch geringere Echtheiten ergeben.

8. Polykondensations-Farbstoffe

Eine Sonderstellung nehmen diese Produkte ein, von denen z. Z. nur brillante Gelb-, Türkis- und Blaufarbstoffe unter dem Namen *Inthion-Farbstoffe/Hoechst* auf dem Markt sind. Im Prinzip handelt es sich chemisch um Salze der Thioschwefelsäure *(Buntesche Salze)*, wie sie auch bei den wasserlöslichen Hydrosol-Farbstoffen/*Cassella* vorliegen. Die Inthione sind, wie auch die Hydrosole, *nicht substantiv* und können nur fourlardiert werden. Für das Färben nach diskontinuierlichen Verfahren für loses Material, Garn oder Stückwaren sind bisher keine Arbeitsweisen bekannt. Für den Druck sind die Farbstoffe jedoch nach der Thioharnstoffmethode sehr interessant. Der geklotzte Farbstoff kann entweder durch eine Nachbehandlung mit Schwefelnatrium oder wenn mit Thioharnstoff geklotzt wurde, durch Dämpfen *fixiert* werden. Zur Entfaltung der maximalen Echtheiten werden die Färbungen nachgeseift. Durch die Entwicklung tritt eine *Kondensation der Farbstoffmoleküle* (Vernetzung) ein, jedoch keine Reaktion mit der Zellulose.

Die Farbstoffe werden durch Übergießen mit der 10fachen Menge 80 °C warmen Wassers gelöst. Die beste *Lösung* wird durch vorheriges Vermischen des Farbstoffs mit 50—100 g/l Harnstoff ermöglicht. Die Arbeitsweisen können semi- oder kontinuierlich sein und unterscheiden sich durch die Art der Fixierung.

Fixierung mit Schwefelnatrium. Beim kontinuierlichen *Zweibad-Klotz-Luftgang-Verfahren* wird die Stückware bei 20—80 °C mit dem mit Harnstoff gelöstem Farbstoff und

   20 ml/l Natronlauge 38 °Bé
   100 g/l Alginatverdickung (40:1000)
   1—2 g/l Leonil N (Netzer/*Hoechst*)

geklotzt, zwischengetrocknet und anschließend mit

   20 g/l Schwefelnatrium kalz. (konz.)
   200—250 g/l Koch- oder Glaubersalz kalz.

bei 20—30 °C überklotzt und durch einen mindestens 30 sec. dauernden Luftgang entwickelt. Anschließend wird gründlich gespült und 30 min. kochend mit

   1 g/l eines nichtionogenen Waschmittel
   2 g/l Soda kalz.

geseift und klar gespült. Bei Klotzungen bis 3 g/l Farbstoff kann ohne Zwischentrocknung, jedoch mit 30—40 g/l Na_2S entwickelt werden. Beim *Zweibad-Klotz-Kaltverweil-Verfahren* wird wie beschrieben foulardiert und im Chemikalienklotz mit der halben Na_2S-Menge und gleichem Salzzusatz gearbeitet und bei 20—30 °C 15—20 min. auf der Docke verweilt und wie beschrieben fertiggestellt. Beim *Klotz-Jigger-Verfahren* wird analog dem Kaltverweil-Verfahren foulardiert und unter gleichen Bedingungen wie bei diesem Verfahren auf dem Jigger entwickelt und fertiggestellt.

Fixierung durch Dämpfen: Bei diesem Verfahren ist der Zusatz von *Thioharnstoff* im Klotzbad und eine nachträgliche Hitzebehandlung durch Dämpfen oder Kondensieren notwendig. Die mit 50 g/l Harnstoff gelösten Farbstoffe werden bei 20—30 °C mit

    20—100 g/l Thioharnstoff
    30 g/l Soda kalz. oder Natriumbikarbonat
    100 g/l Alginatverdickung (40:1000)
    1—2 g/l Leonil N/*Hoechst*

foulardiert, zwischengetrocknet und beim *Einbad-Klotz-Dämpf-Verfahren* 1 bis 2 min. bei 100—105 °C gedämpft und beim *Einbad-Thermofixier-Verfahren* 1 min. bei 180 °C nach der Zwischentrocknung fixiert. Die Nachbehandlung erfolgt für beide Verfahren in gleicher Weise durch Spülen und Seifen. Die Färbungen können durch eine reduktive Behandlung, der evtl. eine Peroxydbleiche folgt, ausreichend abgezogen werden.

Die Inthionfärbungen können wegen ihrer sehr guten Echtheiten (Tab. 28) als W-, V- und A-Artikel mit dem *INDANTHREN-Warenzeichen* ausgezeichnet werden.

Tabelle 28. *Echtheiten einer Färbung mit Inthionbrillantblau I5G/Hoechst*

Licht- $1/3, 1/6, 1/12, 1/25$	$1/3$ Wasser-	$1/3$ Meerwasser-	$1/3$ Wasch- c)	$1/3$ Schweiß-	$1/3$ Bügel-	$1/3$ Alkali-	$1/3$ Sodakoch-	$1/3$ Peroxydbleich-	$1/3$ Hypochloritbleich-	$1/3$ Natriumchloritbleich-	$1/3$ Merzerisier-
5—6	5	4—5	4—5	4—5	5	5	4—5	1	4 G	3—4	5
5—6	5	5	5	5			5	4	5	5	5
6	5	5		5							
6—7											

9. Pigment-Farbstoffe

Die auf dem Markt befindlichen Pasten- oder Teigpigmente enthalten hauptsächlich *organische*, weniger *anorganische Pigmente* besonderer Feinmahlung und entsprechende *Kunstharzvorkondensate* bzw. Verdickungsmittel. Die Applikation kann mit diesen Farbstoffen jedoch nur durch Foulardieren und anschließendes Fixieren durch *Kondensieren* oder *Dämpfen* erfolgen. Für das Ausziehverfahren sind die Farbstoffe ungeeignet. Die als Bindemittel im Farbstoff enthaltenen Vorkondensate reichen nur in Ausnahmefällen, so z. B. beim Färben von mittleren Tönen, zur Bindung der Pigmente an die Faser aus. Man muß deshalb den Foulardierflotten noch zusätzliche Vorkondensate (Binder) zusetzen. Daneben ist zur ausreichenden Kondensation die Zugabe von *Härtern*, die fälschlich als Katalysatoren bezeichnet werden, wie auch bei der Hochveredlung, notwendig.

Pigmentfärbungen sind aus mehreren Gründen in der Färberei nicht besonders verbreitet. So ist auch bei Verwendung von Weichmachern eine gewisse *Versteifung des Gewebes*, vor allem bei mittleren und tiefen Tönen, nicht zu vermeiden. Da die Farbstoffe nur an die Faser geklebt werden, ist deren Reibechtheit, man hat dafür eine besondere *Waschreibprobe* ausgearbeitet, besonders bei dunklen Tönen nicht immer ausreichend. Die *Farbstoffmigration beim Trocknen* führt sehr oft zu Unegalitäten, die nachträglich nicht ausgeglichen werden können. Die Nachteile werden teilweise dadurch ausgeglichen, daß die fixierten Farbstoffe keine weitere Naßbehandlung benötigen, die endgültige Nuance nach dem Trocknen sofort sichtbar ist und mit der Foulardierung auch eine Reihe von Appreturen wie Weichmacher, Steifungs-, Hydrophobierungs- und Hochveredlungsmittel aufgebracht werden können. Die Produkte konnten sich vornehmlich wegen ihrer schnellen Entwicklung durch Kondensation oder Dämpfen ein weites Anwendungsgebiet im Textildruck erobern. In der Färberei werden sie aus den oben angegebenen Nachteilen hauptsächlich zum Färben von hellen Tönen verwendet. Sie können allerdings zum Färben von allen Textilflächengebilden verwendet werden.

Die Farbstoffe kommen hauptsächlich als *Öl-in-Wasser-*, seltener als *Wasser-in-Öl-Emulsionen* u. a. als

Acramin–	*Bayer*	Imperon–	*Hoechst*
Aridye–	*Interchemical*	Impralac–	*Francolor*
Bedafin–	*ICI*	Mikrofix–Farbstoffe	*CIBA*
Helizarin–Farbstoffe	*BASF*		

in den Handel.

Zum **Foulardieren** werden die Farbstoffpasten durch Zugabe von Wasser, am besten mit einem Schnellrührer verdünnt und die entsprechende Bindermenge und nach dem Abkühlen der heiß vorgelöste Härter (Katalysator), zugerührt. Zur Eindämmung der Farbstoffmigration während des Trocknens empfiehlt sich die Mitverwendung von 50 g/l einer Tragant- oder Alginat-Verdickung (50:1000). Die *unbedingt breit vorbehandelte, gut saugfähige Stückware* wird bei Raumtemperatur mit möglichst niedriger Restfeuchtigkeit foulardiert und sofort getrocknet. Die nur geklotzte Ware ist sehr empfindlich gegen Wassertropfen, Druckstellen und soll möglichst ohne stärkere Berührung durch Leitwalzen in der Hotflue oder anderen Trocknern bei 60—90 °C getrocknet werden. Die feuchte Ware ist im Trockner auf den ersten Metern möglichst wenig dem Heißluftstrom auszusetzen um ein *Verblasen* des Farbstoffes bei höherer Restfeuchtigkeit zu vermeiden, was zu Flecken führt. Durch die Einführung besonderer Thermosol-Trockner (S. 125), die einen Infrarot-Kanal besitzen, wird die Trocknung von Pigmentklotzungen erleichtert. Die getrocknete Ware soll, um Fehler durch Wassertropfen zu vermeiden, möglichst umgehend kondensiert werden. Pigmentfarbstoffe sind nicht substantiv, es ist deshalb eine Nachsatzverstärkung der Klotzbäder nicht notwendig.

Stellvertretend für alle Färbeverfahren soll hier die Arbeitsweise mit *Mikrofix-Farbstoffen der CIBA* näher beschrieben werden. Die Pastenfarbstoffe werden mit der 10fachen Wassermenge kalt angerührt, der mit der 2—5fachen Kaltwassermenge verdünnte Mikrofixbinder und die entsprechende Menge Diammoniumphosphat als Härter, nach heißer Lösung, abgekühlt unter ständigem Rühren zugesetzt. Die Klotzlösung enthält dann außer dem Farbstoff

20—100 g/l Mikrofix-Binder 59
5 g/l Diammoniumphosphat.

Die Bindermenge ist bei hellen Tönen niedriger als bei mittleren und hohen Farbstoffmengen. Nach dem Trocknen wird die ausgekühlte Ware 2—3 min. bei 150 °C kondensiert. Die Steifheit der Ware kann durch Kalandern oder Brechen gemildert werden.

Die Färbungen zeichnen sich auch in den hellsten Färbungen durch *hervorragende Echtheiten* aus, sind jedoch nicht mit besonderen Echtheits-Warenzeichen auszeichenbar. Die Ätzbarkeit ist, je nach verwendetem Pigment, unterschiedlich, es lassen sich jedoch eine große Anzahl Pigmentfärbungen weiß ätzen. Als Echtheitsbeispiel dient Tab. 29. Weiß ätzbare Pigmentfärbungen werden in einer blinden Küpe, evtl. unter Zusatz von 2 g/l Anthrachinon, heiß *abezogen*. Bei den nicht ätzbaren Färbungen ist es schwierig, eine ausreichende Aufhellung zu erhalten. Wenn die Gewebe wieder aufgefärbt werden sollen, muß durch eine Behandlung mit

    2 ml/l Salzsäure 20 °Bé
    1 g/l   eines nichtionogenen Waschmittels

das Kunstharz und der Binder bei 60 °C während 20—30 min. abgelöst werden, wenn eine egale Nachfärbung erreicht werden soll.

Zur Herstellung von Pastelltönen werden die Pigmentfarbstoffe für Hemden-, Blusen-, Markisett-, Kleider- und Dekorationsstoffe, Bänder und Non-wovenfabrics eingesetzt und meist gleichzeitig eine Appetur aufgebracht.

Tabelle 29. *Echtheiten von Färbungen mit Mikrofixrot RN Teig/CIBA*

Licht-(Fadeometer) $1/25$, $1/50$	$1/25$ Wasch- c)	$1/25$ Reib- naß	$1/25$ Hypochloritbleich-	$1/25$ Trockenreinigung-
6 6—7	4—5	4	4	4—5

10. Oxydations-Farbstoffe

Diese Farbstoffe ermöglichen die billigste Herstellung von hochechten Schwarztönen auf Baumwolle. Trotzdem kommen die Verfahren in der Färberei nur ausnahmsweise vor, da die Applikation gewisse Schwierigkeiten bietet, vor allem aber die Möglichkeit der Faserschädigung sehr groß ist. In der Druckerei werden die Verfahren zur Herstellung von **Anilinschwarz** häufig verwendet, da die Klotzungen durch eine *Vordruckreserve* (Ätzreserve) weiß und auch bunt mit anderen Farbstoffen ätzbar sind.

Die Erzeugung von Schwarztönen in der Färberei wird heute nur noch kontinuierlich vorgenommen. Man unterscheidet dabei das

                Oxydations- und
                Dampfschwarz.

Beide Schwarztöne haben die unangenehme Eigenschaft, daß sie bei längerem Tragen (Schweiß) „Vergrünen", d. h. ihre Auf- und Übersicht nach Grün verändern. Durch besondere Klotzlösungen kann jedoch ein *unvergrünliches Anilinschwarz* erreicht werden. Folgende Arbeitsweise führt zum unvergrünlichen **Oxydationsschwarz:**

Die breit und gut saugfähige vorbehandelte Stückware wird mit folgenden Lösungen, die kurz vor dem Klotzen im Verhältnis $8:1 = A:B$ zusammengegossen werden, kalt foulardiert:

Lösung A: 4500 g Anilinsalz (salzsaures Anilin)
            1350 g Toluidin
              700 g Essigsäure 50%ig
            1850 g Natriumchlorat werden in
              55 l Wasser gelöst.
Lösung B: 1850 g salpetersaures Eisen 40 °Bé werden mit
               6 l Wasser verdünnt und
            2700 g Kupfersulfatlösung von 200 g/l vereinigt.

Die foulardierte Stückware wird auf der Hotflue bei 60—70 °C getrocknet und in Oxydationskammern während 12—24 Std. bei 30—40 °C und 50% relativer Luftfeuchtigkeit bis zum dunkelgrünen Farbton oxydiert. Zur vollständigen Oxydation wird anschließend im möglichst kurzem Flottenverhältnis (Foulard) bei 50—60 °C mit

    5 g/l   Kaliumbichromat
    1 ml/l Schwefelsäure 66 °Bé

behandelt, gründlich gespült, mit 4 g/l Soda kalz. neutralisiert, zwischengespült und kochend sodaalkalisch geseift. Zur Faserschonung sind Zusätze von 30 g/l Kollamin A *(Fesago)* oder Collaprint *(Quehl)* im Klotzbad ratsam. Das so hergestellte Schwarz wird auch als Hänge-, Kupfer- oder Diamantschwarz bezeichnet und benötigt eine genaue Überwachung des Oxydationsvorgangs, der außerdem recht langwierig ist. Neben der oben angegebenen Arbeitsweise sind noch eine ganze Reihe von anderen Arbeitsvorschriften bekannt, die jedoch heute nur mehr untergeordnete Bedeutung haben.

Die Herstellung von **Dampf-Anilinschwarz** ist kürzer und wird heute mehr eingesetzt als das Oxydationsschwarz. Die Rohware wird dabei mit

    65—75 g/l   Anilinsalz oder
    60—70 g/l   Anilinöl
    55—60 ml/l Salzsäure 20 °Bé
    25 ml/l Essigsäure 50% ig
    50—60 g/l   Ferrocyankalium Plv. (gelbes Blutlaugensalz)
    25—30 g/l   Natriumchlorat
    20—40 g/l   1:1 Gummi-, Leim- oder Dextrin-Verdickung
    30—35 g/l   Kollamin A/Fesago

kalt geklotzt, auf der Hotflue bei 40 °C bis resedagrün getrocknet und im Kontinue-Dämpfer (Mather-Platt) 2—3 min. gedämpft und anschließend auf dem Jigger mit

    5 g/l Kaliumbichromat
    3 g/l Soda kalz.

bei 50 °C zum Schwarz oxydiert und wie das Oxydationsschwarz nachbehandelt. Das so hergestellte Schwarz ist auch als Prud'homme-, Prussiat- und Ferrocyan-Schwarz bekannt.

Das **Diphenyl-Schwarz** hat den Vorteil, daß es unvergrünlich und eine besondere Oxydation nicht notwendig ist. Als Klotzlösung werden folgende 2 Lösungen, die zu gleichen Teilen kurz vor dem Klotzen gemischt wurden, verwendet:

Lösung I :   400 g Diphenylschwarzbase = p-Amidodiphenylamin
            500 g Milchsäure 50% ig
          1100 g Essigsäure werden warm gelöst in
           600 g Tragantwasser = Tragant 60:1000 wird 1:10 verdünnt eingerührt und mit Wasser auf 5 l eingestellt.

Lösung II: 250 g   Aluminiumchlorid 30 °Bé
           250 g   Chromchlorid 30 °Bé
            40 g   Kupferchlorid 40 °Bé werden in
         3460 ml Wasser verrührt,
          300 g   Natriumchlorat in
         600 ml Wasser heiß gelöst und
          100 g   Terpentinöl zugefügt, alles in die Metallsalzlösung eingegossen und auf 5 l aufgefüllt.

Die geklotzte Ware wird auf der Hotflue getrocknet, 2—3 min. im Kontinue-Dämpfer gedämpft und ohne weitere Oxydation gespült und geseift. Das Tragantwasser ist zur Stabilisierung der Schwarzbase unbedingt notwendig.

Die Umständlichkeit und Fehlermöglichkeiten haben die Farbstoffhersteller veranlaßt *Oxydationsschwarzvorprodukte* herzustellen, welche die Anilinschwarzfärbung erleichtern. Dazu gehören wasserlösliche Diphenylaminderivate wie z. B. das **Aminosolschwarz A**/*Bayer*, das hauptsächlich in der Druckerei z. B. für Konturenschwarz, aber auch zum kontinuierlichen Färben verwendet wird. Die Applikation und Entwicklung gleicht dem vorher geschildertem Diphenylschwarz. Als Klotzlösung werden

        80 g   Aminosolschwarz A in
690—730 ml   Wasser gelöst und
        10 ml   Ammoniak 20%ig
     100 g   Tragant-Verdickung 60:1000
      20 g   Ammonoxalat krist. + 40 g Natriumchlorat oder
     100 g   Ammoniumchlorat 13 °Bé und
      20 g   Ammonvanadat 1:100

verwendet und wie beim Diphenyl-Schwarz angegeben, entwickelt.

Die Anilinschwarzfärbungen können wegen Ihrer hohen Echtheiten mit dem *INDANTHREN-Warenzeichen* ausgezeichnet werden. Als Beispiel dient die Tab. 30.

Anilinschwarzfärbungen werden, abgesehen von Druckfonds, für Arbeitskleidung, Futterstoffe usw. verwendet. Ein Abziehen der Färbungen ist äußerst schwierig, meist werden durch reduktive Behandlungen nur Farbtonveränderungen erreicht.

Tabelle 30.
Echtheiten einer Färbung mit Aminosolschwarz A/Bayer

Licht-	Wasch- c)	Wasser-	Schweiß-	Reib- naß	Bügel-	Lösungsmittel	Sodakoch-	Hypochloritbleich-	Peroxydbleich-
7	4—5	5	5	3	5	5	5	2	4—5
	5	5	5				3—4		3
	5	5	5						

11. Türkischrot

Die Erzeugung von *Türkisch-* oder *Alizarinrot* auf Baumwolle hat heute seine Bedeutung vollkommen verloren, da es eine Vielzahl von Arbeiten erfordert, die zu langwierig sind und die Farbtöne in weit kürzerer Zeit und mit gleich hohen Echtheiten mit anderen Farbstoffklassen — vor allem durch unlösliche Azokörper — hergestellt werden können.

Das Alizarinrot kann nur durch eine Vorbeize auf der Baumwolle erzeugt werden. Auch die abgekürzten Verfahren verlangen eine tagelange, die älteren, wochenlange Behandlung um den gewünschten Rotton zu erhalten. Das *Altrot* benötigt mindestens 10 besondere Behandlungen, die *Neurot-Verfahren* nur 5, die jedoch ebenfalls mehrere Tage notwendig machen. Beim Färben wird die gebeuchte Baumwolle mit Tournant-, Oliven- oder Türkischrotöl geölt, mit Aluminiumsalzen (Sulfate, Azetate) gebeizt und mit 10% Alizarinrot 20%ig Teig gefärbt, die Färbung fixiert oder gedämpft und aviviert. Durch das Avivieren läßt sich der Rotton durch Zusatz von Zinnsalzen nach Blau verändern.

12. Mineralfarbstoffe

Auch diese Farbstoffe haben ihre Bedeutung verloren. Lediglich das *Mineralkhaki* wird im Orient noch in einigen Fällen gefärbt. Im Prinzip werden dabei *Eisen-* und *Chromhydroxyde* oder *-oxyde* in die Faser eingelagert. Die Färbungen haben sehr hohe Echtheiten und die Ware erhält zusätzlich eine gewisse Steifappretur, die ebenfalls waschfest ist.

Das Färben mit *Farbhölzern*, anderen Mineral- oder Beizenfarbstoffen haben keine Bedeutung mehr.

13. Basische Farbstoffe

Diese Farbstoffe haben trotz ihrer Brillanz und Ausgiebigkeit zum Färben von Baumwolle und andere Zellulosefasern wegen ihrer schlechten Licht- und nur mittleren, anderen Echtheiten (Tab. 31) keine große Bedeutung. Außerdem können sie nur nach einer *Vorbeize* der Baumwolle in ausreichender Farbtiefe gefärbt werden. Die meist vorgebleichte Ware wird mit 1—6% *Tannin* 30 min. bei 60—70 °C behandelt und in erkaltender Flotte weitere 2—4 Std. bewegt oder eingelegt. Anschließend wird durch Schleudern oder Abquetschen entwässert und ohne Zwischenspülen 20 bis 30 min. mit 1—3% *Brechweinstein* (Kaliumantimonyltartrat) der Gerbstoff kalt auf der Faser fixiert. Die Tanninbäder werden meist nur zur Hälfte ausgezogen und können als stehende Bäder nach Aufbessern wiederverwendet werden. Die früher üblichen Sumache-, Galläpfel- u. a. -Beizmittel haben heute, wie auch die Ölbeize mit Türkischrotöl, ihre Bedeutung verloren. Die umständliche, zweibadige Vorbeize kann durch Verwendung *geschwefelter Phenole* ersetzt werden. Man behandelt die Baumwolle bei 70 °C beginnend im erkaltenden Bad mit 3—6% dieser Produkte, 0,6—0,8% Soda kalz. und 15—40% Koch- oder Glaubersalz kalz. während 1—1½ Std. und spült gründlich nach. Zu diesen Produkten gehören u. a.:

Tabelle 31. *Echtheiten einer Färbung mit Methylviolett Bextra/BASF*

Licht-$^{2/1, 1/1, 1/3}$	Wasch- a)	Wasser-	Reib-	Bügel- trocken	Schweiß-	Alkali-
1						
1	4—5	4—5	2—3	3—4	4	3—4
1						

Katanol ON	*Cassella*	Thiotan MS	*Sandoz*
Taninol BMN	*ICI*	Trifol A	*Vondelingenplaat*
Tannotex S	*CIBA*		

Zum *Färben* werden die Farbstoffe vorher im weichen Wasser, dem man etwas von der im Färbebad notwendigen Menge Essigsäure zugefügt hat, durch Übergießen mit heißem Wasser gelöst, dem Färbebad, das 2—5% Essigsäure 60%ig enthält, zugesetzt, bei 40 °C beginnend und steigender Temperatur innerhalb einer Stunde bis 70 °C ausgefärbt. Anschließend wird gründlich gespült. Durch Vorlaufen der Ware im essigsauren, kalten Bad ohne Farbstoff werden bessere Egalitäten erreicht.

Die meisten basischen Färbungen lassen sich nur durch eine Hypochlorit- oder Chloritbleiche *abziehen*. Reduktionsmittel haben nur geringe Wirkung. Vereinzelt werden basische Farbstoffe noch ohne Vorbeize zum Schönen von Schwefelfärbungen verwendet. Neuerdings haben sie jedoch zum Färben von Polyacrylfasern eine weite Verbreitung gefunden. Für Zellulosefasern werden sie nur für kurzlebige Textilien und wenig dem Licht ausgesetzte Dekorationsstoffe verwendet.

V. Stengel-, Blatt- und Fruchtfasern

Zu den Stengel- oder Bastfasern gehören
   Flachs (Leinen)
   Hanf
   Ramie
   Jute
   verschiedene Flechtbaste

A. Flachs (Leinen)

Diese Faser, die in textilem Zustand als Leinen bezeichnet wird, ist die wichtigste Stengelfaser. Der Flachs wird hauptsächlich in Europa (Rußland, Irland, Belgien, Polen) als Faserflachs kultiviert und vor der Samenreife ausgerauft um eine Faserverkürzung durch Mähen zu verhindern. Um die unter der Ober- und Rindenschicht sitzenden Faserbündel zu gewinnen, wird der Flachs nach dem Trocknen durch *Rösten, Brechen, Schwingen* und *Hecheln* von den verholzten Stengelteilen getrennt. Die im abfallenden *Werg* vorhandenen Faseranteile werden zu Werggarn verarbeitet, welches stärker verholzte Anteile enthält und unversponnen auch als Dichtungsmaterial verwendet wird. Werg und andere faserhaltige Abfälle können durch eine alkalische Druckkochung (Cottonisieren) in Einzelfasern zerlegt als Flockenbast, mit Baumwolle oder Zellwolle versponnen, ebenfalls zu textilen Zwecken eingesetzt werden. Garne für gute Leinentextilien werden aus *Langfaserflachs* hergestellt, deren feinere Nummern im Naßspinnverfahren gewonnen werden. Aus 100 kg Flachsstroh erhält man etwa 12 kg verspinnbares Material.

Physikalische Eigenschaften: Das Leinen ist ein mehrzelliges Gebilde, bei dem die Einzelzellulosezellen durch Pektinklebstoffe zusammengehalten werden. Die unbehandelten Fasern bestehen aus:

   65 —89 % Zellulose
   1 — 5 % Lignin
   15 —25 % Pektin-Kittsubstanz
   0,5— 1,3% anorgan. Bestandteile (CaO)
   12 % Feuchtigkeitszuschlag (Reprise)

Die Faserbündel des Langfaserflachses haben eine Länge von 50—90 cm. Die Einzelfasern einen Querschnitt von 14—26 μ. Die Trockenreißfestigkeit beträgt 40—80 Rkm und ist doppelt so groß als die der Baumwolle. Die Naßreißfestigkeit beträgt 102—106% der Trockenreißfestigkeit. Die Bruchdehnung ist mit 3—7% niedrig. Das spez. Gewicht gleicht dem der Baumwolle.

Chemisches Verhalten: Leinen verhält sich als Zellulosefaser ähnlich wie Baumwolle. Da jedoch die Pektine alkalilöslich sind, müssen ätzalkalische Behandlungen, vor allem unter Druck (Beuche) vermieden und durch eine Sodakochung ersetzt werden. Die Faserquellung ist mit 2% in beiden Richtungen gering, eine ausreichende Durchfärbung ist jedoch wegen der Faserhärte schwierig. Durch Trockentemperaturen über 80 °C wird die Faser hart und büßt an Reißfestigkeit ein.

Die hohe Naß- und Trockenreißfestigkeit macht Leinen zur strapazierfähigsten Textilfaser, die zur Herstellung von Tisch-, Bett- und Küchenwäsche, Oberbekleidung, Zelt- und Wagenplanen, Nähzwirne und das Werggarn auch für Verpackungszwecke (Sackleinen) verwendet wird. Als Oberbekleidung schätzt der Verbraucher vor allem die „kühlende" Wirkung der Faser. Leinenputztücher zeigen den Vorteil, daß sie nicht „fusseln". Leinen ist teurer als Baumwolle, rechtfertigt den höheren Preis jedoch durch seine Strapazierfähigkeit und lange Lebensdauer.

1. Leinenbleiche

Rohleinen enthält neben den Naturfarbstoffen der Pektine, die durch eine Bleiche zerstört werden können, große Mengen von gefärbten Verunreinigungen, die möglichst vollständig entfernt werden müssen. Eine einfache Bleiche reicht, auch bei Einsatz hoher Bleichmittelzusätze dazu jedoch nicht aus, und es müssen deshalb mehrere Bleichprozesse kombiniert werden. Die früher übliche *Rasenbleiche*, die nach einer oder mehreren Sodakochungen und chemischen Bleichen vorgenommen wurde, ist wegen der Länge der Bleichzeit heute nicht mehr üblich. Wegen der Langwierigkeit, der Bleiche, die zu einem Vollweiß führt, wird Leinen auch in $1/4$-Weiß (Cremieren), $1/2$-, $5/8$, $3/4$-Weiß gebleicht. Dabei werden Teilbleichen meist im Garn und die Vollbleiche im Stück vorgenommen. Auch werden Leinengewebe aus Roh- oder teilgebleichten Garnen hergestellt, die erst in der Gebrauchswäsche im Haushalt voll ausgebleicht werden.

Leinen wird hauptsächlich als Stranggarn gebleicht, wenn auch in letzter Zeit die Behandlung von *Kreuzspulen* auf besonderen *Teleskop-Hülsen* (Abb. 43, S. 68) und Stückwaren häufiger geworden ist. Man arbeitet bei Stranggarnen hauptsächlich im Packsystem und muß Bleichverluste von 10—25% berücksichtigen, die bei einer Gewebebleiche meist zur Qualitätsminderung Anlaß geben. Nach dem klassischen Verfahren wird in entsprechend wiederholten Rundgängen eine Teil- oder Vollbleiche erreicht. Ein **Rundgang** besteht aus der

a) *Sodakochung* mit 8 g/l Soda kalz.
   1 g/l Ätznatron während 2—3 Std. anschließend wird heiß und kalt gespült.
b) *Hypochloritbleiche* mit 3—5 g/l akt. Chlor aus Natriumhypochlorit,
   1—2 g/l Soda kalz. während 1—2 Std. bei 20—25 °C und kaltem Spülen.
c) *Entchloren* mit 1,5—2,5 g/l Natriumbisulfit Pulver während 30—40 min. bei 70 °C, anschließend wird warm und kalt gespült.

Dieser Rundgang wird, meist unter Reduktion der eingesetzten Chemikalienmengen (bei der alkalischen Kochung ohne Ätznatron) bis zum gewünschtem Weiß wiederholt. Nach dieser Arbeitsweise — der Rundgang dauert etwa 8 Std. — kann in 5 Tagen ein Vollweiß auf holzfreiem Langflachs erreicht werden. Für ein Vollweiß auf Halbleinengeweben wird das Leinengarn in 2 Rundgängen vor- und als Gewebe mit den für Baumwolle üblichen Bleichverfahren fertiggebleicht.

Durch Erweiterung eines Rundganges läßt sich ein Vollweiß in 8 Std. erreichen. Dabei wird die a) Sodakochung und die b) Hypochloritbleiche wie vorstehend vorgenommen und wie folgt weitergearbeitet:

c) *Entchloren und Sodabrühen*: es wird bei 70 °C während 35 min. mit 4 g/l Soda, 1 g/l Natriumbisulfit-Pulver gearbeitet und heiß und kalt gespült.
d) *Absäuern*: während 10 min. mit 1 ml/l Schwefelsäure 66 °Bé, nachgespült oder direkt in die
e) *Chloritbleiche* eingegangen und mit

        2,5 g/l Natriumchlorit
        1   g/l eines Netzmittels
        1   g/l eines Chloritstabilisators
        0,3 ml/l Ameisensäure 85% ig

bei pH 3,5 in 30 min. auf 90 °C erhitzt und 1 Std. bei dieser Temperatur gebleicht. Durch eine

f) *Peroxydbleiche* wird nach gründlichem Spülen der Weißgrad stark verbessert. Man bleicht während 3 Std. bei 85 °C mit

    2—4 ml/l Wasserstoffperoxyd 35% ig
    2—3 ml/l Wasserglas 38 °Bé oder einem anderen Stabilisator
    2 g/l Soda. Anschließend wird gründlich gespült.

Das Peroxydbad wird nicht erschöpft und kann durch Nachsatz von 6 g/l Soda als Sodakochbad wieder verwendet werden. An Stelle der oben beschriebenen Bleichkombination kann die Chlorit- oder Peroxydbleiche auch 2mal vorgenommen werden.

Zum Bleichen von *Leinengeweben* wird folgende Behandlung verwendet, die in kurzer Zeit ein Vollweiß ergibt. Dabei werden die Stücke diskontinuierlich nach dem Packsystem gebleicht.

a) *Kalkkochung*: Die Stückware wird auf dem Clapot oder einer anderen Imprägniermaschine mit Kalkbrühe aus gebranntem Kalk mit 8% CaO unter Berücksichtigung des Abquetscheffekts geklotzt. Im Packapparat (Beuchkessel) bei 0,1 bis 0,2 atü 4 Std. behandelt und auf Clapots kalt gespült und mit 4 ml/l Salzsäure 20 °Bé abgesäuert und nachgespült.
b) *Sodakochung*: es wird mit 5% Soda 3 Std. ohne Druck gekocht und heiß und kalt nachgespült. Die
c) *Hypochloritbleiche* gleicht der des Rundganges. Nach gutem Spülen wird wie beim abgekürztem Rundgang eine
d) *Chloritbleiche* und
e) *Peroxydbleiche* angeschlossen.

Nach kontinuierlichen Verfahren, wie sie für Baumwollgewebe üblich sind werden hauptsächlich Halbleinengewebe gebleicht, und die verwebten, vorgebleichten Leinengarne im Stück fertiggebleicht.

Zum Bleichen von **stark verholztem Leinen- oder Werggarn** wird an Stelle der alkalischen Hypochloritbleiche eine *saure Chlorierung* (pH 4—4,5) zur Entfernung der verholzten *Scheben* eingesetzt (I. G. Korte-Verfahren). Dabei werden dem Apparat entweder aus 2 Ansatzbehältern je nach Garnstärke (stärkere Garne höhere, schwächere Garne niedrigere Mengen) 3—7% wirksames Chlor aus Hypochloritlösung und 9—12% Salzsäure 20 °Bé zugeleitet. Als Korrosionsschutz ist der Zusatz von 2 g/l Natriumnitrat ratsam. Der Chemikalienzusatz soll in 3—5 min. erfolgen und anschließend 1—2 Std. kalt gebleicht. Wird *Chlorgas* verwendet gelten die gleichen Bedingungen, das Chlorgas wird dabei über einen „Chlorbogen" der Zirkulationsleitung mit 1 kg/min. dem salzsauren Bad zugeführt. Bei beiden Arbeitsweisen werden beträchtliche Mengen Chlorgas frei, die, wenn nicht in geschlossenen Apparaten bzw. die Abgase nicht in einem Steinzeugturm mit Natronlauge als Natriumhypochlorit niedergeschlagen werden, zu Geruchsbelästigung und gesundheitlichen Schäden führen. Durch die saure Chlorierung werden die verholzten Teile chloriert und durch eine nachfolgende Alkalibehandlung weitgehend abgelöst.

Die *Vorteile der Natriumchloritbleiche* haben zum verstärkten Einsatz dieser Chemikalie, wie bereits aus vorstehenden Beschreibungen ersichtlich ist, geführt. Neuerdings wird zum Bleichen von Bastfasern und auch Baumwolle das Bleichen mit *Chlordioxydgas*, das aus Natriumchlorat und Salzsäure in einer besonderen Apparatur *(Krantz)* erzeugt wird, eingesetzt. Dabei wird das in der Apparatur entstehende ClO_2- und Cl-Gas in wässeriger Lösung der Bleichapparatur zugeleitet und dort bei pH 5—6 (eingestellt durch Soda oder Natriumbikarbonat) mit 3—4 g/l ClO_2 bei alkalisch vorbehandeltem und 4—5 g/l bei unbehandeltem Rohgarn bei 70 °C gebleicht. Von der *Degussa* ist als *LOK-Verfahren* (Leinenbleiche ohne Kochen) eine Arbeitsweise bekannt geworden, bei der ohne alkalische Vorkochung Leinen mit einer Kombinationsbleiche mit Natriumchlorit und Peroxyd gebleicht werden kann.

Für die **Breitbleiche von Leinengeweben** können entsprechende Pad-Roll-Anlagen (S. 167) verwendet, bzw. die mit Konzentraten imprägnierten Gewebe kalt über Nacht bzw. 24 Std. abgelegt werden. Es empfiehlt sich die Chemikalienzusätze von Baumwolle (S. 172) um $1/3$ bis $1/2$ Menge zu erhöhen. Zum Brühen auf der Pad-Roll-Anlage wird mit 30 g/l Soda kalz. und 1 g/l Ätznatron imprägniert. Bei der Verwendung der Pad-Roll-Anlage wird dabei auf 90% Restfeuchtigkeit abgequetscht und 2—3 Std. bei 95 °C thermoverweilt.

Abb. 189. Gütezeichen des *Verbandes der Leinenindustrie in Deutschland* für Reinleinen- und Halbleinen-Erzeugnisse

Vom *Gesamtverband der Leinenindustrie*, Bielefeld, wurde zum Schutz der Verbraucher ein Gütezeichen für *Reinleinen* und *Halbleinen* (Abb. 189) eingeführt, mit welchen als Reinleinen nur solche Textilien bezeichnet werden dürfen, die höchstens 15% andere Fasern als Effekte in der Webkante oder als Einwebungen enthalten dürfen. Als Halbleinen dürfen nur Textilien bezeichnet werden, die mindestens 38% Leinen in Kett- oder Schußrichtung und der weitere Anteil aus Baumwollgarn bestehen muß. Dabei dürfen als Effekte höchstens noch 15% andere Fasern enthalten sein.

2. Färben von Leinen

Es können im Prinzip alle für Baumwolle üblichen Verfahren verwendet werden. Dabei ist jedoch zu berücksichtigen, daß Leinen als teurer Rohstoff und die daraus gefertigten Textilien in der Hauptsache als *Kochwaschartikel* verwendet werden und deshalb in der Regel Färbungen mit höchsten Echtheiten eingesetzt werden. Ferner ist Leinen gegen Ätznatron, vor allem bei höheren Temperaturen, empfindlich und ein Trocknen über 80 °C führt zum Hartwerden der Faser.

Die natürliche Härte der Faser erschwert das Durchfärben der Leinengarne, vor allem aber ist es schwierig *Fadenverkreuzungsstellen* bei Färbungen von Kreuzspulen einwandfrei durchzufärben. In vielen Fällen wird auch eine Durchfärbung der Garne, vor allem wenn es sich um billigere Werggarne handelt, aus Farbstoffersparnisgründen nicht gewünscht. Um jedoch eine einwandfreie Durchfärbung zu erzielen, ist der Einsatz besonderer Färbeverfahren für Wickelkörper, wie sie auch für Baumwolle üblich sind, notwendig. So wird in starkem Maß das Pigmentieren mit Küpensäuren (S. 196) und Küpenpigmenten (S. 196) bzw. das Halbpigmentierverfahren (S. 196) verwendet. Beim Pigmentierverfahren führt oft ein Arbeiten unter HT-Bedingungen zu gutem Erfolg. Für Leinenkreuzspulen hat sich in letzter Zeit die Teleskophülse (Abb. S. 68) bewährt, bzw. werden auch flexible Färbehülsen verwendet. Werden vorgebleichte Garne gefärbt, läßt sich durch Zwischentrocknen der Kreuzspulen eine bessere Durchfärbung als beim Färben der feuchten Spulen erreichen. Zum Färben von hellen Nuancen werden in starkem Maße Leukoküpenester- und für Zeltbahnen, Planen usw. Schwefelfarbstoffe verwendet. Wegen der Brillanz der Färbungen werden auch Reaktivfarbstoffe und für dunkle Töne unlösliche Azofarbstoffe verwendet. Zur guten Durchfärbung ist beim Grundieren bei 60—80 °C zu arbeiten und das Grundierungsbad mit Soda vorzuschärfen und die notwendige Natronlauge portionsweise nachzusetzen. Im allgemeinen kuppeln die Basen und Salze langsamer als bei Baumwolle. Zur Erzielung ausreichender Reibechtheiten muß unbedingt zweimal gründlich geseift und ausreichend zwischengespült werden. Für hochechte Färbungen werden auch Phthalocyanin- und Polykondensationsfarbstoffe verwendet. Allgemein ist beim Färben von Leinen zu beachten, daß zur Erzielung guter Reibechtheiten eine gründliche Vorreinigung und Bleiche vorteilhaft ist. Die Färbungen sind mit entsprechenden Farbtiefen, wie auch bei Baumwolle, von den Warenzeichenverbänden zur Auszeichnung mit dem *INDANTHREN-* und *FELISOL-Warenzeichen* zugelassen.

B. Hanf

Hanf wird für textile Zwecke (z. B. Matratzenbezüge und Planen) nur wenig verwendet und hauptsächlich zur Herstellung von Seilerwaren, Zwirne für die Schuhindustrie eingesetzt. In Ausnahmefällen werden die Garne auch nach den für Leinen üblichen Verfahren gebleicht bzw. gefärbt. Vor dem Färben können Garne mit

2—4 g/l Blankit IN/*BASF* oder anderen Reduktionsmitteln
2—3 g/l Soda kalz.

aufgehellt oder so, nach einer Hypochloritbleiche, nachbehandelt werden. Zum Färben von Wurstgarn, welches wegen des Räucherns der Würste nur mit Küpenfarbstoffen vorgenommen wird, ist nur eine Randfärbung notwendig, die außerdem große Farbstoffersparnis bringt. Hanfgarne werden in der Regel im Strang gefärbt und es kommen, da meist nur gute Lichtechtheiten verlangt werden, auch Färbungen mit Direktfarbstoffen in Betracht. Beim Färben von Kreuzspulen ist eine gute Durchfärbung der Fadenverkreuzungsstellen notwendig und deshalb die Behandlung bei Temperaturen über 100 °C zu beginnen und mit der ungenetzten Rohware oder dem vorgekochten, zwischengetrockneten Material einzugehen. Für das Pigmentieren von Leinen- und Hanfkreuzspulen kann auch die „Frawilar"-Pigmentieranlage (Abb. 67, S. 79) verwendet werden.

C. Jute

Die Hauptmenge der Jute-Stengelfaser kommt aus Ost-Pakistan und Indien und wird als Verpackungsmaterial verwendet. Eine Bleiche und Färbung kommt nur in Ausnahmefällen in Betracht. Durch eine kochende alkalische Behandlung wird die Faser braun. Jutegarne müssen zur Herstellung von Grundgeweben für die Linoleumherstellung jedoch oft gefärbt werden. Man verwendet dazu Säure-, 1:1-Metallkomplex- und basische Farbstoffe, die wegen des Gerbstoffgehaltes der Faser sehr gut auf die Faser ziehen und gute bis sehr gute Lichtechtheit — außer bei basischen Färbungen — zeigen. Für höchste Ansprüche können auch Küpenfarbstoffe verwendet werden. Beim Färben mit Säurefarbstoffen werden 0,5—3% Ameisensäure 85%ig oder Alaun, für 1:1-Metallkomplexfarbstoffen 4% Ameisensäure und die gleiche Menge eines nichtionogenen Hilfsmittels (z. B. Palatinechtsalz O Lsg./*BASF*) verwendet und basische Farbstoffe ohne jeden Zusatz oder in Hartwasser mit 1—2% Essigsäure 50%ig kalt beginnend, während 40 min. kochend und weitere 30 min. bei abgestelltem Dampf gefärbt. Für besonders brillante Töne kann Jutegarn auch mit Hypochlorit vorgebleicht, bzw. wie für Hanf üblich aufgehellt werden. Wenn jedoch nicht genügend Reduktionsmittel vorhanden ist, tritt Braunfärbung des Materials ein. Zum Bleichen ist auch eine 2malige Peroxydbleiche mit 10 ml/l H_2O_2 35%ig und 20 ml/l Wasserglas 38 °Bé jedoch ohne Alkalizusatz bei 85 °C verwendbar.

D. Ramie

Die aus Ramie (Chinagras) gewonnene Faser zeigt einen angenehmen Glanz und kommt sehr weiß in den Handel. Sie ist sehr verrottungsfest und wird vor allem für technische Artikel wie Transportbänder, Treibriemen, Feuerwehr- und andere Schläuche, Wagenplanen, Segel, Verdeckstoffe, Fischnetze usw. verwendet. Ein geringer Teil wird auch zu Tischwäsche verarbeitet. Zum Färben sind die bei Jute angegebenen Verfahren üblich.

Für Flechtarbeiten werden die verschiedensten *Baste* verwendet. So wird z. B. Raffiabast wie Jute gefärbt und durch ein Einlegen in 20—80 g/l Glycerin bzw. Chlorkalzium, oder beides, in seinem Glanz verbessert.

E. Sisal

Sisal gehört zu den *Hartfasern* und wird aus den Blättern besonderer Agaven gewonnen. Es zeigt eine weiße bis schwach gelbe Eigenfarbe und kann meist ohne besondere Vorbleiche mit den für Jute üblichen Färbeverfahren gefärbt werden. Daneben kann mit Direkt- und 1:2-Metallkomplexfarbstoffen, unter Zusatz von Ameisensäure, gefärbt werden. Wegen der großen Strapazierfähigkeit werden Sisalgarne für Läufer, Teppiche und Seilerwaren verwendet, die sich durch einen angenehmen Glanz auszeichnen.

F. Kokosfaser

Die stark verholzte *Fruchtfaser* wird von unreifen Kokosnüssen gewonnen und zur Herstellung von Läufern benutzt. Für besonders brillante Töne können die Garne wie auch Hanfgarne aufgehellt bzw. mit Hypochlorit vorgebleicht werden. Zum Färben eignen sich die für Jute angegebenen Verfahren.

VI. Regenerierte Zellulosefasern

Das Bestreben aus nativer Zellulose minderer Qualität, wie Baumwollinters, Holzzellstoff usw., Fäden und Fasern herzustellen, wurde zuerst 1884 vom Grafen de Chardonet verwirklicht, der aus Nitrozellulose die erste *Kunstseide* herstellte. Das Verfahren ist auch heute noch dasselbe, dem Seidenspinner nachgebildete „Düsenspinnverfahren", bei dem die Spinnlösung durch Düsen als endlose Fäden in einem Fällbad oder in Luft zum Erstarren gebracht wird. Nach diesem Prinzip werden heute auch alle *Chemiefasern* (man made fibers), zu denen auch die synthetischen Fasern gehören, hergestellt. Sie werden jedoch nicht mehr als „Ersatz" der teuren Seide, sondern als selbständige Fasern mit oft besseren Eigenschaften als sie die Seide aufweist, verwendet. Die mit 18% (Reyon + Zellwolle) am Gesamtfaservolumen beteiligten regenerierten Zellulosefasern beweisen, daß es sich keineswegs nur um einen Ersatz von nativen Fasern handelt.

Nach den Herstellungsverfahren unterscheidet man

Viskose-,
Cupro- (Kupfer-) und
Azetat-Fäden

Die Fäden werden endlos als *Reyon* (Filament) als Einzelfaden (monofil) oder mehrere Fäden zusammen (multifil) verarbeitet. Durch Zerschneiden oder Zerreißen der endlosen Fäden erhält man Stapelfasern (spun), die allgemein als *Zellwolle* bezeichnet werden. Die englischen Bezeichnungen werden hauptsächlich für synthetische Fasern verwendet. Heute wird als *Zellwolle* Viskose-Spinnfaser und als *Kupfer-Spinnfaser* regenerierte Fasern nach dem Cupro- und als *Azetat-Spinnfaser*, solche, die nach dem Azetatspinnverfahren hergestellt wurden, bezeichnet. Die entsprechenden Endlosfasern werden als Viskose-, Kupfer- bzw. Azetat-Reyon bezeichnet. Es hat sich jedoch der Ausdruck Reyon auch für endlose Viskosefäden allein eingeführt.

Die vom Verhalten der nativen Zellulosefasern abweichenden Eigenschaften der Azetatzellulose (Sekundärazetat), machen es notwendig, diese Fasern gesondert zu behandeln. Das gilt auch für das tertiäre Zelluloseazetat, das als Triazetat weitgehend die Eigenschaften der Synthesefasern zeigt und deshalb dort besprochen wird, obwohl es sich ebenfalls um regenerierte Zellulose handelt.

A. Viskose-Reyon und -Zellwolle

Zur Herstellung regenerierter Zellulose nach dem *Viskose-Verfahren* wird hauptsächlich Holz verwendet, das in der Zellstoffabrik zerkleinert, gebleicht und als Zellulose-Platten aufbereitet, der Viskoseherstellung zugeführt wird. Die saugfähigen Zellstoffplatten werden in Natronlauge vorgequollen, die überschüssige Lauge abgepreßt, die entstandene Natronzellulose zerfasert und nach einer Vorreife mit Schwefelkohlenstoff zum Zellulosexanthogenat gelöst. Durch eine Nachreife entsteht die „viskose" Spinnlösung, die durch Spinndüsen gepreßt, im Fällbad aus Schwefelsäure und Glaubersalz zu Fäden erstarrt. Die endlosen Fäden werden gewaschen, entschwefelt, nachgewaschen und aviviert. Der Titer (Fadenstärke), der in Denier (den) angegeben wird, hängt von der Größe der Spinndüsenöffnungen ab und ermöglicht das Ausspinnen von Fäden von 30—690 den für Reyon und 1,4—22 den für Zellwollen. Reyon wird vom Hersteller als Stranggarn, Kreuzspule und Spinnkuchen ausgeliefert. Multifiles Reyon kann eine Drehung erhalten und auch als Kettbaum oder für die Wirkerei, in Teilkettbäumen bezogen werden.

Die *Viskose-Zellwolle* kommt als Flocke oder Spinnkabel in den Handel. Sie wird in Feinheiten von 180—6920 Nm mit Schnittlängen von 30—60 mm für die Baumwoll-, 60—100 mm für die Streichgarn- und Schappe-, 100—160 mm für die Kammgarn- und 100—200 mm für die Bast- und Grobgarnspinnerei hergestellt. Die *B-Typen* sind im Titer der Baumwolle, die *W-Typen* der Wolle angepaßt und zur Herstellung entsprechender Garne allein oder für Mischung mit den entsprechenden, nativen Fasern besonders geeignet. Daneben sind für die Teppichindustrie noch *T-* und für die Bastfaserindustrie L-Zellwolltypen gebräuchlich.

Die geringe Naßreißfestigkeit und hohe Quellung der normalen Viskosefasern haben die Faserhersteller zur Erzeugung von hochnaßfestem Viskose-Reyon veranlaßt. Es handelt sich dabei um **Polynosic-Fasern** (*Poly*mère *non* synthetic oder Polymère d'un Glucose), die auch polynosische oder *Mantelfasern* genannt werden. Die Fasern erhalten in der Herstellung eine der Baumwolle ähnliche Fibrillenstruktur und sind als 100%ige Mantelfaser vollkommen homogen. Die Fasern unterscheiden sich in ihrer Anfärbbarkeit nur wenig von den normalen Viskose-Reyon. Sie sind u. a. als

Avron, Avril	*American Viscose Corp.*, New York
Corval, Vincel	*Courtoulds*, England
Duraflox	*Spinnfaser AG.*, Kassel
Enka Fiber 500	*Enka*, Holland
Faser Z 54	*Societe de la Viscose Suisse*, Emmenbrücke/Schweiz
Hipolan	*Mitshubishi Rayon KK.*, Japan
Koplon	*Snia Viscosa*, Italien
Medifil, Meryl, Zantrel	*Compagnie Industrielle de Textiles Artificiels & Synthetiques*, Paris
Tufcel	*Toyo Boseki*, Japan
Z 54	*Fabelta S. A.*, Belgien

im Handel.

B. Cupro-Reyon und -Zellwolle

Zur Herstellung dieser Fasern werden Baumwollinters oder Edelzellstoff verwendet. Der Rohstoff wird gereinigt, gebleicht und die Zellulose in Kuoxam (Kupferoxydammoniak) zur *Blaumasse* gelöst, filtriert und im *Naßstreckspinnverfahren* versponnen. Die Faser wird anschließend entkupfert, gewaschen, aviviert und als Reyon oder Zellwolle auf den Markt gebracht. Dabei sind Aufmachungen wie auch bei Viskose üblich.

Die in der normalen Produktion anfallenden Viskose-, Cupro-, Azetat- und synthetischen Fasern sind so hochglänzend, daß sie in diesem Zustand nicht verarbeitet werden können. Durch Zusatz von Weißpigmenten zur Spinnmasse, von denen das Titandioxyd die größte Bedeutung hat, lassen sich alle gewünschten *Mattierungsgrade* des Endproduktes erreichen. Die hellmatten Fasern enthalten meist 0,2, die tiefmatten Fasern 2% Weißpigment. Durch Auflagerung von Weißpigmenten oder Kunstharzen läßt sich in der Veredlung eine allerdings weniger waschechte Mattierung erreichen. Mattierte Zellulosefasern neigen durch die katalytische Wirkung des TiO_2 bei Belichtung zu schnellerem Faserabbau und die Färbungen zeigen im nassen Zustand eine schlechtere Lichtechtheit als die der nichtmattierten Fasern. Durch besondere Behandlung des TiO_2 bei der Herstellung, zeigen sich diese Nachteile nicht. Durch Zusatz von farbigen, anorganischen oder organischen Pigmenten zur Spinnmasse, lassen sich regenerierte Zellulosen und auch synthetische Fasern in der *Spinnmasse anfärben* (düsengefärbte Fasern). Meist ist eine gemeinsame Mattierung und Pigmentierung der Spinnmasse üblich. Allerdings werden vom Faserhersteller nur eine gewisse Anzahl von Standardfarbtönen hergestellt. Wenn besondere Farbtöne gewünscht werden, müssen große Fasermengen in diesen Tönen abgenommen werden. In beschränkten Umfang wurde auch versucht, die regenerierten Zellulosen durch besondere Zusätze zur Spinnmasse zu *animalisieren*, doch haben diese Fasern bisher keine Bedeutung erlangt.

Physikalische Eigenschaften: Viskose- und Cupro-Faserzellulosen haben ähnliche Eigenschaften wie die Baumwolle. Es muß berücksichtigt werden, daß wegen ihres niedrigeren Durchschnitt-Polymerisationsgrades (DP°) die Empfindlichkeit gegen mechanische und chemische Einflüsse weit größer ist als bei nativen Zellulosefasern. Das dokumentiert sich in der geringeren *Trockenreißfestigkeit* der Normalfasern (Polynosicfasern erreichen die Werte der Baumwolle), die nur in Ausnahmefällen 80%, der Werte der Baumwolle erreichen. Vor allem liegt die *Naßreißfestigkeit* bei etwa 50% der Trockenreißfestigkeit und damit weit unter den Werten der Baumwolle, die keinerlei Abfall durch Feuchtigkeit zeigt. Dieser Nachteil ist auch der Grund dafür, daß regenerierte Zellulosefasern möglichst nicht für die Herstellung von Kochwaschartikeln verwendet und Naßprozesse nur unter geringer mechanischer Beanspruchung durchgeführt werden sollen. Die *anisotrope Quellung* liegt bei 40—90% im Querschnitt und 3—6% in der Faserlängsrichtung und ist damit ebenfalls höher als bei Baumwolle.

Chemisches Verhalten: Die *Alkalilöslichkeit* der regenerierten Zellulosen erreicht in 10%igen NaOH-Konzentrationen ein Maximum und führt in dieser Konzentration und bei —5 °C sogar zur Auflösung der Fasern. Es sollten daher Behandlungen in alkalischen Medien möglichst vermieden werden und die Behandlung in der genannten Laugenkonzentration ganz unterbleiben. Das Verhalten gegenüber *Säuren, Oxydations- und Reduktionsmitteln* ähnelt dem der Baumwolle, ist aber unter gleichen Bedingungen durch größere Faserbeeinflussung gekennzeichnet. In allen Fällen wird der DP° schneller und stärker erniedrigt als bei nativer Zellulose. Durch Hitze wird die Faser ebenfalls stärker beeinflußt als Baumwolle.

Die oben angegebenen Verhalten gelten mit geringen Unterschieden für alle regenerierten Zellulosefasern, die nach dem Viskose- oder Cuproverfahren hergestellt wurden. Sekundär- und Triazetat verhalten sich anders. Die anschließend beschriebenen Bleich- und Färbeverfahren gelten deshalb nur für Viskose- und Cuprofasern. Reyon- und Zellwollen enthalten aus der Herstellung meist anionische, seltener kationische *Präparationen*, die als Weichmacher zum besseren Verarbeiten in der Spinnerei, Weberei und Wirkerei notwendig sind und durch eine *Wäsche* vor der Veredlung, in steigendem Maße aber auch während des ersten Naßprozesses wie z. B. der Bleiche oder Färbung, durch Zusatz von Waschmitteln entfernt werden müssen. Man wäscht dabei das Material während 30 min. mit 0,5—1 g/l eines anionischen oder nichtionischen Waschmittels und nur bei stärkerer Verschmutzung unter Zusatz von 0,5—1 g/l Soda kalz. bei 80 °C und spült anschließend gründlich. Ein *Entschlichten* ist für Reyonwaren meist nicht nötig, da nur wasserlösliche Schlichten verwendet werden. Zellwollen werden jedoch wie Baumwolle, mit größeren Mengen Stärke geschlichtet und man entschlichtet nach den für Baumwolle üblichen Methoden. Bei *Kreppgeweben* wird in Einzelfällen als Kettschlichte Leinöl verwendet, das als Firnis nur unter Einsatz von Alkali und fettlöserhaltigen Waschmitteln entfernt werden kann. Meist wird mit diesen Produkten im Krepponierbad gearbeitet. Eine Beuche, auch unter milden Bedingungen, kommt für regenerierte Fasern nicht in Betracht. Dasselbe gilt auch für die Merzerisation. Zur Verbesserung der Egalität der Färbungen kann für *streifigfärbende Viskosefasern* ein *Laugieren* eingesetzt werden, wodurch eine Besserung eintritt, die durch Verwendung von gut migrierenden Farbstoffen weiter unterstützt wird.

Die *Verwendung regenerierter Zellulosefasern* gleicht den der Baumwolle mit der Einschränkung, daß die Fasern nicht für ausgesprochene Kochwaschartikel verwendet werden sollen. Ein großer Teil von Wirkwaren für Damenunterwäsche werden aus Reyon oder Zellwolle hergestellt. Ebenso werden Dekorationstextilien, Futterstoffe und Bänder vielfach aus regenerierten Zellulosefasern endlos oder aus Zellwolle, vor allem aber werden Gewebe für die Damenoberbekleidung aus diesen Fasern gefertigt. Die größere Knitterneigung kann durch Hochveredlungsverfahren weitgehend eingeschränkt werden. Ein weites Gebiet hat sich hochfestes Reyon in der Autoreifenindustrie erobert, wo es als Reifencord in der Karkasse verwendet wird. Als Beimischung zu Baumwolle wird Viskose-, und zu Wolle Cupro-Zellwolle verwendet. Für Beflockungen werden spinngefärbte und in gewisse Längen geschnittene Fasern verwendet. Obwohl die Fasern im letzten Weltkrieg als „Ersatzfasern" für alle Textilien eingesetzt wurden, zeigen die heutigen Verbrauchszahlen keineswegs eine Abnahme im Gesamttextilverbrauch.

Zum **Bleichen von Viskose- und Cupro-Fäden und -Fasern** können alle Verfahren, die auch für Baumwolle üblich sind, eingesetzt werden. Dabei ist jedoch zu berücksichtigen, daß die Faserrohstoffe bereits bei der Herstellung einer Bleiche unterworfen werden, eine Bleiche der Fasern in der für Baumwolle üblichen Intensität deshalb meist nicht nötig ist und darum die Bleichzusätze um $1/3$ bis $1/2$ verringert und die Bleichzeiten und Temperaturen, wenn heiß gebleicht wird, entsprechend ermäßigt bzw. erniedrigt werden können.

Die faserschonende *Chloritbleiche* hat sich besonders für das Bleichen von regenerierten Zellulosefasern bewährt. Oft genügt auch eine reduktive Bleiche mit gleichzeitiger Verwendung von optischen Aufhellern oder eine Nachbehandlung mit diesen Produkten für ein gutes Weiß. Als *optische Aufheller* sind alle auch für Baumwolle verwendbaren Verfahren und Produkte, gleichzeitig mit entsprechenden Bleichmitteln oder als Nachbehandlung üblich. Auch die für das Bleichen von Baumwolle nach halb- und vollkontinuierlichen Verfahren sind unter entsprechender Ermäßigung der Zusätze und Bedingungen für regenerierte Zellulosefasern üblich.

Beim **Färben von regenerierten Zellulosefasern,** die nach dem Viskose- oder Cuproverfahren hergestellt wurden, ist zu beachten, daß die Farbstoffe aller Klassen weit schneller als auf native Zellulose aufziehen und dadurch weit mehr Anlaß zu Unegalitäten geben. Es ist deshalb notwendig die Aufziehgeschwindigkeit durch langsame Temperatursteigerung, entsprechenden Salzzusatz oder durch Egalisiermittel zu steuern. Als Färbemaschinen und -apparate werden die für

Baumwolle üblichen Konstruktionen verwendet. Zum Färben von Stranggarnen hat sich besonders die *Spritzfärbemaschine* bewährt, bei der die Stränge der geringsten mechanischen Beanspruchung ausgesetzt sind. Besondere Vorsicht ist beim Färben von *Wickelkörpern* notwendig, da harte Spulen, Kettbäume, Kardenbandwickel wegen der starken Wasser-, vor allem aber Alkaliquellung, nur sehr schwierig durchgefärbt werden können. Zu weich gespulte Wickelkörper neigen zum Abrutschen der äußeren Fadenlagen und damit zu Materialverlusten. Zur guten Durchfärbung wird sehr oft die geringere Quellung der Fasern bei Temperaturen über 100 °C eingesetzt, wobei zumeist im Anfang des Färbeverfahrens die Behandlung bei HT-Bedingungen besondere Vorteile bringt. Besondere Schwierigkeiten bereitet das Färben von *Spinnkuchen*, die sich nur sehr schwer ausreichend egal- und durchfärben lassen. Beim Färben von Stückwaren auf der *Haspelkufe* ist darauf zu achten, daß durch den Haspel keine aufgerauhten Stellen entstehen, die dunkler erscheinen und damit als Unegalitäten auftreten. Es ist zweckmäßig, den Haspel mit einem Gewebe zu umhüllen, um eine verstärkte Reibung zu vermeiden. Auch langsamere Haspeltouren, als sie für Baumwollwaren üblich sind, haben Erfolg. *Gewebebrüche*, die durch Laufen der Stückware während längerer Zeit in gleicher Faltenlage auftreten, können durch Färben *im Schlauch* verhindert werden. Flachgewirkte Trikotagen werden zur Vermeidung von helleren Leisten immer im Schlauch genäht gefärbt, da sich bei diesen Waren die Leisten stark einrollen. Beim Färben auf dem *Jigger* müssen möglichst spannungsarme Konstruktionen eingesetzt werden um der Ware einen füligen Griff zu erhalten. Bei Einsatz von *Kontinue-Färbeverfahren* ist ebenfalls auf spannungsarme Warenführung zu achten und das raschere Aufziehen der Farbstoffe zu berücksichtigen. Wegen der Gefahr der Faserschädigung durch zu hohen Abquetschdruck sind die Abquetscheffekte niedriger und die Substantivität der Farbstoffe weit stärker als beim Färben von nativer Zellulose zu berücksichtigen. Beim Foulardieren sind zur ausreichenden Durchfärbung längere Tauchzeiten notwendig.

Beim Färben von Reyonwaren ist besonders darauf zu achten, daß durch Wechsel von unterschiedlichen Rohstoffen bei der Herstellung der Fäden, auch gleicher Arten regenerierter Fasern, unterschiedliches Farbstoffaufnahmevermögen auftreten kann. Die Faserhersteller haben deshalb ihren Faserpartien besondere *Spinnpartienummern* gegeben, die ein weitgehend gleiches färberisches Verhalten garantieren und deshalb zur Herstellung von Waren geeignet sind, die zu gleichen Farbpartien bestimmt sind. Leider werden von Wirkern und Webern oft diese Voraussetzungen nicht genügend beachtet, und es können dadurch in einer Farbpartie ohne Verschulden des Färbers Farbtonunterschiede auftreten, die er nicht verhindern kann. Besonders unangenehm wirkt sich dieser Fehler dann aus, wenn Fäden verschiedener Spinnpartien, die unterschiedliche Farbstoffaufnahme zeigen, in einem Stück verwebt oder verwirkt wurden. Es tritt dann Kett- bzw. Schußstreifigkeit ein, die sich kaum mehr reparieren läßt. Leider ist es dem Färber in solchen Fällen nicht immer möglich die Fehlerursache einwandfrei nachzuweisen. Sehr große Unterschiede weisen regenerierte Zellulosefasern nebeneinander auf, die nach dem Viskose- bzw. nach dem Cuproverfahren hergestellt wurden, da Cuprofasern in allen Fällen schneller Farbstoff als Viskosefasern aufnehmen. Durch strukturelle Unterschiede bei der Herstellung des Viskosereyons treten oft *Farbstreifigkeiten* auf, die, auch wenn Fasern gleicher Spinnpartien verwendet werden, nur schwierig ausgeglichen werden können. Durch *Laugieren* mit Natronlauge von 2—10 °Bé evtl. unter Zusatz von speziellen Laugier- oder Merzerisiernetzern während 15—20 min. oder auch während längerer Zeit mit schwächeren Laugen, anschließendem Spülen und Neutralisieren, können derartige Strukturunterschiede in vielen Fällen beim nachherigen Färben ausgeglichen werden. Es ist jedoch auch dann vorteilhaft, Farbstoffe zu verwenden, die von vornherein durch besonders gutes Wanderungsvermögen weniger zur Markierung „streifigfärbender Viskose" Anlaß geben. Durch Zusatz von hohen Salzmengen beim Färben läßt sich ebenfalls eine egalere Anfärbung erreichen. Positiv wirken auch kleine Flottenverhältnisse und verlängerte Färbezeiten bzw. kontinuierliche Färbeverfahren. Die Farbstoffaufnahmefähigkeit ist vor allem zu Beginn des Färbens bei Viskose- und Cuprofasern sehr unterschiedlich. Ein Ausgleich findet meist erst nach längeren Färbezeiten und bei Kochtemperatur statt. Doch auch dann sind die Färbungen auf Cuprofaser tiefer als die der Viskose, die mehr der von Baumwollfärbungen gleichkommt (Abb. 190).

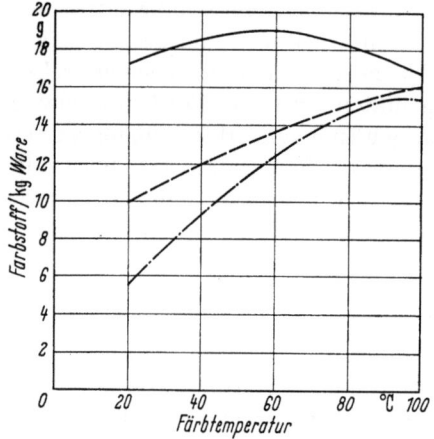

Abb. 190. Aufziehvermögen von 2% Siriuslichtorange 3 R/*Bayer* auf verschiedenen Zellulosefasern während 1 St. mit 20% Glaubersalz kalz.
—— Cupro-Faser; — — Viskose-Faser;
—·— Baumwolle

Das **Färben mit Direktfarbstoffen** gleicht verfahrensmäßig den der Baumwolle, wenn auch die Verwendung von Soda wegen der verstärkten Faserquellung und damit verbundener, schlechter Durchfärbung eingeschränkt werden muß. Als Egalisiermittel sind die auch für die Baumwollfärbung üblichen Hilfsmittel vorteilhaft. Besondere Schwierigkeiten bieten die Cuprofasern, da Direktfarbstoffe bereits im kalten Zustand bis zu 90% auf die Faser ziehen und damit zu Unegalitäten Anlaß geben. Es ist deshalb der Einsatz von Egalisiermitteln immer günstig. Da viele Direktfarbstoffe auf Cuprofasern bei Temperatur über 80 °C weniger stark aufziehen, kann auch der Beginn des Färbens bei Kochtemperatur gleichmäßigere Färbungen erbringen als der konventionelle Weg. Der Salzzusatz erübrigt sich bei hellen Tönen sowohl beim Färben von Viskose-, als auch Cuprofasern, mittlere und dunkle Töne lassen sich mit 2,5—10% Salz in allen Fällen erreichen. Der Zusatz sollte möglichst vorsichtig und in Portionen oder gegen Ende des Färbens in die ohne Salz weitgehend ausgezogenen Bäder gemacht werden.

Zur Erzielung von *blumigen Schwarz* werden von einigen Farbstoffherstellern besondere Schwarzfarbstoffe herausgebracht, die Anteile von direktem Grünfarbstoff enthalten. Dazu gehören u. a.:

Kunstseidenschwarz	*Cassella, CIBA, Geigy, Rohner*
Viscoschwarz	*Sandoz*
Viscoseschwarz	*ACNA, Francolor*.

Zur Vermeidung von Reibstellen, Brüchen sind Zusätze anionischer *Weichmacher im Färbebad* vorteilhaft, da die Ware damit geschmeidiger und weniger anfällig gegenüber mechanischer Beanspruchung bleibt. Außerdem ist der Warengriff der gefärbten Ware besser. Die durch die Wäsche und Färbung entfernte Präparation wird entweder durch die im Färbebad verwendeten Weichmacher oder durch eine *Nachavivage* der gut gespülten Ware ersetzt. In letzterem Fall können auch kationische Produkte verwendet werden, die ausgiebiger sind.

Da Textilien aus regenerierten Zellulosefasern nur ausnahmsweise für Kochwaschartikel verwendet werden, sind die mit Direktfarbstoffen, evtl. mit einer Nachbehandlung erzielten Echtheiten ausreichend. Es werden deshalb die Fasern hauptsächlich mit dieser Farbstoffgruppe gefärbt.

Beim **Färben mit Küpenfarbstoffen,** die in gleicher Weise wie für Baumwolle verwendet werden, ist zu beachten, daß die Farbstoffe bei Temperaturen bis 40 °C ungefähr gleich wie auf Baumwolle, darüber aber schneller ziehen und tiefere Färbungen ergeben. Einige Produkte zeigen gegenüber Baumwollfärbungen in der Nuance Abweichungen bzw. können in tiefen Tönen zur Abschwächung des Faserglanzes führen. Wegen der größeren Empfindlichkeit der Fasern ist der Zusatz von Faserschutzmitteln nicht nur bei *Färbeschädigern* (S. 191), sondern bei allen Küpenfarbstoffen ratsam. Der Zusatz von Natronlauge und Salz soll knapp bemessen werden, eine erhöhte Faserquellung gegenüber Baumwolle läßt sich jedoch auch dadurch nicht vermeiden. Durch das nachträgliche Seifen ist ebenfalls eine Möglichkeit der verstärkten, mechanischen Faserschädigung gegeben. Zur Griffverbesserung wird eine Nachavivage der Küpenfärbungen unbedingt nötig sein, da sonst die Fasern, bedingt durch das beim Färben verwendete Alkali und das Nachseifen, zu spröde bleiben.

Das **Färben mit Leukoküpenester-Farbstoffen** hat eine weite Verbreitung gefunden, da, abgesehen von geringen Mengen Soda, kein Alkali zur Applikation notwendig ist. Die Produkte haben sich vor allem zum Färben von hochechten Tönen in der Trikotagenindustrie bewährt. Die Verfahren gleichen den für Baumwolle üblichen Arbeitsweisen.

Die hohe Alkalität beim **Färben mit Schwefelfarbstoffen** sind aus den gleichen, wie beim Küpenfärben angegebenen Gründen, weniger üblich. Die *wasserlöslichen, sulfidfreien Schwefelfarbstoffe* (z. B. Hydrosolfarbstoffe/*Cassella*) können ohne Alkali gefärbt und sodaalkalisch unter Verwendung von Sulfhydrat F/*Cassella* oder anderen Reduktionsmitteln zur Schonung der regenerierten Zellulosefasern eingesetzt werden. Einige Firmen haben auch spezielle Farbstoffe auf dem Markt, die entweder vorreduziert oder mit besonderen Reduktionsmitteln mit sehr wenig Alkali gefärbt werden können. Die Färbeverfahren gleichen ansonsten denen, die für Baumwolle üblich sind. Das gilt auch für das Färben von hochechten Schwarzmarken und für Schwefelküpenfarbstoffe.

Das **Färben mit Reaktiv-Farbstoffen** hat ebenso schnell zum Färben regenerierter Zellulosefasern Eingang gefunden wie für Baumwolle, da im neutralen Medium gearbeitet und das zur Fixierung des Farbstoffes notwendige Alkali nur wenig Einfluß auf die Durchfärbung hat. Die Alkalimengen können außerdem gegenüber den für Baumwolle üblichen Verfahren, in vielen Fällen auf die $1/2$ bis $2/3$-Menge ermäßigt werden. Zur ausreichenden Fixierung sind außerdem die milderen Alkali (Trinatriumphosphat, Soda, Natriumbikarbonat) ausreichend. Beim Kontinue-Färben sollen zur Einschränkung der Alkaliquellung möglichst die 2-Badverfahren eingesetzt werden um die Faserquellung in den alkalischen Foulardbädern zu umgehen. Da die Aufziehgeschwindigkeit der Reaktiv-Farbstoffe bei regenerierten Zellulosefasern größer als bei Baumwolle ist, kann der Elektrolytzusatz ermäßigt und auf mehr Portionen verteilt werden, was zur besseren Egalität der Färbungen beiträgt.

Bei der **Erzeugung unlöslicher Azokörper** auf regenerierten Zellulosefasern steht einer umfassenden Verwendung vor allem die hohen Natronlaugenmengen der Grundierungsbäder entgegen, die, obwohl nur mit 4—5 g/l NaOH 38 °Bé gegenüber Baumwolle mit 10 g/l im Überschuß gearbeitet wird, immer noch zu starker Faserquellung Anlaß geben. Besondere Vorteile bietet das Sodagrundierungsverfahren (S. 214), da dabei an Stelle des Laugenüberschusses mit Soda grundiert wird, allerdings ist das Verfahren nicht für alle Grundierungskörper verwendbar. Bei der Berechnung der Grundierungszusätze muß ferner berücksichtigt werden, daß höhere Naphtolmengen auf die Faser aufziehen. Besondere Schwierigkeiten bereitet jedoch das Nachseifen der Färbungen, da zur Erreichung der besten Reibechtheit eine mechanische Bearbeitung zur Faserschädigung führen kann, und dadurch meist die für Baumwolle üblichen Echtheitswerte nicht erreicht werden können.

Die Färbeweisen mit *Phthalocyanin-, basischen* und *Pigmentfarbstoffen* unterscheiden sich nur unwesentlich von den für Baumwolle üblichen Arbeitsverfahren. Anilinschwarz, Türkischrot und Mineralfarbstoffe werden zum Färben von regenerierten Zellulosen kaum verwendet. Die *Echtheiten der Färbungen* von Viskose- und Cupro-Fasern gleichen in den meisten Fällen den für Baumwollfärbungen angegebenen Noten, oft sind sie um $1/2$ Note höher.

C. Sekundärazetat

Das $2^{1}/_{2}$- oder *Sekundärazetat* der Zellulose (*Azetat-Reyon* oder *-Zellwolle* des Handels) wird aus entsprechend aufbereitetem Baumwollinters oder Edelzellstoff hergestellt. Der gebleichte, trockene Zellstoff wird mit einer Mischung von Eisessig und Essigsäureanhydrid acetyliert (verestert) und dadurch das Zellulose-Triazetat gewonnen. Dieses Triazetat wird partiell verseift, wodurch ein Gemisch von Mono-, Di- und Triester der Zellulose entsteht. Die azetonunlöslichen Anteile werden ausgefällt und das Sekundärazetat in Azeton/Alkohol zur Spinnmasse gelöst, im Trockenspinnverfahren in heißer Luft die Lösungsmittel verdampft und die Fäden zum Erstarren gebracht. Obwohl es sich bei der Faser um regenerierte Zellulose handelt, zeigt sie bereits Eigenschaften, die bei synthetischen Fasern bekannt sind. Das im Verlaufe des Herstellungsverfahrens anfallende Triazetat ähnelt, als Faser versponnen, weit mehr den synthetischen Fasern und wird auch im Anschluß an diese besprochen. Die physikalischen und chemischen Eigenschaften der Azetatzellulose sind der Grund für die geringere Verwendung dieser Faser in der Textilindustrie.

Physikalische Eigenschaften: Das *spez. Gew.* ist mit 1,3 das geringste aller nativen und regenerierten Fasern. Die Faser ist voluminös und gleicht dadurch weit mehr der Wolle als der Baumwolle. Die hohe Elastizität begründet eine *geringere Knitterneigung*, die allerdings durch eine Reihe von Eigenschaften kompensiert wird, die dem textilen Gebrauch der Faser hinderlich sind. Die *geringere Feuchtigkeitsaufnahme* führt zum 6%ig, handelsüblichen Konditionierzuschlag, die sich auch durch eine nur 9—14%ige Querschnittsquellung ausdrückt. In der Längsrichtung quillt die Faser nur um etwa 0,15%. Ein besonderer Nachteil des Sekundärazetats ist seine *Thermoplastizität*. Die Normalfaser wird bei Naßtemperaturen über 75 °C matt, bei 100 °C erweicht sie und schmilzt bei 120 °C, was besonders beim Bügeln nachteilig ist. Die *Naßreißfestigkeit* erreicht 60—70% der Trockenreißfestigkeit, die *Bruchdehnung* liegt um 50—100% über der der anderen, regenerierten Zellulosefasern, das ebenfalls aus der geringeren Feuchtigkeitsaufnahme erklärlich ist.

Chemisches Verhalten: Das Sekundärazetat ist gegenüber einer Reihe von organischen Lösungsmitteln empfindlich, wird stark gequollen bzw. gelöst. Das erschwert die chemische Reinigung und erfordert besondere Vorsicht beim Detachieren. Oft sind Mischungen von Fettlösern, die für sich allein Sekundärazetat nicht lösen (z. B. Alkohol/Benzol) zum Lösen der Faser in der Lage. Durch Temperaturen über 80 °C wird die Faser mattiert, was durch Zusatz von Seife, Phenol, Pineöl unterstützt und für besondere Effekte nutzbar gemacht wird. Besonders empfindlich ist Sekundärazetat gegen *Alkalien*, die sie bereits bei niederer Temperatur verseifen und partiell zur normalen Zellulose verändern. Gegen *Säuren, Oxydations- und Reduktionsmittel* ist die Faser widerstandsfähiger als die anderen, regenerierten Zellulosefasern.

Azetat-Reyon und -Zellwolle werden zur Herstellung von Damenoberbekleidung, Blusen-, Krawatten-, Futter- und Steppdeckenstoffen verwendet. Die Faser kommt in sehr weißem Zustand auf den Markt und zeichnet sich auch als hochglänzende Faser durch angenehmeren Glanz als entsprechendes Viskose- und Cupro-Reyon aus. Da sich Sekundärazetat mit Farbstoffen, die für native und regenerierte Zellulosen bzw. Wolle üblich sind, nur wenig oder überhaupt nicht anfärben läßt, verwendet man die Faser in großem Maße als Effektgarn, Stichelhaar und als Bändchen mit diesen Fasern. Sekundärazetat ist, wie Viskose- und Cuprofaser in verschiedenen Stärken, unterschiedlicher Mattierung, als Zellwolle in verschiedenen Längen, weiß und auch spinngefärbt, erhältlich.

Zum Bleichen von Sekundärazetat eignet sich eine saure Hypochloritbleiche mit

2 — 3 g/l Aktivchlor
1,5—2,5 ml/l Essigsäure 50%ig

bei einem pH-Wert von 3,5—4,5 während 1 Std. bei 25 °C. An Stelle der Essigsäure kann auch die halbe Menge Salzsäure 20 °Bé eingesetzt werden. Nach der Bleiche wird gründlich gespült und wie für Baumwolle üblich, entchlort und nachgespült. Ein Entchloren mit Wasserstoffperoxyd in alkalischen Flotten ist nicht möglich. Auch eine *Chloritbleiche* führt unter Ermäßigung der Chloritmengen und Behandlung bei Temperaturen bis 70 °C zu einem ansprechenden Weiß. Das Weiß kann durch *optische Aufheller* allein oder mit, bzw. nach der Bleiche verbessert werden (S. 11, Tab. 4). Optisch aufgehellt wird, je nach Produkt, bei 50—80 °C neutral oder unter Zusatz von 2 ml/l Essigsäure 50%ig während 20—30 min.

Beim Färben von Sekundärazetatfasern sind die für andere native Faserstoffe und auch regenerierte Zellulosefasern verwendeten Farbstoffe unbrauchbar, da durch die Veresterung der alkoholischen Gruppen der Zellulose deren Substantivität herabgesetzt bzw. ganz aufgehoben wird. Man hat für das Färben *wasserunlösliche Farbstoffe* geschaffen, die als Azo- oder Anthrachinonkörper keine wasserlöslichmachende Gruppen enthalten und deshalb nur wenig oder überhaupt nicht im Wasser löslich sind, sich jedoch in der Fasersubstanz lösen. Die Farbstoffe sind unter der Bezeichnung *Dispersionsfarbstoffe* auch für das Färben der meisten Synthesefasern verwendbar. Da die Faser nur ein gewisses Maximum Farbstoff aus der Dispersion aufnehmen kann, kommt es öfter zu *Blockierungseffekten*, d. h., es ist eine Farbvertiefung durch weiteren Farbstoffzusatz nicht mehr möglich bzw. wenn ein anderer Farbstoff zugesetzt wird, sind beträchtliche Mengen notwendig, um den bereits aufgezogenen ersten Farbstoff zu verdrängen. Die Sättigungswerte der Azetatzellulose sind jedoch so groß, daß es in allen Fällen möglich ist, mit Dispersionsfarbstoffen auch tiefe Färbungen zu erzielen. Die Blockierungseffekte treten auch bei anderen Fasern auf, doch liegt der Sättigungswert dieser Fasern so hoch, daß der Färber meist weit unterhalb dieser Werte bleibt. Synthetische Fasern zeigen Blockierungseffekte jedoch in verstärktem Maße.

Dispersionsfarbstoffe werden durch Übergießen mit der mindestens 15fachen Menge 40—50 °C warmen Wassers gründlich dispergiert oder in das temperierte Wasser unter Rühren eingestreut. Höhere Temperaturen zeigen meist Klumpenbildung, die, wenn die Dispersion nicht in das Färbebad gesiebt wird, zur *Stippenbildung* auf der Ware führt. Die meisten Produkte enthalten ausreichende Mengen an speziellen Dispergatoren, so daß zum Lösen keine weiteren Produkte zugesetzt werden müssen. Die Stammlösungen neigen bei längerem Stehen zum Absetzen (Sintern) des Farbstoffes und müssen vor Gebrauch gründlich durchgerührt werden. Zur Verbesserung der Egalität ist der Zusatz von Dispergiermitteln, vor allem beim Färben von Wickelkörpern, ratsam. Der dispergierte Farbstoff wird dem Färbebad bei 40 °C zugesetzt, langsam auf 75 °C erhitzt, bei dieser Temperatur während 1 Std. gefärbt und anschließend gründlich gespült. Nuancierfarbstoff kann ohne Abkühlung der Färbeflotte in mehreren Portionen zugesetzt werden, wobei ein Dispergiermittel egalisierend wirkt. Wegen der Gefahr der Mattierung sollte die Färbetemperatur maximal 75 °C betragen. Lediglich mattiertes Sekundärazetat kann bis zu 85 °C gefärbt werden. Dispersionsfarbstoffe kommen u. a. als:

Acele-	*Dupont*	Dispersol-	*ICI*
Acetoquinone-	*Francolor*	Duranol-	*ICI*
Artisil-	*Sandoz*	Setacyl-	*Geigy*
Celanthren-	*Dupont*	Setil-	*ACNA*
Celliton-	*BASF*	Solacet-	*ICI*
Cibacet-	*CIBA*	Vonteryl-Farbstoffe	*Vondelingenplaat*

in den Handel. Verschiedene Firmen bringen die Produkte in besonderen Feinmahlungen, als Körner oder Granulate usw. auf den Markt um staubärmer dosieren zu können. Die Feinmahlungen egalisieren außerdem besser und ergeben in vielen Fällen tiefere Aus- und bessere Durchfärbungen. Die Feinmahlungen sind jedoch vor allem für das Färben von synthetischen Fasern bestimmt.

Die *Echtheiten* der mit Dispersionsfarbstoffen gefärbten Sekundärazetatfasern gleichen in den meisten Fällen den Direktfärbungen von Zellulosefasern mit gutechten Farbstoffen (Tab. 32). Da die Naß-, vor allem aber die Überfärbeechtheit von Marineblau- und Schwarztönen meist nicht ausreicht, wurden *besondere Schwarz-* und *Marineblaufarbstoffe* (Tab. 32) geschaffen, die sich nach einer Diazotierung und anschließender Kupplung mit besonderen Entwicklern, durch verbesserte Naßechtheiten auszeichnen. Das Färbeverfahren gleicht der

Tabelle 32. *Echtheiten von normalen und Dispersiondiazofärbungen mit CIBA-Farbstoffen auf Sekundäracetat*

	Licht $^2/_1, ^1/_1, ^1/_3$	Wasch- bei 40 °C	Wasser	Schweiß	Reib	Bügel	Abgas	Reserve Baumwolle	Reserve Viskose	Überfärbe-neutral	Säure 10% HCl	Säure 40% Essigs.	Alkali	Chlor	Ätzbarkeit	Sublimier
Cibacet-rot 3 B	5—6 / 6 / 6—7	4—5 / 4	4	4 / 3	4 / 4	5	4—5	1	4—5	4—5	3	4—5	4—5	5	1	2	3
Cibacet-diazo-schwarz B	3 / 4 / 6	5 / 5	5	5 / 4	5 / 5	4	5	5	4	4	4—5	5	4—5	5	5	1	4—5

für normale Dispersionsfarbstoffe angegebenen Arbeitsweise. Die gefärbte und gut gespülte Ware wird auf frischem Bad mit

   4— 5% Natriumnitrit (1—2 g/l)
   12—15% Salzsäure konz. (3—5 ml/l)

30 min. kalt diazotiert, gespült und mit

   1—2% Beta-Oxynaphtoesäure oder
   Entwickler ON/*BASF* bzw. ähnliche Produkte

gekuppelt. Dabei wird der Entwickler mit der gleichen Menge Natronlauge 38 °Bé angeteigt und dem vorher mit Essigsäure auf pH 5 eingestellten Bad zugesetzt. Zur Neutralisation bzw. zur Einstellung des geforderten pH-Wertes von 5 sind für 1 l Natronlauge 38 °Bé 2 l Essigsäure 50%ig im Kupplungsbad notwendig. Der angegebene pH-Wert muß über die gesamte Kupplungszeit erhalten bleiben und evtl. durch weiteren Essigsäurezusatz eingestellt werden. Der Entwickler wird dem 30 °C warmen Bad zugesetzt, in 30 min. auf 70 °C erwärmt und bei dieser Temperatur 45 min. gearbeitet, gespült und zur Verbesserung der Reibechtheit bei 40 °C mit 1—2 g/l eines anionischen oder nichtionogenen Waschmittel geseift und gründlich gespült. Die Produkte dieser Gruppe kommen u. a. als:

Acetamindiazo-	*Dupont*	Cellitazol-	*BASF*
Azetazol-	*Francolor*	Diazosetil-	*ACNA*
Acetoquinondiazo-	*Francolor*	Dispersoldiazo-	*ICI*
Artisildiazo-	*Sandoz*	Setacyldiazo-	*Geigy*
Cibacetdiazo-	*CIBA*	Vonteryldiazo-Farbstoffe	*Vondelingenplaat*

in den Handel.

Da Dispersionsfarbstoffe nicht, oder nur gering wasserlöslich sind, kann eine verbesserte Erschöpfung der Färbebäder durch Zusatz von Elektrolyten nicht erwartet werden. Besondere Dispergiermittel fördern die Löslichkeit bzw. Feinverteilung und damit Egalität der Färbungen. Die Produkte, zu denen auch die Seife gehört, können auch zum *Aufhellen* von Färbungen verwendet werden. Zum *Abziehen* kann eine saure Hypochloritbleiche bzw. eine saure Reduktionsbehandlung, wie sie zum Abziehen von Wollfärbungen dient (S. 274), eingesetzt werden. Dispersionsfarbstoffe auf anthrachinoider Basis lassen sich jedoch nur schwer abziehen und ebenso schlecht ätzen.

Als Besonderheit der Dispersionsfärbungen ist ihre *Empfindlichkeit gegen Industrieabgase*, die vor allem bei einigen Blau- und Violettönen zum Umschlagen in Rot führen, zu nennen. Dabei sind vor allem nitrose Gase an diesem Farbtonumschlag verantwortlich. Die anthrachinoiden Farbstoffe unterliegen hauptsächlich diesem *Gasfading*, das durch bestimmte Hilfsmittel, dem Färbebad in Mengen von 5% zugesetzt, eingeschränkt werden kann. Zu diesen Hilfsmitteln gehören u. a.:

Duranol-Inhibitor GF, N   *ICI*
GFN-Inhibitor BASF   *BASF*.

Zur Erzeugung besonders *überfärbeechter Farbtöne*, die als Effektgarne (z. B. Nadelstreifen in Geweben) Bedeutung haben, können auch *unlösliche Azofarbstoffe* auf der Sekundäracetatfaser erzeugt werden. Dabei verwendet man Dispersionen von ausgesuchten Naphtolen, die sich wie Dispersionsfarbstoffe verhalten und setzt gleichzeitig entsprechende Mengen besonderer Färbesalze zu. Der Farbton wird durch eine anschließende Schwefelsäurebehandlung entwickelt. Das Verfahren wird hauptsächlich für das Färben von Polyamidfasern eingesetzt und auf S. 315 ausführlich beschrieben. Einige Firmen haben auch Mischungen von Naphtolgrundierungskörpern und Echtbasen im Handel (z. B. Brentazet-Farbstoffe/*ICI*), die wie Dispersionsfarbstoffe in der Faser gelöst und anschließend diazotiert und gleichzeitig zum Kuppeln veranlaßt werden. Das Verfahren hat, da die bisher vorhandenen Produkte keine umfassende Farbtonpalette zulassen und auch mit ausgesuchten Dispersionsfarbstoffen ausreichend überfärbeechte Töne erreichbar sind, keine große Bedeutung erlangt.

Helle Töne können auch mit *Pigmentfarbstoffen* in üblicher Weise hergestellt werden. Das Verfahren bereitet jedoch deshalb Schwierigkeiten, weil eine normale Härtung (Kondensation) der Kunststoffbinder bei Temperaturen von 120–160 °C wegen der Thermoplastizität der Sekundäracetatfaser nicht möglich ist, und nur durch längeres Lagern der vorsichtig getrockneten Stückware eine Fixierung vorgenommen werden kann.

Das Sekundäracetat wurde in starkem Maße von den synthetischen Fasern und dem Triacetat wegen deren besseren Gebrauchseigenschaften verdrängt.

VII. Proteinfasern

Als Protein- oder *Eiweißfasern* haben die *Schafwolle, Seide, Tierhaare* und *regenerierte Proteinfasern* für die Textilindustrie Bedeutung. Sie setzen sich alle aus *Aminosäuren* zusammen, die als Polypeptidketten in Makromolekülen verknüpft sind. Es handelt sich dabei um *amphotere Körper*, die sowohl *basische Amino-* bzw. *saure Karboxylgruppen* aufweisen und damit als Zwitterionen je nach pH-Wert zur Salzbildung mit anionischen als auch kationischen Produkten, z. B. Farbstoffen, fähig sind. Von diesen Tatsachen wird in der Färberei Gebrauch gemacht und mit anionischen und kationischen Produkten gefärbt und damit entsprechende Farbstoff-Eiweißsalze hergestellt. Daneben sind wahrscheinlich auch Farbstoffe in der Proteinsubstanz direkt löslich. Jedes Eiweiß hat einen *isoionischen Bereich* in dem bei bestimmten pH-Werten die gleiche Anzahl von basischen und sauren Gruppen vorhanden sind und in dem die Proteine am widerstandsfähigsten sind.

A. Wolle

Unter Wolle versteht man hauptsächlich die Schafwolle, die durch jährlich ein- oder zweimaliges Scheren der verschiedensten Schafrassen gewonnen wird.

Neben den 2 Hauptschafrassen (*Merino-* und *Cheviot-Rasse*) werden eine Reihe von Kreuzungen *(Crossbred-* oder *Kreuzzuchtschafe)* gezüchtet, deren Wolleigenschaften zwischen den beiden Hauptrassen liegen. *Merinowollen* sind kurz (25 bis 130 mm), fein ($17-24\mu$) und stark gekräuselt. *Cheviotwollen* sind lang (120 bis 500 mm), stärker (etwa 37μ) und wenig gekräuselt (schlicht). Die *Schurwollen* der einzelnen Rassen werden außerdem so getrennt, daß Wollen der einzelnen Körperteile, die wiederum unterschiedliche Eigenschaften haben, für sich verarbeitet werden. Ferner werden als *Lammwollen*, Wollhaare der ersten Schur, als *Sterblingswollen*, solche von kranken, verendeten oder notgeschlachteten Tieren bezeichnet. *Hautwollen* werden chemisch oder biologisch vom Fell geschlachteter Tiere und *Gerberwollen* durch Schwöden mit Ätzkalk-Natriumsulfid in der Gerberei von der Haut gelöst. Letztere sind meist stark alkaligeschädigt. Durch Zerfasern (Reißen) von getragenen Kleidungsstücken oder Abfällen der Konfektion werden *Reiß-* oder *Kunstwollen* gewonnen, die je nach vorherigem Verarbeitungszustand (gewirkt, gewalkt) nach fallender Qualität als *Shoddy, Flanell, Tibet, Neutuch, Mungo, Alpakka (Extraktwolle)* bezeichnet werden.

Physikalische Eigenschaften: Neben den bereits erwähnten Längen- und Stärkeangaben, zeigt die Wolle die geringste Reißfestigkeit ($1-2$ g/den oder $10-16$ Rkm) und höchste Dehnung ($20-40\%$) aller nativen Fasern. Ihre elastische Dehnung, die aus ihrem Aufbau und den histologischen Eigenschaften resultiert und als Bauschelastizität bezeichnet wird, macht sie zur wärmehaltigsten Textilfaser. Für die Färberei ist die hydrophobe Cuticula (Deckschicht aus schindelförmigen Zellen) wichtig, die das Benetzen der Wolle stark behindert und damit ein Foulardieren von Farbstofflösungen erschwert.

Chemisches Verhalten: Die am Wollaufbau beteiligten Aminosäuren sind in wechselnder Reihenfolge in den *Polypeptidketten* des *Wollkeratins* verteilt und durch ihre basischen und sauren Gruppen quervernetzt. Daneben bestehen aus dem Cystin *Disulfid-* oder *Cystinbindungen*, deren Aufbrechen durch oxydative oder reduktive Chemikalien bzw. Alkalien zur dauernden Wollschädigung führt. Die Aminosäurebindungen sind im isoionischen Bereich bei pH $3,5-4,5$ ($4-7$) am stärksten. Sie werden in wässeriger Lösung teilweise gelöst, bilden sich aber wieder zurück bzw. dienen in der Färberei zur Farbstoffbindung. Durch *Lichteinwirkung* wird die Disulfidbindung teilweise aufgebrochen und zeigt sich, wenn diese Schädigung bereits im Wachstum aufgetreten ist, in *spitzigfärbender* Wolle (tippy wool), die an den Haarspitzen eine stärkere Farbstoffaufnahmefähigkeit aufweist. Durch Einlegen in Kaltwasser verliert die Wolle 2% wasserlösliches Protein und wird durch längeres Kochen durch teilweises Lösen der Cystinbindung in ihrer Reißfestigkeit herabgesetzt. Durch Dämpfen bzw. bestimmte Chemikalien werden die Cystinbindungen temporär gelöst und nach Erkalten oder Entfernung der Chemikalien wieder zurückgebildet. Dadurch ist die Erzeugung von permanenten Falten oder eine Oberflächenveredlung der Wolle möglich. Durch *Säuren* wird die Salzbindung der Aminosäuren unterhalb des isoionischen Bereiches gelöst. Die Wolle tritt dann als hochmolekulares Kation auf. Da jedoch die anderen Bindungen (Cystin- und Wasserstoffbrücken-Bindung) bestehen bleiben, wird die Wolle dadurch kaum in ihren Eigenschaften verändert. Durch starke Säuren werden jedoch auch die Querverbindungen, vor allem bei längerem Kochen, gesprengt und die Wolle geschädigt. Gegen *Alkalien* ist die Wolle nur wenig beständig. Bei pH 7—11,5 quillt sie nur wenig und ist deshalb weniger gefährdet. Über diesen pH-Werten und Temperaturen über 55 °C wird sie jedoch sehr schnell geschädigt und evtl. gelöst.

Unter milden Temperatur- (bis 60 °C) und pH-(bis 9)Bedingungen wird die Wolle von *reduktiven* und *oxydativen Chemikalien* nur wenig beeinflußt. Als einzige Textilfaser ist die Wolle zum Filzen geeignet, dessen Grund bisher noch nicht restlos geklärt ist. Dabei neigt sie in feuchtem Zustand, unter Einwirkung von Druck und Wärme, zur Verdichtung und damit Verkleinerung der Abmessung der Wolltextilien. Alkalien unterstützen diese Eigenschaft. Es ist deshalb notwendig, die Wolle während des Färbens möglichst vor den angegebenen Einwirkungen zu bewahren, wenn ein Verfilzen verhindert werden soll.

1. Rohwollwäsche

Die *Roh- oder Schweißwolle* enthält als Verunreinigungen neben Schmutz, vor allem Wollfett und Wollschweiß. Rohwolle enthält:

15—72% Wollhaare
12—47% Wollfett und Wollschweiß
3—24% Schmutz (Futterreste, Kot usw.)
4—24% Feuchtigkeit

Durch die Rohwollwäsche soll der gesamte Schmutz und zum überwiegenden Teil das Wollfett und der Wollschweiß entfernt werden. Die als gewaschene Wolle bezeichneten Wollhaare enthalten noch 0,5—1% Wollfett und 17 (Streichgarn) oder 18% (Kammgarn) Feuchtigkeit. Man kann mit 50% Wolle (Rendement) nach einer guten Wollwäsche rechnen. Das *Wollfett* ist als Ester höherer Fettsäuren und Alkohole nur zur Hälfte verseifbar. Der *Wollschweiß* besteht aus Erdalkalisalzen niederer und höherer Fettsäuren und ist teilweise wasserlöslich. Gerberwollen enthalten wasserunlösliche Kalksalze die nur durch eine Salzsäurebehandlung abgelöst werden können. Die Rohwollwäsche wird heute meist in den Erzeugungsländern (Australien, Afrika, Amerika usw.) vorgenommen, um Frachtkosten zu sparen. Die Rücken- oder Sturzwäsche, bei der die Schafe vor der Schur durch Flüsse getrieben oder abgespritzt wurden, zeigt ungenügende Wascheffekte und ist nicht mehr üblich.

Wegen der großen Mengen, kommt für die Wollwäsche nur eine kontinuierliche Arbeitsweise in Betracht, zu der die verschiedenen Leviathan-Konstruktionen eingesetzt werden. Der **Leviathan** besteht aus mindestens 5 Bottichen in dem die Wolle mittels Gabeln (kontinentales System) oder Rechen (englisches System) durch die Behandlungsflotte bewegt wird. Im ersten Bottich (Einweichbottich), dem das Wollvlies über einen Öffner und ein Lattentuch zugeführt wird, wird die Wolle beim *kontinentalen System* mit einer Eintauchtrommel in die Flotte gedrückt, durch Gabeln weiterbewegt, über den Wollausheber auf ein Lattentuch dem Quetschwerk und entweder in den nächsten Bottich oder einem Öffner und der Trockenmaschine zugeführt (Abb. 191 und 192). Die Bottiche fassen je nach Breite und Länge 3—4,5 m³ Flotte, der feste Schmutz fällt durch einen Siebboden und wird von Hand oder automatisch, mittels einer Schneckenwelle, ohne größeren Flottenverlust aus dem Bottich entfernt. Beim *englischen System* wird die Wolle nur mit Flachrechen (Eggen) unter, durch und aus der Flotte bewegt (Abb. 193 und 194). Die Bottiche sind flacher und länger und man kommt meist mit weniger

Bottichen aus. Die Behandlungszeit beträgt je nach Größe und Anzahl der Bottiche 1,5—5 min. Von *Fleissner* wird zum wollschonenden Waschen das Saugtrommelprinzip verwendet. Bei der *Wollwaschanlage System Ludwig* wird die Wolle durch

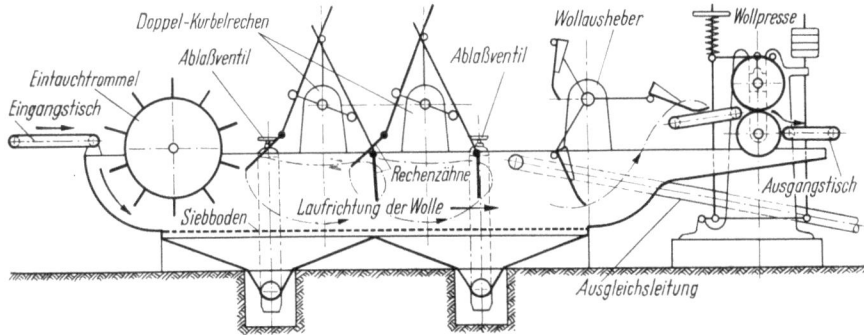

Abb. 191. Leviathan-Bottich *(Krantz)*

exzentrische Trommeln, die mit einem Edelstahlsieb überzogen sind, im Bottich angesaugt und durch die Flotte bewegt, die zusätzlich durch einen Saugstutzen aus der Trommel gesogen und den Bottichen wieder zugepumpt wird. Praxis-

Abb. 192. Leviathan *(Krantz)*

versuche haben beim Waschen nach diesem Prinzip eine geringer verfilzte Wolle und ein höheres Rendement ergeben, welches mit einer Maschine erreicht wurde, die nur Einweich-, Wasch- und Spülbottich mit je 5 bzw. 3 Saugtrommeln enthält.

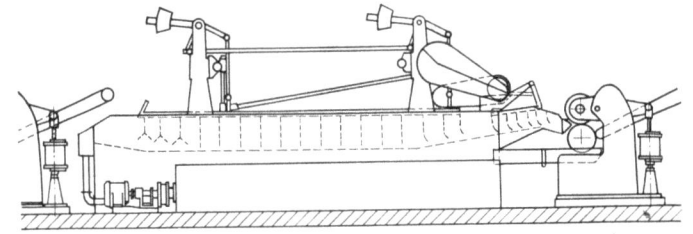

Abb. 193. Bottich eines Leviathans nach dem englischen System *(Petrie & McNaught)*

Für Kleinmengen bzw. zum Spülen von losem Material kann auch eine *Rundwaschmaschine* verwendet werden, bei der das Material mittels Gabeln längere Zeit nach Art eines „Papierholländers" bewegt und wie beim Leviathan aus der Flotte

17 a*

gehoben und abgequetscht wird. Wollwaschanlagen und Rundwaschmaschinen nach den beiden Systemen werden u. a. von folgenden Firmen gebaut:

>Bernhardt   Krantz
>Charpentier   OCTIR
>Farmer-Norton   Petrie-McNaught
>Fleissner   Thiebeau
>ILMA

Zum Waschen wird heute noch überwiegend die *alkalische Seifen-Sodawäsche* eingesetzt, da die so gewaschene Wolle den besten Griff zeigt und bei schonender Behandlung nicht geschädigt wird. Daneben werden auch synthetische Waschmittel mit Soda oder als saure Wäsche mit Säure verwendet (Tab. 33). Die Wolle soll im Einweichbottich möglichst lange behandelt werden. Durch das Abquetschen wird immer Flotte in den folgenden Bottich verbracht und über Ausgleichsleitungen mit $1/_3$ des Inhalts in 1 Std. zurückgepumpt. Der Waschmittelnachsatz beträgt 10—20% des Ansatzes und wird entweder direkt oder über Ansatzbehälter neben den Bottichen durch die Ausgleichsleitung den Waschbädern zugepumpt. Als synthetische Waschmittel kommen anionische, die man zweckmäßig mit Soda, oder nichtionogene Produkte, deren Waschaktivität man

Abb. 194. Leviathan *(Petrie & McNaught)*

Tabelle 33. *Ansatz-Leviathan-Bäder für die Rohwollwäsche*

Behandlungsbottich:	1 Einweich-	2 Wasch-	3 Wasch-	4 Wasch-, Spül-	5 Spül-
a) Seife-Sodawäsche					
Seife g/l		2—3	2	1—2	
Soda kalz. g/l	1—2	3—4	1—2	—	
Temperatur °C	45	45—50	50	50	25—30
pH-Wert	9,5	10,5	10,8	9,2	7,8
b) Soda und synth. Waschmittel (schwachalkalisch)					
Waschmittel g/l		0,5	0,5	0,5	
Soda kalz. g/l	1—2	0,75			
Temperatur °C	45	45	50	50	30
pH-Wert	9,5	8,5—9	8	7,5	7,2
c) Saure Wäsche					
Waschmittel g/l	0,75	0,6	0,3		
Ameisensäure 85%ig ml/l	0,2	0,1	0,1		
Temperatur °C	45	50	55	30	kalt
pH-Wert	5—6	5,5	5,5	5,5	5,5

durch Zusatz von 5—10 g/l Kochsalz verbessern kann, in Betracht. Die alkalisch mit Seife gewaschene Wolle zeigt eine bessere Verspinnbarkeit als die sauer im isoionischen Bereich oder neutral gewaschene Wolle. Bei Verwendung von Seife ist der Zusatz von Polyphosphaten als Sequestriermittel in hartem Wasser und wegen ihrer zusätzlichen Dispergierwirkung vorteilhaft. Die Kontrolle des pH-Wertes ist notwendig, da durch den Wollschweiß die Alkalität der Bäder ansteigt.

Das durch die Wäsche verseifte oder abgelöste Wollfett wird als *Lanolin* wiedergewonnen und dient in der Medizin und Kosmetik als wertvoller Salbengrundstoff. Die Waschwässer werden dazu gesammelt, die Lanolinseife mit Säure aufgespalten und das Fett mittels Separatoren vom Waschwasser getrennt. Zur Lanolin-Gewinnung sind auch spezielle Gewinnungsverfahren möglich, die jedoch meist eine nachträgliche Wollwäsche erfordern. Dazu gehört das *Duhamel-Verfahren*, bei dem

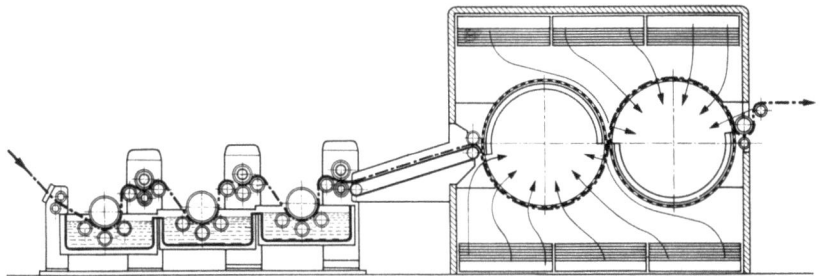

Abb. 195. Kämmerei-Lisseuse mit 3 Satellitenbändern und Saugtrommeltrockner *(Fleissner)*

die Wolle auf Lattenrosten immer wieder mit Warmwasser besprüht wird, in welchem sich das Wollfett, durch den Wollschweiß verseift bzw. durch diesen dispergiert, anreichert. Ferner können die Schweißwollen auch bei —45 °C gefroren und das Wollfett durch Klopfwölfe abgelöst werden. Auch *Fettlöserwäschen* mit Benzin, chlorierten Kohlenwasserstoffen usw. sind üblich. Der Restfettgehalt soll bei allen Naßprozessen nicht unter 0,5% sinken und beträgt im Normalfall 1%, wenn die Wolle nicht mechanisch geschädigt werden soll. Zur Erhaltung der Geschmeidigkeit ist jedoch für die Spinnerei eine weit höhere Fettauflage von 3% (Kammgarn) und 5% (Streichgarn und Reißwolle) notwendig, die jedoch von der Faser wieder entfernt werden muß, wenn anschließend eine ordnungsgemäße Veredlung erstrebt wird.

Zum Waschen von Kammzug bedient man sich der *Lisseuse* (Abb. 195), bei der die Kammzugbänder nebeneinander durch spezielle Waschbäder geführt und dazwischen abgepreßt werden. Um die Kräuselung der Wolle zu beseitigen, werden die abgepreßten Bänder im *klassischen System* nach dem Waschen auf kleinen, beheizten Kupferzylindern getrocknet, verstreckt und geplättet (lissiert). Beim *englischen System* werden die Bänder mit einem Heißluftstrom von innen nach außen auf perforierten Trommeln und beim *kontinentalen* oder *französischen System (Fleissner)* die Heißluft nach dem Saugtrommelprinzip in die perforierten Zylinder gesaugt und dadurch die Kammzugbänder weniger deformiert. In den Waschbädern wird unter gleichen Zusätzen und Bedingungen gewaschen und gespült wie bei der Rohwollwäsche. Der Einweichbottich entfällt in der Regel. Lisseusen werden von Firmen gebaut, die auch Rohwollwaschanlagen herstellen.

Zum *Waschen von Wollstranggarn*, wie es für große Mengen in der Teppichindustrie notwendig ist, werden Waschmaschinen verwendet, die nach dem Leviathan-Prinzip arbeiten. Die Stränge werden dabei, zwischen einem Gummituch und elastischen Gurten gehalten, durch die Waschflotte bewegt und mittels Spritzrohren immer wieder mit der Wasch- oder Spülflotte bespritzt (Abb. 196

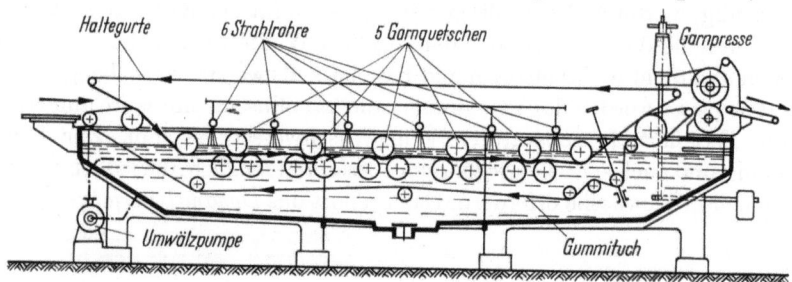

und 197). *Petrie-McNaught* führt die Stränge in mehreren Etagen zwischen Lattenbändern durch die Waschflotte. Die Teppichindustrie verlangt eine Entfettung auf mindestens 0,75% Restfettgehalt, und es ist deshalb eine sehr gründliche Wäsche in mehreren Bottichen notwendig.

Abb. 197. Garneinführung bei der Garnwaschmaschine *(Bernhardt)*

Zum Waschen von Woll- oder Wollmischgeweben werden in der Appretur Strang- und Breitwaschmaschinen verwendet[1]. Nur in Ausnahmefällen werden Stückwaren auch auf der Haspelkufe gewaschen.

2. Entkletten oder Karbonisieren

Ringelkletten, die in der Rohwolle oft in großen Mengen enthalten sind, lassen sich durch eine Rohwollwäsche nur unvollkommen entfernen und werden auch

---

[1] Bernard: Appretur der Textilien. Berlin/Göttingen/Heidelberg: Springer 1960.

durch Kämmen nicht restlos beseitigt. Streichgarne halten diese Verunreinigungen hartnäckig fest und stören bei stückfärbigen Uniwaren, da sie sich als Zellulose mit den für Wolle verwendeten Farbstoffen nicht anfärben. Zur Entfernung dieser verholzten Zelluloseverunreinigungen werden konzentrierte Säuren oder säureabspaltende Salze verwendet, welche die Zellulose in der Hitze hydrolysieren und verkohlen. Das Karbonisieren kann auch zur Entfernung von Zellulosefasern in Reißwollen, Lumpen und zur Entfernung der gleichen Verunreinigungen oder Beimischungen in Stückwaren eingesetzt werden. Das Karbonisieren von gewaschener Rohwolle dient hauptsächlich der Klettenentfernung; man spricht deshalb auch vom Entkletten.

Zum Entkletten wird hauptsächlich Schwefelsäure verwendet. Zum Karbonisieren von Reißwollen, Lumpen wird auch Salzsäuregas oder -lösung und für die Stückkarbonisation neben Schwefelsäure, Lösungen von Aluminium- oder Magnesiumchlorid eingesetzt. Die beiden Salze spalten in der Hitze Salzsäuregas ab. Die Karbonisation mit Salzsäure und Chloriden greift die Wolle stärker an, verändert jedoch gefärbte Wollen nuancemäßig weniger. Beim Karbonisieren mit Chloriden muß das verbleibende Metallhydroxyd durch eine nachträgliche Salzsäurebehandlung abgelöst werden.

Beim Entkletten wird die möglichst vom Wollfett befreite, saubere Wolle in 4—6 °Bé (4,5—7%) Schwefelsäure während 30—45 min. bei Zimmertemperatur gründlich genetzt, auf möglichst unter 100% Restfeuchtigkeit entwässert, bei 70—90 °C getrocknet, kurz bei 100—110 °C „gebrannt", anschließend gründlich gespült und mit Soda, Ammoniak oder Natriumazetat neutralisiert und wieder gespült.

Das Entkletten beeinflußt die Wolle stark, wenn verschiedene Bedingungen vernachlässigt werden. So tritt eine säurekatalytische, hydrolytische Spaltung der Amidgruppen ein, wenn mit der vorgetrockneten Wolle mit zu hohem Feuchtigkeitsgehalt in die „Brennzone" gegangen wird. Bei Schwefelsäurelösungen von 5—7,5% darf der Feuchtigkeitsgehalt nach dem Trocknen deshalb nur max. 30—40% betragen. Karbonisierte Wolle enthält, auch wenn sie ausreichend gespült wurde, noch Schwefelsäure, die durch eine Neutralisation entfernt werden muß, wenn nicht Säureschäden während des Lagerns eintreten sollen. Karbonisierte Wolle zeigt, wegen der an die Wolle gebundenen Schwefelsäure, eine geringere Affinität zu Säurefarbstoffen. Oft wird karbonisierte Wolle sofort mit stark sauerziehenden Farbstoffen gefärbt um das Neutralisieren zu ersparen. Es muß jedoch berücksichtigt werden, daß die Wolle dabei eine oft 10fache Schwefelsäuremenge enthält als es für die Färbung notwendig ist und dadurch unegale Färbungen resultieren.

Da das Entkletten in allen Fällen eine gewisse Veränderung der Wolle mit sich bringt, ist eine gleichmäßige Durchnetzung unbedingt notwendig. Dabei soll nicht nur die Wolle, sondern auch die zu entfernenden Klettenteile ausreichend mit der Schwefelsäurelösung benetzt werden. Die Wolle muß vor dem Entkletten ausreichend entfettet werden, um eine schlechte Benetzung durch hydrophobe Fette, Kalkseifenreste usw. zu vermeiden. Darüber hinaus werden spezielle *Karbonisiernetzer* in Mengen von 1—5 g/l verwendet, die unbedingt säurebeständig sein müssen und sich auch beim Brennen bis 110 °C nicht zersetzen. Zu diesen, meist anionaktiven Produkten, gehören u. a.:

Carbacet	*Böhme*	Nekanil SBS	*BASF*
Carbolan	*Zschimmer*	Praestabitöl V	*Stockhausen*
Erkantol BX	*Bayer*	Resolin NCP	*Sandoz*
Leonil RW, DB	*Hoechst*	Tinovetin B, NR	*Geigy*

Als *mechanische Einrichtungen zum Entkletten* können zum Netzen einfache Kufen verwendet werden in denen die gewaschene Wolle von Hand aus bewegt wird. Zum Entwässern wird die Wolle zentrifugiert. Zum Säuern können auch 1 oder 2 Bottiche des Leviathans und die entsprechenden Wollpressen zum Entwässern eingesetzt werden. Kleinere Wollmengen werden auch auf dem „Holländer" (ovale Behandlungskufen) genetzt (S. 263). Auch die Imprägnierzentrifugen sind dafür brauchbar. Die gleichen Einrichtungen sind auch für das anschließende Spülen und Neutralisieren verwendbar. Zum Trocknen und Brennen können die für Wolle allgemein üblichen Kasten- oder Hordentrockner oder Spezialkonstruk-

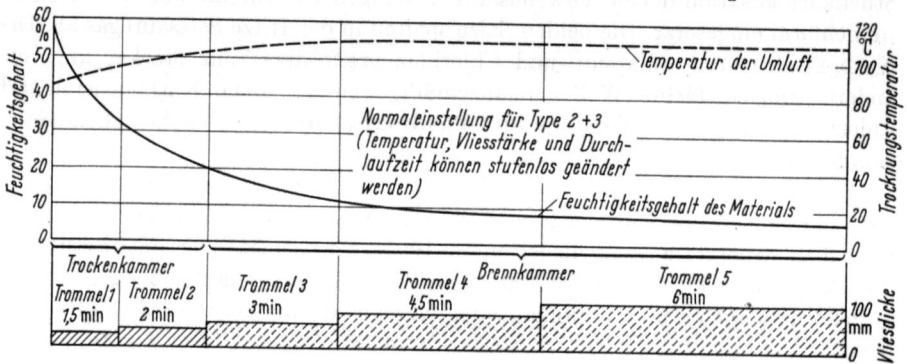

Abb. 198. Schema der *Fleissner*-Karbonisieranlage Type 2 + 3

tionen eingesetzt werden. Bei Verwendung von *Kastentrocknern* beträgt die Trocken- und Brennzeit meist 3—4 Std. und verursacht einen stärkeren Angriff der Wolle. Von *Fleissner* wurde nach dem *Saugtrommelprinzip* das Trocknen und Brennen auf einzelne Trommeln verteilt und damit in kürzester Zeit ein ausreichendes Entkletten bei größter Wollschonung erreicht. Die Abb. 198 zeigt das Schema der Standard-*Karbonisieranlage Type 2 und 3* dieser Firma. Die beiden ersten Siebtrommeln dienen zum Trocknen und nehmen das vorher gesäuerte Material über einen Kastenspeiser und eine Zupfmaschine auf. Die Umlaufgeschwindigkeiten der Trommeln verlangsamen sich und vergrößern dadurch die Vliesstärke und Verweilzeiten auf den einzelnen Siebtrommeln.

Von *Petric-McNaught* wurde eine *Karbonisiermaschine* konstruiert, bei der die lose Wolle in 2 Edelstahlbecken gesäuert und dort mittels Eggen bewegt, zwischen den Bottichen und am Ende des 2. Beckens abgepreßt und direkt in den Trockner eingeführt wird. Der Trockner, in dem in der zweiten Hälfte gebrannt wird, besteht aus 2 gelochten Trommeln, die sich in entgegengesetzter Richtung drehen und mit Heißluft durchströmt werden. Die Innentrommel enthält 4 spiralförmige Bänder, die mit Spitzen besetzt sind und die lose Wolle mitnehmen. Die Außentrommel enthält nur 2 Spitzenbänder. Durch die gegenläufige Umdrehung wird die Wolle „umgewälzt" und aufgelockert, durch die Heißluft getrocknet und gebrannt. Die Standardanlage ermöglicht eine Produktion von 300—500 kg/Std. Nach dem Entkletten kann die hydrolysierte Zellulose durch Klopfwölfe herausgeschlagen werden. Meist wird jedoch die vermorschte Zellulose beim anschließenden Krempeln aus der Wolle entfernt, die nicht schon beim Spülen und Neutralisieren ausgespült wurde.

Das Entkletten kann auch bei Stückwaren in ungefärbten oder mit karbonisierechten Farbstoffen gefärbten Geweben vorgenommen werden. Es handelt sich dabei um Arbeiten, die hauptsächlich in der Appretur üblich sind.[1]

3. Wollbleiche

Zur Entfernung der Naturfarbstoffe wird Wolle gebleicht. Dabei muß jedoch vorausgeschickt werden, daß Wolle, vorausgesetzt sie soll nicht geschädigt werden, durch eine Bleiche nicht zu einem für Zellulosefasern üblichen Weißgrad gebracht werden kann. Höhere Bleichgrade, die durch härtere Bleichbedingungen zwar erreichbar sind, führen wegen der damit verbundenen Wollschädigung zur verstärkten Vergilbung im Gebrauch. Die früher übliche, reduktive Bleiche mit schwefeliger Säure, bei der die feuchte Wolle meist über Nacht auf Horden in *Schwefelkammern* der Bleichwirkung von SO_2, welches durch Verbrennen von Schwefel entsteht, ausgesetzt wurde, ist heute wegen des ungenügenden Weißgrades und der Lagerungsbeständigkeit des Bleicheffektes nicht mehr üblich. Auch die Bleiche mit *Kaliumpermanganat*, bei der der ausgeschiedene Braunstein mit schwefelsaurer Bisulfitlösung entfernt werden muß, ist nicht mehr im Gebrauch.

In der Wollbleiche wird heute nur die ammoniakalische **Bleiche mit Wasserstoff- oder Natriumperoxyd** eingesetzt. Bei Verwendung von Natriumperoxyd ist die unbedingte Neutralisation des aus Na_2O_2 beim Lösen in Wasser entstehende Ätznatron mit Schwefelsäure 66 °Bé notwendig (S. 159). Ansonsten unterscheidet sich das Verfahren nicht vom Bleichen mit Wasserstoffperoxyd. Die Wolle wird, in den auch für das Färben verwendeten Einrichtungen, während 6—12 Std., meist über Nacht, mit

15 —30 ml/l Wasserstoffperoxyd 35%ig
1 — 2 g/l Natriumpyrophosphat krist. oder kalz.
0,5— 1,5 ml/l Ammoniak konz.

bei 55 °C beginnend, bei einem pH-Wert von 9—9,5 gebleicht, anschließend gründlich gespült und im letzten Spülbad mit 0,5—1 ml/l Essigsäure 50%ig neutralisiert. Das Pyrophosphat wird als Stabilisator verwendet, doch sind kondensierte Phosphate (Sequestriermittel) wegen ihrer Komplexbildung, die sie mit Schwermetallen und deren Salzen eingehen, günstiger, da diese, wie bereits bei der Baumwollbleiche geschildert (S. 158), zur oxydativen Faserschädigung führen und unbedingt entfernt werden müssen. Teilweise wird auch Wasserglas als Stabilisator eingesetzt, doch ist dann hartes Wasser, mit möglichst Magnesiahärte, zur Stabilisierung notwendig und ein pH-Wert von 10 nicht zu überschreiten. Bei Verwendung von Wasserglas ist ein Absäuern der Wolle nach der Bleiche unbedingt erforderlich.

Zum Aufhellen bzw. zur Verbesserung des Weißgrades nach einer oxydativen Bleiche werden auch **reduktive Bleichmittel** verwendet. Es handelt sich dabei um Produkte auf Basis Natriumdithionit (Natriumhydrosulfit), die entsprechend stabilisiert sind und u. U. bereits optische Aufheller und Waschmittel enthalten

---

[1] Bernard: Appretur der Textilien. Berlin/Göttingen/Heidelberg: Springer 1960.

können (z. B. Blankit I AN, I ANW, II A, II ANW, *BASF*). Man behandelt die Wolle mit 3—4 g/l dieser Produkte bei 45—50 °C während 2—3 Std. und spült anschließend nach. Zum Aufhellen nach der Bleiche sind die auf S. 11 angegebenen *optischen Aufheller* verwendbar, die man mit 0,2—1% während 30—45 min. bei 20—70 °C unter Zusatz von 5% Essigsäure 50%ig oder 2,5% Ameisensäure 85%ig appliziert.

Die langen Bleichzeiten und zur Erzielung eines guten Weißtons notwendigen, hohen Temperaturen führen zu einem gewissen Eingriff in das Wollmolekül. Von Dupont wird deshalb zur Wollschonung eine Vorbehandlung mit 3—4% Formaldehyd 40%ig bei 50 °C und einem pH-Wert von 4,5 empfohlen. Anschließend kann die Wolle innerhalb von 1—3 Std. bei 80 °C, wie bereits angegeben, oxydativ ohne größere Schädigung gebleicht werden. Die Formaldehydbäder werden nur zu 50% erschöpft und können durch Nachbessern wieder verwendet werden.

Als *Schnellbleiche* ist in letzter Zeit das Arbeiten mit Perameisensäure bekannt geworden, die aus Wasserstoffperoxyd und Formaldehyd hergestellt wird. Von der *BASF* wird als Lufibrol W ein Produkt auf den Markt gebracht, welches alle Zusätze (Formaldehyd, Stabilisator usw.) enthält und welches im Peroxydbad direkt verwendet, den günstigsten pH-Wert von 5,5 ermöglicht. Die Bleichbäder werden wie bei der alkalischen Wasserstoffperoxydbleiche mit 10—20 ml/l H_2O_2 35%ig bei 50 °C und evtl. einem Netz- und Waschmittel beschickt, $1/5$—$1/4$ der Peroxydmenge Lufibrol W eingestreut, mit der Ware eingegangen, auf 80 °C erhitzt und 30 min. bei 80 °C gebleicht und anschließend gespült. Das Verfahren ist auch als Dämpfverfahren für, mit höheren Mengen der angegebenen Produkte, geklotzte Wolle brauchbar. Dabei wird 10—7 min. bei 100—102 °C gedämpft bzw. als Kaltlagerbleiche die foulardierte Wolle 5—8 Std. abgelegt. Das Verfahren ist für alle Proteinfasern verwendbar und kann auch für Wollmischungen mit Zellulose- und synthetischen Fasern verwendet werden. Die Beimischungen werden jedoch nicht in dem Maße aufgehellt wie die Wolle. Proteinfasern werden nach diesem Verfahren weniger angegriffen als durch die bisher üblichen Bleichverfahren.

Zum *Bleichen von naturfarbener Wolle* wird eine Behandlung der gewaschenen Wolle mit einer kalten Lösung von

    2,5 g/l Eisensulfat
    1,5 ml/l Essigsäure 50%ig
  10   ml/l Bisulfitlauge 40 °Bé

während 8 Std. oder über Nacht empfohlen, der sich nach gründlichem Spülen eine normale Wasserstoffperoxydbleiche anschließt. Von *EWM* wird dafür auch eine *Kaltbleiche* mit

  20—40 g/l Natriumpyrophosphat krist.
  20 g/l Kaliumpersulfat EWM

empfohlen und nach vollkommener Lösung der Chemikalien

  10—20 ml/l Wasserstoffperoxyd 35%ig
  0,5— 1 ml/l Ammoniak konz.

nachgesetzt und die gewaschene Wolle kalt bei einem pH-Wert von 8 bis max. 9 während 16—32 Std. gebleicht. Die Bäder werden nur zur Hälfte erschöpft und nach Aufbessern weiterverwendet. Zur Entfernung von katalytischen Metallspuren ist eine Vorbehandlung der Wolle mit 0,5—1 ml/l Schwefelsäure 66 °Bé und anschließendem Spülen notwendig. Der Weißgrad kann auch hier durch eine reduktive Nachbleiche wesentlich verbessert werden.

4. Wollfärberei

Zum Färben der Wolle werden in der Hauptsache *anionische Farbstoffe* verwendet, die sich mit den kationischen Gruppen der Aminosäuren zu Farbstoff-Wollsalzen verbinden bzw. einige wahrscheinlich auch teilweise im Substrat gelöst werden. Dazu gehören die

Säure–
Beizen– (Chromierungs–)
Metallkomplex-
Reaktiv-Farbstoffe.

Ferner wird Wolle mit Küpen-, Leuküpenester- und Naphtolfarbstoffen gefärbt. Die kationischen, basischen Farbstoffe werden wie Säurefarbstoffe gefärbt, zeigen aber nur sehr geringe Echtheiten und kommen praktisch kaum zur Anwendung.

Wolle wird in allen Verarbeitungszuständen auf den dafür geeigneten Apparaten und Maschinen gefärbt. Das Färben von *losem Material* ist vor allem in der Streichgarnindustrie häufig, da dort *Melangen* hergestellt werden. Kammzüge werden in Bobinen (S. 73) und neuerdings auch kontinuierlich, wie loses Material gefärbt (S. 72). Beim Färben von *Kreuzspulen* können die Spulen eine härtere Wicklung aufweisen, da sich die Wolle im nassen Zustand entspannt. Für Trikotagen- und Teppichgarne werden hauptsächlich Apparate nach dem Hängesystem verwendet. Spritzfärbemaschinen sind selten. *Stückwaren* werden auf Haspelkufen mit Rundhaspel und langsam laufendem Haspel gefärbt. Jigger sind zum Färben von Wollstückwaren ungeeignet. Um *Kochfalten* auf der Haspelkufe zu vermeiden, können die Stücke im „Schlauch" oder „Sack" genäht, gefärbt werden, wenn nicht die teuere Färbeweise auf dem Stern vorgezogen wird. Wegen der besseren Durchfärbung färbt man Stückwaren vorteilhafter vor dem Walken, muß dann jedoch walkechte Farbstoffe zur Vorfärbung einsetzen. Neuerdings werden Strickstücke auch auf langsam laufenden Paddelfärbemaschinen behandelt.

Zur Erzielung gut reibechter Färbungen ist eine gründliche Vorwäsche der Wolle ratsam, die nur in wenigen Fällen durch Zusatz von Waschmitteln zum Färbebad erspart werden kann. Wolle ist gegen plötzliche Abkühlung empfindlich, filzt dann stärker und Falten werden fixiert. Die Wolle büßt bei Kochtemperatur, wie sie zum Färben überwiegend notwendig ist, an Reißfestigkeit ein, die sich bei Temperaturen über 100 °C verstärkt (Abb. 199). Durch Behandlung bei 106 °C werden jedoch in verkürzter Färbezeit egalere Färbungen erreicht und man arbeitet vorteilhaft bei dieser Temperatur. Durch Zusatz von 5% Formaldehyd, kann in Ausnahmefällen auch bei 120 °C gefärbt werden. Die Erwärmung der trockenen Wolle auf 180—190 °C, wie es zum Thermosolieren von Wollmischgeweben mit Synthesefasern notwendig ist, schädigt die Wolle nur wenig. Um auch unter Normalbedingungen die Wolle zu schonen, ist der Zusatz von *Wollschutzmitteln* mit schutzkolloidaler Wirkung in Mengen von 2—5 g/l vorteilhaft.

Es handelt sich dabei meist um Eiweißabbauprodukte, die auch beim Abziehen verwendet, die Wolle schonen. Dazu gehören u. a.:

Egalisal	*Grünau*	Protectol II-N	*BASF*
Kollavit	*R. Baumheier*	Schutzsalz AH	*Hoechst*
Levana	*Sandoz*	Sustilan N	*Bayer*
Meropan EW	*Tübingen*	Setamol WS	*BASF*
Percolloid	*Holtmann*		

a) Säurefarbstoffe. Bei diesen Produkten handelt es sich um Monoazo-, wenige Disazo-, Anthrachinon- und einige Triphenylmethanfarbstoffe, die im sauren, teilweise auch im neutralen Bereich, mit der Wolle eine Salz- oder Van-der-Waalsche-Bindung eingehen. Grundsätzlich lassen sich alle Säurefarbstoffe neutral auf Wolle färben, wenn auch bei vielen Produkten zur Baderschöpfung sehr lange

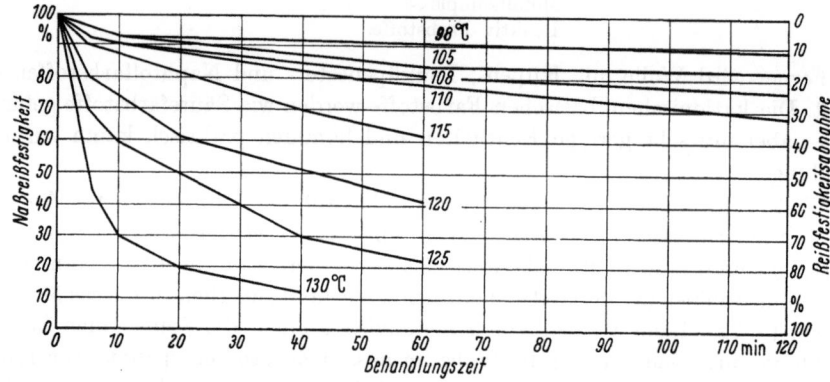

Abb. 199. Einfluß der Behandlungstemperatur und -zeit bei pH 5 auf Wolle. (Nach Dr. W. JUSTUS/Bayer)

Kochzeiten nötig sind oder eine ungenügende Baderschöpfung resultiert. Normalerweise wird bei pH-Werten von 2,0—4,8 gefärbt und Glaubersalz als Egalisiermittel zugesetzt. Der Säurezusatz bewirkt die kationische Aufladung der Wolle und damit ein verstärktes Aufziehen des Farbstoffes bzw. die Bildung der Farbsäure des als Farbsalz vorliegenden Säurefarbstoffes. Das Glaubersalz unterstützt die Bindung der Säure an die Wolle und verhindert dadurch ein zu rasches Aufziehen der Farbsäure und damit Unegalitäten. Es kann der Säurefarbstoff durch Säurezusatz schneller auf die Wolle getrieben, durch Glaubersalz, neutrale Färbeweise und längeres Kochen, egalisiert werden. Egalere Färbungen sind auch durch anionische (a), faseraffine *Egalisiermittel*, die beweglicher als die Farbsäuren sind und dadurch die kationischen Fasergruppen besetzen, möglich. Durch Vergrößerung des Farbstoffmoleküls mit nichtionogenen (n) Hilfsmitteln wird das Aufziehen des Farbstoffes ebenfalls gebremst und damit ebenfalls egalere Färbungen erzielt. Zu den anionischen Produkten gehören auch Waschmittel, die außerdem auf den Farbstoff dispergierend und lösend wirken. Als Egalisiermittel werden u. a. folgende Produkte in Mengen von 0,5—2 g/l beim Färben mit Säurefarbstoffen eingesetzt:

Avolan O, ON (n)	*Bayer*	Nekanil 0 (a)	*BASF*
Carbolansalz A (a)	*ICI*	Neovadin AN, AL (n)	*CIBA*
Dispersol CWL (n)	*ICI*	Remalansalz A (n)	*Hoechst*
Irgasol SW (n)	*Geigy*	Uniperol W(a)	*BASF*
Lyogen SF (a)	*Sandoz*	Univadin W (n)	*CIBA*

Die Produkte werden auch für Chromierungsfarbstoffe und beim Aufhellen eingesetzt.

Die Säurefarbstoffe werden auf Grund der für sie günstigsten Färbeweise, ihrem Egalisierungsvermögen und der erreichbaren Echtheiten meist in 3 Hauptgruppen eingeteilt. Die *lichtechten, sauren Egalisierungsfarbstoffe* werden mit

    5—10% Glaubersalz kalz.
    2— 4% Schwefelsäure 66 °Bé oder
    5—10% Natriumbisulfat (Weinsteinpräparat)

gefärbt. Die in kochendem Wasser oder durch Aufkochen gelösten Farbstoffe werden dem mit den Zusätzen versehenen Bad (pH 2—3) zugesetzt und bei 40 bis 60 °C mit dem Färben begonnen, langsam zum Kochen getrieben und 45—60 min. kochend gefärbt. Die Produkte werden wegen ihrer nur mittleren Naßechtheiten hauptsächlich zum Färben von Garnen für die Trikotagen-, Teppich-, Dekorations- und Damenoberbekleidungs-Industrie verwendet. Dazu gehören u. a.:

   Erioecht- *Geigy* Supracen- *Bayer*
   Kitonecht- *CIBA* Xylenlicht-Farbstoffe *Sandoz.*

Die 2. Gruppe umfaßt die *sauren Egalisierungsfarbstoffe*, welche wie die Produkte der ersten Gruppe oder mit

    5 —10% Glaubersalz kalz.
    1,5— 4% Essigsäure 50%ig

bei pH 4—5,5 gefärbt werden. Zum Erschöpfen der Färbebäder werden weitere 2% Schwefel- oder Ameisensäure nachgesetzt. Die Produkte egalisieren etwas schlechter, sind etwas weniger lichtecht, mittel bis gut walk-, wasch- und schweißecht. In diese Gruppe gehören u. a. die

   Anthralan- *Hoechst* Supramin- *Bayer*
   Benzyl- *CIBA* Xylenecht-Farbstoffe *Sandoz.*
   Eriosolid- *Geigy*

Die Produkte werden zum Färben von Garnen verwendet, wie sie zur Herstellung von Textilien der Gruppe 1 eingesetzt werden, doch werden die Produkte auch in der Stückfärberei für nur leicht zu walkende Wollwaren verwendet. Mit dieser Gruppe lassen sich durch Verwendung besonders ausgesuchter Farbstoffe alle Modetöne aus Gelb-, Rot- und Blaufarbstoffen herstellen. Zu diesen, für die *Trichromiefärbung* empfohlenen Produkten gehören u. a. die Supramin GW-/*Bayer* und Xylenecht-P-Farbstoffe/*Sandoz* (Tab. 34), die sich vor allem durch sehr gutes Egalisieren und gleichmäßigem *Aufbau der Nuance*, d. h. zu gleichen Teilen auf die Faser ziehen, auszeichnen.

Tabelle 34. *Echtheiten einer Wollfärbung mit Xylenechtrot P/Sandoz*

Licht- $1/25, 1/3, 1/1, 2/1$		Wasch-		Wasser- (streng)	Meerwasser	Schweiß-	Alkali-	Reib-	Bügel-	Walk- alkal.		Karbonisier-	sauer Chloren
Tag-	Fadeometer	40 °C	60 °C							leicht	schwer		
4	3—4	4—5	3—4	5	4—5	4—5	4—5	4—5	3	4	3	3—4	4
5	4	5	2—3	4—5	4	3—4		4	4—5	3—4	3	3—4	
5—6	4—5	5	4—5	5	4	4				4—5	4—5		
6	5												

Die *schwachsauerziehenden Säurefarbstoffe* werden bei pH 5,5—6,5 mit

    3— 6% Ammonazetat oder -sulfat
    5—10% Glaubersalz kalz.

oder neutral nur mit Glaubersalz, wie bereits beschrieben, gefärbt. Sie zeigen unterschiedliche, meist gute Licht- und Naßechtheiten (Tab. 35) und werden zum Färben von losem Material, das auch gewalkt wird und Wolle in allen anderen Verarbeitungszuständen verwendet. Wegen ihrer höheren Naßechtheiten egalisieren sie weniger gut und Nachsätze müssen unbedingt in das auf möglichst 60 °C abgekühlte Färbebad zugegeben werden, wogegen bei den anderen Gruppen meist auf 70 °C abgekühlt oder bei Verwendung guter Egalisiermittel bei abgestelltem Dampf nuanciert werden kann. Zu diesen Farbstoffen gehören u. a. die:

Alphanolecht-	*Cassella*	Eriowalk-	
Alizarin-	*CIBA, Hoechst,*	Erioanthracen-	*Geigy*
	Bayer	Polar-, Neopolar-	*Geigy*
Basolanecht-	*BASF*	Supranol-	*Bayer*
Benzylecht-	*CIBA*	Walk-, Wollecht-	*Hoechst*
		Xylenwalk-Farbstoffe	*Sandoz*

Beim Färben mit Säurefarbstoffen ist es für die Egalität vorteilhaft, die Ware mit Salz, Säure und Egalisiermittel bei 40—60 °C vorlaufen zu lassen und den

Tabelle 35. *Echtheiten einer Wollfärbung mit Polarbrillantblau RAW/Geigy*

Licht- $2/1, 1/1, 1/3$	Wasch-		Walk-		Wasser	Schweiß	Karbonisier-	Überfärbe-	Reib-	Bügel-	Dekatur-
	40 °C	60 °C	alkal.	sauer							
5—6	5	3—4	5	4—5	5	5	4—5	3—4	4	4	5
6	5	4—5	5		5		4—5				
6—7	5	5	5								

kochend gelösten Farbstoff nachzusetzen. Die Ware soll nach dem Färben langsam durch Zulauf von Kaltwasser gleichmäßig, unter ständiger Warenbewegung oder Flottenzirkulation, abgekühlt werden.

Als Lanalbin B/*Sandoz* bzw. Erioclarit B/*Geigy* sind milde Reduktionsmittel auf dem Markt, die ein *gleichzeitiges Aufhellen und Färben* mit den meisten Säurefarbstoffen zulassen und dadurch sehr brillante Farbtöne ohne Vorbleiche möglich sind. Die Produkte werden mit 2—4% (0,5—2 g/l) eingesetzt, die Ware 10 min. bei 30 °C behandelt, während 30 min. auf 80—85 °C erhitzt und bei dieser Temperatur 45 min. gefärbt. Durch Kochen resultieren etwas trübere Töne. Die Produkte sind in neutralen und sauren Flotten verwendbar und sollen möglichst vor dem Farbstoffzusatz dem Bad, kalt gelöst, gesondert zugesetzt werden. Beim Färben von Halbwolle beschränkt sich der Aufhelleffekt auf die Wolle.

Zum *Aufhellen* von Färbungen mit Säurefarbstoffen können kochende Glaubersalzbäder verwendet werden, die in ihrer Wirkung durch Zusatz von nichtionogenen Egalisiermitteln unterstützt werden. Beim Wiederauffärben muß jedoch das Egalisiermittel ausreichend ausgespült werden um den neuen Farbstoff nicht zu stark zurückzuhalten. Zum **Abziehen aller Wollfärbungen** ist nur eine reduktive, kochende Behandlung mit Produkten auf Basis von Zinkformaldehydsulfoxylat möglich. Dazu gehören u. a. Hydrosulfit BZ/*CIBA*, Decrolin lösl. konz./*BASF*, Deflavit ZA/*BASF*, die in Mengen von 2—4% mit 0,75—1% Ameisensäure während 20—30 min. die meisten Färbungen zerstören. Längere Kochzeiten haben nur wenig Wirkung. Das Abziehmittel wird dem kaltem Abziehbad nach der Säure zugesetzt und nach der Behandlung sofort gespült. Der Zusatz von 3—5% Formaldehyd 33%ig in das erschöpfte Abziehbad, verhindert die Reoxydation der zerstörten Farbstoffe. Die Abziehwirkung wird durch Zusatz von nichtionogenen Hilfsmitteln unterstützt und Wollschutzmittel schonen die Faser. Die Arbeitsweise eignet sich auch zum Abziehen von Dispersionsfärbungen auf andere Fasern.

b) **Nachchromierungsfarbstoffe.** Die Farbstoffe ergeben auf Wolle neben Küpenfarbstoffen die echtesten Färbungen. Sie werden auch *Beizen-*, bzw. *Chromentwicklungsfarbstoffe* genannt, da ihr Farbton durch eine Vorbeize oder durch Nachchromieren entwickelt wird. Als Chromsalze werden Kalium- oder Natriumbichromat in saurer Lösung verwendet. Das Färben auf vorchromierter Wolle hat heute keine Bedeutung mehr, da größere Chromsalzmengen eingesetzt werden müssen und damit die Wolle spröde wird. Die besonders guten Echtheiten der Färbungen — zu denen auch die mit Monochromfarbstoffen gehören — sind auf die mehrfache Bindung des Farbstoffes an die Faser zurückzuführen. Die Produkte sind schwachsauerziehende Säurefarbstoffe, die, wie diese, über eine Salzbindung an die Wolle gebunden sind. Die Farbstoffe sind außerdem zur komplexen Bindung mit dem Metall in der Lage und werden dadurch zum wasserunlöslichen Chromlack. Ferner ist das Chrom zur koordinativen Bindung an die nicht dissoziierten Aminogruppen der Wolle befähigt.

Die Nachchromierungsfarbstoffe, die z. T. auch auf Chromvorbeize gefärbt werden können, kommen u. a. als

Alizarin-	*CIBA, Francolor, Geigy, ICI, ACNA, Bayer, BASF*
Anthracen-	*Cassella, ICI, Sandoz, Geigy*
Basolanchrom-	*BASF*
Chrom-	*CIBA, Geigy, Sandoz, Wolfen*
Chromogen-	*Bayer*
Chromoxan-	*Bayer*
Diamant-	*Bayer*
Diacromo-	*ACNA*
Eriochrom-	*Geigy*
Naphthochrom-	*CIBA*
Omegachrom-	*Sandoz*
Pontachrom-	*Dupont*
Pottingchrom-	*CIBA*
Salicinchrom-	*Hoechst*
Vondachrom-Farbstoffe	*Vondelingenplaat*

in den Handel. Die meisten Produkte werden bei 50—60 °C beginnend mit

10% Glaubersalz kalz.
2— 5% Essigsäure 50%ig

gefärbt, während 30—40 min. zum Kochen getrieben und 45—60 min. kochend gefärbt. Zum besseren Erschöpfen der Bäder können 1—2% Schwefel- oder Ameisensäure 85%ig nachgesetzt werden. Einige Farbstoffe werden direkt mit Schwefelsäure oder an Stelle von Essig- mit Ameisensäure gefärbt. Die gut ausgezogenen, sauren Färbebäder werden nach dem Färben auf mindestens 70 °C abgekühlt, 0,25—3% Kalium- oder Natriumbichromat, meist jedoch die halbe

Menge des verwendeten Farbstoffes mit den angegebenen Minima und Maxima gut gelöst zugesetzt, in 10—20 min. wiederum zum Kochen getrieben und nochmals 30—45 min. kochend chromiert, durch Zusatz von Kaltwasser langsam abgekühlt und gespült.

Wie auch bei der Nachbehandlung von Direktfärbungen mit Chromsalzen, tritt beim Chromieren bei den Chromierungsfarbstoffen eine Vertrübung der Nuance und eine Echtheitsverbesserung ein. Beim Nachchromieren ist das Chrom nur als Chrom-III zur Komplexbindung befähigt und muß entweder durch die Wolle oder eine organische Säure reduziert werden. Es ist deshalb beim Nachchromieren immer ein gewisser Säureüberschuß notwendig, um eine ausreichende Chromierung zu erreichen. Dabei bildet sich Chromsäure, die bei der Chromierungstemperatur zum Sprödewerden der Wolle Anlaß gibt und damit die Verspinnbarkeit der Wolle bzw. den Griff ungünstig beeinflußt.

Die Chromfarbstoffe werden fast ausschließlich zum Färben von Wolle in mittleren und tiefen Farbtönen verwendet, da sie preislich sehr vorteilhaft und die auf Wolle besten Echtheiten — abgesehen von den wenig verwendeten Küpenfarbstoffen — aufweisen. Wie bei allen Farbstoffen, die durch eine 2. Behandlung erst zur endgültigen Nuance führen, ist es auch bei Chromfarbstoffen schwierig, in hellen Farbtönen mustergetreue Färbungen zu erreichen. Für helle bis mittlere Töne verwendet man deshalb vorteilhafter die 1:2-Metallkomplexfarbstoffe. Von allen Farbstoffherstellern werden eine größere Anzahl von Chromschwarzmarken angeboten, die vor allem wegen ihrer Potting- (Naßdekatur-) Echtheit geschätzt sind und von keiner anderen Farbstoffklasse erreicht werden. Dabei zeigen gerade diese Produkte durch die zum Chromieren notwendige, geringe Bichromatmenge kaum den Übelstand des „Gelbblutens". D. h. die Färbungen bluten bei folgenden Naßbehandlungen nicht, wie es viele, normale Chromschwarzmarken zeigen. Die geringe Chrommenge wirkt auch schonend auf die Wolle, da die entstehende Chromsäure kaum oxydativ-schädigend ist. Die Chromfarbstoffe sind auch zur Komplexbildung mit anderen Metallen befähigt und geben mit Eisen, Kupfer oder den Härtebildnern Verbindungen, die sich durch weit trübere Nuancen als die chromierten Färbungen bemerkbar machen. Es ist deshalb das Arbeiten in Kupfergefäßen zu vermeiden und möglichst mit weichem oder enthärtetem, eisenfreiem Wasser zu arbeiten. Auch das verwendete Glaubersalz muß eisenfrei sein. Zum Nuancieren können die Mehrzahl der Nachchromierungsfarbstoffe im Chromierungsbad, welches vorher abzukühlen ist, verwendet werden, da sie auch als Vorbeizfarbstoffe brauchbar sind. Bei geringen Nuanceabweichungen können auch chromechte Säurefarbstoffe eingesetzt werden. Die Gesamtechtheiten von Chromfärbungen sind sehr gut bis hervorragend. Das gilt auch von der Chlorechtheit, die vor allem beim sauren Chlorieren notwendig ist, wenn die Wolle anschließend filzfrei ausgerüstet wird.

Wegen der guten Echtheiten (Tab. 36) werden Chromfarbstoffe zum Färben von Wolle in allen Verarbeitungsstufen eingesetzt. Es ist jedoch darauf zu achten, daß die Wolle gut vorgewaschen wird, da die Chromfarbstoffe z. T. fettlöslich sind und sich in der Schmelze absetzen und damit zu schlechter Reibechtheit führen. Chromfärbungen lassen sich wegen der sehr guten Naßechtheiten kaum aufhellen, jedoch mit den auch für Säurefarbstoffe üblichen Reduktionsverfahren abziehen. Zur Wollschonung ist sowohl beim Färben wie auch Abziehen die Verwendung von Wollschutzmitteln (S. 271) zu empfehlen. Um evtl. überschüssige Säure oder Chromsäure von der Faser zu entfernen, ist der Zusatz von Natriumazetat im Spülbad vorteilhaft. Als Egalisiermittel im sauren Färbebad werden die auch für das Färben mit Säurefarbstoffen angegebenen Produkte verwendet.

Tabelle 36. *Echtheiten einer Wollfärbung mit Salicinchromrot B/Hoechst*

Licht- $2/1, 1/1, 1/3$	Wasser-	Meerwasser-	Schweiß-	Wasch- (60 °C)	Reib- trocken	Reib- naß	Bügel-	Alkali-	Karbonisier-	Potting-	Walk- neutral	Walk- alkalisch
6	5	5	5	4						3 B	5	4—5
6—7	5	4—5	4—5	5	4	3	5	4	4 G	4	5	4—5
7	5	5	5	5						5	5	5

c) **Einbadchromierfarbstoffe.** Bei diesen Farbstoffen handelt es sich ebenfalls um Farbstoffe die nach Art der Nachchromierungsfarbstoffe an die Wolle gebunden sind, deren hohe Echtheiten (Tab. 37) aufweisen, aber der Zusatz von Chromaten direkt zum Färbebad erfolgt. Man verwendet meist spezielle „Beizen", die Mischungen von Ammonsulfat und Kaliumchromat sind und den günstigsten pH-Wert von 6 während des Färbens mitbringen. Zur Stabilisierung des pH-Wertes ist weiterhin ein Zusatz von 0,5—5% Ammonsulfat oder -azetat vorteilhaft, da beim Färben von hellen Tönen das der Beize zugesetzte Ammonsulfat dazu nicht ausreicht.

Tabelle 37. *Echtheiten einer Wollfärbung mit Synchromatorange 2 RL/CIBA*

Licht- $2/1, 1/1, 1/3$	Wasch- (50 °C)	Wasser-	Schweiß-	Walk- (alkal.)	Walk- (sauer)	Alkali-	Karbonisier-	Dekatur-	Potting-	Reib-
6—7	4	5	5	4	4	5	4—5	4—5	4	4
7	4—5	5	5	4		5			3	
7—8	4—5	5	5	4—5						

Beim Färben setzt man die Beize, von der man normal das $1^1/_2$fache des Farbstoffes, mindestens 2, höchstens 5% verwendet und 5% Glaubersalz kalz. dem 40—50 °C warmen Bad zu, netzt darin das Material, gibt den gut gelösten Farbstoff zu, treibt in 45 min. zum Kochen und entwickelt während 1—$1^1/_2$ Std. kochend. Bei mittleren und dunklen Tönen können zum besseren Ausziehen 0,5 bis 1% Essig- oder die halbe Menge Ameisensäure 85%ig nachgesetzt werden.

Beim Färben ist darauf zu achten, daß der pH-Wert nicht zu stark abfällt und der Farbstoff unbedingt zuerst auf die Faser zieht und erst dort chromiert wird. Bei zu schnellem Aufkochen kann es zum Chromieren im Färbebad kommen und damit die Reibechtheit der Färbung verschlechtert werden, da der wasserunlöslich gewordene Farbstoff von der Wolle abfiltriert wird. Eine Verschlechterung der Reibechtheit tritt auch dann ein, wenn ungenügend vorgereinigtes Material gefärbt wird. Normalerweise werden Einbadchromierungsfarbstoffe nur zur Herstellung von hellen bis mittleren Farbtönen verwendet, da bei dunklen Tönen die Gefahr des Ausfallens eines Teils der großen Farbstoffmengen im Färbebad durch die Beize groß ist. Die Farbstoffe bieten insofern Vorteile, da sie eine Nuanceveränderung durch das Chromieren, wie es beim Nachchromieren der Fall ist, nicht erfahren, die Produkte selbst zum Nuancieren eingesetzt werden können und die Gesamtfärbezeit kürzer ist als bei Nachchromierungsfarbstoffen.

Die Farbstoffe kommen unter besonderen Gruppennamen in den Handel und enthalten eine Reihe von Produkten, die auch zum Nachchromieren bzw. als chromechte Säurefarbstoffe zum Nuancieren geeignet sind. Dazu gehören u. a.:

Chromat-	*Dupont*	Metomegachrom-	*Sandoz*
Diacromato-	*ACNA*	Monochrom-	*Bayer*
Eriochromal-	*Geigy*	Solochrom-	*ICI*
Metachrom-	*Hoechst, Wolfen*	Synchromat-Farbstoffe	*CIBA*

Die entsprechenden Beizen tragen den gleichen Gruppennamen wie die Farbstoffe wie z. B. Eriochromalbeize, Metachrombeize, Synchromatbeize usw.

Als Egalisiermittel, Faserschutzmittel kommen die für Säurefarbstoffe verwendbaren Produkte in Betracht. Ein Aufhellen ist schwierig. Zum Abziehen werden die gleichen Verfahren, wie für Säurefarbstoffe angegeben, eingesetzt.

Die sehr guten Echtheiten der Chromfarbstoffe haben die Farbstoffhersteller veranlaßt, das Metall — es handelt sich hauptsächlich um Chrom, seltener Nickel oder Kobalt — direkt in das Farbstoffmolekül einzubauen und damit die Färbezeit abzukürzen und einen Farbtonumschlag durch Chromieren, der gewisse Unsicherheiten mit sich bringt, zu vermeiden. Diese Bemühungen haben zu den *1 : 1-* und *1 : 2-Metallkomplexfarbstoffen* geführt.

d) 1:1-Metallkomplex-Farbstoffe. Bei diesen Farbstoffen enthält ein Farbstoffmolekül noch ein Chromatom. Die Farbstoffe werden auch als *starksaure* oder *sulfogruppenhaltige Chromkomplexfarbstoffe* bezeichnet. Es handelt sich dabei um Säurefarbstoffe die, wie die Säurefarbstoffe, elektrostatisch und mit dem Chrom koordinativ an die Wolle gebunden sind. Die Naßechtheiten der Färbungen sind dadurch weit besser als die von Säurefarbstoffen, erreichen aber die von Chromfärbungen nicht. Vor allem gilt das für die alkalische Walkechtheit, da die Farbstoffe nicht wie die Chromierungsfarbstoffe als Chromlack und damit weitgehend wasserunlöslich gebunden sind (Tab. 38). Die Farbstoffe zeigen sehr gutes Egalisiervermögen, wenn mit erhöhten Schwefelsäuremengen gefärbt wird, die eine koordinative Bindung des Metalls verlangsamen bzw. Egalisiermittel zugesetzt werden, die mit den Farbstoffen schwerbewegliche Addukte eingehen, die sich erst im Laufe des Färbens wieder auflösen.

Tabelle 38. *Echtheiten einer Wollfärbung mit Neolanbordeaux BE/CIBA*

Licht $2/1, 1/1, 1/3$	Wasser-	Wäsche- 40 °C	Wäsche- 60 °C	Perboratwäsche	Meerwasser-	Chlorbadewasser-	Schweiß-	Reib- (trocken)	Bügel- (nach 4 Std.)	Peroxydbleich-	Walk- alkal. mild	Walk- sauer mild	Karbonisier-	saure Chlorierung	Lösungsmittel (Per) + Reinigungsverstärker
6	4–5	4	2	3–4	3–4	3–4		4	5	5	1	4	4	2–3	4	4–5	4
6–7	3–4	5	5	5	3–4		4–5	5	5		4–5	5	2–3		5	5
7	4–5	5	5	5	3–4		4–5				5	5			5	4–5

Die Produkte kommen u. a. als:

Chromacyl-	*Dupont*	Palatinecht-	*BASF*
Chromintra-	*Vondelingenplaat*	Stenamina-	*ACNA*
Gycolan-	*Geigy*	Ultralan-	*ICI*
Inochrom-	*Francolor*	Vitralon-Farbstoffe	*Sandoz*
Neolan-	*CIBA*		

in den Handel.

Die Färbeverfahren sollen an Hand der Neolan-Farbstoffe/*CIBA* erläutert werden. Die anderen Produkte können in ähnlicher Weise gefärbt werden. Beim Verfahren I wird bei Färbungen unter 1% Farbstoff die Wolle mit:

4% + 0,7 g/l Schwefelsäure 66 °Bé
5—10% Glaubersalz kalz.

behandelt und bei 70 °C der gut gelöste Farbstoff zugesetzt, zum Kochen getrieben und mindestens 1¹/₂ Std. gekocht.

Bei Färbungen von mehr als 1% Farbstoff wird in gleicher Weise gearbeitet, jedoch

4% + 1 g/l Schwefelsäure 66 °Bé
5—10% Glaubersalz kalz.

zugesetzt.

Verfahren II: Das Färbebad wird mit

4% + 0,3 g/l Schwefelsäure 66 °Bé
1,5% + 0,5 g/l Neolansalz P/*CIBA*
5—10% Glaubersalz kalz.

bestellt und ansonsten wie nach Verfahren I gearbeitet.

An Stelle von Neolansalz P können auch 0,2—1% Neovadin AN oder AL bzw. 1—3% Univadin W/*CIBA* verwendet werden. Die meisten Neolanschwarzmarken werden nur mit 1,5—2% Schwefelsäure 66 °Bé ohne jeden weiteren Zusatz gefärbt. Die Abb. 200 gibt die Säure- und Hilfsmittelmengen für verschiedene Flottenverhältnisse an. Die hohen Schwefelsäuremengen — es wird meist mit insgesamt 7—12% gearbeitet — bedingen pH-Werte von 1,9—2,1 und eine gewisse Versprödung der Wolle, die auch bei Verwendung der nichtionogenen Hilfsmittel nicht zu verhindern ist. Die Wolle wird „blechern", was nicht in allen Fällen erwünscht ist. Eine große Zahl der Produkte lassen sich auch mit 4% Schwefelsäure und Zusatz von Egalisiermittel, bzw. einige auch mit 5% Ameisensäure 85%ig und 3% Egalisiermittel färben,

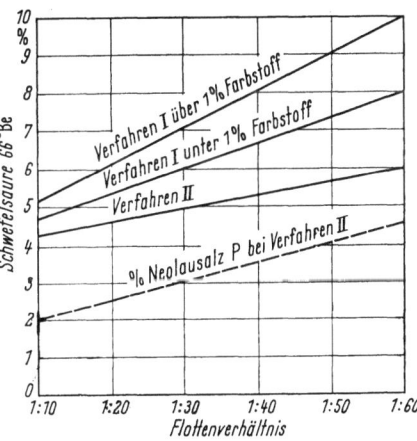

Abb. 200. Zusatzmengen von Schwefelsäure 66 °Bé bzw. Neolansalz P beim Färben mit Neolanfarbstoffen/*CIBA*

wodurch ein weniger harter Griff resultiert. Beim Färben der Schwarzmarken, die mit geringeren Säuremengen gefärbt werden können, soll der Säurezusatz in mindestens 2 Portionen erfolgen.

Zu den nichtionogenen Egalisiermitteln, die eine zusätzliche Waschwirkung haben, gehören u. a.:

Chromintrasalz E	*Vondelingenplaat*
Dispersogen AZ	*Hoechst*
Inochromsalz L	*Francolor*
Neolansalz P	*CIBA*
Palatinechtsalz O Lsg.	*BASF*
Pentazikon X	*R. Baumheier*
Rucogen KP	*Rudolf*

Ein besonderer Vorteil dieser Farbstoffe besteht darin, daß bei abgestelltem Dampf *ohne Abkühlung nuanciert* werden kann, ohne daß Unegalitäten auftreten. Die langen Färbezeiten erlauben auch eine gute Durchfärbung von gewalkten Wollwaren. Man färbt mit 1:1-Metallkomplexfarbstoffen vor allem Webwaren (Gabardine), Jersey, Teppich- und andere Garne, Kammzug und loses Material. Da mit hohen Schwefelsäuremengen gearbeitet wird, ist ein Neutralisieren karbonisierter Wolle nicht unbedingt notwendig, wenn sofort nach der Karbonisation gefärbt wird. Da die Schwefelsäure nach dem Färben hartnäckig festgehalten wird, empfiehlt sich eine Neutralisation mit 6—8% Natriumazetat im Spülbad.

Durch eine Behandlung mit

$$4\% + 0,7 \text{ g/l Schwefelsäure 66 °Bé}$$
$$4-5\% \text{ Egalisiermittel}$$

während 30—45 min. können die Färbungen im „blinden Färbebad" gut aufgehellt bzw. egalisiert werden. Zum Abziehen werden die bei Säurefarbstoffen genannten Verfahren eingesetzt.

e) **1:2-Metallkomplex-Farbstoffe.** Die Farbstoffe werden auch als *sulfogruppenfreie*, oder *neutralziehende Metallkomplexfarbstoffe* bezeichnet, da ihre löslichmachenden Gruppen Sulfonamid- bzw. auch Methylsulfon-Gruppen sind, die nicht

Tabelle 39. *Echtheiten einer Wollfärbung mit Irgalangrau BL/Geigy*

Licht- $2/1, 1/1, 1/3$	Wasch- (60 °C)	Wasser-	Meerwasser-	Schweiß-	Reib-	Bügel-	Walk-		Karbonisier-	Potting-	Dekatur-
							alkal.	sauer			
5—6	4—5	5	4—5	4			4—5				
6—7	5	5	5	5	4—5	5	5	3	4	3	4—5
7	5	5	5	5			5				

in dem Maße zur Löslichkeit beitragen, wie die unmodifizierten Sulfogruppen. Dadurch wird die Löslichkeit herabgesetzt und die Naßechtheiten der Färbungen verbessert. Außerdem können die Farbstoffe schwach sauer oder neutral gefärbt werden, ziehen jedoch schon ab 70 °C auf die Wolle und es ist deshalb notwendig, von dieser Temperatur ab möglichst langsam zum Kochen zu treiben. Nach den heutigen Erkenntnissen wird der Farbstoff salzartig gebunden und wahrscheinlich daneben auch in der Wollsubstanz selbst gelöst, wenn oberhalb pH 6 gefärbt wird. Besondere Vorteile dieser Farbstoffgruppe sind ihre leichte Färbbarkeit, da zur Erschöpfung der Färbebäder nur leicht und kurze Zeit gekocht werden muß, ferner die sehr hohen Gesamtechtheiten (Tab. 39), die den Chromierungsfarbstoffen nicht nachstehen, wenn auch die Potting- und schwere, alkalische Walkechtheit nicht erreicht wird, liegt sie doch höher als bei Färbungen mit Säure- oder

1:1-Metallkomplexfarbstoffen. Nachteilig ist das Aufziehen ab 70 °C, das dem Wollfärber unbekannt war und die Unmöglichkeit, unegale Färbungen allein durch Kochen auszuegalisieren. Durch Einsatz spezieller Egalisiermittel kann jedoch eine ausreichende Egalität in allen Fällen erreicht werden. Die gedeckten Farbtöne haben die 1:2-Metallkomplexfarbstoffe mit den Chromierungs- und 1:1-Metallkomplexfarbstoffen gemeinsam.

Die Farbstoffe haben seit ihrem Erscheinen (Irgalangrau BL/*Geigy*) im Jahre 1949 ein großes Gebiet der Wollfärberei erobern können. Die Produkte kommen u. a. als

Capracyl-	*Dupont*	Ortolan-	*BASF*
Cibalan-	*CIBA*	Remalanecht-	*Hoechst*
Isolan-	*Bayer*	Stenolana-	*ACNA*
Irgalan-	*Geigy*	Vondalan-	*Vondelingenplaat*
Lanasyn-	*Sandoz*	Wofalan-Farbstoffe	*Wolfen*
Neutrichrom-	*Francolor*		

auf den Markt. Um auch brillantere Nuancen zu erzielen, wurden von verschiedenen Herstellern aus dem Sortiment der schwachsauerziehenden Säurefarbstoffe Produkte ausgesucht, die im Aufziehvermögen und den Echtheiten den 1:2-Metallkomplexfarbstoffen ähnlich sind und als Nuancierungsfarbstoffe höhere Brillanz aufweisen. Diese Farbstoffe kommen u. a. als

Cibalanbrillant-*	*CIBA*	Irganol-	*Geigy*
Isonal-	*Bayer*	Ortol-	*BASF*
Lanasynrein-	*Sandoz*	Remalan-Farbstoffe*	*Hoechst*

Beim Färben mit 1:2-Metallkomplexfarbstoffen ist zu beachten, daß die Produkte wegen ihrer blockierten Sulfogruppen eine geringere Löslichkeit aufweisen als andere Wollfarbstoffe — es lösen sich meist nur 30—80 g/l — und beim Lösen mit warmem Wasser angeteigt und mit kochenden Wasser übergossen und nicht aufgekocht werden sollen. Ferner ist zu berücksichtigen, daß die Farbstoffe nur schwach sauer gefärbt werden dürfen und durch eine neutrale Färbeweise am besten egalisieren. Da jedoch die *Neutralfärbeweise* die Wolle ungünstig beeinflußt, arbeitet man entweder mit sauer hydrolysierenden Salzen oder Essigsäure bei pH-Werten von 4—6,5 (Abb. 201). Ein Zusatz von Glaubersalz beim Färben in neutralen Bädern zeigt keine egalisierende Wirkung,

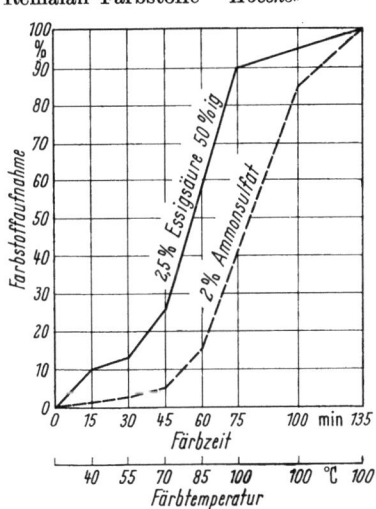

Abb. 201. Ziehvermögen von Irgalangrau BL/*Geigy* auf Wolle

da sich dabei nach neueren Erkenntnissen die Farbstoffe im Keratin lösen. Ein Zusatz eines Wollschutzmittels und zur weiteren Verbesserung der Egalität ist der Zusatz eines anionischen Egalisiermittels, wie es auch bei der schwach sauren Arbeitsweise üblich ist, ratsam. Um den Wollgriff zu verbessern wird die Wolle im letzten Spülbad unter Zusatz von Essigsäure behandelt. Gefärbt wird ansonsten, wie untenstehend für die saure Arbeitsweise angegeben ist.

---
* Sind Reaktivfarbstoffe

Beim *Färben mit sauer dissoziierenden Salzen* wird unter Zusatz von 2—5% Ammonsulfat oder -azetat (pH 5—6,5) bei 40—50 °C die Ware kurz behandelt, der gelöste Farbstoff dem Bad zugesetzt und in 45 min. zum Kochen getrieben und die gleiche Zeit leicht kochend weiter gefärbt. Zur Verbesserung der Egalität ist die Mitverwendung von anionischen oder nichtionogenen Egalisiermitteln vorteilhaft, die in Mengen bis zu 3% eingesetzt werden. Dabei ist zu berücksichtigen, daß die anionischen, faseraffinen Egalisiermittel teilweise zum Vergilben neigen, wenn sie beim Färben von hellen Nuancen in größeren Mengen als 1% verwendet werden, da sie substantiv auf die Faser ziehen und nicht vollkommen abgespült werden können. Zur Griffverbesserung der Wolle können in die ausgezogenen Bäder auch 0,5—1% Essigsäure 50%ig nachgesetzt werden.

Beim *Färben im schwachsauren Bereich* wird mit

  2— 3% Ammonazetat oder -sulfat
  1— 3% Essigsäure 50%ig
  10—15% Glaubersalz kalz.

wie oben beschrieben vorbehandelt und gefärbt. Oft wird auch allein mit Essigsäure gefärbt. Zur Erzielung gut egaler Färbungen ist die Mitverwendung von Glaubersalz und farbstoffaffiner Egalisiermittel unbedingt zu empfehlen. Da im isoionischen Bereich behandelt wird, ist die Wollschonung am größten und es hat sich diese Färbeweise deshalb am meisten einführen können.

Als **Egalisiermittel** sind *anionische, faseraffine* Produkte im Handel, die vor allem bei der Neutral- und der -Färbeweise nahe dem Neutralpunkt eingesetzt werden und den Farbstoffnachsatz bei abgestelltem Dampf bei fast allen Farbstoffen erlauben. Es gehören u. a. dazu:

Albatex HW	*CIBA*	Irgasol DA	*Geigy*
Avolan IS	*Bayer*	Osimol-Grünau	*Grünau*
Cibalansalz N	*CIBA*		

Die *nichtionogenen, farbstoffaffinen* Egalisiermittel werden mit 1—3% eingesetzt und verzögern das zu schnelle Aufziehen vor allem bei der schwachsauren Färbeweise, da sie mit den Farbstoffen schwer bewegliche Addukte eingehen, die sich erst nach längerer Färbezeit wieder auflösen. Zu diesen Produkten gehören u. a.:

Albegal CL	*CIBA*	Lyogen SMK	*Sandoz*
Avolan IL, IW	*Bayer*	Neovadin AN, AL	*CIBA*
Cibalansalz S	*CIBA*	Remalansalz M	*Hoechst*
Irgasol SW	*Geigy*	Uniperol W	*BASF*

Von *Geigy* wurde für das Färben mit 1:2-Metallkomplexfarbstoffen das *Hochtemperatur-Färbeverfahren* (HF) entwickelt, mit dem es möglich ist, in kürzester Zeit egale Färbungen zu erreichen und auf laufenden Bädern zu arbeiten. Dabei wird das langsamere Ziehvermögen der Farbstoffe über 80 °C genutzt (Abb. 201, S. 281) und unter Zusatz von Farbstoff und

  1—3% Ammonsulfat
  1% Irgasol DA/*Geigy*

bei 80 °C in das Färbebad eingegangen in 10 min. zum Kochen getrieben und 30 min. kochend gefärbt. Die Farbstoffe ziehen nach dieser Methode weniger stark aus, und man kann beim Färben auf stehenden Bädern mit geringerem Farbstoffnachsatz und Aufbesserung der Bäder mit

  0,25—0,5% Irgasol DA/*Geigy*
  0,5% Ammoniak konz.

mit der 2. Partie wiederum bei mindestens 80 °C eingehen. Durch die Hydrolyse des Sulfats ist der Zusatz des Ammoniaks zur Pufferung notwendig.

Zum Färben von Wolle nach den klassischen Verfahren ist, abgesehen vom Färben mit Küpenfarbstoffen, immer eine gewisse Kochzeit zur wirtschaftlichen Nutzung (Erschöpfung) der Färbebäder und Entwicklung der Echtheiten notwendig, die eine gewisse Beeinträchtigung der Wolleigenschaften mit sich bringt. Durch Einsatz von organischen Lösungsmitteln ist es möglich, sowohl die Färbezeit als auch die -temperatur herabzusetzen. Auf dieser Grundlage wurde zuerst von *Geigy* das *IRGA-SOLVENT-Verfahren* entwickelt. Dabei wird als teilwasserlösliches, organisches Lösungsmittel Benzylalkohol verwendet. Es handelt sich dabei um das gleiche Prinzip, wie es unter gleichem Namen zum Färben von Polyamiden (S. 308) empfohlen wird. Die Wirkungsweise des Benzylalkohols ist bisher nicht restlos geklärt, dürfte aber entweder durch die bessere Löslichkeit entsprechender Farbstoffe im Lösungsmittel, Entstehen eines Lösungsmittelfilms an der Faseroberfläche oder durch „Carrierwirkung" zu erklären sein. Durch Verwendung von 50—80 ml/l Benzylalkohol lassen sich bei 60 °C in kürzester Zeit die Färbebäder erschöpfen und Normalechtheiten der Färbung erreichen. Diese hohen Einsatzmengen an Benzylalkohol sind jedoch unrentabel. Zum Färben nach diesem Verfahren sind hauptsächlich die 1:2-Metallkomplex-, schwachsauer- oder neutralziehende Säurefarbstoffe und einige Chromentwicklungsfarbstoffe brauchbar.

Beim Färben von Wolle nach dem IRGA-SOLVENT-Verfahren auf stehenden Bädern wurde gefunden, daß die Bäder, die neben dem Farbstoff im Ansatz noch

    5 ml/l   Benzylalkohol
    0,4 %   Irgasol SW (Egalisiermittel/*Geigy*)
    2—3 %   Essigsäure 50%ig

enthalten, in 20—30 min. bei 90—93 °C ausgezogen sind und auch beim Eingehen der Wolle bei dieser hohen Temperatur keinerlei Egalisierungsschwierigkeiten auftreten. Ein evtl. Nuancieren kann nach 20 min. Färbezeit erfolgen. Beim Färben der 2. und aller weiteren Partien ist auf Grund der kurzen Färbezeiten nur ein Nachsatz von

    0,5 ml/l   Benzylalkohol
    0—0,2 %   Irgasol SW/*Geigy*

neben dem gelösten Farbstoff und $1/4$—$1/2$ der Säuremenge notwendig. Durch diese Arbeitsweise läßt sich das Färben von Wolle schonender, schneller und wirtschaftlicher gestalten. Ähnliche Verfahren werden auch von anderen Firmen empfohlen und als Lösungsmittel u. a. Butanol eingesetzt.

Von der *CIBA* wird zum Färben von Wolle mit 1:2-Metallkomplexfarbstoffen auch das *Säurenachsatzverfahren* empfohlen. Damit werden besonders egale Färbungen erreicht. Man färbt wie normal unter Zusatz von 5% Ammonsulfat und setzt nach 10 min. Kochzeit

    1% Cibalansalz S
    5% Essigsäure 50%ig und evtl.
    10% Glaubersalz kalz.

in gut gelöstem Zustand zu und färbt weitere 30 min. kochend. Dabei wird der durch das Ammonsulfat auf die Faser gezogene Farbstoff zur verstärkten Migration veranlaßt, die Färbungen werden egaler und die Wolle behält durch den Säurezusatz ihren guten Griff.

Von einigen Farbstoffherstellern wurden *besondere 1:2-Metallkomplex-Farbstoffe* herausgebracht, die bei sparsamen Farbstoffeinsatz tiefe Farbtöne erlauben. Dazu gehören die

> Irgaren- *Geigy*
> Lanacron- *CIBA*
> Levalan- *Bayer*
> Sandolan- *Sandoz*
> Vondalan-S-Farbstoffe *Vondelingenplaat*,

die nach gleichem Färbeverfahren wie die anderen 1:2-Metallkomplexe gefärbt werden, auch zum Färben von Polyamiden verwendbar sind und mit mindestens 1% eingesetzt werden sollen. Bisher sind diese Farbstoffe nur für Braun-, Marineblau-, Grün-, Oliv- und Bordeaux-Töne auf dem Markt.

Zum *Ausegalisieren* bzw. *Aufhellen* von Färbungen mit 1:2-Metallkomplexfarbstoffen können die nichtionogenen Egalisiermittel gemeinsam mit 10% Glaubersalz bei einem pH-Wert von 5—6,5 eingesetzt werden. Zum Abziehen eignen sich die für Säurefarbstoffe (S. 274) angegebenen Verfahren.

f) Reaktivfarbstoffe. Die hauptsächlich zum Färben von Zellulosefasern verwendeten Produkte können auch zum Färben von Wolle und Polyamidfasern eingesetzt werden, wenn auch ihre Bedeutung auf diesen Gebieten nicht so groß ist. Da außerdem nicht alle Produkte, die sich zum Färben von Zellulosefasern eignen, zum Färben von Wolle brauchbar sind, wurden von den einzelnen Herstellern die Farbstoffe besonders ausgesucht, in Musterkarten zusammengefaßt oder auch in Gruppen vereinigt und mit besonderen Namen versehen. Dazu gehören u. a. die

> Cibacrolan- *CIBA*
> Drimalan- *Sandoz*
> Remazolan-Farbstoffe *Hoechst*.

Neben den Cibacrolan-Farbstoffen können auch einige Cibacrone verwendet werden. Ferner sind Reaktivfarbstoffe für Wolle auf dem Markt, die schwach sauer gefärbt, allein, oder zum brillanten Nuancieren von 1:2-Metallkomplexfarbstoffen (S. 281) verwendet werden können. Dazu gehören die Remalan-/*Hoechst* und Cibalanbrillant-Farbstoffe/*CIBA*, die mit

> 5—10% Glaubersalz kalz.
> 5% Ammonazetat
> 2% Remalansalz A/*Hoechst* (Egalisiermittel)

wie die 1:2-Metallkomplexfarbstoffe gefärbt werden können, brillante Farbtöne ergeben und sehr gute Gesamtechtheiten zeigen.

Von der *ICI* werden eine Reihe von *Procion-Farbstoffen* (M = Kalt- und H = Heißfärber) empfohlen, die jedoch möglichst nicht untereinander kombiniert werden sollen. Beim Färben mit Procion-/*ICI* und auch Cibacron- bzw. Cibacrolan-Farbstoffen/*CIBA* tritt der sog. *Ingraineffekt* auf. D. h., die Wolle zeigt ohne Verwendung besonderer Hilfsmittel eine *schipprige Färbung*, vor allem dann, wenn die Farbstoffe kombiniert werden. Dieser Effekt kommt wahrscheinlich von dem nicht immer gleichmäßigen Wollaufbau bzw. der partiell durch Licht oder anders geschädigten Wolle, die zu stark unterschiedlichem Aufziehen der Farbstoffe führt und so z. B. durch Mitverwendung von schwach sauerziehenden Säurefarbstoffen zur Herstellung von Melangen im Einbadverfahren verwendet wird.

Die Procionfarbstoffe/*ICI* werden wie folgt appliziert: Das Färbebad wird bei 40 °C mit 3% Ammonazetat (pH 7) versetzt, wenn helle Töne verlangt werden.

1,5% Ammonazetat
1 % Essigsäure 50%ig

(pH 5,5) beim Färben von dunklen Tönen verwendet und die Wolle 15 min. behandelt. Dabei ist der jeweilige pH-Wert unbedingt einzuhalten und muß evtl. durch Zugabe von Ammoniak oder Essigsäure korrigiert werden. Nun wird als Schaumverhütungsmittel Silcolapse M 437 und Lubrol W/*ICI* zugesetzt und gründlich im Behandlungsbad verteilt, bevor 1% Lissolamin A 50%/*ICI* zugesetzt wird. Nun wird das Material nochmals 5 min. im Bad behandelt, der mit kaltem Wasser angeteigte und mit 30—50 °C warmen Wasser gelöste Farbstoff zugesetzt, zum Kochen getrieben und 60 min. kochend gefärbt. Die Färbungen zeichnen sich durch sehr gut Licht- und meist sehr gute Naßechtheiten aus.

Tabelle 40. *Zusätze beim Färben von Wolle mit Cibacron- und Cibacrolan-Farbstoffen/CIBA nach dem Neovadin-Verfahren*

Farbstoff %	bis 0,1	0,5	1,0	1,5	2,0	3,0	4,0	5,0
Neovadin % AL oder AN	1,0	1,0	1,0	1,0	1,0	1,5	2,0	2,0
Dispergator CC %	0,6	0,5	0,35	0,2	0,1	—	—	—
Essigsäure 40%ig	3,0	4,0	5,0	6,0	6,0	7,0	8,0	8,0
Glaubersalz kalz. %	30,0	20,0	10,0	—	—	—	—	—
Ammoniak 25%ig	1,8	2,2	2,7	3,2	3,2	3,6	4,0	4,0

Für das Färben von Wolle mit Cibacron- und Cibacrolan-Farbstoffen/*CIBA* wird eine ähnliche, als *Neovadin-Färbeverfahren* bekannte Arbeitsweise der *CIBA* empfohlen. Das Bad wird mit den aus Tab. 40 angegebenen Chemikalien, außer dem Ammoniak, versetzt und das Material bei 50 °C und einem pH-Wert von 4—5 kurz behandelt, der gut gelöste Farbstoff zugesetzt, in 20 min. auf 80 °C getrieben, bei dieser Temperatur 30 min. gefärbt, wobei der Farbstoff weitgehend ausgezogen sein soll. Anschließend treibt man in 10 min. zum Kochen und kocht je nach Farbtiefe 30—60 min., setzt dann den Ammoniak oder entsprechende Mengen Hexamethylentetramin als Ammoniakspender zu, um ungenügend gebundenen Farbstoff von der Faser zu lösen, was mit dem Nachseifen bei Zellulosefärbungen vergleichbar ist. Dabei wird das Alkali in gut verdünntem Zustand zugesetzt und die Dampfzufuhr abgestellt. Es soll sich dabei ein pH-Wert von 7—9 einstellen. Nach 30 min. ist die Färbung bei sinkender Temperatur beendet. Bei Verwendung von Hexamethylentetramin setzt man die Hälfte der anfänglich verwendeten Essigsäure 40%ig ein und kocht weitere 30 min., wobei sich Ammoniak bildet und eine pH-Werterhöhung über 7 nicht auftritt. Zur Neutralisation des überschüssigen Ammoniaks wird nach gutem Spülen nochmals mit 1—2% Ameisensäure 85%ig abgesäuert. Zum Nuancieren können die Farbstoffe dem Färbebad bei abgestelltem Dampf zugesetzt werden. Die *CIBA* empfiehlt die Färbung mit ihren Produkten zur Erzeugung von sehr brillanten und tiefen Farbtönen wie Scharlach, Grün usw., die mit anderen Farbstoffen und guten Echtheiten nicht erhältlich sind (Tab. 41).

Proteinfasern

Tabelle 41. *Echtheiten einer Wollfärbung mit Cibacrolanbrillantgelb 3 G/CIBA*

Licht 2/1, 1/1, 1/3	Wasch- 40 °C	Wasch- 60 °C	Wasser- (streng)	Meerwasser	Schweiß	Reib- (trocken)	Bügel- (nach 4 Std.)	Walk- alk. streng	Walk- sauer mild	Karbonisier-	Dekatur- (schwer)	Potting-	Überfärbe- Essigsäure	Überfärbe- Schwefelsäure	Sauer Chlorieren	Peroxydbleich-
5	4	4	4–5	4–5	4–5	5	5	4	4	4	4–5	4–5	4	4	4	4
6	5	5	5	5	5			5	5			4–5	5			5
6–7	5	5	5	5	5			5	5			5				5

Von *Hoechst* werden zum Färben mit *Remazolan-Farbstoffen*, die für das Färben von Wolle aus dem Sortiment der Remazol-Farbstoffe ausgesucht wurden, 2 Färbeverfahren angegeben. Die Farbstoffe werden ebenfalls nur in Zweierkombinationen zur Erzeugung von brillanten, sehr echten Farbtönen empfohlen. Für Modetöne sind 1:2-Metallkomplexfarbstoffe günstiger. Beim *Schwefelsäureverfahren* wird das Färbebad mit

    10% Glaubersalz kalz.
    4% Schwefelsäure 66 °Bé
    1,5% Remol E als Egalisiermittel

versetzt und das Material 10—15 min. behandelt, der gut gelöste Farbstoff zugesetzt, innerhalb von 45—60 min. zum Kochen getrieben und 1 Std. gekocht. Die Bäder ziehen bereits bei 70 °C weitgehend aus und es ist notwendig, die Temperatur nur langsam zu steigern. Nach diesem Verfahren erhält man schlechtere Naßechtheiten als nach dem nachstehend beschriebenen TED-Verfahren, da der Farbstoff teilweise kovalent an die Wolle und ein großer Teil nur salzartig, wie ein Säurefarbstoff, gebunden ist.

Beim *Trinatriumphosphat-Essigsäure-Dinatriumphosphat-(TED)Verfahren* wird der Farbstoff durch das Trinatriumphosphat in die reaktionsfähige Form gebracht, essigsauer auf die Faser gefärbt und mit dem alkalischen Dinatriumphosphat kovalent gebunden. Die letzte Behandlung ist nur dann notwendig, wenn optimale Naßechtheiten gefordert werden. Das Färbebad wird bei 30—40 °C mit

    10% Glaubersalz kalz.
    1,5— 4% Essigsäure 50%ig
    1,5% Remol GE/*Hoechst*

beschickt und die Ware in diesem Bad gründlich genetzt. Der Farbstoff durch Übergießen mit Heißwasser gelöst und nach Abkühlen auf 80 °C 2% Trinatriumphosphat zugesetzt. Dabei ist zu berücksichtigen, daß die Farbstoffe im kochenden Wasser von 40—170 g/l löslich sind und ihre Löslichkeit durch Zusatz von Trinatriumphosphat und Abkühlung auf 40 °C (Färbeanfangstemperatur) auf 5—60 g/l absinkt. Dabei ändert sich die Löslichkeit von Farbstoff zu Farbstoff sehr unterschiedlich. Die Farbstofflösung wird dem Behandlungsbad nachgesetzt, in 45 min. zum Kochen getrieben und bei 60—70 °C zum besseren Egalisieren möglichst 15 min. verblieben. Anschließend wird 1 Std. gekocht, gründlich gespült und auf frischem Bad bei 80 °C während 10 min. mit 2 g/l Dinatriumphosphat nachbehandelt und gespült. Durch die alkalische Nachbehandlung verringert sich die Nuance um 5—10%. Wenn beim Färben in langer Flotte die Löslichkeitsgrenze durch das Trinatriumphosphat überschritten wird, kann der wassergelöste

Tabelle 42. *Echtheiten zweier Wollfärbungen mit Remazolanrot GR/Hoechst*

Licht- $2/1, 1/1, 1/3$	Wasser- (b)	Meerwasser-	Schweiß-	Wasch-		Walk- alkalisch		Dekatur-		Reib- (naß)	Karbonisier-	Potting-	saures Chloren
				40 °C	60 °C	a	b	a	b				
gefärbt nach dem Schwefelsäureverfahren													
5—6	4—5	4	4	4—5	3	4	3	4—5	4—5	4	4—5	3—4	4
6	4	4	3	5	2—3	4—5	2—3					2	5
6—7	4—5	2—3	4—5	4—5	4—5	4—5	3—4					5	4—5
gefärbt nach dem TED-Verfahren													
5—6	5	4	4—5	4—5	4	4—5	4	4—5	4	3—4	4—5	4	4—5
6	4—5	4—5	4—5	5	4	4—5	4					2	5
6—7	4—5	4	4—5	5	4—5	4—5	4—5					4—5	4—5

Farbstoff dem Färbebad zugegeben und in langer Flotte das gelöste Trinatriumphosphat nachgesetzt werden. Nach 10 min. werden die anderen Chemikalien nachgegeben und ansonsten wie normal gearbeitet. Über die Echtheiten einer Remazolan-Färbung nach beiden Verfahren unterrichtet Tab. 42.

Da die Reaktiv-Farbstoffe auch kovalent an die Wolle gebunden sind, ist ein Ausegalisieren und Aufhellen nur sehr schwer möglich. Zum Abziehen können die für Säurefarbstoffe geschilderten Arbeitsweisen eingesetzt werden.

Von der *ICI* wurden die ersten Vertreter von **reaktiven 1:2-Metallkomplex-Farbstoffen** als *Procilan-Farbstoffe* auf den Markt gebracht. Die Farbstoffe können, da ihre Palette noch klein ist, mit ausgesuchten schwachsauerziehenden Walkfarbstoffen kombiniert werden. Gefärbt wird unter Zusatz von

3 % Ammonazetat oder Ammonsulfat
3 % Procilansalz L als Egalisiermittel und evtl.
0,025—0,05 g/l Silcolapse 438 als Antischaummittel.

Das Material wird in diesem Bad bei 40—70 °C (bei Mitverwendung von Carbolan- oder Coomassie-Farbstoffen unter 60 °C) und einem pH-Wert von 6—6,5, der mit etwa 0,5 % Eisessig (1 % Essigsäure 50 % ig) eingestellt wird, 10 min. behandelt, der kochend gelöste Farbstoff zugesetzt und nach 5 min., während 45 min. stetig steigend, zum Kochen getrieben, mindestens 1 Std. kochend gefärbt und gespült. Zur Erreichung optimaler Naßechtheiten kann entweder insgesamt 2 Std. gekocht oder 1 Std. bei 106 °C gefärbt werden. Die Echtheiten einer Färbung während 1 Std. Kochzeit zeigt die Tab. 43. Zum Nuancieren können Procilanfarbstoffe in das auf 80 °C abgekühlte Färbebad zugesetzt werden.

Tabelle 43. *Echtheiten einer Wollfärbung mit Procilandunkelbraun BS/ICI*

Licht- $2/1, 1/1, 1/25$	Karbonisier-	Chem. Reinigung	saure Chlorierung	Überfärbe-			Dekatier- (schwer)	Bügel- (nach 4 Std.)	Walk-		Peroxydbleich-	Schweiß-	Potting-	Reib- (trocken)	Meerwasser-	Wasch-	
				neutral	Essigsäure	Schwefelsäure			sauer	alkalisch						40 °C	60 °C
6	4—5	4—5	4—5	5	5	4—5	5	5	5	4—5	5	5	5	5	5	4—5	4—5
6—7	5	5	5	4—5	4—5	4			4	4—5	4—5	5	3	5	5	5	4—5
7			5	5	5	4—5			5	5	5	5	5	5	5	5	5

g) Küpenfarbstoffe. Mit ausgesuchten Küpenfarbstoffen läßt sich auch Wolle in sehr echten und brillanten Farbtönen färben. Es handelt sich dabei in der Hauptsache um indigoide Produkte, die vor allem zum Färben von losem Material eingesetzt werden. Auch wird in starkem Maße der Indigo verwendet. Dabei ist zu beachten, daß die Küpenfarbstoffe möglichst als molekulardisperse Farbstoffe vorliegen sollen, um sich als anionische Farbstoffe mit den kationischen Gruppen der Wolle zu verbinden. Durch die nachfolgende Oxydation werden die kationischen Gruppen wieder freigegeben und sind dadurch zu neuer Farbstoffaufnahme bereit. Da jedoch die Aktivierung der kationischen Aminogruppen in alkalischen Flotten nur sehr unvollständig ist, können nur eine Auswahl von Küpenfarbstoffen verwendet werden, die mit geringen Alkalimengen verküpbar sind. Alle diese Umstände haben dazu geführt, daß das Färben mit diesen Produkten nur geringere Bedeutung hat. Außerdem ist es mit einer großen Zahl von anderen Farbstoffen möglich, sehr echte Färbungen zu erreichen, wenn auch die Brillanz der Küpenfärbungen mit diesen Produkten nicht immer erreichbar ist.

Von *Hoechst* wurden die für Wolle brauchbaren Küpenfarbstoffe ausgesucht und neben dem Indigo in der Gruppe der *Helindon-Farbstoffe* zusammengefaßt. Andere Firmen geben die brauchbaren Produkte in besonderen Musterkarten an. Die Helindon-Farbstoffe kommen als *Küpenpulver-Marken* als Gemische von Farbstoff mit Hydrosulfit und Alkali in den Handel und werden durch Anrühren und anschließendes Übergießen mit der 5—15fachen Menge kochendem Wasser gelöst und sind nach 5 min. Stehen gebrauchsfertig. *Indigo MLB-Küpe Stückchen/ Hoechst* ist bereits die Natriumleukoverbindung des Indigos und damit ebenfalls wasserlöslich. Zur Stabilisierung der Lösung sind lediglich geringe Mengen von Hydrosulfit und Natronlauge im Färbebad notwendig. Die *Pulver-* und *Pulver-Spezial-Marken* sind unverküpt und werden stammverküpt. Dabei wird der Farbstoff mit *Monopolseife/Stockhausen* angeteigt, mit der

30fachen Wassermenge (55—90 °C) übergossen,
0,9—3,8 kg Natronlauge 38 °Bé für 1 kg Farbstoff angerührt und mit
0,9—1,6 kg Hydrosulfit, berechnet auf 1 kg Farbstoff, reduziert.

Nach 20—30 min. Stehen ist nach Eintreten der Küpenfarbe und klarer Lösung die Farbstofflösung gebrauchsfertig. Die Spezial-Pulver enthalten bereits Monopolseife.

Die einzelnen Helindon-Farbstoffe haben, wie alle Küpenfarbstoffe, unterschiedliche Substantivität, die temperaturabhängig ist und werden als *HN-Färber* (Helindon-Normal) bei 50—55 °C, und als *HW-Färber* (Helindon-Warmfärber) bei 60—65 °C am günstigsten gefärbt. Das Arbeiten in hartem Wasser ist bei allen Färbeverfahren günstiger, da es die Alkalität der Färbebäder herabsetzt und damit ein besseres Ausziehen ermöglicht. Steht hartes Wasser nicht zur Verfügung, setzt man bei HN-Färbern 1—4% Ammonsulfat, bei HW-Färbern 2,5—5% Kalziumchlorid zu.

Beim **Quetschküpenverfahren**, das für alle Küpenfarbstoffe verwendbar ist, wird in *mehreren Zügen* gearbeitet. Dabei wird die lose Wolle nach dem 1. Anfärben (Zug) abgequetscht und im Stapel luftoxydiert. Anschließend der 2. Zug gefärbt, wodurch eine ausreichende Farbtiefe erreichbar ist und die Bäder besser ausziehen. Beim Oxydieren werden die Aminogruppen der Wolle zur erneuten Farbstoffaufnahme frei, wodurch sich das Nachziehen des Farbstoffes im 2. Zug erklärt.

Diese Färbweise eignet sich zum Färben von Standardnuancen auf stehenden Bädern, da für die 2. Partie 15—25% weniger Farbstoff benötigt wird, als bei der 1. Partie. Die Färbeküpe wird vor dem Eingießen der Farbstoff-Lösung oder -Stammküpe mit

   2—3% Leim oder Solegal A/*Hoechst*
   0—3% Ammoniak 25%ig (helle Töne mehr, dunkle weniger)
   2% Hydrosulfit

vorgeschärft und die Küpe eingerührt. Nach dem Oxydieren an der Luft oder beim Färben von Kammzugbobinen mittels 1—2% Wasserstoffperoxyd 30%ig bei 40 °C während 15 min., wird gespült und mit

   2% Essigsäure 50%ig oder
   1% Ameisensäure 85%ig bzw. Schwefelsäure 66 °Bé

10—15 min. bei 85 °C abgesäuert und gründlich nachgespült. Durch das Absäuern wird das Alkali neutralisiert und der Farbton entwickelt.

Das **Ausziehverfahren** ist zur Herstellung von hellen und mittleren Tönen geeignet, die als Einzelpartien vorkommen und die Farbstoffe im Quetschküpenverfahren nur unvollständig ausgenutzt würden. Man färbt nach diesem Verfahren hauptsächlich HN-Farbstoffe. Die Farbstofflösung und das Behandlungsbad wird wie bei der Quetschküpe angesetzt und nach 20 min. Färbezeit 3—4% Ammonsulfat gelöst zugesetzt und weitere 20 min. gefärbt, durch Zusatz von Kaltwasser im Überlauf gekühlt und die „Blume" (oxydierter Farbstoffschaum) abgespült, die Flotte abgelassen und wie bereits beschrieben oxydiert, gesäuert und nachgespült.

Tabelle 44. *Echtheiten einer Wollfärbung mit Indigo MLB/Hoechst*

Licht $^2/_1$, $^1/_1$, $^1/_3$	Wasch- (60 °C)	Wasser	Walk- alkal.	Walk- sauer	Potting	Schweiß	Karbonisier-	Dekatur	Reib-
7	5	5	5	5	5	5			
7—8	5	5	5	5	5	5	4—5	3	3—4
7—8	5	5	5	5	5	5			

Zur Herstellung von Marineblau- und Schwarznuancen wird das Quetschküpenverfahren dadurch modifiziert, daß man an Stelle des Ammoniaks der Quetschküpe 1—4% Ammonsulfat zusetzt und in 2 Zügen färbt. Zum Aufhellen kann eine „blinde Küpe" mit erhohten Mengen Wollschutzmittel dienen, zum Abziehen wird wie für Säurefarbstoffe Decrolin/*BASF* (S. 274) verwendet.

Wegen der hervorragenden Gesamtechtheiten (Tab. 44) werden Küpenfarbstoffe vor allem zum Färben von loser Wolle und Kammzug verwendet, die als Melangen, für Teppichgarne und Decken verwendet werden. Da auch heute noch Wollteppiche mit alkalischer Hypochloritlösung (türkische oder amerikanische Teppichwäsche) gewaschen werden, eignen sich diese Farbstoffe wegen ihrer Chlorbleichechtheit am besten.

h) Leukoküpenester-Farbstoffe. Zur Erzeugung sehr echter Färbungen sind auch diese Produkte verwendbar. Sie können jedoch nur für helle Farbtöne eingesetzt werden. Mit dem Leukoester des Indigos (Anthrasol O/*Hoechst*, Indigosol O/*Durand* u. a.) lassen sich auch dunkle Farbtöne erzeugen. Man färbt die Farbstoffe wie Säurefarbstoffe unter Zusatz von 5% Ammonsulfat kochend, erschöpft durch Zusatz von 2—4% Essigsäure 50%ig und entwickelt im gleichen Bad mit

1—2 % Ammonrhodanid
1—3,5% Kaliumbichromat

während 15 min. und setzt dann 10 g/l Schwefelsäure zu und arbeitet weitere 30 min. bei 85 °C, kühlt langsam ab und spült. Einige wenige Farbstoffe lassen sich auch, wie für Zellulosefasern üblich, mit Salzsäure/Nitrit entwickeln.

Zum Färben von Wolle können auch *unlösliche Azofarbstoffe* eingesetzt werden, wie sie von *Hoechst* als Ofna-lan-Grundkörper und Ofna-lan-Basen und -Salze im Handel sind. Dabei werden sehr gute Gesamtechtheiten erzielt, die vor allem als Rottöne mit anderen Farbstoffklassen nicht erhältlich sind. Da die Produkte ein weitgehend gleiches Aufziehvermögen auf Wolle und Zellulosefasern zeigen, verwendet man sie hauptsächlich zum Färben von Halbwolle und es werden deshalb die Färbeweisen und Echtheiten dort beschrieben (S. 359). Auch die *basischen (kationischen) Farbstoffe* können zum Färben von Wolle eingesetzt werden. Sie gehen mit den anionischen Gruppen der Wolle Salzbindungen ein und werden im essigsaurem Bad gefärbt. Ihre Echtheiten sind sehr gering und man verwendet sie deshalb in der Wollfärberei nur selten.

i) **Kontinue-Färbeverfahren.** Die Einführung von Kontinue-Färbeverfahren für Wolle scheiterte bis vor wenigen Jahren an technologischen und wirtschaftlichen Schwierigkeiten. Auch heute kommen die Verfahren nur für Großfirmen in Betracht, da die Produktion je nach Verfahren und maschineller Einrichtung 100—500 kg/Std. beträgt.

Die *technologischen Schwierigkeiten* konnten inzwischen durch Zusammenarbeit von Farbstoff- und Maschinenherstellern so weit gelöst werden, daß es möglich ist, lose Wolle, Kammzug und seltener auch Gewebe nach den verschiedensten Methoden zu färben. Die Verfahren werden z. T. auch für andere Textilfasern bzw. deren Mischungen eingesetzt. Die größte Schwierigkeit bedeutete beim Foulardieren der Wolle die hydrophobe Schuppenschicht (Epicuticula), durch die beim Abquetschen der gelöste Farbstoff wieder von den Außenhaaren entfernt wird und die Ware nach dem Färben die äußeren Fasern ungefärbt bleiben (sandwicheffect). Diesen *Grauschleier* konnte man dadurch beseitigen, daß man mit der foulardierten Ware in ein heißes Säurebad (Säureschock-Verfahren) ging und ein gewisser Austausch des Farbstoffes aus dem Inneren des Faserverbandes (Faservlies, Spinnband oder Stückware) in das Äußere stattfand und der Grauschleier weniger stark auftrat. Zur ausreichenden Fixierung ist aber eine Behandlung von 5—10 min. notwendig, die in möglichst wenig Flotte vorgenommen werden muß, was auf erhebliche maschinelle Schwierigkeiten stieß. Durch Dämpfen wird zwar der Farbstoff ausreichend fixiert, der Grauschleier jedoch keineswegs verhindert.

Von der *CIBA* wurde im **Koazervations-Verfahren** dieser Übelstand, durch Verwendung von speziellen Hilfsmitteln, vermieden. Es handelt sich dabei um Produkte, welche von bestimmten Einsatzmengen ab, zu einer Entmischung in eine *flüssige, isotrope* (Koazervat) und eine weitere ebenfalls flüssige Phase führt, die jedoch nur sehr wenig vom gelöstem Farbstoff enthält, der im Koazervat angereichert wurde. Durch dieses Verfahren ist es möglich den gelösten Farbstoff in der „öligen Phase" stark anzureichern, der durch die Materialbewegung im Foulard in kleinen Tröpfchen wegen der guten Netzwirkung des Cibaphasols/ *CIBA* als Film auf der Wollhaaroberfläche verbleibt und beim nachträglichen

Dämpfen in die Faser diffundiert und damit der Farbstoff in größeren Mengen an die Wolle gebunden wird.

Der Ansatz der Klotzlösung ist beim *CIBAPHASOL-Verfahren* sehr einfach. Man verwendet von den Wollfarbstoffen möglichst hochkonzentrierte Typen, die von der *CIBA* als „konz. CP" angeboten werden, teigt sie mit der entsprechenden

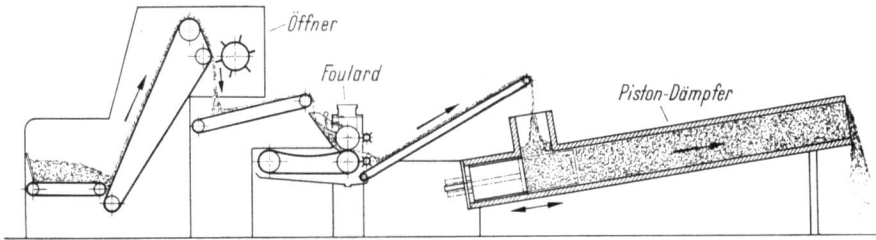

Abb. 202. Kontinue-Färbeanlage für loses Material von *Smith*

Menge Cibaphasol an — man verwendet insgesamt 40—50 g/l im Klotzbad —, rührt trockenes, niedrigviskoses Alginat dazu, setzt das nötige Weichwasser zu, rührt möglichst mit einem Schnellrührer kräftig durch und läßt etwa 1 Std. stehen. Zur Verbesserung des Koazervats können bei stark hydrophilen Farbstoffen bis 20 ml/l Essigsäure 50%ig nachgesetzt werden. Die gut durchgerührte Flotte muß dann das 2-Phasensystem als Tröpfchenbildung zeigen, die man entweder durch ein Mikroskop oder auf einer Glasplatte mit der Lupe feststellt. Als Standardrezept wird von der *CIBA* folgende Flottenzusammensetzung angegeben:

30—50 g/l Cibaphasol C
1— 8 g/l Natriumalginat (niedrigviskos)
0—20 ml/l Essigsäure 50%ig.

Das Natriumalginat dient zur Stabilisierung des Koazervats und verhindert die Entmischung der 2 Phasen. Es wird die Verwendung von Manutex LN/*Alginate Ind.*, London, Lamitex L/*Protan AS.*/ Drammen-Norwegen, Matonalg MV/*Maton Frères*, Pleubian/Frankreich bzw. Polyprint multus/*Polygal AG.*, Märstetten-Schweiz (modifizierte Carubinsäure)

Abb. 203. Kontinue-Färbeanlage für loses Material von *Smith*

empfohlen. Die Viskosität der Klotzflotte soll 30—40 cps (Centipoise) betragen. Die Foulardierlösungen können durch Zusatz von 1—2 ml/l Formaldehyd vor bakteriellem Abbau geschützt werden. Durch Temperaturerhöhung nimmt die Viskosität der Klotzflotte ab, was zur Herabsetzung der Flottenaufnahme durch die Wolle führt. Zum Foulardieren hat sich eine Temperatur von 75 °C und ein Restfeuchtigkeitsgehalt (AE) von 60—75% als günstig erwiesen.

Zum Färben von loser Wolle wurde von der *CIBA* in Zusammenarbeit mit der Fa. *Smith* eine Anlage (Abb. 202 und 203) konstruiert, bei der die lose Wolle geöffnet über einen Kastenspeiser einem *Spezial-Vertikalfoulard* vorgelegt wird, der mit einem Druck von 1,5 t und einer Walzenhärte von 65 °Shore arbeitet. Dabei wird die Wolle über eine Rutsche der Foulard-Quetschfuge zugeführt und mittels eines perforierten Rohres mit der Klotzflotte überbraust. Zum Materialtransport dient ein Förderband, welches mit der Unterwalze des Foulard durch die Quetschfuge läuft. Die ablaufende Flotte wird in einem flachen Trog gesammelt und über das Ansatzgefäß der Brause wieder zugeleitet. Über ein Förderband wird das foulardierte Material dem *Piston-* oder *Kolbendämpfer* zugeführt und dort 20—50 min. mit Sattdampf gedämpft. Der Materialtransport wird mittels eines Kolbens, der auf die Liefergeschwindigkeit des Foulards abgestimmt ist, vorgenommen. Die gefärbte Wolle wird anschließend diskontinuierlich in Rundwaschmaschinen oder kontinuierlich in Leviathanbottichen gespült und der überschüssige, unfixierte Farbstoff bei 60 °C mit 0,5 ml/l Cibaphasol C

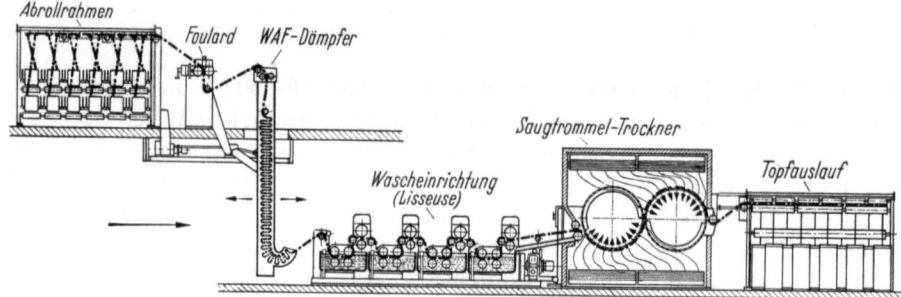

Abb. 204. Kontinuefärbanlage für Kammzug und Kardenbänder *(Fleissner)*

abgewaschen. Bei der kontinuierlichen Wäsche ist ein Nachsatz von Cibaphasol C unnötig, da genügend von der Ware mitgebracht wird. Beim Arbeiten mit Cibaphasol C wurde die Klotzflotte mit einem pH-Wert von 8—9 eingestellt, was bei längeren Dämpfzeiten, wie sie für Chromfarbstoffe notwendig sind, zur teilweisen Aufspaltung der Cystinbrücke führt. Es wurde deshalb im Cibaphasol AS ein Produkt entwickelt, welches weitgehend pH-unabhängig ist, auf Alkalireste puffernd wirkt und auch keinerlei Wollschädigung durch längeres Dämpfen zuläßt. Es dürfen dann jedoch als Verdickungsmittel keine Alginate verwendet werden. Beim sauren Klotzen wird Polyprint multus und Solvitose Gum OFA/*Scholtens Chem. Fabrieken*/Holland empfohlen.

Ebenfalls von der *CIBA* wurde für das CIBAPHASOL-Verfahren mit der Fa. *Fleissner* zum Färben von Kammzügen eine Kontinue-Anlage entwickelt (Abb. 204). Dabei werden 20—48 Kammzugbänder aus einem Abrollrahmen nebeneinander dem Foulard zugeführt, im Zwickel geklotzt und im *WAF-Dämpfer (System van Schuppen)* gedämpft. Der Dämpfer ist nach Art eines Stiefels gebaut und faßt etwa 70 kg Material, welches je nach Zuführung 20—60 min. gedämpft werden kann. Zur Ablage der Kammzüge wird der Dämpfer mittels einer Kurbel hin- und hergependelt. Für doppelte Leistung (150—430 kg/Std.) arbeitet man vorteilhaft über einen Foulard und 2 Dämpfern nebeneinander. Nach dem Dämpfen werden die Kammzugbänder in mehreren Trögen einer Lisseuse gewaschen, wobei auch hier im 1. Bad der Zusatz von Cibaphasol AS vorteilhaft ist. In den weiteren Bädern wird gespült und im letzten Spülbad mit 0,5—0,8% Ameisensäure 85%ig abgesäuert. Die Kammzüge können anschließend auf dem Saugtrommeltrockner von *Fleissner* getrocknet und in Spinnkannen abgelegt werden.

Das CIBAPHASOL-Verfahren wurde auch erfolgreich zum Färben von Stückwaren aus Wolle, Halbwolle und Wolle-Polyamidfasern (Skielastik) eingesetzt. Die geklotzte Ware wird dann entweder im HT-Dämpfer *(Peter)* in kurzer Dämpfzeit oder nach dem Pad-Roll-System *(Artos)* während 1—4 Std. bei 100—60 °C behandelt und wie üblich gewaschen.

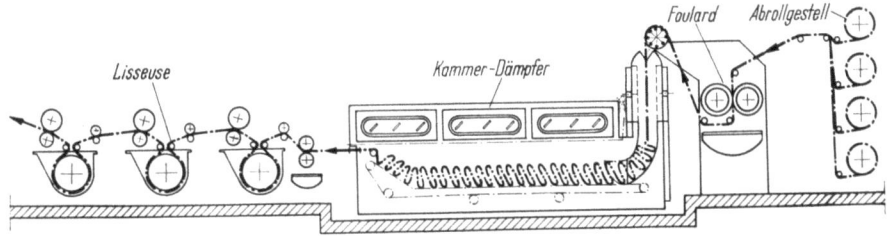

Abb. 205. T/CN kontinuierliche Färbe- und Lissier-Anlage für Kammzug und Spinnkabel *(ILMA)*

Von *Geigy* wurde in Zusammenarbeit mit der Fa. *ILMA* eine *kontinuierliche Kammzugfärbeanlage* (Abb. 205) konstruiert auf der nach dem *IRGA-PAD-Verfahren* gearbeitet wird. Dabei laufen 24, 36 oder 48 Kammzugbänder in den Zwickel eines Horizontal-Foulards und werden dort mit der Klotzflotte imprägniert. Die abfließende Flotte in einem Behälter gesammelt und über den Ansatzbehälter dem Foulardzwickel wieder zugeführt. Dem Grauschleier wurde von *Geigy* durch Verwendung von speziellen Netzmitteln (Irgapadol P oder A) begegnet. Die Zusammensetzung der Klotzflotte ist aus Tab. 45 zu ersehen. Das Verfahren eignet sich zum Färben von Kammzügen aus Wolle mit schwachsauer oder neutral ziehenden Säure-, 1:2-Metallkomplex- und ausgesuchten Chromfarbstoffen mit Fluorchrom und zum Färben von Acryl-

Tabelle 45.
Klotzflottenansätze für das IRGA-PAD-Verfahren/Geigy

Alginat-Verdickg. 25:100 in g	220	200	180
50 °C warmes Wasser in ml	200	200	200
Äthylglykol (Cellosolve) in ml	10	10	15
Farbstoff in g	1—5	6—20	21—40
Irgapadol A oder P in ml	10	15	30
Eisessig in ml	1—2	2	2

Wasser in ml als Ausgleich zu 1000 ml

kammzügen mit basischen (Maxilon/*Geigy*-) Farbstoffen. Die Kammzüge werden nach dem Klotzen in einen liegenden Dämpfer eingeführt und auf einem endlosen Lattenband während 15—30 min. durch den Dämpfer bewegt. Zum Dämpfen wird möglichst feuchter, gesättigter Dampf von 0—0,2 atü verwendet. Anschließend wird auf einigen Lisseusen, die nach dem Saugtrommelprinzip arbeiten, zusätzlich durch eine Säurebehandlung fixiert. Man verwendet im 1. Bottich der Lisseuse

    0,5—1 ml/l Ameisensäure 85%ig bei hellen,
    1,5—2 ml/l Ameisensäure 85%ig bei mittleren und
    3 —4 ml/l Ameisensäure 85%ig bei dunklen

Farbtönen, die weiteren Behälter dienen zum Auswaschen der Verdickung und des nicht fixierten Farbstoffes mittels nichtionogener Waschmittel, bzw. zum Spülen. Die Kammzüge werden anschließend in Saugtrommeltrocknern getrocknet und in Kannen abgelegt.

Von der *Northco* wird ein Dämpfer hergestellt, der Temperaturen bis 110 °C erlaubt und in dem der Kammzug mit 4 Bändern, in Schlaufen an einer Kette befestigt, durch ein vierkantiges, perforiertes Rohr bewegt wird, welches von einem isoliertem Rohr umgeben ist, in das wiederum der Dampf eintritt und die Kammzugbänder während ihres Laufes durch den 6 m langen Tunneldämpfer durchströmt. Durch Vereinigung von mehreren Vierkantrohren in einem Rundrohr können mehrmals 4 Kammzugbänder vereinigt werden.

Als spezielle Netz- und Klotzhilfsmittel für das kontinuierliche Färben von loser Wolle oder Kammzügen sind außer den bisher genannten Produkten noch

Detergil S	*Francolor*
Dispersol VP	*ICI*
Levegal VK	*Bayer*
Levegal VKC (Chromfarbst.)	*Bayer*
Lyogen V	*Sandoz*

bekannt geworden, die alle ebenfalls nach dem Zweiphasen- (Koazervations-) Prinzip arbeiten, wie es bereits vom Vigureux-Druck bekannt ist.

Beim Färben von Wolle ist zu beachten, daß stärkere Wollhaare mehr Farbstoff aufnehmen als z. B. dünne Merinowollen, ferner zeigen verschiedene Wollen die unangenehme Eigenschaft des *Spitzig-Färbens* (tippy wool), da die Haarspitzen bereits beim Wachstum durch Licht geschädigt wurden und dadurch dort dunklere Anfärbung zeigen. Diese Wollen können durch Neutralfärbeverfahren oder durch Verwendung von weniger wasserlöslichen (hydrophoberen) Farbstoffen, wie sie die 1:2-Metallkomplexfarbstoffe darstellen, in möglichst neutraler Färbeweise, gleichmäßiger gefärbt werden.

In letzter Zeit werden immer häufiger Ausrüstungsverfahren zur *Oberflächenstabilisierung* von Geweben, zur Erzeugung *permanenter Bügelfalten* eingesetzt, die erst im fertigen Gewebe oder in der Konfektion angewandt werden. Zu diesen Verfahren gehört z. B. das *SIRONIZE*-Verfahren der *C.S.I.R.O.*, Geelong-Australien bei dem die Wolle mit einer gesättigten Kochsalzlösung und Permanganat und anschließend mit Bisulfat und Essigsäure behandelt wird, der *IMMACULA-Finish* von Prof. J. B. Speakmann, die *Dylan*-Verfahren der *Precision Processes Textiles Ltd.*, Ambergate/England, das *SI-RO-SET*- und *SI-RO-FIX*-Verfahren der C.S.I.R.O. und alle Verfahren, die zur Filzfreiausrüstung durch Chlorieren oder andere Behandlungen dienen. Dabei ist immer zu berücksichtigen, daß die Färbungen Behandlungen ausgesetzt werden, die zur Aufhellung und evtl. Zerstörung des Farbstoffes auf der Faser führen können. Die Farbstoffhersteller haben ihre Produkte auf ihre Eignung bei den einzelnen Verfahren geprüft und geben entsprechende Auskünfte über die Beständigkeit ihrer Farbstoffe. Für die Filzfrei-Ausrüstung wird die Wolle sauer chloriert oder mit chlorabspaltenden Mitteln (z. B. Basolan DC/*BASF*) vor oder nach dem Färben behandelt. Dabei wird die Wolle in den meisten Fällen so verändert, daß sie beim nachträglichen Färben die Farbstoffe weit schneller aufnimmt und auch tiefere Färbungen ergibt. Dadurch ist es notwendig entsprechend vorsichtig zu färben und Egalisiermittel einzusetzen.

Beim Färben von Wolle ist ferner zu berücksichtigen, daß es sich um die empfindlichste Textilfaser handelt und durch Abziehen immer eine Faserschädigung eintritt. Das Färben gestaltet sich jedoch dadurch einfacher, daß beim

Mustern an Hand der Färbeflotte, mit einiger Erfahrung, deren Ausziehgrad maßgeblich für den Farbstoffnachsatz ist. Es muß daher beim Abmustern nicht nur das Wollmuster, sondern auch die Anfärbung der Flotte berücksichtigt werden.

B. Seide

Die auch als *reale*, *Natur-* und *Maulbeerspinner-Seide* bezeichnete Proteinfaser kommt als endloser Faden und als Abfallseide in Stapelfaserform versponnen in den Handel. Das Haupterzeugungsgebiet ist Japan, doch werden größere Mengen auch in China, Italien, Spanien und Südfrankreich gewonnen. Die Verwendung der Seide in der Textilindustrie ist stark zurückgegangen, da der Glanz bereits vom Reyon weit übertroffen werden kann, merzerisierte Baumwolle einen ähnlichen Glanz aufweist und die synthetischen Fasern die Seide mindestens im Glanz erreichen, außerdem leichter sind und die Festigkeits- und Dehnungswerte der Seide übertreffen.

Beim Verspinnen der Raupe des Nachtschmetterlings Bombyx mori entstehen Kokons mit 1000—3000 m Seide von denen jedoch nur 600—1000 abgehaspelt werden können. Das Äußere und Innere des Kokons (Cocon) kann, da es sehr stark verklebt ist, nur durch Ablösen des Seidenbastes (Degummieren), Zerreißen der Seide und Verspinnen zu *Florette-* oder *Schappe-Seide* verarbeitet werden. Die beim Kardieren anfallenden Kämmlinge werden weiter zur *Bouretteseide* versponnen. Durch Einweichen der Kokons und Bürsten werden die Anfänge der durch den Seidenleim (*Serizin*) zusammengehaltenen Doppelfäden erfaßt und gebündelt zur *Grége-Seide* aufgehaspelt. Die Rohseide wird als Kettseide *(Organzin)* oder Schußseide *(Trame)* in der Zwirnerei entsprechend gedreht, gefacht und gezwirnt, verwendet.

Physikalische Eigenschaften: Die nichtentbastete Rohseide besteht aus

    72 —80 % Fibroin (Seidensubstanz)
    19 —28 % (Serizin, Seidenleim oder -bast)
    0,5— 1 % Fett
    1 — 1,4% anorgan. Bestandteile und Farbstoff.

Die Seide ist doppelt so reißfest als Wolle, erreicht aber nur $^2/_3$ der Wolldehnung. Besonders geschätzt ist ihr angenehmer Glanz (s. auch Tab. 3, S. 9).

Chemisches Verhalten: Das Fibroin, die eigentliche Seidensubstanz, ist, wie das Wollkeratin, *amphoter* und damit in der Lage sowohl Säuren als auch Basen salzartig zu binden. Die am Aufbau beteiligten Aminosäuren unterscheiden sich jedoch stark von denen der Wolle, es fehlt das Cystin und damit die gegen mechanische und chemische Einwirkung empfindliche Disulfidbindung. Dadurch ist das Fibroin weniger empfindlich gegen Sonnenlicht, höhere Temperaturen und Alkalien, als das Wollkeratin. Das Verhalten gegen Wasser, Säuren, Oxydations- und Reduktionsmittel gleicht ungefähr dem der Wolle.

Zur Gewinnung des Fibroins muß die Seide vom Serizin (Seidenbast oder -leim) durch **Entbasten** befreit werden. Es treten dadurch die in der Rohseide mit dem Serizin verklebten Doppelfäden als Einzelfäden mit ihrem vollem Glanz und weichen Griff in Erscheinung. Die Rohseide wird dabei in kochenden Seifenbädern, die 4—8 g/l Marseillerseife oder geringere Mengen von nichtionogenen Waschmitteln enthalten, in 1—2 Std. bei pH-Werten von nicht über 8,5 vom Seidenleim befreit. Um die Seide zu schonen, entbastet man vorteilhaft in 2 Bädern, die dann mit weniger Seife angesetzt werden. Das Zweite Bad wird dabei als *Repassierbad* bezeichnet. Als *Schaumentbastung* wird das Arbeiten mittels Seifenschaum bezeichnet, bei dem die Rohseide über der Kufe aufgehängt und nur durch den aufsteigenden Schaum sehr schonend entbastet wird. Beim Entbasten muß mit einem Verlust von 18—24% Seidenleim gerechnet werden, der evtl. durch eine Erschwerung wieder ausgeglichen werden kann. Die unentbastete Seide zeigt meist ein gelb-braunes Aussehen, welches vom gefärbten Seidenleim stammt und durch das Entbasten verschwindet. Durch Teilentbastung erhält man die Souple-Seide, die beim Souplieren nur 8—10% an Gewicht in mäßig warmen Seifenbädern verliert, schwerer ist, aber den hohen Glanz der vollentbasteten Seide nicht zeigt (Cuite-Seide). Durch eine Formaldehydbehandlung kann der Seidenleim gehärtet werden, die Seide bleibt härter und wird dann als Ecru- oder Hartseide bezeichnet, sie ist gegen die folgenden Veredlungsverfahren widerstandsfähiger.

1. Seidenerschwerung (Charge).

Da die Seide früher hauptsächlich nach Gewicht gehandelt wurde bemühte man sich den Entbastungsverlust durch die Erschwerung wieder zu ersetzen bzw. das Gewicht darüber hinaus zu erhöhen. Durch die Erschwerung tritt eine starke Volumsvergrößerung des Fibroins ein, da sich die aufgebrachten Salze mit dem Fibroin verbinden und nicht, wie beim Beschweren anderer Fasern, nur mechanisch auf- oder eingelagert werden. Da die Seide heute nicht mehr nach Gewicht gehandelt wird und der Verbraucher die Seide auch wegen ihres geringen spez. Gew. schätzt, ist die Erschwerung seltener geworden. Außerdem wird die Gebrauchstüchtigkeit der Seide durch die Erschwerung herabgesetzt. Hocherschwerte Seiden neigen zum Brüchigwerden.

Für die Höhe der Erschwerung sind die Bezeichnungen *pari* (p), *unter* (u. p.) und *über pari* (ü. p.) üblich. Dabei versteht man unter einer pari-Erschwerung den Ersatz des gesamten, durch die Entbastung eingetretenen Seidenbastverlustes. Bei u. p. bleibt die Erschwerung darunter, bei ü. p. ist sie höher. Zum Erschweren können 2 Haupt- und 1 kombiniertes Verfahren eingesetzt werden. Bei der **vegetabilischen Erschwerung** (Végétal Charge) wird die entbastete Seide in Bädern behandelt, die 150—250% Tannin-, Gallus-, Sumache-, Katechu- oder Divi-Divi-Gerbstoff enthalten. Da die Gerbstoffe immer eine gewisse Eigenfarbe haben, kann die so erschwerte Seide nur zum Färben von dunklen Farbtönen verwendet werden. Es hat sich dabei auch heute noch das Färben mit Blauholz wegen seines blumigen Schwarztons erhalten und die Gerbstoffe als Vorbeize verwendet. Häufiger wird die Seide *mineralisch erschwert*. Diese Erschwerung wird auch als **Zinn-Phosphat-Silikat-Erschwerung** bezeichnet. Dabei wird in mehreren Zügen (bis zu 4) gearbeitet und die Seide zuerst kalt in der *Pinke* mit 18—30 °Bé Zinntetrachlorid-Lösung ($SnCl_4$) 60 min. behandelt. Die Bäder enthalten neben dem Zinnchlorid noch 0,3—0,6% freie Salzsäure. Anschließend wird in mittelhartem (8—12° d. H.) Wasser gründlich gespült und abgeschleudert. Während 20—60 min. in einem Bad, welches 130—190 g/l (5—7 °Bé) Dinatriumphosphat ($Na_2HPO_4 \cdot 2 H_2O$) enthält bei 50—70 °C behandelt. Die Bänder müssen phenolphtaleinalkaliach sein. Nach dem Abschleudern wird in möglichst weichem Wasser gründlich gespült und mit Salzsäure abgesäuert. Diese beiden Behandlungen stellen einen Zug dar, der für höhere Erschwerung wiederholt wird. Wird die so erschwerte Seide mit Blauholz gefärbt, kann ohne weitere Fixierung gearbeitet werden. Soll die Seide weiß bleiben oder in bunten Tönen gefärbt werden, ist eine Fixierung der Erschwerung notwendig. Dabei wird sie mit einer Lösung von 1—5 °Bé Wasserglas bei 40—50 °C während 35—50 min. behandelt und anschliessend gespült. Als *kombinierte Erschwerung* (Charge mixte) wird eine Behandlung mit Gerbstoffen und anschließender Zinn-Phosphat-Behandlung bezeichnet. Als Gewichtszunahmen sind beim Erschweren je nach Menge der eingesetzten Mittel und Anzahl der Züge 10—200% üblich. In der Regel sind die Gewichtszunahmen bei der Strangbehandlung größer als beim Erschweren von Stückwaren, die in „Buchform" oder in Sternen erschwert werden.

Neben der Naturseide vom Bombyx mori sind auch **wilde Seiden** als Rohstoff in der Textilindustrie sehr gefragt. Sie stammen von wildlebenden Seidenspinnern und werden hauptsächlich in China, Indien und Japan gewonnen. Die Fäden sind weniger gleichmäßig, jedoch widerstandsfähiger gegen chemische und mechanische Einflüsse als die Naturseide und lassen sich weit schlechter anfärben. Der Bast wird in kochenden Sodabädern entfernt. Die bekanntesten Wildseiden kommen als *Shantung-* oder *Tussahseide* in den Handel und werden für Damenoberbekleidung meist naturfarbig verwendet.

Naturseide hat sich für Damenoberbekleidung, als Krawattenseide und in Mischungen mit Wolle auch in der Herrenoberbekleidung ein gewisses Absatzgebiet erhalten können. Im Damenstrumpfsektor wurde sie allerdings zuerst vom Reyon und anschließend von Polyamidfasern verdrängt. Zur Herstellung von Luftspitzen, bei denen Baumwolle auf Schappegewebegrund gestickt und anschließend die Seide durch eine Hypochloritbleiche entfernt wird, hat sie auch heute noch ihre Bedeutung behalten. Die für die Naturseide eingeführte Nummernbezeichnung *Denier* (Titer) wurde als Gewichtsnummerierung auch für endlose Reyon- und Synthesefaser-Fäden übernommen. Dabei gibt der Titer/Denier (T/den) das Gewicht in Gramm von 9000 m entsprechender Endlosfäden an.

2. Bleichen der Seide

Als Proteinfaser kann die Seide wie Wolle gebleicht werden. Wegen der höheren Alkalibeständigkeit der Seide können auch Peroxydbäder verwendet werden, die mit Wasserglas und hartem Wasser stabilisiert wurden und während 3—6 Std. bei 80 °C ein ausreichender Weißgrad erzielt werden. Die mit Pyrophosphat stabilisierten Peroxydbleichbäder sollen, wegen der stark abfallenden Stabilisierwirkung des Pyrophosphats nicht über 60 °C erwärmt werden. Eine reduktive Nachbleiche ist auch für Seide üblich, vor allem wenn Souple- oder Ecruseide gebleicht werden muß.

Zur Erzielung eines verstärkten *Seidengriffs, Seidenschrei, Craquant* oder *Krachgriff* wird die gebleichte oder gefärbte Seide besonders aviviert. Dabei wird zuerst in einem Bad von 1—2 g/l Seife bei 30—40 °C behandelt, kurz nachgespült und mit 0,5 ml/l Ameisensäure 85%ig, 1 ml/l Essigsäure 50%ig oder Milchsäure nachbehandelt. Der besondere Griff kann heute mit einer Reihe von besonderen Avivagemitteln auch auf Baumwolle, regenerierten Zellulosefasern erzielt werden.

Auf Schappeseide wird der Krachgriff durch eine Behandlung mit

1 g/l Soda kalz.
3 g/l Alaun

erzeugt. Dabei werden die beiden Produkte getrennt gelöst und dem schwach essigsauer vorgeschärftem Bad zugesetzt. Für erschwerte Seide ist eine Ölavivage üblich. Dabei werden 300—400 g Olivenöl mit 200—250 g Soda kalz. teilverseift und in der 3fachen Wassermenge emulgiert zum Avivieren von 10 kg Seide verwendet. Zur vollen Glanzentwicklung wird Strangseide vor der Auslieferung lüstriert.

3. Färben der Seide

Als Eiweiß- oder Proteinfaser läßt sich die Seide mit den gleichen Farbstoffen färben wie die Wolle. Die anionischen, seltener verwendeten kationischen (basischen) Farbstoffe werden über eine Salzbindung an die Seide gebunden. Da die Seide weit weniger bindungsfähige saure und basische Gruppen enthält, ist der Sättigungswert geringer als bei Wolle und es müssen in der Regel größere Farbstoffmengen eingesetzt werden, wie sie zur Erzielung gleich tiefer Färbungen auf Wolle notwendig sind. Neben den für Wolle verwendbaren Farbstoffen lassen sich auch Direkt-, Küpen- und Leukoküpenester- und unlösliche Azofarbstoffe einsetzen, da die Seide weniger alkaliempfindlich ist.

Als Besonderheit beim Färben mit anionischen Farbstoffen ist die Arbeitsweise in *gebrochenen Bastseifenbädern* zu nennen, durch die eine verbesserte Egalität erzielt wird. Dabei werden die Serizin enthaltenden Entbastungsbäder mit 100 bis 500 ml im Färbebad eingesetzt und ansonsten mit den für das Färben üblichen Zusätzen gefärbt. Bei „stark gebrochenen Bastseifenbädern" wird mit den üblichen Schwefelsäuremengen gearbeitet. Das Serizin wirkt dabei als Egalisier- und Emulgiermittel für die durch die Säure wasserunlöslich ausgeschiedene Fettsäure der Seife. Für „schwach gebrochene Bastseifenbäder" verwendet man Essig- oder Ameisensäure, bzw. beim Färben „im fetten Bastseifenbad" arbeitet man nur mit den oben angegebenen Bastseifenzusatz. Als Bastseifenersatz können auch nicht-ionogene Hilfsmittel (z. B. Peregal O/*BASF* u. a.) mit 0,5 ml/l eingesetzt werden. Außerdem ist es möglich mit

2 g/l Marseillerseife
0,2 g/l Gelatine
0,1 g/l Kochsalz

die Bastseife zu ersetzen. Wegen des geringen spez. Gew. der Seide neigen Seidentextilien verstärkt zum „Schwimmen" und man verwendet zum Färben von Stückwaren meist flache und lange Haspelkufen. Zum Färben von Stranggarn werden die Hänge- und Spritzfärbemaschinen eingesetzt. Besonders empfindliche Stückware wird vorteilhaft auf dem Färbestern gefärbt.

Die Echtheiten der Seidenfärbungen sind in den meisten Fällen denen der Wolle gleich, können jedoch $1/2$—1 Note absinken, vor allem wenn erschwerte Seide gefärbt wurde. Beim Färben mit *Säurefarbstoffen, 1:1-Metallkomplexfarbstoffen* wird im mit 2% Essigsäure 50%ig gebrochenem, mit 2% nichtionogenem Egalisiermittel versetztem, bzw. Wasser mit 5—10% Glaubersalz kalz. versetzten Färbebad bei 40—50 °C eingegangen, innerhalb 30 min. auf 90 °C getrieben und bei dieser Temperatur etwa 1 Std. ausgefärbt. Ein Nachsatz von Säure dient zur besseren Baderschöpfung. Beim Färben mit *Nachchromierungsfarbstoffen* wird wie mit Säurefarbstoffen gefärbt und wie für Wolle üblich, kochend chromiert. *1:2-Metallkomplexfarbstoffe* färbt man vorteilhaft unter Zusatz von 5% Glaubersalz kalz. und entsprechenden Egalisiermitteln während 1 Std. bei 90—95 °C und erschöpft die Bäder durch Essigsäurenachsatz. *Direktfarbstoffe* können nach der für Säurefarbstoffe üblichen Methode oder auch im fetten Bastseifenbad mit 5—10% Glaubersalz kalz. gefärbt werden. Dasselbe gilt auch für Diazofarbstoffe, die ansonsten wie für Zellulosefasern üblich diazotiert und entwickelt werden. Wegen der guten Naßechtheiten und der guten Alkalibeständigkeit, können auch die meisten *Küpenfarbstoffe* für Waschartikel eingesetzt werden. Die Färbungen können jedoch nicht für Seide eingesetzt werden, die starker Sonnenbestrahlung ausgesetzt sind, da alle als Lichtschädiger auf Seide wirken. Zum Färben werden vor allem Warm- und Normalfärber empfohlen. Zur ausreichenden Baderschöpfung ist auch bei diesen Farbstoffen ein Zusatz 5—50 g/l Glaubersalz kalz. vorteilhaft. Kaltfärber ziehen nur sehr unvollkommen auf und werden deshalb weniger verwendet. Für volle Blautöne wird Seide auch mit Indigo nach den für Wolle üblichen Verfahren gefärbt. Beim Färben von nichtentbasteter Naturseide mit Küpenfarbstoffen ist eine Vorbehandlung mit Formaldehyd zur Härtung des Bastes notwendig. Auch *Reaktivfarbstoffe* werden wegen ihren hohen Echtheiten zum Färben von Seide empfohlen. Dabei sollten die Produkte als Selbstfarbstoffe verwendet werden, da Kombinationen nicht ausreichend egalisieren. Durch Einsatz der für Wolle üblichen Färbeverfahren für Reaktivfarbstoffe wird, wie z. B. dem Neovadin-Verfahren der *CIBA*, die Seide weiß reserviert. Beim Färben nach den für Zellulosefasern üblichen Verfahren, soll der Einsatz von Natronlauge möglichst vermieden werden und schwächere Alkalien zur Fixierung eingesetzt werden. Auch *unlösliche Azofarbstoffe* können auf Seide erzeugt werden und ergeben sehr kräftige und kochechte Färbungen. Die Applikationsverfahren unterscheiden sich nur wenig von den Färbeverfahren für Zellulosefasern. Der Einsatz von Schutzkolloiden im Naphtholbad ist empfehlenswert. Die Natronlaugemengen sollen möglichst knapp bemessen und die Naphthole kalt gelöst werden. Nach dem Entwickeln wird die Färbung gründlich gespült, mit 0,5 ml/l Salzsäure 20 °Bé abgesäuert, nochmals gespült und zweimal mit 5—10 g/l Marseillerseife und 0,5 g/l eines anionischen Waschmittels 20 min. kochend nachgeseift und nochmals kalt gespült. Erschwerte Seide kann nicht mit Naphthol-Farbstoffen gefärbt werden. Zur Erzeugung hochechter, brillanter Türkistöne wird von *Bayer* die Verwendung entsprechender *Phtalogen-Farbstoffe* (K-Marken) empfohlen. Dabei wird wie beim Färben von Baumwolle beschrieben, nach dem Ausziehverfahren (S. 232) gefärbt. Eine Vorbehandlung mit Phtalofix FN/*Bayer* ist jedoch nicht notwendig, doch kann nur entbastete Seide mit entsprechender Netzfähigkeit nach diesem Verfahren gefärbt werden. Die Seide muß vorher in heißem und kaltem Wasser gründlich vorgenetzt werden. In Sonderfällen wird Seide auch mit *basischen Farbstoffen* in sehr brillanten Tönen gefärbt. Man färbt entweder im stark mit Schwefelsäure gebrochenen Bastseifenbad oder mit 0,1 ml/l Essigsäure 50%ig und 0,5 ml/l eines nichtionogenen Egalisiermittels bei 80—90 °C während 1 Std. Auch Polykondensationsfarbstoffe (Inthione/*Hoechst*) können mit 1—4% Ameisensäure kochend nach dem Ausziehverfahren gefärbt werden.

Zur *Verbesserung der Naßechtheiten* von Färbungen mit sauren, 1:1-Metallkomplex- und basischen Farbstoffen wird die Seide mit

> 5—10% Tannin
> 2— 4% Essigsäure 50%ig

während 1 St. bei 30—40 °C behandelt, geschleudert und mit 2,5—5% Brechweinstein 30—45 min. der Gerbstoff kalt fixiert und anschließend gründlich nachgespült. Auch 1:2-Metallkomplex-Färbungen können durch diese Nachbehandlung im Abbluten auf mitverarbeitete weiße Seide verbessert werden.

C. Regenerierte Proteinfasern

Diese Regeneratfasern haben nur geringe Bedeutung, die sich mit der von regenerierten Zellulosefasern bzw. Synthetiks nicht vergleichen läßt. Sie werden als Stapelfasern hergestellt und sind zur Mischung mit Wolle und Zellulosefasern bestimmt. Sie werden für Filze, Plüsche usw. verwendet. Die Fasern kommen je nach Typ leicht creme oder gelbbraun gefärbt in den Handel. Die Fasern sind wie Wolle gegen Alkali und UV-Licht empfindlich. Als Rohstoffe werden Milcheiweiß (Kasein), Erdnußeiweiß (Arachin) und Maiseiweiß zur Herstellung verwendet. Die Fasern kommen als

> Ardil B, F, K (Arachin) *ICI*
> Fibrolane (Kasein) *Courtoulds Ltd., Coventry*/England
> Merinova (Kasein) *Snia Viscosa SA., Mailand*/Italien

in den Handel. Als Beispiel für das Färben regenerierter Proteinfasern sollen hier die Arbeitsweisen für Ardil/*ICI* beschrieben werden. Da es sich um eine Proteinfaser handelt, können alle, auch für das Färben von Wolle üblichen Verfahren, eingesetzt werden, wenn auch von den Wollfarbstoffen nur gewisse Produkte unter etwas geänderten Arbeitsweisen färbbar sind. Die Fasern sollten möglichst erst nach der Mischung mit anderen Fasern gefärbt werden, da Ardil allein sehr stark zum Zusammensetzen neigt und dadurch als Flocke nur sehr schwer durch- und egalgefärbt werden kann. Zum Färben eignen sich saure Farbstoffe, die jedoch unter Zusatz von 6—8% Natriumbikarbonat, bzw. 1—3% Soda kalz, und 1% Natriumbikarbonat, bei 30 °C beginnend, 30 min. bei 65 °C ausgefärbt werden. Nach dieser Methode werden auch einige Nachchromierungs- und Monochrom-Farbstoffe gefärbt und nach gutem Zwischenspülen mit Kaliumbichromat und Essigsäure bei 65 °C während 30 min. chromiert. Die Färbemethoden unterscheiden sich bei den einzelnen Ardil-Typen geringfügig, da z. B. das Ardil F mit 4% Schwefelsäuregehalt auf den Markt kommt. Beim Färben von Mischungen mit Wolle werden zum Färben möglichst neutralziehende Farbstoffe verwendet und mit den für Wolle üblichen Verfahren bei Kochtemperatur gefärbt. Bei Mischungen mit Zellulosefasern werden für das Ardil neutralziehende Wollfarbstoffe und für die Zellulosefasern Ardil reservierende Direktfarbstoffe eingesetzt. Einige Küpenfarbstoffe färben beide Faserkomponenten Ton-in-Ton.

VIII. Synthetische Faserstoffe

Diese Faserstoffe, auch *Synthetics* (Synthetiks) genannt, werden, ähnlich wie die regenerierten Fasern als Spinnmasse durch Düsen gedrückt, zu endlosen Fäden versponnen. Die Spinnmasse wird jedoch nicht durch Lösung von nativen Makromolekülen, sondern aus kleinen Molekülbausteinen durch *Polymerisation*, *Polykondensation* oder *Polyaddition* zusammengefügt, die beim Verspinnen als Schmelze, weniger als Lösung, verwendet werden. Die technologischen und Gebrauchseigenschaften der Synthesefasern übertreffen in den meisten Fällen die der nativen und regenerierten Fasern, einige sind jedoch unzureichend und es hat sich inzwischen ergeben, daß diese Fasern zwar einen festen Platz als Textilrohstoffe eingenommen haben, aber keineswegs in der Lage sind, die anderen Fasern überall zu verdrängen. Man kann sie deshalb als sehr wertvolle Ergänzung auf dem Textilsektor ansprechen, da sie nicht nur allein, sondern auch als Mischungskomponente häufig verwendet werden.

Die Erzeugung hat 1962 erstmalig die 1 Mill. Tonnen-Grenze überschritten und zeigt weiterhin steigende Tendenz. Der Anteil der einzelnen Fasern am Gesamtvolumen der Synthetics zeigt 1962 folgendes Bild:

      61% Polyamid-
      15% Polyacryl-
      14% Polyester-
      10% andere Synthesefasern.

Bei der Beschreibung der einzelnen Fasern, ihren Bleich- und Färbeverfahren wird die Reihenfolge gewählt, die auf Grund der oben angegebenen Erzeugungszahlen größenmäßig gegeben ist.

Alle Synthesefasern, dazu wird auch das Triazetat gezählt, haben gegenüber den nativen und regenerierten Fasern ein *geringeres spez. Gewicht*, einige erreichen auch die Werte der Wolle bzw. Seide. Die *Trockenreißfestigkeit* ist höher als die anderer Fasern und der Abfall der *Naßreißfestigkeit* liegt maximal bei 20%, was bei der hohen Trockenreißfestigkeit kaum ins Gewicht fällt. Die *Feuchtigkeitsaufnahme* ist weit geringer als bei anderen Fasern und man bezeichnet deshalb die Synthetics auch als *hydrophobe Fasern*. Diese Hydrophobie und die *Thermoplastizität* in verhältnismäßig niedrigen Temperaturbereichen sind oft der Grund für die Einschränkung des Verbrauches dieser Fasern (s. auch Tab. 3, S. 3ff.).

A. Polyamidfasern

Die Fasern werden durch *Polykondensation* von Lactamen als *Polyamid 6*, von Adipinsäure und Hexamethylendiamin als *Polyamid 66* und aus Amminoundekansäure, die aus Rizinusöl gewonnen wird, als *Polyamid 11* hergestellt. Die Kondensate werden geschmolzen und mittels einer Spinnpumpe durch Düsen gedrückt. Sie erstarren an der Luft und werden als endlose Fäden (Filament) entweder als einzelne (monofil) oder mehrere Fäden gemeinsam (multifil), evtl. unter Vordrehung aufgespult. Durch nachträgliches *Verstrecken* der Einzelfäden oder des Spinnkabels um das 5—6fache werden die Makromoleküle parallel orientiert und damit die hohen mechanischen Faserwerte erreicht. Die Fasern kommen endlos und auch als Stapelfasern (spun), hochglänzend und in verschiedenen

Mattierungsgraden, unterschiedlichen Denierstärken, rohweiß und auch spinngefärbt, als Stapelfaser auch in verschiedenen Schnittlängen in den Handel. Für die Herren- und Damenwäscheartikel sind auch Endlosfasern üblich, die *optische Aufheller als Spinnpigment* enthalten. Für den Flockdruck sind sowohl weiße, als auch spinngefärbte Schnittfasern erhältlich. Sehr häufig werden auch Polyamidfasern endlos oder als Stapelfasern nach besonderen Verfahren gekräuselt und dann als *texturierte Garne* (S. 346) verwendet.

Als hauptsächliche Faserhersteller können folgende Firmen genannt werden, die ihre Verfahren auch an weitere Lizenznehmer vergeben haben:

Polyamid 6: Perlon *Deutsche Polyamidhersteller im Perlon-Warenzeichenverband*
Grilon *Fibron SA. Ems*/Schweiz
Enkalon *Allgemeene Kunstzijde Unie (AKU)* Arnheim/Holland
Lilion *Snia Viscosa*, Italien
Polyamid 66: Nylon *Dupont*
Polyamid 11: Rilsan *Rhodiaceta S. A.*, Frankreich

Polyamide werden in der Textilindustrie ungemischt sehr häufig verwendet. Das gilt vor allem für den Strumpf-, Oberbekleidungs-, Herren- und Damenwäschesektor, für Damenoberbekleidung und für technische Textilien (Seilerwaren) usw. Als Mischungen mit nativen Fasern werden Polyamide für Dekorationsartikel, Strickwolle und als texturierte Garne zu Elastiksportbekleidung verwendet. Neuerdings werden aus endlosen Fasern auch Autosicherheitsgurte, Zeltbahnen, Wagenplanen usw. hergestellt.

Tabelle 46. *Optimale Thermofixierbedingungen der verschiedenen Polyamidfaser-Typen*

	Sattdampffixierung			Heißluftfixierung	
	°C	atü	Zeit/min.	°C	Zeit/sec.
Polyamid 6 (Perlon)	130 ± 4	2	3—15	190 ± 2	3—15
Polyamid 66 (Nylon)	130 ± 4	2	3—15	225 ± 8	3—15
Polyamid 11 (Rilsan)	130 ± 4	2	3—15	170 ± 5	3—15

Physikalische Eigenschaften: Neben den in Tab. 3, S. 3 angegebenen Daten ist zu beachten, daß Polyamide vor der Verwendung, wie fast alle Synthesefasern, *thermostabilisiert* werden müssen, da sie sich wegen der durch das Verstrecken nach der Herstellung bedingten, großen Packungsdichte der Faserkrümmung in der Textilherstellung widersetzen. Man bringt die Fertigtextilie in ihren Erweichungsbereich, wodurch sich die molekularen Querverbindungen lösen, die Faser die ihr zugedachte Lage einnimmt und in dieser durch Abkühlung „eingefroren" wird. Diese, auch als *Thermofixierung* bezeichnete Arbeitsweise, bedingt weiterhin eine Formstabilität der Fertigtextilie und wird entweder mittels Heißwasser, Dampf oder Heißluft vorgenommen[1]. Eine Fixierung von Garnen, losem Material führt nicht zum Erfolg, da nur Stückwaren oder Strümpfe als Endform für den Gebrauch stabilisiert werden können. Die optimalen Fixierbedingungen sind aus Tab. 46 zu ersehen. Durch die Fixierung wird auch die Krumpfung von Polyamidtextilien auf max. 2% herabgesetzt. Neuerdings hat sich mit der Verwendung der Baumfärbeautoklaven (S. 91) die *Hydrofixierung* eingeführt. Dabei werden die aufgebäumten Wirk- oder Webstückwaren vor oder während des Bleichens oder Färbens mit Heißwasser bei 120 °C stabilisiert.

---

[1] Bernard: Appretur der Textilien. Berlin/Göttingen/Heidelberg: Springer 1960.

Chemisches Verhalten: Polyamidfasern sind *wenig alkaliempfindlich*, lösen sich jedoch in heißer, konzentrierter Mineral- und Ameisensäure, Phenol und Eisessig. Gegen *Oxydationsmittel*, wie Peroxyde, sind die Fasern empfindlich und können nur unter Zusatz von speziellen Schutzmitteln mit diesen gebleicht werden (S. 304). Vollkommen resistent sind die Fasern gegen *Reduktionsmittel, Bakterien* und *Schimmelbefall*. Auf Grund ihres, der Wolle ähnlichen Aufbaus, ist die Faser *nicht besonders licht- und wetterbeständig*, vor allem baut UV-Strahlung die Faser beträchtlich ab. Durch Zusatz von UV-Absorbern zur Spinnmasse kann die Widerstandsfähigkeit der Faser in Grenzen verbessert werden. Die angegebene Empfindlichkeit ist auch der Grund dafür, daß lichtbeständigere, synthetische Fasern für Oberbekleidung und Dekorationstextilien immer häufiger an die Stelle der Polyamidfasern treten.

1. Bleichen der Polyamidfasern

Da die Fasern, wie auch die regenerierten Zellulosefasern, zur Verbesserung der Laufeigenschaften in der Weberei und Wirkerei, Präparationen enthalten, ist eine gründliche *Vorreinigung* vor dem Bleichen und Färben nötig. Man wäscht je nach Verschmutzungsgrad mit

1—4 g/l eines anionischen oder nichtionogenen Waschmittels
1—2 g/l Soda kalz., Ammoniak 25%ig, Natronlauge 38 °Bé, Trinatriumphosphat oder eines kondensierten Phosphates

30 min. bei 40—95 °C. Stark verölte Waren werden vorteilhaft mit fettlöserhaltigen Waschmitteln und den oben angegebenen Alkalien gewaschen. Oft sind Wirkwaren und Strümpfe mit *Metallabreibsel* (Graphit) verunreinigt, das sich nur mit 1 g/l Oxalsäure oder 2 g/l eines Sequestriermittels im Waschbad bei 60 °C ablösen läßt. Oxalsäurereste beeinträchtigen die Lichtechtheit der Färbung und müssen im Spülbad mit Soda oder Ammoniak neutralisiert werden.

Obwohl Polyamidfasern sehr weiß geliefert werden, genügen diese Weißgrade in den meisten Fällen nicht für den Verkauf bzw. zur Erzielung brillanter Färbungen und sie müssen gebleicht werden. Durch eine Hypochloritbleiche wird die Faser oxydativ geschädigt und verliert 25% ihrer Reißfestigkeit. Die faserschonendste Bleiche ist die *Chloritbleiche*, bei der man mit

2 % Natriumchlorit (1—2,5 g/l)
1,5% Chloritstabilisator (0,75—1,5 g/l)

bei 80—85 °C während 40—60 min. bei einem pH-Wert von 3,5, der mit Ameisensäure eingestellt wird, bleicht. Anschließend wird gespült und die Chloritreste reduktiv entfernt. Gebleichte Polyamidfasern vergilben im Gebrauch weniger als ungebleichte. Wenig verschmutzte Ware kann auch unter Zusatz von Waschmitteln gleichzeitig gebleicht und gewaschen werden.

Als *optische Aufheller* können die in Tab. 4, S. 11 angegebenen Produkte in Mengen von 0,1—1% neutral, besser unter Zusatz von 3—5% Ameisensäure 85%ig kochend eingesetzt werden. Im Chloritbad sind u. a. folgende Produkte verwendbar:

Blankophor CE *Bayer*
Tinopal GS, RBN *Geigy*
Uvitex NL, GS, RBS, RS *CIBA*

Als *Vorbleiche* sind auch *reduktive Bleichverfahren* möglich. Durch Behandlung mit 2—3 g/l *stabilisiertem Natriumdithionit* (z. B. Blankit IN/*BASF*, Hydrosulfit BLI/*CIBA* usw.) läßt sich ein guter Weißgrad während 40—60 min. bei 80—85 °C erreichen. Mit diesen Produkten kann auch unter HT-Bedingungen auf der Baumfärbemaschine Polyamidwebtrikot gleichzeitig hydrofixiert, gebleicht und optisch aufgehellt werden. Es wird dann unter Zusatz von Essigsäure bei pH 4,5 in 15—30 min. gearbeitet. Auch lassen sich optische Aufheller in sauren Reduktionsbädern applizieren. Auch Reduktionsmittel, die bereits optische Aufheller (z. B. Blankit IA/*BASF*, Arostit BLW/*Sandoz* u. a.) bzw. zusätzlich auch Waschmittel enthalten (z. B. Blankit IWA/*BASF*) können bei Normal- oder HT-Bedingungen zur Vorbleiche, Wäsche bzw. gleichzeitigen, optischen Aufhellen und Hydrofixieren verwendet werden. Daneben ist auch der Einsatz von Reduktionsmitteln auf Basis von Zinkformaldehydsulfoxylaten bei Normal- und HT-Bedingungen als Bleichmittel mit 3—4% (z. B. Decrolin lösl. konz., Deflavit ZA/beide *BASF* u. a.) bei pH 3,5—4, der mit Ameisensäure eingestellt wird, möglich.

Es ist bekannt, daß das Bleichen mit Perverbindungen Polyamidfasern schädigt. Versuche der *Degussa* haben dabei je nach Qualität der Polyamide, Festigkeitsverluste durch eine Behandlung bei 90 °C während 2 Std. mit

    10   ml/l Wasserstoffperoxyd 35%ig
    1   ml/l Wasserglas 40 °Bé
    0,1 g/l Bittersalz
    0,15 ml/l Natronlauge 38 °Bé

von 15—60% ergeben. Durch 0,2—0,5 g/l Proventin 7/*Degussa* lassen sich diese Verluste auf 0—5% herabsetzen. Obwohl das Bleichen mit Peroxyden für Rein-Polyamide keine unbedingte Notwendigkeit darstellt, hat das Verfahren für das Bleichen von Wolle/Polyamid-Mischtextilien und bei der Peroxydwäsche große Bedeutung. Von der *Fettchemie* wurde als Vorreinigungsmittel für Polyamidfasern Lorinol 555 herausgebracht, welches mit 2,5—12 g/l je nach Flottenverhältnis eingesetzt, die Fasern mild bleicht, wäscht und der zugesetzte optische Aufheller der Faser einen ausreichenden Weißeffekt gibt. Als Vorbleiche für Farbware genügen Einsatzmengen von 0,5—1 g/l. Die Textilien werden kalt kurz vorlaufen gelassen, in 15 min. zum Kochen getrieben und 20 min. kochend behandelt und anschließend gründlich gespült.

2. Färben von Polyamidfasern

Zum Färben werden folgende Farbstoffgruppen eingesetzt:

    Dispersions-,
    Säure-,
    Chromierungs-,
    1:1-Metallkomplex-,
    1:2-Metallkomplex-,
    1:2-Metallkomplexdispersions-,
    Reaktiv-,
    Schwefel-,
    Direkt-,
    Küpen-,
    unlösliche Azo- und
    basische Farbstoffe.

Der Faseraufbau läßt diese Vielzahl der Färbemöglichkeiten zu. Die Faser enthält endständige Amino- und Carboxylgruppen, die in der Lage sind, anionische und kationische Farbstoffe elektrostatisch zu binden. Dabei ist nach heutigen Erkenntnissen auch bei den ionischen Farbstoffen in unterschiedlichem Maße der für die Dispersionsfarbstoffe als nichtionische Körper gültige Lösungsmechanismus wirksam. Bei der Auswahl der Farbstoffklasse sind vor allem die mit den einzelnen Produkten erzielbaren Echtheiten maßgeblich, ferner die Anzahl der für das Färben verwendbaren Farbstoffe, da aus einigen Klassen nicht alle Produkte eingesetzt werden können.

In allen Fällen ist die *Farbstoffaufnahmefähigkeit* von Polyamid 6 (Perlon) größer als die von Polyamid 66 (Nylon). Polyamid 11 (Rilsan) zeigt unterschiedliches Verhalten, und es ist meist notwendig, abgesehen von Dispersionsfarbstoffen, nur die Farbstoffe auszuwählen, die Rilsan in ausreichender Tiefe anfärben. Prinzipiell können für das Färben der unterschiedlichen Polyamid-Typen die normalen Färbeverfahren und Färbeeinrichtungen eingesetzt werden, wenn auch gewisse Unterschiede in den Echtheiten und bei Polyamid 11 nur eine beschränkte Zahl von ionischen Farbstoffen wirtschaftlich verwendet werden können.

Polyamidgewebe und -gewirke zeigen in unfixiertem Zustand eine stärkere Anfälligkeit gegenüber mechanischen Einflüssen, und es ist deshalb zweckmäßig, die Ware vorher zu fixieren. Dabei ist zu beachten, daß alle Polyamide durch eine Vorfixierung in ihrer Farbstoffaufnahmefähigkeit verändert werden und wenn partiell unterschiedliche Fixiertemperaturen auftreten, die Fasern sofort durch unterschiedliches Anfärben, d. h. unegale Färbungen, reagieren. Man ist deshalb bemüht, die verwebten oder verwirkten Fasern möglichst erst nach der Färbung zu fixieren bzw. beide Arbeitsgänge möglichst nacheinander zu schalten und die Ware vorher ohne mechanische Beeinflussung zu belassen. Bei der Hydrofixierung wird die Ware vorfixiert und gleichzeitig mit der Vorwäsche oder Bleiche endfixiert. Das gilt auch für die Veredlung von Strümpfen nach entsprechenden Kontinue-Verfahren (S. 133). Beim Heißluftfixieren ist zu beachten, daß die Ware meist eine gewisse Vergilbung erfährt, und man sollte deshalb Weißwaren nur nach einer Vorwäsche fixieren und anschließend bleichen. Für Farbware ist die durch die Heißluftfixierung auftretende Vergilbung in den meisten Fällen unmaßgeblich, da genügend Produkte in allen Farbstoffklassen angeboten werden, die eine ausreichende Sublimierechtheit (S. 45) aufweisen und damit eine Nachfixierung (Postboarding) mittels Heißluft zulassen, und man ist deshalb mehr zu dieser wirtschaftlicheren Arbeitsweise übergegangen. Das Vergilben zeigen Nachfixierungen mit Sattdampf, wie sie in der Strumpfindustrie üblich sind, nicht.

Zum Färben von Polyamidfasern sind alle *Färbeeinrichtungen*, die auch für andere Fasern gebräuchlich sind, verwendbar, wenn auch gewisse Änderungen bei einigen Apparaten oder Maschinen vorteilhaft sind. Loses Material wird nur selten gefärbt. Beim Färben und Bleichen von Stranggarnen ist immer der Schrumpf bis 20%, der beim Behandeln von unfixiertem Garn auftritt, zu berücksichtigen. Spritzfärbemaschinen können in unveränderter Form verwendet werden. Das Färben von Kreuzspulen kommt wegen des auftretenden Schrumpfs nur in Ausnahmefällen in Betracht und erfordert besondere, flexible Färbehülsen, um eine ausreichende Durchfärbung zu ermöglichen. In der Stückfärberei werden Haspelkufen verwendet, die möglichst einen flachen und langen Flottenraum haben, um der „schwimmenden" Wirk- oder Webware die Möglichkeit zu nehmen, daß sich die Warenbahnen überstürzen und damit verknoten. Die Ware schwimmt meist an der Oberfläche des Flottenraumes, so daß tiefe Kufen, wie sie zum Färben anderer Gewebe und Gewirke üblich sind, weniger günstig sind. Wegen der besseren Warenbewegung werden hauptsächlich Ovalhaspel verwendet. Zum Färben auf dem Jigger können die spannungsarmen Konstruktionen, wie sie auch für Stückwaren aus anderen Materialien üblich sind, eingesetzt werden.

Zum Färben von *Webtrikot* aus Polyamid-Endlosfäden haben sich Baumfärbeautoklaven (S. 91) bewährt. Zum Färben von *Strümpfen*, die heute in großem Umfang aus Polyamidgarnen hergestellt werden, verwendet man neben den diskontinuierlichen Färbeapparaten (S. 132) immer mehr die kontinuierlichen Färbemaschinen (S. 133), in denen die Rohstrümpfe gewaschen, gefärbt, fixiert, aviviert und getrocknet werden.

a) **Dispersionsfarbstoffe.** Bei diesen Produkten handelt es sich um die gleichen Farbstoffe, wie sie zum Färben von Sekundäracetat zuerst verwendet wurden. Dabei mußten jedoch einige Farbstoffe aus der Palette ausgeschieden werden, da sie entweder nicht ausreichend auf die Faser ziehen oder ungenügend sublimierechte Färbungen ergaben. Einige Farbstoffe zeigen gegenüber Sekundäracetat auf Polyamiden abweichende Nuancen. Die Farbstoffe ergeben gut licht- und begrenzt waschechte Färbungen und egalisieren im Regelfall sehr gut. *Verstreckungsunterschiede* werden im Gegensatz zu allen anderen Farbstoffklassen nicht markiert. Auf Rilsan sind die Färbungen meist naßechter als auf Polyamid 6 bzw. 66. Wegen der mittleren Naßechtheiten werden Dispersionsfarbstoffe hauptsächlich zum Färben von Damenstrümpfen, Herrensocken, Strumpfhosen, Charmeuse, Miederstoffen und Bändern in hellen bis mittleren Tönen verwendet.

Die Farbstoffe werden durch Übergießen oder Einstreuen in 50 °C heißes Wasser unter Rühren gut dispergiert und in die Färbebäder eingesiebt. Ein Aufkochen muß wegen der möglichen Klumpenbildung vermieden werden. In steigendem Maße werden Dispersionsfarbstoffe in besonderen Feinmahlungen in den Handel gebracht, die sich durch einfaches Einstreuen in Warmwasser ausreichend dispergieren lassen, Dispergiermittel enthalten und deshalb ein besonderer Zusatz zum Färbebad unterbleiben kann. Beim Färben ist vorteilhaft, das Material im 40 °C warmen Wasser einige Minuten vorlaufen zu lassen und damit die gesamte Luft auszutreiben, dann evtl. 0,5 g/l Dispergiermittel gelöst und nach wenigen Minuten den dispergierten Farbstoff zuzusetzen, auf 90—95 °C aufzuheizen und 40 min. bei dieser Temperatur auszufärben. Als Dispergiermittel werden hauptsächlich anionische Produkte, u. a. auch Seife, verwendet. Da Polyamidwaren wegen ihres geringen spez. Gewichts leicht zum Schwimmen neigen und durch stärkere Schaumbildung Unegalitäten auftreten, ist die Verwendung von Antischaummittel üblich, die auch Silikonöl enthalten können. Als Echtheitsbeispiel einer Färbung mit einem Dispersionsfarbstoff dient Tab. 47.

Zum Färben von Schwarztönen werden, wie auch für Sekundäracetat, *Dispersionsdiazofarbstoffe* eingesetzt. Dabei werden die Produkte wie normale Dispersionsfarbstoffe ausgefärbt, gründlich gespült und 30—45 min. kalt mit

2—3 g/l Natriumnitrit
6—9 ml/l Schwefelsäure 66 °Bé

Tabelle 47. *Echtheiten einer Färbung mit Perlitonrotviolett FFB/BASF auf Polyamid 6. (Noten der Naßechtheiten: Ändern, Bluten auf Polyamid 6, auf Wolle, auf Viskose-Reyon)*

Licht-2/1, 1/1, 1/3	Wasser	Meerwasser	Wasch-40 °C	Schweiß	Lösungsmittel-Tri	Reib-trocken	Bügel-trocken	Säure			Avivier	Alkali	Peroxydbleich	alkalische Walke a)
								Essigsäure	Schwefelsäure					
	4–5	4	4	4	5								4–5	4–5
5	2	2	3	2–3	5			4–5					2	2
5–6	3	3–4	4	3	5	5	5	5	3	2–3	5	5	3	3
5–6	3–4	3–4	4–5	3–4	5								3–4	4

diazotiert, kalt zwischengespült und auf frischem, essigsaurem Bad bei pH 3,5—4 mit

4—5 % (2 g/l) β-Oxynaphtoesäure

entwickelt. Die β-Oxynaphtoesäure und auch der Entwickler ON/*BASF* müssen vor der Verwendung mit der gleichen Menge Natronlauge 38 °Bé wasserlöslich gemacht werden. Dabei sind auf 1 l Lösungs-Natronlauge 3,5 l Essigsäure 40%ig zur Neutralisation und zur Einstellung des entsprechenden pH-Wertes im Kupplungsbad notwendig. Bei Verwendung von wasserlöslichem Entwickler ONL/*BASF* oder OFSN/*Geigy* genügt zur Einstellung des pH-Wertes von 3,5 im Entwicklungsbad ein Zusatz von 0,5 ml/l Salzsäure 20 °Bé. Die diazotierten Färbungen werden kalt in das Bad eingebracht, innerhalb von 30 min. auf 60—70 °C erwärmt und bei dieser Temperatur 45 min. behandelt, gespült und bei 50 °C kurz, unter Zusatz von 1 g/l eines synthetischen Waschmittels, nachgeseift. Zur ausreichenden Entwicklung ist die Einhaltung des entsprechenden pH-Wertes unbedingt notwendig, um ein ausreichend echtes Schwarz und eine genügende Auskupplung der Diazoverbindung zu erzielen. Nicht ausgekuppelte Diazoverbindungen verursachen bei Oberbekleidung unangenehme Hautreizungen.

Dispersionsfärbungen können auf frischem Bad unter Zusatz von Dispergiermitteln aufgehellt bzw. egalisiert werden. Zum *Abziehen* sind die für das Bleichen üblichen Behandlungen geeignet. Von einigen Farbstoffherstellern wurden aus der Gamme der für das Färben von Sekundäracetat brauchbaren Dispersionsfarbstoffe, die für Polyamide besonders brauchbaren Produkte ausgewählt und unter besonderen Gruppennamen in den Handel gebracht. Zu diesen Produkten gehören u. a. die

Nylochinone-	*Francolor*
Perliton-	*BASF*
Perlitazol (Diazo-)	*BASF*
Resolin P-	*Bayer*
Serinyl-Farbstoffe	*Yorkshire*

Zur *Verbesserung der Naßechtheiten* wird von einigen Firmen die Anwendung von Tannin/Brechweinstein, wie sie auch nach sauren Färbungen üblich ist, vorgeschlagen (S. 312).

b) Säurefarbstoffe. Polyamidfasern sind auf Grund ihrer endständigen Aminogruppen in der Lage anionische Farbstoffe salzartig zu binden. Bei der Verwendung von Säure-, Chrom- und Direktfarbstoffen überwiegt der Salzbindungsmechanismus, bei den Metallkomplexfarbstoffen ist auch der Lösungsmechanismus des Farbstoffes in der Faser wirksam. Bei den anionischen Farbstoffen handelt es sich hauptsächlich um Wollfarbstoffe, die jedoch wegen der geringeren Zahl der polaren Endgruppen der Polyamide einen weit geringeren Sättigungswert zeigen als es bei Wolle der Fall ist. Dabei ist es in fast allen Fällen möglich, auf Polyamiden ausreichend tiefe Färbungen zu erreichen. Monosulfonate ziehen weit besser als Polysulfonate. Bei Mischungen von Farbstoffen, die den beiden Gruppen angehören, treten Blockierungseffekte auf, da die Polysulfonate an der Faserbindung gehindert werden. Zur Vermeidung dieser Blockierungseffekte haben die Farbstoffhersteller aus ihren anionischen Farbstoffen die Produkte ausgewählt, die ungefähr gleichmäßiges Ziehvermögen haben und damit zur *Trichromiefärbung* geeignet sind.

Alle anionischen Farbstoffe haben die unangenehme Eigenschaft Polyamide unterschiedlich anzufärben, wenn die Fasern partiell physikalisch oder chemisch verändert wurden. Am häufigsten zeigt sich ein **Streifigfärben** *(Barré-Effekt)*, das durch unterschiedliche Verstreckung bei der Herstellung hervorgerufen wird. Durch stärkere Verstreckung enthält die Faser mehr kristalline Anteile, welche weniger anionische Farbstoffe binden und dadurch heller bleiben als die weniger verstreckten Fasern mit mehr amorphen Anteilen. Ebenso treten Nuanceunterschiede durch unterschiedliche Fixierung (wechselnde Warenspannung, ungleiche Temperatur, unterschiedliche Fixierzeit) auf. Durch ausreichende Überwachung der Vorfixierung bzw. durch Vorfärben der unfixierten Ware mit sublimierechten Farbstoffen können letztere Fehler ausgeglichen werden. Verstreckungsunterschiede sind jedoch nur durch spezielle Färbeverfahren bzw. Einsatz von Egalisiermitteln auszugleichen.

Als besonderes Färbeverfahren wurde zuerst von *Dupont* der *Cheney-Prozeß* vorgeschlagen, bei dem unter Zusatz von 3—5 g/l Phenol gearbeitet wird. Phenol wird zum Vorquellen der Faser verwendet, ist jedoch aus gesundheitlichen Gründen bedenklich und führt zur starken Verunreinigung der Abwässer. Beim *Irga-Solvent-Verfahren/Geigy* bzw. dem *Benzylalkohol-Verfahren/CIBA* werden als Quellmittel 35 ml/l Benzylalkohol empfohlen. Dadurch werden Verstreckungsunterschiede weitgehend beseitigt und tiefere Nuancen erreicht. Das Streifigfärben wird zusätzlich durch Zusatz spezieller Egalisiermittel weiter verbessert. Bei beiden Verfahren werden die Polyamidtextilien mit Benzylalkohol und den weiteren Zusätzen vorbehandelt, nach 20 min. der gut gelöste Farbstoff nachgesetzt und wie üblich, jedoch in kürzerer Zeit, ausgefärbt. Zur Beseitigung der Barré-Effekte werden auch *Klotzverfahren* empfohlen. Dabei werden verdickte Farbstofflösungen geklotzt, zwischengetrocknet und die Färbungen durch einen Säureschock, Dämpfen oder Thermosolieren fixiert. Auch die Kombination von Dämpfen und Säureschock ist üblich. Die Verfahren eignen sich jedoch nur für helle bis mittlere Farbtöne, da die hydrophobe Polyamidfaser nur mit geringen Feuchtigkeitsmengen geklotzt werden kann, wenn eine stärkere Farbstoffwanderung vermieden werden soll. Auch das Pad-Roll-Verfahren wurde vorgeschlagen.

Da Monosulfonate von Polyamiden schnell aufgenommen werden, werden *anionische Egalisiermittel* dieser Konstitution verwendet, welche die selektiven Gruppen der Polyamide besetzen und diese erst im Laufe des Färbens freigeben, wenn die Hauptmenge des Farbstoffes bereits aufgezogen ist und dadurch eine egalere, streifenfreie Färbung erreicht. Die Waren werden im Färbebad, welches alle Zusätze außer dem Farbstoff und 2—5% Egalisiermittel enthält, bei 50—60 °C während 15—20 min. vorbehandelt, der gelöste Farbstoff zugesetzt und wie üblich ausgefärbt. Als Hilfsmittel sind u. a.:

Cerafil SB, 9055	*Böhme*	Lyogen P	*Sandoz*
Carbolansalz A	*ICI*	Lissapol D	*ICI*
Dupanol D	*Dupont*	Paraperl S	*Hoechst*
Egalisiermittel PAW	*CIBA*	Tinegal BAN	*Geigy*
Levegal FTS	*Bayer*		

üblich. Durch Färben unter HT-Bedingungen allein lassen sich Verstreckungsunterschiede nicht beseitigen.

Neben den anionischen, faseraffinen Egalisiermitteln werden teilweise auch *kationische* und *nichtionische* Produkte verwendet, die farbstoffaffin sind, mit dem Farbstoff schwerbewegliche Addukte bilden und dadurch ebenfalls zur Egalisierung beitragen. Zur Egalisierung können auch *amphotere* Produkte, wie z. B. Uniperol W/*BASF* und Mischungen von anionischen und kationischen Produkten verwendet werden (z. B. Transferin 94/*Böhme*).

Um möglichst egale, streifenfreie Färbungen und gute Gesamtechtheiten zu erhalten, werden auch *Mischungen von neutralziehenden, anionischen mit Dispersionsfarbstoffen* in den Handel gebracht, die wie für Dispersionsfarbstoffe üblich, gefärbt werden können. Dazu gehören u. a.:

Elanyl-	*CIBA*
Novalon–Farbstoffe	*Geigy*

Säurefarbstoffe werden mit

2 —4 % Essigsäure 50%ig oder
1 —2 % Ameisensäure 85%ig oder
0,1—0,5 g/l Ammonsulfat oder -azetat

evtl. unter Zusatz von 0,1—0,25 Trinatriumphosphat gefärbt. Dabei wird die Ware während 15 min. bei 30 °C vorlaufen gelassen, gleichmäßig zum Kochen getrieben und 45 min. kochend gefärbt. Die angegebenen Säure- oder sauren Salzzusätze richten sich nach der für das Färben nötigen Azidität der Bäder. Schwefelsäure wird im Gegensatz zur Wollfärbung nicht verwendet, da sie in vielen Fällen zum schnellen Aufziehen der Farbstoffe und unegale Färbungen führt.

Da nicht alle Säurefarbstoffe gleich gut für das Färben von Polyamiden geeignet sind, wurden von einigen Farbstoffherstellern die brauchbarsten Produkte unter besonderen Gruppennamen zusammengefaßt. Zu diesen Gruppen gehören u. a.:

Avilon-	*CIBA*	Nylomin-	*ICI*
Dimacid-	*Francolor*	Nylosan	*Sandoz*
Erionyl-	*Geigy*	Perlamin-	*Cassella*
Lanaperl-	*Hoechst*	Tectilon	*CIBA*
Nylanthren-	*Althouse*	Telon-Farbstoffe	*Bayer*

Färbungen mit Säurefarbstoffen zeigen gute bis sehr gute Lichtechtheit und mittlere Naßechtheiten (Tab. 48), die durch eine Tannin-Brechweinstein-Nachbehandlung bzw. spezielle Hilfsmittel (S. 313) weiter verbessert werden können. Die Farbstoffe sind gut sublimierecht und zeigen sehr oft brillante Farbtöne. Säurefarbstoffe eignen sich vor allem zum Färben von Polyamidfasern für Buntartikel, Strümpfe, Socken, Charmeuse, Regenmantelstoffe, Badetrikots, Bänder, Teppichgarne und Plüsche in dunklen und brillanten Farbtönen. Ausgewählte Vertreter genügen auch sehr hohen Lichtechtheiten.

In den letzten Jahren hat sich **Polyamid-Webtrikot** besonders einführen können, der zur Herstellung von Herrenoberhemden, Damenblusen, Arbeitsmäntel, Miederstoffe, Futterstoffe usw. verwendet wird. Für den Hemden- und Blusenartikel wurden von den Polyamidherstellern besondere Markennamen geschaffen, die dem Verbraucher eine gleichbleibende Qualität garantieren. Dazu gehören:

        Perlon-Porös   *Perlon Warenzeichenverband*, Frankfurt/Main
        Nylsuisse   *Société de la Viscose Suisse*, Emmenbrücke
        Nyltest   *Deutsche Rhodiaceta AG.*, Freiburg i. Br.

Tabelle 48. *Echtheiten einer Färbung mit Polarbrillantblau RAW/Geigy*

Licht— $2/_1$, $1/_1$, $1/_3$	Wasch— 40 °C	Wasch— 60 °C	Wasser—	Meerwasser—	Schweiß—	Thermofixier— 140 °C 3 min.	180 °C 20 sek.	220 °C 10 sek.	Walk— a)	Reib—	Alkali—	Karbonisier—	Chlorbadewasser—
5	4—5	4—5	4—5	4	4	4—5	4	3—4	4	5	5	4—5	5
5—6	5	5	3—4	3—4	2				5				
6	5	5	3—4	3—4	4				5				

Zur Herstellung der Artikel werden Endlosgarne in besonderer Wirkart (blockierte Masche) in vorgeschriebener Dichte verwirkt. Die aus Webtrikot hergestellten Textilien dürfen nach einem Kochtest max. 2% Restkrumpfung zeigen, optisch aufgehellte müssen eine Lichtechtheit von 3—4 und die 60 °C-Wasch- und Schweißechtheit gleich hohe Echtheitsnoten beim Prüfen gefärbter Waren aufweisen. Webtrikot wird heute fast ausschließlich auf *Stückbaum-Autoklaven* (S. 91) veredelt. Dabei werden die Stückwaren, die in einer Rohwirkbreite von 190—210 cm angeliefert werden und mit 180—182 cm zur Konfektion kommen, diskontinuierlich oder auf speziellen Breitwaschmaschinen kontinuierlich vorgewaschen, auf Spannrahmen getrocknet und während 20 sec. bei 160—170 °C mit Heißluft teilweise vorfixiert, auf perforierte Bäume gewickelt, in der Baumfärbemaschine gebleicht, optisch aufgehellt oder gefärbt und fertig ausgerüstet. Zur Endfixierung wird ebenfalls der Autoklav verwendet und die Fixierung mittels Heißwasser als *Hydrofixierung* bei 130 °C meist mit der Bleiche zusammengelegt. Bei nicht zu stark verschmutzter Ware kann die vorfixierte Ware auch auf den Autoklaven gewaschen werden. Die für diesen Artikel vorgeschriebenen Echtheiten machen die Verwendung besonderer optischer Aufheller und ausgesuchter Säurefarbstoffe notwendig, deren Naßechtheiten durch eine Nachbehandlung weiter verbessert werden können. Dispersionsfarbstoffe erreichen die geforderten Werte nicht. Für den Artikel, der auch bedruckt in der Damenoberbekleidung Eingang gefunden hat, werden auch Farbstoffklassen verwendet, die nachstehend angegeben sind und oft noch höhere Echtheitswerte ergeben als Säurefarbstoffe.

Für das *Aufhellen* und *Ausegalisieren* von Säurefärbungen werden, die auch in der Wollfärberei üblichen Egalisiermittel (S. 272), eingesetzt und auf frischem Bad entweder unter Zusatz von Ammoniak oder Essigsäure gearbeitet. Zum *Ab*-

ziehen eignen sich alle Verfahren, die auch für Dispersionsfarbstoffe bzw. in der Wollfärberei (S. 274) üblich sind.

c) **Chromierungsfarbstoffe.** Die Produkte werden nach den für Wolle üblichen Verfahren gefärbt. Durch die Chromsäure tritt jedoch eine gewisse Oxydationsschädigung der Faser auf, die durch Zusatz von 0,5% Thiosulfat oder 0,1—0,3% Zinkformaldehydsulfoxylat (z. B. Decrolin lösl. konz./*BASF*) im Chromierungsbad verhindert werden kann. Auch mit *Monochromfarbstoffen* können gute Echtheiten erreicht werden. Es ist dabei vorteilhaft, die Chrombeize erst dem kochenden Färbebad zuzusetzen. Chromfärbungen lassen sich kaum aufhellen, jedoch nach den für Säurefarbstoffen üblichen Verfahren im sauren Bad reduktiv wie Wollfärbungen abziehen. Von *Bayer* wurden, die zum Färben besonders geeigneten Chromfarbstoffe in der Gruppe der Telonchromfarbstoffe zusammengefaßt. Der Barré-Effekt tritt auch beim Färben mit Chromfarbstoffen auf.

Alle, auch für das Färben von Wolle verwendbaren *Metallkomplex-Farbstoffe* sind zum Färben von Polyamidfasern geeignet, wenn auch einige Farbstoffe weniger tiefe und echte Färbungen ergeben. Barré-Effekte müssen auch hier durch die geschilderten Methoden verhindert werden.

d) **1 : 1-Metallkomplex-Farbstoffe.** Beim Färben mit diesen Produkten sind nur 3—6% Ameisensäure 85%ig notwendig. Diese Säuremenge kann durch Verwendung von speziellen nichtionogenen Hilfsmitteln, wie auch in der Wollfärberei, ermäßigt werden. Wird mit Schwefelsäure gefärbt, muß diese nach dem Färben im letzten Spülbad mit 0,5 g/l Natriumazetat neutralisiert werden. Von der *CIBA* wurden in den Neonyl-Farbstoffen, die für Polyamide geeigneten 1 : 1-Metallkomplex-Farbstoffe aus der Palette der Neolan-Farbstoffe ausgewählt (Tab. 49). Die Färbungen können mit entsprechenden Egalisiermitteln auf frischem Bad teilweise aufgehellt und egalisiert bzw. mit Reduktionsmitteln oft nur unvollkommen abgezogen werden. Für Rilsan sind diese Farbstoffe wenig geeignet.

Tabelle 49. *Echtheiten einer Färbung mit Neonylmarineblau R/CIBA*

Licht-$^{1}/_{1}$-$^{1}/_{3}$	Wasch-		Wasser-	Chlorbadewasser-	Schweiß-
	60 °C	90 °C			
5	3—4	2—3	4—5	4	4—5
6—7	5	5	4		4—5
	4—5		4		4

e) **1 : 2-Metallkomplex-Farbstoffe.** Die Produkte haben, wie auch in der Wollfärberei, eine weite Verbreitung gefunden. Allerdings sind streifenfreie Färbungen nur mit Hilfe spezieller Egalisiermittel oder Färbemethoden (S. 308) zu erreichen. Die Echtheitswerte (Tab. 50) sind hoch. Im sauren Medium ziehen die Farbstoffe

Tabelle 50. *Echtheiten einer Färbung mit Irgalangrau BL/Geigy*

Licht-$^{2}/_{1}$, $^{1}/_{1}$, $^{1}/_{3}$	Wasch- 40 °C	Wasch- 60 °C	Wasser-	Meerwasser-	Schweiß-	Thermofixier-			Walk- a)	Reib-	Alkali-	Karbonisier-	Chlorbadewasser-
						140 °C 3 min.	180 °C 20 sek.	220 °C 10 sek.					
5	4	4	5	5					4	5	5	4	4—5
6	4—5	4—5	5	5	5	4	4	4	5				
6—7	5	5	5	5					5				

sehr schnell und man färbt schnellziehende Polyamidqualitäten in hellen Nuancen vorteilhaft mit 1 g/l Trinatriumphosphat in der ansonsten für Wolle üblichen Weise. Dunkle Töne werden zur besseren Baderschöpfung mit 0,5—1 g/l Ammonsulfat oder Essigsäure 50%ig gefärbt, die evtl. erst nachgesetzt werden. Dunkle Färbungen werden bei einem pH-Wert von 6, helle Färbungen bei 6—10 hergestellt. Zum Aufhellen werden, die auch für Wolle üblichen Egalisiermittel eingesetzt und zum Abziehen saure Reduktionsmittelbäder (S. 274) verwendet.

Als Spezialfarbstoffe zum Färben von Polyamiden wurden f) **1:2-Metallkomplex-Dispersionsfarbstoffe** geschaffen, die von der *BASF* als *Vialonecht-* und von *Francolor* als *Amichromlicht-Farbstoffe* im Handel sind. Es handelt sich dabei um sulfogruppenfreie und damit wasserunlösliche Produkte, die, wie die normalen Dispersionsfarbstoffe in der Faser selbst gelöst werden und Barré-Effekte weniger deutlich anzeigen als anionische Farbstoffe. Diese Spezialfarbstoffe werden, da sie in sauren Bädern sehr schnell, und damit unegal auf Polyamide ziehen, unter Zusatz von 0,1—0,5 g/l Soda kalz. oder Ammoniak 20%ig und besonderen Egalisiermitteln wie Uniperol W oder PN/*BASF* bzw. Sunaptol P oder PN/*Francolor* wie Dispersionsfarbstoffe kochend gefärbt. Bei tiefen Färbungen werden die Bäder durch Nachsatz von 1—2 g/l Ammonsulfat oder Essigsäure 50%ig erschöpft. Die Verwendung der Amichromfarbstoffe/*Francolor* wird hauptsächlich bei 120 °C empfohlen und zur Entwicklung der optimalen Echtheiten eine Nachbehandlung mit

Tabelle 51. *Echtheiten einer Färbung mit Amichromlichgelb 3 RLL/Francolor*

Licht- $^2/_1$, $^1/_1$, $^1/_3$	Wasch- 60 °C	Wasser-	Meerwasser-	Schweiß-	Reib-	Lösungsmittel-/Tri
5	4—5	5	4—5	4—5		5
6	5	5	5	5	5	5
7	5	5	5	5		5

2 g/l Sunaptol OP
1 g/l Hydrosulfit
1 g/l Soda kalz.

während 15 min. bei 80 °C empfohlen. Auch die Verwendung von Vialonechtfarbstoffen/*BASF* bringt unter HT-Bedingungen in abgekürzten Färbezeiten egalere Färbungen. Die Echtheiten einer Amichromfärbung sind in der Tab. 51 illustriert. Zum Färben von Polyamid 11 (Rilsan) sind die Metallkomplex-Dispersionsfarbstoffe ebenfalls geeignet, ihre Aufziehgeschwindigkeit ist jedoch geringer als auf anderen Polyamiden.

Eine beschränkte Zahl von *Direktfarbstoffen* ist, es handelt sich um Monosulfonaten, zum Färben von Polyamiden verwendbar. Die Farbstoffe zeigen hohe Ausgiebigkeit und bemerkenswerte Naßechtheiten, die durch eine Nachbehandlung weiter verbessert werden können. Einige Farbstoffhersteller haben die Direktfarbstoffe in die Palette der ausgesuchten anionischen Farbstoffe aufgenommen. So kann z. B. Telonechtschwarz D und PE/*Bayer* mit 20—30% Glaubersalz kalz. wie üblich gefärbt, diazotiert und mit Entwickler H gekuppelt werden.

Zur **Verbesserung der Naßechtheiten** können die Färbungen mit Dispersions- und allen anionischen Farbstoffen mit

2—4% Tannin (eisenfrei)
1—2   Essigsäure 50%ig

während 10—20 min. bei 60—70 °C auf frischem Bad nachbehandelt werden. Der Gerbstoff wird nach kurzem Zwischenspülen auf frischem Bad 20 min. bei Temperaturen von 20—80 °C mit 1—2% Brechweinstein fixiert und die Färbung kurz nachgespült. Anionische Färbungen werden auch mit 3% (1—2 g/l) der folgenden Hilfsmittel im ausgezogenen Färbebad während 15 min. bei 80 °C nachbehandelt:

Erional NW, NWS	*Geigy*	Mesitol PNR	*Bayer*
Depsoline 2P, RL	*Francolor*	Nylofix	*Sandoz*
Fixanol NA	*ICI*	Tanninol WR	*ICI*

g) Mit einer Auswahl von **Küpenfarbstoffen** lassen sich Polyamidfasern ebenfalls färben. Da jedoch die Farbstoffe bei den für Zellulosefasern üblichen Temperaturen nur gering diffundieren, sind Temperaturen von mindestens 90 °C zur guten Durchfärbung nötig, die einen sehr hohen Reduktionsmittelbedarf bedingen. Die mit Küpenfarbstoffen im Normalverfahren erreichbaren Lichtechtheiten liegen weit unter denen auf Zellulosefasern und die Färbungen sind weniger brillant. Die Farbstoffe haben sich außerdem als Lichtschädiger erwiesen und setzen die bei Polyamiden übliche, geringere Lichtbeständigkeit weiter herab. Alle angeführten Schwierigkeiten haben das Färben mit Küpenfarbstoffen nur in Ausnahmefällen ermöglicht.

h) Zum Färben von Polyamiden sind nur eine beschränkte Zahl von **Schwefelfarbstoffen** verwendbar. Eine Gerbstoffvorbehandlung bewirkt zwar, daß man alle Farbstoffe verwenden kann. Das Verfahren hat jedoch in der Praxis keine Bedeutung. Mit den *hochechten Schwarzmarken* wie z. B. den Indocarbonen/ *Cassella* lassen sich jedoch sehr echte Färbungen nach folgendem Verfahren erzielen. Der mit einem Dispergiermittel angeteigte Farbstoff wird nach dem für Küpenfarbstoffe üblichen Verfahren mit

12 ml/l Natronlauge 38 °Bé
8 g/l Hydrosulfit
1 g/l Rongalit C/*BASF*
2 ml/l Aquamollin BCS
(Sequestriermittel/*Cassella*)

Tabelle 52. *Echtheiten einer Schwarzfärbung mit Indocarbon CLG konz./Cassella auf Polyamidfasern*

Licht-	Wasser-	Meerwasser-	Wäsche- 60 °C	Schweiß-	Chlorbadewasser-	Reib-
7	5 5 5	5 5 5	4—5 5 4—5	4—5 4—5 5	5	4—5

durch kurzes Aufkochen gelöst und nach Erreichen der oliven Küpenfarbe bei 50 °C mit der Ware eingegangen, zum Kochen getrieben und in 30—40 min. leicht kochend gefärbt, durch Zulauf von frischem Wasser gespült, auf frischem Bad mit

1 g/l Hydrosulfit
3 ml/l Aquamollin BCS

während 10 min. bei 50 °C der nur oberflächlich sitzende Farbstoff entfernt, gespült und auf frischem Bad das Schwarz mit

1 g/l Kaliumbichromat
3—4 ml/l Essigsäure 50%ig

in 20 min. bei 75 °C entwickelt. Die Echtheiten einer derartigen Färbung sind in der Tab. 52 enthalten.

Auch die Blaumarken der *Schwefelküpen-Farbstoffe* können in ähnlicher Weise zum Färben von Polyamiden eingesetzt werden, die Echtheiten gleichen den Färbungen auf Zellulosefasern. Obwohl auch die wasserlöslichen Schwefelfarbstoffe (z. B. Hydrosol-Fbst./*Cassella*) zum Färben von Polyamidfasern geeignet sind, erreichen die erzielten Lichtechtheiten nicht den für Zellulosefasern üblichen Standard. Auch *Polykondensationsfarbstoffe* können im Ausziehverfahren mit 2—4% Essigsäure kochend gefärbt werden.

i) Auch die **Reaktiv-Farbstoffe** haben zum Färben von Polyamiden eine gewisse Bedeutung erlangen können, wenn auch die Echtheiten mit Wollfarbstoffen ebenfalls erreichbar sind. Die Farbstoffe reagieren in ähnlicher Weise mit Polyamiden wie die Wolle. Die Farbstoffe zeigen jedoch wie alle ionischen Farbstoffe, Verstreckungsunterschiede deutlich an. Einige zeigen auch geringere Lichtechtheiten als auf Zellulosefasern.

Beim Färben mit *Remazol-Farbstoffen/Hoechst* wird der gelöste Farbstoff in das mit 2 g/l Trinatriumphosphat bestellte Färbebad zugesetzt und die Ware 15 min. bei 40 °C behandelt, das Bad mit 2 ml/l Essigsäure 50%ig neutralisiert, mit 1—4% Essigsäure angesäuert, in 40 min. zum Kochen getrieben und 1 Std. kochend gefärbt und anschließend gründlich gespült. Diese Färbeweise wird für Polyamid 6 (Perlon) eingesetzt. Für Polyamid 66 (Nylon) wird mit 0,5 ml/l Ameisensäure 85%ig neutralisiert und mit Ameisensäure an Stelle der Essigsäure gefärbt. Auch Polyamid 11 (Rilsan) wird nach der für Nylon üblichen Arbeitsweise gefärbt, zur besseren Baderschöpfung sollte jedoch 40 min. bei 120 °C gearbeitet werden.

Tabelle 53. *Echtheiten einer Färbung mit Remazolrotviolett R/Hoechst auf Perlon. (Ändern, Bluten auf Perlon, Baumwolle, Wolle bei den Naßechtheiten)*

Licht-1/1	Wasser-		Wasch-			Walke alkal.		Walke sauer		Meerwasser-	Reib-		Schweiß-	Chlorbadewasser-	Abgas-	Thermofixier- 30 sec. bei 190 °C
	leicht	schwer	40 °C	60 °C	95 °C	leicht	schwer	leicht	schwer		trocken	naß				
7	5	5	5	5	4	5	5	5	4	4—5	5	5	5	5	5	5
	5	5	5	5	5	5	5	4—5	3—4	5						
	5	5	5	5	5	5	5	5	5	4—5			5			
	5	5	5	5		5	5	5	4—5	4—5			4—5			

HT-Bedingungen führen außer bei Polyamid 11 bei den anderen Polyamid-Typen zur Herabsetzung der Reißfestigkeit. Ein Nachseifen der Färbungen ist nur bei mittleren und tiefen Farbtönen notwendig. Echtheiten zeigt Tab. 53. Die Thermofixierechtheit der Färbungen ist gut, und es können die gefärbten Polyamide auch nachfixiert werden. Remazolfarbstoffe werden zur Vermeidung von Streifigkeit auch foulardiert und anschließend für eine gute Farbausbeute im Druck-(HT)-Dämpfer (S. 121) 3 min. bei 2 atü oder wenn nicht zu tiefe Töne verlangt werden auch thermofixiert (thermosoliert). Geklotzt wird mit:

   x g/l Remazolfarbstoff
   x · 4 g/l Soda kalz. und nach 5 min. Stehen wird mit
   x · 4 ml/l Essigsäure 30% ig neutralisiert
   200 g/l Alginat 40:1000
   30 g/l Ammoniumtartrat
   0,2 g/l Silikonentschäumer

Foulardiert wird bei 50 °C, mit 40—50% Restfeuchtigkeit abgequetscht, möglichst ohne Berührung mit Leitwalzen in einem Infrarotkanal vor- und auf der Hotflue fertiggetrocknet, im HT-Dämpfer, wie beschrieben, gedämpft oder 60 sec.

bei 190 °C Perlon und bei 200 °C Nylon, thermosoliert. Anschließend 10—15 min. kochend geseift.

j) Um Barré-Effekte im Ausziehverfahren zu vermeiden, wurden von der *ICI* **reaktive Dispersionsfarbstoffe** (Procinyl-Fbst.) geschaffen, die kochend oder bei 120 °C gefärbt werden können. Die Farbstoffe werden in 50 °C warmes, neutrales Wasser eingestreut und unter Rühren gut dispergiert. Nach kurzem Stehen der Farbstoff, dem mit

2 ml/l Essigsäure 30%ig
1 g/l Dispersol VL oder D/*ICI*

bestellten Färbebad zugesetzt, mit der Ware eingegangen, innerhalb von 30 min. zum Kochen oder auf 120 °C getrieben und 30 min. gefärbt. Dabei soll der pH-Wert 3,5—4 betragen. Anschließend wird mit Soda kalz. das Bad auf pH 10 eingestellt und nochmals 30 min. weitergefärbt, gespült und mit 2 g/l Soda kalz. und einem synthetischen Waschmittel 15—30 min. bei 65 °C nachgeseift und nachgespült. Die Procinyl-Farbstoffe können auch wie normale Dispersions-Farbstoffe auf Sekundär- und Triazetat gefärbt werden. Zum Abziehen können die für Dispersionsfarbstoffe üblichen Methoden auch für alle Reaktivfärbungen eingesetzt werden.

k) Zur Erzielung von sehr gut wasch-, walk- und überfärbechten Tönen können auch **Naphtolfarbstoffe** auf Polyamiden erzeugt werden. Dabei werden ausgesuchte Naphtole als Naphtolate mit wasserunlöslichen, stabilisierten Diazoverbindungen aufgefärbt und die Kupplung anschließend durch eine Säurebehandlung vorgenommen. Die Diazoverbindungen werden von *Hoechst* als *Ofna-perl-Salze* in den Handel gebracht und ermöglichen mit den z. Z. erhältlichen Salzen eine ausgedehnte Palette von Farbtönen. Daneben ist es auch möglich an Stelle der Naphtole, die für das Grundieren von Wolle verwendbaren *Ofna-lan-Produkte/Hoechst* zu verwenden, die zum Lösen kein Alkali benötigen. Die Naphtole oder Ofna-lane werden nach dem Kaltlöseverfahren gemeinsam mit den Ofna-perl-Salzen gelöst. Dabei sind die Verhaltniszahlen zwischen Naphtol und Ofna-perl-Salzen unterschiedlich. Das Färbebad mit den vorgelösten Produkten bestellt, 1—1½ Std. bei 70 °C gefärbt und nach 1 Std. 10—20 g/l Kochsalz nachgesetzt, kalt gespült und bei 50 °C beginnend mit 3 ml/l Schwefelsäure 66 °Bé bei 70—80 °C 30 min. entwickelt, kalt nachgespült und kochend geseift. Die Tab. 54 zeigt die Echtheiten einer derartigen Färbung.

Tabelle 54. *Echtheiten einer Färbung mit Naphtol AS-ITR und Ofna-perl Salz RRA/Hoechst auf Polyamid 6 (Perlon)*

Licht 2/1, 1/1, 1/3	Wasch- 60 °C	Schweiß	Walk-		Dekatur-	Überfärbe-	
			neutral	alkal.		neutral	sauer
6							
6—7	5	5	5	5	3	5	4—5
6—7							

Von der *ICI* wurden als *Brentacet-Farbstoffe* Mischungen von Naphtolen mit Echtbasen auf dem Markt gebracht, die gemeinsam aufgefärbt und durch eine Diazotierung zur gleichzeitigen Kupplung veranlaßt werden. Dieses Verfahren ist auch als *modifiziertes Azoverfahren* bekannt. Die Produkte werden nach dem Kaltlöseverfahren mit gleichen Teilen Sprit, ⅓ der Farbstoffmenge Natronlauge 38 °Bé, die ½ Menge Soda kalz. und 40 T. Wasser kochend gelöst und zur Verbesserung der Dispersion, die gleiche Menge Seife wie Farbstoff, zugesetzt. Gefärbt wird 1 Std. bei 85 °C und zur besseren Erschöpfung der Bäder 40% der Farbstoffmenge Kochsalz nachgegeben. Anschließend wird gespült und auf frischem Bad kalt oder bei 60 °C während 30 min. mit

       1 g/l Natriumnitrit
       5 ml/l Salzsäure 20 °Bé

entwickelt und gleichzeitig die Kupplung vorgenommen. Dann wird gespült und kochend geseift. Das modifizierte Azoverfahren ergibt nur wenig geringere Echtheiten als Färbungen mit Ofna-perl-Salzen.

l) Zur Herstellung von hellen und mittleren Farbtönen können auch **Pigmentfarbstoffe** auf Polyamide, wie auch auf alle anderen Synthesefasern, gefärbt werden. Tiefe Farbtöne bedingen eine sehr hohe Kunststoff-Bindermenge, die zu einer starken Versteifung der Ware führt und durch Weichmacher bzw. Kalandern oder Brechen der Ware nicht immer ausreichend beseitigt werden kann. Die hohe Farbstoff-Binderauflage vermindert auch wegen der Hydrophobie der Synthesefasern die ansonsten bei hellen Tönen üblichen sehr guten Echtheiten. Die Färbungen können für Hemden-, Blusen-, Dekorationsstoffe, Bänder und Trikotagen verwendet werden. Beim Färben kann eine Steifappretur, die gleichzeitig eine Verbesserung der Schiebefestigkeit bedingt, aufgebracht werden. Verstreckungsunterschiede werden in allen Fällen gedeckt. Als Beispiel einer Pigmentfärbung soll hier die Arbeitsweise mit *Mikrofix-Farbstoffen/CIBA* dienen.

Die Foulardflotte wird zuerst durch Verdünnen des Mikrofix-Binder 59 mit der 5fachen Wassermenge vorbereitet. Für $^1/_{50}$ Richttyptiefe werden 25—40 g/l und für $^1/_{25}$ Tiefe 35—50 g/l Binder eingesetzt. Der homogenen Paste der Mikrofix-Farbstoff unter Rühren zugesetzt, die Flotte durch Zusatz von Wasser auf das vorgeschriebene Volumen verdünnt und der Katalysator (5 g/l Diammonphosphat) in Lösung zugesetzt und mit einem Abquetscheffekt von 30—50% kalt auf 3-Walzenfoulards foulardiert. Anschließend bei 90—100 °C auf Hotflues oder Schwebedüsentrocknern getrocknet. Spannrahmen sind nur für leichte Gewebe brauchbar. Anschließend wird 5—4 min. bei 140—145 °C gehärtet. Der harte Warengriff wird durch Brechen oder Kalandern verbessert. Die Echtheiten sind ähnlich wie die der Färbungen auf Zellulosefasern (S. 239, Tab. 29).

Ein sehr gut licht- und naßechtes Schwarz läßt sich auch mit *Blauholz* erzielen, wenn auch das Verfahren selten angewendet wird. Verstreckungsunterschiede werden dabei sehr gut gedeckt. Man färbt je nach Flottenverhältnis mit 7,95—26 g/l Blauholzextrakt krist. oder 13—50 g/l Teig das sehr gut vorgewaschene Material unter weiterem Zusatz von:

      1,5 ml/l Essigsäure 50%ig
      0,5 g/l eines anionischen Waschmittels
      0,25 g/l Calgon T *(Benckiser)*

während mindestens 2 Std. bei 80—95 °C bei pH 4—6 (nicht über 7) und spült sehr gründlich. Anschließend wird das Schwarz durch Oxydation je nach Flottenverhältnis mit

       5—20 g/l Kaliumbichromat
       12 ml/l Essigsäure 50%ig
       1 g/l anionisches Waschmittel

kalt beginnend, 20 min. bei 50—60 °C, 1 Std. bei 80—95 °C und einem pH-Wert von 4 entwickelt. Oxydierte Färbungen lassen sich nicht mehr abziehen und auch eine Nachfärbung von zu hellen Tönen ist nicht mehr möglich. Man sollte deshalb zuerst ein Muster labormäßig oxydieren. Anschließend wird heiß und kalt gespült und bei 70—80 °C nachgeseift. Ein besonderer Vorteil blauholzgefärbter Polyamide besteht in der Verbesserung der Lichtbeständigkeit der Faser, deren Reißfestigkeit bei Belichtung nur um etwa $1/3$ abnimmt als es bei ungefärbter Faser der Fall ist.

Das Färben von Polyamiden unter **HT-Bedingungen** bringt zwar eine Abkürzung des Verfahrens, aber keine wesentlich tieferen Färbungen. Die meisten, normal verwendbaren Farbstoffe können unter gleichen Bedingungen auch bei 120—130 °C gefärbt werden. Texturierte Polyamidgarne verlieren jedoch über 115 °C sehr stark an Elastizität. Polyamid 11 (Rilsan) ergibt in vielen Fällen tiefere Färbungen als im Normalverfahren. Chromfarbstoffe dürfen wegen der Möglichkeit der Oxydationsschädigung nicht unter HT-Bedingungen chromiert werden. Ein Sonderfall ist das Färben auf Baumfärbeautoklaven, bei denen die Färbung bei 120 °C während $1^{1}/_{2}$ Std. auch hydrofixiert werden. Affinitätsunterschiede, die durch mechanische oder chemische Vorbehandlung der Faser entstanden sind, lassen sich bei Verwendung von anionischen Farbstoffen unter HT-Bedingungen mildern, jedoch nicht vermeiden.

Zum Färben von Geweben und Gewirken werden auch *kontinuierliche Färbeverfahren* eingesetzt. Da die hydrophoben Polyamidfasern jedoch nur mit wenig Feuchtigkeit foulardiert werden können, färbt man nach diesen Methoden hauptsächlich helle bis mittlere Farbtöne. Die Farbstoffmigration wird durch entsprechende Klotzhilfsmittel eingeschränkt bzw. dazu Alginatverdickungen eingesetzt. Dunklere Töne lassen sich nach dem Thermosolier-, Pad-Steam und Pad-Roll-Verfahren nur mit Dispersions-, 1:2-Metallkomplexdispersions- und reaktiven Dispersions-Farbstoffen erreichen. Beim Pad-Roll-Verfahren wird die Stückware 2 Std. bei 95 °C verweilt und beim Pad-Steam-Verfahren 15 min. ohne Druck gedämpft.

Der sprunghaft angestiegene Verbrauch von Webtrikot hat zur Konstruktion von Autoklaven (S. 91) geführt, die bis zu 1500 kg Ware aufnehmen können. Darüber hinaus haben verschiedene Firmen Kontinue-Waschmaschinen auf den Markt gebracht, die ein kontinuierliches Waschen (z. B. Rotomat/*Gerber* u. a.) erlauben bzw. Webtrikot vollkontinuierlich auszurüsten gestatten (*Peter*-Kontinue-HT-Färbeanlage S. 121).

Bei der *Peter*-Anlage wird Webtrikot auf speziellen Breitwaschmaschinen kontinuierlich vorgewaschen, geklotzt und die ansonsten langen Dämpfzeiten bei Atmosphärendruck durch eine *HT-Dämpfung* während 100 sec. bei 120 °C und einer Durchlaufgeschwindigkeit von 30 m/min. ersetzt. Für das Foulardieren sind besondere Foulards wie z. B. der Econom-Foulard (*Peter* S. 106) bzw. der „Padquick-Trog" der Fa. *Gerber* vorteilhaft (S. 111). Beim Foulardieren verbessern Zusätze von Netzmitteln, Antischaum- und -hilfsmittel, die das Migrieren der Farbstoffe beim Trocknen eindämmen, die Egalität der Färbungen. Als Schaumdämpfer (Antischaummittel) kommen hauptsächlich Silikonprodukte in Betracht. Die Löslichkeit der Farbstoffe kann durch Zusatz von hydrotropen Substanzen und die Farbstoffaufnahme durch Zusatz von Quellmitteln (z. B. Phenol) verbessert werden. Ein Nachwaschen der kontinuierlich gefärbten Waren ist nur dann entbehrlich, wenn helle Töne mit anionischen Farbstoffen hergestellt wurden.

Mittlere Färbungen mit Säurefarbstoffen müssen durch eine Nachbehandlung mit verdünnter Ameisensäure (Säureschock) ausreichend fixiert werden.

Zum Färben von *Polyamid-Feinstrümpfen* haben sich als kontinuierliche Einrichtungen die *Colorplast-*/Bellmann (S. 133), *Teintofix-*/Heliot (S. 134) und die *Turbo-Dye-Boarder-Maschine* S. 135) eingeführt. Dabei werden die auf polierten Aluminiumformen aufgezogenen Strümpfe in einer Kammer nacheinander gewaschen, gefärbt, fixiert, aviviert und getrocknet. Die einzelnen Lösungen werden mittels Sprühdüsen an die Strümpfe gespritzt. Für Modefarben werden dafür nur Dispersions- und für Schwarz echtere, anionische Farbstoffe verwendet. Es ist dabei zu beachten, daß die Färbeflotten nicht alkalisch reagieren (permutiertes Wasser muß neutralisiert werden) und spezielle Hilfsmittel eingesetzt werden, die Netz-, Reinigungs- und Avivierwirkung haben. Dazu gehören u. a.:

Luplastol TX 1265   *BASF*
Silvaplast 7010 B   *CIBA*

B. Polyesterfasern

Durch Polykondensation von Terephtalsäure mit Glykol werden die meisten Polyesterfasern im anschließendem Schmelzspinnverfahren gewonnen. Das Verstrecken auf das 3—4fache wird bei 70—75°C vorgenommen. Die Intensität der Verstreckung macht sich durch unterschiedliche Reißfestigkeit und Farbstoffaufnahmefähigkeit bemerkbar. Man verstreckt deshalb Fasern, die für technische Gewebe verwendet werden, stärker als für Bekleidungszwecke, die leichter färbbar sein sollen. Die Faser kommt endlos und als Spinnfaser in den Handel und wird als Beimischung für Zellulosefasern als B- und für Wolle als W-Type geliefert. Daneben kommen auch texturierte Garne zur Verwendung.

Die Fäden und Fasern kommen u. a. mit folgenden Handelsnamen zum Verkauf:

Dacron   *Dupont*
Diolen   *Vereinigte Glanzstoffabriken* AG., Wuppertal
Kodel   *Eastman Chem. Products Inc.*, New York 16/USA
Lanon   VEB *Thüringesches Kunstfaserwerk*, Schwarza
Tergal   *Soc. Rhodiaceta SA.*, Besancon/Frankreich
Terlenka   *Algemeene Kunstzijde Unie N. V. (AKU)*, Arnhem/Holland
Terylene   *ICI*
Trevira   *Hoechst*
Vestan   *Faserwerke Hüls AG.*, Marl-Hüls

Polyesterfasern haben sich nach den Polyamiden mit den Polyacrylfasern als wichtigste synthetische Fasern erwiesen. Die besonders hohe Lichtbeständigkeit hat zur ausgedehnten Verwendung der Faser für Dekorationstextilien, vor allem *Gardinen*, geführt und die Baumwollgardine fast restlos verdrängen können. Die stark verstreckten, hochfesten Typen werden als Autosicherheitsgurte, Fischnetze, Schläuche, Treibriemen, Filtertücher usw. verwendet. Die leichte Pflegbarkeit (Ease-of-care), Elastizität, geringe Knitterneigung, leichte Waschbarkeit und das geringe spez. Gewicht führte zur Herstellung von Krawatten, Kleider-, Mantel- und anderen Oberbekleidungsstoffen. Für diese Textilien, vor allem aber Oberbekleidung, wird sie in Mischung mit nativen und anderen Synthesefasern verwendet. Mit Baumwolle gemischt, hat sie sich ein großes Gebiet auf dem Hemden- und Blusensektor erobern können.

Physikalische Eigenschaften: Die hauptsächlichsten Daten sind in Tab. 3, S. 3 angeführt. Zur Fixierung werden die in Tab. 55 angegebenen Bedingungen eingesetzt und der Heißluftfixierung der Vorzug gegeben. Temperaturunterschiede beim Fixieren führen zu stark unterschiedlichen Farbstoffaufnahmevermögen. Die Fixierung nach dem Färben wird deshalb häufiger verwendet. Der Einsatz von gut sublimierechten Farbstoffen ist dann unbedingt notwendig.

Chemisches Verhalten: Die Faser ist gegen fast alle Chemikalien beständig. *Ätznatron* „schält" die Faser ab, und man erhält durch eine Behandlung mit 2—4%iger Ätznatronlösung während 20—40 min. Kochen eine „seidige" Faser, die jedoch 5—10% an Gewicht verloren hat. Aus diesem Grund können die Fasern in Mischungen mit Baumwolle nicht gebeucht werden. Ein Merzerisieren ist

Tabelle 55.
Optimale Fixierbedingungen von Polyesterfasern

Sattdampf			Heißluft	
°C	atü	Zeit in min.	°C	Zeit in sec.
140	etwa. 3	10—30	210—230	3—15

dagegen ohne Faserverlust möglich. Die Faser nimmt nur sehr wenig Feuchtigkeit auf, lädt sich deshalb schnell elektrostatisch auf, verschmutzt schneller, läßt sich jedoch leicht waschen bzw. reinigen. Gegen Säuren, Oxydations- und Reduktionsmittel, Bakterien und Schimmel ist die Faser resistent.

1. Bleichen der Polyesterfasern

Zur Entfernung der Präparation und anderer Verunreinigungen wird mit:

1—2 g/l eines anionischen oder nichtionischen Waschmittels
1—2 g/l Trinatriumphosphat, Ammoniak oder Soda kalz.

bei 60—90 °C während 30—60 min. *vorgewaschen* und gründlich heiß und kalt gespült.

Zum Bleichen wird mit Erfolg nur das *Natriumchlorit* eingesetzt, wenn auch eine Peroxyd- und Hypochloritbleiche die Faser nicht schädigt, führen die beiden Verfahren nicht zur Verbesserung des Weißgrades und haben nur für Mischtextilien Bedeutung. Man bleicht Polyesterfasern mit 3—5 g/l Natriumchlorit bei pH 3,5, der durch Zusatz von Ameisen-, Oxal- oder Phosphorsäure erreicht wird, während 1—2 Std. bei 90—95 °C. Die normal sehr weiße Faser setzt der Entfernung der restlichen Vergilbung erheblichen Widerstand entgegen, so daß auch eine Chloritbleiche nur bescheidene Effekte ergibt.

Zur Herstellung von weißen Textilien genügt oft eine gute Vorreinigung und gleichzeitiges oder anschließendes *optisches Aufhellen*. Die in Tab. 4, S. 11 angeführten Produkte sind meist wasserunlösliche Produkte, die neutral mit Carriern wie Dispersionsfarbstoffe während 30—60 min. kochend oder nach dem *Foulardthermverfahren*, wie z. B. Uvitex ER oder ERN konz./*CIBA* verwendet werden. Dabei werden die Aufheller in Mengen von 1—20 g/l und einem Dispersionsmittel bei 30 °C foulardiert und durch eine Heißluftbehandlung (es genügen 120 °C), die gleichzeitig zum teilweisen Fixieren der Fasern dienen kann, entwickelt. Daneben können auch anionische Aufheller, evtl. im Chloritbad verwendet werden. Von einigen Firmen werden optische Aufheller bereits dem Spinnbad zugesetzt (z. B. im Diolen „Reinweiß"/*Vereinigte Glanz-Stoffabriken*, Wuppertal).

2. Färben der Polyesterfasern

Die hohe, molekulare Packungsdichte und die damit verbundene, geringe Quellbarkeit der Polyesterfasern erschweren das Anfärben der Faser. Außerdem fehlen den Normalfasern alle *polaren Gruppen*, die das Färben mit ionischen Farbstoffen zulassen. Man ist deshalb auf Dispersionsfarbstoffe angewiesen, die sich in der Fasersubstanz lösen. Durch geringere Verstreckung oder Eingriff in das Fasermolekül ist es möglich geworden, Polyesterfasern herzustellen, die weniger reiß- und scheuerfest sind, sich jedoch leichter anfärben lassen und *pillingärmer* sind. Dazu gehören u. a. die Spezialtypen:

Dacron 64	*Dupont*
Diolen FL	*Vereinigte Glanzstoffabriken*, Wuppertal
Trevira WA	*Hoechst*
Tetoron	*Toyo Rayon K. K.*, Mishima/Japan

Diese Spezialtypen sind jedoch wie die Normalfasern auch nicht ohne besondere Färbeverfahren in tiefen Tönen färbbar.

Weitere Schwierigkeiten bringt die unterschiedliche Farbstoff-Aufnahmefähigkeit, die durch verschiedene Fixierungstemperaturen auftritt und z. B. beim Vorfixieren von Geweben auf Spannrahmen mit Tasterkluppen oder Nadeln mit normalen Nadelplättchen durch deutlich dunklere Markierung der Kluppen, da dort die Fixiertemperatur unter den Normalwerten liegt, sichtbar sind. Selbstverständlich zeichnen sich auch seitenungleiche Fixiertemperaturen deutlich ab (Abb. 206). Zum Thermofixieren auf Spannrahmen werden deshalb Nadelkluppen verwendet, bei denen das Gewebe nicht auf den kälteren Plättchen aufliegt.

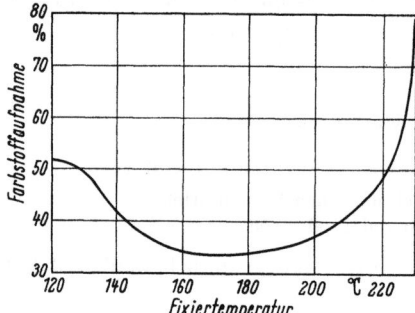

Abb. 206. Farbstoffaufnahmevermögen von Polyesterfasern nach Vorfixierung bei verschiedenen Temperaturen

Die möglichen Fehler werden durch Nachfixieren der Farbware ausgeschaltet. Verstreckungsunterschiede treten bei Polyester-endlos-Fäden nicht auf.

a) Dispersionsfarbstoffe. Da ionische Farbstoffe für das Färben nicht verwendet werden können, wird die Hauptmenge der Fasern in den verschiedensten Verarbeitungsstufen mit Dispersionsfarbstoffen gefärbt. Da die Diffusionsgeschwindigkeit der Farbstoffe bei Kochtemperatur so gering ist, daß praxisgerechte Färbezeiten nur zur Erzielung von hellen Farbtönen ausreichen, hat sich das Färben von mittleren und tiefen Farbtönen unter *HT-Bedingungen* bzw. mit *Carriern* eingeführt. Auch das *Thermosolieren* bei 190—220 °C beschleunigt die Diffusion der Farbstoffe um das 1000—5000fache gegenüber Kochtemperatur. Außerdem wurden von den Farbstoffherstellern die Produkte mit möglichst kleinen Molekül ausgesucht, um auch von dieser Seite die Diffusion zu verbessern. Ratsam ist ferner, beim Färben ein möglichst kurzes Flottenverhältnis einzuhalten. Obwohl sich die Mehrzahl der Dispersionsfarbstoffe für Sekundäracetat auch zum Färben von Polyesterfasern eignet, wurden von vielen Herstellern besondere Produkte ausgesucht. Dazu gehören u. a.:

Esterophile-	*Francolor*	Serilene-	*Yorkshire*
Foron-	*Sandoz*	Setacyl-P-	*Geigy*
Latyl-	*Dupont*	Setaron-	*Geigy*
Palanil-	*BASF*	Terasil-	*CIBA*
Resolin-	*Bayer*	Tersetyl-	*ACNA*
Samaron-	*Hoechst*	Terycron-Farbstoffe	*Vondelingenplaat*
Senisol-	*Yorkshire*		

die meist in besonderen Feinmahlungen als Granulat, Teig und „flüssig" geliefert werden. Die Produkte können neben einer Reihe von normalen Dispersionsfarbstoffen für helle Töne bei Kochtemperatur und für mittlere und tiefe Nuancen unter Zusatz von Carriern oder bei Temperaturen von 120—140 °C gefärbt werden.

Färben mit Carriern. Als Färbebeschleuniger ist eine Vielzahl von organischen Produkten brauchbar, doch wird ihre Verwendung teils durch den Preis, ihre Toxizität und ihres oft unangenehmen Geruches wegen, stark eingeschränkt. zur Zeit sind hauptsächlich Produkte auf Basis von *o-Phenylphenol, p-Chlorphenoxyäthanol, Diphenyl, o-Dichlorbenzol, Trichlorbenzol, Salizylsäureester, o-Kreosotinsäureester, Terephtalsäuredimethylester + Benzanilid* und *Mischungen* einiger, der oben genannten Produkte im Gebrauch, die meist wasserunlöslich mit entsprechenden Emulgatoren oder Dispergatoren von den Herstellern u. a. als

Carolid-Marken	*Tanatex*	Palatinit M	*BASF*
Dilatin DB, TC	*Sandoz*	Remol TRF, TRM	*Hoechst*
Dowcide A	*Dow*	Seripolan	*Yorkshire*
Invalon PR	*CIBA*	Solvant TER	*Francolor*
Latyl-Carrier A	*Dupont*	Tanavol-Marken	*Tanatex*
Levegal PT, TBE, ON	*Bayer*	Tumescal D, OP, PH	*ICI*
Palanil-Carrier A, B, PE	*BASF*		

in den Handel kommen. Die Produkte sind z. T. stark *wasserdampfflüchtig* und kondensieren an kälteren Maschinenteilen, tropfen auf das Färbegut und verursachen dadurch schwer entfernbare Tropfflecken, die als *Carrierflecken* gefürchtet sind. Als weiterer Nachteil der Carrierfärbung ist die Beeinflussung der Lichtechtheit zu nennen, die durch nicht entfernten Färbebeschleuniger eintritt. Die angegebenen Nachteile der Carrierfärbung müssen jedoch dann in Kauf genommen werden, wenn eine HT-Färbung aus maschinellen Gründen oder wegen evtl. beigemischter Fasern, die eine HT-Färbung nicht zulassen, notwendig ist.

Wegen der Billigkeit des o-Phenylphenols ist vereinzelt auch dieses Produkt als Carrier (DAP-Verfahren) noch in Verwendung. Das Produkt muß durch einen Zusatz von Dinatriumphosphat in das Natriumsalz überführt werden und gleichzeitig ein Dispergiermittel verwendet werden. Alle Carrier werden in Mengen von 2—10 g/l je nach Flottenverhältnis, Farbtiefe und Wirksamkeit der Produkte verwendet.

Als Beispiel soll hier das Färben mit *Foron-Farbstoffen* und *Dilatin DB bzw. TC/ Sandoz* (Taf. 56) angegeben werden. Die Färbemethoden mit anderen Carriern und Farbstoffen unterscheiden sich nur wenig von der angegbenen Arbeitsweise. Das Färbebad wird mit 1 ml/l Sandozol KB oder Sandopan TFL extra (als Dispergatoren) versetzt und der mit der dreifachen Wassermenge voremulgierte Färbebeschleuniger in Mengen von 2,5—10% Dilatin TC oder die doppelte Menge Dilatin DB zugesetzt. Die Ware 15 min. bei 60 °C vorbehandelt und der ultradisperse Foron-Farbstoff, der mit warmen Wasser gut angeteigt und durch Zusatz von weiteren Warmwasser unter Rühren dispergiert wurde, dem Färbebad zugesetzt, in 30 min. auf Kochtemperatur erwärmt und 60—90 min. kochend gefärbt. Nach gründlichem Heiß- und Kaltspülen wird mit 0,5—2 g/l Sandopan DTC, Sandozin NI oder Ekalin F bzw. reduktiv unter Zusatz von

1 g/l Hydrosulfit
2—3 ml/l Natronlauge 38 °Bé

20 min. bei 70—90 °C nachgeseift, die Carrier- und oberflächlich sitzenden Farbstoffreste entfernt und nochmals gespült. Einige Farbstoffhersteller empfehlen das Färben bei pH 4—6 unter Zusatz von 0,5—1 ml/l Essigsäure 50%ig, Schwefelsäure 66 °Bé, Ammonsulfat oder Mononatriumphosphat. In gleicher Weise können auch die für das Färben von Sekundärazetat verwendbaren Dispersions-Diazo-Schwarzfarbstoffe appliziert und wie auf S. 259 beschrieben, diazotiert und entwickelt werden.

Tabelle 56. *Echtheiten einer Carrierfärbung mit Foronbrillantviolett BL/Sandoz (Ändern, Abbluten auf Polyester, Baumwolle, Wolle bei den Naßechtheiten)*

Licht- 1/25, 1/3, 1/1		Wasch-		Wasser- streng	Meerwasser	Schweiß	Walke- alkalisch	Bügel- trocken	Sublimier-		Reib-	Abgas-	Lösungsmittel-		
Tageslicht	Fadeometer	60 °C	95 °C						30 sec. 160 °C	30 sec. 180 °C			Benzin	Tri	Per
6—7	5—6	5	5	5	5	5	5	4—5	5	5	5	5	5	5	5
7	6	5	4	5	5	5	5	5	4	3—4	5		5	5	5
7—8	6—7	5	4—5	5	5	5	5		5				5	5	5
		5		5	5	5	5						5	5	5

Auf Grund der unterschiedlichen Konstitution der Färbebeschleuniger weist deren Wirkung Unterschiede auf. Verschiedene Produkte verbessern die Quellung der Faser und ermöglichen dadurch die beschleunigte Diffusion der Farbstoffe. Andere Carrier verbessern den Dispersitätsgrad der Farbstoffe und lassen sie dadurch schneller aufziehen. Zum Färben ist der Zusatz von Dispergiermitteln günstig, um eine ausreichende Feinverteilung des Farbstoffes zu erhalten. Es ist jedoch zu beachten, daß zu hohe Mengen der Hilfsmittel zu geringeren Farbausbeuten führen.

Carrierrückstände setzen die Lichtechtheit der Färbung herab. Dunkle Färbungen sollten deshalb möglichst reduktiv nachbehandelt werden. Die beste Echtheit erhält man durch Kombination einer reduktiven Nachbehandlung und Nachfixierung der Ware, da bei Temperaturen von 190—220 °C auch hartnäckig haftende Carrier absublimieren und die Dispersionsfarbstoffe im Erweichungsbereich der Faser in diese diffundieren.

Färben unter HT-Bedingungen: Werden Polyesterfasern bei Temperaturen von 120—130 °C (2—3 atü) gefärbt, ist die Mitverwendung eines Carriers nicht notwendig, da der Farbstoff auch in höheren Mengen innerhalb von 1—2 Std. in die Faser zieht. Für die Färbung kommen vor allem HT-Apparate für Wickelkörper und Stückbaumautoklaven für Stückware in Betracht. Als Pumpendruck haben sich 0,2—0,3 atü und 20—30 l/min. je 1 kg Material als vorteilhaft erwiesen. Es wird nur in der Flottenrichtung innen-nach-außen gearbeitet. Als Beispiel soll eine HT-Färbung mit Resolin-Farbstoffen/*Bayer* angeführt werden, die sich mit geringen Änderungen auch auf die anderen Dispersionsfarbstoffe übertragen läßt. Das Färbebad wird mit Schwefelsäure auf pH-4,5—5 eingestellt (auch die Verwendung von Essigsäure und ein pH-Wert von 6 wird empfohlen) und 0,5—1,5 g/l Levegal HTN/*Bayer* als Dispergier- und Egalisiermittel zugesetzt und der bei 40—50 °C in der 10—15fachen Wassermenge eingestreute und weiter verdünnte Farbstoff in das Färbebad eingesiebt. Nun wird in 15 min. auf 100 °C erhitzt und während weiteren 30 min. auf 125 °C getrieben. Je nach Tiefe der Färbung wird bei dieser Temperatur 1—2 Std. ausgefärbt. Zur besseren Dispersion ist der Zusatz von Dispergator (z. B. Avolan IS/*Bayer*) in der Farbstoff-Stammdispersion vorteilhaft. Zur Entwicklung der optimalen Echtheiten wird nach dem Spülen geseift. Für eine gute Reibechtheit und bei dunklen Farbtönen wird reduktiv, wie auch nach der Carrierfärbung, nachbehandelt, zwischengespült und die Natronlauge bei 50 °C mit 2—3 ml/l Ameisensäure 85%ig neutralisiert und anschließend wieder gespült. Die Echtheiten einer HT-Färbung unterscheiden sich, vorausgesetzt der Carrier wurde restlos entfernt, von einer Carrierfärbung nicht, einige Färbungen sind in der Lichtechtheit jedoch um 1/2 Punkt höher.

Die Polyesterfaser *Kodel* der *Tennessee Eastman Comp., Kingsport/USA*, die von den *Faserwerken Hüls GmbH.*, Marl-Hüls als *Vestan* auf den Markt kommt, zeichnet sich durch einen höheren Schmelzpunkt, angenehmen Griff und geringe Pillingbildung aus. Bemerkenswert ist beim Färben dieser Faser, daß Carrier auf Basis von Phenylphenol und chloriertem Benzol unbrauchbar sind. Von Hüls werden deshalb zum Färben:

Levegal PT	*Bayer*
Latyl-Carrier A	*Dupont*
Carrier DAC 888	*R. Baumheier*
Dilatin DPA	*Sandoz*
Palanil-Carrier AN	*BASF*
Tanadel IM	*Tanatex*

empfohlen. Als Einsatzmengen werden 3—8 g/l angegeben. Daneben werden Zusätze von 0,25—2 g/l Dispergiermittel, und 1—2 g/l Ammonsulfat oder Mononatriumphosphat in das mit Essig-, Ameisen- oder Schwefelsäure auf pH 4,5—5 eingestellte Färbebad empfohlen. Das Färben gleicht der auch für andere Polyesterfasern üblichen Arbeitsweise. Vom Faserhersteller wurden aus den Dispersionsfarbstoffen die brauchbarsten Produkte ausgewählt. Für das Färben unter HT-Bedingungen wird wegen der besseren Farbstoffausbeute ebenfalls ein Zusatz von 1—2 g/l der angegebenen Carrier bei sonst gleichen Chemikalienzusätzen empfohlen.

Zur *Aufhellung* und zum *Egalisieren* können Dispersions-Färbungen mit erhöhten Carrier- und Dispersionsmittelmengen auf frischem Bad, evtl. unter Zusatz von Alkali, kochend behandelt werden. Zum *Abziehen* wird bei gleicher Behandlung ein Zusatz von 5 g/l Hydrosulfit verwendet. Meist ist es jedoch nur schwer möglich, gute Abzieheffekte zu erzielen. Die angegebenen Behandlungen können auch für HT- und Thermosol-Färbungen eingesetzt werden.

Die großen Mengen Textilien aus synthetischen Fasern und deren Mischungen haben auch bei Polyesterfasern zur Einführung von kontinuierlichen Arbeitsweisen geführt. Das gilt vor allem für das **Thermosolier-Verfahren** (S. 125), bei dem der Farbstoff foulardiert, die Stückware zwischengetrocknet und der Farbstoff möglichst in der Fixierzone (Erweichungstemperatur) der Synthesefaser in diese in feindisperser oder monomolekularer Form diffundiert und gelöst wird. Der Vorteil dieses Verfahrens liegt in der Möglichkeit die Synthesefasern gleichzeitig zu fixieren, keine Carrier eingesetzt werden müssen und in 40—90 sec. bei 190 bis 210 °C eine sehr echte Färbung zu erhalten. Die hydrophoben Synthesefasern verlangen jedoch beim Foulardieren und Vortrocknen besondere mechanische Einrichtungen um eine möglichst gleichmäßige Farbstoffmenge auf die Textilie zu bringen und den oberflächlich sitzenden Farbstoff nicht zum Abschmieren durch Leitwalzen usw. zu veranlassen. Dafür werden heute besondere Trockner eingesetzt, die eine rasche Oberflächentrocknung, z. B. durch Infrarotstrahler, ermöglichen. Das Fixieren wird anschließend meist auf Spannrahmen in üblicher Weise vorgenommen. Ferner besteht der Vorteil, daß farbliche Fixierungsunterschiede nicht auftreten.

Um die Hydrophobie der Faser zu überbrücken, sind besondere Netzmittel, für die möglichst gute Dispersion besondere Dispergatoren oder Emulgatoren, und zur Eindämmung der Farbstoffwanderung Zusätze von Verdickungsmitteln zur Klotzflotte notwendig. Wie bei allen Kontinue-Verfahren muß die Ware sehr gut vorgereinigt sein um eine ungleichmäßige Farbstoffaufnahme zu verhindern. Von den Farbstoffherstellern wurden vor allem für den Thermosolierprozeß die Dispersionsfarbstoffe in besonderen Feinmahlungen (mikrodispers, mildispers, Granulate, Teige und in Flüssigform) hergestellt, die eine ausreichende Feinverteilung in der Klotzflotte, auf der Faser und beim Thermosolieren garantieren. Bei Verwendung von 2—10 g/l Dispergator ist jedoch immer zu berücksichtigen, daß erhöhte Mengen die Farbstoffmigration beim Trocknen fördern und damit Unegalitäten erzeugen. Die Flüssig-Farbstoffe und Teigmarken geben in der Regel tiefere und brillantere Färbungen als die Pulvermarken. Als *Migrationshibitoren* werden Alginate in Mengen von 100—300 g/l als 2,5%ige Lösung (z. B. Lamitex L/ *Protan AS.*, Drammen/Norwegen wird beim Irga-Pad-Thermosol-Verfahren/*Geigy* empfohlen), Acrylate (Schlichte T 8 und Texappret C neu/*BASF* mit 5—20 g/l), Karboxymethylzellulose oder spezielle Produkte wie z. B. Statexan W/*Bayer* usw. eingesetzt. Die zum Klotzen notwendigen Produkte werden gesondert gelöst oder dispergiert und möglichst mit einem Schnellrührer in der Flotte feinverteilt. Geklotzt wird mit einem Abquetscheffekt von 30—50% bei 20—30 °C. Für Reinpolyesterstückwaren sind 3-Walzenfoulards am günstigsten.

Die Thermosolier-Verfahren haben sich vor allem zum Färben von Synthese-Fasermischungen einführen können, da die beigemischten hydrophilen Nativfasern die Nachteile der hydrophoben Faser weitgehend aufheben ohne die Farbtiefe stark zu beeinflussen und auch das Abschmieren einschränken. Nach dem Färben wird der oberflächlich verbliebene Farbstoff durch Waschmittel und bei tiefen Färbungen unter Zusatz von Reduktionsmitteln abgeseift bzw. entfernt. Thermosolier-Verfahren können für Polyesterwaren zur Applikation von Dispersions- und Küpenfarbstoffen verwendet werden. Nach dieser Arbeitsweise werden Gewebe, Gewirke und Bänder gefärbt. Das Verfahren hat auch für das Färben von Autosicherheitsgurten Bedeutung erhalten, die mit Dispersions- oder Pigmentfarbstoffen gefärbt und gleichzeitig zusätzlich Kunststoffbinder (Pigmentfarbstoffe S. 328) für eine Steifappretur aufgetragen werden kann, der beim Thermofixieren gehärtet wird. Obwohl die Verfahren auch zum Färben anderer

Synthesefasern eingesetzt werden können, haben sie für das Färben von Polyesterfasern und deren Mischungen besondere Bedeutung erhalten, da diese bei anderen Färbeweisen größere Schwierigkeiten bereiten.

b) **Küpenfarbstoffe.** Beim Färben der Polyesterfasern mit *Küpenfarbstoffen* konnten nur wenige Produkte festgestellt werden, die in ausreichender Tiefe gefärbt werden können. Das gilt auch bei Mitverwendung von Carriern und unter HT-Bedingungen. Daneben zeigen diese Färbungen oft nur mittlere Echtheiten. Von *Cassella* wurden für diese Zwecke die *Polyestren-Farbstoffe* entwickelt, die auf Basis von Küpenfarbstoffen aufgebaut, im Thermosolierverfahren sehr echte Färbungen ergeben. Das Verfahren ist vor allem zum Färben von Mischungen aus Polyester-Zellulosefasern sehr interessant und wird deshalb dort ausführlich beschrieben (S. 378). Für das Thermosolieren von Reinpolyestertextilien gelten die gleichen Bedingungen.

c) **Naphtolfarbstoffe.** Zur Erzeugung besonders echter Färbungen können auch spezielle *Azofarbstoffe* auf der Polyesterfaser entwickelt werden. Es handelt sich dabei um *Mischungen von Naphtolen und Echtfärbebasen*, die als Dispersion auf die Faser gebracht, durch nachträgliches Diazotieren der Echtbase zum Kuppeln mit dem Naphtolat veranlaßt werden. Die Produkte kommen u. a. als

        Intramin-   *Hoechst*
        Ronasyn-Farbstoffe   *Rohner*

in den Handel. Dabei werden neuerdings besondere Feinmahlungen bzw. Schwarzmarken als Teige angeboten. Die Produkte können auch zum Färben von Triazetat verwendet werden. Als Beispiel wird das Färben mit *Intraminfarbstoffen/Hoechst* beschrieben. Die Intramin-fein Pulver werden mit 0,3 Teilen Hostapal CV/*Hoechst* angeteigt, mit der 5 fachen Menge 50 °C heißen Wassers übergossen und ausreichend verrührt. Für Intraminschwarz G Teig ist der Zusatz von 100 ml Natronlauge 38 °Bé pro 1 kg Farbstoff notwendig. Nach 45 min. Stehen wird nochmals die 5 fache Menge Heißwasser zugegeben und dem Färbebad, welches 0,2 T. Rapidazol-Salz N und 3,5—4% Emulgator EL/*Hoechst* enthält und in dem das Material bei 75 °C 10 min. ohne Farbstoff vorbehandelt wurde, die Farbstoff-Dispersion bei 75 °C zugesetzt, in 30 min. beim *HT-Färben* auf 120—130 °C getrieben und 45 min. bei dieser Temperatur gefärbt.

Beim *Färben mit Carriern* wird der, wie oben angegeben dispergierte Farbstoff, dem mit 3—5 ml/l Remol TRM/*Hoechst* oder einem anderen Carrier auf o-Phenylphenol-Basis (bei Schwarz wird Remol TRF/*Hoechst* empfohlen), das voremulgiert wurde, bei 60 °C unter ständigem Rühren zugesetzt, mit der Ware eingegangen und 1½—2 Std. bei Kochtemperatur gefärbt. Während des Färbens wird der pH-Wert durch Zusatz von 80 ml Essigsäure 50%ig je 1 kg Farbstoff auf pH 6,5 eingestellt. $1/10$ Solentwickler D/*Hoechst* ersetzt die Essigsäure und kann sofort dem Bad zugesetzt werden. Emulgator EL wird wegen seiner Retardierwirkung nicht verwendet.

Zur Erreichung der höchsten Echtheiten ist für beide Färbungen eine *Zwischenreinigung* bei 60—90 °C während 15 min. mit

        4 ml/l Natronlauge 38 °Bé
        2 g/l   Hydrosulfit konz. Plv.
        1 ml/l Hostapal CV/*Hoechst*

notwendig. Anschließend wird heiß und kalt gespült und auf frischem Bad mit

2,5—3 ml/l Schwefelsäure 66 °Bé
2,5—3 g/l Natriumnitrit

diazotiert (entwickelt). Dabei wird mit der Ware bei 20 °C eingegangen, in 20 min. auf 90—120 °C getrieben und 25 min. bei dieser Temperatur gearbeitet. Zur Vermeidung stärkerer Entwicklung von nitrosen Gasen, können an Stelle von Schwefelsäure auch 5—8 g/l Aluminiumsulfat krist. $Al_2(SO_4)_3 \cdot 18\ H_2O$ eingesetzt werden. Modifizierte Polyesterfasern, wie z. B. Trevira WA/*Hoechst* können auch bei 85—95 °C diazotiert werden. Zur Erreichung der optimalen Echtheiten (Tab. 57) ist eine reduktive Nachbehandlung mit

6 ml/l Natronlauge 38 °Bé
2 g/l Hydrosulfit konz.
1 g/l Leomin HSG/*Hoechst* (Avivagemittel),

bei 60 °C beginnend, während 15 min. bei 90 °C und anschließendes heißes und kaltes Spülen notwendig.

Tabelle 57. *Echtheiten einer Färbung mit Intraminbordo B fein Pulver /Hoechst auf Polyesterfaser*

Licht- $2/_1$, $1/_1$, $1/_3$	Thermofixier-		Bügel- 200 °C	Plissier-	Meerwasser-	Schweiß-	Wasch- 60 °C	Wasch- 90 °C	Peroxydwasch-	Walk- alkal.	Überfärbe-			Reib- naß	Lösungsmittel- Per	Chlorbleich- 2g/l akt Cl	Chloritbleich-
	Heißluft 30 sec. 200 °C	Sattdampf 30 min. bei 145 °C									neutral	Essigsäure	Schwefelsäure				
6	4—5	4	4—5	4—5	5	5	5	5	5	5	4—5	4—5	4—5		5	5	4—5
6—7	4	4	4	4	5	5	5	5	5	5	5	4—5	4—5	5	5	5	5
7	4—5	4—5	4—5	4—5	5	5	5	5	5	5	5	5	5		5	5	5

Von der *ICI* wird *Brentosyn BB* als Naphtolkomponente mit entsprechenden Echtbasen zum ein- oder zweibadigen Färben von Polyesterfasern empfohlen. Beim einbadigen Färben werden die Echtbasen mit $^1/_{10}$ der Basenmenge Lissapol C/*ICI* bei 70 °C dispergiert und dem mit 0,5—2 g/l Lissapol C versetzten Färbebad zugesetzt und die Polyesterfasern 20—30 min. kochend gefärbt. Nun wird die gleiche Menge Brentosyn BB zugesetzt und nochmals 1 Std. bei Kochtemperatur behandelt. Das Behandlungsbad wird dabei mit Schwefelsäure auf einen pH-Wert von 3,5 gebracht. Carrierzusätze und höhere Temperaturen führen nicht zur besseren Erschöpfung der Färbebäder. Nach gründlichem Spülen wird kalt beginnend, 20 min. bei 85 °C mit

8% Natriumnitrit und
4% Schwefelsäure 66 °Bé

diazotiert und die Kupplung vorgenommen und anschließend wie bei Intraminfärbungen nachbehandelt. Beim 2-Badverfahren wird wie beim Einbadverfahren die Echtbase appliziert, zwischengespült und auf frischem Bad das Brentosyn BB mit Lissapol C auf die Faser gebracht und wie nach der Einbadmethode diazotiert und nachbehandelt. Rottöne werden meist nach der Einbad-, die Marineblau-, Braun- und Schwarztöne nach der Zweibad-Methode gefärbt. An Stelle von Brentosyn BB, kann auch Entwickler ON/*BASF*, OFSN/*Geigy*, Cibanapthol RK,

RTO/*CIBA* und für Brauntöne Brentosyn RB/*ICI* eingesetzt werden. Bei der Zweibad-Methode kann das Brentosyn BB bei Kochtemperatur mit Carrier oder unter HT-Bedingungen zum stärkeren Aufziehen veranlaßt werden.

d) Oxydationsschwarz. Die echtesten Schwarztöne werden durch modifizierte Verfahren der Erzeugung von Oxydationsschwarz (Anilinschwarz) erreicht. Das Azanilschwarz T/*Hoechst*, welches in etwas komplizierter 2-Badverfahren aus dem Schwarz, das mit speziellem Löser gelöst, kochend gefärbt, anschließend reduktiv zwischengereinigt, mit Paraphenylendiamin entwickelt und unter HT-Bedingungen mit Chromkali und Schwefelsäure ausoxydiert wird, ist das erste Verfahren.

Von *Bayer* wurde ein Zweibad-HT-Färbeverfahren eingeführt, welches in etwas einfacherer Arbeitsweise ein Schwarz liefert, welches eine Lichtechtheit von 8 und alle anderen Echtheiten die Noten 5 aufweisen und ebenfalls hauptsächlich zum Färben von Kammzug und losem Material bzw. Kreuzspulen eingesetzt wird. Beide Oxydationsschwarzmarken sind nur zum Färben von Reinpolyesterfaser verwendbar und können auf Mischfasern nicht verwendet werden.

Beim Arbeiten mit Resolinschwarzbase A und Resolinschwarzentwickler RL/*Bayer* wird zuerst die Base mit der auf das Flottenverhältnis berechneten Menge Schwefelnatrium konz. (60—62%ig) und der 3fachen Kaltwassermenge angerührt und in kochendem Wasser gelöst dem Färbebad bei 60 °C zugesetzt. Zur Erzeugung eines einwandfreien Schwarz ist es notwendig, daß in möglichst kleinem Flottenverhältnis mit 6% Base A und 10% Entwickler RL (1:10) bzw. 7,7% und 11,2% (1:20) zweibadig gefärbt wird. In allen Fällen sind 0,8 g/l Na$_2$S konz. im Färbebad notwendig, die zum Lösen der Base verwendet werden. Man grundiert bei 60 °C beginnend, treibt in 30 min. auf 120 °C und arbeitet bei dieser Temperatur 60 min., anschließend wird 2mal bei 70 °C gründlich gespült und wenn die Ware alkalifrei ist, mit dem mit kaltem Wasser gut dispergiertem Entwickler bei 50 °C beginnend, in 20 min. auf 90 °C getrieben, bei dieser Temperatur 30 min. verweilt, anschließend in 15 min. auf 120 °C getrieben und bei dieser Temperatur während 30 min. entwickelt. Dabei entsteht ein blumiges, violettes Schwarz, welches durch Zusatz von 0,1—0,5% Resolingelb 5GS, GRL oder -dunkelblau BL im Entwicklungsbad nuanciert werden kann. Die Reibechtheit wird durch eine alkalisch-reduktive Nachbehandlung mit

    4 —5   ml/l Natronlauge 38 °Bé
    2 —3   g/l Hydrosulfit
    0,25—0,5 g/l Levegal HTN/Bayer

während 20 min. bei 70—80 °C und anschließendes Spülen weiter verbessert.

e) Leukoküpenester-Farbstoffe. Zur Herstellung von hellen Tönen können diese Farbstoffe nach Spezialverfahren eingesetzt werden. *Durand* empfiehlt zum Färben von Indigosolen das Auszieh-, Foulardier- oder HT-Verfahren. Bei der HT-Färbung wird unter Zusatz von Rongalit C/*BASF* und Ameisensäure bei 125 °C gefärbt und auf frischem Bad mit Natriumnitrit und Schwefelsäure kalt entwickelt. Im Ausziehverfahren wird unter Zusatz von Ammonsulfat und Essigsäure gefärbt und wie Färbungen auf Zellulosefasern entwickelt. Beim Foulardieren wird der Farbstoff mit Nitrit und Soda geklotzt und anschließend in einem Schwefelsäurebad bei 70 °C entwickelt. Zur Verbesserung der Echtheiten ist ein Nachseifen aller Färbungen notwendig.

f) Pigmentfarbstoffe. Zum Färben von hellen Farbtönen werden für Polyestergardinen, Autosicherheitsgurte und Bänder Pigmentfarbstoffe verwendet. Die dabei auftretende Versteifung der Textilien erspart meist eine besondere Appretur bzw. kann durch verstärkten Binderzusatz eine Steifappretur erreicht werden. Unbedingte Voraussetzung für eine befriedigende Färbung ist in allen Fällen eine ausreichende Vorreinigung. Da die Gardinen oft Blei- und Eisenabrieb enthalten, werden zur Vorreinigung fettlöserhaltige Waschmittel, Alkali, spezielle Dispergatoren oder Emulgatoren verwendet und die Abreibsel u. U. mit 5 g/l Salz- und/oder Oxalsäure herausgelöst. Zum Färben von Gardinen werden entsprechend breite Foulards bzw. für Bänder und Gurte kontinuierliche Anlagen (S. 132) eingesetzt. Von *Hoechst* wird zum Färben der Imperon K-Farbstoffe folgende Arbeitsweise empfohlen:

Die gut vorgereinigten Stückwaren werden neben dem Farbstoff mit 30—120 g/l Imperon-Binder MV kalt geklotzt und mit Heißluft von 160—170 °C gleichmäßig getrocknet. Beim Ansetzen der Klotzflotte wird der Farbstoff mit der halben Wassermenge angepastet, der Binder durch ein Sieb eingerührt und das restliche Wasser unter gutem Rühren zugesetzt. Die geklotzte und getrocknete Ware wird bei 190—220 °C in einem Arbeitsgang während 1—2^1/$_2$ min. fixiert und der Binder gehärtet. Für Autosicherheitsgurte wird für Trevira hochfest/*Hoechst* ein Schrumpf von 22—25% vorgeschrieben, der durch Fixierzeiten von 2—2^1/$_2$ min. bei 215 bis 220 °C erreicht wird.

Als *Färbeeinrichtungen* sind alle, auch für andere Textilien üblichen Apparate und Maschinen verwendbar. In allen Fällen ist jedoch der Faserschrumpf bis zu 25% zu berücksichtigen. Es müssen deshalb beim Arbeiten auf Stranggarnapparaten im Hängesystem ausreichende Zwischenräume zwischen dem Strang und dem unteren Stock eingehalten werden. Bei Wickelkörper eignen sich starre Hülsen nicht, und man sollte nur flexible Hülsen (S. 68) verwenden, die den Schrumpf der Garne auffangen. Beim Färben von Kammzugbobinen müssen die ersten Wicklungen sehr lose auf die Hülse gewickelt werden. Von vielen Faserherstellern (z. B. *Hoechst* für Trevira) werden die Garne als Kreuzspulen auf elastischen Färbehülsen geliefert, die nur für ein einmaliges Färben bestimmt sind. Wegen der besseren Durchfärbung, größerer Farbtiefe und echteren Färbungen wird dem Färben auf HT-Apparaten der Vorzug gegenüber der Carrierfärbung gegeben. Es werden deshalb für loses Material, Wickelkörper HT-Färbeapparate verstärkt eingesetzt. Zum Färben von Stückwaren werden Autoklaven (S. 91) und semikontinuierliche bzw. vollkontinuierliche Einrichtungen verwendet. Das Pad-Roll-System (S. 113) bringt gegenüber diskontinuierlichen Färbeweisen keine wesentlichen Vorteile, da die Reaktionszeit mindestens 4 Std. bei 98 °C betragen muß. Dagegen werden sich Thermosoleinrichtungen (S. 125) sicher in den nächsten Jahren stärker einführen. Inzwischen sind auch HT-Dämpfer (S. 121) auf dem Markt erschienen, die eine Fixierung der Farbstoffe mit Sattdampf bei 120 bis 132 °C erlauben.

Von den Faserherstellern werden zum Schutz der Verbraucher besondere *Warenzeichen* herausgegeben, die an besondere Bedingungen der Gewebeherstellung, Echtheiten der Färbung, Maßänderungen im Gebrauch, Knitterwinkel usw. gebunden sind. Die Faserhersteller überwachen die Qualität, der mit ihren

Warenzeichen ausgezeichneten Textilien und schließen mit den Textilherstellern Lizenzverträge ab. Vor allem gelten diese Vorschriften bei Fasermischungen, Autosicherheitsgurten usw.

C. Polyacrylfasern

Der Einführung der reinen *Polyacrylnitrilfaser* stand im Anfang die Unmöglichkeit der ausreichenden Anfärbbarkeit entgegen, der man nur durch Verwendung spezieller und umständlicher Färbeverfahren begegnen konnte. Inzwischen sind jedoch eine Reihe von Mischpolymerisaten im Handel, deren Färbbarkeit besser ist. Die in den letzten Jahren auf dem Markt erschienenen Acrylfasern sind bereits Modifikationen, die sehr unterschiedliche Anteile an Polyacrylnitril enthalten. Es hat sich deshalb für Fasern, die mindestens 85% Polyacrylnitril enthalten, die Bezeichnung *Polyacrylnitril-*, *Polyacryl-* oder *Acrylfaser* eingeführt. Für Fasern deren Acrylanteil unter 85% liegt, wird immer mehr die Bezeichnung *Modacrylfaser* verwendet. Da die letzten Typen in ihrer Färbbarkeit von den Acrylfasern abweichen, werden sie im Anschluß beschrieben.

Auch die normalen Polyacrylnitrilfasern — in der Folge nur als Acrylfasern bezeichnet — unterscheiden sich, abgesehen von den reinen Acrylen, durch die Art der Modifizierung und damit in ihrer Anfärbbarkeit. Zu den reinen *Acrylfasern* gehören u. a.:

Orlon 81	*Dupont*
PAN (Dralon T)	*Bayer*

Die meist endlosen Fäden werden hauptsächlich für technische Artikel verwendet und nicht gefärbt. Durch Zusatz von bestimmten Copolymeren kann die Faser zur *anionischen Acrylfaser* verändert werden. Zu diesen Fasern, die vor allem als Stapelfasern auf den Markt kommen, gehören u. a.:

Acrilan C3	*Chemstrand Corp.*, Decatur (Ala.)/USA
Acrybel	*Fabelta* Brüssel/Belgien
Leacryl	*ACSA*, Mailand/Italien
Courtelle	*Courtoulds Ltd.*, London/England
Crylor H	*Soc. Rhodiaceta SA.*, Lyon/Frankreich
Dolan	*Süddeutsche Chemiefaser AG.*, Kelheim/Donau
Dralon	*Bayer*
Exlan L	*Japan Exlan Industrie Co. Ltd..*, Japan
Nymorylon	*N. V. Kunstzijdespinnerij Nyma*, Nijmwegen/Holland
Orlon 42	*Dupont*

Die angeführten Fasertypen werden heute hauptsächlich auf dem Textilsektor verwendet. Für die Teppichindustrie haben sich auch *kationische Acrylfasern* eingeführt, die u. a. als:

ACSA-Acrylfaser N	*ACSA*, Mailand
Acrilan 1656 (Regular)	*Chemstrand*/USA
Acrilan C 1	*Chemstrand*/England

im Handel sind.

Bei den Acrylfasern handelt es sich um *Polymerisate* aus monomeren Acrylnitril, das aus Acetylen und Blausäure erzeugt wird. Die Faser wird im Trocken- und Naßspinnverfahren hergestellt und anschließend bei 170—180 °C für Stapelfaser auf das 4—6fache und für Endlosfäden auf das 10—12fache verstreckt.

Mittels des Verstreckungsgrades kann der Grad des späteren Schrumpfs gesteuert werden.

Die Verwendung der Acrylfasern ist sehr vielseitig. Man verwendet sie vor allem wegen ihrer *Bauschelastizität* in der Wirkwarenindustrie für Obertrikotagen und Wäsche. Die Bauschelastizität kann durch Texturieren weiter gesteigert werden. Daneben werden Acrylfasern in verstärktem Maße zu Dekorationsstoffen, Decken, Webpelzen, Zeltplanen, Verdeckstoffe und für gewebte Oberbekleidung in Mischungen mit Wolle und Zellulosefasern eingesetzt. Auch sind Mischungen von Acrylfasern mit anderen Synthesefasern üblich. Als endlose Fäden werden die Fasern auch für Gardinen und Wirkwaren verwendet.

Physikalische Eigenschaften: Acrylfasern zeichnen sich durch hervorragende Licht- und Wetterbeständigkeit, Resistenz gegen Bakterien und Pilzbefall aus und werden von Insekten, wie auch andere Synthesefasern, nicht angegriffen. Acrylfasern weisen, wenn sie in der Herstellung ausreichend verstreckt wurden, den geringsten Schrumpf aller Synthesefasern von 2—4% auf. Ihre hohe Bauschelastizität macht sie zur „wollähnlichsten Synthesefaser". Sie wird deshalb vornehmlich an Stelle der Wolle oder mit ihr verwendet. Ein weiterer Vorteil besteht in der Möglichkeit die Faser nicht unbedingt fixieren zu müssen. Die Fasern sind jedoch zwischen 60—85 °C thermoplastisch, und es kann, wenn dieser Temperaturbereich bei faltiger Ware zu schnell nach unten durchschritten wird, zur Fixierung dieser Falten führen. Durch eine Heißluftfixierung während 30 sec. bei 180 °C oder mittels Sattdampf während 10 min. bei 130 °C lassen sich die Falten und Brüche aus Acryltextilien wieder entfernen, doch ist es durch eine vorsichtige Arbeitsweise möglich, die Falten von vornherein zu vermeiden und ohne Fixierung auszukommen. Die hohe Bauschelastizität steigert das Wärmerückhaltevermögen, das vor allem bei der Verarbeitung der Acrylfaser zu Decken, Plüschen, Webpelzen usw. die Faser allen anderen Synthesefasern überlegen macht. Die geringe Feuchtigkeitsaufnahme teilt die Faser mit allen Synthesefasern.

Chemisches Verhalten: Die Fasern sind gegen Säurekonzentrationen, wie sie in der Textilveredlung vorkommen, beständig, das gilt auch für Oxydations- und Reduktionsmittel. Durch Alkalien in höheren Konzentrationen und in der Hitze kann Vergilbung eintreten. In fast allen organischen Lösungsmitteln ist die Faser unlöslich.

1. Bleichen der Acrylfasern

Obzwar die Faser in sehr weißem Zustand in den Handel kommt, ist zur Herstellung von Weißwaren bzw. zur Erzielung brillanter Farbtöne eine Bleiche nicht zu umgehen. Oft genügt auch ein optisches Aufhellen, welches mit der Vorreinigung kombiniert wird. Zur Entfernung von Verunreinigungen und Präparationen ist eine *Vorreinigung* mit

    1 —2 g/l eines nichtionogenen Waschmittels (evtl. auch Fettlöserwaschmittel)
    0,5—1 g/l Trinatrium- oder kondensiertes-Phosphat

während 20—30 min. bei 70—95 °C angebracht. Gebleicht wird die Faser mit

        2—5 g/l Natriumchlorit
        1—2 g/l Oxal-, Phosphor- oder Salpetersäure
        2—4 g/l Natronsalpeter als Korrosionsschutz

beginnend bei 40 °C während 1—3 Std. bei 95 ° und einem pH-Wert von 2,5—3,5. Als optische Aufheller kommen die auf S. 11, Tab. 4 angeführten Produkte in Betracht, die in Mengen von 0,1—2% mit 2—5% Ameisensäure 85%ig verwendet, während 1 Std. kochend auf die Faser ziehen.

2. Färben von Acrylfasern

Die nachstehend beschriebenen Verfahren beziehen sich nur auf das Färben anionischer Acrylfasern, nicht auf die kationischen Typen bzw. die Modacrylfasern. Zum Färben werden hautpsächlich Dispersions- und basische (kationische) Farbstoffe verwendet.

a) Dispersionsfarbstoffe. Von den zum Färben von Sekundärazetat-, Polyamid- und Polyesterfarsen brauchbaren Produkten, ist ein großer Teil auch für Acrylfasern brauchbar. Es können jedoch nur helle bis mittlere Töne erreicht werden. Als höchste Menge werden 0,4% Farbstoff angegeben, die sich auf 100%igen Farbstoff beziehen und einer ungefähren Menge der gestellten Produkte von 1% entsprechen. Die Farbstoffe werden durch Übergießen oder Einstreuen in 50 °C warmes Wasser dispergiert und dem mit 1—2 g/l Dispergiermittel versetzten Färbebad zugesetzt, in 20 min. zum Kochen getrieben und 1—1½ Std. kochend gefärbt. Anschließend wird gründlich heiß und kalt gespült. Die Echtheiten einer Dispersionsfärbung zeigt Tab. 58.

Tabelle 58. *Echtheiten einer Färbung mit Setacylblau P—RBL/Geigy auf Orlon 42/Dupont*

Licht-	Wasch- 60 °C	Wasser-	Schweiß-	Hypochloritbleich-	Sublimier- 160 °C, 30 Sec.	Dampfplissier- 1,5 atü, 15 min.	Reib-
6—7	5 5 5	5 5 5	5 5 5	4—5	5 5 5	4—5 4 4	5

Obwohl es in einigen Fällen möglich ist, Acrylfasern unter Einsatz von Carriern auch dunkler anzufärben, macht man von dieser Möglichkeit kaum Gebrauch, da man mit kationischen Farbstoffen ausreichend tiefe Töne in hervorragenden Echtheiten erhält. Ähnliches gilt auch für das Färben unter HT-Bedingungen, die außerdem bei einigen Acrylfaser-Typen die Gefahr der Vergilbung einschließen. Zum *Egalisieren* kann mit entsprechenden Dispergiermitteln auf frischem Bad gearbeitet und auch gleichzeitig eine gewisse Aufhellung erreicht werden. Zum Abziehen werden die gleichen, wie für Sekundärazetat üblichen Verfahren, eingesetzt.

b) Kationische (basische) Farbstoffe. Da es möglich ist, mit basischen Farbstoffen auf Acrylfasern in einfacher Färbeweise, alle Farbtöne in hervorragender Echtheit zu erreichen, haben sich diese Farbstoffe besonders gut einführen können. Die Farbstoffhersteller haben einen Teil der bisher bekannten, basischen Farbstoffe übernommen bzw. neue, für das Färben von Acrylfasern besonders geeignete Produkte entwickelt und unter besonderen Gruppennamen zusammengefaßt. Dazu gehören u. a.:

Acryl-	BASF	Deorlin-	*CIBA*
Astrazon-Farbstoffe, Astra-	*Bayer*	Lyrcamine-	*Francolor*
Basacryl-	BASF	Maxilon-	*Geigy*
Calcozyne-Acrylic-	*Cyanamid*	Sevron-Farbstoffe	*Dupont*
Cekryl-	*Althouse*		

Die anderen Firmen haben aus den ihnen verfügbaren basischen Farbstoffen die brauchbarsten in besonderen Musterkarten illustriert. Dabei werden vor allem die Produkte bevorzugt, die eine möglichst große Farbtiefe erreichen und Begleitfasern weitgehend weiß lassen.

Die basischen Farbstoffe werden von der Acrylfaser oberflächlich adsorbiert, diffundieren in das Faserinnere und werden von den sauren Gruppen der Faser salzartig gebunden. Nachteilig ist bei allen Produkten, die auf einen kleinen Temperaturbereich von 90—100 °C beschränkte Ziehbarkeit der Farbstoffe und das damit verbundene rasche, meist unegale Anfärben. Die nur in beschränkter Zahl in der Faser verfügbaren, sauren Gruppen bedingen einen gewissen *Sättigungswert*, der einmal erreicht, ein weiteres Aufziehen von Farbstoff unmöglich macht und u. U. tiefe Färbungen ausschließt. Es ist verständlich, daß die einzelnen Farbstoffe auf Grund ihrer Konstitution sehr unterschiedliche Sättigungswerte aufweisen, die auch bei den einzelnen Fasertypen schwanken. Es ist also durchaus

Tabelle 59. *Berechnung einer Rezeptur für das Färben mit Deorlinfarbstoffen/CIBA auf Orlon 42/Dupont ($S_{max} = 2{,}00$). [Da S_{total} 2,00 nicht überschreitet, ist die Färbung ohne Blockierung möglich*

%	Farbstoff	K-Faktor	S-Wert $= K \cdot \%$
3,1	Deorlingelb 3 R	0,34	1,05
1,5	Deorlinbrillantrot R	0,36	0,54
0,3	Deorlinblau 5 G	0,40	0,12
0,6	Deorlinbrillantgelb 5 GL	0,34	0,20
		$S_{total} = 1{,}91$	

möglich, daß Farbstoffkombinationen auftreten, bei denen zwar der Sättigungspunkt des einen Farbstoffes noch nicht erreicht, der des anderen Farbstoffes aber bereits überschritten ist und dadurch *Blockierungseffekte* auftreten. Obwohl auch bei anderen Fasern derartige Möglichkeiten bestehen, liegen die Sättigungswerte dort in Bereichen, die weit über den für das Färben üblichen Farbstoffzusätzen liegen und dadurch eine Blockierung nicht feststellbar ist. Um Blockierungseffekte auszuschalten, wurden von den Farbstoffherstellern aus den brauchbaren Produkten für einzelne Kombinationen entsprechende Farbstoffe ausgesucht bzw. über die Sättigungswerte der einzelnen Farbstoffe besondere Faktoren ermittelt, mit denen es möglich ist, Blockierungseffekte von vornherein rechnerisch zu ermitteln und somit zu vermeiden.

Von der *CIBA* wurden für die *Deorlin-Farbstoffe* die Sättigungswerte der Einzelfarbstoffe auf Orlon 42/*Dupont* mit 1,5—9% festgestellt. Das heißt, die Faser kann diese Farbstoffmenge je Einzelfarbstoff ohne Blockierung aufnehmen. Für Kombinationen wurden *K-Faktoren* ermittelt, die mit den für Kombinationen einzusetzenden Prozenten der Farbstoffe multipliziert und addiert bei Orlon 42 die *Summenzahl* (S_{max}) von 2,00 nicht überschreiten dürfen, wenn nicht Blockierungen auftreten sollen. S_{max} beträgt beim Färben von Acrilan 16 = 1,8 — Dralon = 1,5 — Crylor = 2,3 und Leacryl = 1,1. Die Vorausberechnung einer Rezeptur zeigt Tab. 59.

Von *Bayer* wurden die *Sättigungswerte* (S) auf *Dralon* für *Astra-* und *Astrazon-Farbstoffe* mit 1,8—14% ermittelt und die *f-Faktoren* mit 0,15—1,1 festgestellt.

Das Berechnungsverfahren einer Farbstoffkombination zeigt die Tab. 60. Die Summe der Sättigungsfaktoren „f" darf bei Kombinationen von Astra- oder Astrazon-Farbstoffen beim Färben von Dralon die *Faser-Summenzahl* von 2,1 nicht überschreiten, wenn Blockierungseffekte nicht auftreten sollen.

Die etwas umständliche Berechnung hat einige Firmen veranlaßt in ihre Sortimente nur die basischen Farbstoffe aufzunehmen, die auch in Kombinationen so hohe Sättigungswerte aufweisen, daß eine besondere Berechnung nicht notwendig ist. Dadurch sind die Paletten dieser Farbstoffhersteller kleiner, erlauben aber immer noch die Herstellung aller Modetöne bzw. gut brillanter Nuancen. Zu letzteren Farbstoffen gehören u. a. die Maxilon-/*Geigy* und die Basacryl-Farbstoffe/ *BASF*. Abgesehen von den Basacrylen, die untereinander in jeden Mengen kombinierbar sind, werden von einigen Farbstoffherstellern zur Erzielung von Mode-

Tabelle 60. *Berechnung einer Rezeptur für das Färben von Dralon/Bayer (Farbstoffsummenzahl max. 2,1) mit Astrazonfarbstoffen/Bayer. Da die Summenzahl 2,1 nicht übersteigt, ist die Färbung ohne Blockierung möglich*

Farbstoff/Hilfsmittel	% · „f"-Faktor
Astrazongoldgelb GLD	0,1 · 0,48 = 0,048
Astrazonrot F 3 BL	0,025 · 0,38 = 0,0095
Astrazonblau FGL	0,48 · 0,20 = 0,096
Levegal PAN	2,00 · 0,55 = 1,1
Farbstoffsummenzahl	= 1,25

tönen bestimmte Farbstoffkombinationen empfohlen, die, gemeinsam gefärbt, die Nuance „gut aufbauen" und unter Nomalumständen keine Blockierungseffekte zeigen. Unter „gut aufbauen" versteht man die Möglichkeit, daß alle an der Kombination beteiligten Farbstoffe, in möglichst gleichen Mengen über die gesamte Färbezeit auf die Faser ziehen. Von *Geigy* werden zur Kombination

    Maxilongelb 2 RL
    Maxilonrot BL
    Maxilonblau GRL

von *Bayer* für helle Töne als Kombination

    Astrazongelb 7 GLL
    Astrazongoldgelb GLD
    Astrazonrot F 3 BL
    Astrazonblau FGL oder BG
    Astrazongelbbraun GGL,

für mittlere und dunkle Töne

    Astrazongelb 7 G 11
    Astrazonrot GTL
    Astrazonblau 5 GL

und für besonders tiefe Töne

    Astrazongoldgelb GL
    Astrazonrot 5 BL oder Astrazonbordo BL
    Astrazonblau 3 RL, 5 RL oder BG

empfohlen.

Gelöst werden alle basischen Farbstoffe durch Anteigen mit der gleichen Menge Essigsäure 50%ig und Übergießen mit kochendem Wasser. Die Färbeweisen unterscheiden sich in geringem Maße. Zum Färben der Maxilone/*Geigy*, Astra- und Astrazone/*Bayer*, Deorline/*CIBA* sind Zusätze von

> 4% Essigsäure 50%ig
> 1% Natriumazetat
> 20% Glaubersalz kalz.

notwendig. Basacryle/*BASF* werden unter Zusatz von

> 1,5% Essigsäure 50%ig
> 10 —20 % Glaubersalz kalz.
> 0,05— 0,1% Kaliumbichromat

oder an Stelle der Essigsäure mit 1—2% Schwefelsäure 66 °Bé gefärbt. Das Bichromat dient zur Ausschaltung der Katalyse von Kupfer, die durch Messingteile im Apparat möglich ist. Man beginnt das Färben bei 50—60 °C, treibt rasch auf 80 °C und steigert langsam zum Kochen und kocht je nach Tiefe der Färbung 30 min.—2 Std. Anschließend wird das Bad möglichst langsam abgekühlt und gründlich gespült.

Alle basischen Farbstoffe ziehen sehr schnell im kritischen Temperaturbereich von 90—98°C auf die Faser, und es ist vor allem bei hellen Tönen schwierig, egale Färbungen zu erreichen. Nachdem die Farbstoffe einmal an die anionische Faser gebunden sind, zeigen sie keinerlei Wanderungsvermögen, und es ist deshalb der sofortige Zusatz entsprechender Egalisiermittel im Färbebad notwendig. Die Glaubersalzzusätze unterstützen ebenfalls das Egalisieren. Die meisten *Egalisiermittel* sind kationische Produkte, die mit den Farbstoffen in Konkurrenz treten und die selektiven Gruppen der Faser erst im Laufe des Färbens für den Farbstoff teilweise wieder freigeben. Dabei verbleibt jedoch ein großer Teil der Egalisiermittel an die Faser gebunden und verhindert damit zum Teil das Aufziehen der Farbstoffe überhaupt. Es müssen deshalb die zugesetzten Retarder-Mengen bei der Rezeptvorausberechnung berücksichtigt werden. Bei Verwendung von Retarder A/*CIBA* wird der maximale Egalisiermittelzusatz nach folgender Formel ermittelt:

$$R = \frac{S_{max} - S_{total}}{0,3}$$

R = Retardermenge in %
S_{max} = maximaler Sättigungswert der Faser (z. B. Orlon 42 = 2,00)
S_{total} = Sättigungswert der Farbstoffkombination ($K \cdot \%$)

Als Anhaltswerte werden für helle Färbungen 6—2%, mittlere 4—2% und dunkle 2—0% Retarder A verwendet. Die hohen Werte gelten für schnellziehende Acrylqualitäten. Bei Verwendung von Levegal PAN/*Bayer* wird die Retardermenge direkt in das Rezept mit den f-Faktor 0,55 und der Prozentmenge eingebaut (Siehe Tab. 60). Als Anhaltswerte sind für helle bis mittlere Töne (0,1—1% Farbstoff) 2,5—1,5% und für dunkle Töne 1,5—0,75% Levegal PAN üblich. Die faseraffinen, kationischen Retarder kommen u. a. als

> Du Pont-Retarder LAN *Dupont*
> Levegal PAN *Bayer*
> Retarder A *CIBA*
> Rucoegalisierer PAN *Rudolf*
> Uniperol TX 1250 *BASF*

in den Handel. Uniperol AN der *BASF* unterstützt nur die Migration der Farbstoffe. Von *Geigy* wird beim *ITW-Verfahren* mit 1 g/l Irgasol DAM der kationische Farbstoff mit dem anionischen Hilfsmittel zur Addition gezwungen. Erst durch längeres Kochen lösen sich diese Addukte und geben den Farbstoff frei. Da jedoch die Verbindung zwischen kationischen Farbstoff und anionischen, farbstoffaffinen Hilfsmittel oft nur gering löslich ist, ist der Zusatz von 0,5 g/l Tinegal W/*Geigy* als Dispergiermittel im Färbebad notwendig. Das Verfahren hat den Vorteil, daß der Farbstoffsättigungswert durch die zugesetzten Hilfsmittel nicht herabgesetzt wird.

Tabelle 61. *Echtheiten einer Färbung mit Basacrylrot GL/BASF auf Dralon /Bayer*

Licht- (Fadeometer) $1/1, 1/3, 1/6, 1/12$	Wasser-	Wasch- 60 °C	Wasch- 95 °C	Walke- (alkal.)	Schweiß-	Meerwasser-	Lösungsmittel- (Tri)	Chlorbleich-	Abgas-	Reib- (naß)	Bügel- (30 sec., 180 °C)	Dekatur-
7	5	4–5	4–5	5	5	5	4–5	4–5			4–5	
7–8	5	5	5	5	5	5	5	5	4–5	5	5	4
7–8	5	5	4–5	5	5	5	5	5			5	
7–8												

Basische Färbungen weisen auf Acrylfasern sehr hohe Echtheiten auf (Tab. 61) und sind deshalb nur sehr schwer aufzuhellen oder abzuziehen. Durch erhöhte Retarder- und Glaubersalzmengen kann auf frischem Bad, evtl. bei Temperaturen bis 108 °C eine gewisse Aufhellung erreicht werden. Wird anschließend wieder aufgefärbt, muß die substantiv auf die Ware gezogene Retardermenge vorher durch eine kochende Behandlung mit 3–5 g/l Seife und gleichen Mengen Glaubersalz entfernt werden. Durch eine saure Hypochloritbleiche können die meisten Farbstoffe nur teilweise abgezogen und die Zersetzungsprodukte durch eine nachträgliche Bisulfitbehandlung abgelöst werden. Von *Geigy* wird zum Abziehen der Maxilone die Behandlung mit

    5 ml/l Monoäthylamin
    5 g/l Kochsalz

während 1 Std. kochend empfohlen. Die dann nicht abgezogenen Farbstoffe werden durch eine sauere Hypochloritbleiche entfernt.

Da Acrylfasern bei Kochtemperatur mit basischen Farbstoffen in allen Nuancen ausgefärbt werden können, ist ein Färben unter HT-Bedingungen kaum notwendig, außerdem bringt diese Arbeitsweise nur bei unmodifizierten Fasern kleine Zeitersparnisse. Um eine Vergilbung zu vermeiden, muß dann unbedingt im sauren Medium gefärbt werden. Einige modifizierte Acrylfasern (z. B. Verel) werden bereits bei Kochtemperatur mattiert, texturierte Acrylfäden verlieren unter HT-Bedingungen außerdem ihre Bauschelastizität. Beim Thermosolierverfahren lassen sich Dispersionsfarbstoffe ebenfalls nur in hellen Farbtönen applizieren und bei max. 190 °C thermosolieren. Acrylfasern können auch mit Küpensäuren foulardiert, zwischengetrocknet und durch eine Chromkali-Oxydation bei 80 °C entwickelt werden. Durch Foulardieren von Leukoküpenestern in organophilen Dispersionen und nachfolgender Entwicklung mit Nitrit und Schwefelsäure lassen sich ebenfalls helle Farbtöne wie auch mit Pigmentfarbstoffen nach den konventionellen Methoden erreichen.

D. Modacrylfasern

Diese modifizierten Palyacrylnitrilfasern sind Mischpolymerisate, die in der Regel weniger als 85% Polyacrylnitril enthalten und meist mit Copolymerisaten verbunden sind, die die Fasereigenschaften, vor allem ihre Anfärbbarkeit, stark verändern. Aus diesen Grund werden die Fasern als *kationisch-modifizierte Acrylfasern* bezeichnet. Als Copolymerisate können Vinylchlorid, Vinylpyridin, Methacrylsäureamid, Mischungen dieser Produkte oder andere Polymerisate dienen. Die technologischen Eigenschaften der Modacrylfasern sind in der Regel gegenüber den anionisch modifizierten Acrylfasern wenig verändert. Als Fasern mit basischen Gruppen können jedoch weit mehr Farbstoffgruppen für die Anfärbung verwendet werden. Es zeigen neben denen für normale Acrylfasern verwendbaren Produkten alle anionischen Farbstoffe mehr oder weniger starke Affinität. Die meisten Modacrylfasern können nicht bei Temperaturen über 100 °C gefärbt werden, da sie dann vergilben und stark an Festigkeit verlieren. Modacrylfasern kommen u. a. als

Acrilan-regular	*Chemstrand Corp.*, Decatur Ala./USA
Creslan	*American Cyanamid Co.*, Pensacola Fla./USA
Dynel	*Union Carbide Chemical Co.*, South Charlston Va./USA
Darvan	*B. F. Goodrich Chemical Co.*, Avon Lake O./USA
Leacryl N	*ACSA S. p. a.*, Mailand/Italien
Verel	*Tennessee Eastman Corp.*, Kingsport Tann./USA
Vonnel P	*Mitsubishi Vonnel Co.* Ltd., Tokio/Japan
Zefran	*Dow Chemical Co.*, Williamsburg Va./USA

in den Handel. Die Fasern werden hauptsächlich in außereuropäischen Ländern hergestellt und es liegen deshalb in Europa noch wenig Erfahrungen mit diesen Fasern vor, wenn auch deren Verwendung in Europa steigende Tendenzen aufweist. Sie werden sowohl allein, als auch in Mischungen, wie die anionischen Acrylfasern verwendet. Ein bevorzugtes Gebiet ist jedoch die Teppich- und Plüschindustrie.

Da sich Acrilan-regular in Europa als Modacrylfaser z. Z. am weitesten eingeführt hat, soll hier vor allem auf diese Faser eingegangen werden und die anderen Fasertypen nur dann mit ihren färberischen Eigenheiten genannt werden, wenn sie sich vom Acrilan-regular wesentlich unterscheiden. Die Faser ist alkaliempfindlich und darf nicht bei pH-Werten über 9,5 behandelt werden. Ein Fixieren ist wegen des geringen Restschrumpfs unnötig (Texturierte Garne s. S. 346). Zur *Vorreinigung* werden 1—2 g/l nichtionogene oder fettlöserhaltige Waschmittel evtl. unter Mitverwendung von 0,5—1 g/l Trinatriumphosphat eingesetzt und 20—30 min. bei 80—90 °C gewaschen und gründlich gespült. Bei allen Behandlungen ist zu beachten, daß die Faser oberhalb 70°C *thermoplastisch* ist und Falten und Brüche durch zu rasches Abkühlen einfixiert werden. Für das *Bleichen* kommt nur eine saure Chloritbleiche in Betracht, mit der nur ein unbeständiges Weiß erhalten wird. Durch Zusatz von z. B. 1—2% Uvitex NL/*CIBA* und 2 g/l Schwefelsäure 66 °Bé wird die Faser während 30 min. bei Kochtemperatur optisch aufgehellt und durch Nachsatz von max. 0,4 g/l Natriumchlorit 80%ig nochmals die gleiche Zeit kochend gebleicht.

Zum Färben sind, neben den für anionische Acrylfaser-Typen verwendbaren Dispersions- und kationischen, auch alle Wollfarbstoffe verwendbar. Ausgesuchte

Dispersionsfarbstoffe, deren Zahl allen Ansprüchen gerecht wird, zeigen auf Acrilan-regular nach der für anionische Acrylfasern üblichen Methode gefärbt, einen höheren Sättigungswert und erlauben damit auch tiefere Färbungen. Für Schwarztöne können *Dispersiondiazofarbstoffe* eingesetzt werden, die bemerkenswert hohe Gesamtechtheiten (Tab. 62) aufweisen. Von der *CIBA* wird zum Färben folgende Arbeitsweise empfohlen:

Das Material wird 10 min. kalt in einem Bad, welches als Dispergiermittel 1 g/l Ultravon W, JF oder JU enthält, vorbehandelt und anschließend 2,5% Cibanaphtol RTO wie nachstehend beschrieben gelöst, zugesetzt. 1 T. Cibanaphtol RTO wird mit der gleichen Menge Sprit 96%ig angeteigt und 0,5 T. Natronlauge 38 °Bé in 2 T. Wasser gelöst zugegeben und auf 90 °C erhitzt. Das mit dem Cibanaphtol

Tabelle 62. *Echtheiten einer Färbung auf Acrilan regular mit Cibacetdiazoschwarz B: Cibanaphthol RTO/CIBA*

Licht- $2/1, 1/1, 1/3$		Wasch- (60 °C)	Wasser-	Meerwasser-	Schweiß-	Überfärbe- (H_2SO_4)	Potting-	Walk- (sauer)	Lösungsmittel- (Tri)	Hypochloritbleich-	Dekatur-	Karbonisier-	Reib-	Bügel- (trocken)
Tageslicht	Xenotest													
6—7	6—7	5	5	5	5	3	4—5	5	5					
6—7	7	5	5	5	5	3—4	3—4	5	5	5	5	5	5	5
7	7	5	5	5	5	4—5	2—3	5	5					

versetzte Färbebad wird nach 10 min. Behandlung mit 1,8% Essigsäure 50%ig versetzt, damit schwach sauer gestellt und nach weiteren 10 min. 4% Cibacetdiazoschwarz B oder GGN, die vorher mit kaltem Wasser angeteigt und mit warmen Wasser, welches 1 g/l Ultravon W enthält, gründlich dispergiert wurde, zugesetzt und weitere 10 min. kalt behandelt. Nun wird in 20 min. zum Kochen getrieben und 2 Std. kochend gefärbt. Um ein Fixieren von Brüchen und Falten zu vermeiden, wird innerhalb 30 min. auf 70 °C abgekühlt, gründlich heiß und kalt gespült und wie folgt diazotiert, bzw. gleichzeitig gekuppelt. Auf frischem, kaltem Bad wird das Material mit 4—5% Natriumnitrit 5 min. behandelt, 8—9% Ameisensäure 85%ig zugegeben, langsam auf 90 °C erhitzt und bei dieser Temperatur 45 min. behandelt, wie oben angegeben langsam abgekühlt, gründlich gespült und auf frischem Bad 20 min. bei 80 °C reduktiv mit

2 g/l Ultravon JF oder JU
0,5 g/l Soda kalz.
0,5 g/l Hydrosulfit konz. Plv. *CIBA*

nachgeseift, wie oben angegeben abgekühlt und gespült.

Das kationisch modifizierte Acrilan-regular weist eine Reihe von basischen Gruppen auf, die jedoch in geringerer Zahl als in Wolle bzw. Polyamiden vorhanden sind und durch Zusatz von stärkeren Säuren beim Färben mit anionischen Farbstoffen aktiviert werden müssen, wenn ausreichende Baderschöpfung erreicht werden soll. Dabei wird meist mit Essig- oder Ameisensäure begonnen und im Laufe des Färbens Schwefelsäure nachgesetzt. So werden *Säurefarbstoffe,* auch die als „schwachsauerziehend" bezeichneten, mit 2% Ameisensäure beginnend und nach 30 min. Kochzeit mit 6% Schwefelsäure 66 °Bé weitere $1^{1}/_{2}$

kochend ausgefärbt und nach dem Spülen die Ware mit 5—8% Natriumazetat heiß neutralisiert. Die Färbungen weisen schlechtere Licht-, gleiche oder bessere Naßechtheiten wie vergleichbare Wollfärbungen auf. Zum Färben sind auch eine Auswahl von *1 : 1-Metallkomplex-Farbstoffen* brauchbar, die mit 8—10% Schwefelsäure 66 °Bé und der gleichen Menge Glaubersalz kalz. gefärbt, gleiche Echtheiten wie auf Wolle zeigen. Bei Verwendung von *1 : 2-Metallkomplex-Farbstoffen* wird mit 3% Essigsäure 50%ig und 1—2% eines für diese Farbstoffklasse empfohlenen Egalisiermittels 1$^1/_2$ Std. kochend gefärbt und 1—4% Schwefelsäure 66 °Bé nachgesetzt und weitere 45 min. gekocht, abgekühlt, gespült und wie für Säurefarbstoffe angegeben, neutralisiert. Die Echtheiten gleichen denen einer Wollfärbung. Für dunkle Farbtöne können auch *Nachchromierungs-Farbstoffe* mit den für Wolle üblichen Verfahren und Echtheiten eingesetzt werden. Zum Erschöpfen der Färbebäder ist ein Nachsatz von 3% Schwefelsäure 66 °Bé notwendig, der auch dem Chromierungsbad zugesetzt wird. Zum Chromieren ist die gleiche Menge Bichromat wie Farbstoff (max. 5%) notwendig. Auch hier müssen die Färbungen neutralisiert und dunkle Töne, wie bei allen anionischen Färbungen, mit 1 g/l eines synthetischen Waschmittels nachgeseift werden.

Auch die *basischen Farbstoffe* können zum Färben von Acrilan-regular eingesetzt werden. Es wird jedoch unter Zusatz von 3% Harnstoff im essigsauren, oder mit 3% Ammonazetat versetztem Färbebad ohne Retarder gefärbt. Die Echtheiten der so hergestellten Färbungen sind meist geringer als auf anionischen Acrylfasertypen. Neuerdings werden auch *Reaktiv-Farbstoffe* verwendet, die, wie z. B. die Remazole/*Hoechst* zuerst mit Trinatriumphosphat in ihre Vinylsulfonform überführt und anschließend durch Zusatz von 3—6% Schwefelsäure 66 °Bé mindestens 2 Std. kochend ausgefärbt und wie bekannt neutralisiert und geseift werden. Die Entfernung der Schwefelsäure ist zur Erzielung der hohen Lichtechtheit unbedingt erforderlich.

Für *Creslan* können die geschilderten Arbeitsverfahren in ungefähr gleicher Art wie für Acrilan regular eingesetzt werden. *Dynel* weist einige Besonderheiten auf. Die Vorreinigung und Bleiche kann, wie bei anderen Acrylfasern erfolgen. Die Faser wird in heißem Wasser mattiert und muß durch eine Behandlung mit 60 g/l Kochsalz auf frischem Bad nach dem Färben 20 min. bei 95 °C *relustriert* werden. Auch eine Trockenhitzebehandlung bei 110—115 °C führt zur Wiederherstellung des Glanzes. Dispersionsfarbstoffe ergeben mittlere bis gute Gesamtechtheiten, wenn bei dunklen Tönen unter Zusatz von 2 g/l Hydrosulfit geseift wurde. Säure- und 1 : 2-Metallkomplex-Farbstoffe können nur nach der veralteten Cuproionen-Methode und unter Zusatz eines Carriers gefärbt werden und ergeben meist nur mittlere Echtheiten. Auch einige Direktfarbstoffe werden nach dieser Methode appliziert. Zum Färben mit Leukoküpenfarbstoffen werden die Farbstoffe wie bei der Kontinue-Färbemethode auf Zellulosegeweben gefärbt, d. h. mit Natriumnitrit geklotzt, im Schwefelsäurebad entwickelt und geben gut Licht- und Waschechtheiten. *Darvan* kann nur mit den für anionische Acrylfasern angegebenen Farbstoffen gefärbt werden. Es sind jedoch zur ausreichenden Baderschöpfung und für tiefe Farbtöne mit Dispersions- und basischen Farbstoffen Zusätze von Carriern, wie sie für Polyesterfasern üblich sind oder beim Färben mit Dispersionsfarbstoffen HT-Bedingungen notwendig, bei denen die Faser allerdings stark schrumpft. *Verel* kann mit 1 : 2-Metallkomplexfarbstoffen mit guten

Echtheiten, basischen und Dispersionsfarbstoffen mit mittleren Echtheiten gefärbt werden. Die Faser wird über 80 °C mattiert und muß dann, wie *Dynel*, relustriert werden. Es ist jedoch nach Feststellungen der *CIBA* möglich, beim Färben bei 70 °C den Glanz weitgehend zu erhalten. Zur ausreichenden Baderschöpfung ist dann ein Zusatz von 1,5—6% Verel-Dyeing-Assistant/*Eastman Chemical Co., Kingsport Tenn./USA* im Ammonsulfat-haltigen Färbebad der Metallkomplex- und essigsauren Färbebad bei basischen Farbstoffen notwendig. *Zefran* kann mit allen für synthetische, Zellulose- und Proteinfasern verwendbaren Farbstoffen in meist guten bis sehr guten Echtheiten mit den für diese Fasern üblichen Verfahren gefärbt werden.

Die meisten der angeführten Faserstoffe kommen nur als Stapelfasern in den Handel und werden auch als texturierte Garne eingesetzt.

E. Sonstige synthetische Fasern

Die synthetischen Fasern, deren Bleich- und Färbeverfahren bisher beschrieben wurden, stellen das Hauptkontingent der heute verwendeten Synthetics dar, da ihre technologischen Eigenschaften gegenüber den nachstehend beschriebenen Fasern Vorteile aufweisen. Doch haben auch inzwischen die

Polyvinyl-
Polyolefin-
Elastomer-
Triazetat-

Fasern ihren festen Platz in der Textilindustrie gefunden und weisen teilweise steigende Verbrauchszahlen auf. Letzteres gilt vor allem für die Elastomer- und Triazetatfasern. Dabei soll nochmals festgestellt werden, daß die Triazetatfaser chemisch eine regenerierte Zellulosefaser ist und nur wegen ihrer, den Synthesefasern weit ähnlicherem Verhalten in diese Gruppe aufgenommen wurde.

1. Polyvinylfasern

Bei den zu dieser Gruppe gehörenden Polyvinylchloridfasern handelt es sich um die ersten Synthesefasern überhaupt, die jedoch wegen ihrer technologischen Eigenschaften von anderen Synthesefasern überrundet wurden. Die Polyvinylchlorid-Fasern werden aus Vinylchlorid hergestellt, das entweder sofort oder nachchloriert im Naß- oder Trockenspinnverfahren hergestellt wird. Der Faserschrumpf tritt bei nicht thermostabilisierter Faser bei 60—80 °C und bei stabilisierten Fasern bei 90 °C ein. Auch die stabilisierten Fasern können nach den heutigen Auffassungen als nicht bügelfest bezeichnet werden. Die Fasern kommen endlos und als Stapelfasern in den Handel und können in beiden Fällen thermostabilisiert geliefert werden. In der nachstehenden Tabelle sind die Erweichungspunkte nach dem Fasernamen angegeben.

Rhovyl (60—75 °C)   Société Rhovyl, Tronville-en-Barois/Frankreich
Fibrovyl (60—75 °C)   Société Rhovyl, Tronville-en-Barois/Frankreich
Thermovyl (90—100 °C)   Société Rhovyl, Tronville-en-Barois/Frankreich
Movil N, F, T. (70—80 °C)   Polymer S. p. a. (Montecatini) Mailand/Italien
Envilon, Rameron, Talon   Toyo Chemical Co, Ltd., Tokio/Japan

Die Fasern sind hervorragend gegen Säure und Alkalien beständig und werden deshalb als technische Gewebe zu Schutzkleidung verarbeitet, da sie außerdem unbrennbar sind. Sie werden auch für Filtertücher, Siebe, Fischnetze und in der Bekleidungsindustrie zu Badeanzügen, Gardinen und Dekorationstextilien verwendet. Wegen ihres Wärmehaltungsvermögens zu Unterwäsche, der man antirheumatische Eigenschaften nachsagt, und aus den gleichen Gründen, als Füllmaterial für Anoraks und Schlafsäcke empfohlen. Der größte Nachteil ist bei den nicht thermostabilisierten Fasern der Schrumpf, der sich bereits bei 60 °C und bei den stabilisierten Fasern bei 90 °C einstellt und zum Hartwerden der Fasern führt.

Die Fasern werden hauptsächlich mit *Dispersionsfarbstoffen* gefärbt, die trotz Einsatz spezieller Carrier, die hauptsächlich als Quellmittel wirken, nur zur Anfärbung der äußeren Schichten der Fasern führt (Ringfärbung). Beim Färben, Vorreinigen und Bleichen sind die Schrumpfungsbereiche unbedingt zu vermeiden. Die Vorreinigung und Bleiche gleicht den für andere Synthesefasern üblichen Verfahren. Als Quellmittel können aliphatische und aromatische Verbindungen verwendet werden, die jedoch schwer zu emulgieren sind. Es wurden deshalb u. a. die folgenden Hilfsmittel herausgebracht, die selbstemulgierend sind:

Dilatin DB	*Sandoz*	Remol PeCe	*Hoechst*
Eulysin PC	*BASF*	Solvant FT	*Francolor*
Invalon PC	*CIBA*		

Man färbt, beginnend bei 40 °C, unter Zusatz von

0,5—2 g/l Dispergiermittel
1 —6 g/l Quellmittel

und dem gut dispergiertem Farbstoff, steigert die Temperatur langsam auf 50—55 °C (80—95 °C) und färbt 1½ Std. bei dieser Temperatur. Anschließend wird gründlich gespült und dunkle Töne kurz nachgeseift. Die Echtheiten der so hergestellten Färbungen zeigen mittlere bis gute Werte. Für Schwarz können auch Dispersionsdiazofarbstoffe eingesetzt werden. Zum Färben werden daneben noch 1:2-Metallkomplex-Dispersionsfarbstoffe (z. B. Vialonecht-Farbst./*BASF*), Leukoküpenester im Klotz- oder Ausziehverfahren verwendet. Beim Ausziehverfahren werden die Bäder durch Zusatz von Ammonsulfat erschöpft und wie üblich entwickelt. Auch die gleichzeitige Verwendung von dispergierten Naphtolen und Echtbasen mit anschließender Diazotierung ist möglich. So können die Intraminfarbstoffe/*Hoechst* (S. 325) und Ofna-perl-Salze in Verbindung mit entsprechenden Naphtolen/*Hoechst* (S. 315) oder an Stelle der Naphtole die Ofna- lane/*Hoechst* bzw. die Brentacet-Farbstoffe/*ICI* verwendet werden. Für helle Töne werden auch Pigmentfarbstoffe eingesetzt, ein Kondensieren ist jedoch nicht möglich, und die getrockneten Färbungen müssen zur Härtung möglichst mehrere Wochen lagern. Auch basische Farbstoffe sind unter Zusatz von Quellmitteln färbbar, die Echtheiten sind jedoch gering. Von der *Francolor* wird ein Pad-Roll-Verfahren empfohlen, bei dem Dispersionsfarbstoffe mit Gonflant ACS/*ICI* geklotzt und auf der Kaule bei 50 oder 85 °C fixiert werden.

Unter dem Sammelnamen *Vinylon* sind **Polyvinylalkohol-Fasern** bekannt geworden, die unter *Cremona, Kuralon, Kanebian, Meylon, Woolon* von japanischen Firmen (z. B. *Kurashiki Chemical Corp.*, Yokohama) als *Synthofyl* von der *Wacker-Chemie GmbH.*, München und als *Vinal* von der *Air Reduction Chemical Co.*, vertrieben werden. Die Fasern lassen sich je nach Fasertypen mit einer Auswahl anionischer Farbstoffe wie Direkt-, Schwefel-, Küpen-, Mischungen von

Naphtol mit Echtbasen, Metallkomplex- und auch Dispersionsfarbstoffen unter Einhaltung von Färbetemperaturen unter 90 °C in unterschiedlicher Tiefe anfärben. Die Echtheiten erreichen jedoch nur in einigen Fällen die Noten der Färbungen auf Zellulose- oder Proteinfasern. Die Fasern können mit Hypochlorit oder Chlorit gebleicht und mit den für Proteinfasern verwendbaren Aufhellern aufgehellt werden.

Mischpolymerisat-Fasern aus Vinylchlorid und Vinylidenchlorid (z. B. Saran der *Asahi-Dow Ltd.*, Suzuka/Japan, IGG-Saran der *Internat. Galalith GmbH.*, Hamburg-Harburg, u. a. Hersteller) werden hauptsächlich spinngefärbt für verschleißfeste Dekorationsstoffe, Netze usw. verwendet, da ein textiles Anfärben bisher nicht möglich ist. Ähnliches gilt für Fasern aus Vinylchlorid und Vinylazetat, Vinylidendinitril und Vinylazetat (Dinitrilfasern z. B. Travis/*Hoechst*) und den Polystyrolfasern.

Tetrafluoräthylen (Teflon/*Dupont*, Fluon/*ICI*, Hostaflon/*Hoechst*) hat dadurch für die Textilindustrie Bedeutung, da es als nicht färbbare Färbebeutel, Filtertücher und Borsten für Bürsten, bzw. als Kunststoff für Walzenbezüge, die durch Farbstoff- und Appreturmittellösungen nicht verschmutzt wird. Eine Färbung ist nur durch Pigmentieren der Spinnmasse möglich.

2. Polyolefinfasern

Zu diesen Fasern gehören die *Polyäthylenfasern*, die aber wegen ihrer ungenügenden Anfärbbarkeit nur für technische Artikel, Berufskleidung, Einlagestoffe, Schonbezüge, Gürtel, Täschner- und Seilerwaren verwendet werden. Dazu gehören Courlene X 3/*Courtoulds*-England, Hostalen G/*Hoechst*, Polythene/*ICI*, Reevon/ *Reeves Bros. Inc.*,/*USA*, Trofil/*Dynamit AG.*, Troisdorf, Vestolen A/*Chem. Werke Hüls* u. a.

Weit größeres Interesse haben jedoch die **Polypropylenfasern** gefunden, die wie die Polyäthylenfasern aus Abgasen des Crackprozesses gewonnen werden und damit sehr leicht und billig herzustellen sind. Die Fasern zeigten ursprünglich eine sehr schlechte Licht- und Wetterbeständigkeit, die jedoch durch Zusätze in der Spinnschmelze weitgehend behoben werden konnte. Die meisten Fasern sind nicht anfärbbar. Inzwischen wurde jedoch von der *National Aniline Division* der *Allied Chemical & Dye Corp.*, New York/USA gefunden, daß sehr geringe Metallmengen (0,006%) in der Spinnschmelze die Faser zur komplexen Bindung von speziellen Dispersionsfarbstoffen veranlaßt. Von der *ICI* wurde in den Dispersol PP-Farbstoffen Produkte auf den Markt gebracht, die auch nichtmodifizierte Fasern in mittleren bis dunklen Tönen anfärben. Inzwischen wurde von der *US Rubber Comp.*,/USA auch eine Fasertype auf den Markt gebracht, die sich mit allen anionischen Säure-, Chrom-, Metallkomplex-, Reaktiv-, Küpen- und Naphtol-Farbstoffen und Dispersionsfarbstoffen in ausreichender Tiefe und überwiegend guten bis sehr guten Echtheiten färben läßt. Auch von der *Polymer S. p. a. (Montecatini)* Ferara/Italien, der *Hercules Powder Comp.*, Wilmington Del./USA und der *ICI* sind färbbare Polypropylen-Fasertypen auf dem Markt. Da die Entwicklung keineswegs abgeschlossen ist, sind eine Reihe von weiteren Neuerungen in den nächsten Jahren zu erwarten. Die Fasern werden für technische

Zwecke spinngefärbt und die neuen Typen vor allem auf dem Teppichsektor (Tuffted carpets) in starkem Maße verwendet. Die Fasern kommen u. a. als:

Courlene PY	*Courtoulds Ltd.*, London EC 1/England
Herculon	*Hercules Powder Comp.*, Wilmington/USA
Gerfil	*B. F. Goodrich Chemical Co.*, Cleveland O./USA
Hostalen PP	*Hoechst*
Meraklon, Moplen	*Polymer S. p. a.* (Montecatini) Ferara/Italien
Reevon 800	*Reeves Bros. Inc.*,/USA
Royalene	*U. S. Rubber Comp.*,/USA
Ulstron	*ICI*
Vestolen P	*Chemische Werke Hüls*, Marl-Hüls

auf den Markt.

3. Elastomerfasern

Diese auch als *Spandex-* und auf Grund ihres Aufbaus als *Polyurethanfasern* bezeichneten, neuen Synthesefasern haben seit ihrem Erscheinen wegen ihrer außerordentlichen Dehnungselastizität einen sehr großen Verwendungskreis in der ganzen Welt erobern können. (Tab. 3, S. 8). Die endlosen Fäden sind gegenüber Naturkautschuk dreimal reißfester und können deshalb in feinerer Ausspinnung als Naturkautschuk eingesetzt werden. Die Alterungsbeständigkeit ist weit größer und das geringe spez. Gew. von etwa 1,00 gegenüber Kautschuk von 1,05 hat ihre Einführung sehr erleichtert. Ein besonderer Vorteil ist ferner die leichte Anfärbbarkeit der Faser. Als Nachteile können vor allem der z. Z. noch hohe Preis, die Empfindlichkeit gegenüber chlorhaltigen Bleichmitteln und Industrieabgase genannt werden. Die Fäden werden wegen ihrer hohen Elastizität vor allem zu Miederwaren, chirurgischen und orthopädischen Strumpfwaren, Sportbekleidung, Badeanzüge und an Stelle von texturierten Garnen für Stretch-Waren allein, in Zwirnen mit anderen Synthese- oder nativen Fasern oder auch mit diesen umsponnen, verwendet. Die guten Eigenschaften der Fasern haben viele Firmen zur Herstellung veranlaßt, und es werden in nächster Zeit, außer den nachstehend genannten Fasertypen, weitere Produkte auf den Markt erscheinen. Polyurethane sind außerdem als Schaumstoffe zum Beschichten und Kaschieren seit einigen Jahren sehr bekannt. Die Fäden kommen mit 70—1120 den. in den Handel.

Tabelle 63. *Echtheiten von Färbungen mit Cibalanrotbraun RL/CIBA auf Lycra-/Dupont und Vyrene/USRubber Comp. (Ändern, Bluten auf Polyamide, Viskosereyon und Wolle bei den Naßechtheiten)*

	Licht-(¹/₁)	Wasch- (40 °C)	Schweiß- (alkal.)	Schweiß- (sauer)
Lycra	6—7	3 3—4 5 4	4—5 4 4—5 4—5	4 3—4 4 4—5
Vyrene	3—4	4—5 3—4 5 5	4—5 3 3—4 4	5 3—4 4 4—5

Lycra, Fiber K	*Dupont*
Sarlane	*UCB/Fabelta*, Brüssel 6/Belgien
Vyrene	*U. S. Rubber Co.*, New York/USA
I-Faden	*Kölnische Gummifäden Fabrik*, Köln

Elastomer-Fasern werden bei 50—60 °C mit einem Fettlöserwaschmittel, einem milden Alkali (Tetranatriumphosphat) vorgereinigt. Die Fäden kommen sehr weiß in den Handel, so daß sich eine Bleiche erübrigt.

Für *Vyrene* wird eine milde Peroxydaufhellung empfohlen. Optische Aufheller haben nur eingeschränkte Wirkung. Zum Färben werden Dispersions- und Metallkomplex-Dispersions- vor allem aber 1:2-Metallkomplex-Farbstoffe empfohlen, welche die besten Echtheiten ergeben (Tab. 63). Sie werden wie üblich mit Ammonazetat gefärbt. Vyrene soll bei höchstens 90° behandelt werden. Für *Lycra* sind auch Nachchromierungsfarbstoffe im Gebrauch, die wie auf Wolle gefärbt werden können, jedoch zum Nachchromieren die gleiche Bichromatmenge wie Farbstoff (max. 4%) benötigen. Die Chromsäure muß durch eine nachträgliche Bisulfitbehandlung entfernt werden. Zum Färben sind auch Dispersions-, Säure- und Küpenfarbstoffe verwendbar, die allerdings nur geringe bis mittelechte Färbungen zulassen.

4. Triazetatfasern

Obwohl es sich um eine regenerierte Zellulosefaser handelt, wird die Faser wegen ihrer färberischen Eigenschaften zu den Synthesefasern gezählt und das $2^1/_2$- oder Sekundärazetat als Übergang zwischen beiden Fasern gewertet. Das Zellulosetriazetat ist die 1. Stufe bei der Veresterung (Azetylierung) der nativen Zellulose, wurde aber als solches erst in den letzten Jahren großtechnisch hergestellt, da es an wirtschaftlich herstellbaren Lösungsmitteln, wie es nunmehr im Methylenchlorid zur Verfügung steht, gefehlt hat. Die Zellulose wird, wie bei der Herstellung des Sekundärazetats, azetyliert, in Methylenchlorid/Alkohol gelöst und im Trockenspinnverfahren wie Sekundärazetat versponnen. Die Faser kommt endlos oder als Stapelfaser u. a. unter folgenden Namen in den Handel:

Arnel	*Celanese Corp. of America*, Summit Va./USA
Tricel	*British Celanese Corp.*, Coventry/England
Trilan	*Celanes Corp. of* Kanada, Montreal/Kanada
Tri-a-Faser	*Deutsche Rhodiaceta AG.*, Freiburg/Brsg.
Trialbene	*Société Rhodiacéta S.A.*, Besancon/Frankreich

Die Triazetatfaser wird wegen ihres niedrigen Preises auf dem Textilsektor in steigendem Maße als Gewebe oder Gewirke für Oberbekleidung, Wäsche, Dekorationstextilien usw. eingesetzt und ist wegen ihrer technologischen Eigenschaften in der Lage, das $2^1/_2$-Azetat zu ersetzen und synthetische Fasern zu verdrängen. Die Fasern werden allein oder auch in Mischungen verwendet.

Physikalische Eigenschaften: Die Faser unterscheidet sich nur unwesentlich vom Sekundärazetat in der Trocken- und Naßreißfestigkeit. Die Feuchtigkeitsaufnahme liegt bei der Hälfte und das spez. Gew. ist geringer, der Schmelzpunkt mit 300 °C wesentlich höher als der vom Sekundärazetat.

Chemisches Verhalten: Durch den hohen Azetylierungsgrad kann die Faser ohne Schädigung kochend und bei Temperatur bis 130 °C behandelt werden. Die Farbstoffaufnahme ist jedoch geringer als bei Sekundärazetat und vermindert sich stark durch eine Fixierung. Eine Fixierung der Faser ist unbedingt zu empfehlen, da die Faser dadurch stabilisiert und bügelfester wird. Eine Fixierung während 20—30 sec. bei Temperaturen über 200 °C verhindert das „Glasigwerden" beim Bügeln. Auch ein Fixieren mit Sattdampf bei 125 °C während 20—30 min. ist möglich. Durch eine Heißfixierung bei 220 °C wird die Dimensionsstabilität weiter verbessert, doch tritt eine Festigkeitseinbuße um 10—20% ein. Beim Heißluftfixieren ist ferner zu beachten, daß die Faser eine gewisse Vergilbung erleidet, ihre

Festigkeit im Erweichungsbereich stark abnimmt und dadurch ein Verziehen der Gewebe und Gewirke dann zu nicht mehr entfernbaren Falten und Brüchen führt. Durch eine Behandlung mit *Ätzalkalien* tritt bei erhöhter Temperatur ein Verseifen der Faser ein, die als S-Finish/*Courtoulds* zur Verminderung der elektrostatischen Aufladung, verringerter Versteifung der Faser beim Bügeln und wenn die Behandlung vor dem Färben vorgenommen wurde, zur Verbesserung der Reib- und Abgasechtheit der Färbungen führt. Diese Behandlung wird während 2 Std. bei 95 °C mit 4—6% (3,5 g/l) Ätznatron vorgenommen. Alkalien, in den für andere Veredlungsverfahren üblichen Mengen, schaden der Faser nicht. Ähnliches gilt auch für die Verwendung von *Säuren*. Die *chemische Reinigung* macht insofern Schwierigkeiten, da die Faser in Tri quillt. Gegen Per, Tetra und Benzin ist sie beständig, quillt jedoch in Alkohol schwach und Aceton stark.

Gegen *Oxydationsmittel* ist die Faser weitgehend beständig und kann deshalb mit allen Bleichmitteln gebleicht werden.

Zur *Vorreinigung* werden die Fasern bei 85 °C mit

> 1—2 g/l eines synth. Waschmittels
> 1 g/l Soda kalz. oder Tetranat.-Phosphat

30 min. behandelt und gespült.

Zum *Bleichen* von Triazetat kann eine alkalische Behandlung mit Hypochlorit während 45—60 min. bei 65 °C oder die gleiche Behandlung unter Zusatz von 2 ml/l Salzsäure konz. an Stelle von 1 g/l Soda und nachheriges Entchloren mit 2 g/l Natriumbisulfit während 20 min. bei 65 °C verwendet werden. Zu sehr gutem Weiß führt auch eine Natriumchloritbleiche. Auch eine Behandlung mit Wasserstoffperoxyd, jedoch an Stelle von Ätznatron unter Zusatz von 1 g/l Tetranatriumphosphat und Peressigsäure ergeben gute Weißtöne. Zu beachten ist jedoch immer, daß durch das Heißluftfixieren die Faser vergilbt und deshalb vor der Bleiche fixiert werden muß. Als optische Aufheller sind die in der Tab. 4, S. 11 angegebenen Produkte verwendbar.

Zum *Färben* kommen vor allem Dispersionsfarbstoffe in Betracht, die jedoch weit langsamer auf die Faser ziehen, als es bei Sekundärazetat der Fall ist. Es werden deshalb meist nur helle Farbtöne in möglichst kurzem Flottenverhältnis unter Zusatz eines entsprechenden Dispergiermittels kochend gefärbt. Mittlere und dunkle Farbtöne erreicht man vorteilhaft unter Zusatz von Carriern, die ähnlich wie die Produkte, die sich für Polyesterfasern eignen (S. 321) und sich meist für beide Fasern einsetzen lassen, wirksam sind. Wegen der ungünstigen Beeinflussung der Lichtechtheit sollen jedoch Produkte auf Basis von o-Phenylphenol nicht verwendet werden. Besonders günstig haben sich Tripropylphosphat, Diäthylpthalat bewährt, die in Mengen von 3—24 g/l (z. B. Carrier LB/*Courtoulds*) bei einem pH-Wert von 8—9,5 eingesetzt werden. Es ist vorteilhaft, die Ware ohne Farbstoff 15 min. bei 40 °C mit dem Carrier und einem Dispergiermittel vorlaufen zu lassen, den dispergierten Farbstoff zuzusetzen, langsam zum Kochen zu treiben und 30—180 min. bei mindestens 96 °C zu färben. Bei mittleren und tiefen Tönen verbessert ein sodaalkalisches Nachseifen die Reibechtheiten der Färbungen. Alle Färbungen sind in ihren Echtheiten meist den auf Sekundärazetat gleich, doch ist die Abgasechtheit schlechter (Tab. 64). Zur Verbesserung sollten dem Bad 1% der nachstehend angegebenen Produkte zugesetzt werden:

Inhibitor GF   *ICI*
GF-Inhibitor   *BASF*
Serisol-Inhibitor *Yorkshire*

Als Dispersionsfarbstoffe kommen fast alle Produkte, die für Sekundärazetat, und Polyesterfasern brauchbar sind, zum Einsatz. Das gilt auch für Dispersionsdiazofarbstoffe.

Zum Färben können auch Mischungen von Naphtolen und Echtbasen eingesetzt werden, wie sie für Sekundärazetat und Polyamide empfohlen werden. Von *Hoechst* wird die nachstehende Färbeweise mit Intraminschwarz angegeben, die gleich gute Echtheiten wie auf Polyesterfasern ermöglicht. Triazetatfasern werden dabei mit 7—10% Intraminschwarz G Teig, welches auf 1 kg Farbstoff im Färbebad 0,13 kg Solentwickler D, 0,2 kg Butoxyl oder 0,13 l Essigsäure 50%ig erfordert und vorher mit 100 ml/kg Natronlauge 38 °Bé angeteigt und mit der 5fachen Wassermenge dispergiert wurde, 60—90 min. bei 90—100 °C grundiert, 5 min. bei 90 °C mit 1 g/l Hostapal CV/*Hoechst* zwischengereinigt und kalt beginnend, 30 min. bei 60 °C mit

2,5—3 ml/l Schwefelsäure 66 °Bé
0,8—1 g/l Natriumnitrit

entwickelt, gründlich gespült und reduktiv alkalisch nachgeseift.

Alle Färbungen müssen nachfixiert werden, da durch das Fixieren die kristallinen Bereiche der Triazetatfaser so vermehrt werden, daß eine nachfolgende Färbung in ausreichender Tiefe nicht mehr möglich ist. Die Faser ist mit den angegebenen Farbstoffen auch bei 130 °C unter *HT-Bedingungen* ohne Carrierzusatz färbbar. Inzwischen werden auch die für Polyesterfasern (S. 323) und deren Mischungen empfohlenen *Thermosolierverfahren* (S. 125) eingesetzt, die meist bessere Echtheiten ergeben als sie durch diskontinuierliche Verfahren erreichbar sind. Eine Nachfixierung verbessert auch die Echtheiten der Normalfärbungen. Zum Aufhellen der Färbungen können die entsprechenden Carrier auf frischem Bad und die zum Bleichen angegebenen Behandlungen für das Abziehen eingesetzt werden.

Die Färbeschwierigkeiten machen oft die Verwendung von **spinn-(düsen-)gefärbten Synthesefasern** notwendig. Leider ist die Möglichkeit der Spinnfärbung vor allem durch die Einschränkung der zum Färben brauchbaren Pigmente begrenzt, da es bisher nicht möglich ist, eine Vielzahl ausreichend beständiger Farbstoffe zu finden, welche die hohen Schmelztemperaturen ohne Veränderung überstehen bzw. weil die Abnahme düsengefärbter Fasern an so hohe Abnahmemengen gebunden ist, daß die meisten Fasern nur in einer beschränkten Zahl von Standardtönen erhältlich sind und die meisten Modefarben durch Färben der fertigen Fasern hergestellt werden müssen. Düsengefärbte Fasern zeichnen sich durch beste Farbechtheiten aus. Ein Aufhellen oder Abziehen ist unmöglich, durch Einsatz erhöhter Farbstoffmengen läßt sich u. U. eine dunklere Nuance erreichen.

Tabelle 64. *Echtheiten einer Färbung mit Setacylbrillantrot P—BL Granulat mildispers/Geigy auf Triazetat (Ändern, Bluten auf Triazetat und Viskosereyon bei den Naßechtheiten)*

Licht-	Wäsche- (60 °C)	Wasser-	Schweiß-	Lösungsmittel- (Benzin Per)	Sublimier- (190 °C – 30 sec.)	Gasfading 1, 2, 3 Zyklen
6	4	4—5	4—5	5	4—5	4
	3	2	2	5	1—2	4
	3—4	3	3	5		3—4

IX. Textur- und Stretch-Garne

Die Vorteile der synthetischen Fasern werden durch eine Reihe von Nachteilen eingeschränkt. Vor allem ist es die geringe Feuchtigkeitsaufnahme und der damit unzureichende Schweißtransport, der glatte, „metallene" Griff und die geringe Wärmeisolation. Durch „Texturieren" ist es gelungen, durch entsprechende Nacharbeiten die oben angeführten Nachteile weitgehend aufzuheben bzw. Garne herzustellen, die den Nativfasern in einigen Fällen überlegen sind. Einen Teil der Verbesserung der Nachteile wird auch durch Mischung von Natur-, Regeneratmit Synthesefasern erreicht. Die durch Texturieren von Endlos- und Stapelfasern erhältlichen Garne werden als *texturierte, Stretch-, high-bulk, high-twist, bulked Garne* bezeichnet. Die meisten Texturierverfahren sind den Herstellern geschützt und werden nur in Lizenz vergeben.

Die Texturgarne werden von H. U. Schmidlin/*CIBA* in 4 Gruppen eingeteilt:

superelastische Fäden/Garne
hochelastische Stretch/Bulk-Garne
niederelastische Stretch/Bulk-Garne
unelastische Bulk-Garne

Dabei wird unter *Stretch-Eigenschaften* die reversible Elastizität verstanden, die durch Einwirken von mechanischen Kräften auf die Garne bzw. den daraus gefertigten Textilien eintritt und nach Aussetzen der Kräfte die Fäden wieder auf die ursprüngliche Länge zurückgehen läßt. Diese Stretchgarne werden auch oft als *Kräusel-, Kräuselkrepp-* oder *Kreppgarne* bezeichnet. *Hochbauschgarne* (bulk, high bulk) haben nur wenig oder keine Stretch-Eigenschaften, kehren aber nach dem Zusammendrücken wieder in ihre ursprüngliche Lage zurück.

Zu den **superelastischen Fäden** gehören die im vorhergehenden Kapitel beschriebenen Elastomer- und Gummifäden, die zwar hochelastisch sind, aber die weiteren Merkmale der Texturgarne, wie größeres Volumen, weicheren Griff usw., nicht erfüllen. Zu den **hochelastischen Stretchgarnen** gehören u. a. die HELANCA-Typen HE, SP, SPZ und NT (*Heberlein & Co.*, Wattwil/Schweiz) AGILON (Kräuseltyp) der *Deering Milliken Research* Corp. USA), FLUFLON der *Marionette Mills Inc.* USA, SUPERLOFT-Garne der *Leesona Corp.*, USA. Zu den **niederelastischen Stretchgarnen** gehören HELANCA-Set (*Heberlein*), SAABA (*Leesona*), AGILON-stabilisierter Typ (*Deering*), TASLAN (*Dupont*), TEXTRALIZED/BANLON — in Deutschland BAANLON (*Joseph Bancroft & Sons*, USA), SPUNIZE (*Spunize Co. of America*, USA) und CRINKLE-Garne. Bei beiden Gruppen kommt eine Reihe von Herstellungsverfahren in Betracht, die den angegebenen Firmen geschützt und von diesen in Lizenz vergeben werden. Bei den hochelastischen Typen ist der Stretch-Charakter, bei den niederelastischen der Bulk-Charakter vorherrschend. Zur Herstellung der angegebenen Garntypen werden Filament-(endlos)Garne, vor allem Polyamid- und Polyesterfasern verwendet.

Beim *konventionellen (Zwirn/Heißfixier/Umzwirn-) Verfahren* wird das Synthesegarn in S- oder Z-Draht gezwirnt, sattdampffixiert, zurück- und über den Nullpunkt geringfügig aufgedreht und beide Garne mit etwa 150 Drehungen/m miteinander verzwirnt. Die so hergestellten, sehr voluminösen Garne zeigen eine sehr gute Elastizität, die zur Herstellung von Herren- und Damenunterwäsche, Strumpfwaren, Badekleidung, Pullover und Elastik-Sportstoffen verarbeitet werden. Das Verfahren ist, da es keine kontinuierliche Produktion gestattet, langwierig und wird heute in den meisten Fällen vom *Falschdraht-(Zwirn/Kräusel-) Verfahren* ersetzt. Dabei werden Filamentgarne zwischen 2 Fixpunkten aufgedreht. Es entsteht dabei oberhalb des Drallgebers die umgekehrte Drehung wie unterhalb. Nun wird die unterhalb des Drallgebers entstandene S- oder Z-Drehung thermofixiert. Der unfixierte Garnteil wird sich dadurch zurückdrehen, und es entsteht dadurch kontinuierlich ein Stretchgarn mit ungefähr den gleichen Eigenschaften wie beim konventionellen Verfahren nach den 3 Stufen. Nun wird auch hier ein S- und Z-Garn zusammengezwirnt. Eine Erweiterung dieses Verfahrens besteht darin, daß man die so hergestellten Garne nochmals über eine Falschzwirnmaschine schickt (HELANCA NT, SUPERLOFT, FLUFLON u. a.). Durch nochmaliges Fixieren entstehen niederelastische Garne wie SAABA- und HELANCA Set-Garn. Beim *Klingen-Verfahren* werden meist Polyamidgarne über eine erhitzte Metallklinge gezogen, an der der Klinge zugekehrten Garnseite werden die Moleküle desorientiert und durch eine Behandlung in feuchter Wärme eine Garnkräuselung erreicht (Kräusel-AGILON). Beim stabilisiertem AGILON wird das, wie vorher beschrieben hergestellte Garn, mit Voreilung nochmals durch eine Fixierzone geschickt. BAANLON wird aus TEXTRALIZED-Garnen hergestellt, die nach dem *Stauchkammer-Verfahren* gewonnen wurden. Dabei werden Endlosgarne in eine erhitzte Stauchkammer gedrückt, damit gekräuselt und die Kräuselung gleichzeitig thermofixiert. Ein ähnliches Verfahren wird auch bei der Herstellung von SPUNSIZE-Garnen eingesetzt. Die Garnketten werden dabei von 2 Zuführwalzen erhitzt und in die kalte, mit einer verstellbaren Stauchklappe versehene Kräuselkammer gedrückt und dort die entstehende Kräuselung „eingefroren". CRINKLE-Garne werden durch Verwirken von Filamentgarnen, Fixieren und Öffnen der Gewirke gewonnen. Nach dem *Düsenblas-Verfahren* werden TASLAN-Garne hergestellt. Dabei werden Filamentgarne in eine Kammer geleitet, in der mittels Druckluft die einzelnen Fäden zu Schlingen „ausgeblasen", werden, wodurch eine Texturierung eintritt, die allerdings vor allem Bauschcharakter hat.

Zu den **unelastischen Bulk-Garnen** gehören vor allem die *Hochbauschgarne (HB-Garne)* aus Acryl- und Modacrylfasern. Dabei werden 30—40% ungeschrumpfte mit 60—70% ausgeschrumpften Normalfasern versponnen oder verzwirnt. Durch einen anschließenden Schrumpfprozeß wird der Hochbauschcharakter erzielt. Von *Dupont* wurde zur Herstellung von Hochbauschfasern im ORLON-SAYELLE eine Bikomponentenfaser geschaffen, die durch Verspinnen von ausgeschrumpften und nicht ausgeschrumpften Acrylnitril hergestellt werden. Durch einen besonderen Schrumpfprozeß wird, wie bei normalen HB-Acrylfasern, eine permanente Kräuselung erreicht.

Auch native Fasern werden in letzter Zeit durch besondere Verfahren „texturiert", um ihre „textilen" Eigenschaften zu erhöhen. Durch eine *spannungslose Merzerisation* läßt sich ein hochelastisches Baumwollgewebe herstellen, welches bereits in größeren Rahmen für Oberbekleidung und in der Miederindustrie eingesetzt wird. Dabei werden die Baumwollgewebe meist in Kettrichtung gehalten und in Schußrichtung frei ausgeschrumpft, auch die umgekehrte Arbeitsweise wird praktiziert. Durch Verwendung von speziellen Vernetzern wie Thioglykolaten (SIRO-SET-Verfahren) Kaliumpermanganat/Bisulfit (SIRONIZED-Verfahren) und Monoäthanolaminsulfat (WB-Verfahren), kann Wolle imprägniert und auf der Falschdrahtzwirnmaschine verzwirnt werden. Ferner ist es möglich, einen Faden spiralförmig mit einem anderen Material zu umspinnen und den gestreckten Faden wieder auszulösen. Diese Verfahren sind patentrechtlich geschützt und meist teurer als die beschriebenen Stretch-Verfahren. Als lösliche Faser können Sekundärazetat, das mit Azeton, Zellulosefasern, die durch Karbonisation, wasserlösliche Polyvinylalkohol- oder Alginatfasern, die durch Wasser herausgelöst, verwendet werden.

Beim Veredeln von hochelastischen und einem Großteil der niederelastischen Stretchgarne, bei letzteren sind es die mit hohem Stretch, ist die Kräuselung oder Textur bereits bei der Herstellung vorhanden, und es ist unbedingt wichtig, die Materialien möglichst spannungsarm zu behandeln. Durch eine vorsichtige Behandlung wird meist der Stretchcharakter noch etwas erhöht. Zur Stretch-Erhaltung ist eine Behandlung über 100 °C, die in allen Fällen zur starken Einschränkung der Elastizität und damit Textur der Fäden führt, zu vermeiden. Diese Einschränkung gilt nicht für das Fixieren, das hauptsächlich für Fertigtextilien zur Stabilisierung der Gebrauchsform dient. Beim Behandeln von Stranggarnen arbeitet man hauptsächlich in Form von *Kreuzwickeln*. Das sind Garnstränge, die wegen des Stretchcharakters als „Stranggarne" nicht zu behandeln sind. Die Garne werden auf einem Haspel in starker Kreuzung aufgehaspelt und mindestens dreimal gut unterbunden. Nach dem Aufhaspeln springt der Strang zum Kreuzwickel ein und wird meist in Packapparaten oder Paddelfärbemaschinen, in lockeres Gewirk eingeschlagen, behandelt. Nach der Behandlung wird mittels einer besonderen Vorrichtung der trockene Kreuzwickel aufgespannt und so wieder abgehaspelt und aufgespult. Werden fertige Textilien behandelt, wie z. B. Pullover, müssen sie in Säckchen eingeschlagen, frei schwimmend gefärbt und anschließend ausgeformt werden. Zur Behandlung eignen sich vor allem die Paddelfärbemaschinen (S. 135). *Polyamid-Stretch-Strumpfwaren* werden vor dem Behandeln 20 min. bei 90—100 °C vorgedämpft, 3—4 Tage abgelagert oder die ungenähten Waren bei 60 °C in Warmwasser kurz behandelt. Dadurch wird der Kräuselcharakter verbessert. Socken werden durch nachträgliches Sattdampffixieren (Postboarding) während 2 min. bei 125 °C stabilisiert. Damenstrümpfe erhalten durch ein Vorfixieren (Preboarding) und durch Nachformen nach dem Färben eine bessere Form als durch alleiniges Nachfixieren. In allen Fällen sollten Temperaturen beim Fixieren über 115 °C vermieden werden, da sonst ein Abfall der Elastizität eintritt. *Wirk-* oder *Webwaren* werden auf Haspelkufen mit Rundhaspel, der, wie für Wollwaren üblich, möglichst knapp über dem Flottenraum liegt, in Schlauchform behandelt. Zur Vorreinigung, Bleichen und optischen Aufhellen sind alle für den gleichen Zweck angegebenen Verfahren, wie für nicht texturierte Materialien, verwendbar. Das gilt auch für die Verwendung von Hilfsmitteln, die den Barréeffekt verhindern. Besonders geeignete Kombinationsfarbstoffe wurden von einigen Herstellern für diese Zwecke empfohlen.

Bei der Verwendung von *nicht elastischen* und einem Teil der *niedrigelastischen Texturgarne* ist zur Herstellung des Bauschens eine besondere Vorbehandlung notwendig, die in Dämpfen oder einer Heißwasserbehandlung besteht. Letztere kann auch zur Vorreinigung bzw. gleichzeitig mit dem Färben vorgenommen werden. Die High-bulk-Garne aus Filament oder Stapelfasern haben den Vorteil, daß sie als glatte Garne verarbeitet werden können und erst in der Veredlung ihren Bauschcharakter erhalten. Diese Vorbehandlung ist für AGILON, NYLSUISSE-Stretch und alle Hochbauschfilament- und Stapelfasermaterialien (HIBULK-ACRILAN, Hochbausch-DYNEL Typ 63, High-bulk-ORLON, HB-TERYLENE, HB-DRALON usw.) notwendig. Dabei treten Materialverkürzungen von 10—25% auf. Nachstehend wird die Arbeitsweise für DRALON-HB-Garne/*Bayer* beschrieben, die für alle Acryl- und Modacryl-HB-Garne in gleicher oder ähnlicher Form verwendbar ist.

Die Materialien werden frei beweglich durch

a) Dämpfen bei 92—95 °C während 15—20 min. vorgeschrumpft. Dabei ist darauf zu achten, daß die Dämpfbedingungen bei allen Warenteilen gleich sind, da sich sonst Farbtonunterschiede beim nachherigen Färben einstellen. Verschiedene Dämpfpartien dürfen nicht gemeinsam gefärbt werden.

b) eine kochende Behandlung mit 1—2 g/l eines nichtionogenen Waschmittels und 2 ml/l Ameisensäure 85%ig während 10 min. vorgeschrumpft und durch Zusatz von Kaltwasser sehr langsam auf 40 °C abgekühlt.

c) eine kochende Behandlung wie bei b) vorgeschrumpft, jedoch an Stelle der Ameisensäure Tri- oder Tetranatriumphosphat zugesetzt. Dabei tritt eine gewisse Vergilbung und beim nachträglichen Färben ein stärkeres Aufziehen der kationischen Farbstoffe ein.

Das kochende Vorschrumpfen kann mit der Vorbehandlung zusammengelegt werden, und wenn ausreichend sauberes Material vorliegt, mit dem Färben vereinigt werden. Für BAANLON-Garne wird das Vorschrumpfen bei möglichst genau 30 °C während 15 min. bzw. ein Sattdampffixieren bei 130 °C wie bei Polyamiden während 30 min. empfohlen, wobei unbedingt in den kalten Dämpfer eingegangen wird. Bei allen Waren ist ein langsames Abkühlen einzuhalten, vor allem gilt das für Acrylfasern, die zwischen 60—80 °C thermoplastisch sind.

Für das Färben von Hochbauschgarnen gilt dasselbe, wie für Stretch-Garne. Für das Behandeln von Stranggarnen ist es notwendig, daß beim 2-Stock-Hängesystem die untere Stranggarnschlaufe 5—8 cm vom unteren Stock aushängt, da der Schrumpf aufgefangen werden muß und die Stränge keineswegs an den Haltestäben anliegen dürfen und damit zu ungefärbten „Stockflecken" Anlaß geben. Zum Färben von Stretchgarnen, deren Elastizität bereits während der Herstellung wirksam wird, kann auf flexiblen oder Spezialhülsen (S. 68) auch als Wickelkörper gefärbt werden, für Hochbauschgarne ist das Färben als Wickelkörper nur dann möglich, wenn der starke Schrumpf durch die Flexibilität der Hülsen ausreichend eliminiert werden kann. Auch dann ist es vorteilhaft, möglichst nur mit dem Flottendurchfluß von innen nach außen zu arbeiten. Wirkstücke werden auf Paddel- oder Trommelfärbemaschinen behandelt und in „Tumblern" getrocknet. Es handelt sich dabei um Trommeltrockenmaschinen, die die Strickstücke durch einen Warmluftstrom durcheinanderwirbeln und ein „Verfilzen" der Garne und dadurch einen guten Warengriff ermöglichen, der durch vorheriges Avivieren weiter verbessert werden kann.

Texturierte Garne werden heute zur Herstellung fast aller Textilien verwendet, vor allem aber werden die Garne in der Wirkindustrie eingesetzt, da zu den elastischen Eigenschaften der Garne die gleichen Eigenschaften der Gewirke kommen. Texturgarne werden auch als Teile von Mischtextilien verwendet und ihre Eigenschaften und Behandlung auf S. 352 bis 388 beschrieben.

X. Metallfäden

Metallfäden werden seit Jahrhunderten zusammen mit Textilien verarbeitet und damit Geflechte, Stickereien, Borten, Schnüre und Posamenten, jedoch auch Oberbekleidungstextilien dekorativer gestaltet. Man verwendet dazu hauptsächlich Edelmetall als flache Fäden. Oft werden goldplattierte Silberfäden und unedle Metallfäden (Kupfer, Messing) zu *leonischen Waren* verarbeitet. Diese Metallfäden weisen bei der Verarbeitung mit Textilfasern gewisse Nachteile auf und sind teuer. 1948 wurde zuerst von der Fa. *Dobeckum Co.*, Cleveland O./USA unter dem Namen *Lurex* ein Metallgarn auf dem Markt gebracht, welches einen Großteil der Nachteile der Metallfäden nicht zeigt und in den letzten Jahren in steigendem Maße mit allen Textilfasern für Oberbekleidungs-, Wäsche-, Dekorations-, Strumpf- u. a. Textilien verwebt und verwirkt wird. Inzwischen haben eine Reihe von anderen Firmen in USA die Produktion derartiger Metallfäden aufgenommen. Unter anderen werden

    Collometall   *Kalle AG.*, Wiesbaden-Biebrich
    Bedor   *Benedict & Dannheiser GmbH.*, Nürnberg

in Europa hergestellt. Die von den Firmen hergestellten Fäden zeigen oft einen anderen Aufbau als Lurex und damit auch anderes Verhalten. Es kann deshalb hier nur das Verhalten der 3 Lurex-Typen behandelt werden. Die anderen Hersteller haben ihre Garne in der Verhaltensweise geprüft und stellen den Verbrauchern entsprechende Informationen zur Verfügung.

Von der *Dobeckum Co.* wird *Standard-Lurex* (Butyrat-Lurex) als Haupttype hergestellt. Es besteht aus einer Aluminiumfolie, auf die beidseitig 2 Zelluloseazetatbutyrat-Folien aufgeklebt werden. *Lurex MM* besteht aus einer metallisierten, transparenten Mylar-Polyesterfolie, auf die eine ungefärbte Mylar-Folie aufkaschiert wird. Das Metallisieren wird durch Vakuumverdampfung von Aluminium erreicht. *Lurex MF* besteht aus einer Aluminium- und einer aufkaschierten, transparenten Mylar-Folie. Die Fäden können durch Einlagerung von Pigmenten in die Klebe- bzw. Kaschierschicht bei der Herstellung in sämtlichen Farbtönen angefärbt werden. Als Hauptnuancen ist jedoch Gold und Silber üblich. Die Pigmente zeigen eine sehr gute Lichtechtheit. Die Beständigkeit der Lurex-„Bändchen", die in $^1/_{128}$—$^1/_{116}$ engl. Zoll Breite hergestellt werden, richtet sich hauptsächlich nach der verwendeten Folie bzw. auch nach dem Verhalten des Aluminiums und dem zum Kaschieren verwendeten Klebstoffen. Im allgemeinen zeigen die Fäden Eigenschaften des Sekundärazetats (Standard) und der von Polyesterfasern (MM, MF).

In der Regel werden Lurex-Fäden mit anderen Textilfasern verarbeitet und sollen in der Veredlung die Prozesse, denen die Textilfasern unterworfen werden, ohne Trübung, Ablösen der Folien und ohne Veränderung der Färbung bzw. der Aluminiumfolie überstehen. Durch Einlegen in Isoprophylalkohol wird Lurex-Standard gelöst, wogegen die anderen Fäden ungelöst bleiben.

Für den Veredler ist es wichtig zu wissen, unter welchen Bedingungen Mischgewebe mit Lurex-Fäden behandelt werden können.

a) Zellulosetextilien mit Lurex. Die Gewebe können enzymatisch entschlichtet, mit Wasserstoffperoxyd (Natriumpolyphosphat als Stabilisator und mildem Alkali), mit Hypochlorit- und Chlorit gebleicht werden. Eine Beuche ist für alle

Typen unmöglich. Gewebe mit Lurex MF können auch während 30—40 sec. merzerisiert werden. Ein neutrales Reinigen mit nichtionogenen Hilfsmitteln hat keinen Einfluß. Standard-Lurex sollte möglichst nicht über 80 °C behandelt und Alkali vollkommen vermieden werden. Die anderen Typen lassen sich auch bei Kochtemperatur bei Abwesenheit von Alkali behandeln. Zum *Färben* der Baumwolle werden Direktfarbstoffe ohne Alkali verwendet. Standard-Lurex trübt sich beim Färben über 80 °C. Zum Färben mit Küpenfarbstoffen ist MM und MF geeignet. Es wird das Färben mit kaltfärbenden Küpenfarbstoffen und das Nachseifen ohne Alkali empfohlen. Das Pad-Steam-Verfahren ist ebenfalls brauchbar. Leukoküpenester können in üblicher Weise in Gegenwart aller Lurex-Typen (Standard nur bis 80 °C) gefärbt werden. Schwefelfarbstoffe können mit Hydrosulfit oder sehr geringen Schwefelnatriummengen gefärbt werden. Reaktivfarbstoffe werden nur dann verwendet, wenn sie mit mildem Alkali und Temperaturen unter 80 °C fixiert werden können. Gewebe mit Lurex-MF und MM können in Ausnahmefällen auch mit Naphtolen gefärbt werden, doch bedeutet das Nachseifen meist Schwierigkeiten.

b) **Wolltextilien mit Lurex.** Dafür eignet sich vor allem Lurex MF und MM, da anschließend mit allen Wollfarbstoffen kochend, möglichst nur mit Essigsäure gefärbt werden kann.

c) **Textilien aus Synthetiks mit Lurex.** Auch für diese Mischgewebe eignet sich Lurex MF und MM am besten. Es muß jedoch berücksichtigt werden, daß die beiden Typen mit den meisten Dispersionsfarbstoffen angefärbt werden.

Zum *Abziehen* kann eine Behandlung mit

6—8% Hydrosulfit
4% Soda

unter Zusatz eines Waschmittels während 20 min. bei max. 80 °C dienen.

Die vorstehend angegebenen Vorschriften sind nur Anhaltspunkte, da neben dem Verhalten während der Veredlung auch die Konstruktion der Gewebe und Gewirke, die Metallfäden enthalten, anders als die der reinen Gewebe ist und deshalb oft auch diese Besonderheiten berücksichtigt werden müssen. Es ist in allen Fällen ratsam, die Textilien vorher durch möglichst praxisnahe Laborversuche auf das günstigste Veredlungsverfahren zu prüfen. Bei Verwendung von organischen Lösungsmitteln ist in allen Fällen Vorsicht geboten. In der Trockenreinigung kann mit Tetrachlorkohlenstoff und Perchloräthylen bei allen Typen gearbeitet werden, gegen Trichloräthylen ist jedoch nur Lurex-Standard beständig. Textilien, die Lurex-Fäden enthalten, sollten möglichst unter 100 °C getrocknet werden, zum Fixieren anwesender Synthesefasern darf eine Behandlung bei 160 °C während 20 sec. nicht überschritten werden. In der Appretur ergeben sich kaum Schwierigkeiten, das gilt auch für die Verwendung von Weichmachern, Hochveredlungsharzen, Dekatieren, Scheren und normales Kalandern bei mäßigen Temperaturen.

XI. Glasfasern

Glas wird für „textile Zwecke" bis auf eine Feinheit der Fäden von 0,005 mm (4,5—12 μ) ausgezogen und mit einer Reißlänge von 34—120 Rkm hergestellt und verwebt. Meist werden Glasfasern ungefärbt als Isolationsmaterial, in der Elektrotechnik und als Dekorationsstoffe verwendet. Das spez. Gew. liegt mit 2,48—2,53 sehr hoch. Die Fäden sind nicht brennbar, schmelzen jedoch.

Da Glasfasern weder eine Kapilarität noch reaktive Gruppen aufweisen, kann nur mit Pigmentfarbstoffen in hellen bis höchstens mittleren Farbtönen gefärbt werden. Vor der Färbung ist zur Entfernung aller Verunreinigungen ein „Entschlichten" notwendig, das als *Coronizing-Prozeß* während 30—40 sec. in besonderen Brennöfen bei 400—600 °C vorgenommen wird. Anschließend wird das gekühlte Gewebe z. B. mit

1— 5 g/l Mikrofix-Farbstoffen/*CIBA*
20—50 g/l Mikrofixbinder PE/*CIBA*
25 g/l Alginatverdickung 30:1000
5 g/l Diammoniumphosphat (Härter)

foulardiert, zwischengetrocknet und 5 min. bei 140 °C gehärtet (kondensiert). Eine Färbung läßt sich auch durch Foulardieren einer Beize aus

40 g/l Fixogene TN/*Francolor*
50 g/l Diamonine AF/*Francolor*
5 g/l Ammonchlorid (Härter)

Zwischentrocknen, Kondensieren während 5 min. bei 130 °C und anschließendes Färben mit Säure- und Metachromfarbstoffen mit Essigsäure oder Direktfarbstoffen mit 10 g/l Kochsalz in hellen bis mittleren Tönen erreichen. Dabei wird jedoch nur das aufgelagerte Harz angefärbt. Wegen der Feinheit der Fäden ist auch eine „Massenfärbung" nur in hellen Farbtönen möglich. Durch die Kunstharzauflage werden Glasgewebe scheuerfester und neigen weniger zum „Schieben" (Verschieben der einzelnen Fadensysteme) als unbehandelte Gewebe.

XII. Fasermischungen

Textilfasern werden aus den verschiedensten Gründen gemischt. Dabei kann sowohl die *innige Fasermischung* oder auch eine Textilie vorliegen bei der die zu mischenden Faseranteile verzwirnt *(Effektzwirne)*, nebeneinander verwirkt oder verwebt, d. h. Garne aus verschiedenen Fasern nebeneinander verarbeitet, bzw. die Gewebe aus 2 oder mehr Teilen (Doppelgewebe) bestehen, in denen jeweils verschiedene Faserstoffe verwendet wurden. Zu letzteren gehören vor allem Plüsche, Teppiche usw. Die nachstehend geschilderten Behandlungsverfahren unterscheiden in den meisten Fällen die Art der Fasermischung nicht. Es muß jedoch vorausgeschickt werden, daß es weit schwieriger ist, Faserstoffe zu behandeln, die keine innige Fasermischungen sind, da die Spannungsverhältnisse der nicht innig gemischten Faserstoffe während der Naßbehandlung unterschiedlich sind und die Anfärbung weit schwieriger als Unifärbung zu erhalten ist, als es bei der innigen Fasermischung der Fall ist, da die sichtbaren Flächen der an der Mischung beteiligten Fasern weit größer sind als bei der innigen Mischung und das Auge geringfügige Farbtonunterschiede in der innigen Mischung stärker toleriert.

Bei der *Bezeichnung der Fasermischungen*, vor allem gilt das für innige Mischungen, wird meist der größere Faseranteil zuerst genannt und damit eine Mischtextilie aus Wolle/Baumwolle 70:30 aus 70% Wolle und 30% Baumwolle bestehen. In den Gewichtsanteilen der Angaben sind die Konditionierzuschläge inbegriffen. Es ist jedoch auch die umgekehrte Bezeichnung üblich. Um die volle Bezeichnung der Faseranteile durch Abkürzungen zu ersetzen, wurden zwar mehrmals Kurzzeichen vorgeschlagen (z. B. in DIN 60002), doch haben sich diese Abkürzungen bisher leider nicht allseitig einführen können und werden deshalb auch nachstehend nicht verwendet. Nach dem DIN-Entwurf (1962) 60003 kann z. B. eine Fasermischung aus 55% Polyesterfasern und 45% Schurwolle mit 55 PEF/45 Wo bezeichnet werden. Meist wird jedoch der dem Hersteller geschützte Markenname wie z. B. Trevira/*Hoechst* oder Terylen/*ICI* usw. eingesetzt.

Fasermischungen werden aus folgenden 3 Gründen hergestellt. Dabei verfolgen verschiedene Mischungen oft mehrere der nachstehend angeführten Zwecke.

1. Verbilligung des Gesamtrohstoffes,
2. Verbesserung der Gebrauchstüchtigkeit,
3. Erzielung besonderer Effekte.

Zu den Fasermischungen der 1. Gruppe gehört die *Halbwolle*, bei der die teure Wolle mit billigeren Zellulosefasern wie Baumwolle oder regenerierten Zellulosefasern (Zellwolle) innig gemischt oder verarbeitet wird. Ferner gehören dazu die *Mischungen von Baumwolle mit Zellwolle, Halbleinen, Wollseide* und *Halbseide*. Zur 2. Gruppe zählen alle Fasermischungen von *Synthesefasern mit Wolle, nativen und regenerierten Zellulosefasern*. Doch wird dazu auch Halbleinen und Halbseide gerechnet, bei denen die Gebrauchstüchtigkeit der Baumwolle mit Leinen bzw. der bei Seide durch Beimischung von Baumwolle verbessert wird. Zur 3. Gruppe gehören *Fasermischungen aus Wolle oder Zellulosefasern mit Sekundärazetat* als Effektgarne oder -zwirne. Im weiteren Sinne können alle Fasermischungen in diese Gruppe aufgenommen werden, wenn durch besondere Verspinnung, Verzwirnung bzw. durch Web- oder Wirkeffekte eine besondere Wirkung erreicht werden soll. Da es sich bei allen Fasermischungen um Faserstoffe handelt, die meist besondere Farbstoffe erfordern, lassen sich ungewollt oder gewollt Zwei- oder Mehrfarbeneffekte erzielen *(Bi- oder Multicolor-Färberei)*.

Wenn hauptsächlich *Zweifasermischungen* üblich sind, werden jedoch auch *Drei- und Mehrfasermischungen* hergestellt, die nicht immer der Freude des Veredlers dienen, zur Erzielung besonderer Effekte, jedoch häufig vorkommen. In den folgenden Ausführungen werden die Fasermischungen nach den vorstehenden Hauptgründen behandelt.

Beim *Bleichen von Fasermischungen* ist darauf zu achten, daß nur die Bleichverfahren eingesetzt werden, welche die an der Mischung beteiligten Fasern nicht schädigen und trotzdem optimale Weißeffekte ergeben. Dabei kann es vorkommen, daß einzelne Fasermischungen nicht gebleicht und nur optisch aufgehellt werden können, wenn es nicht möglich ist, die an der Mischung beteiligten Fasern vorher für sich allein zu bleichen. Beim *Färben von Fasermischungen* muß zwischen **Uni-** und **Bi- oder Multicolorfärbung** unterschieden werden. Bei der Unifärbung ist es wegen der unterschiedlichen Farbstoffaufnahmsfähigkeit oft nicht möglich, die gleiche Farbtiefe der an der Mischung beteiligten Fasern zu erreichen. Man muß jedoch bemüht sein, mindestens eine sog. **Ton-in-Ton-Färbung** zu erzielen. Das heißt, es sollen die Faserstoffe im Farbton keine Abweichungen (z. B. rotes und grünes Grau) aufweisen, wenn auch die Farbtiefen geringe Unterschiede zeigen.

Bei der *Auswahl der Behandlungsmaschinen* muß auf die empfindlichste, an der Mischung beteiligten Faser Rücksicht genommen werden. Ansonsten sind die gleichen Einrichtungen verwendbar, die auch zur Behandlung von ungemischten Textilien eingesetzt werden. Die Behandlung von Fasergemischen stellen meist an den Veredler weit größere Anforderungen als die Behandlung der ungemischten Fasern, da die Belange der an der Mischung beteiligten Fasern nebeneinander berücksichtigt werden müssen und die eingesetzten Methoden meist nicht allein, die für die eine Faserart gedachte Wirkung zeigen, sondern auch die beigemischte Faser technologisch oder färberisch beeinflussen. Obwohl sich die Färberei von gebrauchten Textilien an die geschilderten Methoden hält, kommt dabei doch noch erschwerend die durch den Gebrauch verursachte Veränderung der Fasern dazu. Diese Art der Färberei ist meist der chemischen Reinigung angeschlossen und wird wie diese, handwerklich vorgenommen und findet deshalb im Rahmen dieses Buches keine Berücksichtigung.

A. Fasermischungen zur Verbilligung des Faserrohstoffes

In dieser Gruppe soll die Bleicherei und Färberei von *Halbwolle*, die aus Wolle und Baumwolle bzw. regenerierten Zellulosefasern besteht, ferner *Halbleinen* aus Leinen und Baumwolle (seltener Zellwolle) *Wollseide* (Gloria) und *Halbseide* (Seide und Baumwolle bzw. Zellwolle) beschrieben werden.

1. Halbwolle

Halbwolle ist überwiegend eine innige Fasermischung von Wolle mit Baumwolle oder Viskose- bzw. Kupfer-Zellwolle in den verschiedensten Mischungsverhältnissen, wenn auch der Mischung von 70% (67%) Wolle mit 30 (33%) Cupro-Zellwolle der Vorzug gegeben wird, kommen neben dieser, und der Mischung 50:50 auch andere Mischungsverhältnisse vor. Bei Verwendung von Cuprozellwolle ist es auch dem Fachmann nur schwer möglich im Griff oder Aussehen die Beimischung zu erkennen, da der volle Griff dieser regenerierten Zellulosefaser und die Fülle des Farbtons dem der Wolle weitgehend nahekommt und damit ausgezeichnete Ton-in-Ton-Färbungen erreichbar sind. Selbstverständlich sind auch Mischungen mit Viskosezellwolle üblich. In Fällen der innigen Fasermischung sollten als regenerierte Zellulosestapelfaser deren W-Typen verwendet werden, da diese in der Kräuselung und dem Titer der Wolle am nächsten kommen. Die aus innigen Fasermischungen hergestellten Garne werden als Strickgarne, die aus Halbwollgarnen hergestellten Gewebe und Gewirke meist an Stelle von reinen Wolltextilien für Oberbekleidung, Dekorationsstoffe, Strumpf- und Wäscheartikel verwendet. Bei Walkwaren muß der geringere Walkeinsprung entsprechend berücksichtigt werden. Neben den innigen Fasermischungen kommen Mischgewebe auch als Plüsch in den Handel. Dabei ist das Grundgewebe aus Baumwolle oder Zellwolle und der Flor aus Wolle, das gleiche gilt auch für andere Dekorationsstoffe, Samte usw. In den vorstehenden Fällen wird sowohl gebleicht, uni- oder bicolor gefärbt.

Beim **Bleichen von Halbwolle** können nur die für Wolle üblichen Verfahren mit Peroxyd bzw. als Nachbleiche oder allein, Reduktionsverfahren, wie sie für Wolle üblich sind, eingesetzt werden. Zur Verbesserung des Weißgrades werden entsprechende, optische Aufheller verwendet, die entweder beide Fasern aufhellen, oder aus Mischungen bestehen, die beide Fasern aufhellen. Dabei werden die Aufheller nach dem für Wolle üblichen Verfahren appliziert und die Textilien mit 5—10 g/l Glaubersalz kalz., etwas Essigsäure während 20—30 min. bei 60—80 °C behandelt. Als optische Aufheller, die auch im Peroxyd- bzw. Reduktionsmittbad eingesetzt werden, gehören u. a.:

Blankophor BA	*Bayer*
Leukophor R, B	*Sandoz*
Tinopal BV, 2B, 4BM	*Geigy*
Uvitex RT	*CIBA*

Die weiteren für das Bleichen von Baumwolle üblichen Verfahren können wegen der Empfindlichkeit der Wolle nicht verwendet werden. Zum Entschlichten von Halbwollgeweben wird, abgesehen von den Fällen, wo Baumwolle oder Zellwolle allein als Kettgarn verwendet und mit Stärke geschlichtet wurde, da nur wasserlösliche Schlichtemittel verwendet wurden, im ersten Naßprozeß (Vorwaschen oder Färben), die Schlichten abgelöst werden.

Tabelle 65. *Echtheiten einer Färbung mit Halbwollbraun KA/CIBA*

Licht $2/_1, 1/_1, 1/_3$	Wasser	Wasch- (40 °C)	Schweiß	Seewasser	Bügel- (naß)	Reib	Trockendekatur	Löslichkeit g/l
2	4	4	4	4	3	4—5	4—5	35
3	2	3	3	3				
3	3—4	5	4	3—4				

Färben von Halbwolle. Obwohl eine große Zahl von Direktfarbstoffen sowohl Zellulosefasern als auch Wolle anfärben, reichen die Produkte für eine umfassende Palette, vor allem aber wegen der nur mittleren Echtheiten dieser Färbungen, nicht aus. Die Farbstoffhersteller haben daher Farbstoffmischungen auf den Markt gebracht, mit denen es möglich ist, Unifärbungen auf Halbwollen herzustellen. Diese Farbstoffmischungen bestehen aus einem größeren Teil Direkt- und einem kleineren Teil neutralziehender Säurefarbstoffe.

Mit diesen Farbstoffmischungen ist es möglich, im **Einbadverfahren** Halbwolle uni und Ton-in-Ton zu färben. Die Farbstoffmischungen sind vom Hersteller auf Mischungen von 50:50 eingestellt. Sie werden von den meisten Herstellern als *Halbwollfarbstoffe* bezeichnet und haben nur mittlere Gesamtechtheiten (Tab. 65). Beim Färben wird mit dem vorgewaschenen Material bei 40—60 °C in das mit

    10—40% Glaubersalz kalz.
    1— 2% Egalisiermittel f. Direktfarbstoffe

bestellte Färbebad eingegangen, in 30 min. auf 90—100 °C getrieben, 30—45 min. bei dieser Temperatur gefärbt und weitere 30 min. im erkaltendem Bad weiterbehandelt. Der Glaubersalzzusatz richtet sich nach der Farbtiefe. Durch Verwendung von Kochsalz an Stelle von Glaubersalz tritt eine Versprödung der Wolle ein. Ein Zusatz von Egalisiermittel ist für Farbstoffe notwendig, die einen großen Anteil an schnellziehenden Direktfarbstoffen enthalten. Im Normalfall ist mit dieser Arbeitsweise eine ausreichende Ton-in-Ton-Färbung erreichbar. Vom Farbstoffhersteller kann jedoch der wechselnden Wollqualität und der Art der beigemischten Zellulosefaser keineswegs so Rechnung getragen werden, daß in allen Fällen eine optimale Ton-in-Ton-Färbung von möglichst gleicher Farbtiefe erreichbar ist. Nach dem geschilderten Verfahren ist meist ein Zurückbleiben der Zellulosefaser — wenn es sich um Baumwolle oder Viskosezellwolle handelt — üblich. Obwohl die Direktfarbstoffe durch das *Nachziehen* weit mehr Gelegenheit haben die Zellulosefaser anzufärben, kann durch Verlängerung dieser Zeit und weiteren Glaubersalzzusatz eine bessere Deckung erzielt werden. Ist auch dann keine ausreichende Ton-in-Ton-Färbung eingetreten, kann Direktfarbstoff und evtl. weiteres Glaubersalz nachgesetzt und im Substantivitätsoptimum dieser Direktfarbstoffe weiter, gefärbt werden. Dabei ist zu berücksichtigen, daß es keine Direktfarbstoffe gibt, welche die Wolle überhaupt nicht anfärben (reservieren). Beim Nachsetzen sollen Färbetemperaturen über 65 °C vermieden werden und nur solche Direktfarbstoffe nachgesetzt werden, die vom Farbstoffhersteller so ausgesucht wurden, daß sie die Wolle möglichst wenig anfärben. Alle Farbstoffhersteller haben ihre Direktfarbstoffe deshalb in 3 Gruppen eingeteilt:

a) Direktfarbstoffe, welche die Wolle tiefer —
b) welche die Wolle gleich tief —
c) welche die Wolle weniger stark anfärben.

Oft enthalten die Musterkarten auch Ausfärbungen von Direktfarbstoffen auf Halbwolle um dem Verbraucher den Anfärbegrad auf beiden Fasern zu illustrieren. Um jedoch auch Farbstoffe, welche die Wolle gleich anfärben bzw. um auch die geringe Anfärbung einzuschränken, sind *Reservierungsmittel* auf dem Markt, welche die Wolle vor dem Anfärben mit Direktfarbstoffen schützen. Zu diesen Hilfsmitteln, die in Mengen von 1—4% eingesetzt werden, gehören u. a.:

Albatex HW	*CIBA*	Mesitol WL	*Bayer*
Depsoline RL	*Francolor*	Setamol WS	*BASF*
Dispersol AC	*ICI*	Taninol WR, ADR	*ICI*
Erional WR	*Geigy*	Thiotan RS	*Sandoz*
Katanol SLN, W	*Cassella*	Trifol R, RZ	*Vondelingenplaat*
Lyocol HW	*Sandoz*		

Der Zusatz der Reservierungsmittel ist auch dann zu empfehlen, wenn der Zelluloseanteil im Farbton abweicht und durch Nuancieren die Angleichung mittels Direktfarbstoffen versucht wird. Das Aufziehen der Direktfarbstoffe auf Zellulosefasern wird durch weitere Zugabe von Glaubersalz verbessert. Auch bei Verwendung von Reservierungsmittel soll die Färbetemperatur nicht über 65 °C steigen. Die Verwendung von Cupro-Zellwolle als Faserbeimischung zeigt ein weit stärkeres Anfärbevermögen, und es ist deshalb ein Nachdecken weniger häufig.

Das vorstehend geschilderte Halbwollfärbeverfahren wird auch als *Neutralfärbeverfahren* bezeichnet. Zum Nuancieren und Nachdecken der Wolle kann die Färbetemperatur gesteigert und evtl. weitere 30 min. kochend gefärbt werden, daneben ist vor dem Wiederaufkochen der Zusatz von neutralziehenden Säurefarbstoffen möglich. Die meisten neutralziehenden Säurefarbstoffe reservieren Zellulosefasern. Ein Nachdecken bzw. Nuancieren der Wolle ist dadurch einfacher als bei Zellulosefasern. In Ausnahmefällen ist auch ein Nachsatz von Essigsäure möglich. Doch muß dann sicher sein, daß die in der Farbstoffmischung verwendeten Direktfarbstoffe ausreichend säureecht sind und durch den Säurezusatz keine Nuanceveränderung erleiden. Durch den Säurezusatz wird zusätzlich der Wollgriff verbessert.

Von einigen Farbstoffherstellern werden die für das Neutralfärbeverfahren verwendbaren Halbwollfarbstoffe (englisch: „Union"-Farbstoffe) auch unter besonderen Handelsnamen zusammengefaßt. Dazu gehören u. a. die:

    Cotolan-   *Bayer*
    Lanavisco-   *ACNA*
    Tetramin-   *Sandoz*
    Vegan-   *Wolfen*
    Vondifil-   *Vondelingenplaat*
    Universal-Farbstoffe *Hoechst*

Neben diesen Farbstoffen mit mittleren Gesamtechtheiten werden auch *Halbwollecht-* bzw. *-licht-Farbstoffe* gehandelt, deren Mischungskomponenten höhere Echtheiten zeigen. Die Zusatzbezeichnungen sind auch bei den vorstehenden Gruppen (z. B. Cotolanechtfarbstoffe/*Bayer*) üblich. Durch Mischung von hochlichtechten Direkt- und 1:2-Metallkomplexfarbstoffen werden Färbungen mit sehr guten bis hervorragenden Echtheiten erhalten (Tab. 66), die außerdem sehr gute Ton-in-Ton-Färbungen aufweisen. Die Produkte kommen u. a. als

Tabelle 66. *Echtheiten einer Färbung mit Halbwollechtgrün SL/Geigy*

Licht $2/1, 1/1, 1/3$	Wasch-(40°C)	Wasser-	Schweiß-	Reib-(trocken)	Bügel-(trocken)	Dekatur-	Azetateffekte	Löslichkeit (g/l)
6	4	4	4	5	5	4	4–5	20
6	5	5	4–5					
6–7	4	3	3–4					

    Cotolanecht- LI   *Bayer*
    Halbwollecht- SL   *Geigy*
    Halbwollecht- VLL   *CIBA*
    Halbwollecht- L   *Vondelingenplaat*
    Veganecht- LM-Farbstoffe *Wolfen*

in den Handel. Bei allen Färbeverfahren ist der Zusatz von Wollschutzmitteln (S. 271) günstig, die auch das Verkochen der Farbstoffe verhindern.

Färbungen mit Halbwoll- und Halbwollechtfarbstoffen können durch kationische Hilfsmittel (S. 183) wie Direktfärbungen in ihren *Naßechtheiten* verbessert werden. Dabei kann die Behandlungsweise, wie sie für Direktfarbstoffe üblich ist, beibehalten werden. Einige Halbwollfarbstoffe — es handelt sich hauptsächlich um Schwarzmarken — werden durch eine Nachbehandlung mit Formaldehyd und Essigsäure (S. 183) in ihren Naßechtheiten verbessert. Einige Firmen geben ausgesuchte Halbwollechtfarbstoffe heraus, deren *Sekundärazetatreserve* sehr gut ist (z. B. Halbwollecht-ASR-Fbst./*CIBA*). Die anderen Hersteller führen in ihren Echtheitsangaben die Reservierung besonders an.

Die Griffverschlechterung der Wolle, die Möglichkeit des Verkochens und das nur mäßig steuerbare Aufziehen der Farbstoffe beim Halbwollneutralfärbeverfahren haben zur Einführung des **Einbad-Halbwollsäureverfahrens** geführt. Dieses Verfahren ist zum Färben von Halbwolle in Ton-in-Ton-Nuancen und auch für Bicolor-Effekte einsetzbar. Das Verfahren wurde zuerst in der Plüschfärberei eingeführt, da dort der Wollflor durch neutrales Färben weitgehend den Glanz und seine Standfestigkeit verliert. Außerdem sind Bicolor-Färbungen in der Plüschindustrie häufiger als auf anderen Halbwollartikeln. Für das Färbeverfahren sind vor allem die Halbwollfarbstoffmischungen verwendbar, die aus hochlichtechten Direkt- und echten Säure- oder 1:2-Metallkomplexfarbstoffen bestehen.

Mit diesen Halbwollechtfarbstoffen lassen sich auch im Halbwollsäureverfahren einbadig Unifärbungen erzielen. Es können jedoch die Mischungskomponenten vom Färber als Lösungen dem Färbebad zugesetzt werden und je nach Auswahl Uni- oder Bicolor-Färbungen erreicht werden. Dabei wird das vorgereinigte Material in einem Bad, welches

    3 — 5% Essigsäure 50%ig
    3 — 7% Wollreservierungsmittel (S. 356)
    5 —30% Glaubersalz kalz.
    0,5— 1% Egalisiermittel

enthält bei 40 °C 15 min. bei pH 4—5 vorbehandelt und dann der gelöste, oder die gelösten Farbstoffe, zugesetzt. Man kann auch sofort den Farbstoff zusetzen und wie oben beschrieben, vorlaufen lassen. Anschließend wird wie beim neutralen Halbwollfärbeverfahren gearbeitet. Das faseraffine Wollreservierungsmittel verhindert ein Aufziehen des Direktfarbstoffes auf die Wolle und soll bei hellen Tönen und hohem Wollanteil in größeren Mengen als bei mittleren und tiefen Färbungen eingesetzt werden. Der Zusatz von nichtionogenen Egalisiermitteln ist sowohl für gute Egalität der ausgesuchten, schwach sauer ziehenden oder 1:2-Metallkomplexfarbstoffe, als auch für schnell ziehende Direktfarbstoffe erforderlich. Um nicht mit 2 Hilfsmitteln arbeiten zu müssen, wurden von einigen Firmen Hilfsmittelmischungen eingeführt, die beide Produkte enthalten. Dazu gehören u. a.:

    Albatex HW   *CIBA*
    Erional WNR   *Geigy*
    Lyocol HW   *Sandoz*
    Mesitol WLS   *Bayer*

Neben den bereits angegebenen Vorteilen des zuletzt geschilderten Färbeverfahrens, sind damit weit bessere Ton-in-Ton-Färbungen möglich, die weit unabhängiger von den perzentuellen Anteilen der Fasern sind und besser reproduzierbare Rezepturen möglich machen. Ferner ist die Durchfärbung des Materials besser, die Farbstoffe verkochen nicht und die Nuancen sind klarer. Alle diese Gründe haben zur Einführung des Verfahrens in der gesamten Halbwollfärberei geführt, da auch Nachsätze ohne Abkühlung der Bäder zugegeben werden können. Die meisten Farbstoffhersteller haben die für dieses Verfahren brauchbaren Direkt- und Wollfarbstoffe besonders ausgesucht.

Weniger häufig ist das Färben von Halbwolle nach dem *Zweibadverfahren*, bei dem zuerst die Wolle und anschließend auf frischem Bad die Zellulosefaser bei 65 °C unter Einsatz der bereits genannten Reservierungsmittel nachgedeckt wird. Beim *Einbad-Zweistufen-Verfahren* wird wie beim Zweibadverfahren gearbeitet, jedoch der Direktfarbstoff in das abgekühlte Wollfärbebad nachgesetzt. Die beiden Verfahren wurden vornehmlich für Bicolor-Färbungen eingesetzt, die heute mit dem Halbwollsäureverfahren einfacher erhältlich sind.

Zur Herstellung von hochlicht- und naßechten Halbwollfärbungen werden *Halbwollchromfarbstoffe* (Tab. 67) verwendet, die aus Mischungen von chromierbaren Direkt- und Monochrom-Farbstoffen bestehen und richtiger als *Halbwollmonochromierungsfarbstoffe* bezeichnet werden sollten. Die Produkte kommen u. a. als:

    Halbwolleriochrom-   *Geigy*
    Cotolanchrom-   *Bayer*
    Halbwollechtchrom-   *CIBA*
    Tetraminchromecht—Farbstoffe   *Sandoz*

in den Handel. Man färbt unter Zusatz von

10 —15 % Glaubersalz kalz.
0,5— 2 % entsprechender Chrombeize (S. 278),

beginnend bei 40—50 °C, teibt während 45 min. zum Kochen bzw. auf 92—95 °C und färbt bei dieser Temperatur 1—1¼ Std. und läßt während 30—45 min. nachziehen. Bei dunklen Tönen können zum besseren Ausziehen der Bäder die Chrombeizen erst nach 30 min. Kochzeit mit 2—4% Ammonsulfat zugesetzt und weitere 60 min. gekocht und durch Nachziehen die Farbstoffe stärker auf die Fasern gebracht werden. Die Naßechtheiten der Färbungen werden evtl. durch Nachbehandlung mit entsprechenden kationischen Hilfsmitteln (S. 183) weiter verbessert.

Tabelle 67. *Echtheiten einer Färbung mit Cotolanchromrot B/Bayer*

Licht- $^{2/1, 1/1, 1/3}$	Wasser-	Wasch- (40 °C)	Schweiß-	Reib- (trocken)	Bügel- (trocken)	Dekatur-
5—6	4	4	3	3—4	4	3—4
6	3—4	4	3			
6—7	3	2—3	2—3			

Einige Firmen haben Halbwollfarbstoffe auf den Markt gebracht, die aus Mischungen von neutralziehenden, gutechten Säurefarbstoffen und Direktfarbstoffen bestehen, die durch eine Nachbehandlung mit speziellen Kupfersalzen (S. 183) oder Kupfersulfat und Essigsäure bei 60 °C Färbungen mit sehr guten Allgemeinechtheiten (Tab. 68) ergeben. Derartige Farbstoffmischungen, die nach dem Neutralfärbeverfahren appliziert werden, können wie nach dem bereits beschriebenen Verfahren nuanciert werden. Dazu gehören u. a. die

Coprantinhalbwoll- *CIBA*
Halbwollcuprofix- *Sandoz*
Halbwollcuprophenyl- *Geigy*
Vegancuproxon-Farbstoffe *Wolfen*

Tabelle 68. *Echtheiten einer Färbung mit Halbwollcuprofixblau 4 GL/Sandoz*

| Löslichkeit g/l | Licht- $^{2/1, 1/1, 1/3}$ | Wasch- | | Walk- (leicht) | Schweiß- | Bügel- (trocken) | Reib- (trocken) |
		40 °C	60 °C				
30	5	5	4	4—5	5	5	4—5
	5—6	5	5	4—5	4		
	6	4—5	3—4	4	4		

Obwohl die bisher geschilderten Verfahren diejenigen sind, die heute am häufigsten verwendet werden, sind noch weitere üblich, die teils wegen der zu erreichenden Brillanz der Farbtöne bzw. wegen der erzielbaren, hohen Echtheiten angewendet werden. So wird zur Erzielung von brillanten Farbtönen mit guten Echtheiten die Verwendung von *reaktiven Cibacron- und Cibacrolan-Farbstoffen* der *CIBA* empfohlen. Dabei wird die Wolle nach dem *Neovadin-Verfahren* (S. 285) im Zweistufenverfahren vorgefärbt und bei abgestelltem Dampf nach der Neutralisierung mit Ammoniak der gut gelöste Direktfarbstoff (man verwendet vorteilhaft die Chlorantinlichtfarbstoffe/*CIBA*, welche die Wolle gut reservieren), 10—30% Glaubersalz kalz. als Lösung zugesetzt und im erkaltendem Bad weitergefärbt. Durch eine Nachbehandlung mit kationischen Hilfsmitteln (S. 183) werden die Naßechtheiten der Direktfärbung weiter verbessert. Nach dieser Methode werden brillante Scharlach-, Grün-, Türkis- und Blautöne erreicht.

Zur Herstellung von hoch naß- und lichtechten Färbungen (Tab. 69) können auch **unlösliche Azofarbstoffe** auf der Faser erzeugt werden. Das Verfahren ist sowohl für Halbwolle als auch Wolle (S. 290) verwendbar. Als Naphtole verwendet *Hoechst* spezielle Ofna-lane, die mit Ofna-lan-Basen oder -Salzen gekuppelt werden. Die Ofna-lane sind leicht lösliche Naptholate, die mit denaturiertem Alkohol (Sprit) und Heißwasser gelöst werden und zur Stabilisierung nur Formaldehyd benötigen. Je 1 kg der z. Z. (1964) verfügbaren 6 Ofna-lane werden mit einer Lösung von 50—150 g Ofna-pon AS (Dispergiermittel/*Hoechst*), das in 1—5 l Heißwasser gelöst wurde, angeteigt und mit 0,7—2,5 l Sprit übergossen und bei den meisten Produkten 0,3 l Formaldehyd 30%ig nachgesetzt und unter Rühren und Erwärmen bei 45—60 °C klar gelöst. Die *Grundierungsbäder* werden bei 55—60 °C mit 3—5 ml/l Ofna-pon AS und 3 g/l Soda kalz. bestellt und die Ware nach Zusatz der Ofna-lan-Lösungen 30 min. grundiert und durch portionsweisen Nachsatz von 20 g/l magnesiumfreiem Kochsalz innerhalb 20 min. erschöpft. Anschließend das Material zur Entfernung des überschüssigen Naphtols mit

Tabelle 69. *Echtheiten einer Halbwollfärbung mit Ofna-lan RR und Ofna-lan-Base REA/Hoechst*

Licht- $2/1, 1/1, 1/3$	Schweiß-	Wasch- (80 °C)	Reib- (trocken)
5—6			
6—7	5	5	3—4
7			

        30—40 g/l Kochsalz
        3 g/l Soda kalz.

zwischengespült und entwickelt (gekuppelt). Zum *Entwickeln* werden die Ofnalan-Basen mit Wasser und etwa $1/20$ der Gewichtsmenge Remol AS/*Hoechst* angeteigt und mit der 20fachen Kaltwassermenge, welcher die 1—1,66fache Menge Salzsäure 20 °Bé zugesetzt wurde, unter Rühren zugefügt. Anschließend auf 1 kg Base 400—460 g Natriumnitrit in der 4—5fachen Wassermenge gelöst, zugefügt und während 30 min. bei 10—13 °C diazotiert. Die Ofna-lan-Salze werden wie die Basen mit Remol-AS angeteigt und nur durch Übergießen mit kaltem Wasser gelöst. Die Entwicklungsbäder werden mit

      1—1,5 (volle Töne) bzw. 3   g/l (helle Töne) $NaH_2PO_4 \cdot 2\,H_2O$ und
      3,6 (volle Töne) bzw. 1,8 g/l (helle Töne) $Na_2HPO_4 \cdot 12\,H_2O$
oder   0,5 ml/l (volle Töne) bzw. 0,2 ml/l (helle Töne) Essigsäure 50%ig und
      7—10 g/l (volle Töne) bzw. 2   g/l   (helle Töne) Natriumazetat krist.

abgepuffert. Ein Zusatz von 0,5 g/l Hostapon T/*Hoechst* ist vorteilhaft. Nun wird bei einem pH-Wert von 5,5—6,5 während 30 min. bei 20 °C gekuppelt.

    Die Ofna-lane werden weitgehend erschöpft (60—85% bei einem Flottenverhältnis von 1:30) und durch Arbeiten im laufenden Bad nur eine geringe Farbstoffersparnis erreicht. Die Ansatzkonzentrationen der Ofna-lan-Basen betragen bei einem Flottenverhältnis von 1:30 bei hellen Färbungen 0,33—0,36 g/l. Die entsprechenden Färbesalze sind 20—30%ig und es muß deren Zusatz entsprechend erhöht werden. Für dunkle Töne werden von den Basen 0,65—0,8 g/l eingesetzt. Nach der Färbung wird gründlich gespült und anschließend mit

        0,5 g/l Hostapal W hochkonz./*Hoechst*
      0,5—1 g/l Trilon B/*BASF* oder.
        1 ml/l Ammoniak 25%ig

20 min. bei 45 °C nachbehandelt, zwischengespült und mit

        1   g/l Hostapon T/*Hoechst*
        0,2 g/l Hostapal W hochkonz.
        0,5 ml/l Essigsäure 50%ig

während 20 min. bei 80—85 °C der Farbton entwickelt und nochmals gründlich gespült. Von *Hoechst* werden außerdem für einzelne Kombinationen Spezialverfahren angegeben. Ferner ist zu beachten, daß die Grundierungsbäder möglichst nicht über Nacht aufbewahrt werden sollen.

Die oben beschriebene Färbeweise ergibt in den meisten Fällen gute Ton-in-Ton-Färbungen bei Mischungen von Wolle mit Zellwolle, wobei auch hier wieder die Cupro-Zellwolle der Viskose vorzuziehen ist. Mischungen von Wolle mit Baumwolle ergeben nach dem geschilderten Verfahren nur unvollständige Deckung der Baumwolle. Für Rottöne kann die Deckung durch Mitverwendung von 0,1 bis 0,2 g/l Naphtol AS-S (Kaltlöseverfahren) erreicht werden. Durch eine Vorbehandlung mit

- 2 g/l Soda kalz. oder
- 2 ml/l Ammoniak 25% ig und
- 0,5 g/l Hydrosulfit konz.

bei 70 °C während 30—60 min. und Ersatz der Soda im Grundierungsbad durch die gleiche Menge Natronlauge 38 °Bé und Grundieren bei 20—25 °C läßt sich auch bei Wolle Baumwollmischungen ausreichende Ton-in-Ton-Färbung erreichen. Zur besseren Reibechtheit der so hergestellten Färbungen sollte beim Zwischenspülen anstatt Soda ebenfalls Natronlauge verwendet werden. Die hervorragenden Echtheiten von unlöslichen Azokörpern auf Halbwolle und die Brillanz der Rotfärbungen ergänzen die echten Färbungen, die auf Halbwolle mit anderen Färbeverfahren erreichbar sind. Das gilt auch für Färbungen auf reiner Wolle.

Von *Hoechst* wurde auch ein *kontinuierliches Färbeverfahren mit* **Leukoküpenestern** entwickelt, welches sehr hohe Echtheiten ermöglicht und ausgezeichnete Ton-in-Ton-Färbungen ergibt. Dabei wird die gut vorgewaschene und getrocknete Stückware bei 65 °C mindestens 7—10 sec. (Dreiwalzenfoulard mit großem Chassis) geklotzt. Der Farbstoff wird mit

- 40 g/l Glycin A angesteigt und mit
- 100 ml/l heißem Wasser gelöst,
- 50 g/l schwach ammoniakalische Tragantverdickung (60:1000) nachgesetzt, mit
- 500 ml/l Heißwasser gut verrührt und auf 70 °C abgekühlt.
- 80 ml/l Rhodanammonlsg. (1:1),
- 80 ml/l Natriumchloratlsg. (1:2),
- 10 ml/l Ammonvanadatlsg. (1:100) und
- 2 g/l eines anionischen Netzers (z. B. Humectol CX/*Cassella*)

nachgesetzt, durchgerührt und filtriert. Die foulardierte Ware wird wegen der Lichtempfindlichkeit der Klotzung bei 70 °C möglichst sofort faltenfrei getrocknet, abgekühlt und anschließend bei 103—106 °C im Kontinue-Dämpfer während 10—15 min. luftfrei gedämpft. Auch ein diskontinuierliches Dämpfen ist möglich. Da viele Färbereien keine Dämpfer besitzen, kann die allein mit Farbstoff und Tragantverdickung geklotzte und getrocknete Ware auch in breitem Zustand oder auf der Haspelkufe mit

- 1,5 g/l Persulfat
- 10 ml/l Schwefelsäure 66 °Bé

bei 45 °C während 15 min. entwickelt werden. Es werden durch die angegebene Arbeitsweise jedoch nur helle Farbtöne erreicht. Anschließend werden die Färbungen nach gutem Spülen mit

- 0,5—1 g/l Hostapon T/*Hoechst*
- 1,5—2 ml/l Essigsäure 50% ig

10 min. bei 80—90 °C entwickelt und gespült. Das Verfahren hat sich in Übersee

eingeführt und verändert den Warengriff nur wenig. Die Färbungen zeigen hervorragende Gesamtechtheiten (Tab. 70). Die *ICI* empfiehlt zur Herstellung brillanter Grün- und Türkistöne die Vorfärbung der Zellulose mit Alcian- und die Nachfärbung der Wolle mit echten Säurefarbstoffen.

Halbwollfärbungen können auf frischem Bad teilweise aufgehellt und mit den für Wollfärbungen üblichen Verfahren (S. 274) abgezogen werden. Beim Abziehen sind Wollschutzmittel (S. 271) vorteilhaft. Das unterschiedliche Ziehvermögen der Wolle nach dem Abziehen muß beim nachfolgenden Färben berücksichtigt werden.

Tabelle 70. *Echtheiten einer Halbwollfärbung mit Anthrasolgrün IB/Hoechst*

Licht- (165 St. Fadeometer) $^{1}/_{12}$	Wasser-		Wasch-		Schweiß-	Dekatur-		Reib-	Bügel- (trocken)
	1 Stunde	16 Stunden	40 °C	60 °C		$^{1}/_{3}$ atü	1 atü		
8	5	5	5	4–5	5	5	4	3	4–5
	5	5	5	5	5				
	5	5	5	4–5	5				

2. Mischungen von Baumwolle und Zellwolle

Diese Mischungen kommen meist im Verhältnis 70% Baumwolle mit 30% Viskosezellwolle (B-Type) und entsprechender Spinnmattierung vor. Auch andere Mischungsverhältnisse sind üblich. Aus färberischen Gründen sollten Cuprozellwollen nur mit merzerisierter Baumwolle verarbeitet werden — eine innige Mischung ist dabei nicht möglich — da die erhöhte Farbstoffaufnahmefähigkeit der Cuprofaser nur von merzerisierter Baumwolle erreicht wird. Die Mischungen werden zur Herstellung aller Gewebe und Gewirke verwendet, die auch aus reiner Baumwolle hergestellt werden, wenn auch ihre Naßreißfestigkeit etwas geringer ist. Neuerdings werden auch die hochnaßfesten Zellwolltypen der polynosischen Viskosen als Mischungskomponente verwendet.

Die *Bleicherei* dieser Fasermischungen zeigt keine Schwierigkeiten, da alle für Baumwolle einsetzbaren Verfahren verwendbar sind. Das gilt auch für optische Aufheller, das Entschlichten und die Färbeverfahren. Seltener werden derartige Mischgarne oder -Gewebe merzerisiert. Dabei ist es zur Schonung der regenerierten Zellulosefasern notwendig, die Natronlauge zu $^{1}/_{3}$ bis $^{1}/_{2}$ durch Kalilauge zu ersetzen. Für das *Färben* können alle für Baumwolle brauchbaren Verfahren und Farbstoffe eingesetzt werden. Dabei ist jedoch immer zu beachten, daß einzelne Farbstoffe unterschiedliches Ziehvermögen auf den beiden Fasermaterialien zeigen können, das durch Variation der Behandlungstemperatur, der Elektrolytzusätze und evtl. der Behandlungszeit abgeschwächt oder auch ganz behoben werden muß. Da sich dabei die einzelnen Farbstoffe sehr unterschiedlich verhalten, kann für die Färbeweise kein allgemein gültiges Verfahren angegeben werden. Die einzelnen Farbstoffhersteller haben jedoch aus der Praxis umfangreiches Material gesammelt, welches dem Färber von Fall zu Fall zur Verfügung steht. Ähnliche Verhältnisse sind auch beim Veredeln von Mischungen anderer Zellulosefasern wie z. B. *Halbleinen* zu beachten.

3. Wollseide (Gloria)

Diese Fasermischungen waren vor dem ersten Weltkrieg häufig und wurden durch innige Mischung von Wolle mit Schappeseide oder durch Verarbeiten von

Garnen dieser Fasern hergestellt und hauptsächlich für Oberbekleidungstextilien eingesetzt. Die beigemischte oder mitverarbeitete Seide ergab besondere Glanzeffekte und die Gewebe zeichneten sich durch besondere Leichtigkeit aus. Glanzeffekte lassen sich heute durch Reyon oder Zellwolle bzw. Synthesefasern weit billiger erzielen, so daß Gloria nur wenig hergestellt wird. In neuerer Zeit kommt der Artikel jedoch wieder häufiger vor und man verwendet außerdem Mischungen aus Wolle/Synthesefasern und Seide.

Beim Bleichen sind die für Wolle üblichen Verfahren und optischen Aufheller verwendbar. Zum Färben können eine Reihe von Wollfarbstoffen verwendet werden, die wegen des geringeren Sättigungswertes der Seide jedoch einer besonderen Auswahl bedürfen. So sind die meisten 1:2-Metallkomplex- und ein Teil der schwachsauerziehenden Säurefarbstoffe zur Herstellung von echten Ton-in-Ton-Färbungen brauchbar. Wenige Farbstoffe färben die Seide und einen Großteil die Wolle stärker an und sind deshalb nur zur Herstellung von *Zweitoneffekten* verwendbar. Gefärbt wird meist bei pH 7—7,5 unter Zusatz von 10—20% Kochsalz, doch wird mit Glaubersalz bei einigen Farbstoffen ein besserer Ton-in-Ton-Effekt erreicht. Gefärbt wird wie für Wolle üblich, doch soll die Färbetemperatur nicht über 95 °C liegen.

4. Halbseide

Diese Fasermischung bzw. gemeinsame Verarbeitung von Garnen ist seltener. Die Seide dient hauptsächlich zur Herstellung von Effekten. Es läßt sich dabei die Seide mit ausgesuchten Wollfarbstoffen vorfärben und die Baumwolle unter Einsatz von Reservierungsmitteln, wie sie beim Neutralhalbwollfärbeverfahren angegeben sind (S. 356), mit Direktfarbstoffen nachdecken. Wegen der größeren Alkalibeständigkeit ist es auch möglich Küpenfarbstoffe einzusetzen. Für Uni- und Bicolor-Färbungen können Halbwoll-, Halbwollecht-Farbstoffe neutral bzw. sauer eingesetzt werden, allerdings eignen sich wegen des niedrigeren Sättigungsgrades der Seide nicht alle Halbwollfarbstoffe für diese Verfahren. Gebleicht wird Halbseide nach den für Wolle üblichen Verfahren.

Beim Färben von *Mischungen von Wolle mit regenerierten Proteinfasern* können die für Wolle üblichen Verfahren der Bleiche und Färbung eingesetzt werden, dabei ist jedoch auf die größere Empfindlichkeit der regenerierten Proteinfasern Rücksicht zu nehmen und auch das stärkere Aufziehen der Farbstoffe auf diese Fasern durch entsprechende Temperatur, Chemikalienzusätze und Färbezeiten zu kompensieren.

B. Fasermischungen zur Erhöhung der Gebrauchstüchtigkeit

In diese Gruppe gehören Fasermischungen von nativen mit synthetischen Fasern, wenn auch einige Mischungen, die bereits in der vorhergehenden Gruppe ebenfalls den oben genannten Nebenzweck erfüllen (z. B. Halbleinen, Halbseide). Obwohl die synthetischen Fasern verschiedene Gebiete der Textilindustrie für sich erobern konnten, werden sie als Mischungen hauptsächlich zur Verbesserung der Eigenschaften von nativen Fasern bzw. der aus ihnen hergestellten Textilien eingesetzt. Für die Beschreibung der Veredlungsverfahren hat sich die Einteilung in solche, die

    a) Wolle,
    b) Zellulosefasern oder
    c) anderen Synthesefasern

enthalten, eingeführt und soll auch hier beibehalten werden. Auch bei Mischungen mit nativen Fasern haben die 3 wichtigsten Synthesefasergruppen (Polyamid-, Polyester- und Polyacryl-Fasern) ihre dominierende Stellung behaupten können, wenn auch die anderen Faserstoffe als Mischkomponenten ebenfalls üblich sind.

1. Wolle-Polyamidfaser-Mischungen

Trotz der Verbesserung der Reiß- und Scheuerfestigkeit, die eine Beimischung von Polyamidstapelfasern zu Wolle verursacht, sind die Mischungen nicht besonders verbreitet, da die Lichtbeständigkeit der Polyamidfasern von anderen Synthesefasern übertroffen wird. Es sind deshalb innige Fasermischungen von Polyester- bzw. Acrylfasern mit Wolle häufiger. Das gilt vor allem für Oberbekleidungstextilien. In größerem Maße werden jedoch intime Fasermischungen von Polyamidstapelfasern mit Wolle für *Strick-* und *Garne für die Strumpfindustrie* eingesetzt. Auch werden Mischgarne, die 5—20% Polyamidstapelfasern enthalten zur Herstellung von *rundgewirkter Damenunterbekleidung* verwendet.

Zur Herstellung von *Skielastikgeweben*, die aus texturiertem Polyamidkettgarn — es wird hauptsächlich HELANCA (Lizenzinhaber: *Heberlein & Co.*, Wattwil/Schweiz) verwendet — und Wollschuß bestehen, haben sich Polyamidfäden bisher allen anderen Synthesefasern überlegen gezeigt, da die Elastizität der texturierten Polyamidfäden von anderen Synthesefäden nicht erreicht wird. Die Elastizität der Elastomerfäden ist größer, für den Skielastikartikel jedoch zu groß. Als intime Mischungen werden 5—20% Polyamidstapelfasern mit Wolle versponnen. Eine besondere Mischung, wie sie bei anderen Synthesefasern mit Wolle vorgeschrieben ist, wurde für Polyamid/Wolle bisher nicht bekannt.

Zum *Bleichen* von Strickgarnen und Skielastik, die vorher mit

    0,5—1 g/l Soda kalz.
    1 g/l eines nichtionischen Waschmittels

30—60 min. bei 50 °C vorgewaschen wurden, können 2—3 g/l stabilisiertes Hydrosulfit (z. B. Blankit IN/*BASF*) während 2—3 Std. bei 50 °C eingesetzt werden. Als optische Aufheller sind eine Reihe von Produkten bekannt, die beide Fasern aufhellen und im Reduktionsbad oder nach gutem Spülen mit 5% Ameisensäure bei 50—80 °C appliziert werden. Eine Wasserstoffperoxydbleiche, wie sie für Wolle üblich ist, schädigt die Polyamidfaser. Von der *Degussa* wurde für diese Fälle ein Schutzmittel hergestellt, welches die Faserschädigung verhindert. Man bleicht mit

    15 —20 ml/l Wasserstoffperoxyd 35%ig
    1 — 5 g/l Natriumpyrophosphat
    0,2— 0,5 g/l Proventin 7/*Degussa*

während 4—6 Std. bei 45—50 °C. Zur Verbesserung des Weißgrades kann eine Hydrosulfitbehandlung oder die Verwendung von optischen Aufhellern angeschlossen werden. Zur Fixierung von Mischgeweben ist eine 20—60 min.-Behandlung auf dem Brennbock bei Kochtemperatur und Verkühlen der Ware über Nacht auf der Kaule unter mehrmaligem Stürzen bzw. Drehen bei vertikaler Lagerung ausreichend. Diese Behandlung reicht jedoch für die Fixierung von **Skielastik** nicht aus und wird nur als Notbehelf eingesetzt. Für letztere Artikel, die heute den Hauptteil der Mischungen von Polyamidfäden mit Wolle darstellen, sind besondere Bedingungen notwendig, um die optimale Elastizität der texturierten Kettfäden zu erhalten. Dabei ist das Gewebe möglichst sofort vom Warenbaum des Webstuhls in mäßig gespanntem Zustand umzurollen und die Geweberollen in nur geringer Höhe zu stapeln. Alle diese Arbeiten dienen, wie auch die nachstehend beschriebenen, zur Erhaltung der Kettelastizität. Zum *Waschen* sollte in allen Fällen eine Breitwaschmaschine eingesetzt und mit

1 —2 g/l eines nichtionogenen oder anionischen Waschmittels
0,5—1 ml/l Ammoniak 25%ig

20—30 min. bei 40—45 °C behandelt werden. Da nichtionogene Waschmittel das Farbstoffaufnahmevermögen herabsetzen, werden öfter anionische Produkte eingesetzt. Zum Waschen ist zur Not auch eine Strangwaschmaschine verwendbar, deren Oberwalze wenig belastet und die Ware ,,im Schlauch" gewaschen und gründlich gespült wird. Anschließend wird abgesaugt, getrocknet und mit 15—20% Voreilung auf dem Spannrahmen, je nach Polyamidqualität, bei 190—220 °C fixiert. Wird auf dem Brennbock fixiert, arbeitet man mit möglichst geringer Spannung während 1—2 Std. kochend. Zum Färben eignet sich am besten der stehende oder liegende Färbester, es kann aber auch die Haspelkufe eingesetzt werden, die mit einem Rundhaspel — der wegen der Gefahr von Reibstellen, umwickelt wird — ausgerüstet ist und auf der die Stückware ,,im Schlauch" (rechte Seite nach innen genäht) gefärbt wird. Neuerdings werden auch Stückbaumautoklaven (S. 91) eingesetzt auf denen allerdings die Ware etwas ,,flacher" ausfällt.

Beim **Färben** sind für innige Fasermischungen und Skielastik die gleichen Bedingungen maßgeblich, wenn auch ein Streifigfärben (Barré-Effekt) bei innigen Mischungen weniger auftritt. Obwohl sich Polyamidfasern auf Grund ihres, der Wolle ähnlichen Aufbaus mit anionischen Wollfarbstoffen anfärben lassen, ist deren Sättigungswert geringer als der der Wolle. Dabei ist weiter zu berücksichtigen, daß diese Werte bei Polyamid 6 (Perlon) zu 66 (Nylon) und 11 (Rilsan) stark abfallen und auch beim gleichen Typ und verschiedenen Spinnpartien Unterschiede auftreten. Ferner ziehen auf Polyamid 6 und 66 die anionischen Wollfarbstoffe — und nur solche kommen für ausreichend echte Färbungen in Betracht — weit schneller auf und beim Überschreiten der Sättigungswerte, stärker auf die Wolle. Diesen Nachteilen kann durch Farbstoffauswahl, Temperaturregelung und besondere Hilfsmittel gesteuert werden. Die nachstehend beschriebenen Färbeverfahren beziehen sich auf Farbstoffe, die vom Hersteller besonders für die Ton-in-Ton-Färbung ausgesucht wurden und die aus den Informationsblättern der Hersteller entnommen werden können. Erschwerend zur Färbeweise kommt, daß es nicht möglich ist, Farbstoffe einer Klasse in eine bestimmte Gruppe einzuteilen, die z. B. bei mittleren Farbtönen eine der eingesetzten Fasern tiefer, heller oder überhaupt nicht anfärbt. Wegen der Einfachheit wird vom Färber zusätzlich das *Einbadfärbeverfahren* verlangt, welches hier allein berücksichtigt wird.

Beim **Färben mit sauren Wollfarbstoffen** kommen wegen der besseren Echtheiten vor allem die schwachsauer ziehenden Produkte in Frage, wenn auch 1:1-,

1:2-Metallkomplex- und Chromfarbstoffe noch bessere Echtheiten ergeben, sind deren Nuancen oft zu trüb. Man färbt mit sauren Wollfarbstoffen unter Zusatz von

      10% Glaubersalz kalz.
       3% Essigsäure 50%ig oder bei einigen Farbstoffen mit
  2— 3% Ammonsulfat
  2— 3% Reservierungsmittel bei hellen, oder
  0— 2% bei dunklen Farbtönen,
  2— 3% Egalisiermittel gegen Barré-Effekte

geht bei 40 °C mit der Ware ein, treibt in 45 min. zum Kochen und färbt 1 bis 1¹/₂ Std. kochend, kühlt langsam ab (besonders wichtig auf der Haspelkufe, um Hitzefalten zu vermeiden) spült gründlich und säuert mit Essigsäure ab um eine gute Hydrophobierung in der weiteren Ausrüstung von Skielastik zu erreichen. Als Reservierungsmittel kommen die meisten Produkte in Betracht, die auch Wolle gegen das Anfärben mit Direktfarbstoffen schützen (S. 356). Für dunkle Töne, die den Sättigungswert des Polyamidanteils übersteigen, können ausgesuchte Säurefarbstoffe nachgesetzt werden oder zur Deckung Dispersionsfarbstoffe verwendet werden. In allen Fällen müssen dunkle Töne ohne Reservierungsmittel gefärbt werden. Als Egalisiermittel gegen Streifigfärben kommen die auf S. 309 genannten Produkte in Betracht.

    Durch **Färben mit 1:1-Metallkomplexfarbstoffen** lassen sich mit einer großen Zahl dieser Produkte gute Ton-in-Ton-Färbungen im Einbadverfahren erreichen. Einige Produkte reservieren allerdings den Polyamidanteil und können zum Nuancieren der Wolle eingesetzt werden (z. B. die Neolanfarbstoffe/*CIBA* mit E-Bezeichnung). Man färbt unter Zusatz von

4% + 1 g/l Schwefelsäure 66 °Bé
0 — 2 % eines Reservierungsmittels bei hellen Tönen (z. B. Invadin BL, AR/*CIBA*) und ohne dieses, bei tiefen Tönen
0,2 — 0,4% eines Egalisiermittels bei dunklen Tönen (z. B. Neovadin AN, AL/*CIBA*)

beginnt bei 40 °C, treibt in 30 min. zum Kochen und kocht 1¹/₂—2 Std., anschließend wird gut gespült und die Schwefelsäurereste mit 6—8% Natriumazetat im letzten Spülbad neutralisiert. An Stelle der hohen Säuremengen können auch nichtionische Hilfsmittel (S. 280) eingesetzt werden.

    Für dunkle, gedeckte Farbtöne mit hohen Echtheiten wird auch das **Färben mit 1:2-Metallkomplex- und Monochromfarbstoffen** empfohlen. So werden von der *CIBA* die Cibalane und Synchromatfarbstoffe nach folgender Färbeweise appliziert. Man färbt unter Zusatz von

2—5% Synchromatbeize (1¹/₂fache Menge des Synchromatfarbstoffes, mindestens 2, höchstens 5%)
3—5% Ammonsulfat
2—3% Invadin BL oder AR hochkonz./*CIBA*

beginnt bei 30—40 °C, treibt in 45 min. zum Kochen und kocht 1¹/₂—2 Std. Dabei ziehen die Cibalan-Farbstoffe vornehmlich auf die Polyamidfaser, wogegen die ausgesuchten Synchromatfarbstoffe die Polyamidfasern weitgehend reservieren und nur die Wolle anfärben.

    Um dem Färber die Auswahl der für Skielastik brauchbaren Farbstoffe zu erleichtern, wurden von *Hoechst* die *Lanaperl-Farbstoffe* aus den Wollfarbstoffen ausgesucht, die untereinander kombinierbar sind und auch dunkle Farbtöne mit guten Gesamtechtheiten ergeben. Man färbt wie für Säurefarbstoffe üblich unter Zusatz von

    0—15 % Glaubersalz kalz.
    2— 4 % Ameisensäure 85%ig
    3— 0,5% Paraperl M (Reservierungsmittel f. Polyamide)
    1— 3 % Paraperl S (bei streifigfärbendem Material)

Paraperl S wird vorteilhaft zur Vorbehandlung während 10—15 min. vor dem Zusatz der Farbstoffe eingesetzt. Von *Bayer* werden zum Färben von Fasermischungen aus Polyamidfaser/Wolle die *Telonlicht-, Telonecht-* und *Telonchromfarbstoffe* empfohlen, die wie Säurefarbstoffe gefärbt bzw. chromiert werden. Für Skielastik wurden aus dem Sortiment für die Trichromierfärberei von *Bayer* 3 Telonlichtfarbstoffe mit der Zusatzbezeichnung „B" ausgesucht, die unter Zusatz von

    5—10% Glaubersalz kalz.
    2— 4% Essigsäure 50%ig
    x% Edolan A (Reservierungsmittel)

wie für Säurefarbstoffe üblich, jedoch nur bei max. 98 °C gefärbt werden. Die Sättigungsgrenze dieser Farbstoffe liegt bei Perlon bei 4% und Nylon bei 2,8%. Für gute Ton-in-Ton-Färbungen ist der Zusatz von Edolan A in Mengen, wie sie Abb. 207 angibt, notwendig. Auf der Abszisse (x-Achse) wird der Gesamtfarbstoff aufgetragen und je nach Material auf der Ordinate (y-Achse) die Edolan A-Menge festgestellt. Als Beispiel dient eine 2,2%ige Färbung, die beim Färben von Nylon 0,35% und Perlon 0,9% Edo-

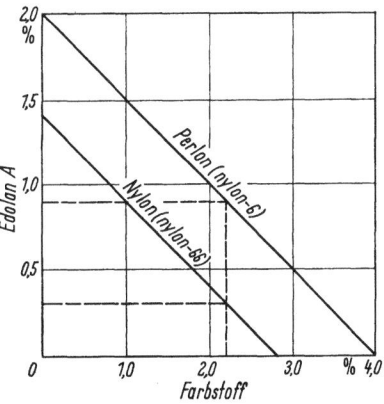

Abb. 207. Einsatzmengen von Edolan A beim Färben mit Telonlicht-B-Farbstoffen/*Bayer*

lan erfordert. Das Produkt kann auch zum Ausgleich von Färbungen eingesetzt werden, die eine zu tiefe Polyamidfärbung aufweisen und durch längeres Kochen den Farbstoff zur Migration von der Polyamidfaser auf die Wolle zwingt.

Für *Schwarzfärbungen* wird die Verwendung von Chromfarbstoffen empfohlen, die mit geringen Mengen Reservierungs- und Hilfsmittel gegen das Streifigfärben, schwach sauer, gefärbt und wie üblich chromiert werden können. Von *Cassella* werden für den Mischartikel die sauer zu färbenden *Perlamin-Farbstoffe* empfohlen. Für *Zweitoneffekte* können anionische Wollfarbstoffe verwendet werden, welche einen Faseranteil weniger stark anfärben bzw. reservieren. Von *Sandoz* wird im *Nylotan R* ein Produkt herausgebracht, welches beim sauren Färben, nach der Zugabe von Salz und Säure verwendet, das Aufziehen eines Großteils der Säurefarbstoffe auf Polyamide verhindert und damit Weißeffekte reserviert werden können. Wegen des hohen Einsatzes des Produktes — man verwendet 5—10 g/l — kann das Material auch auf stehendem Bad vorbehandelt werden. Durch Verwendung der Höchstmengen ist auch das Reservieren des Polyamidanteils beim Färben mit 1:1-Metallkomplexfarbstoffen möglich.

Die *Dispersionsfarbstoffe* werden wegen ihrer geringen Naß- und meist nur mittleren Lichtechtheiten in Mischartikeln nur dann eingesetzt, wenn zu helle Polyamidfärbungen nachgedeckt werden müssen bzw. wenn auch durch Einsatz von Hilfsmitteln gegen das Streifigfärben keine ausreichenden Erfolge erzielt werden können.

Wegen des niedrigen Sättigungswertes von Polyamid 11 (Rilsan) ist eine gute Ton-in-Ton-Färbung schwierig. Von der *CIBA* wird dafür das Färben mit 1:2-Metallkomplex-Farbstoffen und als Carrier Invalon PR mit Ammonsulfat empfohlen. Zur Verbesserung der Echtheiten soll bei 50—60 °C während 30 min. mit

> 1 g/l Ultravon JU
> 2 g/l Glaubersalz kalz.

nachbehandelt werden.

Verhältnismäßig selten sind *Mischungen von Polyamidfasern mit Seide*, die nach ähnlichen Verfahren gebleicht und gefärbt werden können, wie die entsprechenden Wollmischungen. Dabei ist allerdings die Zahl der brauchbaren, anionischen Farbstoffe noch kleiner. Zum Färben dieses Artikels in einem sehr blumigen Schwarz wird von der Fa. *Yorkshire* die Verwendung von Hemasol AR Teig, einem Blauholzschwarz (Campeche-Holz) empfohlen. Es wird die Stückware auf dem Jigger mit etwa 35 g/l Hemasol AR Teig kalt beginnend während 2 Std. bei 90 °C gefärbt und anschließend mit

> 8 ml/l Essigsäure 60%ig
> 20 g/l Kaliumbichromat

nachbehandelt und 1 Std. bei 90 °C neutral nachgeseift.

2. Zellulose-Polyamidfaser-Mischungen

Diese Fasern kommen als Mischungen zur Herstellung von Garnen, die für rundgewirkte Untertrikotagen eingesetzt werden, in Betracht. Vor allem aber bestehen Gewebe für Sport-, Camping- und Badekleidung aus texturierten Polyamidfäden (meist HELANCA) als Kette und Baumwolle- oder Zellwollgarne im Schuß. Letztere Gewebe werden auch als billigere Skielastiks eingesetzt. Die Beimischungen bei innigen Mischungen sind unterschiedlich und betragen bis zu 30% Polyamidstapelfasern. Bei elastischen Geweben liegt der Anteil meist bei 50% als Kettgarn. Gewebe, die eine innige Fasermischung enthalten, werden auch zu Polsterstoffen und solche, die Polyamide im Flor enthalten, in der Plüschindustrie hergestellt und als Dekorationsstoffe verwendet.

Zum **Bleichen** dieser Fasermischungen ist allein die Natriumchloritbleiche, wie sie für reine Baumwolle oder regenerierte Zellulosefasern verwendet wird, üblich. Zum optischen Aufhellen werden Mischungen von optischen Bläumitteln eingesetzt, die jeweils die eine und andere Faser im Weißgrad verbessern. Beim Entschlichten von stärkehaltigen Kettschlichten werden die für Baumwollgewebe üblichen Verfahren eingesetzt. Zur Vorreinigung genügt eine Wäsche wie sie für Reinpolyamidtextilien vorgeschrieben ist.

Zum **Färben** stehen mehrere Möglichkeiten zur Verfügung. Für Uni-Färbungen mit sehr guten Lichtechtheiten und guten Naßechtheiten werden spezielle Halbwollechtfarbstoffe (S. 357) eingesetzt, die im *Neutral-* oder *Halbwollsäureverfahren* appliziert werden. Nach letzteren Verfahren können auch Bicolor-Effekte erreicht werden, wenn mit ausgesuchten Säure- und entsprechenden Direktfarbstoffen gearbeitet wird. Dabei färbt man einbadig mit

2 — 3% Ammonsulfat
5 —30% Glaubersalz kalz. (in Portionen zugeben)
0,5— 3% Reservierungsmittel gegen das Aufziehen von Direktfarbstoffen auf die Polyamide (S. 356)
3 — 4% Hilfsmittel gegen das Streifigfärben von Polyamidfäden in elastischen Geweben mit texturierten Garnen (S. 309).

beginnt bei 40 °C, treibt in 30—60 min. zum Kochen, kocht $1-1^1/_2$ Std. und läßt evtl. bei abgestelltem Dampf nachziehen. Zur Vermeidung von Hitzefalten muß möglichst langsam abgekühlt werden. Zur Verbesserung der Naßechtheiten können kationische Hilfsmittel als Nachbehandlung (S. 312) eingesetzt bzw., wenn mit nachkupferbaren Direktfarbstoffe gefärbt wurde, mit speziellen Kupfersalzen nachbehandelt werden. Nach diesem Verfahren werden auch ausgewählte 1:2-Metallkomplex- mit Direktfarbstoffen kombiniert.

Für besonders echte Färbungen ist die Färbung mit *Küpen- und 1:2-Metallkomplex-Farbstoffen* im Gebrauch. Dabei empfiehlt sich eine Zweibadmethode bei der zuerst der Zelluloseanteil mit kaltfärbenden Küpenfarbstoffen ausgefärbt wird, welche die Polyamidfasern reservieren. Im 2. Bad wird die Uni- oder Bicolor-Nuance mit 1:2-Metallkomplexfarbstoffen wie üblich erzeugt.

Zur Herstellung von hellen Unifärbungen können auch *Pigmentfarbstoffe* nach dem für Baumwolle üblichen Klotz-Kondensierverfahren verwendet werden. Für Färbungen deren Waschechtheit keine besonders hohen Werte aufweisen müssen, werden auch Dispersions- mit Direktfarbstoffen kombiniert. Für höhere Ansprüche empfiehlt sich jedoch die Verwendung von 1:2-Metallkomplex-Dispersions- mit Direktfarbstoffen und eine Nachbehandlung mit kationischen Hilfsmitteln oder ein Nachkupfern der für diese Behandlung brauchbaren Direktfärbungen.

Für sehr echte Färbungen auf Mischungen von Zellulose-Polyamidfasermischungen wird von der *ICI* die Verwendung von *reaktiven Dispersions-* für die Polyamid- und *Reaktivfarbstoffe* für den Zelluloseanteil empfohlen. Dabei sind durch zweckmäßige Auswahl von Procinyl- und Procion-H-Farbstoffen Uni- und Bicoloreffekte einbadig erreichbar. Das vorgereinigte Material wird bei 40 °C in das mit beiden Farbstoffen beschickte Färbebad eingegangen, dem als Dispergiermittel 1 g/l Lissapol D/*ICI* zugesetzt wurde, auf 55—65 °C erwärmt, 30 min. bei dieser Temperatur gefärbt, portionsweise 100 g/l Kochsalz nachgesetzt, auf 85 °C erwärmt und weitere 15 min. bei dieser Temperatur gefärbt. Nun werden zur Fixierung der beiden Farbstoffgruppen 15 g/l Trinatriumphosphat in Lösung zugesetzt und weitere 60 min. bei 85—95 °C gearbeitet. Nach gutem Spülen wird mit

3 g/l Lissapol D/*ICI*
1 g/l Triamin PR/*ICI*

bei 55—60 °C nachgewaschen und gespült. Die Lichtechtheiten dieser Färbungen liegen zwischen 5—7 und die Naßechtheiten bei 4—5 auf beiden Faserstoffen.

Obwohl das Färben von Polyamidfasermischungen nach dem Thermofixier-Verfahren *(Thermosolieren)* möglich ist, hat das Verfahren bisher nur geringere Bedeutung, da die Anlagen bisher nur vereinzelt im Gebrauch sind und vor allem, da die zum Betrieb dieser Anlagen notwendigen Metragen, nur selten anfallen. Häufiger werden Zellulose-Polyamidfasermischungen jedoch auf Baumfärbeautoklaven gefärbt.

Wegen des geringen spezifischen Gewichts werden von der Konfektion in steigendem Maße Gewebe aus *texturiertem Kettgarn aus Polyamidfäden (HELANCA) und Acrylfaserschuß* verlangt, die ähnlich wie die Elastikgewebe aus Wolle bzw. Zellulosefasern mit Kräuselpolyamidgarnen verwendet werden. Dabei werden sowohl Uni- als Bicolor-Färbungen mit ausgesuchten Säure-, 1:2-Metallkomplex- für die Polyamidfäden und basischen Farbstoffen, die sich besonders für Acrylfasern eignen, einbadig gefärbt. Man geht mit der vorgereinigten Ware bei 50 °C in das mit den für Polyamidfarbstoff und

$$2-4\% \text{ Essigsäure } 50\% \text{ig}$$
$$1-3\% \text{ Egalisiermittel}$$

bestelltem Färbebad ein, treibt auf 75—80 °C und setzt den mit Essigsäure angeteigten, basischen Farbstoff gelöst zu, steigert in 30 min. zum Kochen und färbt bei pH 4,5 (evtl. unter Schwefelsäurezusatz) $1-1^1/_2$ Std. kochend weiter.

3. Wolle-Polyesterfaser-Mischungen

Diese Fasermischungen haben in den letzten Jahren ein großes Gebiet der Herren- und Damenoberbekleidung erobern können, da durch die Beimischung oder Mitverarbeitung von Polyesterfasern das Gewebe eine verbesserte Reiß- und Scheuerfestigkeit erhält, das spez. Gew. niedrig ist und bei Verwendung von endlosen Polyestergarn in der Kette und Wolle im Schuß ein seidiger Glanz auftritt, der als „Seidenlook" bezeichnet wird. Diese Vorteile haben zur Einführung der Polyesterfaser auf dem Gesamtgebiet der Oberbekleidungstextilien geführt, die bisher allein der Wolle vorbehalten war. Dazu gehören vor allem die kahlausgerüsteten Tropicals, Freskos und andere Kammgarngewebe. Inzwischen wurden neben den normalen Polyesterfasern „pillingarme" (pillingresistente) Polyesterfasern geschaffen (Diolen FL/*Glanzstoff*, Trevira WA/*Hoechst* usw.), die auch eine Verarbeitung als Mischgewebe zu leicht gerauhten, meltonierten oder flanellartigen Geweben erlaubt. Totz dieser Spezialfasern werden z. Z. Polyesterfasern hauptsächlich als Stapelfasern mit Wolle gemischt und als kahlappretierte Kammgarne verwendet.

Als hydrophobe Faser gibt die Polyesterfaser Anlaß zu verstärkter Pillingbildung — das gilt auch mit gewissen Einschränkungen für pillingarme Fasern —, die sich bei Mischungen von Wolle als unangenehme Knötchen bemerkbar machen. Die Faserhersteller haben deshalb besondere *Richtlinien* herausgegeben, die dann einzuhalten sind, wenn die von den Firmen *geschützten Warenzeichen* auch auf den Fertigtextilien verwendet werden sollen. Wenn untenstehend auszugsweise die „Anforderungen an mit dem Warenzeichen VESTAN ausgezeichneten Textilien" angegeben werden, so muß gesagt werden, daß auch von den anderen Polyesterfaser-Herstellern (z. B. Trevira/*Hoechst*, Diolen/*Glanzstoff* usw.) ähnliche Bedingungen bestehen, auf deren Einhaltung streng geachtet wird.

Von den *Faserwerken Hüls GmbH.*, Marl-Hüls werden für Kammgarne folgende Bedingungen gestellt:

1. Die Garne müssen aus 55% Vestan und 45% Schurwolle nach dem Kammgarnspinnverfahren hergestellt werden.
2. Das Vestan muß einen Titer von 2,5—3 oder 4,5 den und eine Schnittlänge von 60 oder 105 mm aufweisen.
3. Die verwendete Wolle muß sich in der Feinheit und Länge dem Vestan angleichen.

4. Es dürfen nur Zwirne in Kette und Schuß verwendet werden, deren Drehung als Zweifachzwirn im Garn und als Zwirn gleich ist.
5. Der Vestan-Anteil darf im fertigen Gewebe keinen größeren Schrumpf als ±2% vom Sollwert aufweisen.
6. Der Knitterwinkel muß bei trockenem Gewebe nach DIN 53890 geprüft, nach 60 min. mindestens 160° (bis 240 g/lfd. m) und 150—155° (240—320 g/lfd. m.) aufweisen.
7. Die Pillbildung auf dem Frank-Hausergerät (Reutlinger-Methode) über 10000 T nicht schlechter als mit Pillgrad 2 (wolkig, flusig, keine Pills) bewertet werden.
8. Die Maßänderung darf beim Bügeln 0,8% nicht überschreiten.
9. Die Maßänderung darf bei einer Per-Chemischreinigung 0,8% nicht überschreiten.
10. Gefärbte Textilien müssen mindestens folgende Echtheiten aufweisen:
    a) Lichtechtheit: 5
    b) Waschechtheit: 4—5 (Ändern) Bluten auf andere Fasern mindestens 4 (Prüfung bei 40 °C)
    c) Reinigungsechtheit bei Verwendung von Per: alle Noten mindestens 4—5,
    d) Schweißechtheit: alle Noten 4,
    e) Trockenhitzeechtheit (30 sec. bei 170 °C) alle Noten 4—5,
    f) Naßbügelechtheit: alle Noten mindestens 4
    g) Reibechtheit trocken: 4, naß: 4

Zum **Bleichen** von Wolle/Polyester-Mischungen kann kein Verfahren verwendet werden, welches gleichzeitig beide Faseranteile bleicht. Man erreicht jedoch ausreichende Effekte mit einer Peroxydbleiche der Wolle und durch optisches Aufhellen beider Faserstoffe mit entsprechenden Aufhellern im ameisensauren Bad bei 95 °C. Für die Vorwäsche von Stückwaren muß die Breitwaschmaschine verwendet werden und nach den für Wollgewebe üblichen Verfahren gewaschen werden. Beim Behandeln von Wickelkörpern ist zu berücksichtigen, daß die Polyesterfasern einen Schrumpf von 5—8% aufweisen und deshalb nur auf flexiblen Hülsen gearbeitet oder das Garn nach dem Vorbehandeln und Trocknen umgespult wird. Besondere Sorgfalt ist der Fixierung der Gewebe zu widmen, da das Farbstoffaufnahmevermögen durch unterschiedliche Temperaturen sehr verschiedene Farbtiefen auf den Polyesteranteil ergibt. Man versucht deshalb die Fixierung im Anschluß an das Färben zu legen, wenn entsprechend echte Farbstoffe eingesetzt werden können.

Beim **Färben von Polyester/Woll-Mischungen** bedient man sich einer Reihe von Färbeverfahren, die sich auf Grund der eingesetzten Farbstoffe, der verlangten Farbtiefe, diskontinuierlich oder kontinuierlich angewendet werden können. Das gilt vor allem für Stückwaren, die in allen Fällen vorher einer gründlichen Vorreinigung mit

1—2 g/l eines anionischen oder nichtionogenen Waschmittels
1—2 ml/l Ammoniak 25%ig

bei 40—50 °C während 20—30 min. in breitem Zustand unterzogen werden müssen. Bei verseifbaren Wollschmelzen kann an Stelle des Ammoniaks auch die halbe Menge Soda eingesetzt werden. Zur Stabilisierung der Wolle wird die Ware nach dem Spülen kochend auf dem Brennbock behandelt. *Sandoz* empfiehlt zur pH-Einstellung eine Behandlung der gewaschenen Stückware mit

1 ml/l Sandopan TFL etra (a)
3 ml/l Ameisensäure 85%ig

während 20 min. bei 80 °C. Diese Behandlung kann auch auf dem Brennbock erfolgen, anschließend wird nochmals gründlich gespült. Das Fixieren der Stückwaren kann entweder vor oder nach dem Färben erfolgen. Wird vor dem Färben fixiert, muß mit einer geringeren Farbstoffaufnahme der Polyesterfaser gerechnet werden, da wegen des Wollanteils nur bei 180—190 °C stabilisiert werden darf. Wird nach dem Färben fixiert, bleibt zwar die Farbstoffaufnahmefähigkeit erhalten, es müssen jedoch zum Färben Farbstoffe eingesetzt werden, die ausreichend gegen die Fixiertemperaturen beständig sind. Da es sich bei den Geweben um kahlappretierte Stoffe handelt, und durch diese Kahlappretur auch die Pillingbildung herabgesetzt wird, ist ein Sengen der Gewebe unerläßlich. Durch das Sengen bilden sich auf der Ware aus den geschmolzenen Polyesterfasern Kügelchen, die sich dunkler anfärben. Aus diesem Grund ist ein Sengen nach dem Färben vorteilhafter, wenn auch eine gewisse Vergilbung des Wollanteils auftreten kann und die Sengkügelchen anschließend geschoren werden müssen.

Beim Färben dieser Mischungen versucht man möglichst mit **Einbadverfahren** auszukommen. Man verwendet für den Polyesteranteil ausgesuchte Dispersionsfarbstoffe, die heute als Granulate, in Feinstmahlung (Mikrodispers, mildispers usw.) oder flüssig (Palanil-Fbst./*BASF*) oder als Teig *(Sandoz)* angeboten werden, leichter zu handhaben sind und darüber hinaus leichter migrieren und damit egalere Färbungen ergeben. Für den Wollanteil werden schwachsauerziehende oder 1:2-Metallkomplexfarbstoffe eingesetzt. Auch die Monochromfarbstoffe sind brauchbar. Besondere Schwierigkeiten bereitet die Reservierung der Wolle, die von einem Großteil der Dispersionsfarbstoffe angetönt oder teilweise sogar in anderen, meist trüberen, Farbtönen angeschmutzt wird. Von den Farbstoffherstellern werden deshalb für das Einbadverfahren nur die Dispersionsfarbstoffe empfohlen, die wenig zum Anschmutzen der Wolle neigen. *Sandoz* empfiehlt zur besseren Reservierung im Färbebad einen Zusatz von 0,5—3% Lyogen WD oder PO. Diese Produkte fördern gleichzeitig die Egalität der Färbung. Zur Entfernung des auf der Wolle sitzenden Dispersionsfarbstoffes ist außerdem eine besondere Nachreinigung notwendig. Zum diskontinuierlichen Färben wird hauptsächlich die geschlossene Haspelkufe eingesetzt, die mit Deckenheizung versehen ist, um das Kondensieren des Carriers, der eingesetzt werden muß, und damit Carrier-Flecken durch Tropfen zu verhindern. In letzter Zeit werden in stärkerem Maße Stückbaumautoklaven (S. 91) zum Färben verwendet, in denen zwar bei Temperaturen bis 140 °C gearbeitet werden kann, zur Wollschonung 108 °C jedoch nicht überschritten werden dürfen und dadurch ebenfalls, wenn auch geringere Carriermengen, notwendig sind. Bei der Auswahl der Dispersionsfarbstoffe ist zu beachten, daß Produkte mit guter Sublimierechtheit, die allein für das Nachfixieren verwendbar sind, eine stärkere Wollanschmutzung zeigen. Ferner ist die Wollanschmutzung um so größer, je tiefer die Polyesterfärbung ist. Man färbt deshalb dunkle Töne besser im Zweibad-Verfahren mit entsprechender Zwischenreinigung des Wollanteils.

Beim Färben nach dem Einbadverfahren wird die Ware zuerst bei 40—50 °C während 10 min. mit

> 2 g/l Ammonsulfat (3—5%) oder/und
> 1—2 % Ameisen- (85% ig) oder Essigsäure 60% ig

vorbehandelt, 1—4 g/l des vorher in der 20fachen Wassermenge emulgierten Carriers zugesetzt und nochmals 10 min. behandelt. Der Carrier kann auch bereits zu Anfang eingesetzt werden. Nun werden die gut dispergierten Polyester- und gelösten Wollfarbstoffe nachgesetzt. Es ist ferner notwendig, daß die Färbebäder immer einen pH-Wert von 5—6 aufweisen. Nun wird in 30—45 min. zum Kochen getrieben und 1½—2 Std. gekocht, langsam abgekühlt, gespült und durch eine Nachbehandlung mit 1—2 g/l eines Waschmittels mit guter Dispergier- und Emulgierwirkung allein oder unter Zusatz von 1 ml/l Ammoniak 25%ig oder mit der gleichen Menge Ameisensäure 85%ig während 20 min. nachgereinigt. Bei der alkalischen Nachreinigung wird bei max. 50 °C, bei der neutralen oder sauren Behandlung bis 80 °C gewaschen. Als spezielle Reinigungsmittel werden u. a. empfohlen:

Ekalin F	*Sandoz*
Emulphor EL	*BASF*
Emulgator EL	*Hoechst*
Eriopan HD	*Geigy*
Nekanil AC spez.	*BASF*

Anschließend wird gründlich warm und kalt gespült.

Beim **Zweibad-Verfahren** wird zuerst der Dispersionsfarbstoff in üblicher Weise mit Carrier auf die Polyesterfaser gefärbt und die Färbung gründlich gespült, wie bei der Einbadmethode als Nachreinigung vorgeschrieben, zwischengereinigt und anschließend auf frischem Bad nach den für die eingesetzten Wollfarbstoffe üblichen Verfahren gefärbt. Zur guten Zwischenreinigung wird eine reduktive Behandlung mit den oben angegebenen Spezialwaschmitteln, 1—2 ml/Ammoniak 25%ig und 1 g/l eines stabilisierten Hydrosulfits (z.B. Blankit IN/*BASF*, Clarit PS/*Geigy*, Hydrosulfit BLI/*CIBA* u. a.) während 20 min. bei 50 °C empfohlen. Es hat sich jedoch gezeigt, daß durch die reduktive Zwischenreinigung zwar die Wolle in den meisten Fällen vom Dispersionsfarbstoff befreit wurde, daß aber die reduktive Behandlung zum verstärkten Wandern des Dispersionsfarbstoffes vom Polyesteranteil auf die Wolle beim nachfolgenden Färben Anlaß gibt. Es wird deshalb empfohlen von vornherein Dispersionsfarbstoffe zu verwenden, die Wolle wenig anschmutzen und auch Carrier einzusetzen, die das Anschmutzen der Wolle nicht fördern und im Dispersionsfärbebad mit Hilfsmitteln zu arbeiten, welche die Wollanschmutzung nicht fördern.

Tabelle 71. *Echtheiten einer Einbadfärbung mit 0,7% Foronrubin GFL/Sandoz und 2% Lanasynreinrot RL/Sandoz*

Tages-	Xenotest	Licht-Wasch- (40 °C)	Schweiß- alkal.	Schweiß- sauer	Trockenreinig.- (Per)	Reib- (trocken)	Dampfplissier- (115 °C/10 min.)	Thermofixier- (180 °C)
6	5	4—5 5	5 4—5 5	5 5 5	5 4—5 4—5	5	5 5 5	5 4—5

Zum *Abmustern* ist es vorteilhaft, wenn der Polyesteranteil allein vorliegt. Man löst deshalb den Wollanteil mit 4%iger Natronlauge kochend heraus, muß aber berücksichtigen, daß dadurch einige Dispersionsfarbstoffe in der Nuance Veränderungen erfahren. Eine gute Zwischen- oder Nachreinigung ist unbedingt einzuhalten, da Dispersionsfarbstoffe als Wollanschmutzung nur geringe Licht-, Naß- und Reibechtheit zeigen. Außerdem werden durch die Reinigung auch Carrierreste entfernt, die bei Nichtentfernung die Lichtechtheit der Gesamtfärbung herabsetzen. Die Echtheiten einer Einbadfärbung zeigt Tab. 71.

Besondere Schwierigkeiten bereitet nach den vorgenannten Färbeverfahren die *Herstellung von Schwarz*, da die Anschmutzung der Wolle bei den hohen Dispersionsfarbstoffmengen sehr stark ist und auf vorfixiertem Material außerdem auf der Polyesterfaser nur ungenügende Farbtiefen erreicht werden können. Von *Hoechst* wird für diese Fälle die Verwendung von Intraminschwarz G Teig (S. 325) empfohlen. Dabei wird das gut vorgereinigte Materiall eingebrannt, thermofixiert und mit

    5—6 %   Intraminschwarz G Teig/*Hoechst*
    2,2 %   Ortolanschwarz G spezial/*BASF*
    5 ml/l   Remol TRF/*Hoechst* (Carrier)
    3 %   Ammonsulfat

gefärbt. Das Gewebe wird zuerst bei 60 °C während 15 min. mit allen Zusätzen, außer dem Intraminschwarz, vorbehandelt (der Carrier wird vorher mit Hostapal BV voremulgiert). Nun wird auf 90 °C erwärmt und der bei 50 °C angeteigte Intraminfarbstoff nachgesetzt und 2—2½ Std. kochend gefärbt, anschließend 20 min. bei 55 °C mit

    2 g/l   Hydrosulfit
    1,5 ml/l   Ammoniak 25%ig
    1,5 ml/l   Hostapal BV

zwischengereinigt, warm und kalt gespült und auf frischem **Bad mit**

    3 ml/l   Schwefelsäure 66° Bé
    3 g/l   Natriumnitrit

kalt beginnend, in 15 min. auf 85 °C erwärmt, 25 min. bei dieser Temperatur diazotiert und warm gespült. Als Nachbehandlung wird jeweils nacheinander 10 min. bei 55 °C mit

    a) 2 ml/l Ammoniak 25%ig,
    b) 1,5 ml/l Ammoniak 25%ig und
    c) 0,5 ml/l Essigsäure 50%ig

behandelt. Zwischen den Behandlungen wird warm zwischengespült. Die Essigsäure dient zur Neutralisation und braucht nicht ausgespült werden.

Der steigende Verbrauch von Mischungen aus Polyesterfasern und Wolle hat dazu geführt, daß für das Färben auch kontinuierliche Verfahren eingesetzt werden, wenn auch dabei Mindestmetragen von 500 m einzusetzen sind, da mit 20 bis 30 m/min. gefahren wird und meist lange Rüst- und Reinigungszeiten der Anlagen notwendig sind. Diese, heute als **Thermosolier-** oder **Thermofixier-Verfahren** (S. 125) bekannten Arbeitsweisen, eignen sich grundsätzlich für alle Gewebe und Gewirke aus Synthesefasern und deren Mischungen. Im Prinzip werden die Farbstoffe foulardiert, zwischengetrocknet und die Stückwaren nachfixiert. Zur ordnungsgemäßen Durchführung sind Foulards notwendig, die ein absolut seitengleiches Abquetschen zulassen. Ferner sind besondere Netzer und Klotzhilfsmittel notwendig, die sowohl eine ausreichende Flottenauflage erlauben, als auch ein Migrieren des Farbstoffes während des Vortrocknens verhindern. Trotz dieser Vorkehrungen ist es notwendig, besondere Vortrockner (meist mit Infrarot-Strahlern) einzusetzen, um möglichst schnell eine, zumindestens oberflächliche, Trocknung zu erreichen. Dabei soll das foulardierte Gewebe vom Foulard bis zum Auslauf des Trockners keinerlei Leitwalzen passieren. Die weitere Trocknung (Hotflue) und das Thermofixieren (Spannrahmen) bereitet keinerlei Schwierigkeiten. Der hydrophobe Charakter der Synthesefasern hat das Verfahren nur beim Färben von Stapelartikeln, wie Autosicherheitsgurte oder Bänder aus Polyamid- bzw. Polyesterfäden zu größerer Bedeutung kommen lassen, wenn auch die Arbeitsweise für Gewebe aus allen Synthesefasern möglich ist. Auch bei Mischgeweben von Synthesefasern mit Wolle steht die schlechte Oberflächenbenetzbarkeit beider Fasern der allgemeinen Einführung der Thermosolierverfahren im Wege, außerdem kommen nur selten Metragen in einem Farbton vor, die das Verfahren lohnend macht. Dagegen hat das Verfahren zum Färben von Mischungen von Zellulosefasern mit Polyester- oder Triazetatfasern bereits weite Verbreitung gefunden.

Beim Thermosolieren von Mischgeweben aus Polyesterfasern mit Wolle ist eine hervorragende Vorreinigung in breitem Zustand unbedingte Voraussetzung für egale Färbungen. Ferner dürfen nur solche Farbstoffe eingesetzt werden, die eine genügende Beständigkeit gegenüber den Thermofixierungstemperaturen haben und damit thermofixierbeständig sind. Das gilt sowohl für die Dispersions- als auch die Farbstoffe, die u. U. bereits für den Wollanteil mitgeklotzt werden, wenn nicht der Wollanteil im „Zweibad-Verfahren" nachgefärbt werden muß, was zur Unterbrechung des Kontinueprozesses führt. Der foulardierte und getrocknete Farbstoff sitzt nur auf der Faser und löst sich erst durch das Thermofixieren im Erweichungspunkt der Synthesefaser, dann allerdings in wenigen Sekunden mit sehr hohen Gesamtechtheiten. Dadurch ist eine kontinuierliche Arbeitsweise möglich, da auch das nachfolgende Reinigen kontinuierlich, vor allem bei Zellulosefasermischungen, vorgenommen werden kann.

Als Beispiele für den Klotzflottenansatz, der auch für Reinpolyesterfasergewebe eingesetzt üblich ist, sollen die nachstehenden Rezepturen dienen. *Geigy* empfiehlt zur Durchführung des *IRGA-PAD-Verfahrens* für Wolle/Polyester- und auch Mischungen von Polyesterfasern mit Zellulosefasern folgendes Allgemeinrezept, dem jeweils die vorgelösten oder dispergierten Farbstoffe zugesetzt werden:

300—100 g/Alginat-Verdickung 25 : 1000 (Lamitex L/*Protan A. S. Drammen*, Norwegen
10— 30 g Triäthanolamin (Lösungsvermittler)
15— 30 g Eriopon H (Netzer u. Dispergiermittel)

werden mit 70 °C heißen Wassers gut verrührt und der Farbstoff (möglichst Granulat mildispers) mit einem Turbomischer ausreichend eingemischt und mit Kaltwasser auf 1000 g eingestellt. Mit der oben angegebenen Flotte, die Dispersions- (Setacyl-P-, bzw. Setaron-/*Geigy*)Farbstoffe und je nach Methode, auch schwachsauer ziehende Wollfarbstoffe (Irgalane und Irganole) enthalten kann, bei 40 bis 50 °C auf einem 2-Walzen-Vertikalfoulard mit 12 m/min. und einem Abquetscheffekt von 65% foulardiert, auf einem Infrarot-, oder Schwebedüsentrockner angetrocknet bzw. vollkommen getrocknet oder eine Hotflue nachgeschaltet und auf dem Spannrahmen thermosoliert (45 sec. bei 170—190 °C). Anschließend wird auf der Haspelkufe mit

1 g/l Eriopon AC/*Geigy*
1 ml/l Ammoniak 25% ig

nach gründlichem Spülen zwischengereinigt und mit entsprechenden Wollfarbstoffen nachgefärbt. Dieses „Zweibad-Verfahren" ergibt brillantere Farbtöne, da die Wolle evtl. unter Einsatz von Reduktionsmitteln zwischengereinigt werden kann, was auch bei tieferen Farbtönen für gute Gesamtechtheiten günstig ist.

Beim *Einbad-IRGA-PAD-Thermosol-Verfahren* werden die Gewebe wie vorstehend angegeben, allerdings zusätzlich mit Säurefarbstoffen geklotzt, getrocknet, thermosoliert und der Säurefarbstoff durch einen Säureschock mit 5 ml/l Ameisensäure 85%ig, leicht kochend auf einer Rollenkufe während 4 min. fixiert, gespült und mit 1 g/l Eriopon AC gewaschen und gespült.

Von der *BASF* wird als Klotzansatz mit Palanilfarbstoffen, die möglichst in flüssiger Form eingesetzt werden sollen,

$$2- 5 \text{ g/l Schlichte T 8}$$
$$10 \text{ g/l Emulphor EL}$$

empfohlen. Nach dem Trocknen und Thermosolieren wird zwischengereinigt und mit Ortolan-(1:2-), Ortol-(schwach sauerziehenden) oder Platinecht-(1:1)- Farbstoffen die Wolle diskontinuierlich nachgefärbt. *Bayer* hat für das Thermosolverfahren besondere Dispersions- (Resolin-)Farbstoffe ausgesucht, die unter Zusatz von Levegal KS und Statexan W geklotzt werden und anschließend die Wolle nach einer Zwischenreinigung mit Wollfarbstoffen nachgefärbt wird.

4. Zellulose-Polyesterfaser-Mischungen

Diese Fasermischungen sind vom Hersteller der Synthesefasern an keine Vorschriften gebunden. Man verwendet jedoch hauptsächlich Mischungen von 70% (67%) Polyesterfaser und 30% (33%) Baumwolle oder Zellwolle. Aus derartigen Mischungen werden Textilien hergestellt, die als ausgesprochene Verbrauchsartikel gelten und deshalb auch in größeren Mengen, teilweise auch als Stapelartikel, hergestellt werden. Dazu gehören Hemden-, Blusen-, Regenmantel- und Damenkleiderstoffe, die sich durch „leichte Pflegbarkeit" (wash-and-wear Artikel) auszeichnen, da sie bei ordnungsgemäßer Ausrüstung knitterarm, schmutzabweisend, leicht trocknend sind und kaum gebügelt werden müssen.

Zum **Bleichen** können alle für Baumwolle verwendbaren Verfahren eingesetzt werden, wenn auch hauptsächlich die Natriumchloritbleiche üblich ist. Als optische Aufheller werden Kombinationen verwendet. Obwohl die Polyesterfaser alkaliempfindlich ist, können die Gewebe ohne Faserschädigung merzerisiert werden, was vor allem für Hemden-, Blusen- und Regenmantelstoffe von Vorteil ist.

Zum **Färben** sind eine Vielzahl von dis- und vollkontinuierlichen Verfahren im Gebrauch, die auch die brillantesten bzw. echtesten Farbtöne ermöglichen, wie sie für ausgesprochene Waschartikel verlangt werden. Ferner kann Baumwolle und regenerierte Zellulose auch unter HT-Bedingungen behandelt werden, so daß auch die Verwendung von Carriern umgegangen werden kann, die das Färbeverfahren verteuern und zu vermehrten Fehlern Anlaß geben. Zum Färben von Garnen werden hauptsächlich HT-Färbeapparate für Wickelkörper eingesetzt, die auch zum Färben von Stranggarn eingerichtet sind. Viel häufiger jedoch werden die Fasermischungen im Stück gefärbt.

Vor dem *diskontinuierlichen Färben* werden die Stücke wie üblich entschlichtet, gewaschen, merzerisiert, getrocknet, fixiert, für helle Töne evtl. gebleicht (bzw. optisch aufgehellt) und auf der Haspelkufe oder dem Jigger bei Kochtemperatur oder dem Stückbaumautoklaven unter HT-Bedingungen gefärbt, anschließend getrocknet, gesengt (gebürstet) und fertigappretiert. Bei der Auswahl des Färbeverfahrens sind vor allem die vorhandene Behandlungseinrichtung, die Beschaffenheit der Farbstoffe und die verlangten Echtheiten zu berücksichtigen. Dabei muß genau wie beim Färben von Wolle-Polyestermischungen, ein Anschmutzen des Zelluloseanteils berücksichtigt werden, der bei tiefen Tönen meist eine Zwischenreinigung erfordert und befriedigende Brillanz und Echtheiten nur im Zweibadverfahren zu erreichen sind.

Beim *Einbad-Färbeverfahren* (Ausziehverfahren), welches nur für helle Töne eingesetzt werden kann, ist es möglich Dispersionsfarbstoffe und Direktfarbstoffe gemeinsam zu färben. Dabei wird die Ware in einem Bad, welches

    1 —2 g/l Dispergator bzw. Egalisiermittel
    0,5—5 ml/l Carrier
    1 —2 g/l Ammonsulfat

enthält während 20 min. bei 50—60 °C vorbehandelt, die dispergierten Dispersions- und gelösten Direktfarbstoffe zugesetzt, in 30 min. zum Kochen getrieben und 60—90 min. kochend gefärbt. Zur besseren Erschöpfung des Direktfarbstoffes sind Salzzusätze notwendig, die jedoch erst portionsweise nach 40 min. Kochzeit zugesetzt werden, um ein Ausfallen (Aussalzen) der Dispersionsfarbstoffe zu vermeiden. Die so hergestellten Färbungen zeigen gute bis hervorragende Lichtechtheit, wenn entsprechende Direktfarbstoffe verwendet wurden. Die Reibechtheit kann zusätzlich durch ein schwaches Nachseifen bei 40—60 °C mit 1 g/l eines anionischen Waschmittels verbessert werden. Für ausgesprochene Kochwaschartikel sind die Färbungen jedoch auch bei Nachbehandlung mit kationischen Hilfsmittel nicht ausreichend waschecht. Beim Färben auf dem HT-Baumfärbeapparat kann zwar der Zusatz von Carriern unterbleiben, es müssen jedoch Direktfarbstoffe ausgewählt werden, welche bei der HT-Behandlung nicht oder nur unwesentlich beeinflußt werden.

Zur Herstellung von echten bis echtesten Färbungen werden hauptsächlich *Zweibad-Verfahren* eingesetzt. Dabei wird der Polyesterfaseranteil wie oben angegeben mit Carrier und Dispersionsfarbstoffen oder unter HT-Bedingungen vorgefärbt. Das Färbebad wird mit Essig- oder Ameisensäure auf pH 5—5,5 eingestellt. Anschließend wird zwischengewaschen oder reduktiv mit

    2—5 ml/l Natronlauge 38 °Bé
    1—3 g/l Hydrosulfit konz.
    1—2 g/l eines anionischen Waschmittels

während 30 min. bei 50—60 °C zwischengereinigt, gespült und anschließend der Zellulosefaseranteil mit Direktfarbstoffen (wenn dunkle Töne und keine besonderen Naßechtheiten verlangt werden), mit kupferbaren Direktfarbstoffen (wenn höhere Naßechtheiten verlangt werden) oder mit Küpenfarbstoffen (wenn höchste Echtheiten verlangt werden) nachgefärbt. Dabei folgt der Färbung beim Einsatz von kupferbaren Direktfarbstoffen das Nachkupfern und bei Küpenfarbstoffen eine Oxydation und das Ausseifen.

Bei Verwendung von Küpenfarbstoffen kann die reduktive Zwischenreinigung unterbleiben, da der Dispersionsfarbstoff beim Färben mit Küpenfarbstoffen von der Zellulose abgelöst wird. Bei Verwendung von Küpenfarbstoffen ist eine besondere Auswahl notwendig, da nicht alle Produkte eine ausreichende Polyesterreserve aufweisen. Im Zweibadverfahren läßt sich der Baumwollanteil auch mit Reaktivfarbstoffen nach dem Auszieh- oder anderen Diskontinueverfahren nachfärben. Die geschilderten Verfahren werden zur Erzeugung von Uni- und auch Bicolor-Nuancen (Regenmantelstoffe) eingesetzt. Dasselbe gilt auch für die nachstehenden Verfahren.

Zur Herstellung von *Färbungen mit höchsten Echtheiten* werden auch besondere Naphtol-Echtbasen-Mischungen (z. B. Intramin-Farbstoffe/*Hoechst*) eingesetzt, die im Carrier- oder HT-Verfahren den Polyesteranteil anfärben. Nach reduktiver Zwischenreinigung werden auf dem Zelluloseanteil unlösliche Azokörper erzeugt. Zur Entwicklung der höchsten Echtheiten — vor allem der Heißluftfixierechtheit — ist eine reduktive Nachreinigung unter HT- oder Kochbedingungen notwendig. Dabei werden wie bei der Zwischenreinigung

        4 ml/l Natronlauge 38 °Bé
        2   g/l Hydrosulfit konz.
        1,5 m/l Hostapal BV

kochend verwendet. Die Zwischenreinigung wird wie vorstehend, jedoch nur bei 80 °C während 15 min. vorgenommen.

Besonderes Interesse hat das Färben von Mischungen aus Polyester/Zellulosefaser-Mischungen nach dem **Thermosolierverfahren,** wie es bereits für Mischungen mit Wolle beschrieben wurde gefunden und dessen maschinelle Einrichtungen auf S. 125 zu finden sind. Dabei ist es möglich, sowohl im Einbad-, als auch nach dem Zweibad-Verfahren zu arbeiten. In allen Fällen aber werden die Dispersionsfarbstoffe, Küpenfarbstoffe (Polyestrene/*Cassella*) und Leukoküpenester foulardiert und nach einer Zwischentrocknung durch Thermofixieren mit hohen Echtheiten auf der Polyesterfaser fixiert. Durch die Thermofixierung werden gleichzeitig auch die Polyesterfasern fixiert und der Farbstoff in der Faser gelöst, wodurch sich die hohen Echtheiten erklären. Auch hier ist eine vorzügliche Vorreinigung der Stückware für den egalen Farbausfall besonders wichtig. Dabei sollte die Vorreinigung nur im breitem Zustand erfolgen, da Knicke, Brüche und örtliche Scheuerstellen in fast allen Fällen markiert werden.

Das Thermosolierverfahren kann mit einer Reihe von Farbstoffkombinationen kontinuierlich als „Einbad" oder „Zweibad-Verfahren" durchgeführt werden. In allen Fällen werden die für das Anfärben der Polyesterfasern notwendigen Farbstoffe foulardiert. Die *Klotzflotte* enthält neben dem Farbstoff körperarme Verdickungsmittel wie z. B. 100—300 g/l Natriumalginat (25:1000) bzw. spezielle Verdickungsmittel auf Acrylbasis (2—5 g/l Schlichte T8/*BASF*, 20 g/l Solidokoll K/*Cassella* u. a.) bzw. werden auch Produkte auf Basis wasserlöslicher Zellulose (5 g/l Unisol RH/*Francolor*) empfohlen. Diese Hilfsmittel unterbinden die Farbstoffwanderung (Migration) während des Trocknens. Für eine gute Dispergierung ist auch der Zusatz von Dispergiermitteln (2—10 g/l Emulphor EL/*BASF*, Emulgator EL/*Hoechst*, Stabilisator VP/*CIBA*, Diazopon A/*BASF*, Dispersogen AZ/*Hoechst*, Sunaptol P/*Francolor* u. a.) notwendig. Zur besseren Benetzung werden Netzmittel, Schaumdämpfungsmittel und von verschiedenen Firmen ein Zusatz von 0,2—1 /ml Essigsäure 50%ig empfohlen. Der Klotzansatz wird vorteilhaft mit einem Schnellrührer ausreichend feinverteilt und bei 30—60 °C mit einem Vertikalfoulard geklotzt. Von *Geigy* wird der auf S. 375 empfohlene Ansatz empfohlen. Anschließend wird, wie für Thermosolierungen üblich, schockartig vor- und auf der Hotflue oder dem Schwebedüsentrockner nachgetrocknet und auf dem Spannrahmen bei 210—220 °C während 60—40 sec. thermosoliert (S. 125).

Die Anfärbung des Zellulosefaseranteils wird nach einer Zwischenreinigung, die bei hellen Tönen mit einem nichtionogenen oder anionischen Hilfsmittel und Soda bzw. bei mittleren und tiefen Tönen mit

2 g/l Hydrosulfit konz.
5 ml/l Natronlauge 38 °Bé

und 1—2 g/l, eines der bereits genannten Reinigungsmittel, während 30—45 min. bei 90 °C vorgenommen und nach gutem Spülen auf frischem Bad mit Direkt-, Küpen-, Reaktiv- oder Schwefel-Farbstoffen die Zellulose nachgefärbt. Da es sich bei den gefärbten Mischartikeln meist um Gewebe handelt, die eine hohe Naßechtheit verlangen, werden zum Nachfärben Direktfarbstoffe verwendet, die durch eine entsprechende Nachbehandlung in ihren Naßechtheiten ausreichend verbessert werden können (kationische Hilfsmittel, Nachkupfern). Die Farbstoffe können diskontinuierlich auf der Haspelkufe oder dem Jigger appliziert werden, doch ist auch eine kontinuierliche Arbeitsweise möglich. Diese, als *Zweibadverfahren* bezeichnete Arbeitsweise, ist auch für Küpenfarbstoffe verwendbar, die diskontinuierlich wie für Direktfarbstoffe, semikontinuierlich (Pad-Jigg-Verfahren) oder nach vollkontinuierlichen Verfahren (Pad-Steam u. a.) eingesetzt werden. Dabei sind Küpenfarbstoffe auszuwählen, die eine ausreichende Polyesterreserve aufweisen:
Eine reduktive Zwischenreinigung ist nicht notwendig, da beim Färben mit Küpenfarbstoffen Hydrosulfit und Lauge gleichzeitig den nichtfixierten Dispersions-Farbstoff von der Polyester- und die Anschmutzung von der Zellulosefaser ablösen. Beim Nachfärben mit Schwefelfarbstoffen ist nur dann eine reduktive Zwischenreinigung entbehrlich, wenn mit Hydrosulfit als Reduktionsmittel gefärbt wird. Das normale Schwefelnatriumverfahren reicht zum Ablösen der Dispersionsfarbstoffe nicht aus. Auch Reaktivfarbstoffe können nach dem Zweibadverfahren nach allen bekannten Verfahren appliziert werden. Beim Einsatz der verschiedensten Farbstoffe sind die für die einzelnen Farbstoffklassen notwendigen Nacharbeiten in der bekannten Weise vorzunehmen.

Beim *Einbadverfahren* werden die Farbstoffe für den Polyester- und den Zelluloseanteil gemeinsam foulardiert und nach dem Thermosolieren entsprechend entwickelt oder nachgearbeitet. Dadurch ist es in vielen Fällen möglich, eine vollkontinuierliche Arbeitsweise einzusetzen. Das Verfahren hat beim Einsatz von Direktfarbstoffen nur wenig Bedeutung, da die auf der Zellulosefaser abgelagerten Dispersionsfarbstoffe durch eine reduktive Nachbehandlung nicht entfernt werden können, ohne daß der Direktfarbstoff zumindestens teilweise abgezogen wird. Das Verfahren hat nur dann Bedeutung, wenn sehr helle Töne erzeugt werden sollen und Dispersionsfarbstoffe eingesetzt werden, welche die Zellulosefaser ausreichend reservieren. Die Arbeitsweise hat beim Färben mit Küpenfarbstoffen Bedeutung. Es werden dabei gemeinsam die Küpenpigmente und Dispersionsfarbstoffe unter Zusatz der vorstehend beschriebenen Klotzzusätze foulardiert, getrocknet, thermosoliert und anschließend diskontinuierlich, semikontinuierlich oder vollkontinuierlich der Küpenfarbstoff reduziert und gleichzeitig die Zellulose- und Polyesterfaser gereinigt. Die Farbstoffhersteller haben ihre Küpenfarbstoffe so ausgewählt, daß vom Färber jeweils die Produkte verwendet werden können, die eine ausreichende Polyesterreserve ermöglichen. Im Küpenfarbstoffsortiment sind jedoch auch eine Reihe von Produkten enthalten, die auch die Polyesterfaser durch das Thermosolieren entweder in gleicher Tiefe und Nuance, gleicher Tiefe und abweichender Nuance bzw. heller in gleicher oder anderer Nuance bzw. auch dunkler mit abweichender Nuance anfärben. Es kann deshalb bei Verwendung der entsprechenden Küpenfarbstoffe eine Ton-in-Ton- oder auch Bicolorfärbung erreicht werden, ohne daß ein Dispersionsfarbstoff eingesetzt wird. Bei entsprechender Auswahl können, evtl. unter Mitverwendung von Dispersionsfarbstoffen, alle Farbtöne erreicht und kontinuierlich gearbeitet werden.

Von *Cassella* wurden aus dem konventionellen Küpensortiment bzw. durch Neuentwicklungen besonders aufbereitete Küpenfarbstoffe **Polyestren-Farbstoffe** als Teigmarken auf dem Markt gebracht, die sich zum Färben nach dem Thermosolierverfahren für Reinpolyester- und Geweben aus Mischungen mit Zellulosefasern eignen und hervorragend echte Färbungen ergeben (Tab. 72). Die Produkte färben zum größten Teil Zellulose- und Polyesterfasern in gleicher Tiefe und Ton-in-Ton an bzw. enthält das Sortiment auch solche, welche die Polyesterfaser Ton-in-Ton aber weit tiefer anfärben. Es lassen sich deshalb Mischgewebe sowohl Uni- als auch durch Mitverwendung von ausgesuchten Indanthrenfarbstoffen, welche Polyesterfasern reservieren, auch Bicolor-(Changeant-)Effekte erreichen.

Tabelle 72. *Echtheiten einer Färbung mit Polyestrenbrillantgrün G Teig/Cassella. Auf dem Polyesterfaseranteil in* $^1/_3$ *Hilfstypenstärke (außer Licht-) beurteilt*

Licht- $^1/_3, ^1/_6, ^1/_{12}$	Wasch- (95 °C)	Perboratwasch-	Peroxydbleich-	Chlor- (schwer)	Chloritbleich-	Trockenreinigungs-			Trockenhitzefixier-	Bügel-		Reib-	
						Benzin	Tri	Per		trocken	naß	trocken	naß
6	4—5	4—5	5	4	1	4—5	4—5	4—5	5	5	5	4	4
6—7	5	5	5	5	5	5	5	5	5				
6—7	5	5	5	5	5	5	5	5	5				

Für eine gute Färbung ist die Vorbehandlung der Gewebe in breitem Zustand notwendig. Die Klotzflotte wird durch Anteigen der Polyestren-Farbstoffe mit 40—50 °C warmen Wasser begonnen und die Dispersionen in das Foulardbad gesiebt, welchem 2—3 ml/l Diazopon A/*BASF* oder Dispersogen AZ/*Hoechst* nachgesetzt werden. Als Verdickungsmittel empfiehlt *Cassella* 20—30 g/l Solidokoll K, welches als 5—10%ige Stammlösung zugesetzt wird. Die evtl. mitverwendeten Küpenfarbstoffe werden in besonderer Feinverteilung dem Klotzbad als Stammdispersion zugefügt. Nun wird die gereinigte, gleichmäßig vorgetrocknete Ware bei 30—40 °C foulardiert und auf der Thermosolieranlage zwischengetrocknet. Thermosoliert wird bei 205—210 °C auf einem Nadelspannrahmen mit 18% Voreilung, da Kluppen zur Markierung führen. Um die angegebene Temperatur zu erreichen, ist es notwendig, die Umluft des Rahmens auf 215—220 °C zu erwärmen. Die Fixierung der Farbstoffe wird durch eine Behandlung während 30—60 min. vorgenommen. Zur Reinigung der Polyesterfaser und zur Entwicklung des evtl. gleichzeitig aufgeklotzten Küpenfarbstoffes auf der Zellulosefaser wird je nach Flottenverhältnis mit

4 —6 (1:30) bzw. 10—15 ml/l (1:5) Natronlauge 38 °Bé
1,5—2 (1:30) bzw. 4— 5 g/l (1:5) Hydrosulfit konz. Plv.

20—30 min. bei 50—70 °C nachbehandelt, warm gespült, geseift und nachgespült. Um ein stärkeres Abbluten des Küpenfarbstoffes von der Zellulosefaser zu vermeiden, werden 5—20 g/l Glaubersalz kalz. verwendet. Die Nachbehandlung kann kontinuierlich oder auf der Haspelkufe oder dem Jigger vorgenommen werden. Müssen Küpenfarbstoffe verwendet werden, welche die Polyesterfaser anschmutzen, ist es günstiger die Produkte mit der reduktiven Nachbehandlung zu färben. Zum Färben von Schwarz auf den Zellulosefaseranteil wird Hydrosolschwarz B/ *Cassella* foulardiert und normal nachbehandelt.

Nach dem Thermosolierverfahren können auch in hellen bis mittleren Farbtönen auf beiden Fasern *Leukoküpenesterfarbstoffe* eingesetzt werden. Das gut vorbehandelte Gewebe wird mit Farbstoff, Netzer und 5—8 g/l Natriumnitrit geklotzt und mit oder ohne Zwischentrocknung in einem Foulardbad mit 10 ml/l Schwefelsäure 66 °Bé entwickelt, über einen Luftgang und anschließend wie üblich nachbehandelt. Durch diese Arbeitsweise wird jedoch nur der Zelluloseanteil gefärbt. Durch Thermosolieren der Klotzung wird der Leukoküpenester jedoch als „Dispersionsfarbstoff" auch in der Polyesterfaser fixiert, und es lassen sich durch Thermosolieren die beschriebene Nachbehandlung des Farbstoffes auf der Zellulosefaser helle und mittlere Töne auf beiden Fasern als Ton-in-Ton-Färbung erzeugen.

Besonderes Interesse haben zum Färben von Polyester-Zellulosefaser-Mischgewebe *Reaktivfarbstoffe* gefunden. Dabei kann der Dispersionsfarbstoff allein geklotzt und durch Thermosolieren fixiert und der Reaktivfarbstoff anschließend nach dem Auszieh- oder anderen Verfahren zum Anfärben des Zelluloseanteils verwendet werden. Eine Zwischenreinigung ist bei mittleren und tiefen Farbtönen vorteilhaft. Es ist jedoch auch ein gemeinsames, alkalisches Foulardieren der Farbstoffe möglich, die durch anschließendes Thermofixieren entwickelt und durch kochendes Seifen nachbehandelt werden können. Dabei ist zur Klotzflotte außer den bereits früher genannten Zusätzen Alkali — man verwendet meist 20 g/l Soda kalz. — und zur verbesserten Löslichkeit 50—100 g/l Harnstoff notwendig *(z. B. Teracron-Verfahren/CIBA)*.

Die Thermosolierverfahren haben sich vor allem beim Färben von Fasermischungen aus Polyester- und Zellulosefasern eingeführt, wenn sie auch zum Färben von Geweben aus reinen Synthesefasern verwendbar sind, verursacht deren geringe Feuchtigkeitsaufnahme oft unangenehme Fehler. Inzwischen wurden die Verfahren auch für Triazetatgewebe bzw. deren Mischungen mit Zellulosefasern eingesetzt. Einer allgemeinen Einführung steht heute noch der Umstand entgegen, daß die maschinellen Einrichtungen nicht billig sind und das Färbeverfahren Mindestmetragen voraussetzt, wenn nicht durch die langen Reinigungszeiten der Maschinen das Verfahren unwirtschaftlich werden soll. Als Mindestgewebemenge werden in Europa für das Thermosolieren 500 m, in USA 5000 m angegeben. Die hohen Echtheiten, die durch das Thermosolieren auf der Polyesterfaser erreicht werden, machen es notwendig, daß die vorgetrocknete Ware vor dem Thermosolieren nochmals auf Unegalitäten durchgesehen werden sollte, da sich eine entwickelte Färbung nur sehr schwierig in diskontinuierlichen Verfahren reparieren läßt.

Eine gewisse Bedeutung hat auch das *Pad-Roll-Färbeverfahren* für Polyester-Zellulosefaser-Mischungen. Dabei können Dispersions- und Reaktivfarbstoffe geklotzt, durch die im Klotzbad enthaltene Soda in der Thermoverweilkammer während 4—5 Std. bei 98 °C die Reaktivfarbstoffe fixiert, die Ware zwischengetrocknet und die Dispersionsfarbstoffe durch Thermosolieren fixiert werden. An Stelle der Reaktivfarbstoffe können auch Direktfarbstoffe verwendet werden. Im Anschluß an das Thermosolieren muß in beiden Fällen eine Nachwäsche erfolgen, die bei Reaktivfarbstoffen kochend und bei Direktfarbstoffen bei 40 °C durchgeführt wird.

Der Mischartikel kann in Pastelltönen mit sehr guten Echtheiten auch mit *Pigmentfarbstoffen* nach den für Baumwolle üblichen Verfahren gefärbt werden. Dabei ist der Zusatz von Appreturmitteln zur Klotzflotte möglich und jede Nachbehandlung kann, außer das Trocknen und Kondensieren, unterbleiben. Der harte Warengriff wird, wie auch die Thermosolierungsstarre durch Brechen oder kaltes Kalandern beseitigt.

5. Polyester-Polyacrylfaser-Mischungen

In letzter Zeit ist dieser Mischartikel aus gleichen Teilen beider Fasern häufig geworden, der wegen seiner leichten Pflegbarkeit für Oberbekleidung verwendet wird. Stückwaren können leicht permanentplissiert und in der Haushaltwaschmaschine gewaschen werden. Man bezeichnet die Fertigtextilien auch als „vollwaschbar". Von *Bayer* werden sie auch als 2D-Textilien (Dralon-Diolen) bezeichnet. Die Mischungen können mit Natriumchlorit gebleicht und mit entsprechenden Aufhellern optisch gebläut werden. Zum Färben wird von *Bayer* das Färben mit Dispersions- und basischen Farbstoffen mit Carrier empfohlen. Dabei wird das bei 60—70 °C während 20 min. mit

        0,5—1 g/l Levapon NSW
        1 —2 g/l Tri- oder Tetranatriumphosphat

vorgewaschene und gespülte Gewebe mit

        0,5—1 g/l Avolan IW (Egalisiermittel)
        1,5—4 g/l Levegal PT (Carrier)
        2,5—3 % Essigsäure 50%ig

bei 70—80 °C 15 min. vorbehandelt und die dispergierten Resolin-(Dispersions-) und die gut gelösten Astrazon- bzw. Astra-(kationische-)Farbstoffe dem Bad zugesetzt, in 30 min. zum Kochen getrieben und 1½ bis 2 Std. kochend gefärbt. Zur optimalen Reibechtheit ist nach warmen Spülen eine reduktive Behandlung mit

        0,5 g/l Levapon NSW/*Bayer* oder/und
        0,25—0,5 g/l Blankit IN/*BASF*

während 20 min. bei 60—70 °C notwendig. Eine geringe Zahl der basischen Farbstoffe eignet sich nicht für das Einbadfärbeverfahren und kann nur im Zweibadverfahren verwendet werden, da diese Farbstoffe nicht mit Levegal PT (Carrier) verträglich sind. Wenn Zweifarbeneffekte verlangt werden, sollte die Polyacrylfaser dunkler gefärbt werden, da die Dispersionsfarbstoffe diese Faser immer in gewisser Tiefe anfärben.

Von der *BASF* werden mehrere Färbeverfahren für den Mischartikel empfohlen. Bei der *einbadig-zweistufigen HT-Färbung* auf Stückbaumautoklaven wird die bei 190—200 °C während 30 sec. vorfixierte und vorher mit

        0,5 g/l   Nekanil LN
        0,5 ml/l Essigsäure 50%ig oder Ammoniak 25%ig

30 min. bei 60 °C gewaschene Ware mit Essigsäure auf pH 5,5 eingestellt, bei 60 °C 1% Uniperol W als Egalisiermittel und der gut dispergierte, möglichst in flüssiger Form verwendete Palanil-(Dispersions-)Farbstoff zugesetzt. In 40 min. auf 120—125 °C getrieben und bei dieser Temperatur 1 Std. gefärbt. Anschließend wird in 30 min. auf 80 °C abgekühlt — kürzere Abkühlzeiten sind ungünstig für den Griff der Polyacrylfaser — mit Essigsäure auf einen pH-Wert von 4,5 eingestellt, der mit der gleichen Menge Essigsäure angeteigte und gut gelöste basische Basacrylfarbstoff zugesetzt, innerhalb von 40 min. auf 100—105 °C erwärmt und während 60 min. bei dieser Temperatur der Acrylfaseranteil angefärbt. Zur Verbesserung der Egalität ist der Nachsatz von 5—0 g/l Glaubersalz kalz. und gegen die katalytische Wirkung von Kupfer 0,05—0,1 g/l Kaliumbichromat vorteilhaft. Die Nachreinigung erfolgt während 30 min. bei 60—70 °C mit

    3 g/l Blankit IN
    2 g/l Soda
    0,5—1 g/l Emulphor EL oder die doppelte Menge Nekanil AC spezial.

Das beschriebene Verfahren kann einbadig und einbadig-zweistufig bei Kochtemperatur bzw. auch zweibadig eingesetzt werden. Dabei ist lediglich der Zusatz eines Carrier beim Färben des Polyesteranteils (z. B. 3—5 g/l Palanilcarrier PE) und eine um 50% verlängerte Kochzeit erforderlich.

6. Wolle-Polyacrylfaser-Mischungen

Der wollähnliche Charakter der Acrylfasern, vor allem deren Bauschelastizität, haben zur verstärkten Verwendung dieser Fasern in Mischung mit Wolle geführt. Wegen der elektrostatischen Aufladung und dem dadurch bedingten Pillingeffekt werden von den Acrylfaserherstellern, ähnlich wie bei Mischungen von Wolle mit Polyesterfasern, bestimmte Richtlinien für die Herstellung von Garnen und Geweben aufgestellt. Das Mischungsverhältnis von 55% Acrylfasern und 45% Wolle ist das gleiche wie für Wolle/Polyestermischungen. Auch die Forderung möglichst kahl appretierte Kammgarne herzustellen, gilt analog. Auch die weiteren Forderungen treffen für Acrylfaser/Wollmischungen zu, wenn auch ein Fixieren normalerweise nicht notwendig ist, sollten die Stückwaren möglichst nur im breiten Zustand gewaschen und behandelt werden. Zum *Bleichen* der Fasermischung kommt nur die für Wolle üblichen Peroxyd- oder Reduktionsbleichverfahren und entsprechendes Aufhellen mit Mischungen optischer Aufheller in Betracht, da durch die angeführten Bleichverfahren nur die Wolle im Weißgrad verbessert wird.

Zum Färben sind sowohl Ein- als auch Zweibadverfahren üblich, die je nach Farbtiefe eingesetzt werden können. Beim *Zweibadverfahren* werden die vorher mit

    0,5—1 g/l eines nichtionogenen Waschmittels
    0,5—1 g/l Trinatriumphosphat oder Soda kalz.

vorgewaschenen und abgesäuerten Stücke mit

    1% Avolan IW/*Bayer* (Egalisiermittel)
    3% Essigsäure 50%ig
    5% Glaubersalz kalz.

10 min. bei 45 °C vorbehandelt, der vorher mit Essigsäure angeteigte und in Wasser gelöste, kationische Farbstoff zugesetzt, in 25 min. auf 85 °C erwärmt, evtl. 10 min. bei dieser Temperatur verblieben und in weiteren 30 min. zum Kochen getrieben

und kochend, je nach Farbtiefe, während 30—90 min. gefärbt. Zuerst zieht der basische Farbstoff auf die Wolle und wird erst durch längeres Kochen zum ,,Überkochen" auf die Polyacrylfaser veranlaßt. Von den Farbstoffherstellern wurden die basischen Farbstoffe ausgewählt, die beim Färben der angegebenen Mischung fast restlos auf die Acrylfaser überkochen, so daß eine Zwischenreinigung der Wolle nur in Ausnahmefällen notwendig ist. Es ist aber in allen Fällen eine ausreichende Kochzeit einzuhalten um die Echtheiten der basischen Wollfärbung, die weit unter denen auf Acrylfasern liegen, nicht durch Herabsetzung der Gesamtechtheiten wirksam werden zu lassen. Beim Zweibadverfahren kann entweder nur zwischengespült bzw. auch zwischengereinigt und anschließend in üblicher Weise mit entsprechenden Wollfarbstoffen nachgefärbt werden. *Beim Einbad-Zweistufenverfahren* wird der Acrylfaseranteil wie beschrieben vorgefärbt und nach Abkühlen auf 70—80 °C der Wollanteil mit Säure-, 1:1-, 1:2-Metallkomplex- oder Chromfarbstoffen nachgefärbt.

In letzter Zeit werden immer stärker die kürzeren *Einbad-Verfahren* eingesetzt. Dabei können basische und Säurefarbstoffe gemeinsam nach der oben für das Vorfärben angegebenen Methode gefärbt werden. Da sich jedoch nicht alle basischen Farbstoffe für diese Methode eignen, sollte das Verfahren möglichst nur zum Färben von hellen Tönen eingesetzt werden. Von der *BASF* wird im Einbadverfahren die Verwendung der besonders für das Färben von Polyacrylfasern ausgesuchten Basacryl- mit den Palatinecht-(1:1)-Metallkomplex-Farbstoffen empfohlen. Dabei wird das Material nach guter Vorwäsche in einem Bad welches

4% + 0,4 g/l Schwefelsäure 66 °Bé

enthält, bei 70 °C 10—15 min. vorbehandelt (pH 2—2,5). Die Säuremenge bezieht sich dabei nur auf den Wollanteil und beträgt bei einer Mischung von 55:45 etwa 3% auf das Gesamtgewicht, wenn im Flottenverhältnis 1:40 gearbeitet wird. Nun setzt man den gut gelösten Basacrylfarbstoff zu, treibt auf 80 °C, setzt 1% Uniperol W und den vorher gelösten Palatinechtfarbstoff nach und treibt in 40 min. zum Kochen. Nach 1^1/$_2$ Std. ist der Basacrylfarbstoff normalerweise auf die Acrylfaser übergekocht und der Palatinechtfarbstoff auf der Wolle fixiert. Zur besseren Erschöpfung der Bäder ist jedoch ein 2stündiges Kochen ratsam. Nach diesem Verfahren lassen sich mit entsprechend ausgewählten Farbstoffen beider Klassen Uni- und Bicolor-Färbungen erreichen. Für Schwarz wird ein Einbad-Zweistufen-Verfahren empfohlen bei dem die Basacryle als 3er-Kombination (2,5% -gelb 5 GL + 1,1% -rot GL + 1,7% -blau GL) verwendet werden, unter Zusatz von 2% Essigsäure 50%ig bei pH 5 wie oben ausgefärbt und nach 1 Std. Kochzeit der Wollanteil mit

1,5% Schwefelsäure 66 °Bé
1 % Uniperol W
5 % Palatinechtschwarz WAN, SRN, oder RRN

in 40 min. kochend nachgedeckt und durch 1,5% Schwefelsäure das Bad in weiteren 30 min. Kochzeit erschöpft. Wegen der Metallempfindlichkeit der Basacryle ist ein Zusatz von 0,05—1% Kaliumbichromat oder 0,2% Ludigol/*BASF* zum Färbebad vorteilhaft. Da die Polyacrylfasern bei Temperaturen über 60 °C thermoplastisch sind, sind die Behandlungsbäder bis in diesen Temperaturbereich langsam (1 °C pro 1 min.) abzukühlen.

Mischungen von Wolle mit Modacrylfasern (modifizierte Acrylfasern) verlangen oft abgeänderte Rezepturen und Färbebedingungen. Zum Färben von Acrilan-regular/Wollmischungen werden von der *CIBA* Färbungen mit Säure-, 1:1-Metallkomplex-(Neolan-) und 1:2-Metallkomplex-Farbstoffe empfohlen, die alle mit mindestens 1% Schwefelsäure und 45 min. Kochzeit appliziert werden. Zur Entfernung der Schwefelsäure werden die Textilien mit

        5 —8% Natriumazetat
        0,5—1% Ultravon JF oder JU/*CIBA*

15—20 min. bei 60 °C neutralisiert bzw. geseift.

Ebenfalls von der *CIBA* wird zum Färben von Mischungen aus normalen Acrylfasern mit Wolle das einbadige Färben mit basischen (Deorlin-) und Reaktiv-(Cibacron-)Farbstoffen empfohlen. Dabei wird unter Zusatz von

        6 % Essigsäure 50%ig
        5 % Glaubersalz kalz.
        1 % Neovadin AN
        0,2% Dispergator CC

und Deorlinfarbstoff bei 50 °C mit dem Färben begonnen, in 20 min. auf 80 °C getrieben und der vorher gelöste Cibacronfarbstoff nachgesetzt, 10 min. bei dieser Temperatur behandelt, in 30 min. zum Kochen getrieben und 1 Std. gekocht. Anschließend wird bei abgestelltem Dampf 3,2% Ammoniak 25%ig nachgesetzt und ohne Dampfzufuhr der Reaktivfarbstoff in weiteren 20 min. auf der Wolle fixiert, gründlich warm und kalt gespült und evtl. im letzten Spülbad durch einen Zusatz von Essigsäure der verbliebene Ammoniak neutralisiert.

7. Zellulose-Polyacrylfaser-Mischungen

Für leichte Damenkleider-, Herrenoberbekleidungs-, Regenmantel- und Dekorationsstoffe sind auch diese Fasermischungen gebräuchlich, die durch eine Chloritbleiche gebleicht werden können. Zum Färben in hellen Farbtönen werden Dispersions- und Direktfarbstoffe oder basische mit Direktfarbstoffen im Einbadverfahren verwendet. Für helle Töne können auch Leuköküpenester mit Natriumnitrit foulardiert naß-auf-naß oder nach einer Zwischentrocknung mit 20 ml/l Schwefelsäure 66 °Bé entwickelt werden. Zum Färben von hellen Tönen können auch Pigmentfarbstoffe nach dem für Baumwolle üblichen Verfahren eingesetzt werden.

8. Zellulose-Triazetatfaser-Mischungen

Die Triazetatfaser hat in den letzten Jahren als Beimischung, vor allem zu Baumwolle oder regenerierte Zellulosefasern, eine weite Verbreitung gefunden und hat als billiger Faserrohstoff der Polyesterfaser auf diesen Gebiet z. T. einen gewissen Kundenkreis streitig machen können, was der empfindlicheren Sekundärazetatfaser nicht gelungen ist. Das gilt auf allen Gebieten auf denen Zellulosefasern mit Polyesterfasern gemischt werden. Vorläufig sind jedoch Mischungen von Triazetat mit Wolle selten.

Für die Anwendung der Bleich- und Färbeverfahren gilt dasselbe, wie es bereits für Polyester-Zellulosefaser-Mischungen gesagt wurde. Erschwerend kommt jedoch dazu, daß die Triazetatfaser zur Erreichung ihrer spezifischen

Eigenschaften und der Echtheiten der Färbung unbedingt nachfixiert werden muß. Es haben sich deshalb für diesen Artikel die Thermosolierfärbeverfahren besonders einführen können, wenn auch Mischartikel nach den anderen Verfahren, die auch für Polyesterfasermischungen üblich sind, gefärbt werden können. Das gilt sowohl für Carrier- als auch HT-Färbeverfahren.

C. Fasermischungen, die zur Herstellung besonderer Effekte dienen

Für diesen Zweck wurden von der Einführung von Synthesefasern vor allem *Sekundärazetat, (Fäden* und *Stapelfasern)* verwendet, die sich mit den für native und regenerierte Fasern brauchbaren Farbstoffe nicht anfärben lassen und damit sowohl Weiß- als auch Bunteffekte, neben den spinn- und webtechnischen Effekten, ergeben. Es werden mit Sekundärazetat Flammen-, Noppen- u. a. Effektgarne hergestellt, die das Sekundärazetat auch als Stichelhaar oder Bändchen enthalten. Daneben werden Fäden aus Sekundärazetat auch als Nadelstreifen und in größeren und kleineren Mustern in allen Geweben und Gewirken eingesetzt. Da jedoch nicht alle Farbstoffe, die zum Färben von Protein- oder Zellulosefasern verwendet werden. Sekundärazetat weiß lassen, wurde für Produkte, welche Sekundärazetat reservieren von den deutschen Farbstoffherstellern das Prädikat „Typ 8000" eingeführt. Dabei sind auch die Farbstoffe mit Typ 8000 nicht immer in der Lage auch große Muster aus Sekundärazetat rein weiß zu lassen, und es ist vorteilhaft, die von den Farbstoffherstellern herausgegebenen Richtlinien heranzuziehen, wenn es sich um größere Muster handelt. Der Typ 8000 ist jedoch immer in der Lage kleine Muster ausreichend weiß zu reservieren. Farbstoffe, die das Prädikat nicht tragen, bzw. nicht mit den Prädikat bestellt wurden, schmutzen Sekundärazetat stärker an — hauptsächlich tritt eine goldgelbe Anfärbung auf — und es ist deshalb eine brillante oder ausreichende Ton-in-Tonfärbung nicht immer möglich. Von den anderen Farbstoffherstellern werden alle Farbstoffe in den Musterkarten mit „Noten" oder „Vorzeichen" (+, ++, —, ——,) ausgestattet. welche die Anfärbung von Sekundärazetat bezeichnen. Von der *CIBA* werden z. B. Halbwollfarbstoffe herausgebracht, welche die Zusatzbezeichnung „ASR" tragen und Sekundärazetat reservieren.

Beim Färben von Textilien, die Sekundärazetat enthalten, ist in allen Fällen zu beachten, daß Sekundärazetat durch Alkali verseift wird und dann mit anionischen Farbstoffen anfärbbar ist. Es darf deshalb Soda als Egalisiermittel beim Färben mit Direktfarbstoffen nicht verwendet werden, Küpen- und Schwefelfarbstoffe sind deshalb zum Färben von Mischtextilien nicht brauchbar. Beim Färben von Textilien, die Proteinfasern enthalten, können die Produkte eingesetzt werden, welche Sekundärazetat weiß lassen, es ist jedoch dabei nicht unbedingt notwendig, daß nur bei Temperaturen bis 75 °C gefärbt wird, wie es beim Behandeln von reinem Sekundärazetattextilien notwendig ist, man kann vor allem im sauren Medium auch bei Kochtemperatur arbeiten, muß jedoch dann eine gewisse Mattierung der Sekundärazetatfaser in Kauf nehmen, die dann allerdings weniger auffällt, wenn es sich nur um kleinere Effekte wie Nadelstreifen, Noppen oder Flammen handelt.

Zur Herstellung von Mehrfarben-Effekten, heute allgemein als Bi- oder Multicolor-Färbungen bezeichnet, ist man seit der Einführung der Synthesefasern nicht mehr allein auf den Einsatz von Sekundärazetat angewiesen, sondern kann die jeweils brauchbaren, wenn auch meist teuren Synthesefasern einsetzen. Die dafür anwendbaren Färbeverfahren wurden bereits in den vorstehenden Kapiteln behandelt. Bei der Herstellung von Mehrfarbeneffekten ist jedoch immer zu beachten, daß Dispersionsfarbstoffe sowohl Protein- als auch Zellulosefasern mehr oder weniger stark anschmutzen, auf diesen Fasern weit schlechtere Echtheiten aufweisen und deshalb, die mit Dispersionsfarbstoffen färbbaren Fasern, möglichst farblich heller gehalten werden sollten als die im gleichen Bad angefärbten anderen Fasern. Bei der Herstellung von Bicolor-Effekten muß weiter ergänzend gesagt werden, daß unter „überfärbeechten Färbungen" keinesfalls solche verstanden werden dürfen, die keinen weiteren Farbstoff aufnehmen. Es wird mit diesen Prädikat jeweils eine Färbung bezeichnet, welche beim Nachfärben des mitverarbeiteten anderen oder gleichen Fasermaterials nicht auf dieses oder nur im Rahmen der angegebenen „Echtheitsnoten" abblutet. Dabei ist es jedoch immer möglich, daß der für das rohe oder vorgebleichte Fasermaterial im Ein- oder Zweibadverfahren verwendete Farbstoff auf das „überfärbeecht" vorgefärbte Material aufzieht und damit dessen Nuance verändert.

Zur Herstellung von Bicolor-Effekten in der Wollfärberei ist es auch möglich *chlorierte* und *unchlorierte Wolle* zu verspinnen und anschließend im Garn oder Stück auszufärben. Die chlorierte Wolle nimmt mehr Farbstoff auf als die unbehandelte Wolle. Selbstverständlich ist es auch möglich, *verschiedene Wollen* zu verarbeiten, welche unterschiedliches Farbstoffaufnahmevermögen aufweisen z. B. feine Merino- mit Cheviot- oder Mohairwolle. Besonders deutliche Farbtonunterschiede zeigen Cibacronfarbstoffe/*CIBA* bei unterschiedlichen Wollqualitäten, wenn ohne Neovadin AN, AL und ohne Dispergator CC, ansonsten jedoch wie auf S. 285 angegeben, gefärbt wird.

Geigy empfiehlt die Verwendung von *vorchromierter und unbehandelter Wolle*, die entweder im Garn oder Stück sehr deutliche Nuance- und Farbtiefenunterschiede zeigen. Das Material wird zuerst mit

1,5% Kaliumbichromat
1,5% Ameisensäure 85% ig

bei 50°C beginnend während 60 min. kochend vorchromiert und nach dem Verarbeiten die Ware mit ausgesuchten, chromechten Säure-, 1:2-Metallkomplex- oder Nachchromierungs-Farbstoffen bei pH 5,5 wie für Nachchromierungsfarbstoffe üblich ausgefärbt. Dabei ist es auch möglich mit den gleichzeitig verwendeten Nichtchromfarbstoffen das unchromierte Material stärker anzufärben, da der Chromfarbstoff hauptsächlich auf das vorchromierte Material zieht.

Im Rahmen dieses Buches ist es nicht möglich, auf alle für das Färben der verschiedensten Fasermischungen verwendbaren Färbeverfahren einzugehen, das gilt auch für *Dreifasermischungen*, deren Färbeweise noch komplizierter ist. Der versierte Fachmann wird jedoch in der Lage sein, aus den für die einzelnen Fasern üblichen Verfahren die auszuwählen, welche zur Herstellung von Ton-in-Ton- oder Multicolor-Effekten brauchbar sind. Dabei sollte jedoch vom Auftraggeber berücksichtigt werden, daß es nicht in allen Fällen möglich sein wird, alle Wünsche in Nuance und Echtheit zu erfüllen, auch wenn Färbemethoden zur Herstellung von Färbungen mit optimalen Echtheitsbedingungen für das Färben der Einzelkomponenten bestehen. In solchen Fällen ist die Vorfärbung in der Flocke, oder als

Garn, immer noch vorteilhafter, wenn auch dann die Nachteile der Buntspinnerei oder -weberei in Kauf genommen werden müssen. Nicht ganz einfach ist auch das *Abziehen und Aufhellen von Mischtextilienfärbungen,* und man muß bei der Auswahl der Verfahren immer auf die empfindlichere Faser Rücksicht nehmen, wenn eine ausreichende Faserschonung verlangt wird.

Ergänzend kann hier außerdem noch gesagt werden, daß die oft vom Betriebsfärber etwas abschätzig behandelte *Färberei von getragenen Kleidungsstücken,* die meist einer chemischen Reinigung angeschlossen ist, zu den bereits geschilderten Schwierigkeiten, die durch das Tragen eingetretene Faserschädigung kommt, die auch mit Hilfsmitteln und bester Farbstoffauswahl nur geringfügig zu eleminieren ist und meist zur tieferen Anfärbung der geschädigten Textilteile führt. Weiter kommt dazu, daß die Appretur der Fertigtextilien oft eine egale Anfärbung unmöglich macht. In Deutschland haben sich die untenstehend angegebenen Firmen besonders der Aufgabe gewidmet, dem „Kleiderfärber" Farbstoffmischungen und Einzelfarbstoffe zu liefern, welche die beschriebenen Schwierigkeiten tunlichst ausschalten.

>Büsing & Fasch GmbH., Oldenburg/Oldbg.
>Kreussler & Co., Wiesbaden-Biebrich
>Gebr. Seitz, Frankfurt/Main.

Die von den angegebenen Firmen vertriebenen Farbstoffe werden in großem Umfang auch in Betriebsfärbereien verwendet.

XIII. Trocknen

Zur Entfernung der Behandlungsflotte, die in unterschiedlichen Mengen für alle Bleich- und Färbeverfahren notwendig ist, bedient man sich einer Vielzahl von Einrichtungen. Dabei soll ein Teil der auf der Faser haftenden, bzw. auf Grund der Kapillarität festgehaltenen Feuchtigkeit beseitigt werden. Dazu gehört das *Tropfwasser,* die *adhärierende (Netzwasser)* und *kapillare Feuchtigkeit (Quellwasser).* Die *hygroskopische Feuchtigkeit* dient der Faser zur Erhaltung ihrer Gebrauchstüchtigkeit, des Griffes und in vielen Fällen auch des farblichen Aussehens und sollte deshalb durch keinen der Veredlungsprozesse entfernt werden. Das Tropf- und ein Großteil des Netzwassers wird durch Entwässern (Vortrocknen) beseitigt. Zur Entfernung des Quellwassers ist die *Konvektionstrocknung* üblich. Dabei wird die unterschiedliche Feuchtigkeitsspannung der Umgebungsatmosphäre (Heißluft, Heißdampf) des Trockengutes ausgenützt. Durch *Kontakt* mit erhitzten Zylindern oder Platten, durch *Infrarotstrahlung* bzw. *Hochfrequenzströme* kann ebenfalls die kapillare Feuchtigkeit entfernt werden. Als Mindestfeuchtigkeit sollen in den Fasern die in Tab. 72 angegebenen Wassermengen verbleiben, die auf Grund von Vereinbarungen (Deutscher Garnkontrakt DIN 53821—24) als *Konditionier-*

Tabelle 72.
Konditionierzuschläge verschiedener Faserstoffe

18 %	Wolle
12 %	Flachs, Hanf, Ramie, Sisal
11 %	Viskose-, Cuprofasern, Naturseide
8,5 %	Baumwolle
6 %	Sekundäracetat-Fasern
4 %	Polyamidfasern
1 %	Polyacrylfasern
0 %	Polyesterfasern, Glasfäden

zuschlag (Reprise) festgelegt wurden und ungefähr mit der Feuchtigkeitsaufnahme der Fasern bei einer Temperatur von 20 °C und einer relativen Luftfeuchtigkeit von 65% (Normklima) gleichen. Da in ausführlicher Form auf das Trocknen von Stückwaren an anderer Stelle[1], bzw. bei der Beschreibung der kontinuierlichen Färbeverfahren (S. 115—119) eingegangen wurde, wird in den folgenden Ausführungen hauptsächlich das Trocknen von losem Material, Vorgespinsten und Garnen beschrieben.

A. Vortrocknen oder Entwässern

Zum Entwässern von Textilien in allen Aufmachungen, wie loses Material, Garn und Stückwaren, wird der Quetschdruck von Walzen, die Zentrifugalkraft bzw. Saug- oder Preßluft eingesetzt. Das Vortrocknen mittels Quetschwalzen kommt hauptsächlich für Stückwaren in Betracht und wird oft sofort nach der Applikation der Behandlungslösung im Foulard eingesetzt. Daneben sind noch Strangquetschen und Wasserkalander üblich. Auch für loses Material werden neuerdings Foulards bzw. Quetschwerke verwendet. Zentrifugen sind zur Vortrocknung aller Textilien üblich. Saug- und Preßluft wird zum Entwässern von Wickelkörpern der verschiedensten Art und empfindlicher Stückware mit der Absaugmaschine eingesetzt.

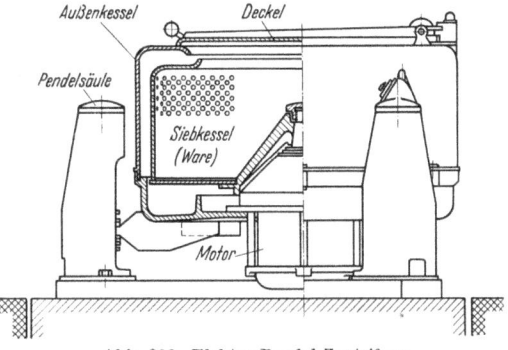

Abb. 208. Elektro-Pendel-Zentrifuge

1. Zentrifugen (Schleudern)

Bei dieser Art der Entwässerung wird das Textilmaterial möglichst gleichmäßig in einem perforiertem Rundkessel eingelegt und die Feuchtigkeit durch die beim Rotieren auftretende Zentrifugalkraft ausgeschleudert. Zentrifugen werden heute nicht nur in der Textilindustrie, sondern auch in der gewerblichen und Haushaltswäscherei, bzw. zur Trennung von Flüssigkeiten von Festkörpern in anderen Industrien verwendet. Die Abb. 208 und 209 zeigen eine Pendelzentrifuge, bei der der Antriebsmotor unterhalb des Schleuderkorbs direkt mit der Antriebsachse verbunden ist. Zum Ausgleich, der durch ungleichmäßiges Einpacken auftretenden Schwingungen, hängt die Konstruktion in 3 Pendelsäulen. Nach dem Einlegen des

Abb. 209. Elektro-Pendel-Zentrifuge *(Ellerwerke)*

---

[1] Bernard: Appretur der Textilien. Berlin/Göttingen/Heidelberg: Springer 1960.

Materials wird der Deckel geschlossen und der Schleuderkorb mittels eines Kurzschlußmotors innerhalb von 3—5 min. auf eine Tourenzahl von 500—1000 U/min. gebracht. In den meisten Ländern sind Vorrichtungen vorgeschrieben, welche das Öffnen des Deckels nur bei Stillstand der Schleuder gestatten, um Unfälle zu vermeiden. In der Textilindustrie sind Zentrifugen mit einem Fassungsvermögen bis zu 700 kg Textilmaterial üblich. Die neueren Konstruktionen sind mit einer Zeituhr ausgestattet, auf der die Schleuderzeit vorgewählt und danach die Bremsung automatisch einsetzt.

Von *Krantz* wird als *Gleitschwinger-Zentrifuge* (Abb. 210) eine Konstruktion gebaut, bei der an Stelle der Pendelsäulen 3 Gleitlager verwendet werden und dadurch das vertikale und horizontale Taumeln des Korbes bei unwuchtiger Beladung einschränkt und nur in waag-

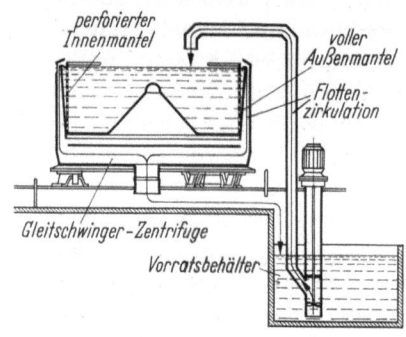

Abb. 210. Gleitschwinger-Zentrifuge — randlos *(Krantz)*

Abb. 211. Tauchzentrifuge mit Flottenzirkulation und besonderem Vorratsbehälter *(Krantz)* beim Füllen des Korbes und Stillstand der Schleuder

rechter Richtung zuläßt und damit das Hämmern des Korbes an der Außenwand der Schleuder vermieden wird. Ist auch dann noch der waagrechte Korbausschlag zu groß, schaltet sich die Zentrifuge selbsttätig ab.

Als Sonderkonstruktionen werden Zentrifugen auch *randlos* hergestellt, um ein mechanisches Be- und Entladen zu ermöglichen und alle Materialien in Netzen verpackt oder als Block (loses Material) in den Schleuderkorb eingehoben werden können und das Einlegen von Hand aus erspart wird. Um ein Herausdrücken des Materials über die Oberkante des randlosen Korbes zu vermeiden, wird ein Zwischendeckel (Zarge) verwendet (siehe Abb. 210). Die meisten Hersteller haben ihre Zentrifugen auch zur Aufnahme von Materialeinsätzen, wie sie in den verschiedenen Apparaten üblich sind, gebaut bzw. kann loses Material direkt mit der Bodenplatte des Färbeapparates (Abb. 23, S. 54) geschleudert werden. *Rousselet* verwendet einen Schleuderkorb, der durch Aufklappen der Bodenklappen entleert wird. Als *Tauch-Zentrifuge* wird u. a. von *Krantz* (Abb. 211) eine Schleuder gebaut mit der es möglich ist, Textilmaterial zu netzen, zu spülen, zu säuern (karbonisieren) oder zu neutralisieren. Die Behandlungsflüssigkeit kann entweder direkt in den Innenmantel geleitet oder aus einem besonderen Flottenbehälter gepumpt und dort wieder aufgefangen werden. Während des Einpackens wird die Innentrommel mit dem Behandlungsbad gefüllt und beim Schleudern über den Rand des doppelten Innenmantels, der einen perforierten und nicht perforierten Korb enthält, abgeschleudert. Von einigen Firmen (z. B. *Rousselet*) wird auch während des Laufes der Trommel die Behandlungsflotte über eine besondere Deckelbrause oder Leitung zugeführt.

Da durch Saug- oder Druckluft der Entwässerungseffekt bei Wickelkörpern nicht immer ausreicht und Apparate älterer Konstruktion oft keine Vakuumstationen besitzen, wurden entsprechende Zentrifugen geschaffen, welche das Entwässern von Spulen erlauben, bzw. aushebbare Einsätze gebaut, welche zur Aufnahme von Wickel-

Abb. 212. Kettbaum-Zentrifuge *(Krantz)*

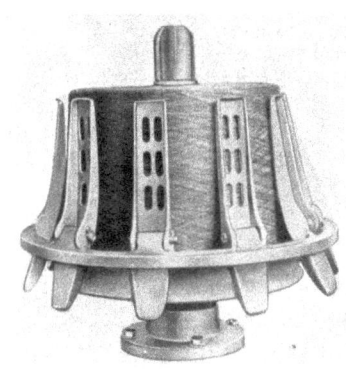

Abb. 213. Schleuderkopf der Spindelzentrifuge mit eingesetzter Kreuzspule *(Frauchiger)*

körpern geeignet sind. Die Abb. 212 zeigt eine **Kettbaumschleuder,** die zum Entwässern von Kett- und Kardenbandbäumen dient und auch zur Aufnahme von Stückwaren in breitem, aufgebäumten Zustand, wie er in Stückbaumautoklaven üblich ist, verwendet werden kann. Zum Abschleudern von Großkaulen wird auch die Rotowa-Breitwaschmaschine (S. 138) eingesetzt. Obwohl es auch möglich ist, Kreuzspulen in Standard-Zentrifugen zu entwässern, wenn sie senkrecht an die Wände des Innenmantels gestapelt werden, tritt dabei oft eine starke Deformation der Wickelkörper auf, die zu schlechtem Abspulen und zu Garnverlusten führt, da Innen- und Außenlagen verschoben werden.

Abb. 214. Spindelzentrifuge *(Frauchiger)* mit abgehobenem Deckel

Für diese Zwecke wurden besondere **Kreuzspulzentrifugen** geschaffen, welche das Entwässern von Einzelkreuzspulen gestatten. Die Abb. 213 zeigt den *Schleuderkopf* einer derartigen Zentrifuge, die in Form eines Karussels zum gleichzeitigen Entwässern mehrerer Wickelkörper geeignet ist und von einer Bedienung an der Vorderseite beschickt und nach Abschleudern wieder entleert werden kann (Abbildung 214). Um Deformationen der Außenlagen zu vermeiden, werden die Spulen durch besondere Halterungen fixiert, die sich mit steigender Tourenzahl stärker an die Außenseite der Spule anpressen. Von *Frauchiger* wurde als *Frawilar* eine Behandlungseinrichtung für Wickelkörper geschaffen, welche

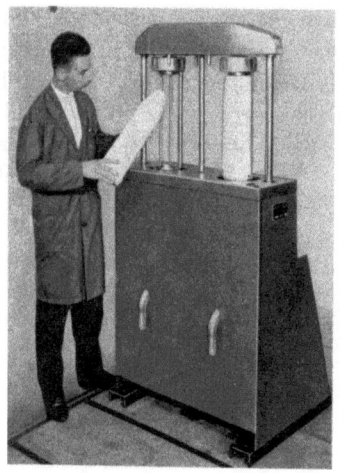
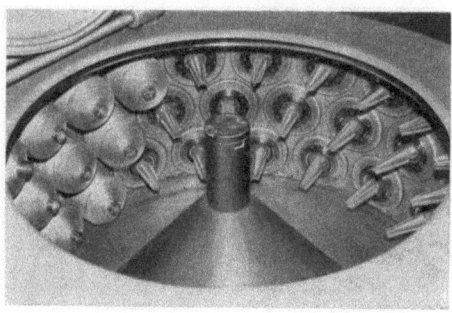

Abb. 215. Zentrifuge für Raketen- und Flaschenspulen *(Frauchiger)*

Abb. 216. Spulenträger der Gleitschwinger-Zentrifuge für Kreuzspulen *(Krantz)*

Einzelschleuderköpfe nebeneinander enthält und deren Arbeitsweise auf S. 79 beschrieben wird. Eine ähnliche Einrichtung, die zum Imprägnieren bzw. Schleudern von Raketenspulen verwendet wird, zeigt Abb. 215. Für das Zentri-

Abb. 217. Automatische Garnentwässerungsanlage „Secomat" *(Scholl)*

fugieren von Spulen werden auch Normalschleudern mit besonderen Einsätzen geliefert (Abb. 216).

Von *Scholl* wird neben der Rundlaufzentrifuge mit 6 bzw. 8 Schleuderköpfen als *Secomat-* eine *automatische Garnentwässerungsanlage* (Abb. 217) gebaut, welche aus 5 kippbaren Schleuderköpfen besteht, in welche die Spulen über Rüttelrinnen zugeführt, automatisch in die Schleuderköpfe fallen und nach Abschleudern die entwässerten Spulen durch Drehen der Schleuderköpfe um 90° auf ein 2. Rüttelband ausgeworfen und wieder der Bedienungsseite zugeführt werden. Zentrifugen für vorgenannte Zwecke werden u. a. von folgenden Firmen gebaut:

Broadbent	*ILMA*	*Mohr*
Drabert	*Invest*	*Obermaier*
Elitex	*Krantz*	*Pegg*
Ellerwerke	*Meccanotessile*	*Scholl*
Frauchiger	*Minetti*	*Then*

2. Quetschwerke

Die Entwässerung mittels Walzendruck wird vor allem für Stückwaren eingesetzt. In den letzten Jahren wurde vor allem beim Bau von Foulards besonderer Wert auf die Gleichmäßigkeit der Entwässerung über die gesamte Warenbreite gelegt und entsprechende Konstruktionen geschaffen, die diesen Anforderungen entsprechen (S. 98 bis 113). Diese Bemühungen wurden auch bei der Konstruktion von Quetschwerken, Wasser- bzw. auch Appreturkalandern, eingesetzt. Häufiger werden Preß- und Quetschwerke auch zur kontinuierlichen Entwässerung von losem Material, Kardenband und Kammzug verwendet. Besonders bekannt ist das Prinzip der *schwimmenden Walze* von *Küsters* und den Bemühungen anderer Hersteller geworden, die eine seitengleiche Entwässerung und hohe Vortrockeneffekte ergeben (S. 103).

3. Entwässern mittels Vakuum

Ursprünglich wurden nur zur Entwässerung von empfindlichen Stückwaren, um deren Struktur oder Oberfläche nicht zu beeinflussen, Absaugmaschinen eingesetzt, die ein faltenfreies Entwässern erlauben, wie es auf Strangquetschen, in Schleudern nicht möglich ist und mittels Wasserkalander nur für druckunempfindliche Waren eingesetzt werden kann. Inzwischen hat sich die Vakuumentwässerung für alle Wickelkörper durchsetzen können. Die Einrichtungen können als Zusatzgeräte an entsprechende Färbeapparate angeschlossen oder besondere Absaugstationen eingerichtet werden. Dabei wird meist das Adhäsionswasser über einen Vakuumkessel oder direkt über eine Vakuumpumpe aus dem Wickelkörper des Materialeinsatzes „abgedrückt". Die neueren Konstruktionen haben jedoch das Entwässern mit Schnelltrocknern, welche ein Trocknen mit heißer Luft ermöglichen, kombiniert und werden deshalb mit diesen, auf S. 401 angegebenen Einrichtungen, näher beschrieben.

Als **Konvektionstrocknung** bezeichnet man die Entfernung der nach dem Vortrocknen verbliebenen Adhäsions- und der kapillaren (Quellungs-)Feuchtigkeit. Dabei soll die hygroskopische Feuchtigkeit (Tab. 72, S. 388) möglichst erhalten bleiben. Für die angegebenen Zwecke wird vor allem erhitzte Luft, überhitzter Dampf und in letzter Zeit auch heiße Verbrennungsgase, welche mit Luft gemischt werden, verwendet. Auch Infrarot-Strahler werden in besonderen Fällen verwendet, um ein möglichst rasches Trocknen zu erreichen, welches meist nur für die Gewebeoberfläche notwendig ist, um ein Abschmieren des foulardierten Farbstoffes beim Passieren von Leitwalzen zu vermeiden. Von dieser Art der Trocknung wird hauptsächlich beim Thermosolprozeß (S. 125) Gebrauch gemacht. Die vorstehend angegebenen Trockenmedien werden zum Trocknen von Stückwaren auf Spannrahmen-, Lang- und Kurzschleifen-Trocknern, Hotflues (S. 116), Trockenmansarden (Druckerei) und Saugtrommeltrocknern für Stückwaren, hauptsächlich in der Appretur verwendet (s. Fußnote S. 389). Bei der **Kontakttrocknung** wird das Trockengut mit erhitzten Trommeln (Zylindern) oder Platten in Berührung gebracht und damit die Feuchtigkeit verdampft. Diese Art der Trocknung kommt fast ausschließlich zum Trocknen von textilen Flächen in Betracht. Man verwendet deshalb Zylinder- und Plattentrockner (Bügelpressen), bzw. Filzkalander, hauptsächlich in der Appretur bzw. Zylindertrockner auch als Zwischentrockner in der Kontinuefärberei.

B. Trocknen mit erwärmter Luft

Diese Art der Konvektionstrocknung wird zur Entfernung der Restfeuchtigkeit, die abgesehen von der hygroskopischen Feuchtigkeit, nach dem Vortrocknen in den Textilien verblieben ist, für loses Material, Stranggarn, Wickelkörper und Stückwaren eingesetzt und die Waren dis- oder kontinuierlich getrocknet.

1. Trockner für loses Material

Textilmaterial als „Flocke" wird diskontinuierlich in Kammern und kontinuierlich in Band- (Durchlüftungs-) und Siebtrommel-Trocknern getrocknet.

a) Kammertrockner. In diesen Konstruktionen wird das Material auf Horden oder in Kästen in möglichst gleichmäßiger Schichtdicke dem Warmluftstrom, der das Material von oben nach unten oder umgekehrt bzw. auch abwechselnd durchströmt, ausgesetzt und so getrocknet. Die Einsatzkästen haben einen perforierten Boden oder Siebboden und werden auf speziellen Einsatzwagen gepackt und anschließend von diesen in die Trockenkammern eingeschoben. Die Abb. 218 zeigt eine geöffnete Trockenkammer ohne Materialeinsätze, die meist mehrfach nebeneinander aufgestellt, mit unterschiedlichen Trockenbedingungen betrieben werden. Die Kastentrockner können auch so gebaut werden, daß der Wagen, der außerhalb gepackt wurde, direkt in die Kammern eingefahren bzw. aus einer in die andere Kammer umgesetzt werden kann. Auf die Einsatzkästen können auch Kreuzspulen, Spinnkuchen, Kreuzwickel, Kammzugbobinen und Einzelstücke gepackt werden. Auch zum Trocknen von Stranggarn sind Kammtrockner verwendbar. Dabei werden die Garnstränge, auf Stöcken hängend, direkt auf die Profileisen aufgeschoben oder mehrstöckig in besonderen Wagen in die Kammern eingefahren. Die diskontinuierliche Trocknung in mehreren Kammern hat den Vorteil, daß die Textilien mit den ihnen zukommenden, milden Trocknungsbedingungen behandelt werden können und ein Übertrocknen

Abb. 218. Turbo-Kammertrockner
(Haas)

und damit ungünstige Beeinflussung der Fasereigenschaften kaum zu befürchten ist. Die Trockenleistung ist dagegen nicht allzu hoch und auch der Platzbedarf meist beträchtlich. Wegen der meist einfachen Konstruktion, werden Kammertrockner von vielen Firmen gebaut. Dazu gehören u. a.:

Charpentier   *Petrie-McNaught*
Haas   *Schilde*
Mohr   *Tromag*
Obermaier

b) Band- oder Durchlüftungstrockner. Diese Konstruktionen wurden aus den Kammertrocknern entwickelt. Dabei wird das lose Material entweder von Hand

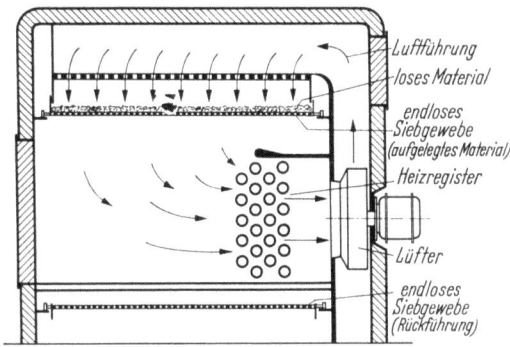

Abb. 219. Belüftungssystem eines Bandtrockners für loses Material *(Schilde)*

aus oder mittels Kastenspeisern und Zupfmaschinen auf Transportbänder (Drahtgeflecht, Lattenbänder) gelegt, durch die Trockenkammern bewegt, in denen die erwärmte Luft meist von oben auf das Material geblasen, nach unten abgesaugt, wieder erwärmt und bis zur Feuchtigkeitssättigung verwendet und anschließend abgesaugt wird. Die Konstruktionen können als Einband- oder Etagen- (Mehrband-) Trockner gebaut werden. Das Durchlüftungssystem eines Einbandtrockners zeigt die Abb. 219. Von *Haas* wurde als *Sinus-Trockner* ein Trockner konstruiert, bei dem die Trocknungsluft abwechselnd und nacheinander von oben nach unten und umgekehrt durch das Material gesaugt bzw. gedrückt wird (Abb. 220). Wird die Luft durch das Material gedrückt, wird es angehoben und dadurch eine gute Auflösung des Materials neben verstärkter Trockenleistung erzielt (Abb. 221). Die Trockenleistung wird durch die Länge des Trockners, bzw. bei Mehrbandtrocknern die Anzahl der „Etagen", der Anfangsfeuchte und der Temperatur der Warm-

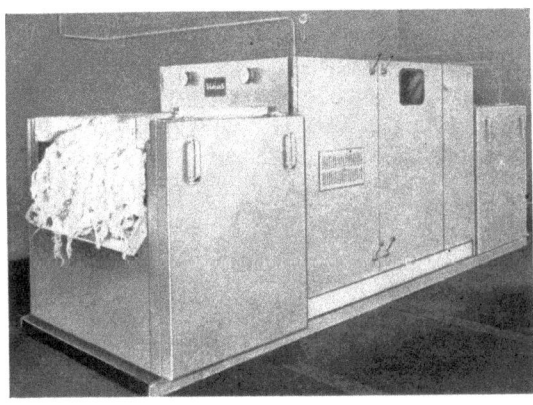

Abb. 220. „Sinus"-Trockner für loses Material (Haas)

Abb. 221. „Sinus"-Trockner *(Haas)* mit Saugluft (links) und Druckluft (rechts)

luft und deren Strömungsgeschwindigkeit bestimmt. Neben den Kastenspeisern und Zupfmaschinen, die auch zwischen den einzelnen Trockenkammern eingesetzt werden können, kann zur Öffnung des Materials auch ein Bleichkuchenöffner (S. 54) von *Fleissner* bzw. bei nicht vorentwässertem Material Quetschwerke eingesetzt werden. Bandtrockner werden von den gleichen Firmen gebaut, die auch Kammertrockner auf dem Markt haben.

c) **Sieb- oder Saugtrommeltrockner.**
Die Fa. *Fleissner* hat sich seit Jahrzehnten mit der Konstruktion dieser Geräte befaßt und das Prinzip auf den

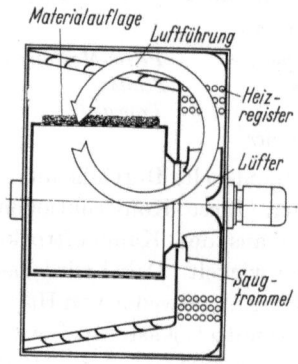

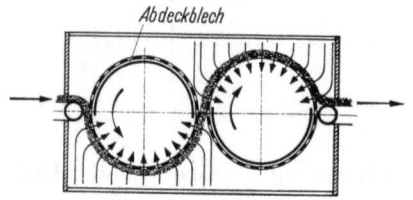

Abb. 222. Saugtrommeltrockner *(Fleissner)*

Abb. 223. Durchlüftung des Materials im Saugtrommeltrockner *(Fleissner)*

verschiedensten Sektoren der Textilherstellung eingesetzt. Dabei wird das Material durch strömende Flotte, Dampf oder Luft an eine oder mehrere Trommeln gesaugt und gleichzeitig mit dem Behandlungsmedium intensiv durchflutet. Meist wird das Material von einer zur anderen Trommel weitergegeben und die Trommelfläche, die nicht zum Trocknen eingesetzt wird, innen durch ein Abdeckblech abgedeckt (Abb. 222 und 223). Die Abb. 224 zeigt einen Saugtrommeltrockner für loses Material mit 2 Trommeln. Zum Beschicken der Trommeln kann das lose Material auf endlosen Lattenrosten aufgelegt, die entweder von Hand oder mittels Kastenspeisern und Zupfmaschinen, Bleichkuchenöffner meist nach vorherigem Abquetschen beschickt werden. Nach dem Saugtrommel-Prinzip wird neben losem Material auch Stranggarn, Karden- oder Spinnband getrock-

Abb. 224. Saugtrommeltrockner für loses Material *(Fleissner)* mit geöffneter Vorderwand

net. Beim Trocknen von Stückwaren ist vor allem die spannungslose Warenführung vorteilhaft, und es können damit neben Webwaren rundgewirkte Trikotagen, meist mehrbahnig nebeneinander, schonend getrocknet werden. Die Trockenleistung ist, am notwendigen Platzbedarf gemessen, sehr hoch und da das Material von Trommel zu Trommel gewendet wird, sehr gleichmäßig und wegen der intensiven Durchströmung des Trockengutes die Trockenzeiten kurz. Zur Entfernung von 1 kg Wasser, z. B. aus loser Zellwolle, werden nur 1,35 kg Dampf benötigt, Werte, die mit anderen Trockensystemen kaum erreichbar sind. Saug- oder Siebtrommeltrockner werden u. a. von folgenden Firmen gebaut:

>*Fleissner*
>*Kiefer*
>*Petrie-McNaught*.

Die unter a, b und c beschriebenen Konstruktionen werden auch zum Entkletten (Karbonisieren) von loser Wolle verwendet, wenn nach den Trockenfeldern die Möglichkeit des Brennens des Materials in einer besonderen Kammer bei Temperaturen von 100—110 °C besteht (s. auch. S. 268).

2. Trocknen von Vorgespinsten

Die meist durch Abschleudern bzw. Absaugen entwässerten *Kammzug-Bobinen* werden in der Regel durch Lissieren (S. 265) gespült und anschließend auf be-

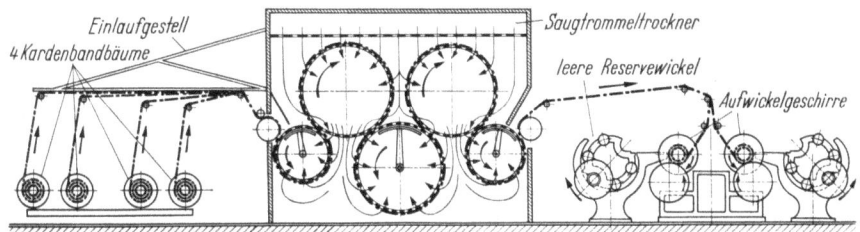

Abb. 225. Kardenband-Saugtrommeltrockner *(Fleissner)*

heizten Kupfertrommeln bzw. Saugluft-Trommeltrocknern getrocknet und gleichzeitig „geplättet", um die verbliebene Wollkräuselung zu entfernen. Auch können die Bobinen in Kammertrocknern und Schnelltrocknern (S. 401) getrocknet werden.

Zum Entwässern von Kardenband werden Kettbaumschleudern (S. 391) eingesetzt oder die abgesaugten Bäume nach dem Saugtrommelprinzip getrocknet. Die Abb. 225 zeigt die Bandführung einer derartigen Anlage. Dabei werden die entwässerten Kardenbäume dem Saugtrommeltrockner vorgelegt und nach der Trocknung über 5 Trommeln auf 16 Teilbäumen unter Preßdruck, links und rechts vom Aus-

Abb. 226. Auslauf eines Saugtrommeltrockners für Kardenband *(Fleissner)*

laufgestell, aufgewickelt (Abb. 226). Für den Wechsel der Teilbäume sind besondere Revolvermagazine vorhanden, welche ein schnelles Austauschen der vollen gegen leere Wickelspindeln gestatten. Nach Abziehen der Wickelbegrenzungsscheiben und der Spindel können die Wickel zum Verkühlen leicht gestapelt und anschließend der Strecke vorgelegt werden. Die Anlage kann auch zum Trocknen von Kammzug verwendet werden, wobei die Kammzugwickel nebeneinander stehend von einem Tisch über ein entsprechendes Einlaufgestell auf die Siebtrommeln geführt werden.

3. Trocknen von Garnen

Garne werden meist als Stranggarne durch Zentrifugieren, bzw. auch entsprechende Quetschwerke entwässert und anschließend mit Heißluft getrocknet. Garne als Wickelkörper (Kreuz- oder Raketenspulen, Kettbäume) werden entweder abgesaugt oder in speziellen Kreuzspul- oder Kettbaumschleudern entwässert und als Kreuzspulen in speziellen Kammern oder Schnelltrocknern getrocknet. Kettbäume werden hauptsächlich in entwässertem Zustand der Schlichtemaschine vorgelegt, die entweder zum vorherigen Schlichten oder nur allein zum Trocknen der Ketten verwendet wird. Schnelltrockner werden zum Trocknen von Kettbäumen nur selten verwendet.

Abb. 227. Rollstababtrockner, Eingangsseite *(Fleissner)* links hängend Reservestäbe

a) **Stranggarntrockner.** Stranggarne können diskontinuierlich auf Stöcken hängend in Kammertrocknern getrocknet werden. Verschiedene Firmen, die auch Trockner für loses Material bauen, haben Bandtrockner konstruiert, welche das auf Stöcken hängende Material mittels zweier, endloser Transportketten durch den Trockner tragen. Die Abb. 227 zeigt einen Rollstabtrockner, der ohne

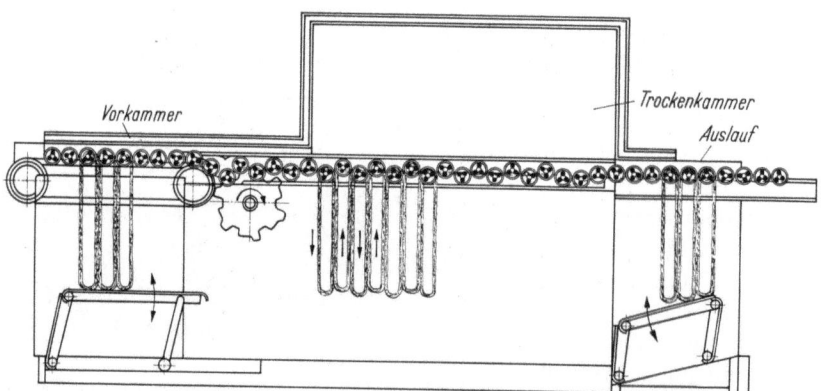

Abb. 228. Rollstabtrockner *(Fleissner)*

Transportkette arbeitet, um ein Verunreinigen der seitlichen Stränge durch Schmiermittel der Kette zu vermeiden. Die Rollstäbe werden in der Trockenkammer versetzt befördert, so daß die Umdrehungsrichtung der Stränge wechselt. Die Drehung der Stränge verhindert ein Absinken der Feuchtigkeit in den unteren Teil der Stränge, lockert das Material auf und beschleunigt den Trockenprozeß. Die

Abb. 228 zeigt das Schema dieses Rollstabtrockners, bei dem die aufgehängten Stäbe zuerst durch eine Vorkammer und durch ein Nutenrad in die Trockenkammer geführt werden. Die Vorkammer dient als Abdichtung der in der Trockenkammer versetzt laufenden Rollstäbe. Die leeren Trockenstäbe hängen senkrecht neben dem Trockner und können in Rollen laufend vom Trocknerauslauf der Einlaufseite zugeschoben werden. Die Auslaufkammer wird meist als Konditionierzone benutzt, in der das Garn mit der feuchtigkeitsgesättigten Abluft der Trockenkammer bestrichen und damit eine Konditionierung des Materials erreicht wird. Die Abb. 229 zeigt den Antrieb des zapfenlosen Drehstabes des *Haas-Drehstab-Trockners 62*, der als 3-Stabhaspel ausgebildet ist.

Abb. 229. Drehstab mit innerem Reibradantrieb *(Haas)*

Beim *Stranggarntrockner KM* von *Minetti* (Abb. 230) werden die Stränge in verriegelbare Haken einer endlosen Transportkette gehängt, welche das Material in horizontalen Etagen zick-zack-förmig durch die einzelnen Trockenkammern und eine Konditionierkammer trägt und nach dem Auslauf die Stränge zum Abkühlen um den Trockner führt. Die Verriegelung der Haken der Transportkette werden dann gelöst und die Stränge rutschen in den Transportwagen.

Von *Fleissner* wird zum Trocknen von entwässertem Stranggarn auch der Saugtrommeltrockner empfohlen, der meist nach dem Waschen auf der kontinuierlichen Stranggarn-Waschmaschine eingesetzt wird.

b) Trockner für Wickelkörper. Als Wickelkörper kommen hauptsächlich Kreuz- oder Raketenspulen zur Trocknung. Dabei ist meist grundsätzlich zwischen

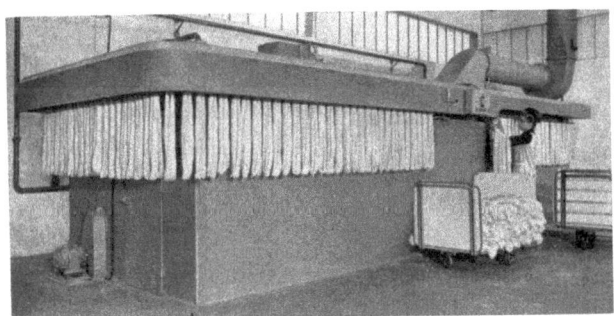

Abb. 230. Stranggarntrockner KM *(Minetti)*

2 Trocknungssystemen zu unterscheiden, die jedoch u. U. kombiniert werden können. Die Kreuzspulen werden entweder auf speziellen Kreuzspulschleudern entwässert (S. 391) und anschließend in normalen oder speziellen Kammertrocknern getrocknet oder in besonderen Absaugeinrichtungen vorher entwässert und anschließend mit strömender Warmluft getrocknet. Die heute übliche zweite Art der Trocknung bedient sich der *Schnelltrockner*, die nacheinander ein Absaugen mittels Vakuum und Trocknen mit stark bewegter Heißluft

zulassen, welche durch die Materialeinsätze des Behandlungsapparates gesaugt oder gedrückt wird.

Beim Trocknen in *speziellen Trockenkammern* oder *Kanaltrocknern* werden die durch Schleudern oder Absaugen entwässerten Spulen auf Spindeln aufgesteckt und beim Kanaltrockner auf Wagen hintereinander durch den Kanal, der von Warmluft bestrichen wird, geschoben. Als *Wechselluft-Kanalkammer-Trockner* wird von *Mohr* als Modell „Imperator" eine Konstruktion geliefert, bei der die Trockenluft einmal von oben nach unten und in der nachfolgenden Kammer in umgekehrter Richtung die Spulen überströmt, wodurch mittels der Wechselluft eine gleichmäßige Trocknung erreichbar ist. Durch Einführen eines neuen Wagens werden die bereits im Trocknen begriffenen Wagen eine Kammer weitergeschoben.

Abb. 231. Druckstufen-Trockner „Kolonna" *(Frauchiger)*

Das Gerät kann mit 2—8 Kammern eingleisig oder zweigleisig, nebeneinander befahren werden. Die Abb. 231 zeigt eine ähnliche Konstruktion der Fa. Frauchiger bei der die Trockenluft durch die perforierten Hülsen der zu trocknenden Spulen gedrückt und nach oben abgesaugt wird. Die einzelnen Kammern können mit unterschiedlicher Temperatur und Durchflußgeschwindigkeit der Trockenluft gefahren werden. Beim *Wechselluft-Rundtrockner* der Fa. *Mohr* werden an Stelle des Kanals die Spulen auf perforierte Platten eines Rundtrockners aufgelegt; die einzelnen Trockenstufen werden durch Drehung der Zylindersegmente durchlaufen. Die Abb. 232 zeigt eine ähnliche Konstruktion, bei der die Kreuzspulen durch Heißluft getrocknet werden, welche durch die Spulen gedrückt wird. Beim *Secomat-Trockner (Scholl)* für Kreuzspulen werden die Wickelkörper in einer Kammer entweder von innen nach außen oder umgekehrt

Abb. 232. „Karusella" Druck-Stufen-Trockner für Wickelkörper *(Frauchiger)* mit davorstehender Spindelzentrifuge

von Heißluft durchströmt. Um ein Absinken der Feuchtigkeit in den unteren Teil der Spulen zu vermeiden, werden die Einsätze während des Trocknens mittels Handrad gedreht. Das Drehen des Einsatzes ist auch zum Beschicken des Wagens notwendig. Meist arbeitet man mit mehreren Kammern nebeneinander, in denen die Trockenbedingungen verschieden gewählt und in die die Wagen umgesetzt werden (Abb. 233). Beim Trocknen von Wickelkörpern mittels *Schnelltrockner* wird der Materialeinsatz des Behandlungsapparates direkt in den Schnelltrockner eingesetzt und bei modernen Konstruktionen durch Saugluft über einen Vakuumkessel oder eine Vakuumpumpe zuerst entwässert (abgedrückt) und anschließend mittels Heißluft in einer oder beiden Strömungsrichtungen (innen: außen und umgekehrt) getrocknet. Es fällt dadurch ein vorheriges Umpacken, Schleudern und Einpacken in besondere Trockner weg. Die Schnelltrockner werden von den Firmen gebaut, die auch die Behandlungsapparate für Wickelkörper herstellen, und meist in „Behandlungsanlagen für Wickelkörper" zusammengefaßt (S. 77).

Abb. 233. „Secomat"-Trockner für Kreuzspulen *(Scholl)*

Die heute üblichen Schnelltrockner sind meist als *Drucktrockner* ausgebildet, welche mit einem statischen Druck von 5—8 atü arbeiten und dadurch eine sehr rasche Durchströmung der Wickelkörper und damit schnelle Trocknungszeit gestatten. Die Erzeugung des Druckes erfordert einen ziemlichen Energieaufwand, der sich allerdings durch sehr kurze Trockenzeiten wieder einsparen läßt. Es können Partien innerhalb von 30—45 min. und wenn dicht gewickelte Kettbäume zu trocknen sind, innerhalb von 80 min. getrocknet werden. Die Schnelltrockner älterer Systeme verwendeten angesaugte Frischluft, die erwärmt durch die Spulen gesaugt oder gedrückt und anschließend wieder abgeführt wurde. Nach diesem „offenem System" sind sehr hohe Wärmemengen notwendig. Heute wird Frischluft über einen Luftfilter nur in geringen Mengen zur Zirkulationsluft zugemischt, die weitgehend mit Feuchtigkeit gesättigte Abluft abgekühlt, das Kondensat ausgeschieden, die Luft erwärmt wieder dem Trockner zugeleitet. Die beim Abkühlen der gesättigten Luft freiwerdende Wärme wird über Kühlwasser, welches erwärmt wird, wieder zurückgewonnen.

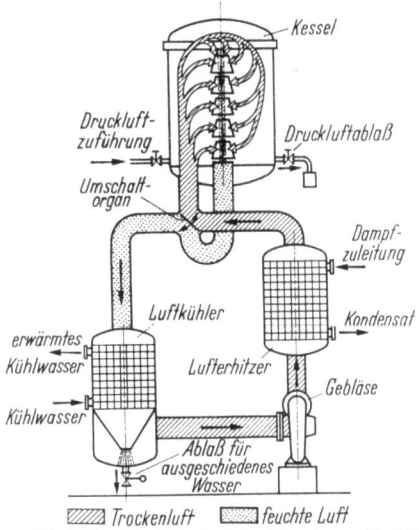

Abb. 234. Hochdruck-Schnelltrockner Modell ADLT/K *(Obermaier)*

Das Schema eines *Hochdruck-Schnelltrockenapparates* zeigt die Abb. 234. Zur Entwässerung wird der nasse, nicht entwässerte Apparateinsatz in den Kessel eingesetzt und dieser verschlossen. Mittels eines Kompressors wird die bereits heiße Luft — in Sonderfällen kann auch kalte oder nur erwärmte Luft verwendet werden — von außen nach innen durch die Spulen gepreßt und das Tropfwasser

„abgedrückt", im Luftkühler über ein Schwimmerventil abgeschieden und damit aus dem Kreislauf entfernt. Nach 15—20 min. ist das Entwässern meist beendet und der eigentliche Trockenvorgang beginnt. Dabei werden Trocknungslufttemperaturen von 150 °C für Baumwolle, 140 °C für Zellwolle, 125 °C für Wolle

Abb. 235. Kreislauf-Drucktrockner System Avesta/Karrer *(Scholl)*

und synthetische Faserstoffe und 110 °C für Leinen und Sisal verwendet. Die Lufttemperatur ist am Anfang des Trockenprozesses durch die aus der Ware aufgenommene Feuchtigkeit vor und nach dem Luftkühler niedrig und nur wenig unterschiedlich. Sie steigt jedoch schnell auf 70—80 °C an und bleibt bis zum

Abb. 236. Schnelltrockner *(Krantz)*

letzten Drittel der Trocknung konstant. Im letzten Drittel steigt sie weiter und zeigt am Ende meist nur Temperaturunterschiede von 5—6 °C, da kaum mehr Feuchtigkeit abgeschieden wird. Das Trocknen wird hauptsächlich mit der Luftströmung von außen nach innen vorgenommen. Es ist jedoch auch ein Wechsel von Hand oder periodisch mittels Automaten möglich. Am Ende ist es für die

Konditionierung des Trockengutes vorteilhaft, von innen nach außen zu trocknen. Die meisten Konstruktionen sind mit Thermostaten und vollautomatischer Steuerung ausgerüstet, welche den gesamten Trockenvorgang kontrollieren und mit denen alle Bedingungen vorgewählt werden können. Die Abb. 235 und 236 zeigen Schnelltrockner verschiedener Hersteller.

Das Schema eines *speziellen Trockners für Spulen* zeigt die Abb. 237. Dabei werden die Spindelsäulen mit den nicht entwässerten Spulen aus dem Behandlungseinsatz des Färbeapparates genommen und auf einen drehbaren Teller des Trockners gesetzt. Der Teller kann für entsprechende Betriebsgrößen der Behandlungsapparate und alle Arten von Spindeln und Spulen eingerichtet werden. Nun wird eine Hubplatte auf den beschickten Einsatz gesenkt

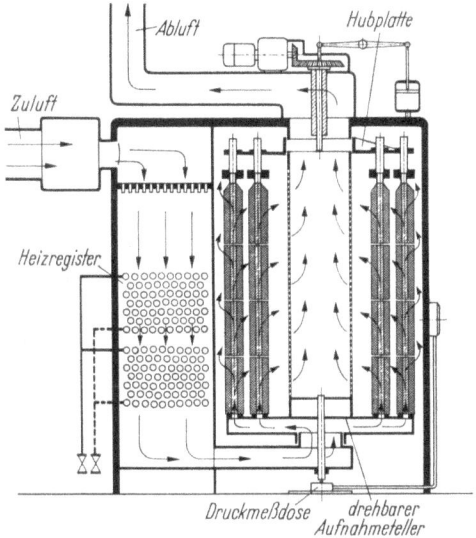
Abb. 237. Spulentrockner *(Schilde)*

und damit der Trockeneinsatz nach oben abgeschlossen. Mittels Druckluft wird das Material von innen nach außen auf 80—100% Restfeuchtigkeit entwässert (abgedrückt) und dabei der Teller, wie auch beim nachfolgenden thermischen Trocknen, langsam rotiert. Nun wird Frischluft über Heizkörper auf die entsprechende Trockentemperatur erwärmt und nach dem gleichen Prinzip durch die Wickelkörper gedrückt und nach oben abgesaugt. Zusätzlich wird die Umluft der Spulen mittels Düsen an die Wickelkörper geblasen und gleichzeitig die hochgesättigte Trocknungsluft abgeführt. Der Grad der Austrocknung des Materials wird über eine Kraftmeßdose gewichtsmäßig festgestellt und die Trocknung dann unterbrochen, wenn das Endgewicht erreicht ist. Die Abb. 238 zeigt diese Konstruktion mit konischen und Flaschenspulen beschickt.

Die Vorteile der Schnelltrockner liegen in der sehr kurzen Trockenzeit, die allerdings durch eine teure Konstruktion und der Möglichkeit der Übertrocknung der Innen und Außenlagen des Materials erkauft werden

Abb. 238. Spulentrockner *(Schilde)* mit Kreuz- und Raketenspulen beschickt

müssen. Der Betrieb des Drucktrockners ist außerdem recht kostspielig, da für den Kompressor und die Luftumwälzung hochtourige Motoren mit großer

Leistungsaufnahme nötig sind. Kanal- und spezielle Rundtrockner zeigen die für den Schnelltrockner angegebenen Nachteile nur eingeschränkt, benötigen aber weit längere Trockenzeiten in verhältnismäßig billigen Einrichtungen, die jedoch in der Regel weit mehr Platz erfordern als die Schnelltrockner. Dazu kommt weiter, daß die Spulen vorher entwässert und mehrmals umgepackt werden müssen. Wegen der hohen Trockentemperaturen in Schnelltrocknern und der dabei meist auftretenden Hydrophobie von Zellulosefasern sollten Garne, die sich durch ausgezeichnete Saugfähigkeit auszeichnen, möglichst nicht auf diesen Einrichtungen getrocknet werden (z. B. Frottégarne). Beim Trocknen von gebleichten Garnen ist wegen der Gefahr des Vergilbens auf Schnelltrocknern mit möglichst niedriger Trockenlufttemperatur zu arbeiten.

Schrifttum

BRASS: Praktikum der Färberei und Druckerei, 1929. — CAPRON: Technologie Chimico-Textile, 1936. — CHWALA: Textilhilfsmittel, 1939. — DESIRENS: Die neuesten Fortschritte auf dem Gebiet der chemischen Technologie der Textilfasern, 1946/57. — Deutscher Färbekalender. — ERXLEBEN: Handbuch der Textilienveredlung, 1953. — FIERZ-DAVID: Abriß der chemischen Technologie der Textilfasern, 1948. — — Farbenchemie, 8. Aufl., 1952. — FOURNÉ: Die Textiltrocknung, 1954. — — Synthetische Fasern, 1953. — FISCHER-BOBSIEN: Lexikon der gesamten Textilveredlung, 1960. — FROTSCHER: Chemie und physikalische Chemie der Textilhilfsmittel, 1954/55. — GÖTZE: Chemiefasern nach dem Viskoseverfahren, 3. Aufl. 1965. — GRÜNERT: Maschinen und Technologie der Naßveredlung von Zellulosefasern, 1955. — HALLER: Der Kolorist, 1939. — HALL: Textile Bleaching, Dyeing, Printing and Finishing-Machinery, 1926. — HALSTENBACH: Praktische Anfertigung von Selbstkostenberechnungen in Färbereien, 1954. — HAMANN-HOFF: Musterhandbuch der Webwarenkunde, 1952. — HEERMANN: Enzyklopädie der textilchemischen Technologie, 1930. — HEERMANN-AGSTER: Färberei und textilchemische Untersuchungen, 9. Aufl. 1956. — HETZER: Textilhilfsmittel-Tabellen, 1938. — KIND: Das Bleichen der Planzenfasern, 3. Aufl. 1932. — LINDNER: Textilhilfsmittel und deren Rohstoffe, 1963. — MARSH: An Introduction to textile finishing, 1947. — MECHEELS: Praktikum der Textilveredlung, 2. Aufl. 1949. — MEIER: Jahrbuch der Textilveredlung, 1953/54/56. — MELZER: Handbuch der Naßveredlung, 1956. — NAUPERT-HEINZE: Textilfachkunde 1, 2, 3, 1942. — OPITZ: Einführung in die Textilchemie. 1946. — OST-RASSOW: Chemische Technologie, 1950. — Ratgeber der IG-Farbenindustrie AG. — RATH: Lehrbuch der Textilchemie, 2. Aufl. 1963. — SCHAEFFER: Handbuch der Färberei und anderer Prozesse der Textilveredlung, 1949. — — Technologie der Färberei und Textilveredlung, 1953. — SCHMIDLIN: Vorbehandlung und Färben von synthetischen Faserstoffen, 1958. — SCHUSTER: Rohstoffe für die Textilindustrie, 1953. — SCHWEN: Textilchemikalien, 1949. — STÜPEL: Synthetische Wasch- und Reinigungsmittel, 1957. — Textilhilfsmittel, Verband der Textilhilfsmittel-, Lederhilfsmittel- und Gerbstoffindustrie. — ULBRICHT: Handbuch der Untersuchung der Textilfasern, 1954/55. — VALKO: Kolloidchemische Grundlagen der Textilveredlung, 1937. — WEBER-GASSER: Praxis der Färberei, 1954. — WEBER-MARTINA: Die neuzeitlichen Textilveredlungsverfahren der Kunstfasern, 1951 u. 1954. — WEYRICH: Das Färben und Bleichen von Textilfasern in Apparaten, 2. Aufl. 1956. — ZÄNKER-RETTBERG: Erkennung und Prüfung von Färbungen, 1939.

Verschiedene Zeitschriften und periodisch erscheinende Veröffentlichungen.

Ferner Musterkarten, Anwendungsvorschriften und Veröffentlichungen deutscher, schweizerischer, englischer, französischer, italienischer, amerikanischer Farbstoff- und Textilhilfsmittel- und Textilmaschinenhersteller.

Hersteller von Bleicherei- und Färbereieinrichtungen

Abkürzung:	Anschrift:
AHIBA	A. Hitz, Birsfelden-Basel/Schweiz
Annicq	Joseph Annicq, Renaix/Belgien
Artos	Artos Maschinenbau Dr. Ing. Meier-Windhorst, Hamburg 33
Atlas-Electric	Atlas Electric Divices & Co., Chicago/USA
Bälz	W. Bälz & Sohn KG., Heilbronn
Bellmann	Maschinenfabrik Eugen Bellmann GmbH., Hagen-Haspe/Westf.
Bellini	Loris Bellini & Co., s. r. l., Bollato (Mailand) Italien
Benninger	Maschinenfabrik Benninger AG., Uzwil-SG./Schweiz
Benteler	Benteler-Werke AG., Bielefeld
Benz	Ernst Benz, Zürich/Schweiz
Bernhardt	F. Bernhardt GmbH., Bremen-Farge
Bieger	Bieger AG., Okriftel/Main
Bibby	The Bibby & Co., Halifax/England
Briem	Briem-Hengeler & Cronemeyer KG., Krefeld
Broadbent	Thomas Broadbent & Sons, Ltd., Huddersfield/England
Burlington	Burlington Engineering Co., Graham NC./USA
Butterworth	Butterworth & Sons., Bethayres Pa./USA
Callebaut	Ets. Callebaut-de Blicquy, Rubaix/Frankreich
Charpentier	Ancien Ateliers Victor Charpentier & Cie., SPRL. Dolhain-Verviers/Belgien
Chemap	Chemap AG., Männedorf ZH/Schweiz
Clermont	Clermont-Bonte AS., Flers-le-Fils (Nord)Frankreich
Cook	Cook Machine Co., Lowell Mass./USA
Comerio-Ercole	S. p. A. Comerio Ercole, Arsizio-Arese/Italien
Deutsche Steinzeug	Deutsche Steinzeug- und Kunststoffwarenfabrik, Mannheim-Friedrichsfeld
Dornier-Haubold	Lindauer Dornier Ges. m. b. H., Lindau-Bodensee
Drabert	Drabert, Kettling & Braun, Minden/Westf.
M. P. Durand	M. P. Durand & Cie., Fontaines-s/Saône-Frankreich
Dungler	Ets. Dungler & Scheidecker Reunis, Thann (Haut Rhin) Frankreich
Dupuis	Dupuis & Co., Mönchengladbach
Eckardt	J. C. Eckardt AG., Stuttgart-Bad Cannstatt
Ellerwerke	Ellerwerke, Hamburg 33
Engel	Engel & Gibbs Ltd., Herts/England
Elitex	Kovo, Prag/CSSR
Famatex	Famatex GmbH., Kornwestheim b. Stuttgart
Farmer-Norton	Sir James Farmer Norton & Co., Ltd., Salford 3 Lancs./England
Fleissner	Fleissner GmbH. & Co., Egelsbach b. Frankfurt/Main
Foxboro	The Foxboro Co., Foxboro Mass./USA
Franke	Walter Franke, Aarburg/Schweiz
Frank'sche Eisenwerke	Frank'sche Eisenwerke AG., Adolfshütte bei Niederscheid/Dillkreis
Frauchiger	Hans Frauchiger, Zofingen/Schweiz
Freeman	Freeman, Taylor Machine Ltd., Syston-Leicester/England
Geidner	Wilhelm Geidner, Kempten-Allgäu
Gerber	Gerber & Co., GmbH., Krefeld
Giachino	S. a. S. G. G. Giachino, Coggiola Biellese (Vercelli)-Italien
Goller	Max Goller, Schwarzenbach-Saale
Groux	Société H. Groux & Cie., La Madelleine-Lille/Frankreich
Guillot	I. P. Guillot Söhne, Aachen
Haas	Friedrich Haas GmbH., Remscheid-Lennep
Henriksen	Vald. Henriksen A/S. Kopenhagen-Soeborg/Dänemark
Heliot	Etablissement Maurice Heliot, La Chapelle St. Luc (Aube) Frankreich
Horrocks	Alfred Horrocks Ltd., Heywood Lancs./England
Hunt	Hunt & Moscrop Ltd., Middleton-Manchester/England

Abkürzung:	Anschrift:
ILMA	I.L.M.A. SAS. Schio/Italien
Invest	Invest-Export (DIA), Berlin W 8
Isotex	Isotex, Vecenza/Italien
Jaeggli	Jakob Jaeggli & Cie., Winterthur/Schweiz
Jagri	Jagri GmbH., Gescher/Westf.
Keramchemie	Keramchemie, Siershahn/Westerwald
Kiefer	Erich Kiefer, Gärtringen/Württ.
Klauder	Klauder, Weldon, Giles Machine Co., Inc., Philadelphia Pa./USA
Kleinewefers	Joh. Kleinewefers Söhne, Krefeld
Krantz	H. Krantz, Aachen
Küsters	Eduard Küsters, Krefeld
Lamperti	Officina Meccanica Lamperti, Busto-Arsizio (Varese) Italien
Leemetals	Leemetals Ltd., Macclesfield/England
Libbrecht	A. Libbrecht & Fils, Roubaix/Frankreich
Longclose	The Longclose Engineering Co., Ltd., Leeds/England
Maag	Gebr. Maag AG., Küsnacht/ZH – Schweiz
Mather-Platt	Mather & Platt Ltd., Manchester/England
Meccanotessile	Meccanotessile die Fontana e Lanfronci S. p. a., Como/Italien
Menzel	Karl Menzel, Windelsbleiche b. Bielefeld
Meyer	Hans Meyer, Willich/Rhld.
Mezzera	Mezzera S. p. a., Mailand/Italien
Michelstadt	Hüttenwerke Michelstadt AG., Michelstadt/Odenwald
Minetti	Officina Minetti, Mailand/Italien
Mohr	A. Mohr, Gerabronn/Württ.
Monforts	A. Monforts, Mönchengladbach
Mortensen	Peder Mortensen A/S. Hillerod/Dänemark
Northco	Northco-France, Hellemmes (Nord) Frankreich
Obermaier	Obermaier & Cie., Neustadt a. d. Weinstraße
OCTIR	O.C.T.I.R., Bialla (Vercelli) Italien
Omez	OMEZ, Bergamo/Italien
Omli	Officina Meccaniche per le Industria Tessili ed Affini, S. p. A., Como/Italien
Pegg	Samuel Pegg & Son Ltd., Leicester/England
Pesch	Hans Pesch, Krefeld
Peter	Konrad Peter AG., Liestal/Schweiz
Petrie-McNaught	Petrie McNaught Ltd., Rochdale/England
Pozzi	Leopold Pozzi, Brianza (Mailand) Italien
Poensgen	Gebr. Poensgen GmbH., Düsseldorf-Nord
Pretema	Pretema AG., Birmensdorf-Zürich/Schweiz
Proctor	Proctor & Schwartz Inc., Philadelphia 20 Penn./USA
Quarzlampen	Quarzlampen Gesellschaft mbH., Hanau/Main
Ramstätter	Otto Ramstätter, München 25
Riggs	Riggs & Lombard Inc., Lowell Mass./USA
Rodney	Rodney-Hunt Machine Co., Orange Mass./USA
Rousselet	H. Rousselet & Fils SA., Annonay (Ardéche) Frankreich
Saab	Svenska Aeroplan AB., Schweden
SACM	Sociétè Alsacienne de Constructions Mecaniques, Mulhouse (Haut-Rhin) Frankreich
Schilde	Benno Schilde AG., Bad Hersfeld
Schlumpf	J. Schlumpf & Fils, Hollain/Belgien
Scholl	Scholl AG., Zofingen/Schweiz
Scholaert	A. C. Scholaert, Tourcoing (Nord) Frankreich
Sistig	Leo Sistig KG., Krefeld
Smith	F. Smith & Co., (Whitworth) Ltd., Whitworth-Lancashire/England
Smith-Drum	Smith-Drum & Co., Ltd., Lansdale Pa./USA
Stork	Gebr. Stork & Co's Apparatenfabriek N. V. Amsterdam/Holland

Abkürzung:	Anschrift:
Tattersall	Tattersall & Holdsworth Maschinenfabrieken, Enschede/Holland
Then	R. Then GmbH., Schwäb.-Hall/Hessental
Termorid	Termorid s. r. l., Mailand/Italien
Thiebeau	A. Thibeau & Co., SA., Tourcoing (Nord)Frankreich
Thies	B. Thies, Coesfeld/Westf.
Tigges	Lebrecht Tigges KG., Wuppertal-Cronenberg
Timmer	Josef Timmer, Coesfeld/Westf.
Trockentechnik	Trockentechnik K. Brückner KG., Leonberg/Württ.
Vaco-Pilot	A/S Vaco Pilot, Kopenhagen/Dänemark
West-Point	West Point Foundry & Machine Comp., West-Point Ga./USA
Zöllig	Zöllig AG., Zürich/Schweiz

Hersteller von Farbstoffen und Textilhilfsmitteln

Abkürzung:	Anschrift:
ACNA	Aziende Calori Nazionali Affini, Mailand/Italien
Albert	Chem. Werke Albert, Wiesbaden–Biebrich
Althouse	Althouse Chemical Co., Inc., Reading Pa./USA
BASF.	Badische Anilin- & Sodafabrik AG., Ludwigshafen/Rhein
R. Baumheier	R. Baumheier, Weidenthal/Pfalz
Bayer	Farbenfabriken Bayer AG., Leverkusen
Benckiser	Joh. A. Benckiser, Ludwigshafen/Rh.
Böhme	Dr. Th. Böhme KG., Gartenberg/Obb.
Brüggemann	L. Brüggemann KG., Heilbronn
Cassella	Cassella Farbwerke Mainkur AG., Frankfurt/M.–Fechenheim
Chemapol	Chemapol Prag/CSSR
CIBA	CIBA AG., Basel/Schweiz
Cyanamid	American Cyanamid Co., New York/USA
Degussa	Deutsche Gold- und Silberscheideanstalt, Frankfurt/Main
Dupont	E. I. Du Pont de Nemours & Co., Wilmington Del./USA
Durand	Durand & Huguenin AG., Basel/Schweiz
Elektro	Elektrochemische Fabrik, Kempen
EWM	Elektrochemische Werke München AG., Höllriegelskreuth b. München
Fesago	Fesago, Chem. Fabrik Dr. Gossler GmbH., Heidelberg
Fettchemie	Böhme Fettchemie GmbH., Düsseldorf
Francolor	Compagnie Francaise de Matieres Colorantes, Paris/Frankreich
Geigy	I. R. Geigy AG., Basel/Schweiz
Geissler	Geissler & Co., Metzingen/Württ.
Giulini	Giulini GmbH., Ludwigshafen/Rhein
Grünau	Chem. Fabrik Grünau AG., Illertissen/Bayern
Hoechst	Farbwerke Hoechst AG., Frankfurt/M.-Höchst
Holtmann	A. Holtmann & Co., Berlin-Charlottenburg
ICI	Imperial Chemical Industries Ltd., Milbank-London/England
Industriechemie	Industriechemie AG., Stein/Württ.
Quehl	Dr. Quehl Chem. Fabrik, Speyer/Rhein
Rohner	Rohner AG., Prattlen/Schweiz
Rudolf	Rudolf & Co., Geretsried/Obb.
Sandoz	Sandoz AG., Basel/Schweiz
Schill	Schill & Seilacher, Böblingen/Württ.
Stockhausen	Stockhausen & Cie., Krefeld
Tanatex	Tanatex Chemical Co., Amsterdam/Holland
Tübingen	Chem. Fabrik Tübingen, Tübingen/Württ.
Vondelingenplaat	N. V. Fabriek van chemische Produkten Vondelingenplaat/Holland
Wolfen	VEB Farbenfabriken Wolfen, Wolfen Kr. Bitterfeld
Yorkshire	The Yorkshire Dyeware & Chemical Co., Ltd., Leeds 3/England
Zschimmer	Zschimmer & Schwarz, Oberlahnstein/Rhein

Farbstoffhandelssortimente und ihre Hersteller

Acele–*Dupont* 258
Acetaminediazo– *Dupont* 259
Acetoquinone– *Francolor* 258
Acetoquinonediazo– *Francolor* 259
Acilan– *Bayer* 37
Acna-Naphtol *ACNA* 212
Acna...Base/Salz *ACNA* 212
Acramin– *Bayer* 238
Acryl– *BASF* 331
Alcian– *ICI* 232, 362
Algol– *Cassella* 188
Alizarin– *ACNA, BASF, Bayer, Geigy, Hoechst, ICI, Francolor, CIBA, Sandoz* 37, 274, 275
Alphanolecht– *Cassella* 274
Amichromlicht– *Francolor* 312
Aminosolschwarz *Bayer* 241
Anthra– *BASF* 188
Anthracen– *Cassella, Geigy, ICI, Sandoz* 275
Anthralan– *Hoechst* 273
Anthrasol– *Hoechst* 37, 202, 289, 362
Aridye– *Interchemical* 238
Artisil– *Sandoz* 258
Artisildiazo– *Sandoz* 259
Astra– *Bayer* 331, 332, 333, 334, 382
Astrazon– *Bayer* 331, 332, 333, 334, 382
Avilon– *CIBA* 309
Azanilschwarz *Hoechst* 327
Azetazol *Francolor* 259

Basacryl– *BASF* 29, 331, 333, 334, 335, 384
Basazol– *BASF* 225
...Base/Salz Ciba *CIBA* 212
...Base/Salz Irga *Geigy* 212
Basolanchrom– *BASF* 275
Basolanecht– *BASF* 274
Bedafin– *ICI* 238
Benzamin– *Bayer* 185
Benzo– *Bayer* 178
Benzochrom– *Bayer* 183
Benzocupren– *Bayer* 183
Benzocuprol– *Bayer* 183
Benzokupfer– *Bayer* 183
Benzopara– *Bayer* 185
Benzyl– *CIBA* 37, 273
Benzylecht– *CIBA* 274
Blankophor-Marken[1] *Bayer* 11, 156, 159, 161, 303
Brentacet– *ICI* 260, 315, 340
Brentamin...Base/Salz *ICI* 212
Brenthol *ICI* 212
Brentosyn *ICI* 326, 327
Brillantindocarbon *Cassella* 206

Calcozyne-Acrylis– *Cyanamid* 331
Caledon– *ICI* 188
Capracyl– *Dupont* 281
Carbid– *CIBA* 178
Carbindonblau *ICI* 209
Carbindonschwarz *ICI* 206
Cavalite– *Dupont* 225
Cekryl–*Althouse* 331
Celanthrene– *Dupont* 258
Celcot *Sandoz* 212
Cellitazol *BASF* 258
Celliton– *BASF* 258
Cheney[2]– *Dupont* 308
Chlorantinlicht– *CIBA* 178, 359
Chlorazol– *ICI* 178
Chlorazoldiazo– *ICI* 185
Chrom– *CIBA, Geigy, Sandoz, Wolfen* 275
Chromacyl– *Dupont* 279
Chromat– *Dupont* 278
Chromintra– *Vondelingenplaat* 279
Chromogen– *Bayer* 275
Chromoxan– *Bayer* 275
Ciba– *CIBA* 188
Cibablau *CIBA* 209
Cibacet– *CIBA* 258, 259
Cibacetdiazo– *CIBA* 258, 337
Cibacron– *CIBA* 225, 259, 284, 285, 385, 387
Cibacrolan– *CIBA* 284, 285
Cibalan– *CIBA* 281, 342, 366
Cibalanbrillant– *CIBA* 281, 284
Cibanaphtol *CIBA* 212, 326, 327, 337
Cibanon– *CIBA* 188
Cibantin– *CIBA* 202
CIBAPHASOL[2]– *CIBA* 290
Columbia– *Wolfen* 178
Coprantin– *CIBA* 183
Coprantinhalbwoll– *CIBA* 359
Cotolan– *Bayer* 357
Cotolanchrom– *Bayer* 358, 359
Cuprofix– *Sandoz* 183
Cuprophenyl– *Geigy* 183
Cuproxamin– *Wolfen* 183

Deorlin– *CIBA* 331, 332, 334, 385
Devol...Base/Salz *Sandoz* 212
Diacromo– *ACNA* 275
Diacromato– *ACNA* 278
Diamant– *Bayer* 44, 275
Diamin– *Cassella* 178
Dianil– *Hoechst* 178
Diazamin– *Francolor, Sandoz* 185
Diazo– *ACNA, CIBA* 185
Diazoecht...Salz *Rohner* 212

---

[1] optische Aufheller [2] Spezialverfahren

Diazollicht– *Francolor* 178
Diazophenyl– *Geigy* 185
Diazosetile– *ACNA* 258
Dimacid– *Francolor* 309
Diphenyl– *Geigy* 178
Dispersol– *ICI* 258, 341
Dispersoldiazo– *ICI* 258
Drimaren– *Sandoz* 225
Duranol– *ICI* 258
Durazol– *ICI* 178
Durindon– *ICI* 188

Echt ... Base/Salz *Bayer, Francolor, Hoechst, Rohner* 212
Eclips– *Geigy* 204
Elanyl– *CIBA* 309
Eliamina– *ACNA* 178
Erioanthracen– *Geigy* 274
Eriochrom– *Geigy* 275
Eriochromat– *Geigy* 278
Erioecht– *Geigy* 273
Erionyl– *Geigy* 309
Eriosolid– *Geigy* 273
Eriowalk– *Geigy* 274
Esterophile– *Francolor* 321

Foron– *Sandoz* 321, 322, 325, 373

Gycolan– *Geigy* 279

Halbwoll– *versch. Hersteller* 355
Halbwollcuprofix– *Sandoz* 359
Halbwollcuprophenyl– *Geigy* 359
Halbwollechtchrom– *CIBA* 358
Halbwolleriochrom– *Geigy* 358
Helian– *Francolor* 188
Heliasol– *Francolor* 188
Helindon– *Hoechst* 288
Helizarin– *BASF* 238
Hydronblau– *Cassella* 209, 210, 211
Hydrosol– *Cassella* 207, 236, 255, 313

Immedial– *Cassella* 204, 205, 207
Imperon– *Hoechst* 238, 328
Impralac– *Francolor* 238
Indanthren– *BASF, Bayer, Cassella, Hoechst* 10, 187, 188, 192, 232
Indigo MLB *Hoechst* 288
Indigosol– *Durand* 37, 202, 289
Indocarbon *Cassella* 206, 207, 313
Inochrome– *Francolor* 279
Inthion– *Hoechst* 236, 299
Intramin– *Hoechst* 325, 326, 340, 345, 374, 378
Irgalan– *Geigy* 281, 311, 375

Irganaphtol *Geigy* 212
Irganol– *Geigy* 281, 375
IRGA-PAD–[2] *Geigy* 293, 324, 375, 376
Irgaren– *Geigy* 284
IRGA-SOLVENT–[2] *Geigy* 283, 308
Isolan– *Bayer* 281
Isonal– *Bayer* 281
ITW–[2] *Geigy* 334
Kitonecht– *CIBA* 273
Kunstseidenschwarz– *Cassella, CIBA, Geigy, Rohner* 254
Küpen– *Hoechst* 188

Lanacron– *CIBA* 284
Lanaperl– *Hoechst* 309, 366
Lanasyn– *Sandoz* 281
Lanasynrein– *Sandoz* 281, 373
Lanavisco– *ACNA* 357
Latyl– *Dupont* 321
Leukophor-Marken–[1] *Sandoz* 11, 159, 161
Levafix– *Bayer* 225
Levalan– *Bayer* 284
Libia– *ACNA* 178
Lurantinlicht– *BASF* 178
Lyrcamine– *Francolor* 331

Maxilon– *Geigy* 293, 331, 333, 334, 335
Metachrom– *Hoechst, Wolfen* 278
Methylviolett *BASF* 242
Metomegachrom– *Sandoz* 278
Mikrofix– *CIBA* 238, 316, 352
Monochrom– *Bayer* 278

Naphtanil *Rohner* 212
Naphtanil ... Base/Salz *Rohner* 212
Naphtanilid *Dupont* 212
Naphtazol *Francolor* 212
Naphtochrom– *CIBA* 275
Naphtogen– *Wolfen* 178, 185
Naphtol *Bayer, Hoechst* 44, 63, 212, 214, 340, 360
Neolan– *CIBA* 278, 279, 311 366, 385.
Neonyl– *CIBA* 311
Neopolar– *Geigy* 274
Neutrichrome– *Francolor* 281'
Nitranilin– *CIBA* 185
Novalon– *Geigy* 309
Nylanthren– *Althouse* 309
Nylomin– *ICI* 309
Nylosan– *Sandoz* 309

Ofna-lan ... Base/Salz *Hoechst* 290, 315, 340, 360
Ofnaperl-Salz *Hoechst* 315 340
Omegachrom– *Sandoz* 275

---

[1] optische Aufheller [2] Spezialverfahren

Ortol– *BASF* 281, 376
Ortolan– *BASF* 281, 374, 376

Palanil– *BASF* 29, 321, 372, 383
Palatinecht– *BASF* 279, 376, 384
Paradiazol– *Francolor* 185
Parasulfon– *Sandoz* 185
Pentasol– *Dupont* 202
Perlamin– *Cassella* 309, 367
Perliton– *BASF* 307
Perlitazol *BASF* 307
Phtalogen– *Bayer* 232, 299
Polar– *Geigy* 37 274 310
Polyestren– *Cassella* 30 378 380
Pontachrom– *Dupont* 275
Pontamindiazo– *Dupont* 185
Pontaminecht– *Dupont* 178
Pontamin– *Dupont* 178
Pottingchrom– *CIBA* 275
Primazin– *BASF* 225
Procilan– *ICI* 287
Procinyl– *ICI* 315 369
Procion– *ICI* 225, 284, 285, 369
Pyrogen– *CIBA* 204

Reacton– *Geigy* 225
Reatex– *Francolor* 225
Redon-Blau *Vondelingenplaat* 209
Redon-Carbon *Vondelingenplaat* 206
Remalan– *Hoechst* 281, 284
Remalanecht– *Hoechst* 281
Remastral– *Hoechst* 178
Remazol– *Hoechst* 225, 314, 338
Remazolan– *Hoechst* 284
Resolin– *Bayer* 307, 322, 327, 376
Rigan– *CIBA* 178
Romantren– *ACNA* 188
Ronasyn– *Rohner* 325
Rosanthren– *CIBA* 185

Salicinchrom– *Hoechst* 275, 277
Samaron– *Hoechst* 321
Sandolan– *Sandoz* 284
Sandonblau *Sandoz* 209
Sandothren– *Sandoz* 188
Sandozol– *Sandoz* 202
Saturn– *Chemapol* 178
Schwefel– *Wolfen* 204
Senisol– *Yorkshire* 321
Serilene– *Yorkshire* 321
Serinyl– *Yorkshire* 307
Setacyl– *Geigy* 258, 321, 345, 375
Setacyldiazo– *Geigy* 258
Setaron– *Geigy* 321, 375
Setile– *ACNA* 258

Sevron– *Dupont* 331
Siriogen– *Bayer* 184
Siriuslicht– *Bayer* 45, 177, 178, 232
Solacet– *ICI* 258
Solaminlicht– *Wolfen* 178
Solanblau *Francolor* 209
Solanthrene– *Francolor* 188
Solar– *Sandoz* 178
Soledon– *ICI* 202
Solidazol– *Cassella* 225
Solinden– *ACNA* 188
Solindolo– *ACNA* 202
Solochrom– *ICI* 278
Solophenyl– *Geigy* 178
Stenamina– *ACNA* 279
Stenolana– *ACNA* 281
Sulfanol– *Francolor* 204
Sulfanthrenblau *Dupont* 209
Sulfer– *Vondelingenplaat* 204
Sulfer-Aquasol– *Vondelingenplaat* 207
Sulfogen– *Dupont* 204
Supracen– *Bayer* 273
Supramin– *Bayer* 37, 273
Supranol– *Bayer* 37, 273
Synchromat– 277, 278, 366

Tectilon– *CIBA* 309
TED–[1] *Hoechst* 286
Telon– *Bayer* 309, 312, 367
Telonchrom– *Bayer* 311. 367
TERACRON–[1] *CIBA* 381
Terasil– *CIBA* 321
Tersetyl– *ACNA* 321
Terycron– *Vondelingenplaat* 321
Tetra– *Sandoz* 188
Tetramin– *Sandoz* 357
Tetraminchrom– *Sandoz* 358
Thional– *Sandoz* 204
Thional-Carbon *Sandoz* 206
Thionol– *ICI* 204
Thitinonblau *Geigy* 209
Tina– *Geigy* 188
Tinaldene– *ACNA* 188
Tinaldeneblau *ACNA* 209
Tinon– *Geigy* 188
Tinopal-Marken–[2] *Geigy* 11, 156, 159, 161, 303
Tinosol– *Geigy* 202
Triamin– *Vondelingenplaat* 178
Triantinlicht– *Vondelingenplaat* 178
Tricufix– *Vondelingenplaat* 183
Trisulfon– *Sandoz* 178

Ultralan– *ICI* 279
Ultraphor-Marken–[1] *BASF* 11
Universal– *Hoechst* 357

---

[1] optische Aufheller   [2] Spezialverfahren

Uvitex-Marken–[1] *CIBA* 11, 156, 159, 161, 303, 319

Variamin ... Base/Salz *Hoechst* 212, 217
Variogen ... Base/Salz *Hoechst* 212. 218
Vegan– *Wolfen* 357
Vegancuproxon– *Wolfen* 359
Vialonecht– *BASF* 312
Viscoseschwarz *Sandoz* 254
Viscoseschwarz *ACNA, Francolor* 254
Vitralon– *Sandoz* 279
Vondachrom– *Vondelingenplaat* 275

Vondalan– *Vondelingenplaat* 281, 284
Vondifil– *Vondelingenplaat* 357
Vonteryl– *Vondelingenplaat* 258
Vonteryldiazo– *Vondelingenplaat* 259

Walk– *Hoechst* 274
Wofalan– *Wolfen* 281
Wollecht– *Hoechst* 274

Xylenecht– *Sandoz* 273
Xylenlicht– *Sandoz* 273
Xylenwalk– *Sandoz* 274

[1] optische Aufheller

Textilhilfsmittel und ihre Hersteller

Acorit D, *Fettchemie* 213
Aktivator SF, *Hoechst* 154, 155, 173
Aktivator N, NL, D 58, *Degussa* 154
Albatex BD, PO, PON, HW, *CIBA* 145, 190, 229, 282, 356, 358
Albegal CL, *CIBA* 282
Albigen A, *BASF* 190, 201, 219
Anthrasolsalz NO, *Hoechst* 202, 203
Aquamollin BCS, *Cassella* 50, 313
Arostit BL, Blanco, BLW, *Sandoz* 160, 304
Ateban AB, *Böhme* 143
Ateblanc NH, *Böhme* 154
Avirol DAH extra, *Fettchemie* 163
Avolan O, ON, IS, IL, IW, *Bayer* 272, 282, 303, 333
Axil C, *Bayer* 154, 173
Azomel *ICI* 213
Azopol A, *ICI* 217

Basolan DC, *BASF* 294
Beatol ND, *Fettchemie* 143
Blancolen *Brüggemann* 160
Blankit IA, IN, IAN, IANW, IIA, IIANW, *BASF* 160, 247, 304, 364, 382, 383
Bleichhilfsmittel HC, HV, *Hoechst* 154
Bleichsalz-Bayer *Bayer* 154
Bleichstabilisator RB, *R. Baumheier* 158
Burmol *BASF* 160

Calgon-Marken *Benckiser* 49, 50, 227
Calsolenöl HS, *ICI* 213
Carbacet *Böhme* 268
Carbolan *Zschimmer* 268
Carbolansalz A, *ICI* 272, 309
Carolid-Marken *Tanatex* 321
Carrier DAC 888, *R. Baumheier* 323
Carrier LB, *Courtoulds* 344
Casservol RW, *Cassella* 197
Cekit OM, *Stockhausen* 145
Cellex *CIBA* 190

Cerafil S 50, SB, 9055, *Böhme* 158, 309
Chlorit-Aktivator EWM, *EWM* 154
Chloritstabilisator EWM, EWM-K, *EWM* 154
Chloritstabilisator BASF, *BASF* 154
Chromintrasalz E, *Vondelingenplaat* 280
CHT-Schnellnetzer *Tübingen* 145
Cibalansalz S, N, *CIBA* 282, 283
Cibaphasol C, AS, *CIBA* 291, 292
Clarit PS, PSW, *Geigy* 160, 373
Collaprint *Quehl* 240
Cotoblanc *Tübingen* 143
Cottoclarin C, *Fettchemie* 143

Decrolin ls öl. konz. *BASF* 275, 289, 304, 311
Defindol *Fettchemie* 143, 145
Deflavit ZA, *BASF* 275, 304
Degussa-Chlorit *Degussa* 154
Dekol N, CN, *BASF* 190
Depsolin 2P, RL, *Francolor* 313, 356
Detergil S, *Francolor* 294
Diadavin C, WTS, *BASF* 143
Diamonine AF, *Francolor* 352
Diazopon A, *BASF* 217, 378, 380
Diazostabilisator DH, *Durand* 217
Diffusil S, *Böhme* 145
Dilatin DB, TC, DPA, *Sandoz* 321, 323
Dinaphton *Industriechemie* 214
Dispergator CC, *CIBA* 285, 385, 387
Dispersogen AZ, *Hoechst* 280, 378, 380
Dispersol VL, A, AC, CWL, VL, D, *ICI* 190, 200, 272, 294, 315, 356
Dowcide A, *Dow* 321
Dupanol D, *Dupont* 309
Du Pont Retarder LAN, *Dupont* 334
Duranol-Inhibitor GFN, *ICI* 260

Edolan A, *Bayer* 367
Egalisal *Grünau* 272
Egalisiermittel PHW, *Geigy* 309

Eganal ON, *Hoechst* 190
Ekalin F, *Sandoz* 190, 217, 273
Emigen P, *Hoechst* 197, 200
Emulgator W, *Bayer* 223
Emulgator EL, *Hoechst* 325, 373, 378
Emulphor EL, *BASF* 373, 376, 378, 383
Entwickler A, AZ, AN, H, Z, OFSN, ON, ONL, *versch. Hersteller* 185, 259, 307, 312, 326
Erioclarit B, *Geigy* 274
Erionil NW, NWS, WR, WNR, *Geigy* 313, 356, 358
Eriopon HD, H, AC, *Geigy* 373, 375, 376
Erkantol BX, PAD, *Bayer* 197, 200, 268
Eulysin A, L, MP, *BASF* 187, 213
Eumercin ML, S, SF, *Pfersee* 147
Eunaphtol ASN, *BASF* 213

Färbereihilfsmittel TX 1285, *BASF* 195
Fibradurit FS, *Cassella* 206
Fixanol NA, PN, V, R, *ICI* 184, 313
Fixierer P, *BASF* 230
Fixogen T, TN, *Francolor* 184, 352
Floranit HF 24/34, *Fettchemie* 147

Geipolan BS, *Geissler* 158
GF-Inhibitor *BASF* 345
GFN-Inhibitor *BASF* 260
Glyecin A, *Hoechst* 361
Gonflant ACS, *ICI* 340

Halosal B, *CIBA* 50
Hexatren C 5, *Giulini* 50
Hostapal BV, CV, W, *Hoechst* 50, 218, 219, 325, 345, 360, 374
Hostapon T, *Hoechst* 360, 361
Humectol C, CX. *Cassella* 145, 361
Hydrosulfit BZ, BLI, *CIBA* 275, 304, 373

Immedialentwickler S, *Cassella* 206
Imperon-Binder MV, *Hoechst* 328
Inferol OKM, *Bohme* 147
Inhibitor GF, *ICI* 345
Inochromsalz L, *Francolor* 280
Invadin MET, BL, AR, *CIBA* 147, 366
Invalon PR, *CIBA* 321
Irgalon BT, *Geigy* 50
Irgapadol A, P, *Geigy* 293
Irgasol DA, SW, DAH, *Geigy* 272, 282, 283, 334

Kaliumpersulfat EWM, *EWM* 270
Katalysator CCB, CCI, *CIBA* 227, 228
Katanol ON, SLN, W, *Cassella* 242, 356
Kieralon B, *BASF* 143
Kollamin *Fesago* 240
Kollavit *R. Baumheier* 272

Lamepon A, 287. *Grünau* 145, 213
Lamitex L, *Protan* 291, 324, 375
Lanalbin B, *Sandoz* 274
Latyl-Carrier A, *Dupont* 321, 323
Lavatex *Böhme* 145
Leomin HSG, *Hoechst* 326
Leonil R, DB, N, RW, *Hoechst* 197, 224, 236, 237, 268
Leophen BN, *BASF* 147
Levana *Sandoz* 272
Levapon TH, NSW, *Bayer* 184, 382
Levasol DG, TR, *Bayer* 233
Levegal K, VK, VKC, FTS, PT, TBE, ON, HTN, PAN, KS, *Bayer* 190, 294, 309, 321, 323, 333, 334, 376, 382
Levogen WW, HW, FWN, *Bayer* 184
Lissapol D, N, ND, C, *ICI* 231, 235, 309, 326, 369
Lissolamin A, *ICI* 235, 285
Lorinol 555, *Fettchemie* 304
Lubrol W, *ICI* 285
Ludigol *BASF* 44, 145, 229, 384
Lufibrol W, *BASF* 270
Lufixan LF, *BASF* 184
Lunetzol A, *BASF* 145
Luplastol TX 1265, *BASF* 318
Lyocol HW, *Sandoz* 356, 358
Lyofix EW, SB, SBW, *CIBA* 184
Lyogen WD, PO, SMK, P, DK, SF, V, *Sandoz* 190, 272, 282, 294, 309, 372

Manutex LN, *Alginate* 291
Matonalg MV, *Pleubian* 291
Mercerol GV, QW, G, *Sandoz* 147
Meropan EW, *Tübingen* 272
Merpistab *Elektro* 158
Mikrofix-Binder 59, *CIBA* 238, 316, 352
Mesitol WL, WLS, PNR, *Bayer* 313, 356, 358
Monopolbrillantöl *Stockhausen* 213
Monopolseife *Stockhausen* 288

Naphtolstabilisator NF, *CIBA* 217
Naphtopon E, *Bayer* 233
Natriumchlorit EWM, *EWM* 154
Natriumchlorit-Hoechst *Hoechst* 154
Neccesan A, *BASF* 200
Nekanil AC, LN, SBS, O, *BASF* 268, 272, 382, 383
Neolansalz P, *CIBA* 279, 280
Neopyridit V, *Rudolf* 147
Neovadin AN, AL, *CIBA* 272, 279, 282, 285, 366, 385, 387
Nitrazol CF, *Cassella* 185
Nuva H, *Hoechst* 143
Nylofix *Sandoz* 313
Nylotan R, *Sandoz* 367

Ofnapon AS, ASN, *Hoechst* 213, 360
Osimol-Grünau *Grünau* 282

Palanil-Carrier A, B, PE, AN, *BASF* 321, 323, 383
Palatinechtsalz O, *BASF* 248, 280
Palatinit M, *BASF* 321
Paraperl S, M, *Hoechst* 309, 367
Parazol FB, *Bayer* 185
Pentazikon X, *R. Baumheier* 280
Percolloid KG, SK, *Holtmann* 145, 213, 272
Peregal O, ON, OK, P, *BASF* 190, 298
Perlamol *Vondelingenplaat* 187
Perlastan *Schill* 158
Perminal KB, *ICI* 143
Pernifix L, *Vondelingenplaat* 184
Peroxydstabilisator W, H, K, *EWM* 158
Peroxydstabilisator *BASF* 158
Phtalofix FN, *Bayer* 232, 299
Polyprint multus, *Polygal* 291
Polyron *Albert* 50
Praestabitöl V, *Stockhausen* 268
Primasol FP, *BASF* 197
Procilansalz L, *ICI* 287
Protectol II-N, *BASF* 272
Proventin 7, *Degussa* 304, 364
Puffersalz PK 3, *Degussa* 154

Rapidazolsalz N, *Bayer* 325
Rapidnetzer *BASF* 145
Remalansalz WS, M, *Hoechst* 272, 282, 284
Remol TRF, TRM, AS, OK, E, AS, *Hoechst* 190, 217, 221, 224, 285, 325, 360, 374
Reservesalz G, *Geigy* 229
Resistsalz L, *ICI* 145, 229
Resolin NCP, *Sandoz* 268
Resolinschwarzentwickler RL, *Bayer* 327
Retarder A, *CIBA* 334
Revatol S, *Sandoz* 145, 229
Rongal A, HT, *BASF* 195, 208
Rongalit C, *BASF* 142, 208, 313, 327
Rucoegalisierer PAN, IRU, *Rudolf* 197, 334
Ruconetzer S, *Rudolf* 145
Rucogen EN, KF, *Rudolf* 213, 280
Rucorit CB, *Rudolf* 154
Rucosal FS, *Rudolf* 145, 213
Rucostabilisierer CP, *Rudolf* 158
RZ-Löser *Hoechst* 213

Sandofix WE, *Sandoz* 184
Sandopan DTC, TFL, *Sandoz* 143, 312, 371
Sandozin NI, *Sandoz* 145
Sandozol KB, *Sandoz* 321
Sapamin NJ, *CIBA* 134
Schlichte T 8, *BASF* 324, 376, 378
Schutzsalz AH, *Hoechst* 272

Sebosan SWR, *Stockhausen* 158
Seripolan *Yorkshire* 321
Serisol-Inhibitor *Yorkshire* 345
Setamol WS, *BASF* 187, 272
Silcolapse *ICI* 438, M 437
Silvaplast 7010 B, *CIBA* 134, 318
Siriogen WK, *Bayer* 184
Solegal A, *Hoechst* 187, 289, 304
Solentwickler D, *Hoechst* 325, 345
Solidegal GL, SR, AF, OM, *Cassella* 190, 200
Solidogen FFL, FGA, *Cassella* 184
Solidokoll K, *Cassella* 378, 380
Solopol NK, *Stockhausen* 143
Solvant TER, *Francolor* 321
Solvitose Gum OFA, *Scholtens* 292
Stabilisator VP, *CIBA* 196, 197, 199, 200, 378
Stabilol D, *Fettchemie* 158
Statexan W, *Bayer* 324, 376
Sulfhydrat F, *Cassella* 204, 205, 207, 208, 209, 255
Sultafon MA, MBW, *Stockhausen* 147
Sunaptol P, PN, OP, P, *Francolor* 312, 378
Sustilan FS, N, *Bayer* 191, 272

Tanadel IM, *Tanatex* 323
Tanavol-Marken, *Tanatex* 321
Taninol BMN, WR, ADR, *ICI* 242, 313, 356
Tannotex S, *CIBA* 242
Texappret C, *BASF* 324
Thiotan MS, RS, *Sandoz* 242, 356
Tinegal NA, CV, BAN, *Geigy* 190, 309
Tinofix A, LW, *Geigy* 147
Tinophen CF, *Geigy* 147
Tinopolöl *Geigy* 145
Tinovetin BNR, *Geigy* 268
Transferin 94, *Böhme* 309
Triamin PR, *ICI* 369
Trifol A, R, RZ, *Vondelingenplaat* 242, 356
Trilon-Marken, *BASF* 50, 195, 215, 218, 360
Tumescal D, OP, PH, *ICI* 321

Ultravon W, JF, JU, *CIBA* 337, 385
Uniperol W, PN, TX, 1250, AN, *BASF* 272, 282, 309, 312, 334, 383, 384
Unisol RH, *Francolor* 378
Univadin W, *CIBA* 272, 279

Verel-Dyeing-Assistant *Eastmann* 339
Viscavin CA, LCN, *Tübingen* 158, 179, 197

Waschmittel 6892, *CIBA* 227
Wofafix WWS, S, KLW, *Wolfen* 184

Zetesan KS, *Zschimmer* 158

Chemiefasern und texturierte Garne

Acrilan 5, 6, 329, 336, 337
Acrybel 329
ACSA-Acrylfaser 329
Agilon 346, 347, 349
Ardil 300
Arnel 8, 343
Avril 250
Avron 250

Baanlon 346, 347, 349

Courlene 341, 342
Courtelle 5, 329
Cremona 340
Creslan 6, 336, 338
Crynkle 347
Crylor 5, 329, 332
Corval 250

Dacron 318
Darvan 6, 336
Diolen 318 319, 320, 349, 370, 382
Dolan 329
Dralon 5, 329, 332, 382
Duraflox 250
Dynel 6, 336, 338, 349

Enka-Fiber 250
Enkalon 302
Envilon 339
Exlan 329

Faser-Z 54 250
Fibravyl 7, 339
Fibrolane 300
Fluflon 346, 347
Fluon 341

HB-Dynel 349
Helanca 346, 347, 364, 369
Herculon 342
Hibulk-Acrilan 349
Hipolan 250
Hostaflon 341
Hostalen 341, 342

I-Faden 342

Kanebian 340
Kodel 5, 318, 323
Koplon 250
Kuralon 340

Lanon 318
Leacryl 329, 332, 336
Lilion 302
Lurex 350
Lycra 8, 342, 343

Medifil 250
Meraklon 342
Merinova 300
Meryl 250
Moplen 342
Movil 339

Nylon 4, 302, 305, 314, 315, 365, 367
Nymcrylon 5, 329
Nylsuisse[1] 310, 349
Nyltest[1] 310

Orlon 5, 329, 332, 347

PAN 329
Perlon 4, 302, 305, 310, 314, 315, 365, 367
Perlon-porös[1] 310
Polythene 341

Redon 5
Reevon 341, 342
Rhovyl 7, 339
Rilsan 4, 302, 305, 306, 311, 312, 314, 365
Royalene 342

Saaba 346, 347
Saran 7, 341
Sarlane 342
Spunize 346, 347
Superloft 346, 347
Synthofil 340

Taslan 346, 347
Teflon 8, 129, 341
Terlenka 318
Terylen 4, 318, 353
Textralized 346, 347
Tetoron 320
Thermovyl 7, 339
Travis 6, 341
Trevira 318, 320, 326, 328, 353, 370
Tri-a-Faser 343
Trialbene 343
Tricel 343
Trofil 341
Tufcel 250

---

[1] Markenname für Polyamidwebtrikot

Ulstron 342

Verel 6, 336, 338, 339
Vestan 318, 323, 369, 370
Vestolen 341, 342
Vinal 341
Vincel 250
Vinyon 7

Vonnel 336
Vycron 5
Vyrene 8, 342, 343

Woolon 340

Z-54 250
Zantrel 250
Zefran 6, 336, 339

Sachverzeichnis

Die halbfett gedruckten Seitenzahlen bezeichnen die Stelle, an der das Stichwort ausführlicher behandelt wird

AATCC (*American Assotiation of Textile Chemists and Colorists*) 35
Abarbeiten 59
Abbeizen 155
Abbinder 59, 63
Abbluten 300
Abbot-Cox-Verfahren (*Dupont*) 196
Abdrücken 191, 393, 402
Abendfarbe 15, 17, **18**, 27
Abfallseide 274, 275, 276
Abgasechtheit 344
Abkanten 65
Ablaufkaule 88
Abmustern 373
Absäuern 42, 43, 151, 152, 191, 245
Absaugen 179, 191, 393
Abschälen 319
Abschmieren 324, 393
Absorptionsfaktor 101
Abstumpfen **216**, 222, 225, 241
Abwasser 308
Abziehen 24, 186, 201, 204, 211, 219, 235, 239, 259, 274, 276, 280, 284, 287, 289, 307, 310, 311, 323, 345
Acrylat 324
Additive Farbmischung 14
Addukte 282
Adhärierende Feuchtigkeit 388, 389
Adipinsäure 301
AFNOR (*Assotiation Francaise de Normalisation*) 35, 36, 37
Aglomerat 190, 191,
Aktivieren/Aktivator 152, 154, 155, 173, 288
Alginat-Verdickung 101, 199, 203, 236, 237, 291, 292, 314, 317, 324, 352, 375, 378
Alginatfaser 348
Alizarinrot 241
Alkali-bilanz **216**, 217, 221
— -bindemittel 216, 221, 222
— -beständigkeit 299, 363
— -echtheit 42
— -löslichkeit 251
— -quellung 253
— -schock-Verfahren 231

Alkoholsulfat 48
Alkylnaphtalinsulfonat 47, 48
Alpakka 264
Alterungsbeständigkeit 341
Altrot 241
Allwetterartikel 193
Amerikanische Teppichwäsche 289
Amino-benzol 215
— -gruppen 275, 261, 295
— -polycarbonsäure 50
— -säuren 260, 261, 295
— -undekansäure 301
Ammoniakspender 285
Ampholite 47
Amphoter 47, 260, 295, 309
Anilin-öl 240
— -salz 239, 240
— -schwarz 193, **239**, 327
Animalisieren 250
Anisotrop 139, 251
Anorak 340
Anthrachinon 186, 219, 239
Anthrachinoide Farbst. 272
Antirheumatisch 340
Antischaummittel 147, 287, 317
Apparatefärberei **64**, 178, 179, 206
Appreturbrechen 128
Aquaroll-System (*Küsters*) 104
Arachin 300
Aralkylsulfonat 48
Arbeitskleidung 208, 310
Äthanolamin 48
Ätherbindung 225
Atomar 156
Ätzbarkeit 186, 239
Ätzreserve 239
Aufbäumen 302
Aufdocken 215
Aufdock-Verfahren 170
Aufhellen 185, 201, 204, 211, 236, 239, 259, 274, 280, 284, 287, 289, 307, 310, 311, 333, 335, 345
Aufhellerkumulation 12
Aufstecksystem 72
Aufstockwagen 133
Ausdehnungsgefäß 75
Ausfrieren 29
Ausgleichsvermögen 46, 190

Ausnähen 3
Aussalzen 196, 214, 221, 377
Ausziehgrad 295
Ausziehperiode 227
Ausziehverfahren 180, 187, 203, 214, 225, 229, 289, 304, 327, 340, 376, 377
Autobleach-Verfahren (*Smith*) 170
Autoklav 145, 328
Automatenjigger 79
Automatische Strumpfausrüstungsmaschinen 133
Automatisierung 79
Autosicherheitsgurt 128, 302, 318, 328, 329, 375
Autoxydation 204
Avivieren/Avivage 3, 55, 133, 135, 297, 298
Axialdruck 102
Axialpumpe 76, 95
Azetilierung 341, 343
Azofarbstoffe 175, 288, 298, 325

Backenbremse 87
Badeartikel 194, 309, 340, 342, 346, 368
Bakterien 140, 303, 319
Ballig 103
Bänder 205, 239, 252, 306, 309, 316, 324, 328, 375
Bandfärbeanlage 129, **132**, 137
Bandtrockner 394, **395**, 396, 398
Barke 60
Barotor 96
Barré-Effekt 93, **309**, 311, 312, 315, 365, 366
Basenunterschuß-Verfahren 217
Basische Farbstoffe 4, 6, 8, 11, 29, 175, **242**, 248, 256, 271, 293, 298, 299, 304, **331**, 334, 336, 338, 339, 340, 382, 384, 385
Bast 248
Bastseifenbad 298, 299
Bastseifenersatz 298
Baumwolle 138
Baumwoll-bleiche 150
— -färberei 174
— -wachs 3, 55, 141, 153

Bauschelastizität 330, 335
Bauschgarn 57, **346**
Becco-System 164, 165
Beckman DK 2 (*Beckman*) 22
Begrenzungsscheiben 70
Beizenfarbstoff 175, 271, 275
Belichtungsapparat 38
Benetzbarkeit 140
Bentonit 155
Benzanilid 321
Benzidin-Farbstoff 175
Benzin 344
Benzylalkohol 283, 308
Berechnungsbeispiele 219
Berufskleider 194, 341
Beschichten 342
Beständigkeit gegen gechlortes Wasser 43
Beta-(β) Naphtol 185
— -Oxynaphtoesäure 211, 307
Betriebfärberei 33
Bettwäsche 140, 194, 218, 244
Beuche 147, 350
Beuch-flecke 143
— -hilfsmittel 142
— -jigger **91**, 144
— -kessel **143**, 144
— -verlust 141
Bicolor-Färbung 353, 357, 358, 363, 368, 370, 378, 380, 384, 386, 387
Bikomat/Präkomat Spulmaschine (*Sahm*) 65
Bikomponentenfaser 347
Binder 237, 316, 328
Blancomat-Anlage (*Gerber*) 171
Bläuen 10
Blattfasern 243
Blauholz 297, **316, 368**
Blaumaßstab 12, 37
Blecherne Wolle 279
Bleich-apparat 161
— -kuchenöffner (*Fleissner*) 54, 396
— -maschinen 161
— -schädiger 192
— -stiefel 167, 169
— -straße 163
— -verlust 153, 162
Blindbad 155
Blinde Küpe 201, 289
Blindfärbung 18, 280
Blockbauweise 76

Blockierungseffekt 258, 308, 332, 333
Blue-Jeans 219
Blume 289
Blumiges Schwarz 254
Bobinen (Tops) 56, 64, 73, 289, 394, 397
Bogendämpfer (*Benteler*) 119
Bombieren 103
Bombyx mori 295, 297
Booster 121, 200
Borsten 341
Borten 350
Bourette-Seide 295
Break 37
Brechen 238, 316, 382
Brechweinstein 242, 300, 307, 309, 313
Breitbleiche 167
Breiteneinsprung 128
Breitwaschmaschine **121**, 310, 317, 365, 371
Brennen/Brennbock 267, 268, 364, 365, 371, 374
Brenzkatechin 191
Bronzieren 205
Bruchdehnung 138, 146, 257
Brühen 145
Bügelechtheit 43
Bügelpresse 394
Bulk-Garn 346
Bunt-ätze 186
— -bleiche 44, 160
— -esche Salze 207, 236
— -gewebe 219, 309
— -spinnen 52
Butoxyl 345
Butylalkohol 48
Bypass 94, 95
B-Zellwolltypen 250

Campecheholz 368
Campingkleidung 368
Carboxylgruppe 305
Carrier 13, 67, 77, 125, 283, 320, **321**, 322, 323, 324, 325, 326, 327, 331, 338, 340, 344, 345, 372, 373, 374, 376, 377, 378, 382, 383, 386
Carrierflecken 321
Carubinsäure 291
CCMC (*Computer Colour Matching Service*) 26
Ce-Es-Bleiche (*Fettchemie*) 163
Cellarius-System (*Dornier*) 108

Centipoise (cps) 291
Changeant 380
Changieren 88
Charge 295, 297
Charmeuse 306, 309
Chemiefasern 249
Chemikalienklotz 119, 129, 152
Chemischreinigung 3
Chemodos-Anlage (*Jagri*) 80
Cheviotwolle 261, 387
Chinagras 248
Chlorabspaltend 294
Chloramin 141, 151, 152
Chlor-bleiche Hypochloritbleiche
— -bogen 245
— -dioxyd (ClO$_2$) 152, 153, 154, 165, 169, 246
— -gas 245
Chlorieren 164, 387
— -kalk 150, 185,
Chlorit-bleiche siehe Natriumchloritbleiche
Chloritbleichechtheit 43
— -stabilisator 153, 154, 245
Chromatizitätsdiagramm 16
Chromatografie 12
Chrom-beize 161
— -entwicklungs- (Chrom-, Chromierungs-) Farbstoffe 4, 6, 8, 213, **271**, **275**, 276, 280, 283, 292, 293, 299, 304, **311**, 341, 366, 367, 384
— -komplexfarbstoffe 278
— -lack 275
— -säure 276
— -vorbeize 275
CIE-System 16, 17
Clapot 245
Cocon 295
Color-Eye (*Instrument*) 22
Colorist 33
Color-master (*Manufacturers*) 22, 25
— -plast (*Bellmann*) 133, 318
— -thek (*BASF*) 26
Colour-Index 28, 31
COMIC (*Colorant-Mixture-Computer*) 26
Computer 20, 26
Copolymere 329, 335
Cops 64
Cord 205
Coronizing-Prozeß 352
Cottonisieren 242

Crackprozeß 341
Craquant 297
Cremieren 244
Crockmeter 42
Crossbred-Wolle 261
Cuite-Seide 295
Cupro-Fasern 250
Cuproionen-Methode 338
Cuticula 261
CYCLOTRIC-Jigger (*Poensgen*) 89
Cystin 261, 292, 295

Damen-strümpfe 306, 348
— -unterwäsche 252
Dampf-anilinschwarz 240
— -einspritzung 115
— -fixierung 181
— -glocke 129
— -Luft-Gemisch 179
— -schwarz 239
— -stechrohr 31
DAP-Färbeverfahren 321
Deckelbrause 389
Deckenheizung 88, 120, 168, 372
Degree of Polymerisation (DP) s. Durchschnittspolymerisationsgrad
Degummieren 295
Dehalogenierung 187, 195
DEK s. Deutsche Echtheitskommission
Dekatieren 351
Dekorationsstoff 140, 186, 193, 194, 218, 239, 243, 252, 273, 302, 303, 316, 318, 330, 340, 341, 343, 351, 354, 368, 385
Denier (den) 297, 302
Denim-Artikel 63, 219
Detergentien 47
Deutsche Echtheitskommission (DEK) 35
Deutscher Garbkontrakt 388
Deutscher Normenausschuß (DNA) 35, 36
Deutsche Industrienormen (DIN) siehe DIN-Vorschriften
Diamantschwarz 240
Diäthylphthalat 344
Diazofarbstoffe 184, 299
Diazoniumsalz 185, 211, 216
Dichtungsleisten 104
Dichtungsmaterial 242

Differentialgetriebe 87
Diffusion, Diffundieren 272, 320, 322
Digestorium 137
Dimensionsstabilität 343
DIN-Vorschriften **35**, 36, 37, 40, 41, 42, 43, 44, 45, 46, 371
Diphenyl 321
Diphenylschwarz 240, 241
Direktfarbstoff 4, 6, 8, 174, **175**, 247, 254, 298, 299, 300, 304, 312, 338, 340, 351, 352, 355, 356, 357, 358, 363, 366, 369, 376, 377, 379, 382, 385, 386
Direktkupplung 87
Disazofarbstoff 272
Dispersionsfarbstoff 4, 6, 8, 10, 29, **258**, 259, 260, 304, **306**, 311, **320**, 321, 323, 324, 331, 335, 336, 337, 338, 339, 340, 341, 343, 344, 345, 351, 366, 367, 368, 372, 373, 375, 376, 377, 378, 379, 381, 382, 383
Dispersionsdiazofarbstoff 258, **306**, 322, 337, 340, 345
Dissoziieren, Dissoziation 275, 282
Disulfidbindung 261, 295
Divi-Divi 295
Dockenwagen 167
Doppel-färbefoulard (*Dornier*) 107
— -haspelkufe 86
— -liegestern 98
— -stocksystem 58
Dosiergerät **228**, 229
DP° s. Durchschnittspolymerisationsgrad
Drahthülse 68
Drallgeber 347
Drehstabtrockner (*Haas*) 399
Dreifasermischung 387
Dreifilterphotometer 22, 25
Dreikantspindeln 67
Druck-ausgleich 104
— -dämpfer 314
— -färbejigger 91
— -fond 182
— -kammer 133, 134
— -kochung 138, 242

Druck-polster 76
— -stellen 199, 215
— -stufentrockner (*Frauchiger*) 400
— -trockner 401, 403
Duhamel-Verfahren 265
Durchlaufkocher (*Kleinewefers*) 122
Durchlüftungstrockner 394, 395
Durchschnittspolymerisationsgrad (DP°) 139, 140, 146, 251
Düsenblasverfahren 347
Düsengefärbt 251, 345
Düsenspinnverfahren 249
Dyetherm-Maschine (*Sanderson*) 135
Dylan-Verfahren (*Precision* 294

Easy-of-care 318
ECE s. Europäisch-Continentale Echtheitskonvention
Econom-Foulard (*Peter*) 106, 107, 317,
Ecru-Seide 296, 297
Einbadchromierungsfarbstoff 275, **277**, 300, 311, 336, 352, 358, 366, 372
Edelzellstoff 250
Effektfäden 218, 257
Effektgarn 352, 386
Egalisierungsfarbstoffe 273
Egrenieren 138
Eichfärbung 18, 19
Eigenveredlung 33
Einbad-Kaltlager-Verfahren 228
— -Klotz-Dämpf-Verfahren 237
— -Thermofixier-Verfahren 237
— -Verfahren 202, 208, **230**, 355, 365, 372, 377, 378, 379, 382, 385
Einbandtrockner 395
Einbrennen siehe Brennen
Einfrieren 302
Einlagestoff 341
Einreibwalze 108
Einsternen 97
Einstock-System 57, 58
Eintauchtrommel 262
Einweghülse 67
Einweichbottich 262, 265, 263

27*

Eisfarben 212
Eiweißabbauprodukte 271
Eiweißfasern 260, 298
Eiweißkondensationsprodukte 213
Elastikbekleidung 302, 346
Elastomerfaser 8, 339, **342**, 346, 364
Electrocolorset (*Proctor*) 135
Elektrofixierer (*Schilde*) 130
Elektrolytzusatz 176, 177, 196
Elektrostatische Bindung 278
Elrepho (Zeiss) 22
Empfindlichkeit gegen Cu (II)-Ionen 46
— -Fe(III)-Ionen 46
Endengleich 101, 180, 181
Endfarbablauf 88
Endlosfaser 302
Entbasten 295
Entchloren **151**, 160, 245, 257
Entfalterhaspel 85
Entflammen 152, 159
Entkletten **266**, 397
Entlaugen 147
Entschlichten 3, 140, 164, 251, 252, 350, 351, 368, 376
Entschwefeln 249
Entwässern 103, 179, **389**
Epicuticula 290
Erdnußeiweiß 300
Erweichungsbereich 322, 323, 339, 344
Esterbindung 22
Etagentrockner 395
Europäisch-Continentale-Echtheitkonvention (ECE) 35
Evakuieren 179, 197
Expansionsgefäß 75, 76
Extinktion 14
Extraktwolle 261

Fabrikationsechtheit 36
Fabrikationstyp 30
Fadenkreuzstellen 246
Fade-Ometer (Atlas) **39**, 40
Fadingstunden 37
Fahnenstoff 218
Falschdrahtverfahren 347
Farbablauf 197
Farbdifferenzformel 18

Farbe 13
Färbebeschleuniger siehe Carrier
Farbechtheitsprüfung 35
Farbholz 242
Färbehülsen 67
Färbeigel 64
Farbenblindheit 15
Farbenharmonie 15
Färbe-öl 176, 177, 187
— -reiapparate 51
— -reimaschinen 51
— -schädiger 191, 194, 255
— -stern 96
— -stock 194
Farbkörper 15
Farbküche 32, 81
Farb-meßgeräte 21
— -messung 15
— -metrik 15
— -reiz 13, 14,
— -stoffaffin 48, 272, 282, 309
— -stoff-Kupfer-Komplex 183
— -stoffwanderung siehe Migration
— -streifig 253
— -vertiefung 184, 185
— -vorlage 33
Faseraffin 48, 272, 282, 309
— -mischungen 352
Faser-quellung 146, 194, 195, 201, 254, 255
— -schädiger 255
— -schädigung 207, 294
— -schrumpf 328, 339
— -schutzkolloide 145
— -schutzmittel 255, 278
— -stoffe 4
— -summenzahl siehe Summenzahl
Feder-balkventil 80
— -hülse 68, **69**
— -stock 47
Fehlpartie 33, 34
Feinmahlung 29, 187, 196, 197, 200, 204, 321, 372
Feinstrümpfe 318
FELISOL- Warenzeichen/Verband 31, **194**, 202, 206, 211, 247
Ferrocyanschwarz 240
Fett-alkoholsulfat 48
— -löserhaltig 303
— -löserwäsche 263
— -löserwaschmittel 145

Fett-säurekondensationsprodukte 48, 145
Feuchtigkeitsaufnahme 256, 257
Feuchtigkeitszuschlag 139
Feuchtkugelthermometer 114, 115, 181
Fibe (*Benninger*) 108
Fibroin 295
Filament 249, 301
Filtertuch 318, 340, 341
Filz 300
Filzfreiausrüstung 288, 294
Filzkalender 394
Fingerabdrücke 215
Finken 195
Fischnetze 248, 318, 340
Fitzfäden 59, 60
Fixieren 305
Fixierfeld 128
Fixierperiode 227, 324
Fixierungsunterschiede 324
Flachs 243
— -brechen 243
— -hecheln 243
— -röste 243
— -schwingen 243
— -stroh 243
Flamme-Effekte 63
Flammengarn 386
Flaschenspule 64, **66**, 72, 392
Flechtarbeiten 248
Flechtbast 243
Flexible Hülsen 68, 69, 305, 328
Flocke 394
Flockenbast 243
Florette-Seide 295
Flottenraum 306
Flottenrichtungsumschalter 79
Flottenwirbler (*Goller*) 123
Fluid-Bed-Verfahren 131
Fluorchrom 293
Fluoreszenz-Farbstoffe 10, 14
Fluotest (*Quarzlampen*) 12
Flüssigkeitsstiefel
Flüssigkeitszungen 105
Foulard 98, 113, 119, 121, 129, 132, 180, 181, 184, 200, 203, 208, 215, 223, 224, 228, 229, 230, 233, 235, 236, 238, 240, 241, 290, 291, 292, 361, 373, 375, 378, 380. 381

Foulard-Jigger-Verfahren 113, 198
Frank-Hauser-Gerät 371
Franklin- Feder 68
Frawilar-Pigmentieranlage (*Frauchiger*) 78, **79**, 247, 392
Fremdrost 155, 156
Fresko 370
Frotté 141, 404
Fruchtfasern 243
Fusseln 243
Futterstoff 252, 257

Gabardine 280
Galläpfel 242
Gallus-Extrakt 295, 300
Gardinen 318, 328, 340
Gasfading 259
Gasphase 155
Garnpassiermaschine (*Timmer*) 63
Gebrauchsechtheiten 36
Geflecht 350
Gegenstromwaschmaschine (*Artos*) 122
Gelatine 298
Gelbbluten 276
Gelbentwickler 185
Gerber-Maschine (*Gerber*) **60**, 149
Gerberwolle 261, 262
Gerberstoff 295, 300
Gesamtverband der Leinenindustrie 246
Geschwefeltes Phenol 242
Gewebebrüche 253
Gewichtnummerierung 297
Ginnen 138
Glasfasern 352
Glasfaserverstärkt 196
Glasigwerden 343
Gleichzeitiges Bleichen u. Färben 179
Gleitschwinger-Zentrifuge (*Krantz*) 390
Gloria 354, **362**, 363
Glukose 195
Glykol 49, 318
Goldplattiert 350
Gummifäden 346
Gürtel 341
Granulat 187, 258, 321, 324, 372, 375
Graphit 303
Graumaßstab 18, 29, **36**, 37, 41, 44, 46,

Grauschleier 290, 293
Grege-Seide 295
Grenzflächenaktiv 46, 47
Grobgarn 249
Großdocken/Großkaulen 114, 167, 169, 181, 391

HACOBA-Kreuzwickelmaschine FS (*Plutte*) 66
Hakennadeln 128
Halb-pigmentierverfahren **197**, 208, 247
— -kontinuierliche Färbeverfahren 113
— -leinen 353, 354, 363
— -seide 353, 354
— -wolle 354
— -wollchrom-Farbstoffe 358
— -woll-Farbstoffe 30, 353, **354**, **363**, 368, 386
— -woll-Neutralfärbeverfahren **356**, 368, 388, 389
— -woll-Säurefärbeverfahren **357**, 358
Handelsübliche Toleranzen 33
Handarbeitsgarn 218
Handwäsche 41, 43
Hanf 247
Hänge-schwarz 240
— -stern **97**, 98
— -trockner 119,
— -system 194
Hardy-Spektralphotometer (*General*) 22
Harnstoff 49, 381
Härtebildner 176, 184, 218
Härteempfindlich 213
Härter 237, 328
Hartfaser 248
Hartseide 296
Härtung 260
Harzauflage 184
Haspelkufe 84, 137, 179, 197, 214, 271, 305, 358, 365, 372, 375, 376
Haspelkufe System Schetty (*Benninger*) 85
Hautreizung 219, 307
Hautschaden 194
Hautschutzmittel 219
Haveg 52
Heiß-färber 175, 176, 180, 190, 196
— -löseverfahren 212, **213**

Heiß-luftfixierung 302, 305, 330, 343
— -netzer 47
— -öl 200
— -wasserpassage 217
Heizschacht 165
Hell-Dunkel-Wechsel 39
Hemdenstoff 218, 239, 316, 318, 376
Hemizellulose 141
Herrensocken 306
Hexamethylendiamin 301
Hexamethylentetramin 285
HF-(Hochtemperatur-Färbeverfahren/*Geigy*) 282
High-Bulk/Twist-Garne 346
Hilfstypen 36, 40
Hitzefalten 369
Hochbauschgarn 346
Hochdruckdüsenwaschmaschine (*Menzel*) 122
Hochdruck-Schnelltrockner (*Obermaier*) 401
Hochelastische Stretchgarne 346
Hochfest 251, 252
Hochflorig 97
Hochfrequenztrocknung 388
Hochkonzentrationsbleiche 162, 172
Hochtemperatur siehe HT
Hochveredlung 184, 238, 252, 351
Holländer 268
Holzfrei 244
Homöopolar 225, 241
Hordentrockner 268
Horizontalfoulard 293
Horizontalstern 98
Hotflue 116, 118, 127, 128, 199, 211, 223, 224, 230, 235, 238, 240, 314, 316, 374, ,375, 378, 394
HT-Bedingungen 137, 179, 247, 253, 304, 309, 314, 317, 320, **322**, 325, 327, 331, 338, 376, 377, 378
HT-Bleiche 158
HT-Färberei 75, 76, 158, 179, 196, 197, 321, **322**, 323, 338, 376, 382, 386
HT-Stückbaumautoklav 91
Hülsenlos-System 72
Hydratzellulose 139
Hydrofixierung 93, 135, 302, 304, 310, 317
Hydrolyse 225, 228, 268, 283

Hydrophil 100, 291
Hydrophob 294, 301, 317 324
Hydrophobierung 237, 366
Hydro-Set-Maschine (*Proctor*) 135
Hydrotrop 48, 49, 317
Hydrozellulose 139, 141
Hygroskopisch 388
Hypochloritbleiche **150**, 173, 244, 247, 248, 257, 259, 297, 319, 335, 341, 350
Hypochloritechtbleichechtheit 43
Hypochloritwaschechtheit 42

Idealweiß 17
I-Etikett siehe INDANTHREN
IG-Korte-Bleichverfahren 245
Immacula-Finish (*Speakman*) 294
IMP siehe Instrumental Match Prediction
Imprägniermaschine 165, 167, 170, 172, 181
Imprägnierzentrifuge 268
INDANTHREN-Warenzeichen/Verband 31, 35, 37, 191, **193**, 202, 206, 211, 225, 230, 234, 241, 247
Indigo 186, 288, 289, 299
Industrieabgas 259, 342
Infrarot siehe IR
Ingrain-Effekt 284
Inhibitor 51, 152
Inlett 218
Innige (intime) Fasermischung 352, 354, 364
Integrator 22
Interferenzfilter 21
Intern. Organization of Standardization (ISO) 35, 37
Ionenaustauscher 156
IR-Heizung 115, 181
IR-Reflexion 16, 25
IR-Strahlung 38, 115, 127, 132, 181, 324, 374, 375, 393
ISO s. Intern. Organization of Standardization
Isoionisch 260
Isolationsmaterial 351
Isopropylalkohol 350

Isotaktisch 156
Isotrop 290
Iteratiin 26

Jagri-Comat-Vollautomatik (*Jagri*) 80
J-Box **164**, 167, 170, 172
Jersey 85, 280
Jigger 86, 91, 113, 137, 179 197, 198, 199, 202, 206, 207, 208, 214, 225, 220, 228, 229, 230, 236, 271
Jute 247

Kahlappretur 370, 372, 383
Kalander 238, 316, 351, 382, 293
Kalikofilter 177
Kalkbeuche 142
Kalkkochung 245
Kalkseife 99
Kalt-bleiche 150, 270
— -färber 175, 176, 180, 188, 190, 191, 227, 299
— -lagerbleichverfahren 270
— -löseverfahren **212**, 315
— -netzer 47, 152
— -verweilverfahren 115, 228, 229, 236
Kamelhaar 2
Kammertrockner 394, 397, 398
Kammgarn 370, 383
Kämmlinge 53, 56
Kammzug 280, 289, 292, 294
Kanalbildung 59, 143
Kanaltrockner 400
Kantenabrunden 65
Kantenverlegung 65
Kapillare Feuchtigkeit 388
Kapillarität 140, 143, 388
Kapok 138
Karbonisierechtheit 44
Karbonisieren **226**, 280, 348, 390, 397
Karbonisiernetzer 267
Karboxylgruppe 260
Karboxylmethylzellulose 324
Kardenband 396
Kaschieren 342, 350
Kasein 300
Kastenspeiser 54, 55, 291, 395, 396
Kastentrockner 268, 394
Katalysator 150, 158, 238, 316

Katalyse 270, 383
Katechu 296
Kathodische Polarisation 155
Kationische Farbstoffe s. basische Farbstoffe
Katoinische Nachbehandlungsmittel 183
Kavitation 76
Keratin 261
Kettbaumschleuder 77, **391**
Kettschlichte 251
Kettstreifigkeit 253
K-Faktor (*CIBA*) 332
Kleiderfarben 388
Kleiderstoff 193, 194
Klingenverfahren 347
Klopfwolf 263, 268
Klotz-Dämpfverfahren 230
— -färbeverfahren 308
— -hilfsmittel 317
— -Jiggerverfahren 181
— -Jigger (*Gerber*) 236
— -Kaltlagerverfahren 228
— -Kondensierverfahren 233
— -temperatur 180
— -thermoverweil-Verfahren 181, 199, 229
— -Trockenverfahren 230
Kluppenmarkierung 128, 233, 320, 380
Knitterarm 376
Knitterneigung 252, 256
Knitterwinkel 328
Koazervation/Koazervat **290**, 294
Kochfalten 271
Kochraum 84
Kochwaschartikel 246, 251, 376, 377
Kokon 295
Kokosfaser 248
Kolbendämpfer 292
Kolorimetrie 27
Kolorist 33
Kombinierte Erschwerung 296
Kompensations-Fadenbremse 66
Kompensationswalzen 108, 118
Komplexbildner 49, 50, 156
Komplexbindung 274, 275
Kompressor 401
Kondensierte Phosphate 158, 269
Kondensieren 48, 233, 236, 237, 238, 260, 382

Konditionieren 147, 398, 403
Konditionierzuschlag 139, 256
Konfektion 310
Konservierungsmittel 140
Kontakttrocknung 388
Kontaktzeit 129
Kontinuedämpfer **119**, 182, 240, 241, 361
Kontrollfärbung 44
Konvektionstrocknung 128, 388
Koordinative Bindung 275, 278
Kops 64
Körperarm 378
Körperfarben 14
Korrosionsschutz 152, 154, 245
Korrosionswirkung 154, 156, 160
Krachgriff 297
Kraftmeßdose 403
Krawatten 257, 297, 318
Kräuselgarn 346, 370
Kreppgarn 346
Kresol 48
Kresolfrei 147
Kresolhaltig 147
Kreuzspulzentrifuge 391
Kreuzwickel 56, 64, 72, 135, 348, 394
Kreuzzuchtwolle 261
Küchenwäsche 194
Kunst-harzvorkondensat 48
— -stoffbinder 324
— -stoffverdicker 101
— -wolle 261
Küpen-farbe 186, 189, 206, 313
— -farbstoff 4, 6, 8, 13, 174, **186**, 247, 248, 255, 271, 283, **289**, 299, 300, 304, 313, 324, 325, 335, 340, 341, 343, 351, 363, 369, 377, 378, 379, **380**, 381, 386
— -gelbpapier 189, 198
— -pigmentverfahren 187
— -säureverfahren 102, 112, 195, **196**
— -stand 189, 198, 209
Kurzschleifentrockner 394

Laborfärbeeinrichtungen 137
Lactam 301

Lagerbeständig 269
Lammwolle 261
Langfaserflachs 243
Langschleifentrockner 394
Läufer 248
Laugen-eindampfvorrichtung 148
— -erhitzer 143
— -quellung 196
Laugieren 139, 146, 251, 254
Laugiernetzer 48
Lecköl 104
Leibwäsche 140, 194
Leim 289, 304
Leinen 243
Leinenbleiche 244
Leinenfärberei 246
Leinenputztücher 244
Leistenaufroller 109
Leistigkeit 88, 103,
Leonard-Antrieb 118
Leonische Waren 350
Leuchttafel 83
Leukoküpenester-Farbstoffe 4, 6, 8, 174, **201**, 247, 255, 271, 289, 298, 327, 335, 338, 361, 381, 385
Leukoverbindung 160, 186, 196, 207
Leviathan **262**, 292
— -echtheit 36
Lichtbeständigkeit 364
— -empfindlichkeit 185
Lichtschädiger 13, 139, **191**, 299, 313
Liegestern 98
Lignin 243
Lineardruck 102
Linitest (*Quarzlampen*) 41
Linters 138, 250
Lisseuse **263**, 292, 293
Lochkarten 80, 81, 82, 83
Lohnfärberei **33**, 34, 82
LOK-Bleichverfahren (*Degussa*) 246
Lösungsmechanismus 304, 308
Lösungsmittelechtheit 42
Lösungsmittelfilm 283
Lounder-Ometer (*Atlas*) 41
Luft-filter 402
— -gang 381
— -kühler 402
— -oxydation 288
— -polster 104
— -spitzen 297

Luft-umwälzung 403
L-Zellwoll-Typen 250

Maiseiweiß 300
Makromolekül 301
Man-made-fibre 249
Mansarde 130
Mantelfaser 250
Markisen 193, 194, 218
Markisett 239
Marseiller-Seife 295, 298, 299
M-Artikel 233
Massenfärbung 352
Materialschrumpf 65
Materialträger 70
Matex-Foulard (*Monforts*) 106
Mather-Platt-Dämpfer 120, 240
Matratzenstoff 247
Mattierung 250, 251, 257, 302
Maulbeerspinner 295
Mauvein 28
McAdam-Ellipsen 17
Meerwasserechtheit 42
Mehrbandtrockner 395
Mehrfarbeneffekt 387
Mehrweghahn 94
Melange 52, 271, 289
Merino-Wolle 261
Merzerisieren 319, 362, 376
Merzerisier-echtheit 44
— -flecke 147
— -lauge 149
— -netzer 48, 147
Meßgeometrie 21
Metall-abreibsel 302
— -empfindlichkeit 384
— -fäden 350
— -griff 346
Metallieren 211, **218**
Metallisieren 350
Metall-katalysator 158
— -komplex-Farbstoffe 271, 311, 340, 341, 369
1:1-Metallkomplex-Farbstoffe 4, 6, 8, 248, **278**, 281, 298, 300, 304, **311**, 338, 336, 367, 384, 385
1:2-Metallkomplex-Farbstoffe 4, 6, 8, 248, **280** 293, 299, 300, 304, **311**, 338, 342, 357, 358, 363, 366, 369, 372, 384, 385, 387

Metallkomplex-Dispersions-
 Farbstoffe 4, 6, 8, 304,
 312, 340, 343
Metallsalznachbehandlung
 182, 183
Metamer 18, 22
Meta-(m) Nitrobenzolsulfo-
 säure 145
Meta-(m)Toluylendiamin 185
Methacrylsäureamid 336
Methylenchlorid 343
Methylsulfongruppen 280
Mezzera-Maschine 60
Migration/Migrieren 29, 49,
 102, 166, 175, 178, 199,
 201, 203, 237, 251, 317,
 334, 367
Migrations-Inhibitor 200,
 324
Miederstoff 306, 342, 347
Mikrodispers
Milcheiweiß 300
Mildispers 324, 372
Mindesttiefe 193, 194
Mineral-farbstoffe 242, 256
Mineralische Erschwerung
 295
Mineralkhaki 242
Mischgerät 228
Mischfasertextilien 353
Mischpolymerisatfasern 341,
 336
Modacrylfasern 336
Modifiziertes Azoverfahren
 315
Modifizierung 329
Mohair-Wolle 387
Moiré-Effekt 87, 92, 94, 115
Molten-metal- (*Standfast-*)
 Verfahren 130, 182, 230
Monforts-Reaktor (*Monforts*)
 129, 230
Monoäthylamin 335
Monoazo-Farbstoffe 272
Monochromator 21
Monochrom-Farbstoffe, siehe
 Einbadchromierungs-
 Farbstoffe
Monofil 249, 301
Monosulfonat 308
Multicolor-Färbung 353,
 386, 387
Multifil 249, 301
Multiflex-Waschmaschine
 (Kleinewefers) 166
Mungo 261
Muster-gefäß 57

Muster-konformität 17
— -schleuse 57, 76, 95
— -topf 76

Nachavivage 255
Nachbehandlungsapparat 77,
Nachbehandlungsmittel 48
Nachchromierungs-Farb-
 stoffe 275, 299, 300,
 338, 343, 387
Nachdecken 356
Nachfixierung 305
Nachformen 348
Nachläufer 199
Nachmerzerisation 147
Nachsatzgefäß 60
Nachsatzverstärkung 180,
 203, 211, 215, 238
Nachseifen 194, 218, 314,
 315, 344, 377
Nadel-plättchen 320
— -kluppen 129
— -rahmen 380
— -streifen 386
Näherungsverfahren 20
Nähgarn 146
Nähzwirn 244
Naphtholat 212, 213, 220,
 223
Naphtol-Farbstoffe 4, 6, 8,
 174, 211, 247, 256, 260,
 271, 298, 299, 304, 315,
 325, 341, 351, 359, 378
Naß-bügelechtheit 43
— -dampf-Verfahren 200
— -dekatur 275
— -echtheiten 36, 48, 183,
 184, 185, 206, 208, 274,
 278, 280, 285, 286, 287,
 300, 306, 307, 309, 312,
 338, 370
— -in-Naß-Methoden 99,
 129, 199
— -merzerisation 147
— -öffner 55
— -spinnverfahren 243, 329,
 339
Nascierend 156
Natriumbleichlauge 150
Natriumchloritbleiche 152,
 173, 245, 246, 252, 257,
 303, 319, 336, 341, 344,
 350, 368, 382, 385
Natriumhypochloritbleiche
 siehe Hypochloritbleiche
Natriumleukoverbindung
 190, 191

Natriumperoxyd-Bleiche
 159, 269
Natronbeuche 142
Natronsodabeuche 142
Natronzellulose 139
Naturfarbstoff 269
Naturkautschuk 342
Naturseide 295
NBS-Einheiten 18
Netze 341
Netz-mittel 47, 48, 55
— -rinnen 200
— -wasser 388
Neurot 241
Neutralentwicklungs-Ver-
 fahren 217
Neutralfärbeweise 281, 283
Neutralpunkt 282
Neutralziehend 280, 283
Neutuch 261
Niederdruckapparat 57
Niederdruckhaspelkufe 86
Niederdruck-Polyolefin 156
Niederdruckstern 98
Niederelastische Stretch-
 garne 346
Nissen 138
Niveau-Regler 79
Non-woven-fabrics 3, 239
Noppen 3
Noppengarn 386
Normalfärber 299
Normalsichtigkeit 15
Normaltyp 30
Normalfarbwert 16, 22, 25
Normklima 39, 389
Northco-Anlage (*Northco*)
 294
Nuancierungsfaktor 26

Oberflächenbenetzbarkeit
 375
Oberhemden 310
Offene Abkochung 145
Ölavivage 298
Ölbeize 242
Olefinsulfat 47
Ölemulsion 206
Ölige Phase 242
Öl-in-Wasser-Emulsion 238
Olivenöl 241, 298
Ölpolster 104
Ölpumpe 104
Ombré-Färbung 63
One-Bath-Pad-Dry-Ver-
 fahren 230
Open-width 162

Sachverzeichnis

Optische Aufheller **10**, 12, 13, 152, 156, 159, 252, 257, 269, 270, 303, 319, 331, 341, 343, 344, 353, 355, 364, 368, 371, 376, 382, 383,
Organophil 335
Organzin 295
Ortho-(o)Dichlorbenzol 321
Ortho-(o)Kreosotinsäureester 321
Ortho-(o)Phenylphenol 321, 344
Ostwald'scher Farbenkreis 184
Oszillierend 90, 123
Ovalhaspel 85, 306
Oxazim-Farbstoffe 175
— -farbstoff 175, **239**, 256
Oxydations-flecke 209
— -schwarz 239, 240, 327
Oxyzellulose 139, 140, 142

Packapparat 52, **53**, 161, 245, 348
Packsystem 72, 137, 244
Packungsdichte 59, 303
Pad-Batch-Verfahren 288
Paddelfärbemaschine **135**, 348, 349
Pad-Dry-Bak-Verfahren 230
Pad-Jig-Verfahren 181, 198, 199, 215, 219, 228, 229, 379
Padmaster-Foulard (*Kleinewefers*) 105, 107
Papierfilter 69
Papphülsehülse 67, 68
Padquick-Foulard (*Gerber*) 111, 317
Pad-Roll-Verfahren 113, 115, 137, 150, 154, 167, 170, 181, 199, 208, 228, 229, 231, 246, 293, 308, 317, 328, 381
Pad-Steam-Verfahren 115, 116, 129, 179, 199, 200, 206, 230, 317, 354, 379
Pad-Wet-Verfahren 200
Pad-Williams-Unit-Verfahren 200
Papierholländer 262
Paraffinsulfat 47
Para-(p)Amidodiphenylamin 240
Para-(p)Chlorphenoxyäthanol 321

Para-(p)Nitranilin 185
Para-(p)Phenylendiamin 327
Pari-(p)Erschwerung 296
Parollsystem (*Gerber*) 104
Passiermaschine 63, 214
Pektin 141, 178, 243
Pendelzentrifuge 389
Per 344, 351, 371
Perameisensäure 270
Perborat 156
Percarbonat 156
Peressigsäure 156, 159, 344
Peripheriewickler 125
Perlgarn 146
Permutieren 318
Peroxydaddukt 158
Peroxyd-Bleiche **156**, 245, 297, 304, 319, 371, 383
— -Bleichechtheit 44
— -stabilisator **157**, 158, 179
— -wäsche 304
— -waschechtheit 41
Persulfat 156
Pflatschen 110
Pflegbarkeit 318
Phenol 48, 257, 303, 317
Phenolphthalein 189
PH-Messung 79
Phototropie 234
Photozelle 137, 165
Photozellulose 139
Phthalocyanin-Farbstoffe 175, **232**, 247, 256, 299
Pic-à-Pic-Webstuhl 64
Pickup 100
Pigment-Farbstoffe 4, 6, 8, 175, **237**, 256, 260, 328, 335, 369, 382, 385
Pigmenttier-Verfahren 195, **196**, 197, 198, 207, 209, 247, 324
Pigmentwanderung 101
Pilling 319, 323, 370, 371, 372, 383
Pineapplespule 66
Pineöl 257
Pinke 296
Piston-Dämpfer (*Smith*) 291, 292
Plachen 205
Planen 194, 247
Plastifizieren 133, 135
Plattentrockner 394
Plüsch 97, 300, 310, 330, 336, 357
PMQ 2, 20, (*Zeiss*) 22
Polar 308, 319

Polieren 147
Polyacrylat 49
Polyacrylfasern 329
Polyacrylfaser-Bleiche 330
— -Färberei 331
Polyaddition 31
Polyamidfasern 301
Polyamidfaser-Bleiche 303
— -Färberei 304
Polyamidwebtrikot 304, **310**
Polyätheralkohol 48
Polyäthylen 165
— -faser 341
— -oxydprodukte 47
Polyesterfasern 318
Polyesterfaser-Bleiche 319
— -Färberei 320
Polesterharz 169
Polyester-/Polyacrylfaser-Mischungen 382
Polyglykoläther 48
Polymerisation 301
Polykondensation 301, 318
Polykondensations-Farbstoff 175, 247, 299, 314
Polymolekular 139
Polynosic-Faser 250, **341**, 362
Polyolefin-Faser 339, **341**
Polypeptidkette 261
Polyphosphat 156, 263
Polypropylen 165
— -Faser 341
Polystyrol-Faser 341
Polyovinylalkohol-Faser 340, 348
Polyninylchlorid-Faser 339
Polyvinylfaser 339
Postboarding 305, 348
Potentiometrisch 189, 198
Pottingechtheit 276
Präparation 3, 251
Praxitest (*Quarzlampen*) 27, 137
Präzisionsheißpresse (*Quarzlampen*) 45
Präzisions-Kreuzspule 66
Preboarding 348
Preßluft 76, 389
Prexa-Gerät (*Wullschleger*) 43
Primulin 185
Producer-Foulard (*Stork*) 109
Propellerpumpe 54, 76, 85, 97, 137
Protein 141, 174
— -faser 140, 260, 295, 297, 298

Prud'hommeschwarz 240
Prussiatschwarz 240
Puffer 217, 221, 241, 282
Pullover 346
Pulsator (Gerber) 123
Pulsoroll-Breitwasch-
  maschine (Gerber) 123
Pulsotex-Breitwasch-
  maschine (Gerber) 123
Pyridinbase 48

Quellmittel 317, 340
Quellwasser 388
Querhaupt 103
Querschnittsquellung 256
Quetsch-bilder 103
— -druck 102, 103, 389
— -fuge 102, 103, 104, 105, 107, 110, 291
— -küpen-Verfahren 288, 289
— -streifen 111
— -walze 103, 104, 105
— -werk 396, 397, 398

Radial-Färbeapparat (Krantz) 53, 54
Raffiabast 248
Raketenspule 64, 66, 67, 72, 392, 398
Ramie
Randfärbung 247
Rasenbleiche 244
Rautenspule 66
Reaktantharz 184
Reaktionsfähige Gruppen 225
Reaktionskammer 167, 169, 170
Reaktionszeit 228
Reaktive Dispersionsfarb-
  stoffe 315, 369
Reaktiv-Farbstoff 175, 225, 271, 284, 299, 304, 314, 338, 341, 351, 369, 377, 379, 381, 383, 385
Reaktive Metallkomplex-
  Farbstoffe 287
Reale Seide 295
Redoxpontial 189
Reduktionsmittelbleiche 160, 269, 304, 355, 364, 383
Reduktionsmittelklotz 211
Reflexion 14
Regeneratfaser 249, 300
Regenmantelstoff 309, 376, 378, 385

Reibechtheit 43
Reibstellen 161
Reißwolle 261, 267, 269
Relax-Antrieb 118
Relustrieren 338, 339
Remission 12, 14, 17, 18, 19, 20, 21, 22, 23
Reppasierbad 186
Reprise 139, 243, 389
Reservierungsmittel 356, 358, 363, 367, 370, 372
Reservieren 186, 366
Restfettgehalt 266
Restfeuchtigkeit 198, 190
Restschrumpf 336
Retarder 325, 334, 335, 338
Retardiermittel 176, 190
Reutlinger-Methode 371
Revolverwaschmaschine 149
Reyon 295
Rezeptvorausberechnung 334
RH-Messung 79
Richtyptiefe/Richttype 36, 37, 40
Ringelkletten 266
Ringfärbung 340
Rizinusöl 301
Roh-garn 244
— -leinen 244
— -merzerisation 147
— -seide 295
— -strümpfe/Rohlinge 306
— -wollwäsche 262
Rollenkufe 122, 167, 182, 200, 376
Rollstabtrockner (Fleissner) 398
Rope-Form 162
Rostbildung 154
Rotomat-Breitwasch-
  maschine (Gerber) 123, 317
Rotowa-Breitwasch-
  maschine (Heberlein/Kleine-
  wefers) 123, 124
Rotsichtigkeit 15
Rückenwäsche 262
Rucksackstoff 205
Rührwerk 233
Rundgang 244, 245
Rundgewirkt 364
Rundhaspel 84, 85
Rundrändermaschine 64
Rundtrockner 404
Rundwaschmaschine 149, 262, 263, 292
Rüsselstrangeinleger 143

Rydboholm-System (Artos) 113, 114

Sackleinen 243
Salzbadfixierung 130, 181, 182
Salzbindung 272, 275, 280, 290, 298
Salzfrei 180
Salizylsäureester 321
Samt 97, 205, 354
Sandwich-Effekt 290
— -Methode 40
Sattdampf 135, 165, 292, 305, 330, 343
— -Fixierung 302, 346, 348, 349
Sättigungswert 258, 298, 331, 332, 333, 334, 335, 363, 365, 366
Saugfähigkeit 141, 146, 153, 174
Saugluft 389
Saugtrommel-System (Fleiss-
  ner) 55, 263, 268, 292, 394, 396, 399
Saure Chlorierung 245, 276
Säurefarbstoff 4, 6, 8, 10, 248, 271, 272, 293, 304, 307, 311, 337, 341, 343, 355, 357, 363, 365, 366, 367, 370, 376, 387
Säurenachsatzverfahren 283
Saure Peroxydbleiche 160
Säureschaden 267
Säureschock 290, 308, 318 376
Schappeseide 249, 295, 297 362
Schaum-dämpfer 49, 285, 378
— -entbastung 295
— -stoff 342
Scheben 245
Scheren 351
Scheuerstellen 378
Schiebefestappretur 316
Schimmelpilz 140, 303, 319
Schipprig 284
Schirmstoff 194
Schlägerwalze 123
Schläuche 248, 398
Schleifentrockner 119
Schleifriemen 87
Schlepprad 110
Schleuder 389
Schleuderkopf 391

Schlichtemittel 355
Schlichten 355
Schlitzhülse 68
Schlupfriemen 118
Schmelze 3, 52, 53, 141, 276, 371
Schmelzspinnverfahren 318
Schmutzabweisend 376
Schnell-dämpfer 120
— -trockner 77, 146, 397, 398, 399, **401**, 402, 403, 404
— -rührer 324, 378
— -verschluß 76
Schnittlänge 302
Schonbezug 341
Schönen 242
Schrankfärbeapparat 58
Schrumpf 371
Schrumpfungsbereich 340
Schuppenschicht 290
Schurwolle 261
Schußseide 295
Schußstreifigkeit 253
Schutzanstrich 156
Schutzkleidung 339
Schutzkolloid 213, 214, 271
Schwachsauerziehend 274, 275, 281, 283, 287, 337
Schwebedüsentrockner 119, 316, 375, 378
Schwefel-Farbstoff 4, 6, 8, 175, **204**, 247, 255, 304, 313, 340, 351, 379, 386
— -kammer 269
— -küpen-Farbstoff 208
Schweißechtheit 42
— -naht 155
— -transport 346
— -wolle 262, 263
Schweizerische Normenvereinigung (SNV) 35
Schwermetall 176
Schwermetallsalz 176
Schwimmender Stiefel 166
Schwimmende Walze (S-Walze/*Küsters*) **103**, 104, 169, 393
Ware 306
Schwöden 261
Secomat-Garnentwässerungsanlage (*Scholl*) 392, 400
Segel 248
Seide 295
Seiden-bast/Seidenleim 295
— -bleiche 297
— -erschwerung 296

Seiden-färberei 298
— -griff 297
— -look 370
— -schrei 297
Seifdämpfer (*Gerber*) 121
Seifen siehe Nachseifen
Seilerwaren 247, 248, 302, 341
Sekundärazetat **256**, 306, 307, 315, 320, 322, 343, 344, 345, 348, 350, 353, 357, 385, 386, 387
Selbstemulgierend 340
Sengen 3, 140, 372, 376
Sequestriermittel 19, **49**, 146, 156, 158, 174, 177, 191, 195, 205, 206, 207, 213, 218, 263, 269, 303, 331
Serizin 295, 298
Servo-Steuerventile 80
Servo-Wickler (*Zöllig*) 92
S-Finish (*Courtoulds*) 344
Shantung-Seide 297
Shirley-Flash-Steamer (*Farmer-Norton*) 129
Shoddy 261
Shore-Härte 22, 102
Sieb 340
Siebtrommeltrockner 394, **396**
Silikat 157
Silikonentschäumer 314, 317
Sintern 258
Sinus-Trockner (*Haas*) 395
SI-RO-FIX-Verfahren (CSIRO) 294, 347
SIRONIZE-Verfahren (CSIRO) 294, 347
SI-RO-SET-Verfahren (CSIRO) 294, 347
Sisal 248
Skielastik 293, 364, **365**, 366, 367
SNV-Schweizerische Normenvereinigung 35
Socken 309
Soda-entwicklungsverfahren 214, 256
— -grundierungsverfahren 214, 256
— -kochechtheit 44
— -kochung 243, 244, 245
Solomatic-System (*Dupont*) 164
Souple-Seide 296, 297
Spandexfasern 342

Spannrahmen 119, 128, 316, 324, 374, 375, 378, 394
Spannungslose Merzerisation 347
Spartrog 109
Spectralbereich 38
Spectromat FS 2 (*Pretema*) 20, **21**, 22, 23, 24
Spectronic 505 (*Bausch*) 22
Spektralfilterphotometer 16, 21, 22
Spezialchlorit 154
Spezialdämpfer 200
Spickel 108
Spindellos-System 72
Spindel-Zentrifuge 391
Spinnbad 319
— -band 290, 396
— -gefärbt 257, 341, 345
— -kabel 56
— -kanne 293
— -kuchen 64, 65, 70, 72, 80, 162, 249, 253
— -masse 250, 251, 256, 301, 341
— -mattierung 362
— -partie 365
— -partienummer 253
— -pigment 302
— -schmelze siehe Schmelze
Spiraldämpfer 119, 130
Spiritus/Sprit 177, 213, 214, 215, 220
Spitzigfärben 261, 294
Sportbekleidung 342
Spritzfärbemaschine **60**, 61, 253, 298, 305
Spulenhärte 66
Stabilisieren/Stabilisator 133, 152, 157, 158, 269, 297
Stabilwalzen (*Artos*) 104
Staffierraum 81
Stammküpe 187, 189, 196, 289, 304
Stampfmaschine 54, **55**
Standfast-Verfahren 63, **130**, 182, 199, 200, 230
Stapel 138
Stapelfaser 300, 302
Starre Färbehülsen 67, 69, 328
Stärkeschlichte 178, 229
Statischer Druck 74, **75**
Staubarm 187, 258
Stauchkammer-Verfahren 347

Stehendes Bad 176, 289, 304
Steifappretur 316, 324, 328
Steifungsmittel 237
Steigdocke 88
Stellmittel 30
Stengelfasern 243
Steppdeckenstoff 257
Sterblingswolle 261
Steverlynck-System 75
Stichelhaar 257, 386
Stickgarn 146
Stickerei 350
Stiefeldämpfer (*Fleissner*) 292
Stockflecke 59, 140, 349
Stoffaustausch 122
Strangbleiche 164
Stranggarn-Merzerisation 146
— -Trockner 398
Strang-quetsche 393
— -speicher 166
— -waschmaschine 365
Streichgarn 249
Streifenfrei 311
Streifigkeit 251, 254, **308**, 341, 365, 366, 367, 368, 370
Stretchgarn 342, **346**, 347, 348
Strickgarn 354, 364
Strickware 302
Strumpffärbeanlagen 132
Strümpfe 305, 306, 309
Strumpf-garn 186
— -hosen 306
— -ware 342, 354, 364
Stückbaumautoklaven 64, 83, 84, 87, **91**, 306, **310**, 317, 322, 365, 369, 372, 377, 382, 391
Sturzwäsche 262
Sublimierechtheit 305, 309
Sublimieren 45
Substantivitätsoptimum 175, 176, 177, 189, 196, 202, 356
Substraktive Farbmischung 14
Sulfatierte Öle 213
Sulfitablaugeprodukte 213
Sulfobernsteinsäureester 47
Sulfogruppen 280, 281
Sulfogruppenfrei 280, 312
Sulfogruppenhaltig 279
Sulfonamidgruppen 280
Sumache 242, 296

Summenzahl (S_{max}) 332, 333
Sumpf 120
Superelastisch 346
Synthetische Fasern 301
System Cilander (*Dornier*) 167
System Ludwig (*Fliessner*) 362
System Rydboholm (*Artos*) 82
System Steverlynck 75

Tageslichtechtheit **37**, 38
Tageslichtlampen 28
Tannin 191, 242, 273, 289, 296, 300, 307, 309
Tänzerwalze 109, 118
Taschentuch 194
Täschnerware 341
Tasterkluppen 129, 320
Tauchzentrifuge 390
Taxfärberei 137
T/CN-Anlage (*ILMA*) 293
Teilbaum 74
Teilbleiche 244
Teintofix 60 (*Heliot*) 134, 318
Teleskop-Hülse 244, 247
Temperaturregler 79
Temperaturstufen-Verfahren 195, **196**, 208
Tenside 47
Teppich 59, 97, 248, 273, 280, 336, 342
Terephtalsäure 318, 321
Terrine 63
Tetra 344, 351
Tetrafluoräthylenfaser 341
Textilfarbstoffe 28
Textilhilfsmittel 46
Texturieren 330, 336
Texturierte Garne 302, 318, 336, 339, 342, **346**, 364, 365
Thermofixieren/Thermostabilisieren 302, 314, 320, **323**, 324, 325, 328, 335, 339, 340, 345, 374, 378
Thermofixier-Verfahren 125, 128, 129, 329, 336, 374
Thermoplastizität 257, 301, 330, 338, 384
Thermoschock-Verfahren 230
Thermotest-Gerät (*Rhodiaceta*) 45

Thermosolier-/Thermosol-Verfahren **125**, 128, 129, 138, 230, 238, 271, 308, 314, 317, 320, 369, **375**, 376, **378**, 379, 380, 381, 382
Thermosolierungsstarre 128, 382
Thermoverweilkammer 114, 156, 167, 170, 382
Thermoverweil-Verfahren 88, 154, 162, 182, 208
Thioharnstoff-Verfahren 236, **273**
Thiosulfosäure 207
Tibet 261
Tierhaare 260
Tippy wool 261, 294
Tischwäsche 140, 194, 244, 248
Titan 51
Titan-Lippen 169
Titer 249, 297
Toleranzgrenzen 14, 15, **17**
Toluidin 239
Ton-in-Ton-Färbung 300, **353**, 355, 356, 361, 363, 365, 366, 367, 380, 381, 386, 387
Tote Baumwolle 138, 146, 178
Tournantöl 241
Tragant 203, 240, 241, 361
Trame-Seide 295
Transmission 14, 21
Transportbänder 248
Transversal 90
Treibriemen 248, 318
Treibwalze 89
Tri (Trichloräthylen) 131, 344, 351
Triäthanolamin 195, 199, 375
Triazetatfaser 8, 256, 339, **343**, 345, 375, 381, 385
Trichromiefärberei 273, 308, 367
Trikotagen 186, 199, 273, 396
Trikot-Foulard 111
Triphenylmethanfarbstoffe 272
Tripolyphosphat 344
Tristimulusfilter 22, 25
Trocken-Feuerlöscher 159
— -hitzeplissier-/fixier-Echtheit 45

Trocken-in-Naß-Methode 99
— -kammer 394, 400
— -kugelthermometer 115, 181, 229
— -mansarde 394
— -merzerisation 147
— -reinigung 351
— -reinigungsechtheit 42
— -schacht 125
— -spinnverfahren 256, 339, 343
— -zylinder 217
Trommelfärbemaschine 136, 349
Trommeltrockner 349
Tropfflecke 99
Tropfwasser 388
Tuffted-carpet 342
Tumbler 349
Turbinator (*Benninger*) **90**, 123
Turbo-Dye-Boarder-Maschine (*Turbo*) 135, 318
— -kammertrockner (*Haas*) 394
— -mat (*Zöllig*) 123
— -mischer 375
— -pumpe 76
Turbulenz 122
Türkisblaumarken 178
Türkische Teppichwäsche 289
Türkischrot 193, **241**, 256
Türkischrotöl 187, 220, 221, 223, 241, 242
Tussah-Seide 297
Typkonform 31
T-Zellwoll-Typen 250

Überkochen 384
Überlaufgefäß 94
Über-pari (ü. p.) 296
Überreduktion 187, 190, 191, 195
Überwendlichnaht 93
Ulbricht'sche Kugel 21
Ultradispers 321
Ultramarin 10
Umdock-Verfahren (*Benteler*) 170
Umluft 380
Umstoßapparat 69
Umzwirn-Verfahren 346
UNESCO (United Nations Educational Scientific and Cultural Organization) 35

Uni-Färbung 64, 352, 353, 358, 368, 369, 370, 377, 384
Union-Farbstoff 357
Universalapparat 64, 71
Universalnetzer 47
Unlösliche Azokörper siehe Naphtol-Farbstoffe
Unreife Baumwolle 138, 146
Unterflottenbreithalter 89
Unter pari (u. p.) 296
Unterwäsche 340
UV-Absorber 303
UV-Reflexion 16
UV-Strahlung 38, 300

V-(Vorhang-)Artikel 243
Vakuum-entwässerung 393
— -pumpe 162, 179, 393, 401
— -station 389
— -verdampfung 350
Van-der-Waalsche Bindung 372
Vegetabilische Erschwerung 296
Végétal Charge 296
Verätzen 159
Verbandstoff 141
Verblasen 238
Verbundbetrieb 57
Verdeckstoff 248, 330
Verdickungsmittel 49, 231, 324, 378
Verdrängungskörper 73, 109, 130, 131
Verfilzen 261
Vergilben 146, 305, 319, 335, 343, 372
Vergrünen 239
Vergrauen 10
Verhalten beim Knitterfestprozeß 45
Verholzt 242, 243, 245, 248
Verkochen 178, 357, 358
Verlagern 206
Vernetzen 236
Verschießen 37
Verschmutzungsgrad 303
Verschnittmittel 30
Verseidung 147
Verseifen 187, 201, 344
Verspinnbarkeit 145, 157, 276
Verstrecken 301, 308, 318, 319
Verstreckungsunterschied 306, 316, 320

Vertikalfoulard 105, 291, 375, 378
Vertikalstern 97
Verweilkammer 181, 182
Verweilzeit 115, 169, 170, 181
Vibrator 131
Vibrierkeil 123
Vibromatic-Breitwaschmaschine (*Stork*) 123
Vibrotex-Breitwaschmaschine (*Küsters*) 123
Vigureuxdruck 53, 294
Vinylazetat 341
Vinylchlorid 336, 339, 341
Vinylidenchlorid 341
Vinylidendinitril 341
Vinylpyridin 336
Vinylsulfonform 338
Viskose-Fasern 249
Vollbleiche 244
Vollchassis 108
Vollkontinuierliche Färbeverfahren 115
Vollwaschbar 382
Vollweiß 244
Volventer-Bleichanlage (*Benteler*) 172
Vorappretur 3, 140
Vorbehandlungsjigger (*Gerber*) 88, 89
Vorbeize 242, 296
Vorbleiche 174, 304
Vordämpfer 133
Vordrehung 301
Vordruckreserve 239
Vorfixieren 305, 308, 382
Vorhangstoff 193, 194
Vorreinigung 247, 303, 330, 336, 340, 344, 348, 378
Vorschärfen 181, 187, 247, 289
Vorschrumpfen 349
Vorstrecken 147
Vortrocknen 389
V-Trog 109

W-(Wasch-)Artikel 234, 299, 302, 376
WAF-Dämpfer (*Fleissner*) 292
Wagenplanen 243, 248, 302
Walkechtheit 43
Walkfarbstoffe 287
Walkwaren 354
Walzenbezug 341
Walzenhärte 102

Wanderungsvermögen 254, 334
Warenausbreiter 109
Warenzeichen-(Verband) 192, 202, 328, 329, 370
Wärmeaustauscher 76, 94
Wärmeisolation 346
Warmfärber 175, 176, 180 189, 190, 196, 299
Wärmerückhaltevermögen 339
Waschblau 10
Wäscheartikel 140, 192, 193, 218
Waschechtheit 41
Waschechtheitsprüfgeräte 41
Waschreibprobe 237
Wash-and Wear-Artikel 376
Wasserbad 137
— -dampfflüchtig 321
— -echtheit 42
— -enthärtung 177
— -glas 245
— -in-Öl-Emulsion 238
— -kalander 103, 389
— -lösliche Schwefelfarbstoffe 207
— -stoffbrücke 261
— -stoffperoxyd-Bleiche **157**, 174, **269**, 344, 350, 364
Watte 141
Weather-Ometer (*Atlas*) 40
Webpelz 330
Webtrikot 91, 92, 125, **310**, 306, 317
Wechselluft-Kanalkammertrockner (*Mohr*) 400
Wechselluft-Rundtrockner (*Mohr*) 400
Weichmacher 134, 237, 254, 351
Weifenlänge 58
Weißätze 186

Weinsteinpräparat 273
Weißgradmessung 20
Weißöl 130
Weißstandard 20
Wellenspektrum 14
Werggarn 242, 244, 246
Wetterechtheit 40
Woll-ausheber 262
— -bleiche 269
— -chlorierung 294
Wolle 260
Wolle/Polyamidfaser-Mischungen 364
Wolle/Polyesterfaser-Mischungen 370
Wolle/Polyacrylfaser-Mischungen 383
Woll-färberei 271
— -fett 3, 262, 263
— -griff 281
— -schonung 276, 372
— -schweiß 3, 262, 263
— -schutzmittel 271, 276, 281, 289, 362
— -seide 353, 354, **362**
— -strangwäsche 266
Wood'sches Metall 201
Wurstgarn 245
W-Zellwolltypen 250, 318, 354

Xe-Beleuchtung 17, 20
Xenonstrahler (-brenner) 38, 39, 40
Xenotest **38**, 39, 150

Zellulose-/Polyamidfaser-Mischungen 368
— -/Polyesterfaser-Mischungen 376
— -/Polyacrylfaser-Mischungen 385
— -Triazetatfaser-Mischungen 385

Zellulose-quellung 179
— -xanthogenat 249
Zeltbahn 205 244, 247, 302, 330
Zementieren 143, **144**, 158
Zentrifugalkraft 389
Zentrifugalpumpe 53, 76, 94
Zentrifugen 389
Zerfasern 261
Zettelbaum 71
Zettelmaschine 56
Zeugdruck 141
Ziegenhaar 2
Zieher 133
Zinkformaldehydsulfoxylat 274, 311
Zinn-Phosphat-Silikat-Erschwerung 296
Zugfärben 288
Zunder 155
Zupfmaschine 268, 395, 396
Zweibad-Verfahren 202, 208, 230, 358, 372, 373, 375, 377, 378, 379, 382, 383, 384
Zweibad-Kaltverweil-Verfahren 229, 236
Zweibad-Klotz-Luftgang-Verfahren 236
Zweiphasen-Druckverfahren 119, 129
Zweiphasen-System 291, 294
Zweistocksystem 57
Zweitoneffekte 363, 367, 382
Zwickel **108**, 215, 293
Zwischenreinigung 345, 374, 375, 376, 377, 378, 381, 384
Zwischenteller 67, 68
Zwitterion 260
Zylindertrockenmaschine 99, 199, 200, 394

Industrie-Anzeigen

Ihr bestes Pferd im Stall...

Baumheier
TEXTIL-HILFSMITTEL

FÜR FÄRBEREI
WÄSCHEREI
UND AUSRÜSTUNG

Chemische Fabrik R. Baumheier K.G. Weidenthal-Pfalz

Hochtemperatur Stückfärbeapparat zum Färben von Web- und Wirkwaren. Vielseitige Einsatzmöglichkeit für praktisch alle Warenqualitäten und Fasermischungen (Polyester, Polyacrylnitril und Mischgewebe, Polyamid-Gewirke usw.) Ein- oder wechselseitige Flottenzirkulation. Spezial-Einsatz für Kreuzspulen und Flocken

Scholl AG
CH–4800
Zofingen/Schweiz
Telefon (062) 8 34 34
Telex 6 8472

7 Vorzüge der Artos Pad-Roll Universal-Färbeanlage

1 10 verschiedene Farbstoffgruppen, darunter auch Küpenfarbstoffe, wurden mit vollem Erfolg erprobt.

2 Gewebe aus allen natürlichen, regenerierten und synthetischen Fasern und aus deren handelsüblichen Mischungen werden gleichermaßen gut gefärbt

3 Unterschiedliche Faserkomponenten lassen sich gleichzeitig anfärben

4 Die Anlage vereinigt in Leistung und Verfahrenstechnik alle bekannten Vorzüge der Klotzfärbung

5 Der Langzeit-Verweilprozeß führt zu einer hervorragenden Durchfärbung der Ware

6 Infolge sicherer Verfahrensführung sind alle Färbungen genau reproduzierbar

7 Partien jeder üblichen Produktionsgröße werden auf der Pad-Roll wirtschaftlich verarbeitet

Artos Dr. Ing. Meier-Windhorst K.G.
Artos Maschinenbau   2 Hamburg 33   Schwalbenplatz 18

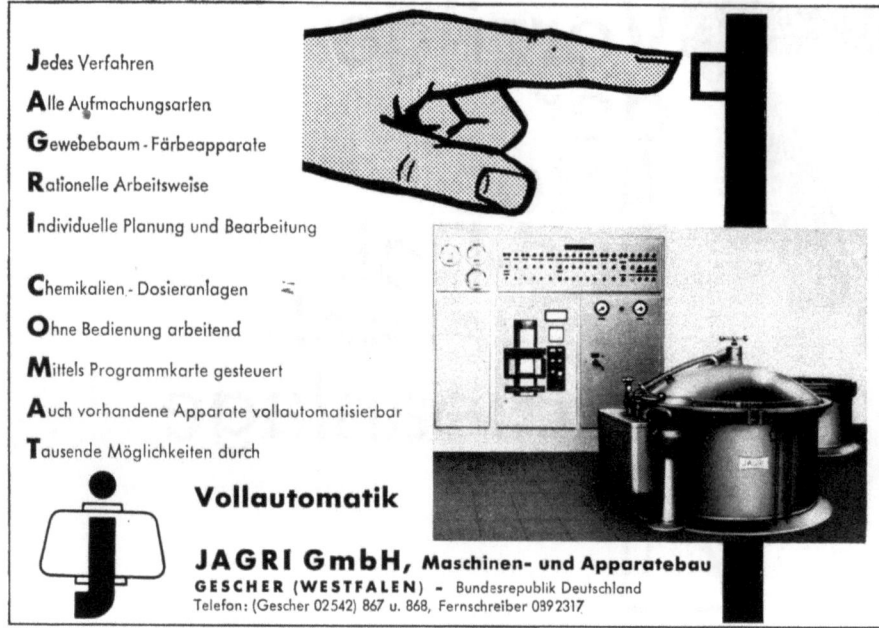

Jedes Verfahren
Alle Aufmachungsarten
Gewebebaum - Färbeapparate
Rationelle Arbeitsweise
Individuelle Planung und Bearbeitung

Chemikalien - Dosieranlagen
Ohne Bedienung arbeitend
Mittels Programmkarte gesteuert
Auch vorhandene Apparate vollautomatisierbar
Tausende Möglichkeiten durch

Vollautomatik

JAGRI GmbH, Maschinen- und Apparatebau
GESCHER (WESTFALEN) – Bundesrepublik Deutschland
Telefon: (Gescher 02542) 867 u. 868, Fernschreiber 0392317

SPRINGER-VERLAG
BERLIN · HEIDELBERG · NEW YORK

Handbuch der Spurenanalyse

Die Anreicherung und Bestimmung von Spurenelementen unter Anwendung extraktiver, photometrischer, spektrochemischer, mikrobiologischer und anderer Verfahren

Von **Othmar G. Koch**, Dr. techn. Dipl.-Ing., Neunkirchen/Saar und **Gertrud A. Koch/Dedic**, Dr. rer. nat., Neunkirchen/Saar

Mit 273 Abbildungen
XVI, 1232 Seiten Gr.-8°. 1964
Ganzleinen DM 226.–

Inhaltsübersicht
Vorbereitung des Probematerials – Arbeitstechnik der Extraktion – Arbeitsbereich der wichtigsten Extraktionsreagentien – Die Bestimmung einzelner Elemente – Die Bestimmung von Elementgruppen – Die mikrobiologische Bestimmung von Spurenelementen – Anhang

SPRINGER-VERLAG
BERLIN · HEIDELBERG · NEW YORK

Vorbereitungsmaschinen für die Weberei

Ein Handbuch für Spinner, Weber und Wirker

Von Dipl.-Ing. **J. Schneider**, Leiter der Textiltechnologischen Abteilung der Textilprüfanstalt, Oberstudienrat an der Ingenieurschule für Textilwesen Mönchengladbach-Rheydt

2., neubearbeitete und erweiterte Auflage
Mit 531 Abbildungen
XII, 413 Seiten Gr.-8°. 1963
Ganzleinen DM 64,–

Arbeitsgänge in einer Weberei – Kettgarnspulmaschinen – Zwirnmaschinen – Zettelmaschinen, Schärmaschinen – Schlichtmaschinen – Vorbereitungsmaschinen für das Einlegen der fertigen Kette – Schußspulmaschinen

Weberei

Verfahren und Maschinen für die Gewebeherstellung
Von Dipl.-Ing. **J. Schneider**, Mönchengladbach
Mit 656 Abbildungen
XII, 484 Seiten Gr.-8°. 1961
Ganzleinen DM 66,–

ORIGINAL HANAU-Geräte für das Textillaboratorium:

Licht- und Wetterechtheitsprüfgerät

XENOTEST 150 ®
XENOTEST 450 ®   System Cassella

Zwei Universalgeräte zur Schnellprüfung auf Licht- und Wetterechtheit sowie Alterung von Werkstoffen. Belichtung bei automatisch konstant gehaltener Luftfeuchtigkeit.
Bewetterung unter gleichzeitiger Einwirkung von Licht und Feuchtigkeit.

PRAXITEST ®   System Ellner

Mit ihm sind alle Arbeitsverfahren für eine einwandfreie Textilveredlung im Labor im voraus zu ermitteln. Es ermöglicht die sichtbare Darstellung aller Veredlungsvorgänge am Textilgut.
Sie werden bei der Type HCR mit Colorimeter und Schreibgerät genau festgehalten.

LINITEST ®

Waschechtheitsprüfgerät und Laborfärbeapparat. Für Echtheitsprüfungen nach DIN 54010/54016, DIN 54024 und 54041.

FLUOTEST ®

für die Fluoreszenz-Analyse, Fluoreszenz-Fotografie, Papier- und Dünnschicht-Chromatografie.
Es arbeitet mit langwelliger und kurzwelliger UV-Strahlung sowie sichtbarem Licht. Gleichmäßig ausgeleuchtetes Feld von 30 × 30 cm. Bei Wellenlängenumschaltung keine Einbrennzeit.

Zusätzlich lieferbar: Fotoaufsatz und Durchleuchtungsuntersatz.

Fordern Sie bitte unsere Druckschriften für diese Geräte an. Sie vermitteln Ihnen interessante Einzelheiten.

QUARZLAMPEN GESELLSCHAFT MBH HANAU
6450 Hanau/Main – gegr. 1906

Bewährte Hilfsmittel zum Vorbehandeln und Bleichen

PERVIDOL
SILASTAN

im Färbebad
VINKOSAL

Wir übersenden Ihnen gerne ein ausführliches Merkblatt und Muster

Schill & Seilacher CHEMISCHE FABRIK
703 BÖBLINGEN
Postfach 245   Telefon 7156

Für die Textilveredlung Bleich- und Oxydations-Chemikalien

WASSERSTOFFPEROXID
NATRIUMPEROXID
zur faserschonenden Bleiche und Farboxydation
NATRIUMPERBORAT
zum Nachseifen von Drucken in der Textildruckerei
NATRIUMCHLORIT
zum Bleichen und Vorbleichen von Reyon, Zellwolle, Leinen und Baumwolle
CAROAT®-Kaliummonopersulfat
zum Bleichen von vollsynthetischen Fasern bei niedrigen Temperaturen
Textilhilfsmittel
SOLTEX® (im Ausland SATESSA®)
zur Verbesserung der Spinnfähigkeit und Erhöhung der Reißfestigkeit bei Wolle, Zellwolle, Baumwolle und synthetischen Fasern
PROVENTIN 7®
zum Faserschutz bei der Peroxydbleiche von Polyamidfasern

Anwendungstechnische Beratung durch

DEGUSSA
ABTEILUNG A
FRANKFURT/MAIN

NATRIUMCHLORIT »HOECHST«

Bleicht wirksam und faserschonend

Der Korrosionsschutz im Natriumchlorit »Hoechst« macht es möglich, auch auf Edelstahl-Apparaten zu bleichen, in denen das Bleichgut dauernd Metall berührt (z. B. auf Packzylinder-, Kettbaum- und Kreuzspulapparaten). Die thermischen Eigenschaften sind außergewöhnlich gut: Keine stürmische Zersetzung, kein Verspritzen, größte Stabilität. Außerdem ist Natriumchlorit »Hoechst« jahrelang haltbar und der Bedarf mehrerer Wochen kann als Vorratslösung angesetzt werden.
Bitte, fragen Sie uns. Die Mitarbeiter unserer Verkaufskontore stehen Ihnen mit weiteren fachlichen Informationen gern zur Verfügung.

Farbwerke Hoechst AG., Frankfurt (M) - Hoechst

in **1** Bad *gleichzeitig*

bleichen

und

färben

mit Indigosolen

Eine Neuentwicklung
aus den Laboratorien
von

DURAND & HUGUENIN AG, BASEL

TEXTILVEREDLUNGSMASCHINEN

Auszüge aus dem Herstellungsprogramm:

**SPANNRAHMEN ZUM TROCKNEN UND FIXIEREN
HOTFLUE-SCHWEBETROCKNER
TROCKNER HINTER DRUCKMASCHINE**

**Gelierkanäle zur thermischen Behandlung bahnförmiger Güter
Komplette Beschichtungsanlagen**

Halb-Kontinue Breitbleichanlagen für Chlorit Typ Pad-Roll – Kontinue Breitbleichanlagen zum Entschlichten, Beuchen, Bleichen und Waschen – Kontinue Breitfärbe- und Breitwaschanlagen

AMDES THANN (Haut-Rhin) FRANCE

Vormals X. MÜLLER-FICHTER & Cie und DUNGLER & SCHNEIDECKER RÉUNIS

Continue-Bleichanlage für Wirkwaren

Apparate und Anlagen für die Textilveredlungsindustrie

 **APPARATE- UND MASCHINENBAU KG. · 6235 OKRIFTEL AM MAIN**

ROTTA-
Produkte
für jeden
Ausrüstungs-
zweck

CHEMISCHE FABRIK
THEODOR ROTTA
MANNHEIM - INDUSTRIEHAFEN

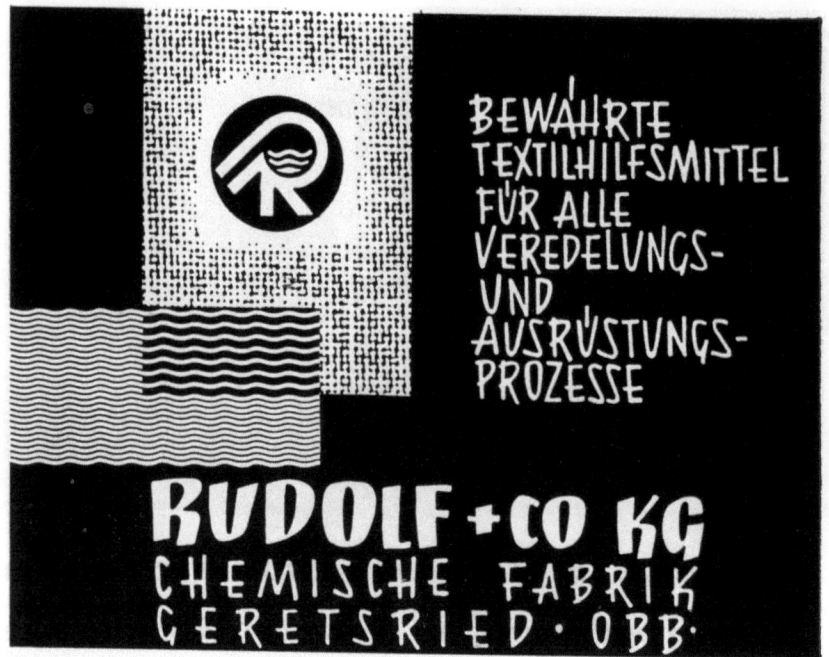

 SPRINGER-VERLAG
BERLIN·HEIDELBERG·NEW YORK

Lehrbuch der Textilchemie

einschl. der textilchemischen Technologie

Von Dr. **Hermann Rath**, o. Professor an der Technischen Hochschule Stuttgart, Direktor des Instituts für Textilchemie der Deutschen Forschungsinstitute für Textilindustrie Reutlingen-Stuttgart

Inhaltsübersicht

2., neubearbeitete Auflage
Mit 252 Abbildungen
XII, 771 Seiten Gr.-8°. 1963
Ganzleinen DM 96,—

Die Cellulosefasern – Die Eiweißfasern (Proteinfasern) – Die synthetischen Fasern – Anorganische Fasern – Die künstlichen organischen Farbstoffe – Die Anwendung der Farbstoffe in der Färberei – Die Anwendung der Farbstoffe in der Druckerei – Die Textilhilfsmittel – Das Wasser im Textilbetrieb – Die Werkstoffe für Veredelungsmaschinen

BENZ-LABOR-FÄRBE- UND AUSRÜSTMASCHINEN

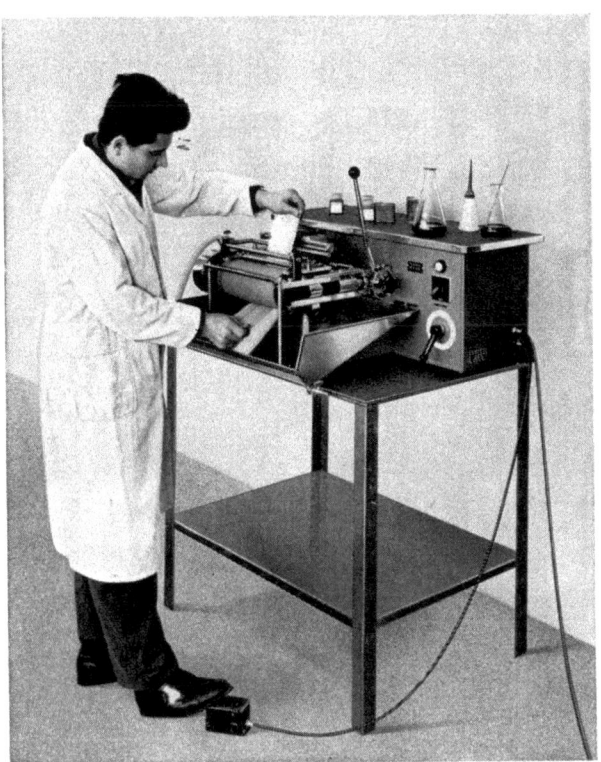

Der LFH wurde neben dem bekannten 2-Walzen-Foulard Typ LFV/2 entwickelt, um den besonderen Anforderungen der Färberei-Labors in der chemischen- und Farbstoff-Industrie, den Ausrüstereien, den Forschungs-Anstalten und Textilschulen bei Serienversuchen für die Ausarbeitung von Farbeinstellungen mit kleinen Gewebestreifen gerecht zu werden.
Der LFH ist ein Tischmodell und wird als Standardausführung in der 250 mm Walzenbreite geliefert.
Das max. Flottenvolumen im Zwickel beträgt 220 ccm mit einer max. Tauchtiefe von 35 mm. Für die Reinigung des Zwickels und der Walzen sind oberhalb 2 Spritzrohre angebracht.

Unser Labormaschinen-Programm:

Jigger, Haspelkufen, Zwei- und Dreiwalzen-Foulards, Trocken-Kondensier- und Fixierapparate, Hotflues, Pad-Steam-Anlagen, Waschmaschinen, Saugwertmesser, Beschichtungsanlagen, komplette Labor-Färbe- und Ausrüstanlagen

Ernst Benz, Textilmaschinen
IFANGSTRASSE 93 · 8153 RÜMLANG ZÜRICH (SCHWEIZ)

küsters

FOULARDS MIT „SCHWIMMENDEN WALZEN" BREITBLEICH-UND BREITFÄRBEMASCHINEN

küsters

WASCHMASCHINE VIBROTEX · WASSERKALANDER AQUAROLL · KALANDER RESIFLEX

küsters

EDUARD KÜSTERS MASCHINENFABRIK 415 KREFELD GLADBACHERSTRASSE 457

Zuverlässig bleichen ohne Korrosion

mit Friedrichsfelder
Breitbleich-,
Continue-, Strang- und
Packbleichanlagen
für alle Verfahren, insbesondere
Natriumchloridbleiche

säure-, temperatur- und korrosionsfest

Deutsche Steinzeug- und Kunststoffwarenfabrik
Mannheim-Friedrichsfeld

MIX
Papier aus verantwortungsvollen Quellen
Paper from responsible sources
FSC® C105338

If you have any concerns about our products,
you can contact us on
ProductSafety@springernature.com

In case Publisher is established outside the EU,
the EU authorized representative is:
Springer Nature Customer Service Center GmbH
Europaplatz 3, 69115 Heidelberg, Germany

Printed by Libri Plureos GmbH
in Hamburg, Germany